KB060135

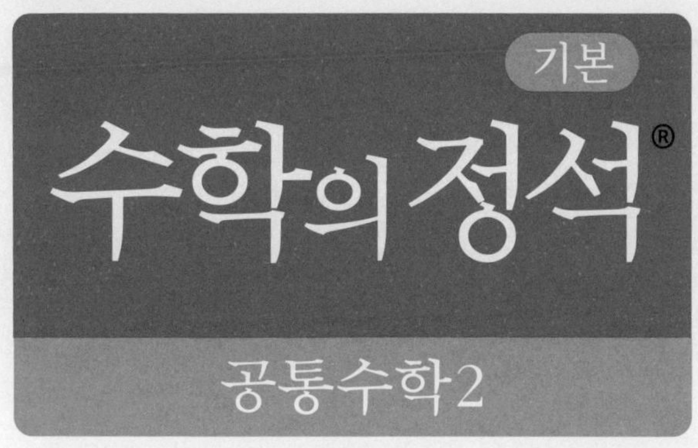

홍성대 지음

동영상 강의
www.sungji.com

성지출판(주)

머 리 말

고등학교에서 다루는 대부분의 과목은 기억력과 사고력의 조화를 통하여 학습이 이루어진다. 그중에서도 수학 과목의 학습은 논리적인 사고력이 중요시되기 때문에 진지하게 생각하고 따지는 학습 태도가 아니고서는 소기의 목적을 달성할 수가 없다. 그렇기 때문에 학생들이 수학을 딱딱하게 여기는 것은 당연한 일이다. 더욱이 수학은 계단적인 학문이기 때문에 그 기초를 확고히 하지 않고서는 막중한 부담감만 주는 귀찮은 과목이 되기 쉽다.

그래서 이 책은 논리적인 사고력을 기르는 데 힘쓰는 한편, 기초가 없어 수학 과목의 부담을 느끼는 학생들에게 수학의 기본을 튼튼히 해 줌으로써 쉽고도 재미있게, 그러면서도 소기의 목적을 달성할 수 있도록, 내가 할 수 있는 온갖 노력을 다 기울인 책이다.

진지한 마음으로 처음부터 차근차근 읽어 나간다면 수학 과목에 대한 부담감은 단연코 사라질 것이며, 수학 실력을 향상시키는 데 있어서 필요충분한 벗이 되리라 확신한다.

끝으로 이 책을 내는 데 있어서 아낌없는 조언을 해주신 서울대학교 윤옥경 교수님을 비롯한 수학계의 여러분들께 감사드린다.

1966. 8. 31.

지은이 홍 성 대

개정판을 내면서

2022 개정 교육과정에 따른 고등학교 수학 과정(2025학년도 고등학교 입학생부터 적용)은

공통 과목 : 공통수학1, 공통수학2, 기본수학1, 기본수학2,

일반 선택 과목 : 대수, 미적분Ⅰ, 확률과 통계,

진로 선택 과목 : 미적분Ⅱ, 기하, 경제 수학, 인공지능 수학, 직무 수학,

융합 선택 과목 : 수학과 문화, 실용 통계, 수학과제 탐구

로 나뉘게 된다. 이 책은 그러한 새 교육과정에 맞추어 꾸며진 것이다.

특히, 이번 개정판이 마련되기까지는 우선 남진영 선생님, 박재희 선생님, 박지영 선생님의 도움이 무척 컸음을 여기에 밝혀 둔다. 믿음직스럽고 훌륭한 세 분 선생님이 개편 작업에 적극 참여하여 꼼꼼하게 도와준 덕분에 더욱 좋은 책이 되었다고 믿어져 무엇보다도 뿌듯하다. 아울러 편집부 김소희, 오명희 님께도 그동안의 노고에 대하여 감사한 마음을 전한다.

「수학의 정석」은 1966년에 처음으로 세상에 나왔으니 올해로 발행 58주년을 맞이하는 셈이다. 거기다가 이 책은 이제 세대를 뛰어넘은 책이 되었다. 할아버지와 할머니가 고교 시절에 펼쳐 보던 이 책이 아버지와 어머니에게 이어졌다가 지금은 손자와 손녀의 책상 위에 놓여 있다.

이처럼 지난 반세기를 거치는 동안 이 책은 한결같이 학생들의 뜨거운 사랑과 성원을 받아 왔고, 이러한 관심과 격려는 이 책을 더욱 좋은 책으로 다듬는 데 큰 힘이 되었다.

이 책이 학생들에게 두고두고 사랑받는 좋은 벗이요 길잡이가 되기를 간절히 바라마지 않는다.

2024. 1. 15.

지은이 홍 성 대

차 례

1. 평면좌표

두 점 사이의 거리／선분의 내분점／좌표와 자취

§1. 두 점 사이의 거리

1 좌표의 도입

직선 위의 점들과 실수들을 일대일로 대응시킬 수 있다는 사실로부터 수직선이 도입되었고, 두 개의 수직선을 하나의 평면 위에 직교하도록 놓아서 평면 위의 점들과 두 실수의 순서쌍들을 일대일로 대응시킬 수 있다는 사실로부터 좌표평면이 도입되었다.

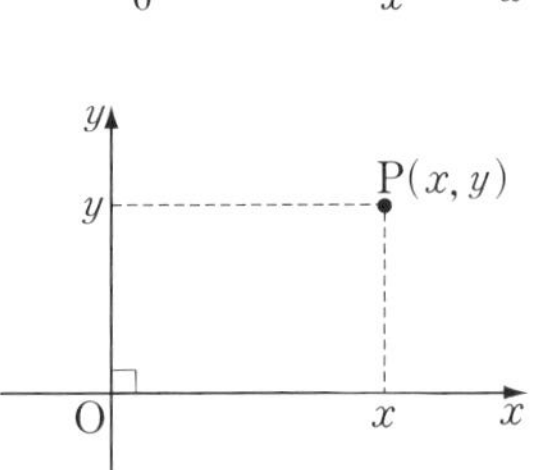

이와 같이 하면 도형 위의 점에 좌표를 줄 수 있고, 좌표를 이용한 계산이 가능해진다. 지금부터는 이에 관하여 공부해 보자.

직선 위의 점 $\mathbf{P}$와 실수 x의 대응 ⟹ 수직선 ⟹ $\mathbf{P}(x)$
평면 위의 점 $\mathbf{P}$와 두 실수의 순서쌍 (x, y)의 대응
⟹ 좌표평면 ⟹ $\mathbf{P}(x, y)$

평면도형 또는 입체도형의 문제들에 좌표라는 새로운 방법을 도입하여 대수적인 해결이 가능하게 한 이른바 해석기하를 발전시킨 사람은 데카르트(Descartes)이다.

유클리드(Euclid)의 논증기하학 등의 문제 해결에 이 방법을 활용함으로써 기하학이 급속히 발전했을 뿐만 아니라, 대수학 자체의 여러 문제를 좌표를 이용하여 쉽게 해결할 수 있게 되었다.

*Note 공간에서는 세 개의 수직선을 한 점에서 서로 직교하도록 놓고 좌표공간을 생각한다. 이에 관해서는 기하에서 공부한다.

2 두 점 사이의 거리

▶ 수직선 위의 두 점 사이의 거리

이를테면 수직선 위의 두 점 A, B가 다음 위치에 있다고 하자.

이때, 두 점 A, B 사이의 거리는 각각

$$\overline{AB}=6-2=4,\quad \overline{AB}=(-2)-(-6)=4,\quad \overline{AB}=2-(-6)=8$$

곧, 오른쪽 점의 좌표에서 왼쪽 점의 좌표를 뺀 것과 같다.

일반적으로 수직선 위의 두 점 $A(x_1)$, $B(x_2)$ 사이의 거리는

$x_2 \ge x_1$이면 $\overline{AB}=x_2-x_1$,

$x_1 > x_2$이면 $\overline{AB}=x_1-x_2$

곧, $\overline{AB}=|x_2-x_1|$

▶ 좌표평면 위의 두 점 사이의 거리

좌표평면 위의 두 점 $A(x_1, y_1)$, $B(x_2, y_2)$ 사이의 거리는 오른쪽 그림에서

$$\overline{AB}=\sqrt{\overline{AC}^2+\overline{BC}^2}$$

이고 $\overline{AC}=|x_2-x_1|$, $\overline{BC}=|y_2-y_1|$이므로

$$\overline{AB}=\sqrt{(x_2-x_1)^2+(y_2-y_1)^2}$$

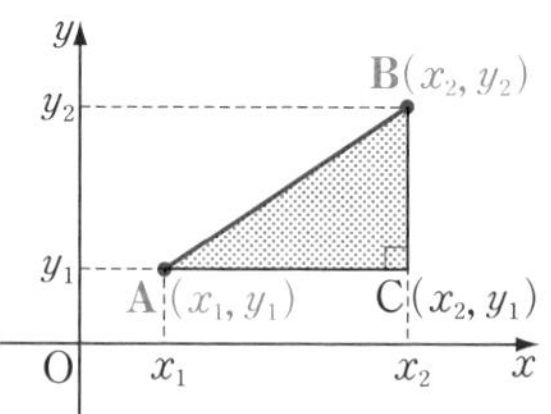

기본정석 **두 점 사이의 거리**

(1) 수직선 위의 두 점 $\mathbf{A(x_1)}$, $\mathbf{B(x_2)}$ 사이의 거리는

$$\overline{\mathbf{AB}}=|x_2-x_1|$$

(2) 좌표평면 위의 두 점 $\mathbf{A(x_1, y_1)}$, $\mathbf{B(x_2, y_2)}$ 사이의 거리는

$$\overline{\mathbf{AB}}=\sqrt{(x_2-x_1)^2+(y_2-y_1)^2}$$

보기 1 다음 두 점 A, B 사이의 거리를 구하시오.

(1) A(10), B(3) (2) A(−3), B(6)

(3) A(2, 1), B(6, 4) (4) A(3, −2), B(−6, 4)

연구 (1) $\overline{AB}=|3-10|=\mathbf{7}$

(2) $\overline{AB}=|6-(-3)|=\mathbf{9}$

(3) $\overline{AB}=\sqrt{(6-2)^2+(4-1)^2}=\mathbf{5}$

(4) $\overline{AB}=\sqrt{(-6-3)^2+\{4-(-2)\}^2}=\mathbf{3\sqrt{13}}$

A(2, 1) B(6, 4)
⋮ ⋮ ⋮ ⋮
$A(x_1, y_1)$ $B(x_2, y_2)$

기본 문제 **1**-1 다음 물음에 답하시오.

(1) 두 점 $A(1, 2)$, $B(4, 5)$에서 같은 거리에 있는 직선 $3x+y=2$ 위의 점의 좌표를 구하시오.

(2) 세 점 $A(0, 2)$, $B(1, 5)$, $C(a, 1)$을 꼭짓점으로 하는 삼각형이 이등변삼각형일 때, 실수 a의 값을 구하시오.

정석연구 (1) 직선 $3x+y=2$ 위의 점을 $P(a, b)$라고 하면 $3a+b=2$가 성립한다. 이 조건과 $\overline{PA}=\overline{PB}$일 조건을 연립하여 풀면 된다.

(2) $\triangle ABC$가 이등변삼각형이려면 변 AB, BC, CA 중에서 어느 두 변의 길이가 같으면 된다.

정 석 두 점 $\mathrm{P}(x_1, y_1)$, $\mathrm{Q}(x_2, y_2)$ 사이의 거리는

$$\overline{\mathrm{PQ}}=\sqrt{(x_2-x_1)^2+(y_2-y_1)^2}$$

모범답안 (1) 구하는 점을 $P(a, b)$라고 하자.

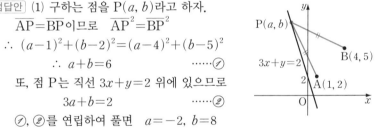

$\overline{AP}=\overline{BP}$이므로 $\overline{AP}^2=\overline{BP}^2$

$\therefore (a-1)^2+(b-2)^2=(a-4)^2+(b-5)^2$

$\therefore a+b=6$ ……①

또, 점 P는 직선 $3x+y=2$ 위에 있으므로

$3a+b=2$ ……②

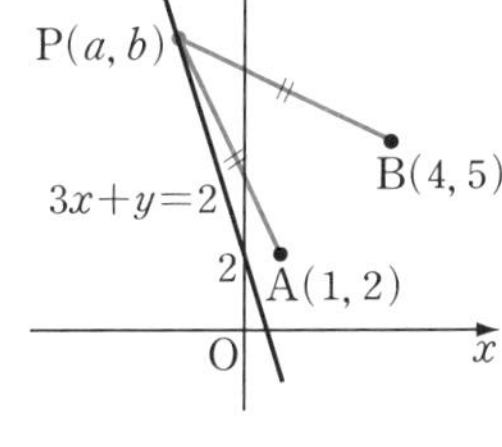

①, ②를 연립하여 풀면 $a=-2$, $b=8$

따라서 구하는 점의 좌표는 $(-2, 8)$ ← 답

(2) $\overline{AB}^2=(1-0)^2+(5-2)^2=10$, $\overline{AC}^2=(a-0)^2+(1-2)^2=a^2+1$,

$\overline{BC}^2=(a-1)^2+(1-5)^2=a^2-2a+17$

$\overline{AB}=\overline{AC}$일 때, $10=a^2+1$ $\therefore a=\pm 3$

$\overline{AB}=\overline{BC}$일 때, $10=a^2-2a+17$ $\therefore a^2-2a+7=0$

이 식을 만족시키는 실수 a는 없다.

$\overline{AC}=\overline{BC}$일 때, $a^2+1=a^2-2a+17$ $\therefore a=8$ 답 $a=-3, 3, 8$

유제 **1**-1. 두 점 $A(m^2, -m)$, $B(1, m)$ 사이의 거리가 2일 때, 실수 m의 값을 구하시오. 답 $m=-1, 1$

유제 **1**-2. 두 점 $A(1, 1)$, $B(2, 4)$와 x축 위의 점 C에 대하여

(1) $\overline{AC}=\overline{BC}$일 때, 점 C의 좌표를 구하시오.

(2) $\triangle ABC$가 직각삼각형일 때, 점 C의 좌표를 구하시오.

답 (1) $C(9, 0)$ (2) $C(4, 0)$ 또는 $C(14, 0)$

기본 문제 **1**-2 좌표평면 위에 두 점 A(1, 1), B(3, 2)와 직선 $y=2x$가 있다. 직선 $y=2x$ 위를 움직이는 점 P에 대하여 $\overline{\mathrm{PA}}^2+\overline{\mathrm{PB}}^2$의 값이 최소일 때, 최솟값과 점 P의 좌표를 구하시오.

정석연구 점 P는 직선 $y=2x$ 위의 점이므로 점 P의 x좌표를 a라고 하면 y좌표는 $2a$이다. 따라서 $\mathrm{P}(a, 2a)$로 놓을 수 있다.

이때, $\overline{\mathrm{PA}}^2+\overline{\mathrm{PB}}^2$은 다음 **정석**을 이용하여 a에 관한 식으로 나타낼 수 있다.

정석 두 점 $\mathrm{P}(x_1, y_1)$, $\mathrm{Q}(x_2, y_2)$ 사이의 거리는

$$\overline{\mathrm{PQ}}=\sqrt{(x_2-x_1)^2+(y_2-y_1)^2}$$

모범답안 점 P가 직선 $y=2x$ 위의 점이므로 $\mathrm{P}(a, 2a)$로 놓으면

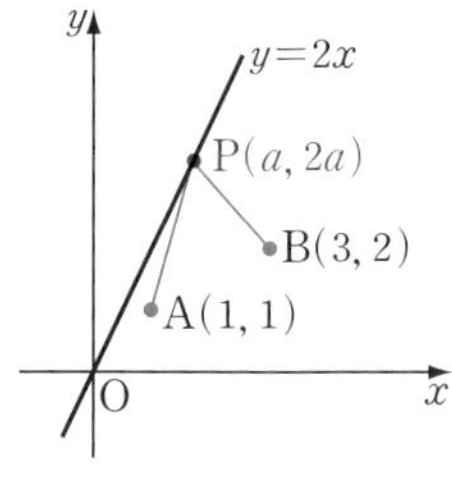

$$\begin{aligned}\overline{\mathrm{PA}}^2+\overline{\mathrm{PB}}^2&=\{(a-1)^2+(2a-1)^2\}\\&\quad+\{(a-3)^2+(2a-2)^2\}\\&=10a^2-20a+15\\&=10(a-1)^2+5\end{aligned}$$

따라서 $a=1$일 때 $\overline{\mathrm{PA}}^2+\overline{\mathrm{PB}}^2$은 최솟값 5를 가진다.

답 최솟값 **5**, $\mathbf{P(1, 2)}$

Advice | $\overline{\mathrm{PA}}+\overline{\mathrm{PB}}$의 최솟값을 구할 때에는 대칭을 이용한다. ⇦ 기본 문제 **4**-4 참조

곧, 직선 $y=2x$에 대하여 점 B와 대칭인 점을 B′이라고 하면 $\overline{\mathrm{PA}}+\overline{\mathrm{PB}}$의 최솟값은 $\overline{\mathrm{AB'}}$이고, 이때 점 P의 좌표는 직선 $y=2x$와 직선 AB′의 교점의 좌표이다.

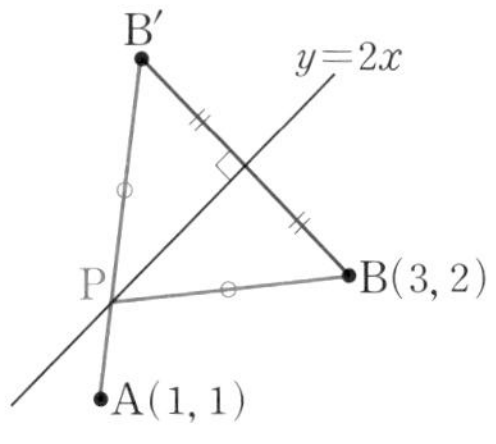

이 문제와 함께 기억해 두기를 바란다.

유제 **1**-3. 좌표평면 위에 두 점 A(2, 3), B(4, 2)가 있다. x축 위를 움직이는 점 P에 대하여 $\overline{\mathrm{PA}}^2+\overline{\mathrm{PB}}^2$의 값이 최소일 때, 최솟값과 점 P의 좌표를 구하시오.

답 최솟값 **15**, $\mathbf{P(3, 0)}$

유제 **1**-4. 두 점 A(1, 1), B(2, 1)에서 각각 y축에 평행하게 그은 두 직선과 원점을 지나는 직선 l이 만나는 점을 각각 P, Q라고 하자.

$\overline{\mathrm{AP}}^2+\overline{\mathrm{BQ}}^2$의 값이 최소일 때, 직선 l의 방정식과 최솟값을 구하시오.

답 $y=\dfrac{3}{5}x$, 최솟값 $\dfrac{1}{5}$

기본 문제 1-3 좌표평면 위의 네 점

$$A(-1, 3),\ B(4+\sqrt{2}, \sqrt{3}),\ C(6, 3),\ D(1+\sqrt{2}, 4+\sqrt{3})$$

을 꼭짓점으로 하는 사각형 ABCD의 변 AB, BC, CD, DA의 중점을 각각 P, Q, R, S라고 하자.

(1) 사각형 PQRS의 둘레의 길이를 구하시오.

(2) 사각형 PQRS의 넓이를 구하시오.

정석연구 오른쪽 그림과 같이 점 P, Q가 각각 △ABC의 변 AB, AC의 중점일 때,

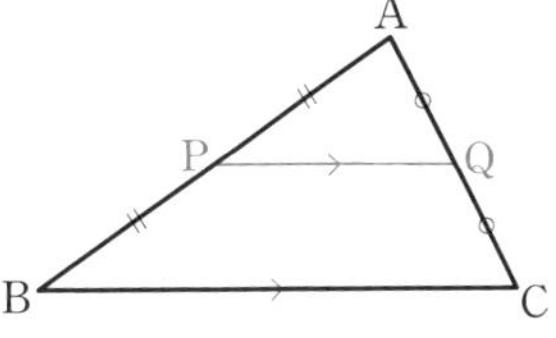

정석 $\overline{PQ}\,/\!/\,\overline{BC},\ \overline{PQ}=\dfrac{1}{2}\overline{BC}$

이다.

이 성질을 좌표평면에서 이용해 본다.

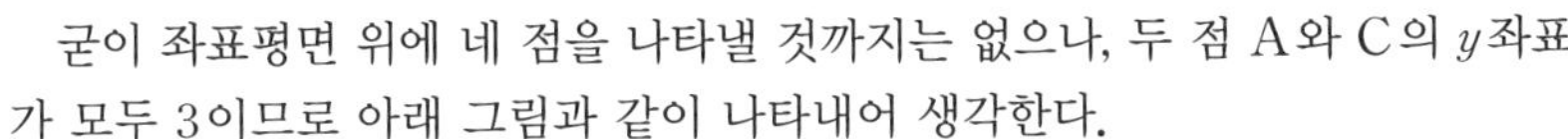
굳이 좌표평면 위에 네 점을 나타낼 것까지는 없으나, 두 점 A와 C의 y좌표가 모두 3이므로 아래 그림과 같이 나타내어 생각한다.

모범답안 (1) 점 P, Q, R, S는 각각 변 AB, BC, CD, DA의 중점이므로

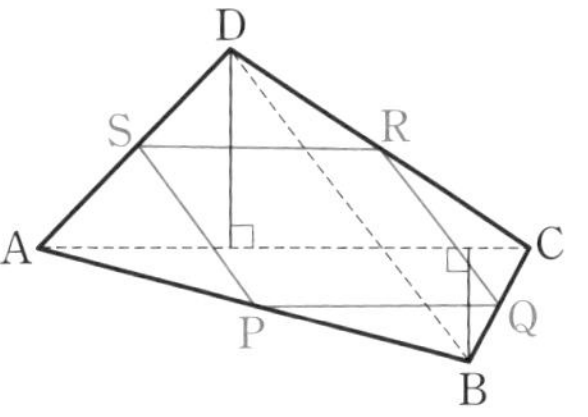

$\overline{PQ}=\overline{RS}=\dfrac{1}{2}\overline{AC},\ \overline{QR}=\overline{SP}=\dfrac{1}{2}\overline{BD}$

따라서 사각형 PQRS의 둘레의 길이는

$\overline{PQ}+\overline{QR}+\overline{RS}+\overline{SP}=\overline{AC}+\overline{BD}$

$=|6-(-1)|+\sqrt{(-3)^2+4^2}$

$=\mathbf{12}$ ← 답

(2) $\overline{PQ}\,/\!/\,\overline{AC},\ \overline{SR}\,/\!/\,\overline{AC}$, 곧 $\overline{PQ}\,/\!/\,\overline{SR}$이고,

$\overline{PQ}=\overline{SR}$이므로 사각형 PQRS는 평행사변형이다.

한편 변 PQ는 $\overline{AC}$에 평행하고, 두 점 A와 C의 y좌표가 같으므로 x축에 평행하다.

따라서 평행사변형 PQRS에서 $\overline{PQ}$를 밑변으로 생각하면 높이는

$\dfrac{1}{2}\{(\text{D의 } y\text{좌표})-(\text{B의 } y\text{좌표})\}=\dfrac{1}{2}(4+\sqrt{3}-\sqrt{3})=2$

$\therefore\ \square\text{PQRS}=\overline{PQ}\times 2=\dfrac{1}{2}\overline{AC}\times 2=\overline{AC}=|6-(-1)|=\mathbf{7}$ ← 답

유제 **1**-5. 좌표평면 위의 네 점 $A(1, 3),\ B(-1, 0),\ C(4, -1),\ D(6, a)$를 꼭짓점으로 하는 사각형 ABCD의 변 AB, BC, CD, DA의 중점을 각각 P, Q, R, S라고 하자. 사각형 PQRS의 둘레의 길이가 13일 때, 양수 a의 값을 구하시오.

답 $\boldsymbol{a=\sqrt{15}}$

기본 문제 1-4 삼각형 ABC의 변 BC의 중점을 M이라고 할 때, 다음 등식이 성립함을 보이시오.

$$\overline{AB}^2+\overline{AC}^2=2(\overline{AM}^2+\overline{BM}^2)$$

정석연구 이것을 중선 정리라고 한다. 이 정리를 중학교에서 공부한 평면도형의 성질을 이용하여 증명하면 다음과 같다.

점 A에서 변 BC에 내린 수선의 발을 D라고 하면

$\overline{AB}^2=\overline{AD}^2+\overline{BD}^2=\overline{AD}^2+(\overline{BM}+\overline{MD})^2$

$=\overline{AD}^2+\overline{BM}^2+2\overline{BM}\times\overline{MD}+\overline{MD}^2$ ⋯①

$\overline{AC}^2=\overline{AD}^2+\overline{CD}^2=\overline{AD}^2+(\overline{CM}-\overline{MD})^2$

$=\overline{AD}^2+(\overline{BM}-\overline{MD})^2$

$=\overline{AD}^2+\overline{BM}^2-2\overline{BM}\times\overline{MD}+\overline{MD}^2$ ⋯②

①, ②를 변끼리 더하면

$\overline{AB}^2+\overline{AC}^2=2\overline{AD}^2+2\overline{BM}^2+2\overline{MD}^2$

$=2(\overline{AD}^2+\overline{MD}^2)+2\overline{BM}^2=2\overline{AM}^2+2\overline{BM}^2$

$=2(\overline{AM}^2+\overline{BM}^2)$

점 D가 변 BC의 연장선 위에 있는 경우나 중점인 경우에 대해서도 같은 방법으로 증명한다. 이는 좌표를 이용하여 다음과 같이 증명할 수도 있다.

모범답안 직선 BC를 x축으로, 점 M을 지나고 변 BC에 수직인 직선을 y축으로 잡고, A(a, b), B$(-c, 0)$, C$(c, 0)$이라고 하면

$\overline{AB}^2+\overline{AC}^2=\{(a+c)^2+b^2\}+\{(a-c)^2+b^2\}$

$=2(a^2+b^2)+2c^2$

$=2\overline{AM}^2+2\overline{BM}^2=2(\overline{AM}^2+\overline{BM}^2)$

Advice | 위에서 좌표축을 잡을 때, 직선 BC를 x축으로, 점 B를 지나고 변 BC에 수직인 직선을 y축으로 잡아도 된다.

이때, A(a, b), B$(0, 0)$, C$(c, 0)$이라고 하면 M$\left(\frac{1}{2}c, 0\right)$이다.

이외에도 좌표축을 잡는 방법은 여러 가지가 있으나, 그 방법에 따라 계산이 간편할 수도, 복잡할 수도 있다.

정석 도형의 증명 ⟹ 좌표를 활용!

유제 **1**-6. 삼각형 ABC의 변 BC 위에 $\overline{BD}:\overline{DC}=2:1$이 되도록 점 D를 잡을 때, $\overline{AB}^2+2\overline{AC}^2=3\overline{AD}^2+6\overline{CD}^2$이 성립함을 보이시오.

§2. 선분의 내분점

1 수직선 위의 선분의 내분점

선분 AB 위의 점 P에 대하여

$$\overline{\text{AP}} : \overline{\text{PB}} = m : n \ (m>0,\ n>0)$$

일 때, 점 P는 선분 AB를 $\boldsymbol{m : n}$으로 내분한다고 하고, 점 P를 선분 AB의 내분점이라고 한다.

두 점 A(a), B(b)에 대하여 선분 AB를 $m : n(m>0,\ n>0)$으로 내분하는 점을 P(x)라고 하자.

$a<b$일 때, $\overline{\text{AP}}=x-a$, $\overline{\text{PB}}=b-x$이므로

$$\overline{\text{AP}} : \overline{\text{PB}} = (x-a) : (b-x) = m : n$$

$$\therefore\ x=\boldsymbol{\frac{mb+na}{m+n}}$$

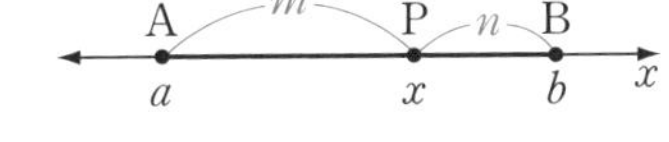

$a>b$일 때에도 같은 방법으로 하면 내분점 P의 좌표 x는 위와 같다.

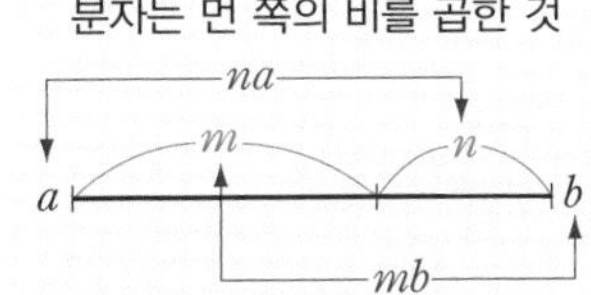

특히 $m=n$일 때 점 P를 선분 AB의 중점이라고 한다. 따라서 중점의 좌표는

$$x=\frac{mb+na}{m+n}=\frac{mb+ma}{m+m}=\boldsymbol{\frac{a+b}{2}}$$

기본정석 **수직선 위의 선분의 내분점의 좌표**

> 수직선 위의 두 점 A(a), B(b)에 대하여 선분 AB를 $m : n(m>0,\ n>0)$으로 내분하는 점을 P, 선분 AB의 중점을 M이라고 하면
>
> 내분점 : $\mathbf{P}\left(\boldsymbol{\frac{mb+na}{m+n}}\right)$, 중점 : $\mathbf{M}\left(\boldsymbol{\frac{a+b}{2}}\right)$

보기 1 두 점 A(-4), B(2)에 대하여 선분 AB의 중점 M의 좌표와 선분 AB를 $1 : 2$로 내분하는 점 P의 좌표를 구하시오.

연구 M(x_1), P(x_2)라고 하면

$$x_1=\frac{-4+2}{2}=-1 \quad \therefore\ \mathbf{M(-1)}$$

$$x_2=\frac{1\times2+2\times(-4)}{1+2}=-2$$

$$\therefore\ \mathbf{P(-2)}$$

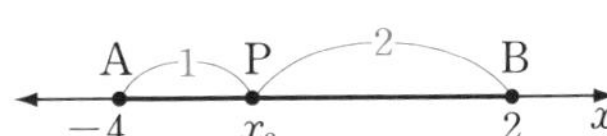

2 좌표평면 위의 선분의 내분점

두 점 $\mathrm{A}(x_1, y_1)$, $\mathrm{B}(x_2, y_2)$에 대하여 선분 AB를 $m : n(m>0, n>0)$으로 내분하는 점을 $\mathrm{P}(x, y)$라 하고, 점 A, P, B에서 x축에 내린 수선의 발을 각각 A′, P′, B′이라고 하면

$$\overline{\mathrm{AA'}} /\!/ \overline{\mathrm{PP'}} /\!/ \overline{\mathrm{BB'}} \text{ 이므로 } \quad \overline{\mathrm{A'P'}} : \overline{\mathrm{P'B'}} = \overline{\mathrm{AP}} : \overline{\mathrm{PB}} = m : n$$

따라서 점 P′은 선분 A′B′을 $m : n$으로 내분한다.

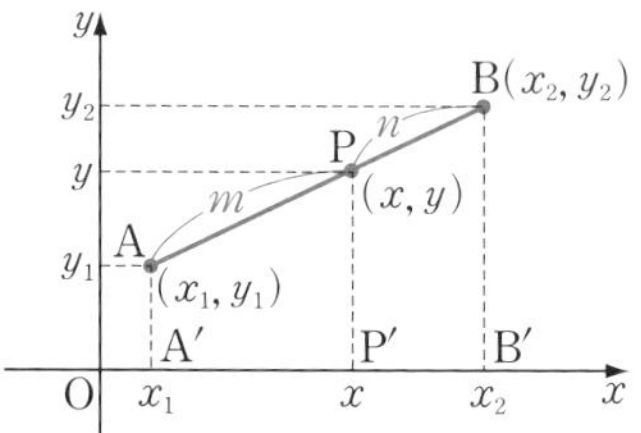

$$\therefore\ x = \frac{mx_2+nx_1}{m+n}$$

y축 위에서도 같은 방법으로 하면

$$y = \frac{my_2+ny_1}{m+n}$$

$$\therefore\ \mathrm{P}\left(\frac{mx_2+nx_1}{m+n}, \frac{my_2+ny_1}{m+n}\right)$$

특히 $m=n$일 때 점 P는 선분 AB의 중점이 되고, 그 점의 좌표는

$$\left(\frac{x_1+x_2}{2}, \frac{y_1+y_2}{2}\right)$$

이다.

기본정석 **좌표평면 위의 선분의 내분점의 좌표**

좌표평면 위의 두 점 $\mathrm{A}(x_1, y_1)$, $\mathrm{B}(x_2, y_2)$에 대하여 선분 AB를 $m : n(m>0, n>0)$으로 내분하는 점을 P, 선분 AB의 중점을 M이라고 하면

$$\text{내분점 : } \mathbf{P}\left(\frac{mx_2+nx_1}{m+n}, \frac{my_2+ny_1}{m+n}\right)$$

$$\text{중 점 : } \mathbf{M}\left(\frac{x_1+x_2}{2}, \frac{y_1+y_2}{2}\right)$$

보기 2 두 점 $\mathrm{A}(-1, 0)$, $\mathrm{B}(3, 2)$에 대하여 다음 물음에 답하시오.

(1) 선분 AB의 중점 M의 좌표를 구하시오.

(2) 선분 AB를 $2:1$로 내분하는 점 P의 좌표를 구하시오.

연구 (1) $\mathrm{M}(a, b)$라고 하면

$$a=\frac{-1+3}{2}=1,\ b=\frac{0+2}{2}=1 \qquad \therefore\ \mathbf{M(1, 1)}$$

(2) $\mathrm{P}(a, b)$라고 하면

$$a=\frac{2\times3+1\times(-1)}{2+1}=\frac{5}{3},\ b=\frac{2\times2+1\times0}{2+1}=\frac{4}{3} \qquad \therefore\ \mathbf{P}\left(\frac{5}{3}, \frac{4}{3}\right)$$

Advice | 선분의 외분점 (고등학교 교육과정 밖의 내용)

선분의 외분점은 고등학교 교육과정에서 제외되었지만, 선분의 내분점과 함께 공부하면 어렵지 않게 이해할 수 있으므로 여기에서 소개한다.

선분 AB의 연장선 위의 점 Q에 대하여

$$\overline{AQ} : \overline{QB} = m : n \ (m>0,\ n>0,\ m \neq n)$$

일 때, 점 Q는 선분 AB를 $\boldsymbol{m : n}$으로 외분한다고 하고, 점 Q를 선분 AB의 외분점이라고 한다.

▶ 수직선 위의 선분의 외분점 : 두 점 $\mathrm{A}(a)$, $\mathrm{B}(b)$에 대하여 선분 AB를 $m : n$ $(m>0,\ n>0,\ m \neq n)$으로 외분하는 점을 $\mathrm{Q}(x)$라고 하자.

$a<b$일 때,

$m>n$이면 $\overline{AQ}=x-a$, $\overline{QB}=x-b$이므로

$\overline{AQ} : \overline{QB}=(x-a) : (x-b)=m : n$

$m<n$이면 $\overline{AQ}=a-x$, $\overline{QB}=b-x$이므로

$\overline{AQ} : \overline{QB}=(a-x) : (b-x)=m : n$

$$\therefore\ x=\frac{mb-na}{m-n}$$

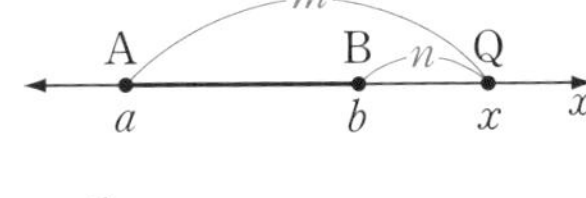

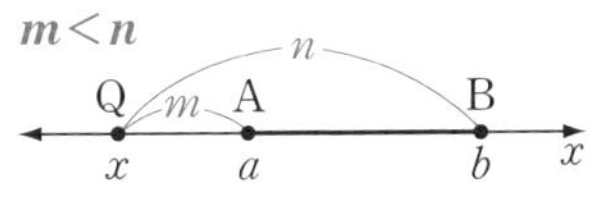

$a>b$일 때에도 같은 방법으로 하면 외분점 Q의 좌표 x는 위와 같다.

보기 3 길이가 3인 선분 OA를 2 : 1로 내분하는 점 P와 2 : 1로 외분하는 점 Q 사이의 거리를 구하시오.

연구 $\mathrm{O}(0)$, $\mathrm{A}(3)$, $\mathrm{P}(x_1)$, $\mathrm{Q}(x_2)$라고 하면

$$x_1=\frac{2\times3+1\times0}{2+1}=2,\ x_2=\frac{2\times3-1\times0}{2-1}=6$$

$$\therefore\ \overline{PQ}=x_2-x_1=6-2=\mathbf{4}$$

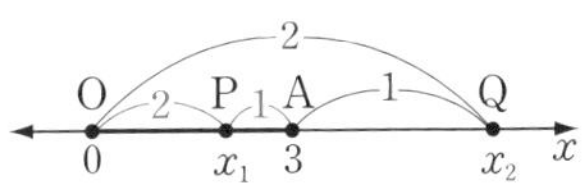

▶ 좌표평면 위의 선분의 외분점 : 앞면의 좌표평면 위의 선분의 내분점과 같은 방법으로 하면 좌표평면 위의 선분의 외분점의 좌표도 구할 수 있다.

곧, 두 점 $\mathrm{A}(x_1, y_1)$, $\mathrm{B}(x_2, y_2)$에 대하여 선분 AB를 $m : n(m>0,\ n>0,\ m \neq n)$으로 외분하는 점 Q의 좌표는

$$\mathrm{Q}\left(\frac{mx_2-nx_1}{m-n},\ \frac{my_2-ny_1}{m-n}\right)$$

보기 4 두 점 $\mathrm{A}(-1, 0)$, $\mathrm{B}(3, 2)$에 대하여 선분 AB를 2 : 1로 외분하는 점 $\mathrm{Q}(a, b)$의 좌표를 구하시오.

연구 $a=\dfrac{2\times3-1\times(-1)}{2-1}=7,\ b=\dfrac{2\times2-1\times0}{2-1}=4 \quad \therefore\ \mathbf{Q(7, 4)}$

기본 문제 1-5 다음 네 점을 꼭짓점으로 하는 사각형 ABCD가 마름모가 되도록 a, b의 값을 정하시오.

$$A(a, 1),\quad B(3, 5),\quad C(7, 3),\quad D(b, -1)$$

정석연구 마름모는 평행사변형의 특수한 꼴로서 다음과 같은 성질이 있다.

정석 마름모의 성질
(i) 두 대각선은 서로 다른 것을 수직이등분한다.
(ii) 네 변의 길이가 같다.

모범답안 두 대각선 AC와 BD의 중점이 일치하므로 중점의 x좌표가 같다.

$\therefore\ \dfrac{a+7}{2}=\dfrac{3+b}{2}\quad \therefore\ b=a+4\ \cdots\cdots$ ㉠

또, $\overline{AB}=\overline{BC}$이므로

$\sqrt{(a-3)^2+(1-5)^2}=\sqrt{(3-7)^2+(5-3)^2}$

양변을 제곱하여 정리하면

$a^2-6a+5=0\quad \therefore\ a=1, 5$

이 값을 ㉠에 대입하면 $b=5, 9$ 답 $\boldsymbol{a=1}$, $\boldsymbol{b=5}$ **또는** $\boldsymbol{a=5}$, $\boldsymbol{b=9}$

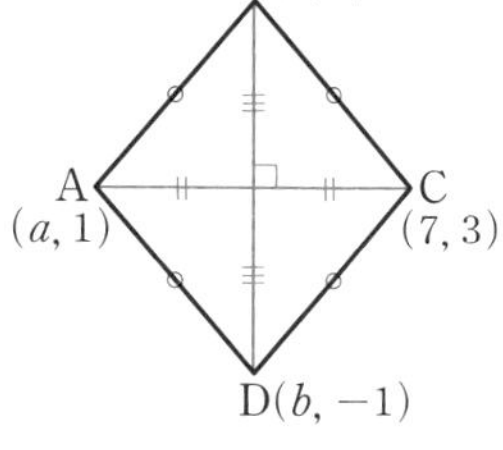

Advice | 다음은 사각형이 평행사변형이 되기 위한 조건이다.
(i) 두 쌍의 대변이 각각 평행하다.
(ii) 두 쌍의 대변의 길이가 각각 같다.
(iii) 두 쌍의 대각의 크기가 각각 같다.
(iv) 두 대각선이 서로 다른 것을 이등분한다.
(v) 한 쌍의 대변이 평행하고 그 길이가 같다.

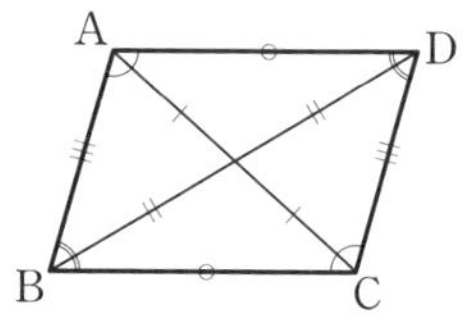

유제 **1**-7. 네 점 $A(-1, a)$, $B(b, 0)$, $C(4, 1)$, $D(2, 3)$이 평행사변형 ABCD의 꼭짓점일 때, a, b의 값을 구하시오. 답 $\boldsymbol{a=2}$, $\boldsymbol{b=1}$

유제 **1**-8. 세 점 $A(2, 24)$, $B(3, 4)$, $C(14, 8)$에 대하여 선분 AB, BC를 두 변으로 하는 평행사변형의 나머지 한 꼭짓점을 D라고 할 때, 다음 물음에 답하시오.
(1) 두 대각선의 교점을 M이라고 할 때, 점 M의 좌표를 구하시오.
(2) 점 D의 좌표를 구하시오.
(3) 대각선 BD의 길이를 구하시오.

답 (1) **M(8, 16)** (2) **D(13, 28)** (3) **26**

기본 문제 1-6 세 점 $A(x_1, y_1)$, $B(x_2, y_2)$, $C(x_3, y_3)$을 꼭짓점으로 하는 $\triangle ABC$의 무게중심 G의 좌표를 구하시오.

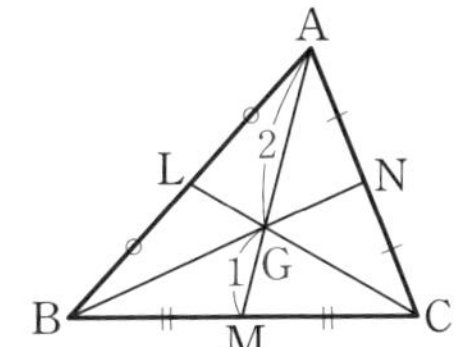

정석연구 $\triangle ABC$의 세 변 AB, BC, CA의 중점을 각각 L, M, N이라고 할 때, 세 직선 CL, AM, BN은 한 점에서 만난다. 이 점을 $\triangle ABC$의 무게중심이라고 한다.

$\triangle ABC$의 무게중심을 G라고 할 때,

$$\overline{AG}:\overline{GM}=\overline{BG}:\overline{GN}=\overline{CG}:\overline{GL}=2:1$$

이다. 이 성질을 이용해 보자.

모범답안 변 BC의 중점을 M이라고 하면 $M\left(\dfrac{x_2+x_3}{2}, \dfrac{y_2+y_3}{2}\right)$

점 G의 좌표를 $G(x, y)$라고 하면 점 G는 중선 AM을 $2:1$로 내분하는 점이므로

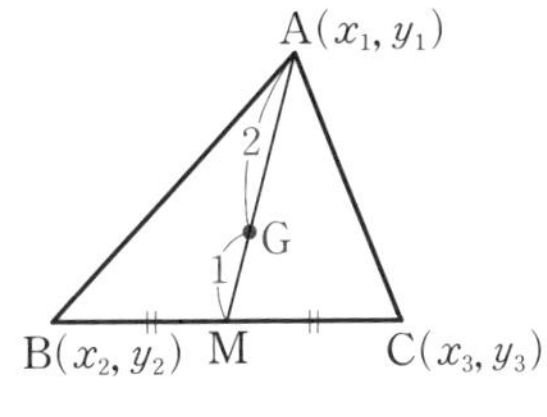

$$x=\frac{2\times\dfrac{x_2+x_3}{2}+1\times x_1}{2+1}=\frac{x_1+x_2+x_3}{3},$$

$$y=\frac{2\times\dfrac{y_2+y_3}{2}+1\times y_1}{2+1}=\frac{y_1+y_2+y_3}{3}$$

$$\therefore\ \mathbf{G}\left(\frac{x_1+x_2+x_3}{3}, \frac{y_1+y_2+y_3}{3}\right) \longleftarrow \boxed{\text{답}}$$

Advice | 위의 결과는 공식으로 기억해 두는 것이 좋다.

정석 $A(x_1, y_1)$, $B(x_2, y_2)$, $C(x_3, y_3)$인 $\triangle ABC$의 무게중심의 좌표는

$$\Longrightarrow \left(\frac{x_1+x_2+x_3}{3}, \frac{y_1+y_2+y_3}{3}\right)$$

유제 **1**-9. 세 점 $A(-2, 3)$, $B(4, 6)$, $C(1, -6)$을 꼭짓점으로 하는 $\triangle ABC$의 무게중심의 좌표를 구하시오. 답 **(1, 1)**

유제 **1**-10. $\triangle ABC$의 두 꼭짓점의 좌표가 $B(4, 2)$, $C(0, 5)$이고 무게중심의 좌표가 $(1, 1)$일 때, 꼭짓점 A의 좌표를 구하시오. 답 **A(−1, −4)**

유제 **1**-11. $\triangle ABC$의 변 AB의 중점을 M, 변 BC의 중점을 N이라 하고, 무게중심을 G라고 하자. 세 점 A, M, G의 좌표가 $A(4, 6)$, $M(2, 2)$, $G(4, 2)$일 때, 세 점 B, C, N의 좌표를 구하시오.

답 **B(0, −2), C(8, 2), N(4, 0)**

기본 문제 **1**-7 다음 물음에 답하시오.

(1) 세 점 A(1, 5), B(−4, −7), C(5, 2)를 꼭짓점으로 하는 △ABC가 있다. ∠A의 이등분선이 변 BC와 만나는 점 D의 좌표를 구하시오.

(2) 정삼각형 ABC의 한 꼭짓점의 좌표가 A(2, 2)이다. △ABC의 무게중심이 원점 O일 때, 변 BC의 중점 M의 좌표와 △ABC의 한 변의 길이를 구하시오.

정석연구 (1) △ABC에서 ∠A의 이등분선이 변 BC와 만나는 점을 D라고 할 때,

$$\overline{AB} : \overline{AC} = \overline{BD} : \overline{DC}$$

이다. 따라서 변 AB, AC의 길이를 구하면 $\overline{BD} : \overline{DC}$를 구할 수 있다.

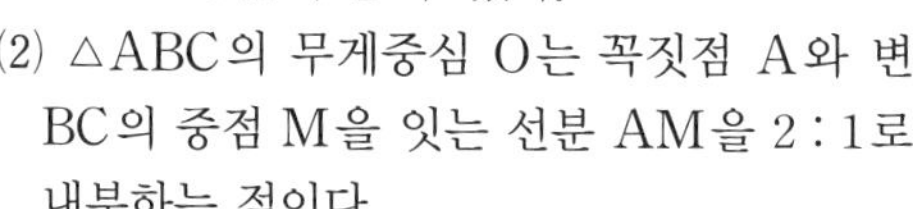

(2) △ABC의 무게중심 O는 꼭짓점 A와 변 BC의 중점 M을 잇는 선분 AM을 2 : 1로 내분하는 점이다.

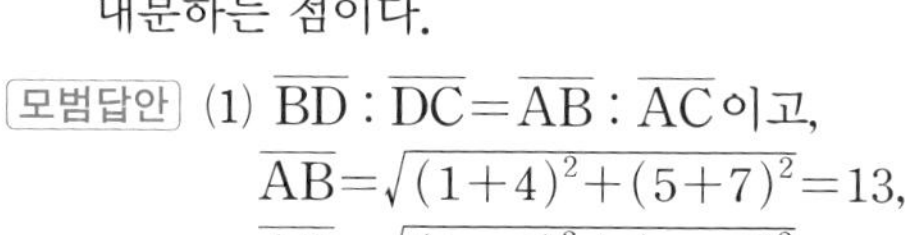

모범답안 (1) $\overline{BD} : \overline{DC} = \overline{AB} : \overline{AC}$이고,

$$\overline{AB} = \sqrt{(1+4)^2+(5+7)^2} = 13,$$

$$\overline{AC} = \sqrt{(1-5)^2+(5-2)^2} = 5$$

이므로 $\overline{BD} : \overline{DC} = 13 : 5$

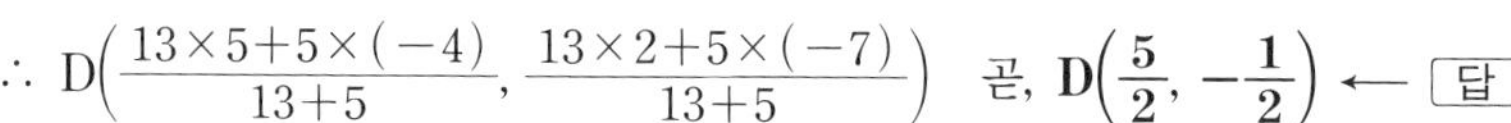

$$\therefore \ \mathrm{D}\left(\frac{13\times5+5\times(-4)}{13+5},\ \frac{13\times2+5\times(-7)}{13+5}\right) \quad \text{곧, } \mathbf{D}\left(\frac{5}{2},\ -\frac{1}{2}\right) \longleftarrow \boxed{\text{답}}$$

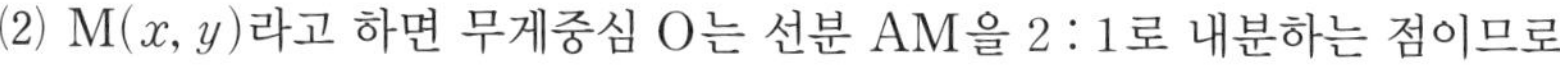

(2) M(x, y)라고 하면 무게중심 O는 선분 AM을 2 : 1로 내분하는 점이므로

$$\frac{2x+2}{2+1} = 0,\ \frac{2y+2}{2+1} = 0 \qquad \therefore \ x = -1,\ y = -1$$

$$\therefore \ \mathbf{M(-1,\ -1)} \longleftarrow \boxed{\text{답}}$$

따라서 $\overline{AM} = \sqrt{(2+1)^2+(2+1)^2} = 3\sqrt{2}$ 이므로

$$\overline{AB} = \frac{2}{\sqrt{3}} \times \overline{AM} = \frac{2}{\sqrt{3}} \times 3\sqrt{2} = \mathbf{2\sqrt{6}} \longleftarrow \boxed{\text{답}}$$

*Note 정삼각형 ABC의 한 변의 길이를 a라고 하면

$$\overline{AM}^2 = \overline{AB}^2 - \overline{BM}^2 = a^2 - \left(\frac{a}{2}\right)^2 = \frac{3}{4}a^2 \qquad \therefore \ a = \frac{2}{\sqrt{3}} \times \overline{AM}$$

유제 **1**-12. 세 점 A(5, 6), B(−3, 0), C(6, 3)을 꼭짓점으로 하는 △ABC의 변 BC를 1 : 2로 내분하는 점을 P라 하고, 선분 AP를 3 : 2로 내분하는 점을 Q라고 할 때, △PQC의 넓이를 구하시오.

답 **4**

기본 문제 1-8 사각형 ABCD에 대하여 다음 물음에 답하시오.

(1) $\mathrm{A}(-2,\ 3)$, $\mathrm{B}(-3,\ 0)$, $\mathrm{C}(4,\ 0)$, $\mathrm{D}(3,\ 5)$이고, 대각선 AC, BD의 중점을 각각 M, N이라고 할 때, 선분 MN의 길이를 구하시오.

(2) 선분 AB, CD의 중점을 각각 P, Q라 하고, 대각선 AC, BD의 중점을 각각 R, S라고 할 때, 선분 PQ의 중점과 선분 RS의 중점이 일치함을 보이시오.

정석연구 (1) 다음 **정석**을 이용하여 먼저 두 점 M, N의 좌표를 구한다.

정 석 두 점 $\mathbf{A}(x_1,\ y_1)$, $\mathbf{B}(x_2,\ y_2)$에 대하여

선분 **AB**의 중점의 좌표는 $\Longrightarrow \left(\dfrac{x_1+x_2}{2},\ \dfrac{y_1+y_2}{2}\right)$

(2) 좌표를 이용하는 방법을 생각해 본다.

모범답안 (1) $\mathrm{M}\left(1,\ \dfrac{3}{2}\right)$, $\mathrm{N}\left(0,\ \dfrac{5}{2}\right)$이므로

$\overline{\mathrm{MN}}=\sqrt{(0-1)^2+\left(\dfrac{5}{2}-\dfrac{3}{2}\right)^2}=\sqrt{2}$ ← 답

(2) 오른쪽 아래 그림과 같이 좌표축과 네 점 A, B, C, D의 좌표를 정하면

$$\mathrm{P}\left(\frac{a+b}{2},\ 0\right),\ \mathrm{Q}\left(\frac{c}{2},\ \frac{d+e}{2}\right)$$

이므로 선분 PQ의 중점을 M_1이라고 하면

$$\mathrm{M}_1\left(\frac{a+b+c}{4},\ \frac{d+e}{4}\right)$$

또, $\mathrm{R}\left(\dfrac{a+c}{2},\ \dfrac{d}{2}\right)$, $\mathrm{S}\left(\dfrac{b}{2},\ \dfrac{e}{2}\right)$

이므로 선분 RS의 중점을 M_2라고 하면

$$\mathrm{M}_2\left(\frac{a+b+c}{4},\ \frac{d+e}{4}\right)$$

따라서 점 M_1과 점 M_2는 일치한다.

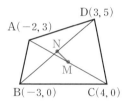

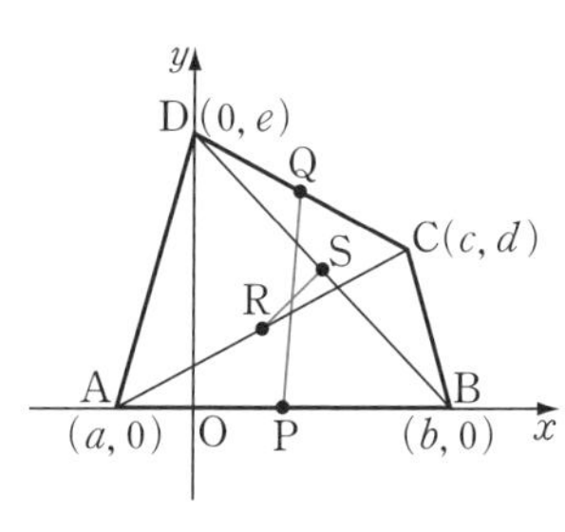

유제 **1**-13. 세 꼭짓점이 $\mathrm{A}(2,\ 6)$, $\mathrm{B}(-2,\ 2)$, $\mathrm{C}(6,\ 4)$인 △ABC의 변 AB, BC, CA의 중점을 각각 P, Q, R이라고 할 때, △PQR의 무게중심의 좌표를 구하시오. 답 **(2, 4)**

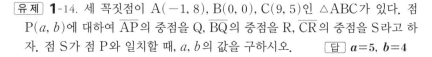

유제 **1**-14. 세 꼭짓점이 $\mathrm{A}(-1,\ 8)$, $\mathrm{B}(0,\ 0)$, $\mathrm{C}(9,\ 5)$인 △ABC가 있다. 점 $\mathrm{P}(a,\ b)$에 대하여 $\overline{\mathrm{AP}}$의 중점을 Q, $\overline{\mathrm{BQ}}$의 중점을 R, $\overline{\mathrm{CR}}$의 중점을 S라고 하자. 점 S가 점 P와 일치할 때, a, b의 값을 구하시오. 답 $\boldsymbol{a=5,\ b=4}$

§3. 좌표와 자취

1 자취를 구하는 방법

어떤 조건을 만족시키는 점 P의 자취를 구하는 데에는

도형만으로 생각하는 방법, 좌표를 이용하는 방법

이 있다. 여기에서는 좌표를 이용하는 방법을 공부해 보자.

보기 1 두 정점 A, B 사이의 거리가 $2a$일 때, $\overline{\mathrm{PA}}=\overline{\mathrm{PB}}$인 점 P의 자취를 구하시오.

연구 두 점 A, B를 지나는 직선을 x축으로, 선분 AB의 수직이등분선을 y축으로 잡고, 두 점 A, B의 좌표를 각각 $(-a, 0)$, $(a, 0)$이라고 하자.

조건을 만족시키는 임의의 점을 $\mathrm{P}(x, y)$라고 하면

$$\overline{\mathrm{PA}}^2=(x+a)^2+y^2,$$
$$\overline{\mathrm{PB}}^2=(x-a)^2+y^2$$

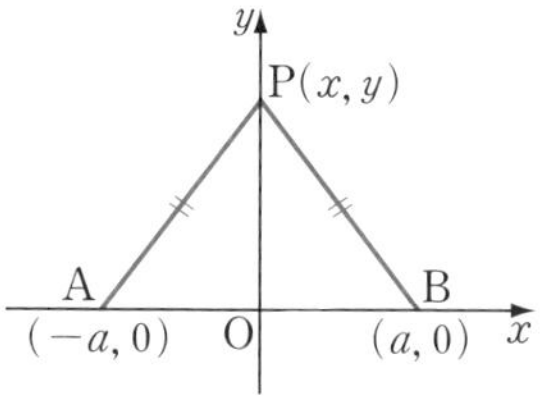

y, P(x, y), A, B, (−a, 0), O, (a, 0), x

문제의 조건에서 $\overline{\mathrm{PA}}=\overline{\mathrm{PB}}$이므로

$$(x+a)^2+y^2=(x-a)^2+y^2 \qquad \therefore\ x=0$$

따라서 구하는 자취는 직선 $x=0$이다. 곧, 선분 **AB**의 수직이등분선이다.

기본정석 — 자취를 구하는 방법

주어진 조건을 만족시키는 점의 자취가 어떤 도형인지를 밝히는 데 있어서 좌표를 이용하는 방법은

(i) 좌표축을 적당히 잡고(도형에 관한 문제일 때), 주어진 조건을 만족시키는 임의의 점의 좌표를 (x, y)라고 한다.

(ii) 주어진 조건을 이용하여 x와 y의 관계식을 만든다.

(iii) 위의 x와 y의 관계식을 보고 자취가 무엇인가를 판정한다.

Advice | 위의 **보기**에서 점 A를 지나고 선분 AB에 수직인 직선을 y축으로 잡으면 구하는 자취는 직선 $x=a$가 되며, 이와 같이 정한 좌표축에서 직선 $x=a$는 선분 AB의 수직이등분선이 됨을 알 수 있다.

결국 좌표축을 어떻게 잡든 같은 결과가 나오지만, 좌표축을 잡는 방법에 따라 중간 계산이 간편할 수도 있고 복잡할 수도 있다. 이런 점을 생각하면서 좌표축을 잡아야 한다.

기본 문제 **1**-9 다음 물음에 답하시오.

(1) 세 점 $A(-1, 0)$, $B(2, -3)$, $C(5, 3)$에 대하여 $\overline{AP}^2+\overline{BP}^2=2\overline{CP}^2$을 만족시키는 점 P의 자취의 방정식을 구하시오.

(2) 두 정점 A, B 사이의 거리가 10일 때, $\overline{PA}^2-\overline{PB}^2=20$을 만족시키는 점 P의 자취를 구하시오.

정석연구 (1) 점 P의 좌표를 $P(x, y)$로 놓고 조건식을 이용하여 x와 y의 관계식을 구한다.

(2) 두 점 A, B를 지나는 직선을 x축으로, 점 A를 지나고 선분 AB에 수직인 직선을 y축으로 잡는다.

정석 자취 문제 해결의 기본

(i) 조건을 만족시키는 임의의 점의 좌표를 $(\boldsymbol{x}, \boldsymbol{y})$라 하고,

(ii) 주어진 조건을 이용하여 $\boldsymbol{x}$와 $\boldsymbol{y}$의 관계식을 구한다.

모범답안 (1) 점 P의 좌표를 $P(x, y)$라고 하면 주어진 조건식은

$$\{(x+1)^2+y^2\}+\{(x-2)^2+(y+3)^2\}=2\{(x-5)^2+(y-3)^2\}$$

$\therefore$ $\boldsymbol{x+y-3=0}$ ← 답

(2) 두 점 A, B를 지나는 직선을 x축으로, 점 A를 지나고 선분 AB에 수직인 직선을 y축으로 잡고, $A(0, 0)$, $B(10, 0)$이라고 하자.

조건을 만족시키는 임의의 점을 $P(x, y)$라고 하면

$$\overline{PA}^2=x^2+y^2,\ \overline{PB}^2=(x-10)^2+y^2$$

$\overline{PA}^2-\overline{PB}^2=20$이므로

$$(x^2+y^2)-\{(x-10)^2+y^2\}=20 \qquad \therefore\ x=6$$

답 **점 A에서 점 B 쪽으로 6만큼 떨어진 점을 지나고 선분 AB에 수직인 직선**

***Note** (2) 두 점 A, B를 지나는 직선을 x축으로, 선분 AB의 수직이등분선을 y축으로 놓고 자취를 구해도 된다.

유제 **1**-15. 세 점 $O(0, 0)$, $A(3, 0)$, $B(0, 1)$에 대하여 $2\overline{OP}^2=\overline{AP}^2+\overline{BP}^2$을 만족시키는 점 P의 자취의 방정식을 구하시오. 답 $\boldsymbol{3x+y-5=0}$

유제 **1**-16. 두 점 $A(3, 0)$, $B(0, 2)$에 대하여 $\overline{PA}^2-\overline{PB}^2=5$를 만족시키는 점 P의 자취의 방정식을 구하시오. 답 $\boldsymbol{3x-2y=0}$

연습문제 1

1-1 세 점 O(0, 0), A(a, b), B($a+b$, $b-a$)를 꼭짓점으로 하는 삼각형은 어떤 삼각형인가?

1-2 세 점 A(6, 1), B(−1, 2), C(2, 3)을 꼭짓점으로 하는 △ABC에 대하여 다음 물음에 답하시오.

(1) △ABC의 외심의 좌표를 구하시오.

(2) △ABC의 외접원의 반지름의 길이를 구하시오.

1-3 세 점 O(0, 0), A(2, 0), B(4, 3)에 대하여 $\overline{PO}^2+\overline{PA}^2+\overline{PB}^2$의 값을 최소로 하는 점 P의 좌표와 그때의 최솟값을 구하시오.

1-4 포물선 $y=x^2+2x$ 위의 점 중에서 점 P(−1, 0)과 가장 가까운 점을 Q라고 할 때, 두 점 P, Q 사이의 거리를 구하시오.

1-5 점 G는 △ABC의 무게중심이다. $\overline{AG}=4$, $\overline{BG}=3$, $\overline{CG}=5$일 때, 변 BC의 길이는?

① $\sqrt{13}$ ② $3\sqrt{2}$ ③ $3\sqrt{3}$ ④ $2\sqrt{13}$ ⑤ $5\sqrt{3}$

1-6 세 점 A(a, 5), B(3, 7), C(−2, 3)을 꼭짓점으로 하는 △ABC의 무게중심이 G(1, b)일 때, $a+b$의 값은?

① 5 ② 6 ③ 7 ④ 8 ⑤ 9

1-7 좌표평면 위의 원점 O와 두 점 A, B를 꼭짓점으로 하는 △OAB에 대하여 세 변 OA, OB, AB의 중점을 각각 P, Q, R이라고 하자. 점 R의 좌표가 (12, 18)일 때, △OPQ의 무게중심 G의 좌표는?

① (2, 3) ② (2, 6) ③ (4, 3) ④ (4, 6) ⑤ (6, 9)

1-8 세 점 O(0, 0), A(3, 4), B(−3, 0)에 대하여 ∠AOB의 이등분선이 선분 AB와 만나는 점의 좌표를 구하시오.

1-9 오른쪽 그림과 같이 세 점 O(0, 0), A(5, $-\sqrt{11}$), B(4, 3)을 꼭짓점으로 하는 △OAB가 있다. 변 OA의 중점 M과 변 OB 위의 점 N에 대하여 △OAB∽△ONM일 때, 점 N의 좌표를 구하시오.

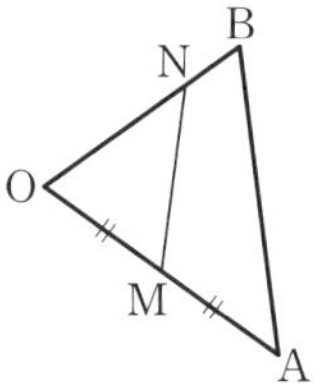

1-10 ∠AOB=90°, $\overline{OA}=4$, $\overline{OB}=2$인 △AOB에 대하여 $\overline{PA}^2-\overline{PB}^2=12$를 만족시키는 점 P의 자취를 구하시오.

2. 직선의 방정식

방정식의 그래프／두 직선의 위치 관계
／직선의 방정식／정점을 지나는 직선
／점과 직선 사이의 거리／자취 문제

§1. 방정식의 그래프

1 방정식의 그래프

이를테면 x, y에 관한 일차방정식

$$2x-y-1=0 \qquad \cdots\cdots ㉮$$

을 만족시키는 x, y의 순서쌍 (x, y)는

$$\cdots,\ (-1,\ -3),\ (0,\ -1),\ (1,\ 1),\ (2,\ 3),\ \cdots$$

이다.

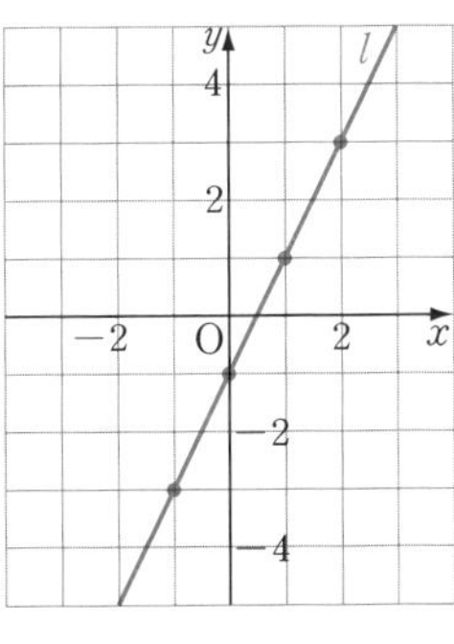

이들을 좌표로 하는 점들을 좌표평면 위에 나타내면 오른쪽 그림의 직선 l이 된다.

역으로 직선 l 위의 모든 점의 x, y좌표는 방정식 ㉮을 만족시킨다.

이때, 직선 l을 방정식 ㉮의 그래프라 하고, 방정식 ㉮을 직선 $\boldsymbol{l}$의 방정식이라고 한다.

방정식이 $y=x^4$, $x^2+y^2=4$ 등으로 주어지는 경우에도 그 그래프의 개형을 파악하는 기본 방법은 다음과 같다.

기본정석 **그래프의 개형을 파악하는 기본 방법**

첫째 — 방정식의 x에 여러 가지 값을 대입하고, 그에 대응하는 y의 값을 구한다.

둘째 — 위의 x의 값을 x좌표로, y의 값을 y좌표로 하는 점들을 좌표평면 위에 나타내고, 그 점들을 이어 본다.

2 $y=ax+b$의 그래프

다음 두 방정식의 그래프로부터 방정식 $y=ax+b$의 그래프에서 a, b가 가진 성질에 대하여 알아보자.

(1) $y=ax+1$의 그래프

$$a=-2,\ -\frac{1}{2},\ 0,\ \frac{1}{2},\ 2$$

의 각 경우에 대하여 앞면의 방법에 따라 그래프를 그리면 다음과 같다.

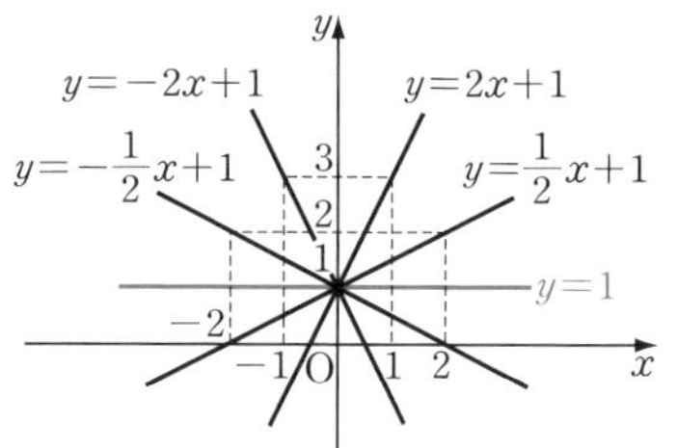

(2) $y=\frac{1}{2}x+b$의 그래프

$$b=-2,\ 0,\ 2$$

의 각 경우에 대하여 앞면의 방법에 따라 그래프를 그리면 다음과 같다.

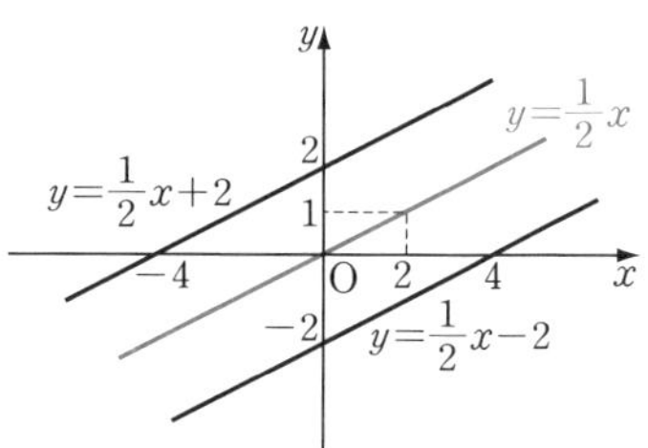

기본정석 — $y=ax+b$의 그래프

(1) $y=ax+b$에서 a의 성질

$y=ax+b$의 그래프는

$a>0$이면 오른쪽 위로 올라가는 직선,

$a<0$이면 오른쪽 아래로 내려가는 직선,

$a=0$이면 y축에 수직인 직선이다.

이때, a를 기울기라고 한다.

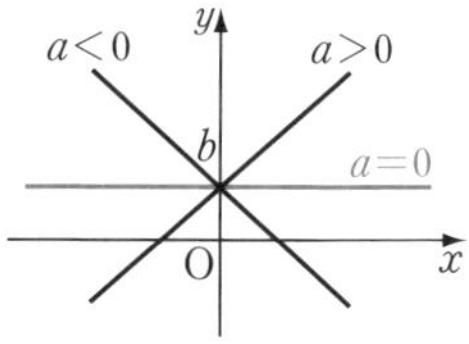

직선 $y=ax+b$가 x축과 이루는 예각의 크기를 θ라고 하면

(i) $a>0$일 때, $a=\tan\theta$

(ii) $a<0$일 때, $a=-\tan\theta$

(2) $y=ax+b$에서 b의 성질

$y=ax+b$의 그래프는

$b>0$이면 원점 위쪽에서 y축과 만나고,

$b<0$이면 원점 아래쪽에서 y축과 만나며,

$b=0$이면 원점을 지난다.

이때, b를 y절편이라고 한다.

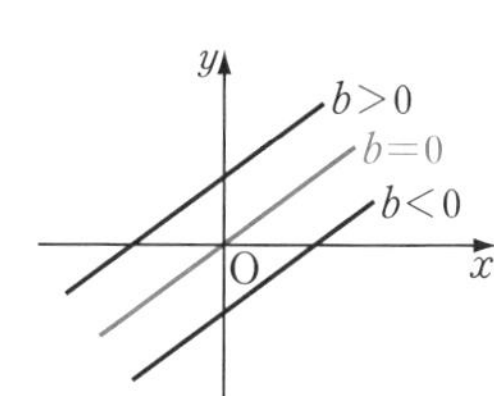

Advice | 직선 $y=ax+b$가 x축과 이루는 예각의 크기를 θ라고 할 때, 기울기 a와 θ 사이에 다음 관계가 성립한다.

(i) $a>0$일 때, $a=\tan\theta$　　　(ii) $a<0$일 때, $a=-\tan\theta$

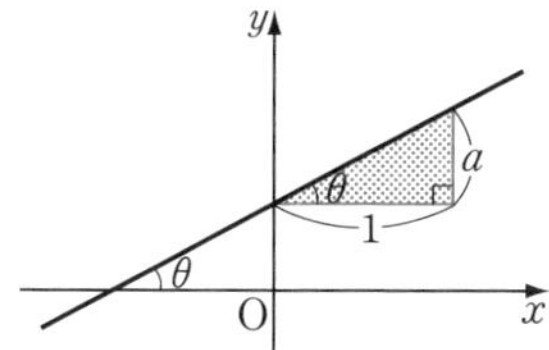

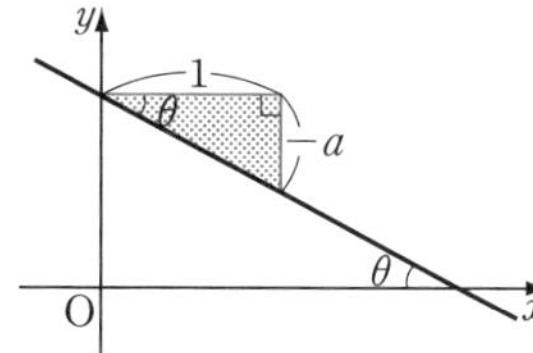

보기 1 방정식 $y=\sqrt{3}x-1$의 그래프의 기울기와 y절편을 구하시오. 또, 그래프가 x축과 이루는 예각의 크기를 구하시오.

연구 기울기 : $\boldsymbol{\sqrt{3}}$, y절편 : $\boldsymbol{-1}$

x축과 이루는 예각의 크기를 θ라고 하면 기울기가 양수이므로

$$\tan\theta=\sqrt{3} \qquad \therefore\ \theta=\mathbf{60^\circ}$$

보기 2 $y=ax+b$의 그래프가 오른쪽과 같을 때, ①~④에 대하여 a, b의 부호를 조사하시오.

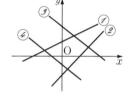

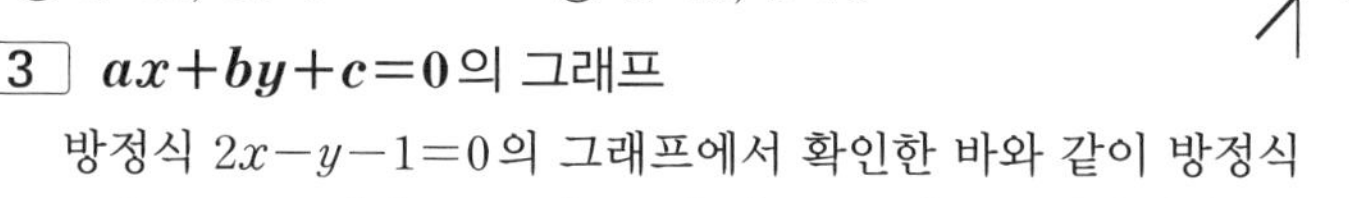

연구 ① $\boldsymbol{a>0,\ b>0}$　　② $\boldsymbol{a>0,\ b<0}$

③ $\boldsymbol{a<0,\ b>0}$　　④ $\boldsymbol{a<0,\ b<0}$

3 $ax+by+c=0$의 그래프

방정식 $2x-y-1=0$의 그래프에서 확인한 바와 같이 방정식 $ax+by+c=0$에서 $a\neq0,\ b\neq0$일 때 그 그래프는 직선이다.

이제 방정식 $ax+by+c=0$에서 a, b 중 어느 한쪽이 0인 경우의 그래프에 대하여 알아보자.

(1) $\boldsymbol{x-2=0}$, 곧 $\boldsymbol{x=2}$의 그래프

y의 값에 관계없이 x의 값이 항상 2이다.

x	…	2	2	2	2	2	…
y	…	-2	-1	0	1	2	…

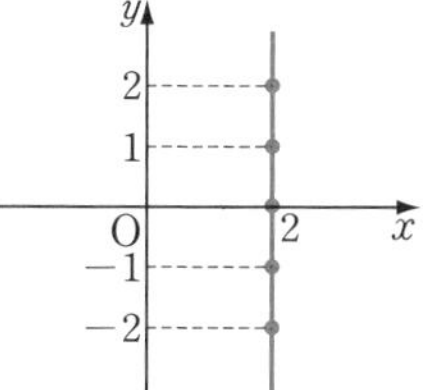

(2) $\boldsymbol{y-2=0}$, 곧 $\boldsymbol{y=2}$의 그래프

x의 값에 관계없이 y의 값이 항상 2이다.

이것을 $y=0\times x+2$와 같이 보아도 좋다.

x	…	-2	-1	0	1	2	…
y	…	2	2	2	2	2	…

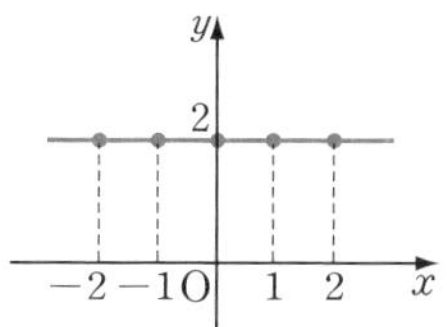

기본정석 $ax+by+c=0$의 그래프

$ax+by+c=0$에서

(i) $b\neq0$일 때 $\boldsymbol{y=-\frac{a}{b}x-\frac{c}{b}}$

⟹ 기울기가 $-\frac{a}{b}$, y절편이 $-\frac{c}{b}$인 직선

특히 $b\neq0$, $a=0$일 때 $\boldsymbol{y=-\frac{c}{b}}$

⟹ y축에 수직인 직선

(ii) $b=0$, $a\neq0$일 때 $\boldsymbol{x=-\frac{c}{a}}$

⟹ x축에 수직인 직선

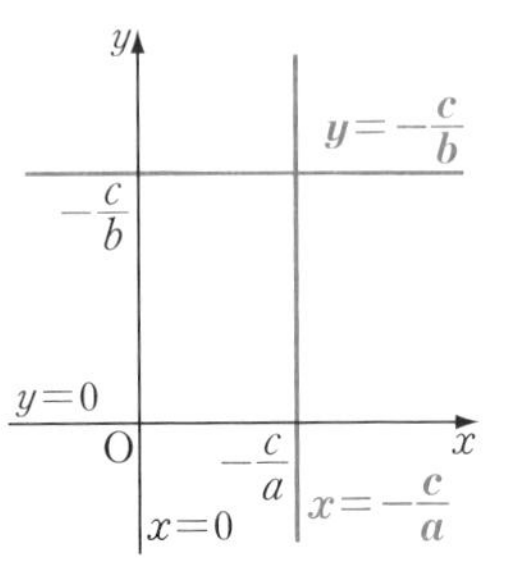

Advice | 방정식 $y=ax+b$는 $a=0$일 때 $y=b$로서 y축에 수직인 직선을 나타낸다. 그러나 이 방정식은 a, b가 어떤 값을 가진다고 해도 y항은 항상 남게 되므로 $x=k$의 꼴로 나타낼 수 없다. 따라서 x축에 수직인 직선을 나타낼 수는 없게 된다. 그래서 방정식 $y=ax+b$는 직선의 방정식의 일반형이라고 말할 수 없다.

그러나 방정식 $ax+by+c=0$은 $a=0$이고 $b\neq0$일 때 y축에 수직인 직선을, $b=0$이고 $a\neq0$일 때 x축에 수직인 직선을 나타내므로 좌표평면 위의 모든 직선을 나타낼 수 있다. 따라서 이 방정식을 직선의 방정식의 일반형이라고 말할 수 있다.

정석 $\boldsymbol{a}$, $\boldsymbol{b}$ 중 적어도 하나는 $\boldsymbol{0}$이 아닐 때

직선의 방정식의 일반형은 ⟹ $\boldsymbol{ax+by+c=0}$

보기 3 다음 방정식의 그래프를 그리시오.

(1) $x+2=0$ (2) $y+3=0$ (3) $2x+y-1=0$

연구 (1) $x+2=0$에서 $x=-2$ (2) $y+3=0$에서 $y=-3$

(3) $2x+y-1=0$에서 $y=-2x+1$이고,

$x=0$일 때 $y=1$, $y=0$일 때 $x=\frac{1}{2}$

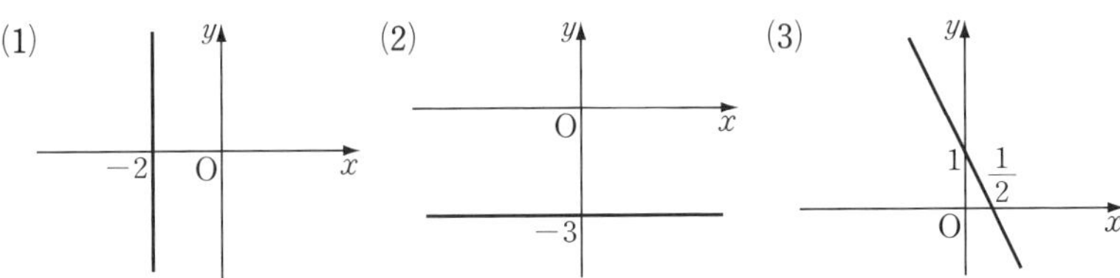

Note 그래프를 그릴 때에는 보통 x절편, y절편을 나타낸다.

기본 문제 2-1 다음 물음에 답하시오.

(1) 기울기가 양수인 직선 $(a-1)x-y+b-2=0$이 x축과 이루는 예각의 크기가 60°이고, y절편이 -1일 때, 상수 a, b의 값을 구하시오.

(2) 직선 $ax+2y=4$와 x축, y축으로 둘러싸인 도형의 넓이가 16일 때, 양수 a의 값을 구하시오.

정석연구 (1) 직선의 방정식을 $y=mx+n$의 꼴로 변형한다.

정석 기울기와 $\boldsymbol{y}$절편을 알고자 할 때에는

$\boldsymbol{ax+by+c=0}$의 꼴을 $\Longrightarrow$ $\boldsymbol{y=mx+n}$의 꼴로!

(2) x절편과 y절편을 구하는 일반적인 방법은 다음과 같다.

정석 방정식 $\boldsymbol{y=f(x)}$의 그래프에서

$\boldsymbol{x}$절편은 $\Longrightarrow$ $\boldsymbol{0=f(x)}$의 해 ($\boldsymbol{y}$ 대신 $\boldsymbol{0}$을 대입)

$\boldsymbol{y}$절편은 $\Longrightarrow$ $\boldsymbol{y=f(0)}$의 해 ($\boldsymbol{x}$ 대신 $\boldsymbol{0}$을 대입)

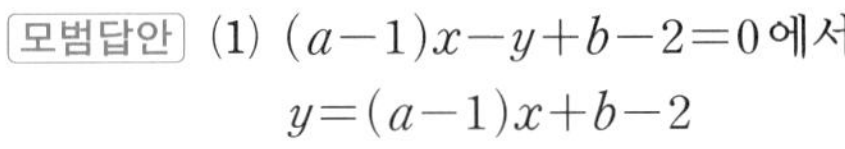

모범답안 (1) $(a-1)x-y+b-2=0$에서

$y=(a-1)x+b-2$

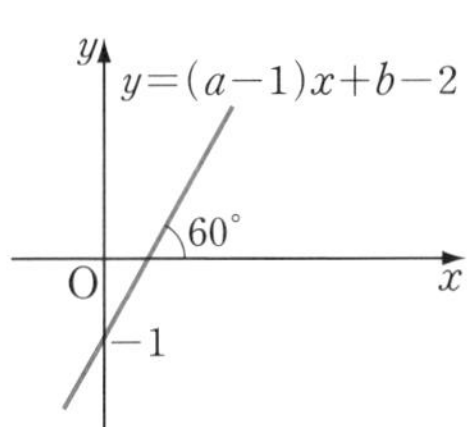

기울기 : $a-1=\tan 60^\circ$ $\quad\therefore a=\sqrt{3}+1$

y절편 : $b-2=-1$ $\quad\therefore b=1$

답 $\boldsymbol{a=\sqrt{3}+1,\ b=1}$

(2) $ax+2y=4$에서

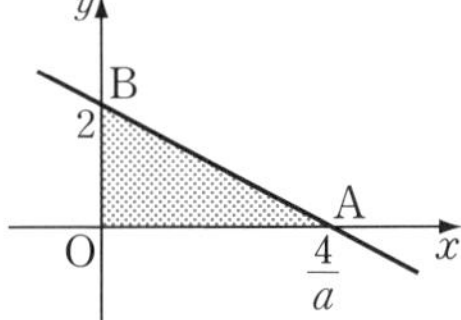

x절편 : $y=0$일 때이므로

$ax+2\times 0=4$ $\quad\therefore x=\dfrac{4}{a}$

y절편 : $x=0$일 때이므로

$a\times 0+2y=4$ $\quad\therefore y=2$

오른쪽 그림에서 $\triangle$OAB의 넓이가 16이므로

$\dfrac{1}{2}\times\dfrac{4}{a}\times 2=16$ $\quad\therefore \boldsymbol{a=\dfrac{1}{4}}$ ← 답

유제 **2**-1. 기울기가 음수인 직선 $(m-2)x-y-n+3=0$이 x축과 이루는 예각의 크기가 45°이고, y절편이 4일 때, 상수 m, n의 값을 구하시오.

답 $\boldsymbol{m=1,\ n=-1}$

유제 **2**-2. 직선 $x+4y=4$가 x축, y축에 의하여 잘린 선분의 길이를 구하시오. 또, 이 직선과 x축, y축으로 둘러싸인 도형의 넓이를 구하시오.

답 길이 : $\boldsymbol{\sqrt{17}}$, 넓이 : $\boldsymbol{2}$

§2. 두 직선의 위치 관계

1 두 직선 $y=ax+b$와 $y=a'x+b'$의 위치 관계

평면에서 두 직선의 위치 관계는

한 점에서 만나는 경우, 평행한 경우, 일치하는 경우

로 나눌 수 있다. 또, 한 점에서 만나는 경우의 특수한 예로서 수직인 경우가 있다. 일반적으로 두 직선

$$y=ax+b \quad \cdots\cdots ① \qquad y=a'x+b' \quad \cdots\cdots ②$$

에서

직선 ①, ②의 교점의 x, y좌표 $\Longleftrightarrow$ 연립방정식 ①, ②의 해

이므로 계수, 그래프, 연립방정식의 해 사이에는 다음 관계가 있다.

기본정석 **두 직선 $y=ax+b$와 $y=a'x+b'$의 위치 관계**

(1) $a\neq a'$ $\Longleftrightarrow$ 한 점에서 만난다 $\Longleftrightarrow$ 한 쌍의 해를 가진다
(2) $a=a',\ b\neq b'$ $\Longleftrightarrow$ 평행하다 $\Longleftrightarrow$ 해가 없다(불능)
(3) $a=a',\ b=b'$ $\Longleftrightarrow$ 일치한다 $\Longleftrightarrow$ 해가 무수히 많다(부정)
(4) $aa'=-1$ $\Longleftrightarrow$ 수직이다 ⇦ 한 쌍의 해를 가진다

Advice ‖ (4)의 수직 조건은

두 직선 $y=ax$와 $y=a'x$가 수직이다 $\Longleftrightarrow$ $aa'=-1$

임을 보여도 충분하다.

두 직선 위에 각각 점 A$(1, a)$와 점 B$(1, a')$을 잡을 때, 두 직선이 수직이면 원점 O에 대하여 △AOB는 직각삼각형이므로

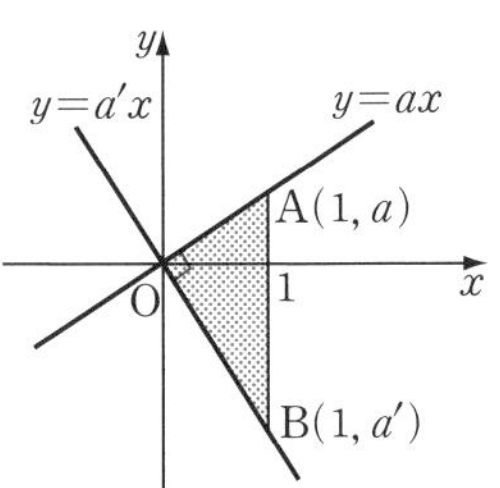

$$\overline{\text{OA}}^2+\overline{\text{OB}}^2=\overline{\text{AB}}^2$$

$$\therefore\ (1+a^2)+(1+a'^2)=(a-a')^2$$

$$\therefore\ aa'=-1$$

역으로 $aa'=-1$이면

$$\overline{OA}^2+\overline{OB}^2=(1+a^2)+(1+a'^2)=a^2-2aa'+a'^2=(a-a')^2=\overline{AB}^2$$

곧, $\triangle$AOB는 직각삼각형이므로 두 직선은 수직이다.

보기 1 직선 $y=ax+2$와 직선 $y=3x+1$이 서로 수직일 때, 상수 a의 값을 구하시오.

연구 $a\times3=-1$이므로 $\boldsymbol{a=-\frac{1}{3}}$ ⇦ 3의 역수의 부호를 바꾼 것

보기 2 세 방정식 $3x+5y=9$, $6x+10y=11$, $5x-3y-3=0$이 나타내는 그래프의 위치 관계를 말하시오.

연구 $3x+5y=9$에서 $y=-\frac{3}{5}x+\frac{9}{5}$ ……①

$6x+10y=11$에서 $y=-\frac{3}{5}x+\frac{11}{10}$ ……②

$5x-3y-3=0$에서 $y=\frac{5}{3}x-1$ ……③

①과 ②는 평행하고, ①과 ③, ②와 ③은 각각 서로 수직이다.

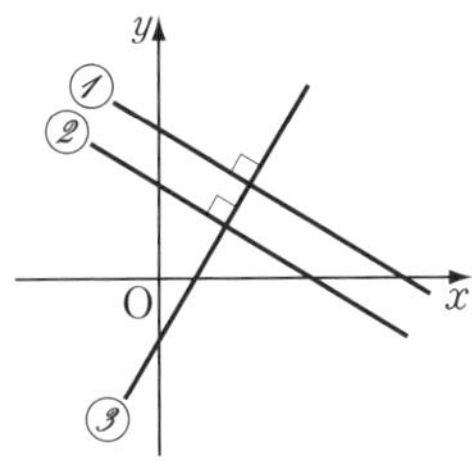

2 두 직선 $ax+by+c=0$과 $a'x+b'y+c'=0$의 위치 관계

두 직선의 방정식

$$ax+by+c=0 \quad \cdots\cdots① \qquad a'x+b'y+c'=0 \quad \cdots\cdots②$$

에서 $abc\neq0$, $a'b'c'\neq0$일 때,

$$y=-\frac{a}{b}x-\frac{c}{b}, \quad y=-\frac{a'}{b'}x-\frac{c'}{b'}$$

(1) 직선 ①, ②가 한 점에서 만나기 위한 조건은

기울기가 같지 않아야 하므로 $-\frac{a}{b}\neq-\frac{a'}{b'}$ $\therefore \frac{a}{a'}\neq\frac{b}{b'}$

이때, 연립방정식 ①, ②는 한 쌍의 해를 가진다.

(2) 직선 ①, ②가 평행하기 위한 조건은

기울기 : $-\frac{a}{b}=-\frac{a'}{b'}$, y절편 : $-\frac{c}{b}\neq-\frac{c'}{b'}$ $\therefore \frac{a}{a'}=\frac{b}{b'}\neq\frac{c}{c'}$

이때, ①, ②의 교점이 없으므로 연립방정식 ①, ②의 해도 없다. 곧, 불능

(3) 직선 ①, ②가 일치하기 위한 조건은

기울기 : $-\frac{a}{b}=-\frac{a'}{b'}$, y절편 : $-\frac{c}{b}=-\frac{c'}{b'}$ $\therefore \frac{a}{a'}=\frac{b}{b'}=\frac{c}{c'}$

이때, ①, ②의 교점이 무수히 많으므로 연립방정식 ①, ②의 해도 무수히 많다. 곧, 부정

(4) 직선 ①, ②가 수직이기 위한 조건은

$\left(-\frac{a}{b}\right)\times\left(-\frac{a'}{b'}\right)=-1$에서 $\frac{aa'}{bb'}=-1$ $\quad\therefore\ \boldsymbol{aa'+bb'=0}$

*__Note__ $b=0$일 때, ①은 x축에 수직인 직선을 나타낸다. 이 경우

직선 ①과 ②가 서로 수직 $\iff$ (직선 ②)$\perp$(y축) $\iff$ $a'=0$

곧, $b=0$일 때 $a'=0$이고 $aa'+bb'=0$을 만족시킨다.

$b'=0$일 때에도 위와 같이 생각하면 $aa'+bb'=0$을 만족시킨다.

이상에서 공부한 두 직선의 위치 관계 및 연립방정식의 해에 관한 조건을 다음과 같이 정리해 두면 기억하기 쉽다.

이때, 분모가 0인 경우에는 ①, ②에서 따로 생각해야 한다.

기본정석 **$ax+by+c=0$과 $a'x+b'y+c'=0$의 위치 관계**

두 직선 $ax+by+c=0$, $a'x+b'y+c'=0$에 대하여
$abc\neq0$, $a'b'c'\neq0$일 때

(1) $\frac{a}{a'}\neq\frac{b}{b'}$ $\iff$ 한 점에서 만난다 $\iff$ 한 쌍의 해를 가진다

(2) $\frac{a}{a'}=\frac{b}{b'}\neq\frac{c}{c'}$ $\iff$ 평행하다 $\iff$ 해가 없다(불능)

(3) $\frac{a}{a'}=\frac{b}{b'}=\frac{c}{c'}$ $\iff$ 일치한다 $\iff$ 해가 무수히 많다(부정)

(4) $aa'+bb'=0$ $\iff$ 수직이다 ⇦ 한 쌍의 해를 가진다

Advice ∥ $ax+by+c=0\,(b\neq0)$ 꼴의 직선들의 위치 관계는 이들을 $y=mx+n$의 꼴로 변형한 다음, 이들의 기울기와 y절편을 비교하면 알 수 있다. 그러나 위의 성질을 이용하면 굳이 $y=mx+n$의 꼴로 변형하지 않고서도 위치 관계를 보다 쉽게 알 수 있다.

보기 3 다음을 만족시키는 상수 a, b의 값을 구하시오.

(1) 두 직선 $ax+2y+1=0$과 $3x+y-1=0$이 평행하다.

(2) 두 직선 $ax+4y-4=0$과 $x+2y+b=0$이 일치한다.

(3) 두 직선 $x+4y-1=0$과 $ax-2y+2=0$이 수직이다.

(4) 두 직선 $ax+3y=2$와 $6x+4y=5$가 수직이다.

연구 (1) $\frac{a}{3}=\frac{2}{1}\neq\frac{1}{-1}$에서 $\quad\boldsymbol{a=6}$

(2) $\frac{a}{1}=\frac{4}{2}=\frac{-4}{b}$에서 $\quad\boldsymbol{a=2,\ b=-2}$

(3) $1\times a+4\times(-2)=0$에서 $\quad\boldsymbol{a=8}$ (4) $a\times6+3\times4=0$에서 $\quad\boldsymbol{a=-2}$

기본 문제 **2**-2 두 직선

$$ax+(a-3)y+1=0, \quad (a-3)x+4y-2=0$$

이 다음을 만족시킬 때, 상수 a의 값을 구하시오.

(1) 두 직선이 평행하다. (2) 두 직선이 일치한다.

(3) 두 직선이 서로 수직이다.

정석연구 두 직선의 평행, 일치, 수직 조건은 다음과 같다. 이 조건에서 분모가 0인 경우에는 두 직선의 방정식에서 따로 생각해야 한다.

정석 두 직선 $\boldsymbol{ax+by+c=0,\ a'x+b'y+c'=0}$에 대하여

(i) 평행 조건 ⟹ $\boldsymbol{\dfrac{a}{a'}=\dfrac{b}{b'}\neq\dfrac{c}{c'}}$

(ii) 일치 조건 ⟹ $\boldsymbol{\dfrac{a}{a'}=\dfrac{b}{b'}=\dfrac{c}{c'}}$

(iii) 수직 조건 ⟹ $\boldsymbol{aa'+bb'=0}$

모범답안 $a=3$일 때, 두 직선은 $3x+1=0$, $4y-2=0$이므로 서로 수직이다.

따라서 이때에는 두 직선이 평행하거나 일치할 수 없다.

(1) 두 직선이 평행할 때

$$\frac{a}{a-3}=\frac{a-3}{4}\ (a\neq3) \quad \cdots\cdots① \qquad \frac{a-3}{4}\neq\frac{1}{-2} \quad \cdots\cdots②$$

①에서 $(a-3)^2=4a$ $\quad\therefore\ a^2-10a+9=0$ $\quad\therefore\ a=1,\ 9$

②에서 $-2(a-3)\neq4$ $\quad\therefore\ a\neq1$

따라서 ①, ②를 동시에 만족시키는 a의 값은 $\boldsymbol{a=9}$ ← 답

(2) 두 직선이 일치할 때

$$\frac{a}{a-3}=\frac{a-3}{4}\ (a\neq3) \quad \cdots\cdots③ \qquad \frac{a-3}{4}=\frac{1}{-2} \quad \cdots\cdots④$$

③에서 $a=1,\ 9$ ④에서 $a=1$

따라서 ③, ④를 동시에 만족시키는 a의 값은 $\boldsymbol{a=1}$ ← 답

(3) 두 직선이 수직일 때 $a(a-3)+(a-3)\times4=0$

$\therefore\ (a+4)(a-3)=0$ $\quad\therefore\ \boldsymbol{a=-4,\ 3}$ ← 답

유제 **2**-3. 두 직선 $(2-a)x+2y+a+4=0$, $2x-(1+a)y+1=0$에 대하여

(1) 교점이 점 $(-1,\ -1)$일 때, 상수 a의 값을 구하시오.

(2) 일치할 때, 상수 a의 값을 구하시오.

(3) 수직일 때, 상수 a의 값을 구하시오.

답 (1) $\boldsymbol{a=0}$ (2) $\boldsymbol{a=-2}$ (3) $\boldsymbol{a=\frac{1}{2}}$

§3. 직선의 방정식

1 기본적인 직선의 방정식

지금까지는 방정식이 주어졌을 때, 그 그래프를 그리는 방법과 그래프의 성질을 공부하였다. 이제 그래프 또는 어떤 조건이 주어졌을 때 그에 맞는 직선의 방정식을 구하는 방법을 공부해 보자.

기본정석 — 기본적인 직선의 방정식

(1) x절편이 a이고 x축에 수직인 직선의 방정식은 $\boldsymbol{x=a}$

특히 y축의 방정식은 $\boldsymbol{x=0}$

(2) y절편이 b이고 y축에 수직인 직선의 방정식은 $\boldsymbol{y=b}$

특히 x축의 방정식은 $\boldsymbol{y=0}$

(3) 기울기가 a이고 y절편이 b인 직선의 방정식은 $\boldsymbol{y=ax+b}$

y
b
x=a
y=b
y=0
O
a
x
x=0

보기 1 오른쪽 그림에서 점 $(0, 1)$을 지나고 기울기가 양수인 직선 ①이 x축과 이루는 예각의 크기는 45°이고, 점 $(0, 3)$을 지나고 기울기가 음수인 직선 ②가 x축과 이루는 예각의 크기도 45°이다.

이때, 직선 ①, ②의 방정식을 구하시오.

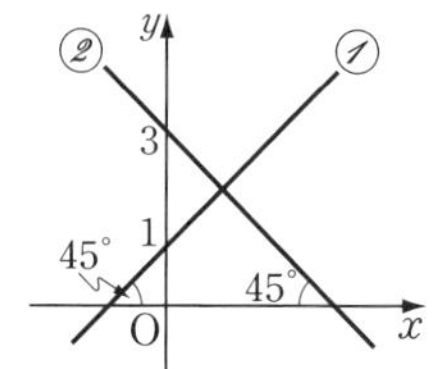

연구 직선 ①은 기울기가 $1(=\tan 45^\circ)$, y절편이 1이므로 $\boldsymbol{y=x+1}$

직선 ②는 기울기가 $-1(=-\tan 45^\circ)$, y절편이 3이므로 $\boldsymbol{y=-x+3}$

***Note** 직선 ①과 직선 ②가 이루는 각의 크기는 90°이므로 두 직선은 수직이다. 이것은 두 직선의 기울기의 곱이 -1인 것으로도 알 수 있다.

2 기울기가 m이고 점 (x_1, y_1)을 지나는 직선의 방정식

이를테면 기울기가 2이고 점 $(1, 3)$을 지나는 직선의 방정식을 구해 보자.

기울기가 2이므로 구하는 직선의 방정식을 $y=2x+b$로 놓을 수 있다.

점 $(1, 3)$을 지나므로 $x=1$, $y=3$을 대입하면

$$3=2\times1+b \quad \therefore\ b=1$$

따라서 구하는 직선의 방정식은 $\boldsymbol{y=2x+1}$

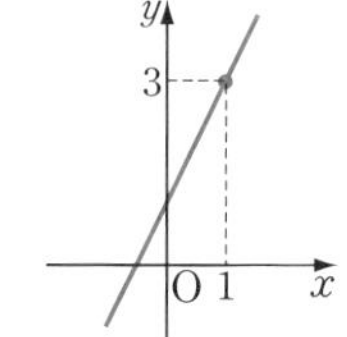

일반적으로 기울기가 m이고 점 (x_1, y_1)을 지나는 직선의 방정식을 구해 보자.

기울기가 m이므로 구하는 직선의 방정식을 $y=mx+b$로 놓을 수 있다.

점 (x_1, y_1)을 지나므로 $\quad y_1=mx_1+b$

$$\therefore\ b=y_1-mx_1$$

따라서 구하는 직선의 방정식은

$y=mx+y_1-mx_1 \quad$ 곧, $\boldsymbol{y-y_1=m(x-x_1)}$

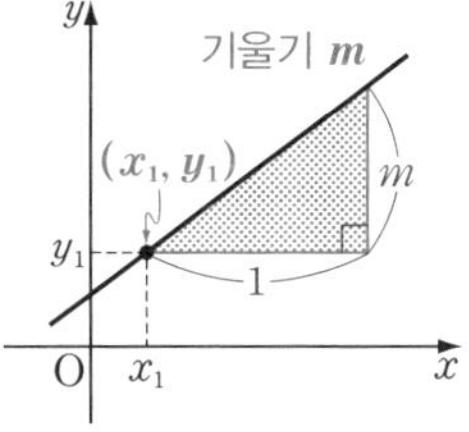

보기 2 다음 직선의 방정식을 구하시오.

(1) 기울기가 2이고 점 $(3, 1)$을 지나는 직선

(2) 기울기가 -3이고 점 $(-1, 2)$를 지나는 직선

연구 $y-y_1=m(x-x_1)$에서

(1) $m=2,\ x_1=3,\ y_1=1$인 경우이므로

$$y-1=2(x-3) \qquad \therefore\ \boldsymbol{y=2x-5}$$

$$\begin{matrix} m & (x_1, & y_1) \\ \downarrow & \downarrow & \downarrow \\ 2 & (3, & 1) \end{matrix}$$

(2) $m=-3,\ x_1=-1,\ y_1=2$인 경우이므로

$$y-2=-3\{x-(-1)\} \qquad \therefore\ \boldsymbol{y=-3x-1}$$

3 두 점 (x_1, y_1), (x_2, y_2)를 지나는 직선의 방정식

이를테면 두 점 $(2, 1)$, $(4, 5)$를 지나는 직선의 방정식을 구해 보자.

두 점 $(2, 1)$, $(4, 5)$를 지나는 직선의 기울기가 $\dfrac{5-1}{4-2}=2$이므로

$y-y_1=m(x-x_1)$에 $m=2,\ x_1=2,\ y_1=1$을 대입하면

$$y-1=2(x-2) \qquad \therefore\ \boldsymbol{y=2x-3}$$

일반적으로 $x_1\neq x_2$일 때 두 점 (x_1, y_1), (x_2, y_2)를 지나는 직선의 기울기 m은

$$m=\frac{y_2-y_1}{x_2-x_1}$$

따라서 $y-y_1=m(x-x_1)$에 대입하면 두 점 (x_1, y_1), (x_2, y_2)를 지나는 직선의 방정식은

$$y-y_1=\frac{y_2-y_1}{x_2-x_1}(x-x_1)\ (x_1\neq x_2)$$

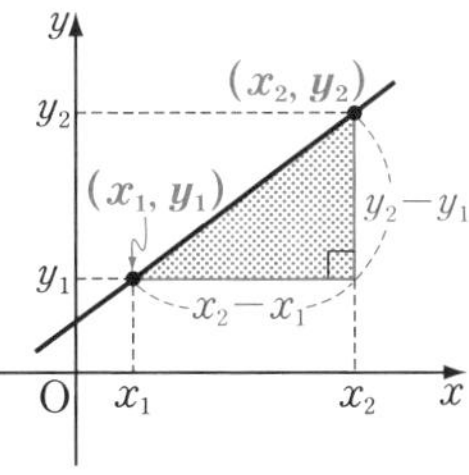

**Note* 1° $x_1=x_2$일 때의 직선의 방정식은 $x=x_1$이다.

2° 직선의 방정식을 $y=ax+b$로 놓고, 두 점 $(2, 1)$, $(4, 5)$의 좌표를 대입하면

$$1=2a+b,\ 5=4a+b \qquad \therefore\ a=2,\ b=-3$$

따라서 구하는 직선의 방정식은 $\quad \boldsymbol{y=2x-3}$

보기 3 다음 두 점을 지나는 직선의 방정식을 구하시오.

(1) $(1, -2)$, $(4, 7)$ (2) $(-2, 0)$, $(4, -6)$

연구 $\boldsymbol{y-y_1=\dfrac{y_2-y_1}{x_2-x_1}(x-x_1)}$에 대입하면

$(x_1,\ y_1)\ \ (x_2,\ y_2)$
$\downarrow\ \ \downarrow\ \ \ \downarrow\ \ \downarrow$
$(1,\ -2)\ \ (4,\ 7)$

(1) $y-(-2)=\dfrac{7-(-2)}{4-1}(x-1)$

$\therefore\ y+2=3(x-1)$ $\therefore\ \boldsymbol{y=3x-5}$

(2) $y-0=\dfrac{-6-0}{4-(-2)}\{x-(-2)\}$

$\therefore\ y=-(x+2)$ $\therefore\ \boldsymbol{y=-x-2}$

4 x절편이 a이고 y절편이 b인 직선의 방정식

x절편이 $a(\neq 0)$, y절편이 $b(\neq 0)$이면 오른쪽 그림에서 기울기가 $-\dfrac{b}{a}$이므로

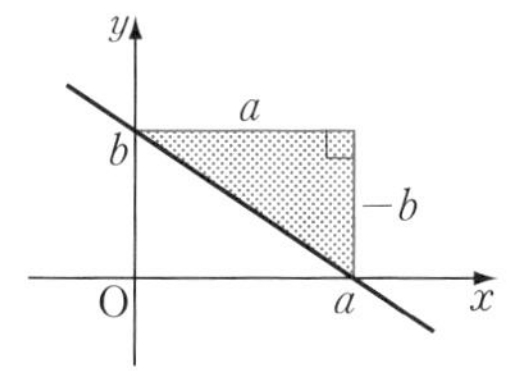

$$y=-\frac{b}{a}x+b \quad \therefore\ \frac{b}{a}x+y=b$$

양변을 b로 나누면 $\boldsymbol{\dfrac{x}{a}+\dfrac{y}{b}=1}$

* ***Note*** 두 점 $(a, 0)$, $(0, b)$를 지나는 직선과 같으므로 두 점을 지나는 직선의 방정식을 구하는 공식에 대입해도 된다.

보기 4 x절편이 2이고 y절편이 3인 직선의 방정식을 구하시오.

연구 $\dfrac{x}{a}+\dfrac{y}{b}=1$에서 $a=2$, $b=3$인 경우이므로 $\boldsymbol{\dfrac{x}{2}+\dfrac{y}{3}=1}$

이상을 정리하면 다음과 같다.

기본정석 — **직선의 방정식**

(1) 기울기가 m이고 점 (x_1, y_1)을 지나는 직선의 방정식은

$$y-y_1=m(x-x_1)$$

(2) 두 점 (x_1, y_1), (x_2, y_2)를 지나는 직선의 방정식은

$x_1\neq x_2$일 때 $\quad y-y_1=\dfrac{y_2-y_1}{x_2-x_1}(x-x_1)$

$x_1=x_2$일 때 $\quad x=x_1$

(3) x절편이 $a(\neq 0)$이고 y절편이 $b(\neq 0)$인 직선의 방정식은

$$\frac{x}{a}+\frac{y}{b}=1$$

기본 문제 2-3 다음 직선의 방정식을 구하시오.

(1) 기울기가 양수이고 x축과 이루는 예각의 크기가 45°이며, 점 $(2, 4)$를 지나는 직선

(2) 직선 $4x+y-3=0$에 평행하고, 점 $(-2, 3)$을 지나는 직선

(3) 두 점 $(2, 4)$, $(6, 5)$를 지나는 직선에 수직이고, 점 $(1, -3)$을 지나는 직선

(4) 직선 $x+3y=3$에 수직이고, 두 직선 $3x+2y=-1$, $2x-y=-10$의 교점을 지나는 직선

정석연구 기울기가 m이고 점 (x_1, y_1)을 지나는 직선의 방정식은

정 석 $\boldsymbol{y-y_1=m(x-x_1)}$

임을 이용한다.

모범답안 (1) $\tan 45^\circ=1$이므로 기울기는 1이다.

$\therefore\ y-4=1\times(x-2)\quad \therefore\ \boldsymbol{y=x+2}$ ← 답

(2) 직선 $4x+y-3=0$의 기울기는 $y=-4x+3$으로부터 -4이다.

$\therefore\ y-3=-4(x+2)\quad \therefore\ \boldsymbol{y=-4x-5}$ ← 답

(3) 두 점 $(2, 4)$, $(6, 5)$를 지나는 직선의 기울기는 $\dfrac{5-4}{6-2}=\dfrac{1}{4}$이고, 이 직선에 수직인 직선의 기울기는 -4이다.

$\therefore\ y+3=-4(x-1)\quad \therefore\ \boldsymbol{y=-4x+1}$ ← 답

(4) $x+3y=3$에서 $y=-\dfrac{1}{3}x+1$이므로 이 직선의 기울기는 $-\dfrac{1}{3}$이고, 이 직선에 수직인 직선의 기울기는 3이다.

또, $3x+2y=-1$, $2x-y=-10$을 연립하여 풀면 $x=-3$, $y=4$이므로 두 직선의 교점의 좌표는 $(-3, 4)$이다.

$\therefore\ y-4=3(x+3)\quad \therefore\ \boldsymbol{y=3x+13}$ ← 답

유제 **2**-4. 다음 직선의 방정식을 구하시오.

(1) 기울기가 양수이고 x축과 이루는 예각의 크기가 60°이며, 점 $(2, 3)$을 지나는 직선

(2) 직선 $3x+4y-2=0$에 수직이고, 점 $(1, 2)$를 지나는 직선

(3) 두 점 $(2, 1)$, $(3, 4)$를 지나는 직선에 평행하고, x절편이 2인 직선

(4) 직선 $2x+4y+1=0$에 평행하고, 두 직선 $x-2y+10=0$, $x+3y-5=0$의 교점을 지나는 직선

답 (1) $\boldsymbol{y=\sqrt{3}x-2\sqrt{3}+3}$ (2) $\boldsymbol{4x-3y+2=0}$
(3) $\boldsymbol{y=3x-6}$ (4) $\boldsymbol{x+2y-2=0}$

기본 문제 **2**-4 다음 직선의 방정식을 구하시오.

(1) 두 직선 $x=2$, $y=1$이 이루는 각을 이등분하는 직선

(2) 두 점 $\mathrm{A}(0,\ 4)$, $\mathrm{B}(3,\ 1)$을 잇는 선분을 수직이등분하는 직선

(3) x절편, y절편의 절댓값은 같고 부호는 반대인 직선 중에서 점 $(-2,\ 4)$를 지나는 직선

모범답안 (1) 오른쪽 그림에서 직선 ①, ②가 문제의 조건에 맞는 직선이다.

직선 ①은 점 $(2,\ 1)$을 지나고 기울기가 $\tan 45^\circ=1$이므로

$$y-1=1\times(x-2) \qquad \therefore\ \boldsymbol{y=x-1} \longleftarrow \boxed{답}$$

직선 ②는 점 $(2,\ 1)$을 지나고 기울기가 -1(①과 수직)이므로

$$y-1=-1\times(x-2) \qquad \therefore\ \boldsymbol{y=-x+3} \longleftarrow \boxed{답}$$

(2) 직선 AB의 기울기는 $\dfrac{1-4}{3-0}=-1$

이므로 선분 AB에 수직인 직선의 기울기는 1

또, 선분 AB의 중점을 $\mathrm{M}(x,\ y)$라고 하면

$$x=\frac{0+3}{2},\ y=\frac{4+1}{2} \qquad \therefore\ \mathrm{M}\left(\frac{3}{2},\ \frac{5}{2}\right)$$

구하는 직선은 점 M을 지나고 기울기가 1이므로

$$y-\frac{5}{2}=1\times\left(x-\frac{3}{2}\right) \qquad \therefore\ \boldsymbol{y=x+1} \longleftarrow \boxed{답}$$

(3) x절편을 a라고 하면 y절편은 $-a$이므로

$$\frac{x}{a}+\frac{y}{-a}=1$$

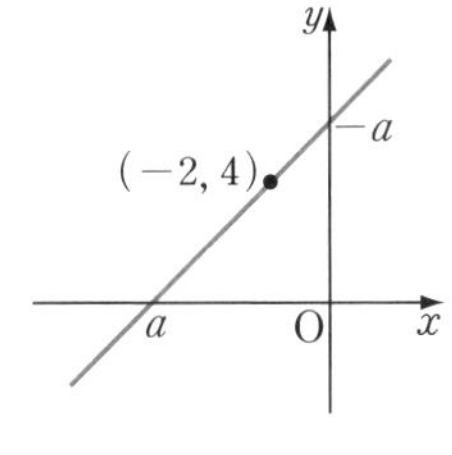

이 직선이 점 $(-2,\ 4)$를 지나므로

$$\frac{-2}{a}+\frac{4}{-a}=1 \qquad \therefore\ a=-6$$

$$\therefore\ \frac{x}{-6}+\frac{y}{6}=1 \qquad \therefore\ \boldsymbol{y=x+6} \longleftarrow \boxed{답}$$

유제 **2**-5. 다음 직선의 방정식을 구하시오.

(1) 직선 $x=1$과 x축이 이루는 각을 이등분하는 직선

(2) 직선 $2x+y-4=0$이 x축, y축에 의하여 잘린 선분을 수직이등분하는 직선

답 (1) $\boldsymbol{y=x-1,\ y=-x+1}$ (2) $\boldsymbol{y=\frac{1}{2}x+\frac{3}{2}}$

기본 문제 2-5 세 점 $\mathrm{A}(1, k)$, $\mathrm{B}(k, k-2)$, $\mathrm{C}(-k+1, k+4)$가 한 직선 위에 있을 때, k의 값을 구하시오.

정석연구 서로 다른 세 점 A, B, C가 한 직선 위에 있으면, 두 점 A, B를 지나는 직선 위에 점 C가 있다.

따라서

정석 세 점 **A, B, C**가 한 직선 위에 있다
$\Longleftrightarrow$ 두 점 **A, B**를 지나는 직선 위에 점 **C**가 있다
$\Longleftrightarrow$ 직선 **AB**의 기울기와 직선 **AC**의 기울기가 같다

를 활용하면 된다.

두 점 $\mathrm{A}(x_1, y_1)$, $\mathrm{B}(x_2, y_2)$를 지나는 직선의 방정식을 구할 때

정석 $$y-y_1=\frac{y_2-y_1}{x_2-x_1}(x-x_1) \quad \cdots\cdots ⑦$$

을 흔히 이용하지만 이 공식은 x축에 수직인 직선($x_1=x_2$일 때)을 나타낼 수 없으므로 $x_1=x_2$인 경우와 $x_1\neq x_2$인 경우로 나누어 생각해야 한다.

모범답안 (i) $k=1$일 때, $\mathrm{A}(1, 1)$, $\mathrm{B}(1, -1)$, $\mathrm{C}(0, 5)$이므로 주어진 세 점을 지나는 직선은 없다.

(ii) $k\neq1$일 때, 두 점 A, B를 지나는 직선의 방정식은

$$y-k=\frac{(k-2)-k}{k-1}(x-1) \quad 곧,\ y-k=\frac{-2}{k-1}(x-1)$$

점 $\mathrm{C}(-k+1, k+4)$가 이 직선 위에 있으므로 점의 좌표를 대입하면

$$k+4-k=\frac{-2}{k-1}(-k+1-1) \quad \therefore\ 4(k-1)=2k$$

$$\therefore\ \boldsymbol{k=2} \longleftarrow \boxed{답}$$

Advice 1° ⑦ 대신 ⑦의 양변에 x_2-x_1을 곱한

정석 $$(x_2-x_1)(y-y_1)=(y_2-y_1)(x-x_1)$$

을 활용하면 굳이 $k=1$, $k\neq1$일 때로 나누어 생각하지 않아도 된다.

2° 직선 AB의 기울기와 직선 AC의 기울기가 같아야 하므로

$$\frac{(k-2)-k}{k-1}=\frac{(k+4)-k}{(-k+1)-1}\ (k\neq0,\ k\neq1) \quad \therefore\ \boldsymbol{k=2}$$

유제 **2**-6. 세 점 $\mathrm{A}(k, k+6)$, $\mathrm{B}(0, k-4)$, $\mathrm{C}(k-3, k)$가 한 직선 위에 있을 때, k의 값을 구하시오. 답 $\boldsymbol{k=5}$

기본 문제 2-6 세 점 A(3, 8), B(−2, −2), C(3, 0)을 꼭짓점으로 하는 △ABC의 넓이를 직선 $y=a$가 이등분할 때, 상수 a의 값을 구하시오.

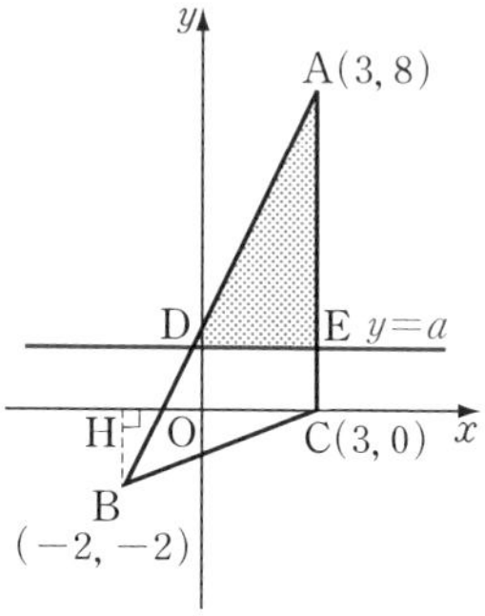

정석연구 오른쪽 그림에서

$$\triangle ADE = \square DBCE$$

가 되도록 a의 값을 정하는 문제이다.

이때, □DBCE의 넓이를 구하여 해결하는 것보다는

$$\triangle \mathbf{ADE} = \frac{1}{2} \triangle \mathbf{ABC}$$

가 되도록 a의 값을 정하는 것이 간편하다.

또, 선분 AC가 y축에 평행하다는 점에 착안하면 △ABC는 밑변의 길이가 $\overline{AC}(=8-0)$이고, 높이가 $\overline{HC}(=3+2)$인 삼각형임을 알 수 있다.

모범답안 직선 AB의 방정식은

$$y-8=\frac{-2-8}{-2-3}(x-3) \quad \text{곧, } y=2x+2$$

직선 AB와 직선 $y=a$의 교점을 D라고 하면 점 D의 y좌표가 a이므로 x좌표는 $a=2x+2$에서 $x=\frac{a-2}{2}$ $\quad\therefore$ $D\left(\frac{a-2}{2}, a\right)$

또, 직선 $y=a$와 직선 $x=3$의 교점을 E라고 하면 E(3, a)

$$\therefore \triangle ADE=\frac{1}{2}\times\overline{DE}\times\overline{AE}=\frac{1}{2}\left(3-\frac{a-2}{2}\right)(8-a)=\frac{1}{4}(8-a)^2$$

한편 점 H(−2, 0)에 대하여

$$\triangle ABC=\frac{1}{2}\times\overline{AC}\times\overline{HC}=\frac{1}{2}\times 8\times 5=20$$

$\triangle ADE=\frac{1}{2}\triangle ABC$이므로 $\frac{1}{4}(8-a)^2=\frac{1}{2}\times 20$

$$\therefore (8-a)^2=40 \qquad \therefore 8-a=\pm 2\sqrt{10}$$

그런데 $0<a<8$이므로 $\boldsymbol{a=8-2\sqrt{10}}$ ← 답

*Note △ABC의 x축 아래쪽의 넓이(=4)가 x축 위쪽의 넓이(=16)보다 작다. 따라서 직선 $y=a$가 △ABC의 넓이를 이등분하려면 $a>0$이어야 한다.

유제 **2**-7. 세 점 O(0, 0), A(1, 1), B(9, 1)을 꼭짓점으로 하는 △OAB의 넓이를 이등분하는 직선 중에서 x축에 수직인 직선의 방정식을 구하시오.

답 $\boldsymbol{x=3}$

§4. 정점을 지나는 직선

1 정점을 지나는 직선

이를테면 두 직선

$x-y-1=0$ ……① $x+2y-4=0$ ……②

가 있다고 하자. ①, ②를 연립하여 풀어서 교점 P의 좌표를 구하면

$$\mathbf{P(2,\ 1)}$$

이다. 이제 ①, ②의 좌변을 이용하여

$(x-y-1)m+(x+2y-4)=0$ ……③

과 같은 방정식을 만들어 ③과 점 P의 관계를 알아보면

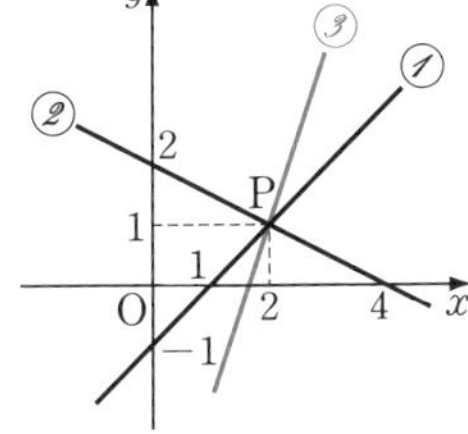

첫째 — ③은 x, y에 관한 일차방정식이므로 그 그래프는 직선이다.

둘째 — 점 P의 x, y좌표인 $x=2$, $y=1$을 ③에 대입하면

$$\mathbf{0\times m+0=0}$$

이므로 ③은 m의 값에 관계없이 항상 점 $(2,\ 1)$을 지난다.

이것은 직선 $(x-y-1)m+(x+2y-4)=0$은 m의 값에 관계없이 항상 두 직선 $x-y-1=0$, $x+2y-4=0$의 교점 P를 지남을 뜻한다.

기본정석 — **정점을 지나는 직선**

> m이 실수일 때, 직선
>
> $$(ax+by+c)m+(a'x+b'y+c')=0$$
>
> 은 m의 값에 관계없이 두 직선
>
> $$ax+by+c=0,\quad a'x+b'y+c'=0$$
>
> 의 교점을 지난다. 단, 두 직선이 서로 만나는 경우에 한한다.

보기 1 직선 $y=mx-m+2$는 m의 값에 관계없이 일정한 점을 지난다. 그 점의 좌표를 구하시오.

연구 m에 관하여 정리하면 $(x-1)m+2-y=0$이므로 이 직선은 m의 값에 관계없이 두 직선 $x-1=0$, $2-y=0$의 교점을 지난다.

$x-1=0$에서 $x=1$, $2-y=0$에서 $y=2$ **답** $\mathbf{(1,\ 2)}$

정석 「m의 값에 관계없이 …」 ⟹ m에 관하여 정리!

기본 문제 **2**-7 다음 물음에 답하시오.

(1) 직선 $2(m+2)x+(3m+5)y+m+3=0$이 m의 값에 관계없이 지나는 점의 좌표를 구하시오.

(2) 두 직선 $2x+y+1=0$, $x-y+2=0$의 교점과 점 $(-2, 2)$를 지나는 직선의 방정식을 구하시오.

정석연구 (2) 두 직선의 교점의 좌표를 구하여 해결할 수도 있지만

정 석 서로 만나는 두 직선 $ax+by+c=0$, $a'x+b'y+c'=0$의 교점을 지나는 직선의 방정식을

$$(ax+by+c)m+(a'x+b'y+c')=0 \quad (m\text{은 실수})$$

으로 놓고 해결할 수도 있다.

모범답안 (1) 준 식을 m에 관하여 정리하면 $(2x+3y+1)m+(4x+5y+3)=0$

이 직선은 m의 값에 관계없이 두 직선

$$2x+3y+1=0, \quad 4x+5y+3=0$$

의 교점을 지난다. 연립하여 풀면 $x=-2$, $y=1$ 　　　　답 $\mathbf{(-2, 1)}$

(2) 두 직선 중 어느 것도 점 $(-2, 2)$를 지나지 않으므로 구하는 직선의 방정식을 $(2x+y+1)m+(x-y+2)=0$ ……①

로 놓을 수 있다. 이 직선이 점 $(-2, 2)$를 지나므로

$$(-4+2+1)m+(-2-2+2)=0 \quad \therefore\ m=-2$$

이 값을 ①에 대입하여 정리하면 $\boldsymbol{y=-x}$ ← 답

Advice | 직선 ①의 꼴로는 직선 $2x+y+1=0$을 나타낼 수 없다.

따라서 두 직선의 교점을 지나는 직선의 방정식을

$$(2x+y+1)h+(x-y+2)k=0 \ (\text{단, } h, k\text{가 동시에 0은 아님}) \quad \cdots ②$$

의 꼴로 나타내어 다음과 같이 구하는 것이 일반적인 해법이다.

직선 ②가 점 $(-2, 2)$를 지나므로 $-h-2k=0$ $\therefore\ h=-2k$ …③

②에 대입하여 정리하면 $(x+y)k=0$

$k=0$이면 ③에서 $h=0$이므로 $k\neq0$이다. $\therefore\ x+y=0$ 곧, $\boldsymbol{y=-x}$

유제 **2**-8. 다음 직선이 k의 값에 관계없이 지나는 점의 좌표를 구하시오.

(1) $(k-1)x+y=3k+1$ 　　　　(2) $(k-1)x+(2-3k)y+k-1=0$

답 (1) $\mathbf{(3, 4)}$ (2) $\mathbf{(-1, 0)}$

유제 **2**-9. 두 직선 $x+2y+3=0$, $2x-y+a=0$의 교점을 지나는 직선이 두 점 $(1, -4)$, $(-3, 2)$를 지날 때, 상수 a의 값을 구하시오. 　　답 $\boldsymbol{a=1}$

기본 문제 **2**-8 다음 두 직선이 제1사분면에서 만날 때, 실수 m의 값의 범위를 구하시오.

$$y=-2x+2, \quad y=mx-2m+4$$

정석연구 앞 문제에서 공부한 바와 같이 직선

$$y=mx-2m+4 \qquad \Leftarrow (x-2)m+4-y=0$$

는 m의 값에 관계없이 일정한 점을 지난다.

좌표평면에서 이 일정한 점을 지나는 직선이 직선 $y=-2x+2$와 제1사분면에서 만나는 경우를 조사하면 된다.

정석 식의 특징을 찾아 활용한다.

모범답안 $y=-2x+2$ ……① $\quad y=mx-2m+4$ ……②

②를 m에 관하여 정리하면

$$(x-2)m+4-y=0$$

이 직선은 m의 값에 관계없이 두 직선

$$x-2=0, \quad 4-y=0$$

의 교점 A(2, 4)를 지난다.

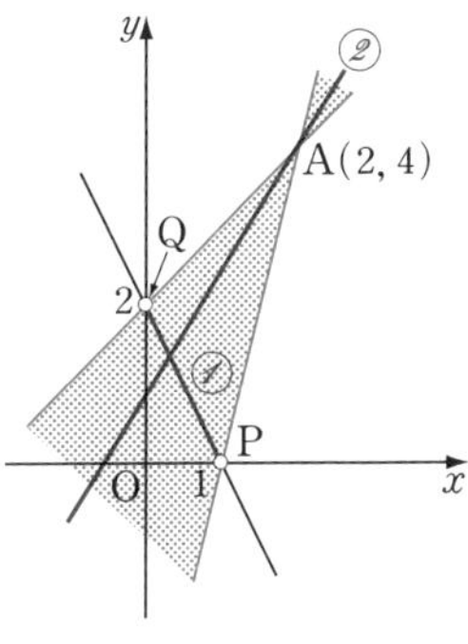

한편 ①은 x축과 점 P(1, 0)에서 만나고, y축과 점 Q(0, 2)에서 만나는 직선이다.

따라서 두 직선 ①, ②가 제1사분면에서 만나려면 직선 ②가 선분 PQ(두 점 P, Q는 제외)와 만나야 한다.

그런데 m은 직선 ②의 기울기이고, 직선 AP의 기울기는 4, 직선 AQ의 기울기는 1이므로 $\boldsymbol{1<m<4}$ ← 답

Advice | 이 문제는 연립방정식 $\begin{cases} y=-2x+2 \\ y=mx-2m+4 \end{cases}$가 $x>0, y>0$인 해를 가질 조건을 구하는 것과 같은 문제이다.

유제 **2**-10. 두 점 A$(-2, 0)$, B$(0, 2)$를 잇는 선분 AB와 직선 $y=mx-m+1$이 만나도록 실수 m의 값의 범위를 정하시오.

답 $\boldsymbol{-1\le m\le\frac{1}{3}}$

유제 **2**-11. 연립방정식 $\begin{cases} x+y=3 \\ mx-y+m+2=0 \end{cases}$이 $x>0, y>0$인 해를 가질 때, 실수 m의 값의 범위를 구하시오.

답 $\boldsymbol{-\frac{1}{2}<m<1}$

§5. 점과 직선 사이의 거리

1 점과 직선 사이의 거리

이를테면

점 **P(1, −2)**와 직선 $\mathbf{3x+4y-20=0}$ 사이의 거리

는 다음과 같이 구할 수 있다.

(i) 점 P(1, −2)를 지나고 직선

$3x+4y-20=0$ ……①

에 수직인 직선의 방정식을 구하면

$4x-3y-10=0$ ……②

(ii) ①, ②의 교점을 Q라고 하면 점 Q의 좌표는 연립방정식 ①, ②의 해이므로 Q(4, 2)이다.

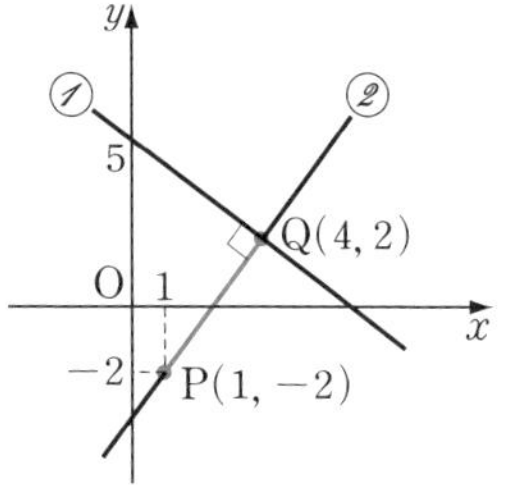

따라서 구하는 거리는

$$\overline{PQ}=\sqrt{(4-1)^2+(2+2)^2}=\mathbf{5}$$

이를 일반화하면 다음과 같다.

기본정석 점과 직선 사이의 거리

점 $\mathbf{P(x_1, y_1)}$과 직선

$$\boldsymbol{ax+by+c=0}$$

사이의 거리를 $\boldsymbol{d}$라고 하면

$$\boldsymbol{d=\frac{|ax_1+by_1+c|}{\sqrt{a^2+b^2}}}$$

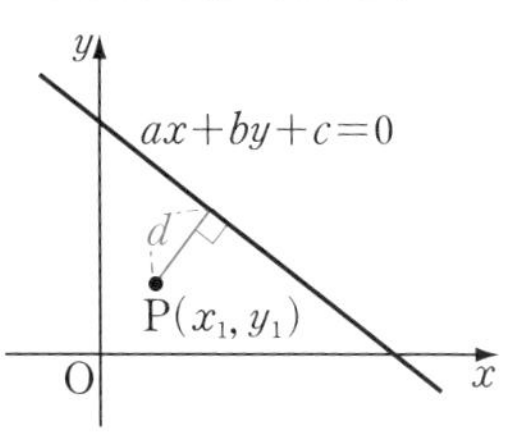

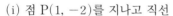

보기 1 다음 주어진 점과 직선 사이의 거리 d를 구하시오.

(1) $3x+4y-10=0$, 원점 (2) $y=-\frac{3}{4}x+5$, $(1, -2)$

연구 (1) $a=3, b=4, c=-10, x_1=0, y_1=0$인 경우이므로

$$d=\frac{|3\times0+4\times0-10|}{\sqrt{3^2+4^2}}=\frac{10}{5}=\mathbf{2}$$

(2) 주어진 식을 $ax+by+c=0$의 꼴로 고치면 $3x+4y-20=0$

$a=3, b=4, c=-20, x_1=1, y_1=-2$인 경우이므로

$$d=\frac{|3\times1+4\times(-2)-20|}{\sqrt{3^2+4^2}}=\frac{|-25|}{5}=\frac{25}{5}=\mathbf{5}$$

기본 문제 **2**-9 다음 물음에 답하시오.

(1) x축 위의 점 P에서 두 직선 $2x-y+1=0$, $x-2y-2=0$까지의 거리가 같을 때, 점 P의 좌표를 구하시오.

(2) 점 $(5, 3)$에서의 거리가 2이고, 점 $(2, 1)$을 지나는 직선의 방정식을 구하시오.

정석연구 (1) 점 P는 x축 위의 점이므로 점 P의 좌표를 $\mathrm{P}(a, 0)$으로 놓는다.

(2) x축에 수직인 직선 $x=2$와 점 $(5, 3)$ 사이의 거리는 3이므로 이 직선은 문제의 뜻에 적합하지 않다.

따라서 문제의 조건을 만족시키는 직선의 방정식을 $y-1=m(x-2)$로 나타낼 수 있다.

정석 점 (x_1, y_1)과 직선 $ax+by+c=0$ 사이의 거리 d는

$$d=\frac{|ax_1+by_1+c|}{\sqrt{a^2+b^2}}$$

모범답안 (1) 점 P의 좌표를 $\mathrm{P}(a, 0)$이라고 하면

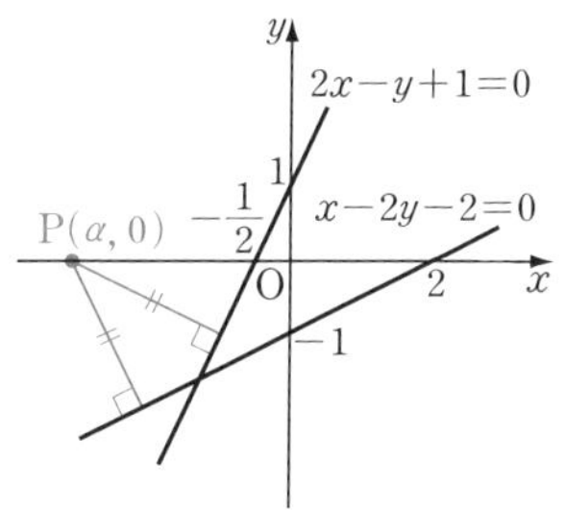

점 P와 두 직선 사이의 거리가 같으므로

$$\frac{|2a+1|}{\sqrt{2^2+(-1)^2}}=\frac{|a-2|}{\sqrt{1^2+(-2)^2}}$$

$\therefore\ |2a+1|=|a-2|$

$\therefore\ 2a+1=\pm(a-2) \qquad \therefore\ a=-3,\ \frac{1}{3}$

답 $\mathbf{P(-3, 0)}$ 또는 $\mathbf{P\left(\frac{1}{3}, 0\right)}$

(2) 직선 $x=2$는 문제의 조건에 적합하지 않으므로 점 $(2, 1)$을 지나는 직선의 방정식을 $y=m(x-2)+1$로 놓으면

$$mx-y-(2m-1)=0$$

점 $(5, 3)$과 이 직선 사이의 거리가 2이므로

$$\frac{|5m-3-(2m-1)|}{\sqrt{m^2+(-1)^2}}=2 \qquad \therefore\ (3m-2)^2=4(m^2+1) \qquad \therefore\ m=0,\ \frac{12}{5}$$

따라서 구하는 직선의 방정식은 $\boldsymbol{y=1,\ 12x-5y-19=0}$ ← 답

유제 **2**-12. x축 위의 점 P와 직선 $4x+3y+2=0$ 사이의 거리가 2일 때, 점 P의 좌표를 구하시오. 답 $\mathbf{P(2, 0)}$ 또는 $\mathbf{P(-3, 0)}$

유제 **2**-13. 두 직선 $y=x-3$, $y=2x-1$의 교점을 지나고 점 $(2, 2)$에서의 거리가 1인 직선의 방정식을 구하시오. 답 $\boldsymbol{4x-3y-7=0,\ 12x-5y-1=0}$

기본 문제 2-10 세 점 A(4, 7), B(1, 1), C(8, 5)를 꼭짓점으로 하는 △ABC의 넓이를 구하시오.

정석연구 점 A에서 변 BC에 내린 수선의 발을 H라고 할 때, 선분 AH의 길이는 점 A와 직선 BC 사이의 거리임을 이용해 보자.

모범답안 $\overline{BC}=\sqrt{(8-1)^2+(5-1)^2}=\sqrt{65}$

또, 직선 BC의 방정식은

$y-1=\dfrac{5-1}{8-1}(x-1)$ 곧, $4x-7y+3=0$

따라서 점 A(4, 7)에서 변 BC에 내린 수선의 발을 H라고 하면

$$\overline{AH}=\frac{|4\times4-7\times7+3|}{\sqrt{4^2+(-7)^2}}=\frac{30}{\sqrt{65}}$$

$$\therefore\ \triangle ABC=\frac{1}{2}\times\sqrt{65}\times\frac{30}{\sqrt{65}}=\mathbf{15}$$ ← 답

Advice 1° 오른쪽 그림과 같이 점 A, B, C에서 x축에 수선 AP, BQ, CR을 긋고 다음과 같이 구할 수도 있다.

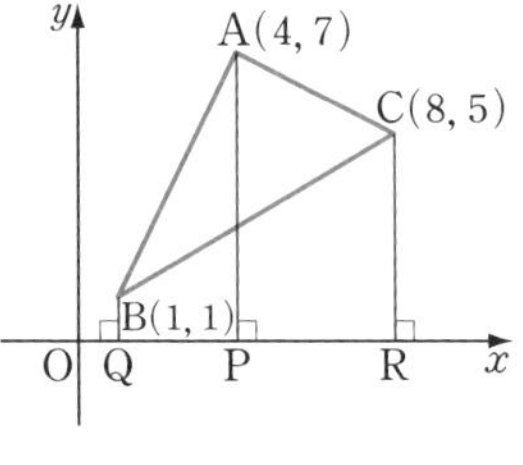

$\triangle ABC=\square BQPA+\square APRC-\square BQRC$

$=\dfrac{1}{2}(1+7)\times3+\dfrac{1}{2}(7+5)\times4-\dfrac{1}{2}(1+5)\times7=\mathbf{15}$

2° 위의 **모범답안**과 같은 방법으로 다음 공식을 유도할 수 있다.

정석 $\mathbf{O(0,\ 0),\ A(x_1,\ y_1),\ B(x_2,\ y_2)}$인 △OAB의 넓이

$\Longrightarrow\ \triangle \mathbf{OAB}=\dfrac{1}{2}|x_1y_2-x_2y_1|$ ⇦ 연습문제 2-17 참조

위의 문제에 이 공식을 활용하려면 점 B(1, 1)을 원점 B′(0, 0)으로 옮기는 평행이동을 하면 된다. ⇦ p. 71 참조

이때, 세 꼭짓점은 A′(3, 6), B′(0, 0), C′(7, 4)가 되므로

$$\triangle ABC=\triangle A'B'C'=\frac{1}{2}|3\times4-7\times6|=\mathbf{15}$$

유제 **2**-14. 다음 세 점을 꼭짓점으로 하는 삼각형의 넓이를 구하시오.

(1) O(0, 0), A(−2, 4), B(4, 3) (2) A(3, −2), B(−5, 4), C(2, 6)

답 (1) **11** (2) **29**

§6. 자취 문제(직선)

기본 문제 **2**-11 두 점 A$(2, 3)$, B$(6, 1)$에서 같은 거리에 있는 점의 자취의 방정식을 구하시오.

정석연구 일반적으로 자취 문제는 다음 방법으로 해결한다.

정 석 자취 문제 해결의 기본

(i) 조건을 만족시키는 임의의 점의 좌표를 $(\boldsymbol{x}, \boldsymbol{y})$라 하고,

(ii) 주어진 조건을 이용하여 $\boldsymbol{x}$와 $\boldsymbol{y}$의 관계식을 구한다.

모범답안 조건을 만족시키는 임의의 점을 P(x, y)라고 하면

$$\overline{\mathrm{PA}}=\overline{\mathrm{PB}} \quad \text{곧, } \overline{\mathrm{PA}}^2=\overline{\mathrm{PB}}^2$$

이므로

$$(x-2)^2+(y-3)^2=(x-6)^2+(y-1)^2$$

$$\therefore\ \mathbf{2x-y-6=0} \longleftarrow \text{답}$$

Advice 1° 오른쪽 그림과 같이 두 점 A, B에 대하여 선분 AB의 중점을 M이라고 하면 $\overline{\mathrm{AM}}=\overline{\mathrm{BM}}$이다. 선분 AB 위에 있지 않고 두 점 A, B에서 같은 거리에 있는 임의의 점을 P라고 하면 두 삼각형 PAM과 PBM에서

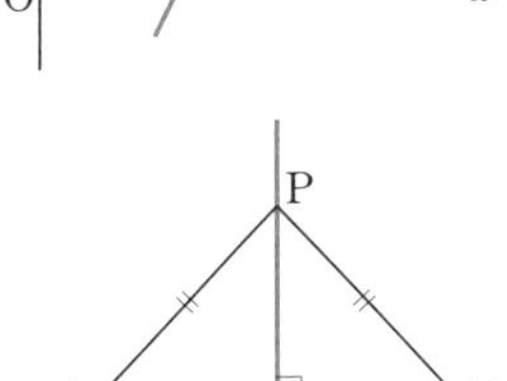

$$\overline{\mathrm{PA}}=\overline{\mathrm{PB}},\ \overline{\mathrm{AM}}=\overline{\mathrm{BM}},\ \text{변 PM은 공통}$$

이므로 $\triangle\mathrm{PAM}\equiv\triangle\mathrm{PBM}$ (SSS 합동) $\quad\therefore\ \angle\mathrm{PMA}=\angle\mathrm{PMB}=90^\circ$

곧, 점 P는 선분 AB의 수직이등분선 위에 있다.

따라서 두 점 A, B에서 같은 거리에 있는 점의 자취는 선분 AB의 수직이등분선이다. ⇦ p. 20 보기 1 참조

2° 위의 내용을 이용하여 자취의 방정식을 다음과 같이 구할 수도 있다.

선분 AB의 중점의 좌표는 $(4, 2)$이고, 직선 AB와 수직인 직선의 기울기는 2이므로 선분 AB의 수직이등분선의 방정식은

$$y-2=2(x-4) \qquad \therefore\ \mathbf{2x-y-6=0}$$

유제 **2**-15. 두 점 A$(3, 1)$, B$(5, -3)$에서 같은 거리에 있는 점의 자취의 방정식을 구하시오. 답 $\boldsymbol{x-2y-6=0}$

기본 문제 2-12 두 직선 $2x-y-1=0$, $x+2y-1=0$에서 같은 거리에 있는 점의 자취의 방정식을 구하시오.

정석연구 조건을 만족시키는 임의의 점을 $\mathrm{P}(x, y)$로 놓고

정 석 점 (x_1, y_1)과 직선 $ax+by+c=0$ 사이의 거리 d는

$$d=\frac{|ax_1+by_1+c|}{\sqrt{a^2+b^2}}$$

임을 이용한다.

모범답안 조건을 만족시키는 임의의 점을 $\mathrm{P}(x, y)$라고 하면, 점 P에서 두 직선에 이르는 거리가 같으므로

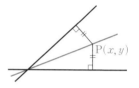

$$\frac{|2x-y-1|}{\sqrt{2^2+(-1)^2}}=\frac{|x+2y-1|}{\sqrt{1^2+2^2}}$$

$\therefore\ |2x-y-1|=|x+2y-1|$

$\therefore\ 2x-y-1=x+2y-1$ 또는 $2x-y-1=-(x+2y-1)$

따라서 구하는 자취의 방정식은

$$x-3y=0,\ 3x+y-2=0 \longleftarrow \boxed{답}$$

Advice 1° 오른쪽 그림과 같이 두 직선 l, m의 교점을 O라 하고, 두 직선 l, m에서 같은 거리에 있는 점 O가 아닌 임의의 점을 P, 점 P에서 두 직선 l, m에 내린 수선의 발을 각각 Q, R이라고 하자.

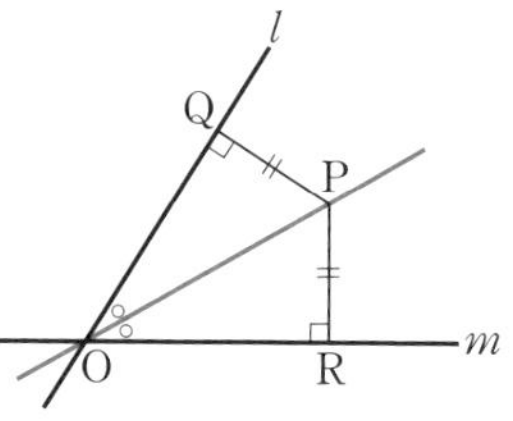

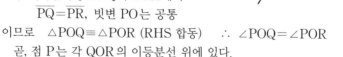

두 직각삼각형 POQ와 POR에서

$\overline{\mathrm{PQ}}=\overline{\mathrm{PR}}$, 빗변 PO는 공통

이므로 $\triangle\mathrm{POQ}\equiv\triangle\mathrm{POR}$ (RHS 합동) $\therefore\ \angle\mathrm{POQ}=\angle\mathrm{POR}$

곧, 점 P는 각 QOR의 이등분선 위에 있다.

따라서 두 직선에서 같은 거리에 있는 점의 자취는 두 직선이 이루는 각의 이등분선이다.

2° 두 직선이 이루는 각의 이등분선은 두 개 있다는 것에 주의한다. 이때, 두 이등분선은 서로 수직이다.

유제 **2**-16. 두 직선 $3x+4y+2=0$, $4x-3y+1=0$이 이루는 각의 이등분선의 방정식을 구하시오. 답 $x-7y-1=0$, $7x+y+3=0$

연습문제 2

2-1 직선 $ax+by+c=0$이 다음을 만족시킬 때, 이 직선은 제몇 사분면을 지나는가? 단, a, b, c는 상수이다.

(1) $a=0,\ bc<0$ (2) $c=0,\ ab<0$ (3) $ab<0,\ bc>0$

2-2 세 점 A$(-1,\ -1)$, B$(2,\ 4)$, C$(3,\ a)$를 꼭짓점으로 하는 △ABC의 무게중심을 G라고 하자. 두 점 C, G를 지나는 직선의 방정식이 $y=-x+b$일 때, $a+b$의 값은? 단, a, b는 상수이다.

① -1 ② 0 ③ 1 ④ 2 ⑤ 3

2-3 두 직선 $y=a(x+2)$, $y=2a(x-1)$과 x축으로 둘러싸인 삼각형의 넓이가 9일 때, 양수 a의 값을 구하시오.

2-4 직선 $x+ay+1=0$이 직선 $2x-by+1=0$과는 수직이고, 직선 $x-(b-3)y-1=0$과는 평행할 때, a^2+b^2의 값을 구하시오.
단, a, b는 상수이다.

2-5 세 직선 $x-y=-1$, $3x+2y=12$, $kx-y=k-1$이 삼각형을 만들지 않도록 하는 상수 k의 값을 구하시오.

2-6 실수 m에 대하여 직선 $y=mx+1$과 포물선 $y=x^2$의 두 교점과 원점을 지나는 원의 반지름의 길이가 $\sqrt{7}$일 때, m^2의 값을 구하시오.

2-7 다음 직선의 방정식을 구하시오.

(1) 두 직선 $x-3y+5=0$, $x+9y-7=0$의 교점을 지나고, 직선 $x-\sqrt{3}y+1=0$과 평행한 직선

(2) 두 점 A$(1,\ 3)$, B$(-3,\ 7)$을 지나는 직선에 수직이고, 선분 AB를 $3:1$로 내분하는 점 C를 지나는 직선

2-8 세 점 A$(-1,\ 4)$, B$(-2,\ -3)$, C$(4,\ 3)$을 꼭짓점으로 하는 △ABC가 있다. 꼭짓점 A를 지나고 △ABC의 넓이를 이등분하는 직선의 방정식을 $y=ax+b$라고 할 때, a^2+b^2의 값은? 단, a, b는 상수이다.

① 2 ② 5 ③ 8 ④ 10 ⑤ 13

2-9 두 점 A$(0,\ -4)$, B$(6,\ 0)$에 대하여 다음 두 조건을 만족시키는 점 P의 좌표를 구하시오.

(가) $\overline{\mathrm{PA}}=\overline{\mathrm{PB}}$

(나) △PAB의 무게중심은 x축 위에 있다.

2-10 좌표평면 위에 원점 O와 세 점 A(6, 3), B(4, 7), C(−2, 5)를 꼭짓점으로 하는 사각형 OABC와 반직선 OA 위의 점 D가 있다. □OABC의 넓이와 △ODC의 넓이가 같을 때, 점 D의 좌표를 구하시오.

2-11 좌표평면 위의 원점 O와 두 점 A(6, 0), B(0, 6)에 대하여 선분 OA를 1 : 2로 내분하는 점을 P, 선분 OB를 1 : 2로 내분하는 점을 Q, 두 직선 AQ, BP의 교점을 R이라고 할 때, 사각형 OPRQ의 넓이는?

① 2 ② $\frac{5}{2}$ ③ 3 ④ $\frac{7}{2}$ ⑤ 4

2-12 네 점 A(3, 2), B(−4, 2), C(−5, −4), D(1, −3)과 점 P에 대하여 $\overline{PA}+\overline{PB}+\overline{PC}+\overline{PD}$의 최솟값과 이때의 점 P의 좌표를 구하시오.

2-13 오른쪽 직사각형 OABC의 내부 중에서 $1\le k\le 2$일 때 직선 $kx-y-k+2=0$이 지나는 부분의 넓이는?

① 9 ② $\frac{19}{2}$ ③ 10 ④ $\frac{21}{2}$ ⑤ 11

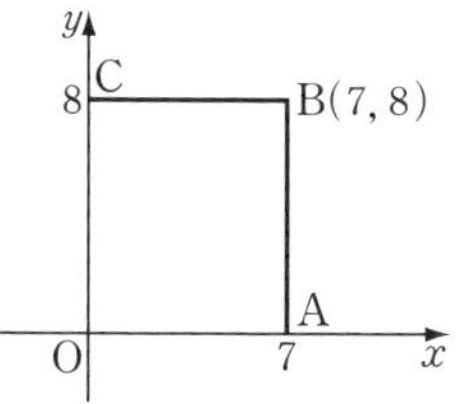

2-14 점 A(4, 3)을 한 꼭짓점으로 하는 정삼각형 ABC의 다른 두 꼭짓점 B, C가 직선 $y=-x+1$ 위에 있을 때, 이 정삼각형의 한 변의 길이는?

① 4 ② $2\sqrt{5}$ ③ $2\sqrt{6}$ ④ 5 ⑤ 6

2-15 직선 $y=-\sqrt{3}x+2$와 수직이고, 원점에서의 거리가 2인 직선의 방정식을 구하시오.

2-16 실수 a, b가 $a^2+b^2=4$를 만족시킬 때, 두 직선 $ax+by=1$, $ax+by=3$ 사이의 거리를 구하시오.

2-17 세 점 O(0, 0), A(x_1, y_1), B(x_2, y_2)를 꼭짓점으로 하는 △OAB의 넓이는 $\frac{1}{2}|x_1y_2-x_2y_1|$임을 보이시오.

2-18 좌표평면 위의 원점 O와 세 점 A(3, 0), B(1, 0), C(0, 2)에 대하여 제1사분면의 점 P가 △PAB+△POC=3을 만족시키며 움직일 때, 점 P의 자취의 방정식을 구하시오.

2-19 한 변의 길이가 2인 정사각형 ABCD의 내부 및 둘레 위의 임의의 점 P가 $2\overline{PA}^2=\overline{PB}^2+\overline{PD}^2$을 만족시키며 움직일 때, 점 P의 자취의 길이는?

① 2 ② $2\sqrt{2}$ ③ 3 ④ $2\sqrt{3}$ ⑤ 4

3. 원의 방정식

원의 방정식／원과 직선의 위치 관계
／두 원의 위치 관계／자취 문제

§1. 원의 방정식

1 원

평면 위의 한 점 C에서 일정한 거리에 있는 점의 자취(또는 점들의 모임)를 원이라고 한다. 이때, 점 C를 원의 중심, 점 C와 원 위의 임의의 한 점을 이은 선분을 원의 반지름이라고 한다.

2 원의 방정식의 표준형

중심이 점 $C(a, b)$이고 반지름의 길이가 r인 원 위의 점을 $P(x, y)$라고 하자.

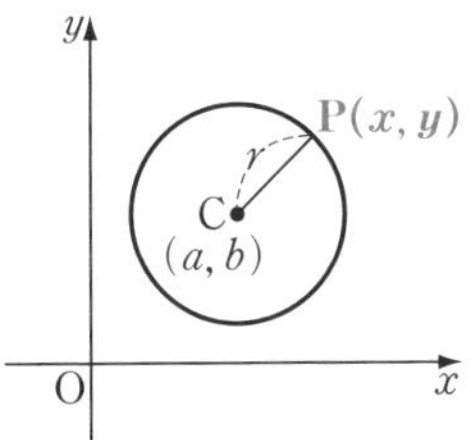

$\overline{CP}=r$이므로

$$\sqrt{(x-a)^2+(y-b)^2}=r$$

양변을 제곱하면

$$(x-a)^2+(y-b)^2=r^2 \qquad \cdots\cdots ①$$

역으로 방정식 ①을 만족시키는 점 $P(x, y)$는 항상 $\overline{CP}=r$이므로 모두 이 원 위에 있다.

따라서 중심이 점 $C(a, b)$이고 반지름의 길이가 r인 원의 방정식은 ①로 나타내어진다.

이 식을 원의 방정식의 표준형이라고 한다.

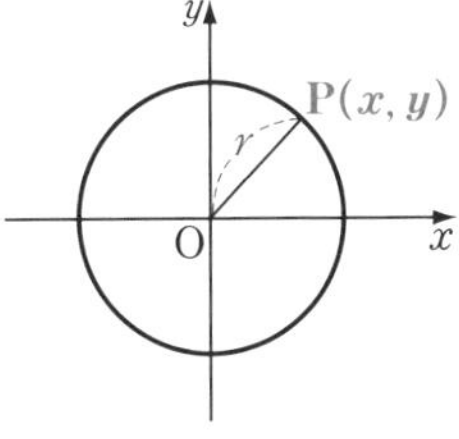

특히 중심이 원점이고 반지름의 길이가 r인 원의 방정식은 ①에서 $a=0$, $b=0$인 경우이므로

$$x^2+y^2=r^2$$

이다.

기본정석 — **원의 방정식의 표준형**

(1) 중심이 점 (a, b)이고 반지름의 길이가 r인 원의 방정식은

$$(x-a)^2+(y-b)^2=r^2$$

(2) 특히 중심이 원점이고 반지름의 길이가 r인 원의 방정식은

$$x^2+y^2=r^2$$

보기 1 다음 원의 방정식을 구하시오.

(1) 중심이 점 $(2, -3)$이고 반지름의 길이가 4인 원

(2) 중심이 원점이고 반지름의 길이가 5인 원

연구 (1) $(x-2)^2+(y+3)^2=16$ (2) $x^2+y^2=25$

보기 2 다음 방정식이 나타내는 원의 중심과 반지름의 길이를 구하시오.

(1) $(x+1)^2+(y-3)^2=9$ (2) $x^2+(y-1)^2=25$

연구 (1) 중심 : 점 $(-1, 3)$, 반지름의 길이 : 3

(2) 중심 : 점 $(0, 1)$, 반지름의 길이 : 5

3 원의 방정식의 일반형

원의 방정식 $(x-a)^2+(y-b)^2=r^2$ ……①

을 전개하여 정리하면 다음과 같다.

$$x^2+y^2-2ax-2by+a^2+b^2-r^2=0$$

여기서 $-2a=A$, $-2b=B$, $a^2+b^2-r^2=C$로 놓으면

$$x^2+y^2+Ax+By+C=0 \quad \cdots\cdots ②$$

이며, 이 식을 원의 방정식의 일반형이라고 한다.

②를 다시 ①과 같은 꼴로 고치면

$$x^2+Ax+\left(\frac{A}{2}\right)^2+y^2+By+\left(\frac{B}{2}\right)^2-\left(\frac{A}{2}\right)^2-\left(\frac{B}{2}\right)^2+C=0$$

$$\therefore \left(x+\frac{A}{2}\right)^2+\left(y+\frac{B}{2}\right)^2=\frac{A^2+B^2-4C}{4}$$

따라서 ②는 $A^2+B^2-4C>0$이면

$$\text{중심 : 점 } \left(-\frac{A}{2}, -\frac{B}{2}\right), \quad \text{반지름의 길이 : } \frac{\sqrt{A^2+B^2-4C}}{2}$$

인 원의 방정식이다.

* *Note* $A^2+B^2-4C=0$일 때 반지름의 길이가 0인 원을 나타내며, 이것을 점원이라고 한다. 또, $A^2+B^2-4C<0$일 때는 허원이라 하고, 이에 대하여 $A^2+B^2-4C>0$일 때 실원이라고 한다. 보통 원이라고 하면 실원을 뜻한다.

기본정석 — **원의 방정식의 일반형**

방정식 $x^2+y^2+Ax+By+C=0$은

중심 : 점 $\left(-\dfrac{A}{2}, -\dfrac{B}{2}\right)$, 반지름의 길이 : $\dfrac{\sqrt{A^2+B^2-4C}}{2}$

인 원의 방정식이다. 단, $A^2+B^2-4C>0$이다.

Advice | x, y에 관한 이차방정식 중 $A^2+B^2-4C>0$일 때

$x^2+y^2+Ax+By+C=0$의 꼴은 ⟹ 원의 방정식

임을 기억하기 바란다.

이 꼴은 x^2, y^2의 계수가 같고, xy항이 없다는 것에 주의해야 한다.

보기 3 다음 방정식이 나타내는 원의 중심과 반지름의 길이를 구하시오.

(1) $x^2+y^2+4x=0$ (2) $2x^2+2y^2-4x+8y+3=0$

연구 주어진 원의 방정식을 표준형으로 고친 다음,

정석 $(x-a)^2+(y-b)^2=r^2(r>0)$은

⟹ 중심이 점 (a, b), 반지름의 길이가 r인 원의 방정식

임을 이용한다.

(1) $x^2+y^2+4x=0$에서 $(x^2+4x)+y^2=0$

$\therefore (x+2)^2-4+y^2=0 \quad \therefore (x+2)^2+y^2=4$

따라서 중심 : 점 $(-2, 0)$, 반지름의 길이 : 2

(2) $2x^2+2y^2-4x+8y+3=0$에서 $2(x^2-2x)+2(y^2+4y)+3=0$

$\therefore 2(x-1)^2-2+2(y+2)^2-8+3=0$

$\therefore 2(x-1)^2+2(y+2)^2=7 \quad \therefore (x-1)^2+(y+2)^2=\dfrac{7}{2}$

따라서 중심 : 점 $(1, -2)$, 반지름의 길이 : $\dfrac{\sqrt{14}}{2}$

보기 4 다음 방정식이 나타내는 도형이 원이 되도록 실수 a의 값의 범위를 정하시오.

$$x^2+y^2+2ax+4ay+6a^2-4a+3=0$$

연구 주어진 식을 원의 방정식의 표준형으로 고치면

$$(x+a)^2-a^2+(y+2a)^2-(2a)^2+6a^2-4a+3=0$$

$$\therefore (x+a)^2+(y+2a)^2=-a^2+4a-3$$

이것이 원이 될 조건은

$$-a^2+4a-3>0 \quad \therefore 1<a<3$$

기본 문제 3-1 다음 원의 방정식을 구하시오.

(1) 중심이 점 C$(-2, 3)$이고 점 A$(1, 6)$을 지나는 원

(2) 두 점 A$(5, 1)$, B$(-1, -3)$을 지름의 양 끝 점으로 하는 원

(3) 세 점 A$(4, 1)$, B$(6, -3)$, C$(-3, 0)$을 지나는 원

정석연구 원의 방정식을 구하는 방법은 다음과 같다.

중심 또는 반지름의 길이가 주어지면 $\Longrightarrow$ $(x-a)^2+(y-b)^2=r^2$을 이용!

원 위의 세 점이 주어지면 $\Longrightarrow$ $x^2+y^2+Ax+By+C=0$을 이용!

모범답안 (1) 원의 반지름의 길이를 r이라고 하면

$$(x+2)^2+(y-3)^2=r^2 \qquad \cdots\cdots ㉮$$

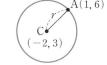

점 A$(1, 6)$을 지나므로

$$(1+2)^2+(6-3)^2=r^2 \qquad \therefore\ r^2=18$$

㉮에 대입하면 $(x+2)^2+(y-3)^2=18$ ← 답

(2) 선분 AB의 중점을 C(a, b)라고 하면

$$a=\frac{5-1}{2}=2, \quad b=\frac{1-3}{2}=-1$$

이므로 원의 중심은 C$(2, -1)$이다.

또, $\overline{\mathrm{AC}}=\sqrt{(5-2)^2+(1+1)^2}=\sqrt{13}$

이므로 원의 반지름의 길이는 $\sqrt{13}$이다.

$\therefore$ $(x-2)^2+(y+1)^2=13$ ← 답

(3) 원의 방정식을 $x^2+y^2+ax+by+c=0$이라고 하면 점 A$(4, 1)$, B$(6, -3)$, C$(-3, 0)$을 지나므로

$$16+1+4a+b+c=0,$$

$$36+9+6a-3b+c=0, \quad 9-3a+c=0$$

연립하여 풀면 $a=-2,\ b=6,\ c=-15$

$\therefore$ $x^2+y^2-2x+6y-15=0$ ← 답

**Note* 이 식은 △ABC의 외접원의 방정식이고, $(x-1)^2+(y+3)^2=5^2$과 같이 변형되므로 △ABC의 외심은 점 $(1, -3)$, 외접원의 반지름의 길이는 5이다.

유제 3-1. 다음 원의 방정식을 구하시오.

(1) 중심이 원점이고 점 $(3, -4)$를 지나는 원

(2) 두 점 $(-1, 2)$, $(3, -4)$를 지름의 양 끝 점으로 하는 원

(3) 세 점 $(1, 1)$, $(2, -1)$, $(3, 2)$를 지나는 원

답 (1) $x^2+y^2=25$ (2) $(x-1)^2+(y+1)^2=13$ (3) $x^2+y^2-5x-y+4=0$

기본 문제 3-2 중심이 직선 $y=x+1$ 위에 있고, 점 $(3, 2)$를 지나며, x축에 접하는 원의 방정식을 구하시오.

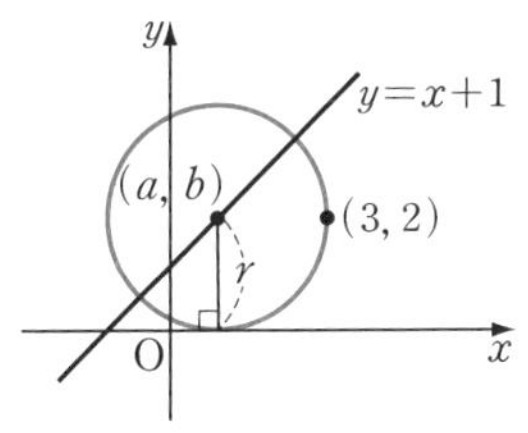

정석연구 문제의 조건 중 중심에 관한 조건이 있다는 것에 착안하여, 구하는 원의 방정식을

$$(x-a)^2+(y-b)^2=r^2$$

으로 놓고 주어진 조건들을 활용해 본다.

또, x축에 접할 때에는 $r=|b|$이므로 구하는 원의 방정식을

$$(x-a)^2+(y-b)^2=|b|^2 \quad 곧,\ (x-a)^2+(y-b)^2=b^2$$

으로 놓고 나머지 조건들을 활용해도 된다.

x축에 접할 때 $\Longleftrightarrow$ $r=|b|$

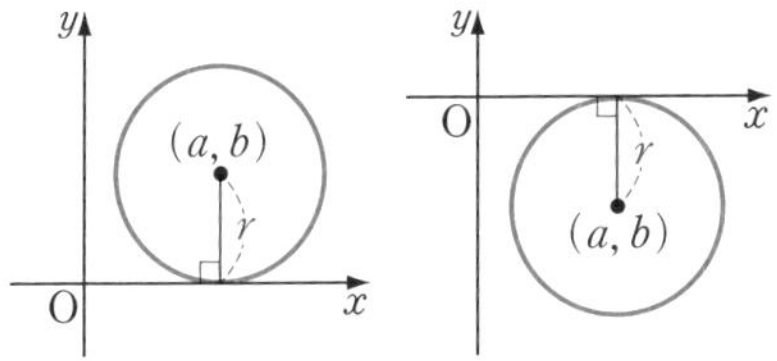

y축에 접할 때 $\Longleftrightarrow$ $r=|a|$

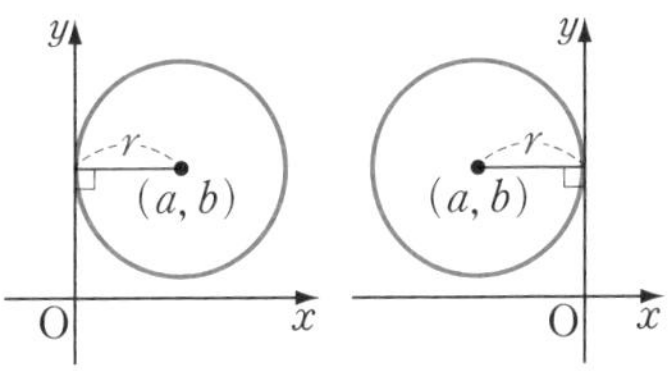

모범답안 구하는 원의 방정식을 $(x-a)^2+(y-b)^2=b^2$으로 놓자.

중심 (a, b)가 직선 $y=x+1$ 위에 있으므로 $b=a+1$ ……①

점 $(3, 2)$를 지나므로 $(3-a)^2+(2-b)^2=b^2$ ……②

①을 ②에 대입하면 $(3-a)^2+(2-a-1)^2=(a+1)^2$

$\therefore\ a^2-10a+9=0 \quad \therefore\ a=1, 9$

①에 대입하면 $b=2, 10$

$\therefore\ (x-1)^2+(y-2)^2=4,\ (x-9)^2+(y-10)^2=100$ ← 답

유제 **3**-2. 중심이 직선 $x+2y=9$ 위에 있고, x축과 y축에 접하는 원의 방정식을 구하시오. 단, 중심은 제1사분면에 있다. 답 $(x-3)^2+(y-3)^2=9$

유제 **3**-3. 중심이 직선 $y=x+2$ 위에 있고, 점 $(4, 4)$를 지나며, y축에 접하는 원의 방정식을 구하시오.

답 $(x-2)^2+(y-4)^2=4,\ (x-10)^2+(y-12)^2=100$

유제 **3**-4. 중심이 직선 $y=2x-1$ 위에 있고, 두 점 $(-1, 2)$, $(0, 3)$을 지나는 원의 방정식을 구하시오. 답 $(x-1)^2+(y-1)^2=5$

기본 문제 **3**-3 좌표평면 위에 두 점 $\mathrm{A}(2, 5)$, $\mathrm{B}(4, 1)$과 원 $x^2+y^2=1$이 있다. 점 P가 이 원 위를 움직일 때, $\overline{\mathrm{PA}}^2+\overline{\mathrm{PB}}^2$의 최솟값을 구하시오.

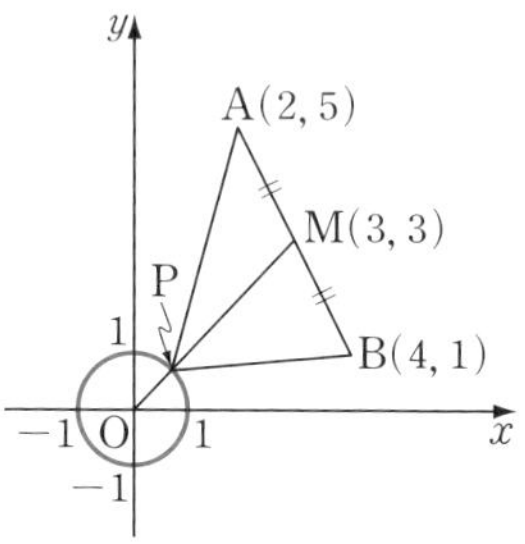

모범답안 선분 AB의 중점을 M이라고 하면 중선 정리에 의하여 ⇦ p. 12 참조

$$\overline{\mathrm{PA}}^2+\overline{\mathrm{PB}}^2=2(\overline{\mathrm{PM}}^2+\overline{\mathrm{AM}}^2) \quad \cdots ①$$

여기에서 선분 AM의 길이가 일정하므로 $\overline{\mathrm{PM}}$이 최소일 때 $\overline{\mathrm{PA}}^2+\overline{\mathrm{PB}}^2$이 최소이다.

그런데 $\overline{\mathrm{PM}}$의 최솟값은

$$\overline{\mathrm{OM}}-\overline{\mathrm{OP}}=\sqrt{3^2+3^2}-1=3\sqrt{2}-1$$

또, $\overline{\mathrm{AM}}=\sqrt{(2-3)^2+(5-3)^2}=\sqrt{5}$

①에 대입하면 구하는 최솟값은

$$\overline{\mathrm{PA}}^2+\overline{\mathrm{PB}}^2=2\{(3\sqrt{2}-1)^2+(\sqrt{5})^2\}=\mathbf{48-12\sqrt{2}} \longleftarrow \text{답}$$

Advice 1° 위에서는 원의 성질을 살려 중선 정리를 활용하였다. 그러나 일반 곡선에서는 흔히 다음과 같이 푼다.

원 $x^2+y^2=1$ 위의 점을 $\mathrm{P}(x, y)$라고 하면

$$\begin{aligned}\overline{\mathrm{PA}}^2+\overline{\mathrm{PB}}^2&=\{(x-2)^2+(y-5)^2\}+\{(x-4)^2+(y-1)^2\}\\&=2(x^2+y^2)-12(x+y)+46 \qquad ⇦ x^2+y^2=1\\&=2\times1-12(x+y)+46=48-12(x+y) \qquad \cdots\cdots ②\end{aligned}$$

따라서 $x+y$가 최대일 때 $\overline{\mathrm{PA}}^2+\overline{\mathrm{PB}}^2$이 최소이다.

$x+y=k$로 놓고 $x^2+y^2=1$에서 y를 소거하면

$$2x^2-2kx+k^2-1=0$$

$D/4=k^2-2(k^2-1)\ge0$에서 $-\sqrt{2}\le k\le\sqrt{2}$

따라서 k의 최댓값은 $\sqrt{2}$이고, ②에 대입하면 $48-12\sqrt{2}$를 얻는다.

2° $\overline{\mathrm{PA}}^2+\overline{\mathrm{PB}}^2$이 최소가 되는 점 P는 선분 OM과 원의 교점이므로 $y=x$와 $x^2+y^2=1$을 연립하여 풀면 점 P의 좌표를 얻는다.

유제 **3**-5. 좌표평면에서 원 $x^2+y^2-8y-9=0$ 위를 움직이는 점 P와 직선 $3x-4y-24=0$ 위를 움직이는 점 Q가 있다. 선분 PQ의 길이의 최솟값을 구하시오.

답 **3**

유제 **3**-6. 좌표평면 위에 원 $(x-3)^2+(y-4)^2=4$와 두 점 $\mathrm{A}(-1, 0)$, $\mathrm{B}(1, 0)$이 있다. 점 P가 이 원 위를 움직일 때, $\overline{\mathrm{PA}}^2+\overline{\mathrm{PB}}^2$의 최솟값을 구하시오.

답 **20**

§2. 원과 직선의 위치 관계

1 원과 직선의 위치 관계(I)

포물선과 직선의 위치 관계와 마찬가지로 원과 직선의 위치 관계 역시

서로 다른 두 점에서 만나는 경우, 접하는 경우, 만나지 않는 경우

의 세 경우로 나누어 생각할 수 있다.

보기 1 직선 $y=x+n$과 원 $x^2+y^2=8$의 위치 관계가 다음과 같을 때, 실수 n의 값 또는 값의 범위를 구하시오.

(1) 서로 다른 두 점에서 만난다. (2) 접한다. (3) 만나지 않는다.

연구 $y=x+n$ ……①

$x^2+y^2=8$ ……②

에서 y를 소거하여 교점의 x좌표를 구하는 식을 만들면

$$x^2+(x+n)^2=8$$

곧, $2x^2+2nx+n^2-8=0$ ……③

이고, ③의 실근이 직선 ①과 원 ②의 교점의 x좌표이다.

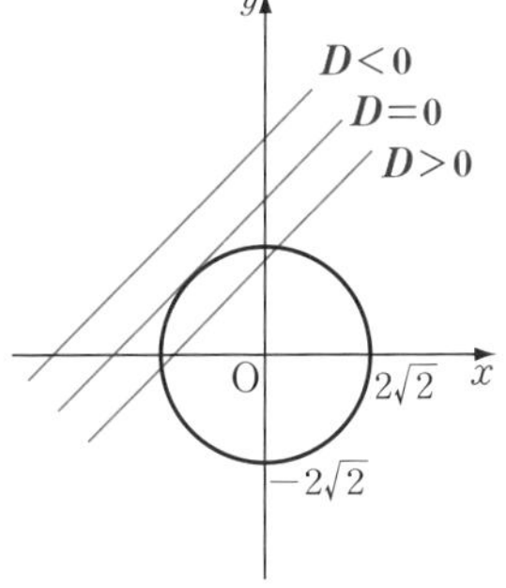

따라서 x에 관한 이차방정식 ③에서 판별식을 D라고 하면

$D>0$ $\iff$ ③은 서로 다른 두 실근 $\iff$ ①, ②의 교점 **2**개

$D=0$ $\iff$ ③은 중근 $\iff$ ①, ②의 교점 **1**개

$D<0$ $\iff$ ③은 서로 다른 두 허근 $\iff$ ①, ②의 교점 없다

곧, ③에서

$$D/4=n^2-2(n^2-8)=-(n+4)(n-4)$$

이므로 다음과 같이 n의 값 또는 값의 범위를 구할 수 있다.

(1) 직선이 원과 서로 다른 두 점에서 만나면 ③이 서로 다른 두 실근을 가지므로

$$D/4>0 \quad \therefore \ \boldsymbol{-4<n<4}$$

(2) 직선이 원에 접하면 ③이 중근을 가지므로

$$D/4=0 \quad \therefore \ \boldsymbol{n=-4,\ 4}$$

(3) 직선이 원과 만나지 않으면 ③이 허근을 가지므로

$$D/4<0 \quad \therefore \ \boldsymbol{n<-4,\ n>4}$$

기본정석 원과 직선의 위치 관계(I)

직선 : $\boldsymbol{y=mx+n}$ ……① 원 : $\boldsymbol{f(x, y)=0}$ ……②

①을 ②에 대입하면 $f(x, mx+n)=0$ ……③

이때, x에 관한 이차방정식 ③의 실근은 ①, ②의 교점의 x좌표이므로, ③의 판별식을 D라고 하면 다음과 같은 관계가 있다.

		$f(x, mx+n)=0$의 근		직선과 원
$D>0$	$\Longleftrightarrow$	서로 다른 두 실근	$\Longleftrightarrow$	서로 다른 두 점에서 만난다
$D=0$	$\Longleftrightarrow$	중근	$\Longleftrightarrow$	접한다
$D<0$	$\Longleftrightarrow$	서로 다른 두 허근	$\Longleftrightarrow$	만나지 않는다

Advice | 이를테면 $y=2x+3$은 직선을, $y=x^2-4x+3$은 포물선을, $x^2+y^2=2$는 원을 나타내는 도형의 방정식이다. 이들은 각각

$$2x-y+3=0, \quad x^2-4x-y+3=0, \quad x^2+y^2-2=0$$

의 꼴이므로 일반적으로 $f(x, y)=0$으로 나타낼 수 있다.

위의 직선과의 위치 관계는 $f(x, y)=0$이 원의 방정식일 때뿐만 아니라 포물선, 타원, 쌍곡선을 나타내는 곡선의 방정식일 때에도 성립하는 성질이다.

2 원과 직선의 위치 관계(II)

특히 원과 직선의 위치 관계를 조사할 때에는 위에 소개한 판별식 이외에도 다음과 같은 원의 성질을 활용할 수 있다.

기본정석 원과 직선의 위치 관계(II)

오른쪽 그림과 같이 반지름의 길이가 r인 원과 직선이 주어졌을 때, 원의 중심과 직선 사이의 거리를 d라고 하면

$\boldsymbol{d<r}$ $\Longleftrightarrow$ 서로 다른 두 점에서 만난다

$\boldsymbol{d=r}$ $\Longleftrightarrow$ 접한다

$\boldsymbol{d>r}$ $\Longleftrightarrow$ 만나지 않는다

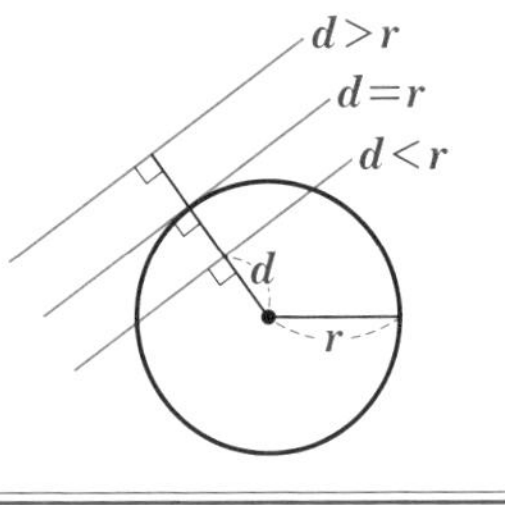

Advice | 앞면의 **보기 1**에 대하여 위의 성질을 활용할 수 있다. 곧, $y=x+n$에서 $x-y+n=0$이고, 원의 중심은 원점, 반지름의 길이는 $2\sqrt{2}$이므로 다음 부등식 또는 등식을 풀면 n의 값 또는 값의 범위를 구할 수 있다.

(1) $\dfrac{|n|}{\sqrt{1^2+(-1)^2}}<2\sqrt{2}$ (2) $\dfrac{|n|}{\sqrt{1^2+(-1)^2}}=2\sqrt{2}$ (3) $\dfrac{|n|}{\sqrt{1^2+(-1)^2}}>2\sqrt{2}$

3 원의 접선의 방정식

원의 접선의 방정식을 구할 때, 조건으로서

원 위의 접점, 접선의 기울기, 원 밖의 한 점

이 주어지는 경우를 생각할 수 있다.

보기 2 다음 물음에 답하시오.

(1) 원 $x^2+y^2=5$ 위의 점 $(2, 1)$에서의 접선의 방정식을 구하시오.

(2) 원 $x^2+y^2=r^2$ 위의 점 (x_1, y_1)에서의 접선의 방정식을 구하시오.

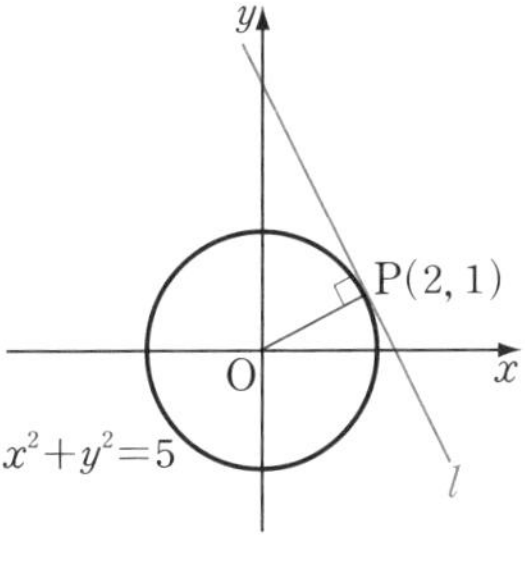

연구 (1) 오른쪽 그림에서 직선 OP의 기울기는 $\dfrac{1}{2}$이고, $l\perp\overline{\mathrm{OP}}$이므로 접선 l의 기울기는 -2이다.

따라서 접선 l은 점 $(2, 1)$을 지나고 기울기가 -2인 직선이므로

$y-1=-2(x-2)$ $\quad\therefore$ $\boldsymbol{y=-2x+5}$

*Note 1° 판별식을 이용하여 구할 수도 있다.

접선의 기울기를 m이라고 하면 접선의 방정식은 $y-1=m(x-2)$ 곧, $y=mx-2m+1$

$x^2+y^2=5$에 대입해 정리하면 $(m^2+1)x^2-2m(2m-1)x+4m^2-4m-4=0$

$D/4=m^2(2m-1)^2-(m^2+1)(4m^2-4m-4)=0$에서 $m=-2$

$\therefore$ $\boldsymbol{y=-2x+5}$

2° O와 l 사이의 거리가 원의 반지름의 길이인 $\sqrt{5}$와 같음을 이용할 수도 있다.

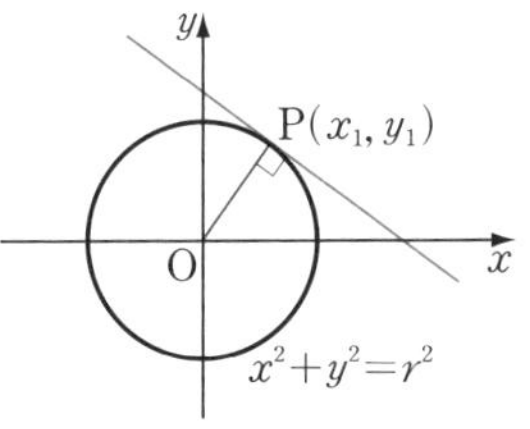

(2) $x_1\neq0$, $y_1\neq0$일 때, 직선 OP의 기울기는 $\dfrac{y_1}{x_1}$이므로 접선의 기울기는 $-\dfrac{x_1}{y_1}$이다.

따라서 접선의 방정식은

$$y-y_1=-\frac{x_1}{y_1}(x-x_1)$$

$$\therefore\ x_1x+y_1y={x_1}^2+{y_1}^2$$

그런데 $P(x_1, y_1)$은 원 $x^2+y^2=r^2$ 위의 점이므로 ${x_1}^2+{y_1}^2=r^2$

$$\therefore\ x_1x+y_1y=r^2 \qquad \cdots\cdots ①$$

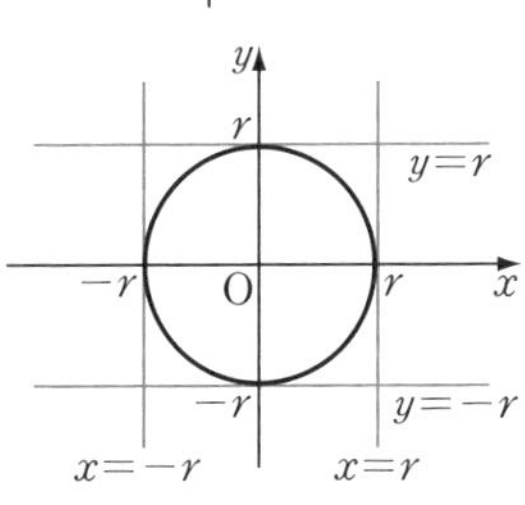

$x_1=0$ 또는 $y_1=0$일 때, 점 P는 좌표축 위에 있으므로 접선의 방정식은

$y=\pm r$ 또는 $x=\pm r$

이다. 이 경우에도 ①이 성립한다.

이상에서 구하는 접선의 방정식은 $\boldsymbol{x_1x+y_1y=r^2}$

보기 3 다음 물음에 답하시오.

(1) 원 $x^2+y^2=4$에 접하고 기울기가 3인 직선의 방정식을 구하시오.

(2) 원 $x^2+y^2=r^2$에 접하고 기울기가 m인 직선의 방정식을 구하시오.

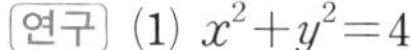

연구 (1) $x^2+y^2=4$ ……①

기울기가 3인 직선의 방정식을

$$y=3x+b \quad \cdots\cdots ②$$

라 하고, ②를 ①에 대입하면

$$x^2+(3x+b)^2=4$$

곧, $10x^2+6bx+b^2-4=0$ ……③

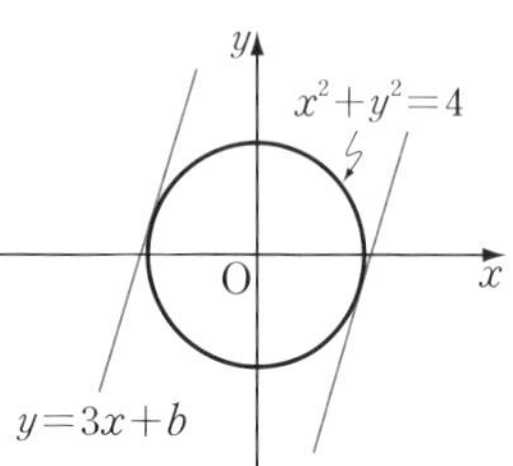

②가 ①에 접하려면 ③이 중근을 가져야 하므로

$$D/4=9b^2-10(b^2-4)=0 \quad \therefore\ b^2=40 \quad \therefore\ b=\pm2\sqrt{10}$$

이것을 ②에 대입하면 $\boldsymbol{y=3x\pm2\sqrt{10}}$

*__*Note*__ 원 ①의 중심 (0, 0)과 직선 ② 사이의 거리가 원의 반지름의 길이인 2와 같음을 이용하여 b의 값을 구할 수도 있다.

(2) $x^2+y^2=r^2$ ……①

기울기가 m인 직선의 방정식을 $y=mx+b$ ……②

라 하고, ②를 ①에 대입하면 $x^2+(mx+b)^2=r^2$

곧, $(m^2+1)x^2+2bmx+b^2-r^2=0$ ……③

②가 ①에 접하려면 ③이 중근을 가져야 하므로

$$D/4=b^2m^2-(m^2+1)(b^2-r^2)=0$$

전개하여 정리하면 $b^2=(m^2+1)r^2 \quad \therefore\ b=\pm r\sqrt{m^2+1}$

이것을 ②에 대입하면 $\boldsymbol{y=mx\pm r\sqrt{m^2+1}}$

기본정석 **원의 접선의 방정식**

(1) 원 $\boldsymbol{x^2+y^2=r^2}$ 위의 점 $(\boldsymbol{x_1}, \boldsymbol{y_1})$에서의 접선의 방정식은

$$\Longrightarrow \boldsymbol{x_1x+y_1y=r^2}$$

(2) 원 $\boldsymbol{x^2+y^2=r^2}$에 접하고 기울기가 $\boldsymbol{m}$인 직선의 방정식은

$$\Longrightarrow \boldsymbol{y=mx\pm r\sqrt{m^2+1}}$$

Advice ‖ 앞면의 **보기 2**의 (1)에 공식 $x_1x+y_1y=r^2$을 적용해 보면 $x^2+y^2=5$에 x^2 대신 $2\times x$를, y^2 대신 $1\times y$를 대입하여 $\boldsymbol{2x+y=5}$

또, 위의 **보기 3**의 (1)에 공식 $y=mx\pm r\sqrt{m^2+1}$을 적용해 보면 $m=3$, $r=2$를 대입하여 $y=3x\pm2\sqrt{3^2+1}$ 곧, $\boldsymbol{y=3x\pm2\sqrt{10}}$

기본 문제 3-4 다음 물음에 답하시오.

(1) 직선 $y=x+1$과 원 $x^2+y^2=25$의 교점에서의 원의 접선의 방정식을 구하시오.

(2) 원점에서의 거리가 4인 점의 자취에 접하고, 직선 $x+y=3$에 수직인 직선의 방정식을 구하시오.

정석연구 (1) 먼저 직선과 원의 교점의 좌표를 구한 다음, 이 교점이 원 위의 점이므로 다음 공식을 이용한다.

정석 원 $x^2+y^2=r^2$ 위의 점 (x_1, y_1)에서의 접선의 방정식은

$$\Longrightarrow x_1x+y_1y=r^2$$

(2) 원점에서의 거리가 4인 점의 자취의 방정식은 $x^2+y^2=4^2$이고, 직선 $x+y=3$에 수직인 직선의 기울기는 1이므로 다음 공식을 이용한다.

정석 원 $x^2+y^2=r^2$에 접하고 기울기가 m인 직선의 방정식은

$$\Longrightarrow y=mx\pm r\sqrt{m^2+1}$$

모범답안 (1) $y=x+1$ ……① $x^2+y^2=25$ ……②

①을 ②에 대입하면 $x^2+(x+1)^2=25$ $\therefore x=3, -4$

①에 대입하면 $y=4, -3$

따라서 ①, ②의 교점의 좌표는 $(3, 4)$, $(-4, -3)$이다.

공식에 대입하면 ⇦ $x_1x+y_1y=r^2$

점 $(3, 4)$에서의 접선의 방정식은 $3x+4y=25$

점 $(-4, -3)$에서의 접선의 방정식은 $-4x-3y=25$

답 $\boldsymbol{3x+4y-25=0,\ 4x+3y+25=0}$

(2) 원 $x^2+y^2=4^2$에 접하고 기울기가 1인 직선의 방정식이므로

$y=1\times x\pm4\sqrt{1^2+1}$ 곧, $\boldsymbol{y=x\pm4\sqrt{2}}$ ⟵ 답

Advice | 위와 같이 공식에 대입하여 구할 수도 있지만, 기본 원리를 이해하기 위해서는 p. 57의 **보기 2**, p. 58의 **보기 3**과 같이 원의 성질이나 판별식을 이용하여 구하는 것이 좋다.

유제 **3**-7. 직선 $3x+y-10=0$과 원 $x^2+y^2=20$의 교점에서의 원의 접선의 방정식을 구하시오. 답 $\boldsymbol{x+2y-10=0,\ 2x-y-10=0}$

유제 **3**-8. 직선 $y=\sqrt{3}x+5$에 평행하고, 원 $x^2+y^2=16$에 접하는 직선의 방정식을 구하시오. 답 $\boldsymbol{y=\sqrt{3}x\pm8}$

기본 문제 3-5 점 $(0, 2)$를 지나고, 원 $x^2+y^2=1$에 접하는 직선의 방정식을 구하시오.

정석연구 다음 세 가지 방법을 생각할 수 있다.

(i) 판별식을 이용!

정석 접한다 $\Longleftrightarrow$ $D=0$

(ii) 공식을 이용! ⇦ 점 $(0, 2)$가 원 위의 점이 아닌 것에 주의

정석 원 $x^2+y^2=r^2$ 위의 점 (x_1, y_1)에서의 접선의 방정식은

$$\Longrightarrow x_1x+y_1y=r^2$$

(iii) 원의 성질을 이용!

정석 원의 중심과 접선 사이의 거리가 원의 반지름의 길이와 같다.

모범답안 $x^2+y^2=1$ ……①

(방법 1) 점 $(0, 2)$를 지나는 직선의 기울기를 m이라고 하면

$y-2=m(x-0)$ $\therefore$ $y=mx+2$ ……②

②를 ①에 대입하고 정리하면 $(m^2+1)x^2+4mx+3=0$ ……③

②가 ①에 접하려면 방정식 ③이 중근을 가져야 하므로

$D/4=4m^2-3(m^2+1)=0$ $\therefore$ $m^2=3$ $\therefore$ $m=\pm\sqrt{3}$

이것을 ②에 대입하면 $y=\pm\sqrt{3}x+2$ ← 답

(방법 2) 접점을 점 (x_1, y_1)이라 하면 접선의 방정식은 $x_1x+y_1y=1$ …④

점 $(0, 2)$는 직선 ④ 위의 점이므로 $2y_1=1$ ……⑤

한편 점 (x_1, y_1)은 원 ① 위의 점이므로 ${x_1}^2+{y_1}^2=1$ ……⑥

⑤, ⑥에서 $(x_1, y_1)=\left(\dfrac{\sqrt{3}}{2}, \dfrac{1}{2}\right), \left(-\dfrac{\sqrt{3}}{2}, \dfrac{1}{2}\right)$

④에 대입하여 정리하면 $y=-\sqrt{3}x+2$, $y=\sqrt{3}x+2$ ← 답

(방법 3) 점 $(0, 2)$를 지나는 직선의 기울기를 m이라고 하면

$y-2=m(x-0)$ $\therefore$ $mx-y+2=0$ ……⑦

원 ①의 중심과 직선 ⑦ 사이의 거리가 원의 반지름의 길이와 같으므로

$\dfrac{2}{\sqrt{m^2+(-1)^2}}=1$ $\therefore$ $\sqrt{m^2+1}=2$ $\therefore$ $m=\pm\sqrt{3}$

이것을 ⑦에 대입하면 $y=\pm\sqrt{3}x+2$ ← 답

유제 **3**-9. 다음 점에서 원에 그은 접선의 방정식을 구하시오.

(1) $x^2+y^2=1$, 점 $(2, 1)$ (2) $x^2+y^2=5$, 점 $(-1, 3)$

답 (1) $y=1$, $4x-3y-5=0$ (2) $2x-y+5=0$, $x+2y-5=0$

기본 문제 3-6 원 $x^2+y^2-6x+8y+5=0$과 직선 $x-2y+a=0$에 대하여 다음 물음에 답하시오.

(1) 직선이 원의 중심을 지날 때, 실수 a의 값을 구하시오.

(2) 직선이 원에 접할 때, 실수 a의 값을 구하시오.

(3) 직선과 원이 서로 다른 두 점에서 만날 때, 실수 a의 값의 범위를 구하시오.

정석연구 (2), (3)은 원의 중심과 반지름의 길이를 구한 후, 다음을 이용한다.

정석 반지름의 길이가 $\boldsymbol{r}$인 원에 대하여
원의 중심과 직선 사이의 거리를 $\boldsymbol{d}$라고 할 때,

$\boldsymbol{d<r} \iff$ 서로 다른 두 점에서 만난다

$\boldsymbol{d=r} \iff$ 접한다

$\boldsymbol{d>r} \iff$ 만나지 않는다

모범답안 $x^2+y^2-6x+8y+5=0$ ……①

$x-2y+a=0$ ……②

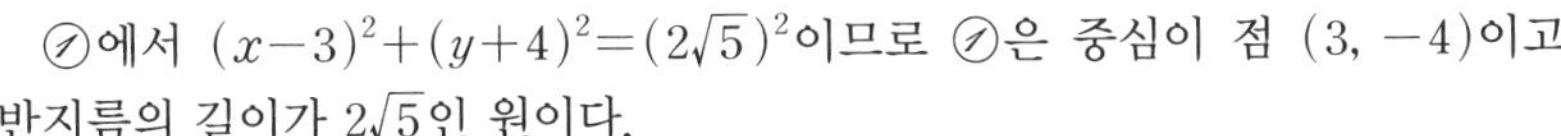

①에서 $(x-3)^2+(y+4)^2=(2\sqrt{5})^2$이므로 ①은 중심이 점 $(3, -4)$이고 반지름의 길이가 $2\sqrt{5}$인 원이다.

(1) 직선 ②가 원 ①의 중심 $(3, -4)$를 지나므로

$3-2\times(-4)+a=0 \quad \therefore \boldsymbol{a=-11}$ ← 답

(2) ①과 ②가 접할 때, 중심과 직선 사이의 거리가 반지름의 길이와 같으므로

$$\frac{|3-2\times(-4)+a|}{\sqrt{1^2+(-2)^2}}=2\sqrt{5} \qquad \therefore |a+11|=10$$

$\therefore a+11=\pm10 \quad \therefore \boldsymbol{a=-1,\ -21}$ ← 답

(3) ①과 ②가 서로 다른 두 점에서 만날 때, 중심과 직선 사이의 거리가 반지름의 길이보다 작아야 하므로

$$\frac{|3-2\times(-4)+a|}{\sqrt{1^2+(-2)^2}}<2\sqrt{5} \qquad \therefore |a+11|<10$$

$\therefore -10<a+11<10 \quad \therefore \boldsymbol{-21<a<-1}$ ← 답

**Note* 원의 중심이 원점이 아닐 때에는 판별식을 이용하는 방법보다 원의 성질을 이용하는 방법이 더 간편하다.

유제 **3**-10. 중심이 점 $(-1, 2)$이고 점 $(2, -2)$를 지나는 원과 직선 $3x+4y+a=0$이 만나지 않을 때, 실수 a의 값의 범위를 구하시오.

답 $\boldsymbol{a<-30,\ a>20}$

§3. 두 원의 위치 관계

1 두 원의 위치 관계

두 원의 위치 관계를 그림으로 나타내면 다음과 같다.

(1)

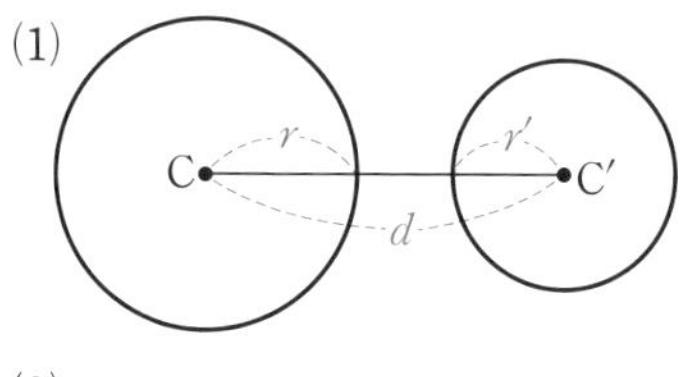

(2)

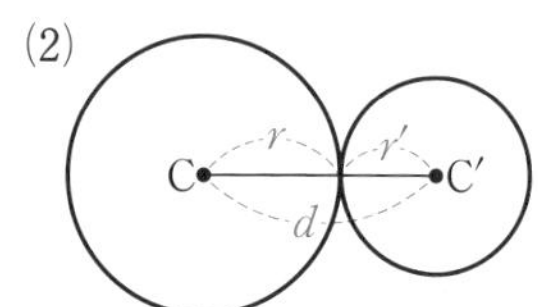

(3)

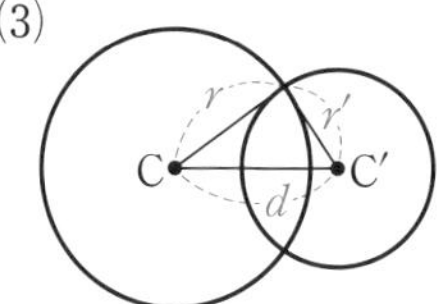

(4)

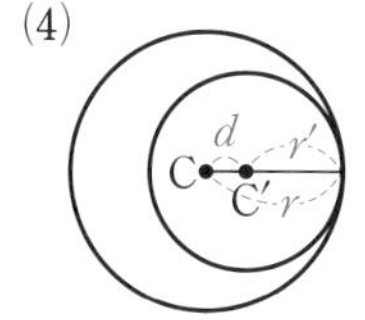

(5)

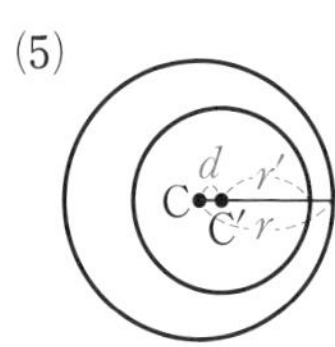

기본정석 — 두 원의 위치 관계

평면 위에 두 원이 있을 때, 두 원의 반지름의 길이 r, r'과 중심 사이의 거리 d의 관계와 위치 관계는 다음과 같다.

(1) $r+r'<d$ $\iff$ 두 원은 서로 밖에 있으며 만나지 않는다

(2) $r+r'=d$ $\iff$ 두 원은 한 점에서 외접한다

(3) $|r-r'|<d<r+r'$ $\iff$ 두 원은 서로 다른 두 점에서 만난다

(4) $|r-r'|=d$ $\iff$ 두 원은 한 점에서 내접한다

(5) $|r-r'|>d$ $\iff$ 두 원은 한쪽이 다른 쪽을 내부에 포함하고 만나지 않는다

보기 1 두 원 $x^2+y^2=1$, $(x-a)^2+(y-b)^2=4$에 대하여

(1) 두 원의 중심 사이의 거리를 구하시오.

(2) 두 원이 외접하기 위한 조건과 내접하기 위한 조건을 구하시오.

(3) 두 원이 서로 다른 두 점에서 만나기 위한 조건을 구하시오.

연구 (1) 두 원의 중심이 각각 점 $(0, 0)$, (a, b)이므로 $\boldsymbol{\sqrt{a^2+b^2}}$

(2) 외접하기 위한 조건은 $\sqrt{a^2+b^2}=2+1$ $\quad\therefore$ $\boldsymbol{a^2+b^2=9}$

내접하기 위한 조건은 $\sqrt{a^2+b^2}=2-1$ $\quad\therefore$ $\boldsymbol{a^2+b^2=1}$

(3) $2-1<\sqrt{a^2+b^2}<2+1$ $\quad\therefore$ $\boldsymbol{1<a^2+b^2<9}$

2 두 원의 교점을 지나는 원과 직선의 방정식

서로 만나는 두 직선의 교점을 지나는 직선과 마찬가지로, 서로 만나는 두 원의 교점을 지나는 원 또는 직선도 다음과 같은 성질이 있다. ⇦ p. 39, 40

기본정석 — **두 원의 교점을 지나는 원, 직선**

(1) m이 실수일 때

$$(x^2+y^2+Ax+By+C)m+(x^2+y^2+A'x+B'y+C')=0$$

은 m의 값에 관계없이 두 원

$$x^2+y^2+Ax+By+C=0, \quad x^2+y^2+A'x+B'y+C'=0$$

의 교점을 지난다. 단, 두 원이 서로 만나는 경우에 한한다.

(2) 서로 만나는 두 원

$$x^2+y^2+Ax+By+C=0, \quad x^2+y^2+A'x+B'y+C'=0$$

의 교점을 지나는 원의 방정식은 m이 -1이 아닌 실수일 때

$$(x^2+y^2+Ax+By+C)m+(x^2+y^2+A'x+B'y+C')=0$$

또는 $(x^2+y^2+Ax+By+C)+(x^2+y^2+A'x+B'y+C')m=0$

의 꼴로 나타내어진다.

$m=-1$일 때에는 두 원의 교점을 지나는 직선의 방정식이 된다.

Advice | 일반적으로 서로 만나는 두 원

$$x^2+y^2+Ax+By+C=0 \quad \cdots① \qquad x^2+y^2+A'x+B'y+C'=0 \quad \cdots②$$

의 교점을 지나는 원의 방정식은

$$(x^2+y^2+Ax+By+C)h+(x^2+y^2+A'x+B'y+C')k=0$$

으로 나타낸다. 단, h, k가 동시에 0은 아니고, $h\neq-k$이다.

여기서 특히 $h=0$일 때는 원 ②를, $k=0$일 때는 원 ①을 나타낸다.

또, $k\neq0$일 때 $\dfrac{h}{k}=m$으로 놓으면

$$(x^2+y^2+Ax+By+C)m+(x^2+y^2+A'x+B'y+C')=0$$

이다.

보기 2 방정식 $(x^2+y^2+2x+3y-1)m+(x^2+y^2+2x+2y-3)=0$의 그래프는 m의 값에 관계없이 일정한 점을 지난다. 이 점의 좌표를 구하시오.

연구 m의 값에 관계없이 다음 두 원의 교점을 지난다.

$$x^2+y^2+2x+3y-1=0, \quad x^2+y^2+2x+2y-3=0$$

연립하여 풀면 $(x, y)=(\mathbf{-3,\ -2}),\ (\mathbf{1,\ -2})$

기본 문제 **3**-7 두 원 $x^2+y^2=r^2(r>0)$, $(x-2)^2+(y-2)^2=2$에 대하여 다음 물음에 답하시오.

(1) 두 원이 외접할 때, r의 값을 구하시오.

(2) (1)의 경우 접점에서의 두 원의 공통접선의 방정식을 구하시오.

(3) 두 원이 서로 다른 두 점에서 만날 때, r의 값의 범위를 구하시오.

정석연구 두 원의 위치 관계는 다음 성질을 이용한다.

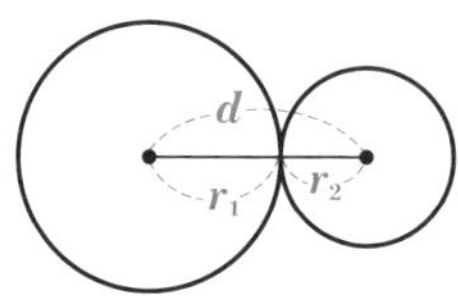

정 석 반지름의 길이가 각각 r_1, r_2인 두 원의 중심 사이의 거리를 d라고 하면

두 원이 외접한다 $\Longleftrightarrow$ $d=r_1+r_2$

두 원이 내접한다 $\Longleftrightarrow$ $d=|r_1-r_2|$

서로 다른 두 점에서 만난다 $\Longleftrightarrow$ $|r_1-r_2|<d<r_1+r_2$

모범답안 $x^2+y^2=r^2$에서

중심 : 점 $(0, 0)$, 반지름의 길이 : r

$(x-2)^2+(y-2)^2=2$에서

중심 : 점 $(2, 2)$, 반지름의 길이 : $\sqrt{2}$

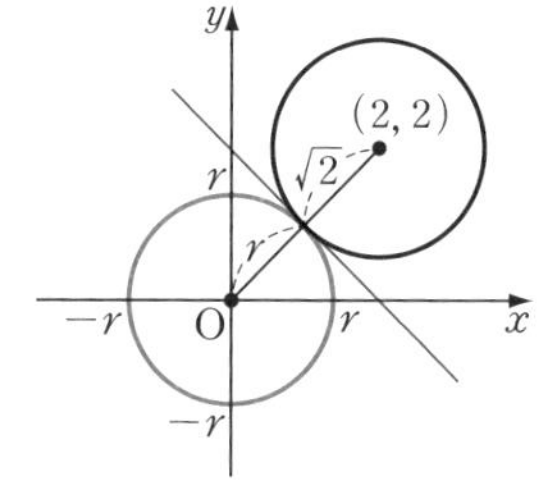

(1) 두 원의 중심 사이의 거리를 d라고 하면

$$d=\sqrt{(2-0)^2+(2-0)^2}=2\sqrt{2}$$

이고, 반지름의 길이는 각각 r, $\sqrt{2}$이므로 두 원이 외접할 때 $2\sqrt{2}=r+\sqrt{2}$ $\therefore$ $\boldsymbol{r=\sqrt{2}}$ ← 답

(2) 두 원의 중심을 지나는 직선의 방정식은 $y=x$이므로 이 식과 원의 방정식 $x^2+y^2=2$를 연립하여 풀면 $x=1$, $y=1$ ($\because$ $x>0$)

따라서 접점은 점 $(1, 1)$이고 이 점에서의 접선의 방정식은

$1\times x+1\times y=2$ $\therefore$ $\boldsymbol{x+y=2}$ ← 답

***Note** 접선은 직선 $y=x$와 수직이므로 그 기울기는 -1이다. 또, 점 $(1, 1)$을 지나므로 접선의 방정식은 $y-1=-(x-1)$ $\therefore$ $\boldsymbol{y=-x+2}$

(3) 서로 다른 두 점에서 만날 때 $|r-\sqrt{2}|<2\sqrt{2}<r+\sqrt{2}$

$|r-\sqrt{2}|<2\sqrt{2}$에서 $-\sqrt{2}<r<3\sqrt{2}$ $\therefore$ $0<r<3\sqrt{2}$

$2\sqrt{2}<r+\sqrt{2}$에서 $r>\sqrt{2}$

동시에 만족시키는 r의 값의 범위는 $\boldsymbol{\sqrt{2}<r<3\sqrt{2}}$ ← 답

유제 **3**-11. 중심이 원점이고, 원 $x^2+y^2-6x+8y+16=0$에 접하는 원의 방정식을 구하시오.

답 $\boldsymbol{x^2+y^2=4,\ x^2+y^2=64}$

기본 문제 **3**-8 두 원 $x^2+y^2-5=0$, $x^2+y^2-3x-y-4=0$이 있다.

(1) 두 원의 교점의 좌표를 구하시오.

(2) 두 원의 교점을 지나는 직선이 점 $(-1, a)$를 지날 때, 실수 a의 값을 구하시오.

(3) 두 원의 교점과 점 $(1, 1)$을 지나는 원의 방정식을 구하시오.

정석연구 (2), (3)은 (1)의 결과를 이용해도 좋지만, 다음 성질을 이용하는 것이 더욱 좋다.

정 석 서로 만나는 두 원

$$\boldsymbol{x^2+y^2+Ax+By+C=0,\quad x^2+y^2+A'x+B'y+C'=0}$$

의 교점을 지나는 원의 방정식은 $\boldsymbol{m}$이 $\boldsymbol{-1}$이 아닌 실수일 때

$$\boldsymbol{(x^2+y^2+Ax+By+C)m+(x^2+y^2+A'x+B'y+C')=0}$$

또는 $\boldsymbol{(x^2+y^2+Ax+By+C)+(x^2+y^2+A'x+B'y+C')m=0}$

의 꼴로 나타내어진다.

$\boldsymbol{m=-1}$일 때에는 두 원의 교점을 지나는 직선의 방정식이 된다.

모범답안 $x^2+y^2-5=0$ ……① $x^2+y^2-3x-y-4=0$ ……②

(1) ①−②하면 $3x+y-1=0$ $\therefore y=-3x+1$ ……③

③을 ①에 대입하면 $x^2+(-3x+1)^2-5=0$ $\therefore x=-\dfrac{2}{5}, 1$

이것을 ③에 대입하면 $y=\dfrac{11}{5}, -2$ 답 $\boldsymbol{\left(-\dfrac{2}{5}, \dfrac{11}{5}\right), (1, -2)}$

(2) 두 원의 교점을 지나는 직선의 방정식은

$$(x^2+y^2-5)-(x^2+y^2-3x-y-4)=0 \quad \therefore 3x+y-1=0$$

이 직선이 점 $(-1, a)$를 지나므로 $-3+a-1=0$ $\therefore \boldsymbol{a=4}$ ← 답

(3) 두 원 모두 점 $(1, 1)$을 지나지 않으므로 구하는 원의 방정식을

$$(x^2+y^2-5)m+(x^2+y^2-3x-y-4)=0\ (m\neq-1) \quad \text{……④}$$

로 놓을 수 있다. 이 원이 점 $(1, 1)$을 지나므로

$$(1+1-5)m+(1+1-3-1-4)=0 \quad \therefore m=-2$$

이 값을 ④에 대입하고 정리하면 $\boldsymbol{x^2+y^2+3x+y-6=0}$ ← 답

유제 **3**-12. 다음과 같은 두 원이 있다.

$$x^2+y^2+3x-5y-96=0,\quad x^2+y^2-18x-8y+48=0$$

(1) 두 원의 교점을 지나는 직선의 방정식을 구하시오.

(2) 두 원의 교점과 원점을 지나는 원의 방정식을 구하시오.

답 (1) $\boldsymbol{7x+y-48=0}$ (2) $\boldsymbol{x^2+y^2-11x-7y=0}$

§ 4. 자취 문제(원)

기본 문제 **3**-9 다음 물음에 답하시오.

(1) 원점 O와 두 점 A(2, 3), B(4, 0)에 대하여 $\overline{OP}^2=\overline{AP}^2+\overline{BP}^2$을 만족시키는 점 P의 자취의 방정식을 구하시오.

(2) 점 A(4, 6)에서 원점을 지나고 점 A를 지나지 않는 직선에 내린 수선의 발 P의 자취의 방정식을 구하시오.

정석연구 일반적으로 자취 문제는 다음 방법으로 해결한다.

정 석 자취 문제 해결의 기본

(i) 조건을 만족시키는 임의의 점의 좌표를 $(\boldsymbol{x}, \boldsymbol{y})$라 하고,

(ii) 주어진 조건을 이용하여 $\boldsymbol{x}$와 $\boldsymbol{y}$의 관계식을 구한다.

모범답안 (1) 점 P의 좌표를 $P(x, y)$라고 하면 $\overline{OP}^2=\overline{AP}^2+\overline{BP}^2$이므로

$$x^2+y^2=(x-2)^2+(y-3)^2+(x-4)^2+y^2$$

$$\therefore\ x^2+y^2-12x-6y+29=0$$

답 $(\boldsymbol{x}-\mathbf{6})^2+(\boldsymbol{y}-\mathbf{3})^2=\mathbf{16}$

(2) 점 P의 좌표를 $P(x, y)$, 원점을 O라고 하자.

주어진 조건에서 $\overline{AP}^2+\overline{OP}^2=\overline{OA}^2$이므로

$$(x-4)^2+(y-6)^2+x^2+y^2=4^2+6^2$$

$$\therefore\ x^2+y^2-4x-6y=0$$

단, 점 A는 이 원 위의 점이지만 점 P의 자취일 수는 없다.

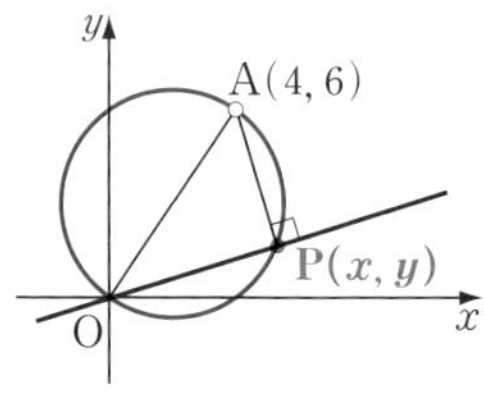

답 $(\boldsymbol{x}-\mathbf{2})^2+(\boldsymbol{y}-\mathbf{3})^2=\mathbf{13}$ (단, 점 $\mathbf{A(4, 6)}$은 제외)

***Note** 1° 두 직선 OP와 AP가 수직이므로 직선 OP의 기울기와 직선 AP의 기울기의 곱이 -1임을 이용할 수도 있다.

2° $\angle APO=90^\circ$이므로 점 P는 지름이 $\overline{OA}$인 원 위의 점이다.

유제 **3**-13. 두 점 A(2, 0), B(0, 2)에서의 거리의 제곱의 합이 12인 점 P의 자취의 방정식을 구하시오. 답 $(\boldsymbol{x}-\mathbf{1})^2+(\boldsymbol{y}-\mathbf{1})^2=\mathbf{4}$

유제 **3**-14. 점 A(6, 8)에서 원점을 지나고 점 A를 지나지 않는 직선에 내린 수선의 발 P의 자취의 방정식을 구하시오.

답 $(\boldsymbol{x}-\mathbf{3})^2+(\boldsymbol{y}-\mathbf{4})^2=\mathbf{25}$ (단, 점 $\mathbf{A(6, 8)}$은 제외)

기본 문제 3-10 두 점 A(1, 0), B(4, 0)에서의 거리의 비가 2 : 1이 되도록 움직이는 점 P가 있다.

(1) 점 P의 자취를 구하시오. (2) ∠PAB의 최댓값을 구하시오.

모범답안 (1) 문제의 조건으로부터

$\overline{AP}:\overline{BP}=2:1$이므로

$\overline{AP}=2\overline{BP}$ $\quad\therefore\ \overline{AP}^2=4\overline{BP}^2$

P(x, y)라고 하면

$(x-1)^2+y^2=4\{(x-4)^2+y^2\}$

$\therefore\ x^2+y^2-10x+21=0$ 곧, $(x-5)^2+y^2=4$

따라서 점 P의 자취는

중심이 점 **(5, 0)**, 반지름의 길이가 **2**인 원 ← 답

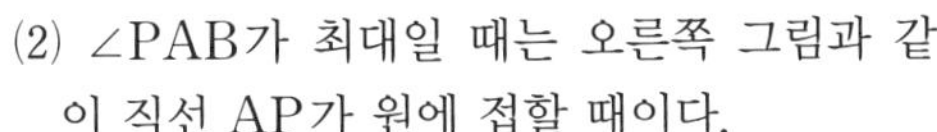

(2) ∠PAB가 최대일 때는 오른쪽 그림과 같이 직선 AP가 원에 접할 때이다.

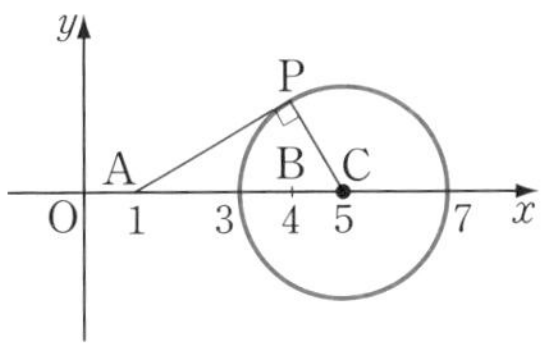

원의 중심을 C라고 하면 △APC에서

$\angle APC=90^\circ,\quad \overline{AC}:\overline{CP}=2:1$

이므로 $\angle PAB=30^\circ$이다.

따라서 ∠PAB의 최댓값은 **30°** ← 답

Advice | 점 P의 자취는 선분 AB를 2 : 1로 내분하는 점 (3, 0)과 2 : 1로 외분하는 점 (7, 0)을 지름의 양 끝 점으로 하는 원임을 알 수 있다.

일반적으로 두 정점 A, B에 대하여

$$\overline{PA}:\overline{PB}=m:n\ (m>0,\ n>0,\ m\neq n)$$

인 점 P의 자취는 선분 AB를 $m:n$으로 내분하는 점과 $m:n$으로 외분하는 점을 지름의 양 끝 점으로 하는 원이 된다. 이 원을 아폴로니오스의 원이라고 한다.

유제 **3**-15. 두 점 (0, 0), (3, 0)에서의 거리의 비가 2 : 1인 점의 자취의 방정식을 구하시오. 답 $(x-4)^2+y^2=4$

유제 **3**-16. 두 점 A(3, 2), B(6, 5)에 대하여 $\overline{PB}=2\overline{PA}$가 되는 점 P의 자취의 방정식을 구하시오. 답 $(x-2)^2+(y-1)^2=8$

유제 **3**-17. 두 점 A(−2, 0), B(3, 0)에서의 거리의 비가 3 : 2인 점 P에 대하여 △PAB의 넓이의 최댓값을 구하시오. 답 **15**

기본 문제 **3**-11 두 점 A(3, 6), B(6, 0)과 원 $x^2+y^2=9$ 위를 움직이는 점 P에 대하여 △ABP의 무게중심의 자취의 방정식을 구하시오.

정석연구 점 P의 좌표를 P(a, b)라고 하면 P는 원 $x^2+y^2=9$ 위의 점이므로

$$a^2+b^2=9 \qquad \cdots\cdots ㉠$$

또, A(3, 6), B(6, 0), P(a, b)인 △ABP의 무게중심을 G(x, y)라고 하면

정석 A(x_1, y_1), B(x_2, y_2), C(x_3, y_3)인 △ABC의 무게중심 G는

$$\Longrightarrow \mathrm{G}\left(\frac{x_1+x_2+x_3}{3}, \frac{y_1+y_2+y_3}{3}\right)$$

이므로

$$x=\frac{3+6+a}{3}, \quad y=\frac{6+0+b}{3}$$

임을 알 수 있다.

여기서 ㉠을 이용하여 a, b를 소거하면 x와 y의 관계식을 얻는다. 이것이 구하는 자취의 방정식이다.

일반적으로 자취에 관한 문제는 다음 방법으로 푼다.

정석 $x=f(a, b)$, $y=g(a, b)$인 점 (x, y)의 자취는

$\Longrightarrow$ **a, b를 소거하여 x와 y의 관계식을 구한다.**

모범답안 P(a, b)라고 하면 P는 원 $x^2+y^2=9$ 위의 점이므로 $a^2+b^2=9$ $\cdots\cdots$ ㉠

또, 무게중심을 G(x, y)라고 하면

$$x=\frac{3+6+a}{3}, \; y=\frac{6+0+b}{3}$$

곧, $a=3x-9$, $b=3y-6$

㉠에 대입하여 정리하면

$$(x-3)^2+(y-2)^2=1 \longleftarrow \text{답}$$

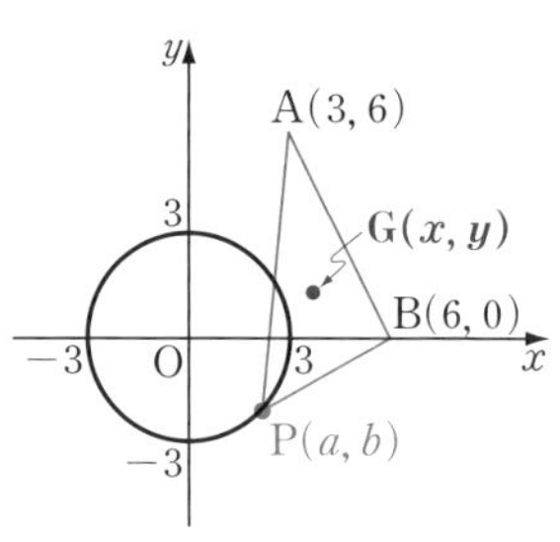

유제 **3**-18. 두 점 A(2, 0), B(−2, 0)과 원 $x^2+y^2=4$ 위를 움직이는 점 P에 대하여 △ABP의 무게중심 G의 자취의 방정식을 구하시오.

단, 점 P는 x축 위의 점이 아니다. 답 $x^2+y^2=\dfrac{4}{9}$ $(y\neq0)$

유제 **3**-19. 점 A(2, 1)과 원 $x^2+y^2+4x+2y+1=0$ 위를 움직이는 점 P에 대하여 선분 AP의 중점을 Q라고 할 때, 점 Q의 자취의 방정식을 구하시오. 또, 점 Q와 직선 $3x+4y-10=0$ 사이의 거리의 최솟값을 구하시오.

답 $x^2+y^2=1$, 최솟값 **1**

연습문제 3

3-1 다음 원의 방정식을 구하시오.

(1) 원 $x^2+y^2-4x+6y-1=0$과 중심이 같고, 점 $(1, 2)$를 지나는 원

(2) 점 $(0, 3)$을 지나고, 점 $(3, 0)$에서 x축에 접하는 원

(3) 두 점 $(6, 4)$, $(3, -5)$를 지나고, 반지름의 길이가 5인 원

(4) 두 점 $(0, -3)$, $(1, 4)$를 지나고, 중심이 x축 위에 있는 원

3-2 중심이 점 (a, b)이고 x축에 접하는 원이 두 점 $\mathrm{A}(1, 5)$, $\mathrm{B}(9, 1)$을 지날 때, 원의 중심과 직선 AB 사이의 거리는? 단, $1\le a\le 9$이다.

① 1 ② $\sqrt{2}$ ③ $\sqrt{3}$ ④ 2 ⑤ $\sqrt{5}$

3-3 곡선 $y=-x^2+x+1$ 위의 점 중에서 제 2 사분면, 제 4 사분면에 있는 점을 각각 중심으로 하고 x축, y축에 동시에 접하는 두 원의 넓이의 합을 구하시오.

3-4 원 $(x-1)^2+(y-a)^2=10$과 원 밖의 점 $\mathrm{A}(5, 1)$에 대하여 점 A에서 원에 그은 두 접선이 서로 수직일 때, 양수 a의 값은?

① 1 ② 2 ③ 3 ④ 4 ⑤ 5

3-5 점 $\mathrm{A}(4, 4)$를 지나는 직선이 원 $x^2-2x+y^2+2y-2=0$과 두 점 P, Q에서 만난다. $\overline{\mathrm{AP}}=\overline{\mathrm{PQ}}$일 때, 선분 AP의 길이를 구하시오.

3-6 두 점 $\mathrm{A}(2, 6)$, $\mathrm{B}(5, 2)$와 원 $x^2+y^2=4$ 위를 움직이는 점 $\mathrm{P}(x, y)$에 대하여 다음 물음에 답하시오.

(1) $\triangle\mathrm{PAB}$의 넓이의 최솟값을 구하시오.

(2) $\triangle\mathrm{PAB}$의 넓이의 최댓값과 최솟값의 차를 구하시오.

3-7 원 $(x-2)^2+(y-3)^2=10$에 대하여 다음 물음에 답하시오.

(1) 기울기가 -1인 접선의 방정식을 구하시오.

(2) 원 위의 점 $\mathrm{P}(5, 4)$에서의 접선의 방정식을 구하시오.

(3) 점 $(-3, 8)$에서 이 원에 그은 접선의 방정식을 구하시오.

3-8 두 원 $O_1 : (x+4)^2+y^2=4$, $O_2 : (x-8)^2+y^2=25$에 대하여 원 O_1 위를 움직이는 점 P와 원점을 지나는 직선이 원 O_2와 만나는 두 점을 A, B라고 할 때, 선분 AB의 길이의 최솟값은?

① 4 ② 5 ③ 6 ④ 7 ⑤ 8

3-9 직선 $y=2x+k$와 원 $x^2+y^2=4$가 서로 다른 두 점 P, Q에서 만날 때, 실수 k의 값의 범위를 구하시오. 또, $\overline{\mathrm{PQ}}=2$일 때, 실수 k의 값을 구하시오.

3-10 점 P(2, 1)을 지나는 직선이 원 $x^2+y^2=10$과 만나서 생기는 현에 대하여 다음 물음에 답하시오.

(1) 현의 길이의 최솟값을 구하시오.

(2) 현의 길이가 6일 때, 직선의 방정식을 구하시오.

3-11 원 C 위의 두 점 A(2, 5), B(6, 3)에 대하여 점 A에서의 원 C의 접선과 점 B에서의 원 C의 접선이 x축 위의 점 P에서 만날 때, 다음 물음에 답하시오.

(1) 점 P의 x좌표를 구하시오.

(2) 원 C의 방정식을 구하시오.

3-12 다음 두 원의 내부의 공통부분의 넓이를 구하시오.

$$x^2+y^2=1, \quad x^2+y^2-2\sqrt{3}x-1=0$$

3-13 두 원의 교점에서 각 원에 그은 접선이 서로 수직일 때, 두 원은 직교한다고 한다. 두 원 $(x+a)^2+y^2=1$, $(x-1)^2+(y-a)^2=4$가 직교할 때, 양수 a의 값은?

① 1 ② 2 ③ 3 ④ 4 ⑤ 5

3-14 두 원 $x^2+y^2-9=0$, $x^2+y^2-4x-2y+3=0$의 교점을 지나는 원 중에서 x축에 접하는 원의 방정식을 구하시오.

3-15 원 $(x-k)^2+y^2=9$가 원 $(x-3)^2+(y-2)^2=4$의 둘레를 이등분할 때, 상수 k의 값을 구하시오.

3-16 두 점 A$(k, 0)$, B$(-k, 0)$에 대하여 원 $(x-2)^2+(y-4)^2=5$ 위에 $\angle$APB$=90^\circ$를 만족시키는 점 P가 존재하도록 하는 양수 k의 값의 범위를 구하시오.

3-17 두 점 A(5, 2), B(3, 4)에 대하여 점 P가 $\overline{\text{PA}}^2+\overline{\text{PB}}^2=18$을 만족시키며 움직일 때, 선분 OP의 길이의 최댓값과 최솟값을 구하시오.

단, O는 원점이다.

3-18 점 A(2, 4)와 원 $x^2+y^2-10x+16=0$이 있다. 원 밖의 한 점 P에서 이 원에 접선을 그을 때, 그 접점을 T라고 하자. 이때, $\overline{\text{PT}}=\overline{\text{PA}}$를 만족시키는 점 P의 자취의 방정식을 구하시오.

3-19 k가 실수일 때, 두 직선 $y+k(x-2)=0$, $ky-(x+2)=0$의 교점의 자취의 방정식을 구하시오.

4. 도형의 이동

평행이동／대칭이동

§1. 평행이동

1 점의 평행이동

좌표평면 위의 점 P(2, 1)을 x축의 방향으로 4만큼, y축의 방향으로 3만큼 평행이동한 점을 Q라고 하면, 오른쪽 그림과 같이 점 Q의 좌표는

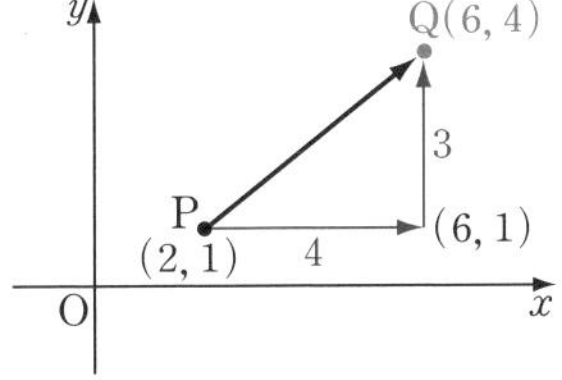

$$\mathrm{Q}(2+4,\ 1+3) \qquad \text{곧,}\ \mathrm{Q}(6,\ 4)$$

이다. 일반적으로 다음과 같이 정의한다.

기본정석 — **점의 평행이동**

좌표평면 위의 점 P(x, y)를 x축의 방향으로 a만큼, y축의 방향으로 b만큼 평행이동한 점을 Q라고 하면

$$\mathbf{Q}(x+a,\ y+b)$$

이다. 이와 같이 점 P(x, y)를 점 Q$(x+a, y+b)$로 이동하는 것을 평행이동이라 하고,

$$T:\ (x,\ y) \longrightarrow (x+a,\ y+b)$$

와 같이 나타낸다.

Advice | x축의 방향으로 -3만큼 평행이동한다는 것은 x축의 음의 방향으로 3만큼 평행이동한다는 것을 뜻하고, y축의 방향으로 -3만큼 평행이동한다는 것은 y축의 음의 방향으로 3만큼 평행이동한다는 것을 뜻한다.

보기 1 평행이동 $T:(x, y) \longrightarrow (x-3, y+2)$에 의하여 다음 점을 평행이동한 점의 좌표를 구하시오.

(1) $(0, 0)$ (2) $(1, 4)$ (3) $(-1, 4)$ (4) $(-1, -4)$

연구 점 (x, y)는 T에 의하여 x축의 음의 방향으로 3만큼, y축의 양의 방향으로 2만큼 평행이동하므로

(1) $\mathbf{(-3, 2)}$ (2) $\mathbf{(-2, 6)}$ (3) $\mathbf{(-4, 6)}$ (4) $\mathbf{(-4, -2)}$

2 도형의 평행이동

원 $x^2+y^2=1$을 x축의 방향으로 3만큼, y축의 방향으로 2만큼 평행이동하면 중심이 점 $(3, 2)$이고 반지름의 길이가 1인 원

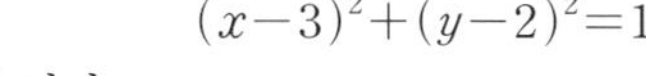

$$(x-3)^2+(y-2)^2=1$$

이 된다.

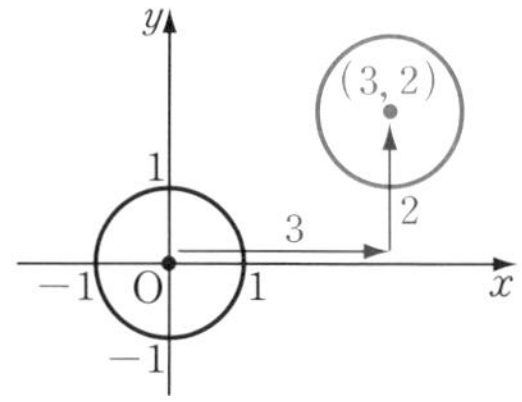

기본정석 **도형의 평행이동**

좌표평면 위의 도형 $f(x, y)=0$을 평행이동

$$T:(x, y) \longrightarrow (x+a, y+b)$$

에 의하여 이동한 도형의 방정식은 다음과 같다.

$$f(x-a, y-b)=0$$

Advice | 도형 $f(x, y)=0$ ······①

위의 점 $\mathrm{P}(x, y)$를 평행이동

$$T:(x, y) \longrightarrow (x+a, y+b)$$

에 의하여 이동한 점을 $\mathrm{P}'(x', y')$이라고 하면

$$x'=x+a,\ y'=y+b$$

$$\therefore\ x=x'-a,\ y=y'-b \quad \cdots\cdots ②$$

그런데 점 $\mathrm{P}(x, y)$는 도형 ① 위의 점이므로 ②를 ①에 대입하면 다음을 얻는다.

$$f(x'-a, y'-b)=0 \quad \cdots\cdots ③$$

따라서 이동한 도형 위의 임의의 점 $\mathrm{P}'(x', y')$은 방정식 $f(x-a, y-b)=0$을 만족시키므로 ③의 x', y'을 x, y로 바꾸어 쓴다.

이와 같이 하여 얻은 방정식

$$f(x-a, y-b)=0$$

은 ①을 평행이동 T에 의하여 이동한 도형의 방정식이 된다.

보기 2 직선 $3x+4y+1=0$을
(1) x축의 방향으로 2만큼 평행이동한 직선의 방정식을 구하시오.
(2) y축의 방향으로 -3만큼 평행이동한 직선의 방정식을 구하시오.
(3) x축의 음의 방향으로 2만큼, y축의 양의 방향으로 3만큼 평행이동한 직선의 방정식을 구하시오.

연구 앞에서 설명한 바와 같이 「x축의 방향으로 2만큼 평행이동한다」와 「x축의 양의 방향으로 2만큼 평행이동한다」는 같은 뜻이다.

또, 「x축의 방향으로 -2만큼 평행이동한다」와 「x축의 음의 방향으로 2만큼 평행이동한다」도 같은 뜻이다.

y축의 방향으로 평행이동하는 경우도 마찬가지로 생각하면 된다.

정석 도형 $\boldsymbol{f(x, y)=0}$을
x축의 방향으로 $\boldsymbol{a}$만큼 평행이동 $\Longrightarrow$ $\boldsymbol{x}$ 대신 $\boldsymbol{x-a}$를 대입!
y축의 방향으로 $\boldsymbol{b}$만큼 평행이동 $\Longrightarrow$ $\boldsymbol{y}$ 대신 $\boldsymbol{y-b}$를 대입!

(1) $3(x-2)+4y+1=0$ $\quad\therefore$ $\boldsymbol{3x+4y-5=0}$
(2) $3x+4(y+3)+1=0$ $\quad\therefore$ $\boldsymbol{3x+4y+13=0}$
(3) $3(x+2)+4(y-3)+1=0$ $\quad\therefore$ $\boldsymbol{3x+4y-5=0}$

보기 3 원 $x^2+y^2+4x-6y+3=0$을 평행이동 $T:(x, y) \longrightarrow (x+3, y-5)$에 의하여 이동한 원의 중심과 반지름의 길이를 구하시오.

연구 다음 방법으로 구한다.

정석 평행이동 $\boldsymbol{T:(x, y) \longrightarrow (x+a, y+b)}$에 의하여

x 대신 $x-a$를 대입

$$\boldsymbol{f(x, y)=0 \quad\Longrightarrow\quad f(x-a, y-b)=0}$$

y 대신 $y-b$를 대입

주어진 원의 방정식을 표준형으로 고치면 $\quad (x+2)^2+(y-3)^2=10$
평행이동 T에 의하여 $\quad \{(x-3)+2\}^2+\{y-(-5)-3\}^2=10$
$\therefore$ $(x-1)^2+(y+2)^2=10$
$\therefore$ 중심 : 점 $\boldsymbol{(1, -2)}$, 반지름의 길이 : $\boldsymbol{\sqrt{10}}$

보기 4 평행이동 $T:(x, y) \longrightarrow (x+2a, y-3a)$에 의하여 직선 $y=2x-1$을 이동하면 직선 $y=2x+6$과 일치할 때, 상수 a의 값을 구하시오.

연구 평행이동 T에 의하여 직선 $y=2x-1$을 이동한 직선의 방정식은
$$y-(-3a)=2(x-2a)-1 \quad \therefore\ y=2x-7a-1$$
이 직선이 직선 $y=2x+6$과 일치하므로 $\quad -7a-1=6 \quad \therefore$ $\boldsymbol{a=-1}$

기본 문제 **4**-1 평행이동 $T:(x, y) \longrightarrow (x+m, y+n)$에 의하여 점 $(2, 1)$이 점 $(-3, 4)$로 이동될 때, 다음 물음에 답하시오.

(1) 상수 m, n의 값을 구하시오.

(2) 평행이동 T에 의하여 원점으로 이동되는 점 P의 좌표를 구하시오.

(3) 평행이동 T에 의하여 직선 $x+ay+b=0$이 직선 $x-6y+20=0$으로 이동될 때, 상수 a, b의 값을 구하시오.

정석연구 (1) 오른쪽 그림에서

$x=2, y=1$일 때

$x+m=-3, \quad y+n=4$

를 만족시키는 m, n의 값을 구한다.

(2) 오른쪽 그림에서 점 P의 좌표를 구하라는 문제이다.

(3) 도형의 평행이동은 부호에 주의한다.

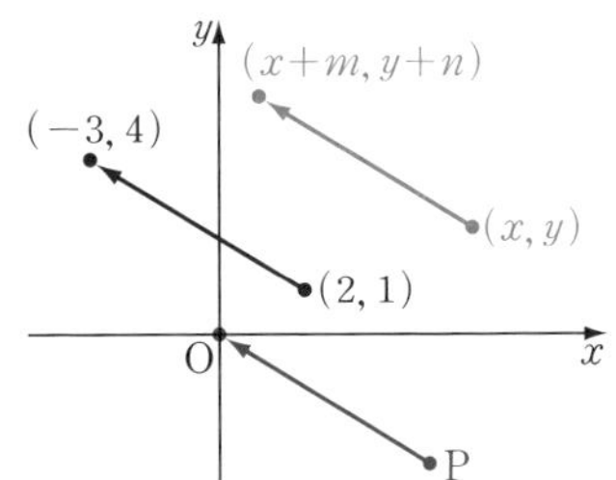

정석 평행이동 $T:(x, y) \longrightarrow (x+m, y+n)$에 의하여

$$f(x, y)=0 \Longrightarrow f(x-m, y-n)=0$$

모범답안 (1) 평행이동 T에 의하여 $(2, 1) \longrightarrow (2+m, 1+n)$이므로

$2+m=-3, \ 1+n=4 \quad \therefore \ \boldsymbol{m=-5, \ n=3} \longleftarrow$ 답

(2) $T:(x, y) \longrightarrow (x-5, y+3)$이므로 $\mathrm{P}(x, y) \longrightarrow \mathrm{O}(0, 0)$이라고 하면

$x-5=0, \ y+3=0 \quad \therefore \ x=5, \ y=-3 \quad \therefore \ \boldsymbol{\mathrm{P}(5, -3)} \longleftarrow$ 답

(3) $T:(x, y) \longrightarrow (x-5, y+3)$에 의하여 직선 $x+ay+b=0$은 직선

$(x+5)+a(y-3)+b=0 \quad$ 곧, $x+ay-3a+b+5=0$

으로 이동된다. 그런데 이 직선이 직선 $x-6y+20=0$과 일치하므로

$a=-6, \ -3a+b+5=20 \quad \therefore \ b=-3 \quad$ 답 $\boldsymbol{a=-6, \ b=-3}$

Advice | 특히 원점을 점 (m, n)으로 이동하는 평행이동은 다음과 같다.

정석 원점 $(0, 0)$을 점 (m, n)으로 이동하는 평행이동은

$$T:(x, y) \longrightarrow (x+m, y+n)$$

유제 **4**-1. 평행이동 $T:(x, y) \longrightarrow (x+m, y+n)$에 의하여 원점이 점 $(-1, 3)$으로 이동될 때, 다음 물음에 답하시오.

(1) 평행이동 T에 의하여 원점으로 이동되는 점의 좌표를 구하시오.

(2) 평행이동 T에 의하여 직선 $ax+2y+b=0$이 직선 $4x+2y+1=0$으로 이동될 때, 상수 a, b의 값을 구하시오. 답 (1) $\boldsymbol{(1, -3)}$ (2) $\boldsymbol{a=4, \ b=3}$

§2. 대칭이동

1 점의 대칭이동

좌표평면 위에서 한 점을 주어진 직선(또는 점)에 대하여 대칭인 점으로 이동하는 것을 그 직선(또는 점)에 대한 대칭이동이라고 한다.

점 (x, y)를 x축, y축, 원점, 직선 $y=x$에 대하여 각각 대칭이동하면 아래와 같다.

① x축에 대칭 ② y축에 대칭 ③ 원점에 대칭 ④ 직선 $y=x$에 대칭

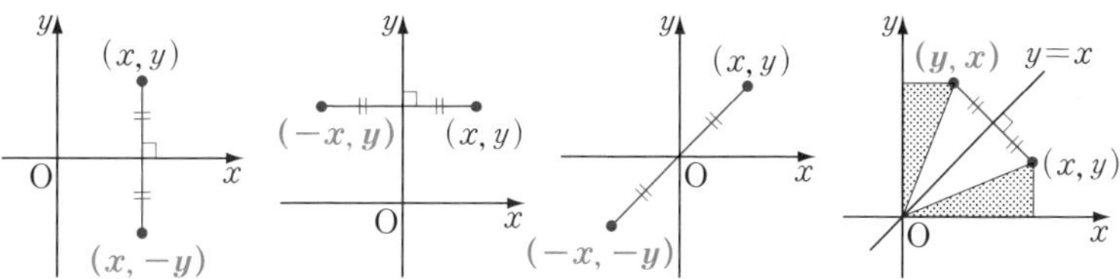

기본정석 점의 대칭이동

(1) x축에 대한 대칭이동은 $T:(x, y) \longrightarrow (x, -y)$

(2) y축에 대한 대칭이동은 $T:(x, y) \longrightarrow (-x, y)$

(3) 원점에 대한 대칭이동은 $T:(x, y) \longrightarrow (-x, -y)$

(4) 직선 $y=x$에 대한 대칭이동은 $T:(x, y) \longrightarrow (y, x)$

Advice | (4)는 다음과 같이 증명한다.

점 $\mathrm{P}(x, y)$와 직선 $y=x$에 대하여 대칭인 점을 $\mathrm{P}'(x', y')$이라고 하면

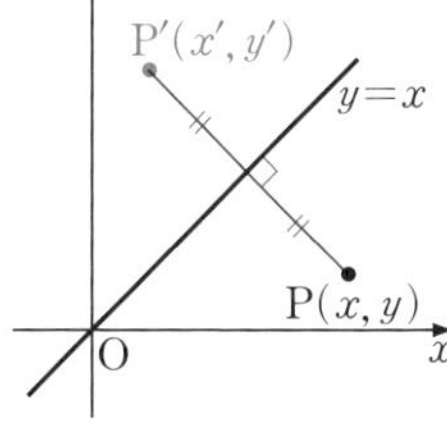

(i) 직선 PP'이 직선 $y=x$와 수직이므로

$\dfrac{y-y'}{x-x'}=-1 \quad \therefore\ x'+y'=x+y \quad \cdots\cdots①$

(ii) 직선 $y=x$가 선분 PP'의 중점을 지나므로

$\dfrac{y+y'}{2}=\dfrac{x+x'}{2} \quad \therefore\ x'-y'=-x+y \quad \cdots②$

①, ②를 연립하여 풀면 $x'=y,\ y'=x \quad \therefore\ \mathrm{P}'(y, x)$

보기 1 점 $(3, -2)$를 x축, y축, 원점, 직선 $y=x$에 대하여 대칭이동한 점의 좌표를 각각 구하시오.

연구 $(3, 2),\ (-3, -2),\ (-3, 2),\ (-2, 3)$

2 도형의 대칭이동

좌표평면 위의 점 (x, y)의 대칭이동으로부터 도형 $f(x, y)=0$의 대칭이동을 생각하면 다음과 같다.

기본정석 — 도형의 대칭이동

좌표평면 위의 도형 $f(x, y)=0$을 대칭이동한 도형의 방정식은 다음과 같다.

(1) x축에 대하여 대칭이동한 도형의 방정식은 $f(x, -y)=0$

(2) y축에 대하여 대칭이동한 도형의 방정식은 $f(-x, y)=0$

(3) 원점에 대하여 대칭이동한 도형의 방정식은 $f(-x, -y)=0$

(4) 직선 $y=x$에 대하여 대칭이동한 도형의 방정식은 $f(y, x)=0$

Advice 1° 위의 대칭이동을 그림으로 나타내면 아래와 같다.

(1) x축에 대하여 대칭이동

y 대신 $-y$를 대입

$$f(x, y)=0 \Longrightarrow f(x, -y)=0$$

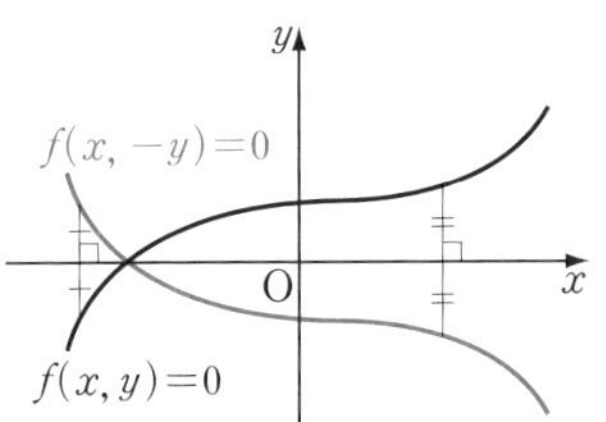

(2) y축에 대하여 대칭이동

x 대신 $-x$를 대입

$$f(x, y)=0 \Longrightarrow f(-x, y)=0$$

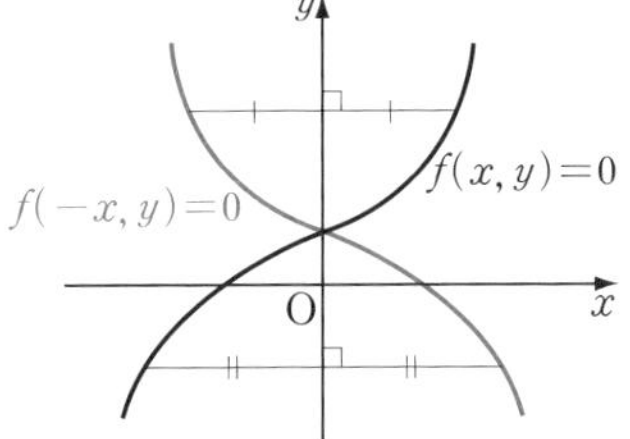

(3) 원점에 대하여 대칭이동

x 대신 $-x$를 대입

$$f(x, y)=0 \Longrightarrow f(-x, -y)=0$$

y 대신 $-y$를 대입

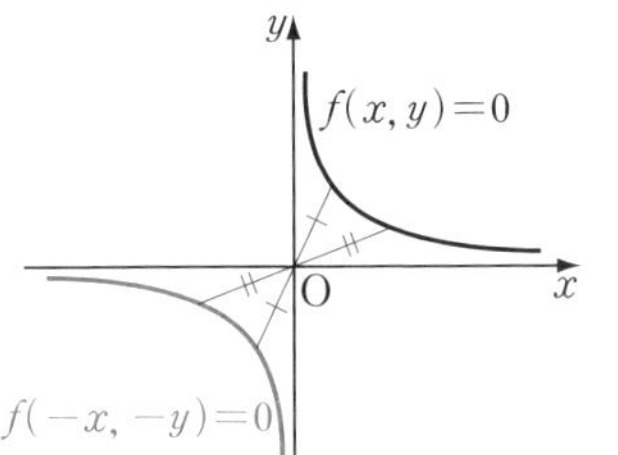

(4) 직선 $y=x$에 대하여 대칭이동

x 대신 y를 대입

$$f(x, y)=0 \Longrightarrow f(y, x)=0$$

y 대신 x를 대입

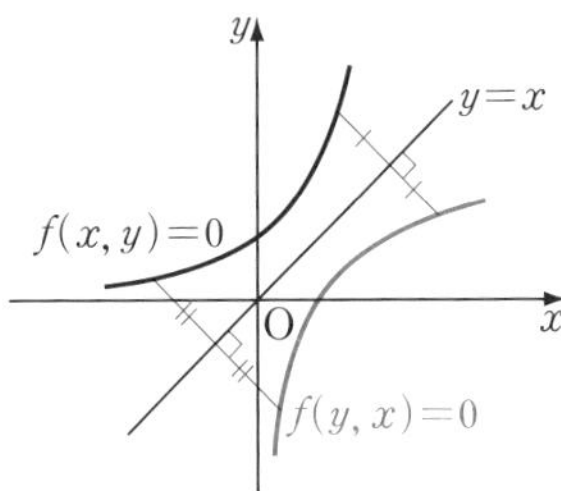

Advice 2° 오른쪽 그림과 같이 도형 $f(x, y)=0$ 위의 점 $\mathrm{P}(x, y)$를 직선 $y=x$에 대하여 대칭이동한 점을 $\mathrm{P}'(x', y')$이라고 하면

$$x'=y,\ y'=x \quad 곧,\ x=y',\ y=x'$$

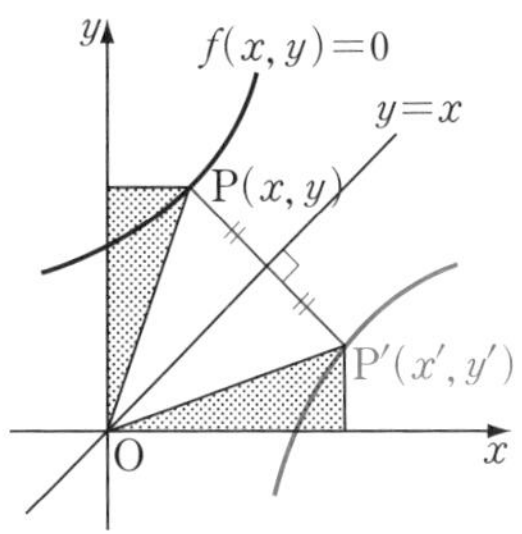

한편 점 $\mathrm{P}(x, y)$는 도형 $f(x, y)=0$ 위의 점이므로 $\quad f(y', x')=0$

따라서 점 $\mathrm{P}'(x', y')$이 방정식 $f(y, x)=0$을 만족시키므로 도형 $f(x, y)=0$을 직선 $y=x$에 대하여 대칭이동한 도형의 방정식은

$$\boldsymbol{f(y, x)=0}$$

같은 방법으로 x축, y축, 원점에 대하여 대칭이동한 도형의 방정식도 구할 수 있다.

보기 2 직선 $4x+3y-5=0$을 다음 직선 또는 점에 대하여 대칭이동한 직선의 방정식을 구하시오.

(1) x축 (2) y축 (3) 원점 (4) 직선 $y=x$

연구 (1) y 대신 $-y$를 대입하면 되므로

$$4x+3(-y)-5=0 \quad \therefore\ \boldsymbol{4x-3y-5=0}$$

(2) x 대신 $-x$를 대입하면 되므로

$$4(-x)+3y-5=0 \quad \therefore\ \boldsymbol{4x-3y+5=0}$$

(3) x 대신 $-x$를, y 대신 $-y$를 대입하면 되므로

$$4(-x)+3(-y)-5=0 \quad \therefore\ \boldsymbol{4x+3y+5=0}$$

(4) x 대신 y를, y 대신 x를 대입하면 되므로

$$4y+3x-5=0 \quad \therefore\ \boldsymbol{3x+4y-5=0}$$

보기 3 원 $x^2+y^2-6x-4y+12=0$을 다음 직선 또는 점에 대하여 대칭이동한 도형의 방정식을 구하시오.

(1) x축 (2) y축 (3) 원점 (4) 직선 $y=x$

연구 (1) y 대신 $-y$를 대입하면 $\quad x^2+(-y)^2-6x-4(-y)+12=0$

$$\therefore\ \boldsymbol{x^2+y^2-6x+4y+12=0}$$

(2) x 대신 $-x$를 대입하면 $\quad (-x)^2+y^2-6(-x)-4y+12=0$

$$\therefore\ \boldsymbol{x^2+y^2+6x-4y+12=0}$$

(3) x 대신 $-x$를, y 대신 $-y$를 대입하면

$(-x)^2+(-y)^2-6(-x)-4(-y)+12=0 \quad \therefore\ \boldsymbol{x^2+y^2+6x+4y+12=0}$

(4) x 대신 y를, y 대신 x를 대입하면 $\quad \boldsymbol{x^2+y^2-4x-6y+12=0}$

기본 문제 **4**-2 $y=f(x)$의 그래프가 오른쪽과 같을 때, 다음 그래프를 그리시오.

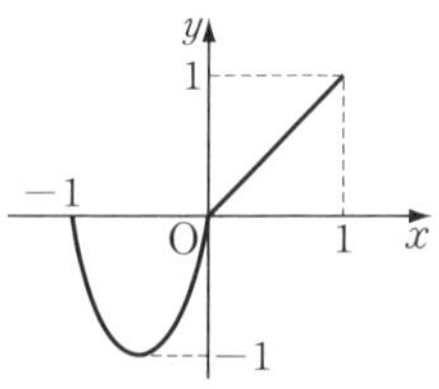

(1) $y=f(x-1)-1$　　(2) $y=2f(x)$

(3) $y=f(-x)$　　(4) $y=-f(x)$

(5) $y=-f(-x)$　　(6) $x=f(y)$

정석연구 (1) $y=f(x-1)-1$에서 $y+1=f(x-1)$이므로 $y=f(x)$의 그래프를 x축의 방향으로 1만큼, y축의 방향으로 -1만큼 평행이동한 것이다.

(2) $y=f(x)$의 그래프를 y축의 방향으로 2배 확대한 것이다.

(3) $y=f(x)$의 그래프를 y축에 대하여 대칭이동한 것이다.

(4) $y=-f(x) \iff -y=f(x)$　⇦ $y=f(x)$의 그래프를 x축에 대칭이동

(5) $y=-f(-x) \iff -y=f(-x)$　⇦ $y=f(x)$의 그래프를 원점에 대칭이동

(6) $y=f(x)$의 그래프를 직선 $y=x$에 대하여 대칭이동한 것이다.

정석 꺾인 선의 이동 ⟹ 꺾인 점이 이동한 점에 주목한다.

모범답안 각 그래프는 다음과 같다.

(1)

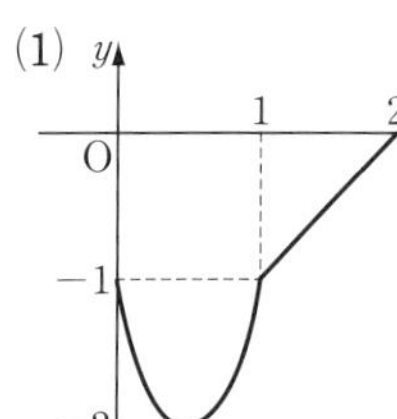

(2)

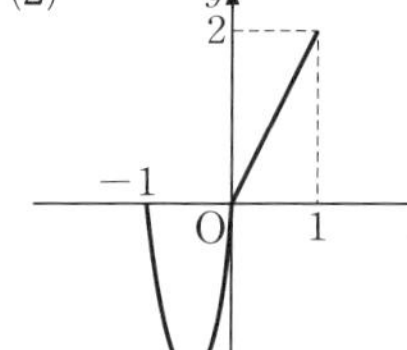

(3)

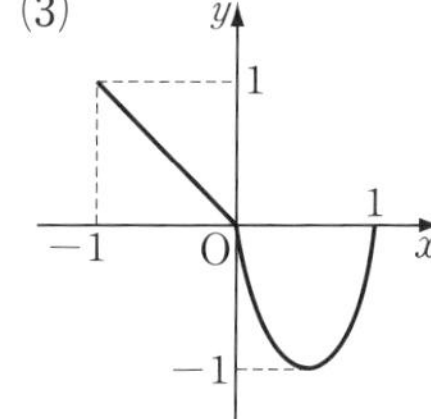

(4)

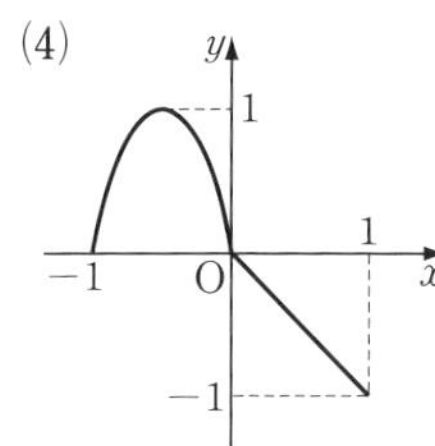

(5)

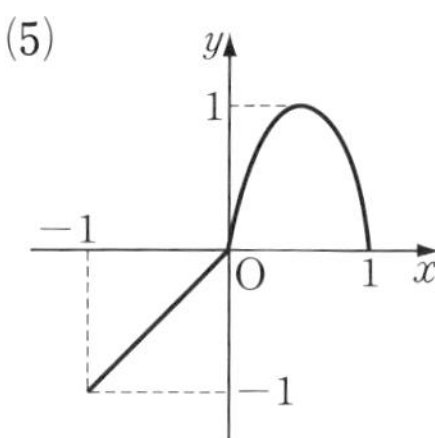

(6)

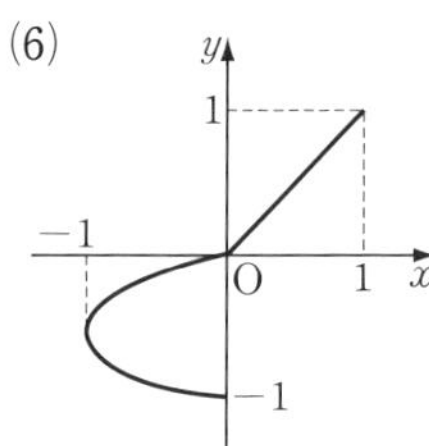

유제 **4**-2. $y=f(x)$의 그래프가 오른쪽과 같을 때, 다음 그래프를 그리시오.

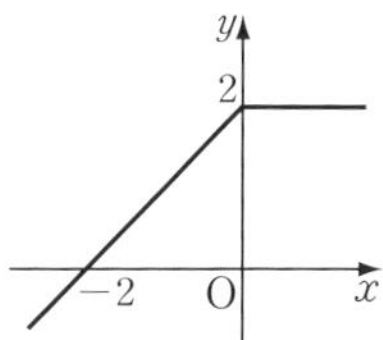

(1) $y=f(x+2)+1$　　(2) $y=2f(x)$

(3) $y=f(-x)$　　(4) $y=-f(x)$

(5) $y=-f(-x)$　　(6) $x=f(y)$

기본 문제 4-3 직선 $x+2y=10$에 대하여 원 $x^2+y^2-2x-4y+1=0$과 대칭인 도형의 방정식을 구하시오.

정석연구 오른쪽 그림과 같이 중심이 P인 원 P를 직선 l에 대하여 대칭이동하면 원이 된다. 이 원을 P'이라고 하면

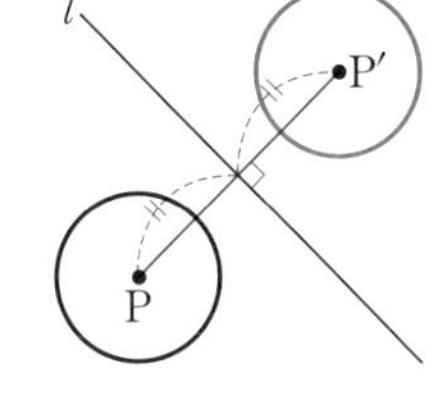

두 원 P와 P'의 반지름의 길이는 같다,

두 원 P와 P'의 중심은 직선 l에 대하여 대칭이다

는 것을 알 수 있다.

따라서 원 P'의 중심 P′의 좌표를 알면 원 P'의 방정식을 구할 수 있다.

점 P의 좌표와 직선 l의 방정식을 알고 점 P′의 좌표를 구할 때에는 다음 성질을 이용하면 된다.

(i) 선분 **PP′**의 중점이 직선 $\boldsymbol{l}$ 위에 있다.

(ii) 직선 **PP′**이 직선 $\boldsymbol{l}$과 수직이다.

모범답안 $x^2+y^2-2x-4y+1=0$에서 $(x-1)^2+(y-2)^2=2^2$

이므로 이 원의 중심은 P(1, 2)이고 반지름의 길이는 2이다.

따라서 직선 $x+2y=10$ ……①

에 대하여 점 P(1, 2)와 대칭인 점을 P′(a, b)라고 하면, 구하는 도형은 중심이 점 P′이고 반지름의 길이가 2인 원이다.

이때, 선분 PP′의 중점

$$\left(\frac{a+1}{2}, \frac{b+2}{2}\right)$$

가 직선 ① 위에 있으므로

$$\frac{a+1}{2}+2\times\frac{b+2}{2}=10$$

$$\therefore\ a+2b-15=0 \quad \cdots\cdots②$$

또, 직선 PP′이 직선 ①과 수직이므로

$$\frac{b-2}{a-1}\times\left(-\frac{1}{2}\right)=-1 \qquad \therefore\ 2a-b=0 \quad \cdots\cdots③$$

②, ③을 연립하여 풀면 $a=3,\ b=6$ $\quad\therefore$ P′(3, 6)

따라서 구하는 도형의 방정식은 $\boldsymbol{(x-3)^2+(y-6)^2=4}$ ← 답

유제 **4**-3. 직선 $x-2y+1=0$에 대하여 원 $x^2+y^2-4x+2y+1=0$과 대칭인 도형의 방정식을 구하시오. 답 $\boldsymbol{x^2+(y-3)^2=4}$

기본 문제 **4**-4 두 점 A(1, 6), B(7, 0)과 직선 $x+y=3$ 위를 움직이는 점 P에 대하여 $\overline{\mathrm{AP}}+\overline{\mathrm{BP}}$의 최솟값과 이때의 점 P의 좌표를 구하시오.

정석연구 두 점 A, B가 직선 l에 대하여 같은 쪽에 있을 때, $\overline{\mathrm{AP}}+\overline{\mathrm{BP}}$가 최소가 되는 l 위의 점 P를 찾는 방법은 다음과 같다.

(작도) 점 A와 직선 l에 대하여 대칭인 점을 A′이라고 할 때, 직선 A′B와 l이 만나는 점 $\mathrm{P_0}$이 구하는 점이다.

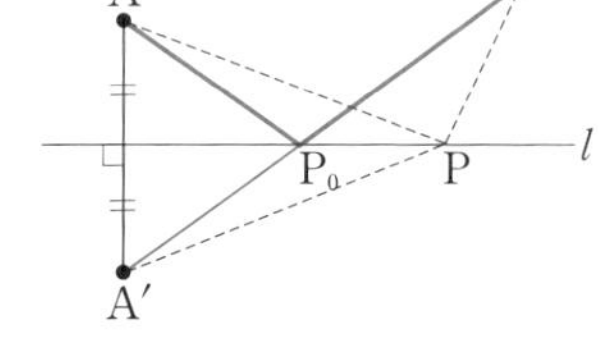

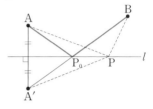

(증명) 점 P가 직선 l 위의 점이면

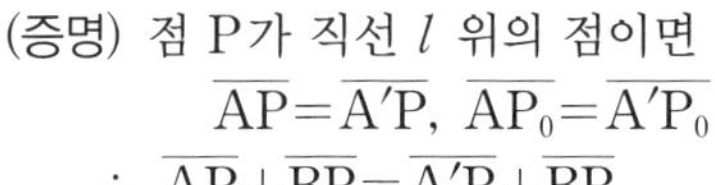

$$\overline{\mathrm{AP}}=\overline{\mathrm{A'P}},\ \overline{\mathrm{AP_0}}=\overline{\mathrm{A'P_0}}$$

$$\therefore\ \overline{\mathrm{AP}}+\overline{\mathrm{BP}}=\overline{\mathrm{A'P}}+\overline{\mathrm{BP}}$$
$$\geq\overline{\mathrm{A'B}}=\overline{\mathrm{A'P_0}}+\overline{\mathrm{BP_0}}=\overline{\mathrm{AP_0}}+\overline{\mathrm{BP_0}}$$

따라서 $\mathrm{P}=\mathrm{P_0}$일 때 $\overline{\mathrm{AP}}+\overline{\mathrm{BP}}$는 최소이고, 최솟값은 $\overline{\mathrm{A'B}}$이다.

정석 길이의 합의 최솟값 ⟹ 대칭인 점을 생각한다.

모범답안 직선 $x+y=3$ ……①

에 대하여 점 A(1, 6)과 대칭인 점을 $\mathrm{A'}(a, b)$, 직선 A′B가 ①과 만나는 점을 P라고 할 때, $\overline{\mathrm{AP}}+\overline{\mathrm{BP}}$가 최소이다.

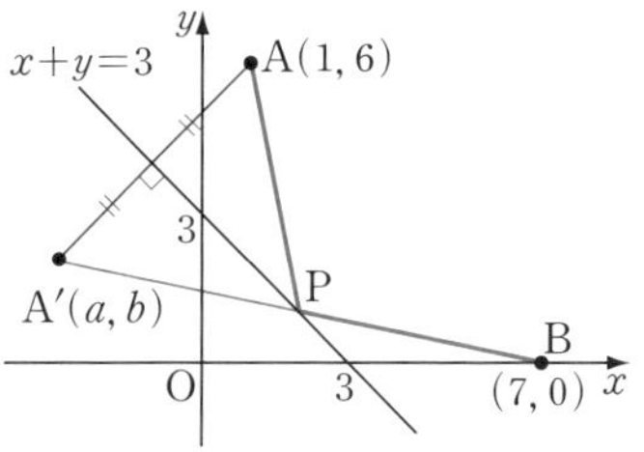

선분 AA′의 중점 $\left(\dfrac{a+1}{2}, \dfrac{b+6}{2}\right)$이 직선 ① 위에 있으므로

$$\frac{a+1}{2}+\frac{b+6}{2}=3 \quad \therefore\ a+b+1=0 \qquad \cdots\cdots②$$

또, 직선 AA′이 직선 ①과 수직이므로

$$\frac{b-6}{a-1}\times(-1)=-1 \quad \therefore\ a-b+5=0 \qquad \cdots\cdots③$$

②, ③을 연립하여 풀면 $a=-3,\ b=2$ $\quad\therefore\ \mathrm{A'}(-3, 2)$

따라서 $\overline{\mathrm{AP}}+\overline{\mathrm{BP}}$의 최솟값은

$$\overline{\mathrm{A'B}}=\sqrt{(7+3)^2+(0-2)^2}=\mathbf{2\sqrt{26}} \longleftarrow \boxed{\text{답}}$$

직선 A′B의 방정식은 $y=-\dfrac{1}{5}x+\dfrac{7}{5}$이므로 ①과 연립하여 풀면

$$x=2,\ y=1 \quad \therefore\ \mathbf{P(2, 1)} \longleftarrow \boxed{\text{답}}$$

유제 **4**-4. 두 점 A(2, 0), B(4, 0)과 직선 $y=x$ 위를 움직이는 점 P에 대하여 $\overline{\mathrm{AP}}+\overline{\mathrm{BP}}$의 최솟값과 이때의 점 P의 좌표를 구하시오.

답 최솟값 $\mathbf{2\sqrt{5}}$, $\mathbf{P\left(\dfrac{4}{3}, \dfrac{4}{3}\right)}$

기본 문제 4-5 직선 $x-y-2=0$에 대하여 직선 $x+2y-4=0$과 대칭인 직선의 방정식을 구하시오.

정석연구 일반적으로 도형 $f(x, y)=0$을 대칭이동한 도형의 방정식을 구하는 방법을 정리하면 다음과 같다(평행이동의 경우에도 구하는 방법은 같다).

정석 도형 $f(x, y)=0$을 대칭이동한 도형의 방정식을 구하는 방법

(i) 도형 $f(x, y)=0$ 위의 임의의 점 $P(x, y)$를 대칭이동한 점을 $P'(x', y')$이라고 한다.

(ii) x, y를 x', y'으로 나타낸 다음 $f(x, y)=0$에 대입한다.

(iii) x', y'을 x, y로 바꾼다.

모범답안 $x-y-2=0$ ……① $x+2y-4=0$ ……②

직선 ② 위의 점 $P(x, y)$가 점 $P'(x', y')$으로 이동된다고 하면 두 점 P, P′은 직선 ①에 대하여 대칭이다.

선분 PP′의 중점이 직선 ① 위에 있으므로

$$\frac{x+x'}{2}-\frac{y+y'}{2}-2=0$$

$\therefore\ x-y=-x'+y'+4$ ……③

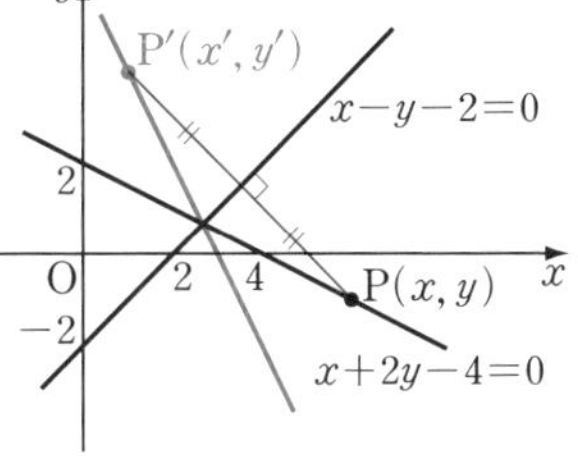

또, 직선 PP′이 직선 ①과 수직이므로

$$\frac{y-y'}{x-x'}=-1$$

$\therefore\ x+y=x'+y'$ ……④

③, ④를 x, y에 관하여 연립하여 풀면

$$x=y'+2,\ y=x'-2$$

그런데 점 $P(x, y)$는 직선 ② 위의 점이므로

$$(y'+2)+2(x'-2)-4=0 \quad \therefore\ 2x'+y'-6=0$$

x', y'을 x, y로 바꾸면 $\boldsymbol{2x+y-6=0}$ ← 답

*Note 두 직선 ①, ②의 교점은 대칭이동하더라도 그대로 있으므로 풀이에서 따로 언급하지 않아도 무방하다.

유제 **4**-5. 직선 $y=-x$에 대하여 직선 $3x+y-4=0$과 대칭인 직선의 방정식을 구하시오. 답 $\boldsymbol{x+3y+4=0}$

유제 **4**-6. 직선 $y=2x+1$을 x축의 방향으로 2만큼, y축의 방향으로 -1만큼 평행이동한 다음, 직선 $y=-x$에 대하여 대칭이동한 직선의 방정식을 구하시오. 답 $\boldsymbol{x-2y-4=0}$

연습문제 4

4-1 직선 $3x+4y+3=0$이 평행이동 $T:(x, y) \longrightarrow (x+m, y)$에 의하여 원점을 지나는 직선으로 이동될 때, 실수 m의 값은?

① -3 ② -2 ③ -1 ④ 1 ⑤ 2

4-2 직선 $y=ax+b$를 x축의 방향으로 2만큼, y축의 방향으로 -3만큼 평행이동한 직선을 l이라고 하자. 직선 $y=3x+4$가 직선 l과 y축 위의 점에서 수직으로 만날 때, 상수 a, b의 값을 구하시오.

4-3 원 $C: x^2+y^2=25$ 위의 점 $(-4, 3)$에서 원 C에 접하는 직선을 l이라 하고, 원 C를 x축의 방향으로 a만큼, y축의 방향으로 b만큼 평행이동한 원을 C'이라고 하자. 원 C'이 원 C의 중심을 지나고 직선 l에 접할 때, $a+b$의 값을 구하시오. 단, $a>0$이다.

4-4 직선 $3x+4y=5$를 x축의 방향으로 3만큼, y축의 방향으로 -2만큼 평행이동한 다음, 다시 직선 $y=x$에 대하여 대칭이동하였더니 원 $(x-a)^2+(y+6)^2=10$의 넓이를 이등분하였다. 이때, 상수 a의 값은?

① 0 ② 2 ③ 4 ④ 6 ⑤ 8

4-5 좌표축이 그려진 모눈종이가 있다. 점 $(1, 4)$가 점 $(5, 0)$과 겹치도록 종이를 접을 때, 점 $(4, -3)$과 겹치는 점의 좌표를 구하시오.

4-6 실수 x에 대하여 $\sqrt{x^2+2x+5}+\sqrt{x^2-8x+32}$의 최솟값과 이때의 x의 값을 구하시오.

4-7 원 $C: x^2+y^2-4x-2y-20=0$을 직선 $x=a$에 대하여 대칭이동한 원은 원 C의 중심을 지난다. 또, 원 C를 직선 $y=x+b$에 대하여 대칭이동한 원은 원 C와 접한다. 이때, 양수 a, b의 값을 구하시오.

4-8 다음 물음에 답하시오.

(1) 점 $\mathrm{P}(x, y)$를 직선 $y=-x$에 대하여 대칭이동한 점의 좌표를 구하시오.

(2) 직선 $y=ax+1$이 직선 $y=-x$에 대하여 대칭일 때, 상수 a의 값을 구하시오.

4-9 다음 도형의 방정식을 구하시오.

(1) 점 $(-1, -1)$에 대하여 원 $x^2+y^2-6x+4y=0$과 대칭인 원

(2) 점 $(2, 1)$에 대하여 직선 $2x-y+1=0$과 대칭인 직선

5. 집　　합

집합과 원소／집합의 포함 관계／
합집합 · 교집합 · 여집합 · 차집합

§1. 집합과 원소

1 집합과 원소

우리가 일상생활에서 생각하는 모임 중에는 주어진 조건에 의하여 그 대상을 명확하게 결정할 수 있는 것도 있고 결정할 수 없는 것도 있다. 이를테면

봉사 활동을 많이 하는 학생의 모임

은 어떤 학생이 봉사 활동을 많이 하는가에 대한 판단 기준이 그때의 상황이나 판단자의 생각에 따라 달라질 수 있기 때문에 그 대상을 명확히 결정할 수 없다. 수학에서는 이와 같이 그 대상을 명확히 결정할 수 없는 모임은 생각하지 않는다. 한편

5 이하의 자연수의 모임

은 구체적으로 자연수

$1, 2, 3, 4, 5$

의 모임으로서 그 대상을 명확히 결정할 수 있다.

이와 같이 주어진 조건에 의하여 그 대상을 명확하게 결정할 수 있는 모임을 집합이라 하고, 1, 2, 3, 4, 5와 같이 집합을 이루는 대상 하나하나를 그 집합의 원소라고 한다.

a가 집합 S의 원소일 때 a는 S에 속한다고 말하고, $a\in S$로 나타낸다. 또, a가 집합 S의 원소가 아닐 때 a는 S에 속하지 않는다고 말하고, $a\notin S$로 나타낸다.

정석 a는 S에 속한다 $\Longrightarrow$ $a\in S$
a는 S에 속하지 않는다 $\Longrightarrow$ $a\notin S$

보기 1 다음 중에서 집합인 것은?

① 착한 학생의 모임 ② 힘센 사람의 모임 ③ 빨간 사과의 모임
④ 한국 남자의 모임 ⑤ 귀여운 동물의 모임

연구 착하다, 힘세다, 빨갛다, 귀엽다는 그 대상을 명확하게 결정할 수 있는 조건이 아니므로 ①, ②, ③, ⑤는 집합이 아니다. 답 ④

보기 2 정수의 집합을 Z, 유리수의 집합을 Q, 실수의 집합을 R이라고 할 때, 다음 중에서 옳지 <u>않은</u> 것은?

① $-2\in Z$ ② $0\in Z$ ③ $0.5\in Q$ ④ $\sqrt{2}\notin Q$ ⑤ $\sqrt{3}\notin R$

연구 $\sqrt{3}$은 실수이므로 R의 원소이다. 곧, $\sqrt{3}\in R$ 답 ⑤

2 집합의 표현 방법

수학에서는 글로 표현하는 것보다 기호 또는 그림으로 나타내면 한눈에 볼 수 있고 능률적인 연산을 할 수 있는 경우가 많다.

정 석 수학적인 문장 ⟹ 기호 또는 그림으로 표현!

집합을 기호를 써서 나타내는 방법으로는 원소나열법과 조건제시법의 두 가지가 있다.

이를테면

집합 $\boldsymbol{A}$는 $\boldsymbol{1\le x\le 7}$을 만족시키는 정수 $\boldsymbol{x}$의 모임

이라고 할 때

원소나열법 : A에 속하는 모든 원소를 { } 안에 나열한다. 곧,

$$\boldsymbol{A=\{1,\ 2,\ 3,\ 4,\ 5,\ 6,\ 7\}}$$

조건제시법 : A에 속하는 각 원소가 가지는 공통된 성질을 $\{x\,|\,p\}$의 p 부분에 제시한다. 곧,

$$\boldsymbol{A=\{x\,|\,1\le x\le 7,\ x\text{는 정수}\}}$$

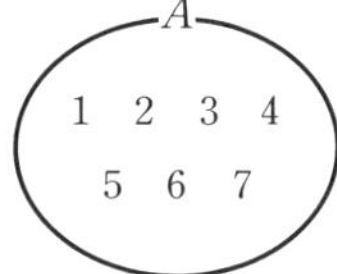

또, 집합을 나타낼 때 오른쪽과 같이 그림을 이용하기도 한다. 이와 같은 그림을 벤 다이어그램이라고 한다.

기본정석 **집합의 표현 방법**

(1) 원소나열법 : 원소가 $a, b, c, \cdots$인 집합을 A라고 하면 $\boldsymbol{A=\{a,\ b,\ c,\ \cdots\}}$

(2) 조건제시법 : 조건 $p(x)$를 만족시키는 x의 집합을 B라고 하면 $\boldsymbol{B=\{x\,|\,p(x)\}}$

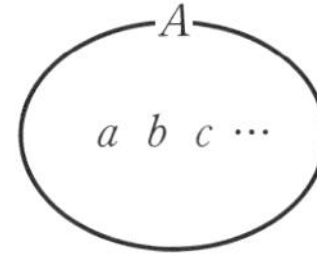

벤 다이어그램

Advice | 이를테면

$1\le x\le 7$을 만족시키는 실수 x의 집합 S

는 원소나열법으로 나타내기는 곤란하다. 왜냐하면 집합 S는 그 원소가 무한히 많으면서도 어떤 일정한 규칙을 이루고 있는 것도 아니어서 { } 안에 S의 원소를 모두 나열할 수 없기 때문이다.

이때에는 조건제시법을 이용하여 다음과 같이 나타낸다.

$$S=\{x\,|\,1\le x\le 7,\ x\text{는 실수}\}$$

***Note** 1° 1, 2, 3을 원소로 하는 집합은 {1, 2, 3}, {1, 3, 2}, ⋯의 어느 것으로 나타내어도 좋다. 곧, 집합은 원소를 나열하는 순서에는 관계없다.

2° 집합을 원소나열법으로 나타낼 때, 같은 원소를 중복하여 쓰지 않는다.

3° 자연수 전체의 집합과 같이 원소가 많고 일정한 규칙이 있을 때에는 원소의 일부를 생략하고, '⋯'을 사용하여 {1, 2, 3, ⋯}과 같이 나타낼 수 있다.

4° 집합을 문자로 나타낼 때에는 흔히 대문자 $A, B, C, \cdots$를 쓰고, 집합의 원소를 문자로 나타낼 때에는 흔히 소문자 $a, b, c, \cdots$를 쓴다.

보기 3 다음 집합을 원소나열법으로 나타내시오.

(1) 12의 양의 약수의 집합 A　　　(2) 10보다 큰 3의 배수의 집합 B

연구 (1) $\boldsymbol{A=\{1, 2, 3, 4, 6, 12\}}$　　(2) $\boldsymbol{B=\{12, 15, 18, \cdots\}}$

보기 4 다음 집합을 조건제시법으로 나타내시오.

(1) $A=\{2, 3, 5, 7, 11, 13, \cdots\}$　　　(2) $B=\{2, 4, 6, \cdots, 50\}$

연구 (1) $\boldsymbol{A=\{x\,|\,x\text{는 소수}\}}$　　(2) $\boldsymbol{B=\{x\,|\,1\le x\le 50,\ x\text{는 짝수}\}}$

***Note** (2)에서 집합 B는 $B=\{x\,|\,x\text{는 50 이하의 자연수 중 짝수}\}$, $B=\{x\,|\,0<x\le 50,\ x\text{는 2의 배수}\}$ 등으로 나타내어도 된다.

3 유한집합, 무한집합, 공집합

집합의 원소의 개수를 기준으로 집합을 분류할 수 있다. 이를테면

$A=\{x\,|\,x\le 10,\ x\text{는 자연수}\}$　곧, $A=\{1, 2, 3, \cdots, 10\}$

과 같이 원소가 유한개인 집합을 유한집합이라 하고,

$B=\{x\,|\,x\ge 10,\ x\text{는 자연수}\}$　곧, $B=\{10, 11, 12, 13, \cdots\}$

과 같이 원소가 무한히 많은 집합을 무한집합이라고 한다. 또,

$C=\{x\,|\,x<1,\ x\text{는 자연수}\}$

와 같이 원소가 하나도 없는 집합을 공집합이라 하고, $\varnothing$으로 나타낸다. 이때, 공집합은 유한집합이다.

한편 집합 S가 유한집합일 때, 집합 S의 원소의 개수를 $\boldsymbol{n(S)}$로 나타낸다. 곧, 위의 예에서 $n(A)=10$, $n(C)=0$이다.

기본 문제 **5**-1 다음 네 집합에 대하여 물음에 답하시오.

$A=\{3, 6, 9, 12, \cdots, 99\}$, $B=\{x\,|\,x$는 20보다 작은 소수$\}$,

$C=\left\{x \,\middle|\, x=\dfrac{1}{n},\ n\text{은 자연수}\right\}$, $D=\{\{1\}, \{2\}\}$

(1) □ 안에 $\in$ 또는 $\not\in$ 중에서 알맞은 기호를 써넣으시오.

$60\square A$, $19\square B$, $9\square C$, $1\square D$

(2) 집합 A를 조건제시법으로 나타내시오.

(3) 유한집합인 것을 모두 찾고, 그 집합의 원소의 개수를 구하시오.

정석연구 집합 A의 원소는 $3\times1, 3\times2, 3\times3, \cdots, 3\times33$이다.

집합 B를 원소나열법으로 나타내면 $B=\{2, 3, 5, 7, 11, 13, 17, 19\}$이다.

집합 C에서 n은 자연수이므로 $\dfrac{1}{n}$의 n에 $1, 2, 3, \cdots$을 차례로 대입하여 원소나열법으로 나타내면 $C=\left\{1, \dfrac{1}{2}, \dfrac{1}{3}, \cdots\right\}$이고, 이것은 무한집합이다.

정석 집합이 조건제시법으로 주어지면
$\Longrightarrow$ 원소나열법으로 나타내어 본다.

집합 D의 원소는 $\{1\}, \{2\}$이므로 $\{1\}\in D$, $\{2\}\in D$이다.

그러나 1, 2는 집합 D의 원소가 아니다. 곧, $1\not\in D$, $2\not\in D$이다.

정석 a가 집합 S의 원소이면 $\Longrightarrow a\in S$
a가 집합 S의 원소가 아니면 $\Longrightarrow a\not\in S$

모범답안 (1) $60\in A$, $19\in B$, $9\not\in C$, $1\not\in D$ ← 답

(2) $\{x\,|\,0<x<100,\ x$는 3의 배수$\}$ ← 답

(3) 유한집합은 A, B, D ← 답

또, 원소의 개수는 각각 $n(A)=33$, $n(B)=8$, $n(D)=2$ ← 답

유제 **5**-1. 다음 네 집합에 대하여 물음에 답하시오.

$A=\{4, 8, 12, 16, \cdots, 100\}$, $B=\{\varnothing\}$,

$C=\{x\,|\,x$는 소수$\}$, $D=\{x\,|\,x=2n,\ n$은 자연수$\}$

(1) □ 안에 $\in$ 또는 $\not\in$ 중에서 알맞은 기호를 써넣으시오.

$20\square A$, $\varnothing\square B$, $9\square C$, $99\square D$

(2) 집합 A를 조건제시법으로 나타내시오.

(3) 유한집합인 것의 원소의 개수의 합을 구하시오.

답 (1) $\in, \in, \not\in, \not\in$ (2) $\{x\,|\,0<x\le100,\ x$는 4의 배수$\}$ (3) 26

기본 문제 5-2 실수를 원소로 하는 두 집합 A, B에 대하여

$$A \oplus B=\{x \mid x=a+b,\ a \in A,\ b \in B\}$$

라고 하자. $A=\{0, 1\}$, $B=\{1, 2\}$일 때, 다음 집합을 원소나열법으로 나타내시오.

(1) $A \oplus B$　　　(2) $A \oplus A$　　　(3) $B \oplus (A \oplus B)$

정석연구 $A=\{0, 1\}$일 때 가능한 a의 값은 0, 1이고, $B=\{1, 2\}$일 때 가능한 b의 값은 1, 2이다.

따라서 가능한 $a+b$의 값은

$$0+1,\ 0+2,\ 1+1,\ 1+2 \quad \text{곧, } 1,\ 2,\ 2,\ 3$$

이고, 이것을 오른쪽 그림과 같은 순서로 계산하면 알기 쉽다.

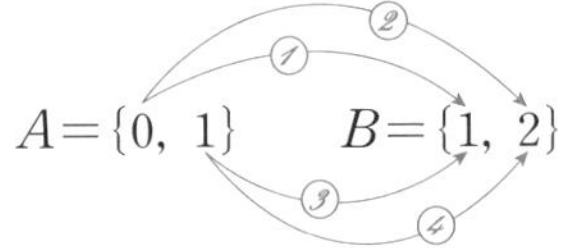

그런데 집합에서는 같은 원소를 중복하여 쓰지 않으므로 $A \oplus B=\{1, 2, 3\}$이라고 답하면 된다.

정석 기호의 정의에 관한 문제는 ⟹ 정의를 명확히 파악한다.

모범답안 (1) $A \oplus B=\mathbf{\{1, 2, 3\}}$ ← 답

(2) $A \oplus A$는 A의 원소와 A의 원소의 합

$$0+0,\ 0+1,\ 1+0,\ 1+1$$

을 원소로 하는 집합이므로

$$A \oplus A=\mathbf{\{0, 1, 2\}} \leftarrow \text{답}$$

$A=\{0, 1\}$　$A=\{0, 1\}$

(3) $B \oplus (A \oplus B)$는 $B=\{1, 2\}$의 원소와 $A \oplus B=\{1, 2, 3\}$의 원소의 합

$$1+1,\ 1+2,\ 1+3,$$
$$2+1,\ 2+2,\ 2+3$$

을 원소로 하는 집합이므로

$$B \oplus (A \oplus B)=\mathbf{\{2, 3, 4, 5\}} \leftarrow \text{답}$$

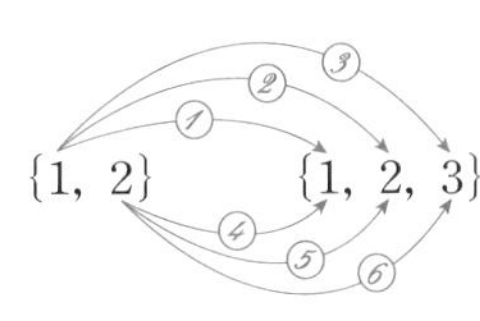

유제 **5**-2. 실수를 원소로 하는 두 집합 A, B에 대하여

$$A \otimes B=\{x \mid x=ab,\ a \in A,\ b \in B\}$$

라고 하자. $A=\{1, 2\}$, $B=\{0, 1, 2\}$일 때, 다음 집합을 원소나열법으로 나타내시오.

(1) $A \otimes B$　　　(2) $A \otimes A$　　　(3) $B \otimes B$

답 (1) $\mathbf{\{0, 1, 2, 4\}}$　(2) $\mathbf{\{1, 2, 4\}}$　(3) $\mathbf{\{0, 1, 2, 4\}}$

§2. 집합의 포함 관계

1 부분집합

이를테면 두 집합

$A=\{1, 2, 3\}, \quad B=\{1, 2, 3, 4, 5\}$

에서 집합 A의 모든 원소(곧, 1, 2, 3)는 집합 B의 원소임을 알 수 있다. 이와 같이

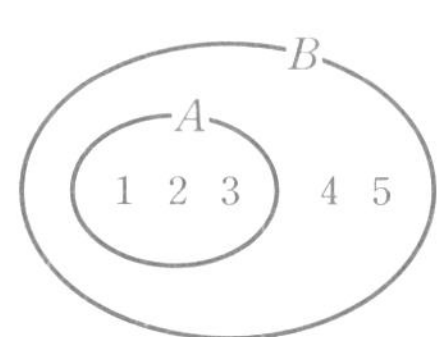

$\boldsymbol{x \in A}$ 이면 $\boldsymbol{x \in B}$

일 때 A를 B의 부분집합이라 하고,

$\boldsymbol{A \subset B}$ 또는 $\boldsymbol{B \supset A}$

로 나타내며, 이것을

$\boldsymbol{A}$는 $\boldsymbol{B}$에 포함된다 또는 $\boldsymbol{B}$는 $\boldsymbol{A}$를 포함한다

고 말한다.

한편 집합 A의 원소 중에서 집합 B에 속하지 않는 것이 있으면 A는 B의 부분집합이 아니다.

집합 A가 집합 B의 부분집합이 아닐 때에는

$\boldsymbol{A \not\subset B}$ 또는 $\boldsymbol{B \not\supset A}$

로 나타낸다.

집합의 포함 관계를 직관에 의해서 쉽게 알아보기 위해서는 위의 그림과 같이 벤 다이어그램으로 나타내어 보면 편리하다.

* ***Note*** 공집합은 모든 집합의 부분집합으로 생각한다. 또, 모든 집합은 자기 자신의 부분집합이다. 따라서 모든 집합 A에 대하여 $\varnothing \subset A$, $A \subset A$이다.

보기 1 다음 집합의 부분집합을 모두 구하시오.

(1) $\varnothing$ (2) $\{a\}$ (3) $\{a, b\}$ (4) $\{a, b, c\}$

연구 (1) $\varnothing$ (2) $\varnothing$, $\{\boldsymbol{a}\}$ (3) $\varnothing$, $\{\boldsymbol{a}\}$, $\{\boldsymbol{b}\}$, $\{\boldsymbol{a}, \boldsymbol{b}\}$

(4) $\varnothing$, $\{\boldsymbol{a}\}$, $\{\boldsymbol{b}\}$, $\{\boldsymbol{c}\}$, $\{\boldsymbol{a}, \boldsymbol{b}\}$, $\{\boldsymbol{a}, \boldsymbol{c}\}$, $\{\boldsymbol{b}, \boldsymbol{c}\}$, $\{\boldsymbol{a}, \boldsymbol{b}, \boldsymbol{c}\}$

Advice | 위의 **보기**에서 부분집합의 개수를 관찰해 보면 원소의 개수가 0, 1, 2, 3일 때, 그 부분집합의 개수는 각각 1, 2^1, 2^2, 2^3임을 알 수 있다.

이와 같이 유추해 보면 일반적으로

정석 집합 $\{a_1, a_2, \cdots, a_n\}$의 부분집합의 개수는 $\Longrightarrow$ 2^n

이다.

보기 2 집합 $\{\varnothing, \{1\}\}$의 부분집합을 모두 구하시오.

연구 원소가 $\varnothing$과 $\{1\}$이므로 $\boldsymbol{\varnothing, \{\varnothing\}, \{\{1\}\}, \{\varnothing, \{1\}\}}$

*Note $\varnothing$은 공집합이고, $\{\varnothing\}$은 $\varnothing$을 원소로 하는 집합이다.

2 진부분집합

이를테면 두 집합

$$A=\{1, 2, 3\}, \quad B=\{x \mid 0<x<4,\ x\text{는 정수}\}$$

에서 $B=\{1, 2, 3\}$이므로 A의 모든 원소는 B에 속하고, 동시에 B의 모든 원소는 A에 속함을 알 수 있다. 곧, $A\subset B$이고 $B\subset A$이다.

이와 같이 두 집합 A, B에 대하여

$A\subset B$이고 $B\subset A$일 때, A와 B는 서로 같다

고 하고, $\boldsymbol{A=B}$로 나타낸다.

또, 두 집합 A와 B가 서로 같지 않을 때에는 $\boldsymbol{A\neq B}$로 나타낸다.

한편 앞면에서 예를 든 두 집합 $A=\{1, 2, 3\}$, $B=\{1, 2, 3, 4, 5\}$와 같이

$A\subset B$이고 $A\neq B$일 때, A를 B의 진부분집합

이라고 한다.

집합 A가 집합 B의 부분집합이라고 하는 것은 A가 B의 진부분집합인 경우와 A와 B가 서로 같은 경우를 통틀어서 하는 말이다. 이를 벤 다이어그램을 그려서 정리하면 오른쪽 그림과 같다.

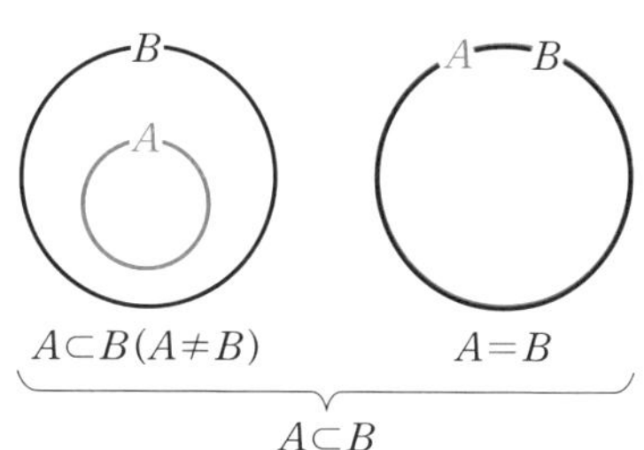

보기 3 다음 세 집합 A, B, C의 포함 관계를 조사하시오.

$$A=\{2, 3, 5, 7\}, \quad B=\{x \mid x\text{는 10 이하의 자연수}\},$$
$$C=\{x \mid 1\leq x\leq 10,\ x\text{는 소수}\}$$

연구 $A=\{2, 3, 5, 7\}$,
$B=\{1, 2, 3, 4, 5, 6, 7, 8, 9, 10\}$,
$C=\{2, 3, 5, 7\}$
이므로 $A\subset B,\ C\subset B,\ A=C$
곧, $\boldsymbol{A=C\subset B}$

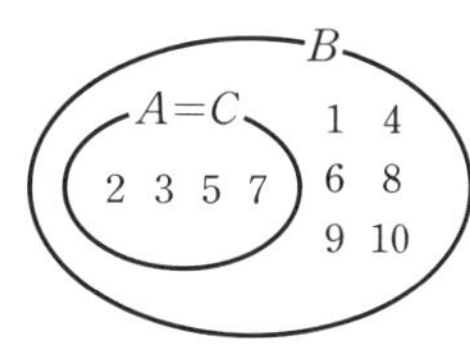

보기 4 집합 $A=\{1, 3, 5\}$의 진부분집합을 모두 구하시오.

연구 집합 A의 부분집합 중에서 A 자신을 제외한 것이므로

$\boldsymbol{\varnothing, \{1\}, \{3\}, \{5\}, \{1, 3\}, \{1, 5\}, \{3, 5\}}$

기본 문제 **5**-3 집합 $A=\{a, b, c, d, e\}$에 대하여 다음을 구하시오.

(1) a, b가 속하지 않는 부분집합의 개수

(2) a, b가 속하는 부분집합의 개수

(3) a, b는 속하고 c는 속하지 않는 부분집합의 개수

정석연구 (1) 원소 a, b가 속하지 않는 부분집합은

$\varnothing$,
$\{c\}, \{d\}, \{e\}$,
$\{c, d\}, \{c, e\}, \{d, e\}$,
$\{c, d, e\}$

이다. 곧, 집합 $\{c, d, e\}$의 부분집합과 같다.

정석 원소가 $\boldsymbol{n}$개인 집합의 부분집합의 개수는 $\Longrightarrow$ 2^n

(2) (1)에서 구한 각 부분집합에 원소 a, b를 추가한

$\{\boldsymbol{a}, \boldsymbol{b}\}$,
$\{\boldsymbol{a}, \boldsymbol{b}, c\}, \{\boldsymbol{a}, \boldsymbol{b}, d\}, \{\boldsymbol{a}, \boldsymbol{b}, e\}$,
$\{\boldsymbol{a}, \boldsymbol{b}, c, d\}, \{\boldsymbol{a}, \boldsymbol{b}, c, e\}, \{\boldsymbol{a}, \boldsymbol{b}, d, e\}$,
$\{\boldsymbol{a}, \boldsymbol{b}, c, d, e\}$

가 원소 a, b가 속하는 부분집합이다.

(3) (2)에서 c가 속하지 않는 집합을 찾아보면 집합 $\{d, e\}$의 부분집합에 원소 a, b를 추가한 집합임을 알 수 있다.

모범답안 (1) 집합 $\{c, d, e\}$의 부분집합과 같으므로

구하는 부분집합의 개수는 $2^3=\mathbf{8}$ ← 답

(2) 집합 $\{c, d, e\}$의 부분집합에 원소 a, b를 추가한 것과 같으므로

구하는 부분집합의 개수는 $2^3=\mathbf{8}$ ← 답

(3) 집합 $\{d, e\}$의 부분집합에 원소 a, b를 추가한 것과 같으므로

구하는 부분집합의 개수는 $2^2=\mathbf{4}$ ← 답

유제 **5**-3. 집합 $M=\{x \mid 0<x<30, x$는 4의 배수$\}$에 대하여 다음을 구하시오.

(1) 부분집합의 개수 (2) 4, 8이 속하지 않는 부분집합의 개수

(3) 4, 8은 속하지 않고 12는 속하는 부분집합의 개수

답 (1) **128** (2) **32** (3) **16**

유제 **5**-4. $\{1, 2, 4\} \subset X \subset \{1, 2, 4, 8, 16, 32\}$를 만족시키는 집합 X의 개수를 구하시오.

답 8

기본 문제 5-4 다음은 집합 A, B, C의 포함 관계를 나타낸 것이다.

ㄱ. $A\subset B$, $B\subset C$이면 $A\subset C$이다.

ㄴ. $A\subset C$, $B\subset C$이면 $A=B$이다.

ㄷ. $A\subset B$, $A\subset C$이면 $B=C$이다.

ㄹ. $A\subset B$, $B\subset C$, $C\subset A$이면 $A=B=C$이다.

이 중에서 옳은 것만을 있는 대로 고른 것은?

① ㄱ　② ㄱ, ㄹ　③ ㄴ, ㄷ　④ ㄱ, ㄴ, ㄹ　⑤ ㄱ, ㄷ, ㄹ

정석연구 오른쪽 벤 다이어그램에서 보면

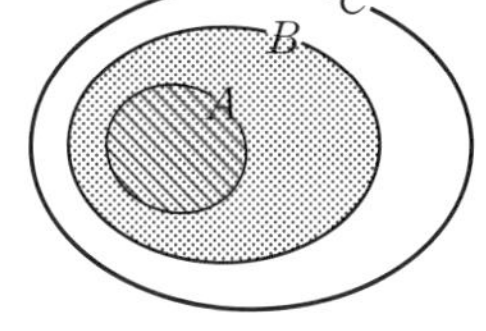

ㄱ. $A\subset B$, $B\subset C$이면 반드시 $A\subset C$임을 확인할 수 있다.

ㄴ. $A\subset C$, $B\subset C$이지만 $A\neq B$일 때도 있음을 확인할 수 있다.

ㄷ. $A\subset B$, $A\subset C$이지만 $B\neq C$일 때도 있음을 확인할 수 있다.

이와 같은 성질에 대하여 논리적인 증명도 가능하지만, 고등학교 과정에서는 벤 다이어그램으로 확인하면 충분하다.

정석 집합의 포함 관계는 ⟹ 일단 벤 다이어그램에서 확인!

ㄹ. 서로 같은 집합에 대한 정의

정의 $P\subset Q$이고 $Q\subset P \iff P=Q$

를 활용하면 참인 것을 증명할 수 있다. 곧,

문제의 조건 $A\subset B$, $B\subset C$로부터　$A\subset C$　⇦ ㄱ의 결과

한편 조건에서 $C\subset A$이므로　$A=C$　……①

또, 문제의 조건 $C\subset A$, $A\subset B$로부터　$C\subset B$

한편 조건에서 $B\subset C$이므로　$B=C$　……②

①, ②로부터　$A=B=C$　답 ②

유제 **5**-5. 다음은 집합 A, B, C, D의 포함 관계를 나타낸 것이다.

ㄱ. $A\subset B$, $B\subset C$, $C\subset D$이면 $A\subset D$이다.

ㄴ. $A\subset B$, $B\subset C$, $C\subset D$, $D\subset A$이면 $A=B=C=D$이다.

ㄷ. $A\subset B$, $B\subset C$, $C\subset B$, $C\subset D$이면 $A\neq D$이다.

이 중에서 옳은 것만을 있는 대로 고른 것은?

① ㄱ　② ㄴ　③ ㄷ　④ ㄱ, ㄴ　⑤ ㄱ, ㄴ, ㄷ　답 ④

§3. 합집합 · 교집합 · 여집합 · 차집합

1 합집합

이를테면 두 집합 $A=\{1, 2, 3\}$, $B=\{2, 3, 4, 5\}$를 생각할 때, 집합 A에 속하거나 집합 B에 속하는 모든 원소로 이루어진 새로운 집합

$$\{1, 2, 3, 4, 5\}$$

를 A와 B의 합집합이라 하고, $\boldsymbol{A\cup B}$로 나타낸다. 곧,

$$A\cup B=\{1, 2, 3\}\cup\{2, 3, 4, 5\}$$
$$=\{1, 2, 3, 4, 5\}$$

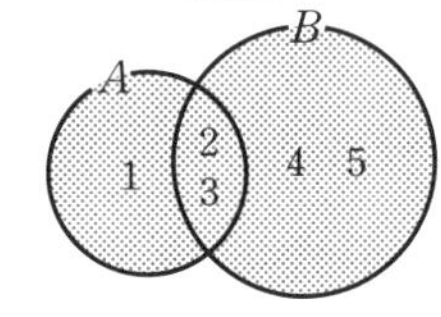

일반적으로 합집합 $A\cup B$는

$$\boldsymbol{A\cup B=\{x\,|\,x\in A \text{ 또는 } x\in B\}}$$

와 같이 정의한다.

보기 1 다음 두 집합 A, B에 대하여 $A\cup B$를 구하시오.

(1) $A=\{a, b, c\}$, $B=\{b, c, d\}$　　(2) $A=\{a, b, c, d\}$, $B=\{b, c\}$

(3) $A=\{x\,|\,x=2n,\ n=1, 2, 3, \cdots\}$, $B=\{y\,|\,y=2n-1,\ n=1, 2, 3, \cdots\}$

연구 (1) $A\cup B=\boldsymbol{\{a, b, c, d\}}$　　(2) $A\cup B=\boldsymbol{\{a, b, c, d\}}$

(3) $A=\{2, 4, 6, \cdots\}$, $B=\{1, 3, 5, \cdots\}$이므로

$A\cup B=\boldsymbol{\{n\,|\,n\text{은 자연수}\}}$　또는　$A\cup B=\boldsymbol{\{1, 2, 3, \cdots\}}$

각 경우를 벤 다이어그램으로 나타내면 그림의 점 찍은 부분이다.

(1)
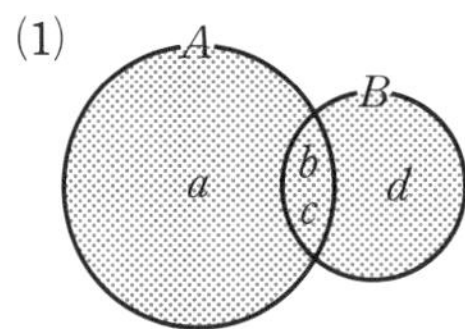

(2)
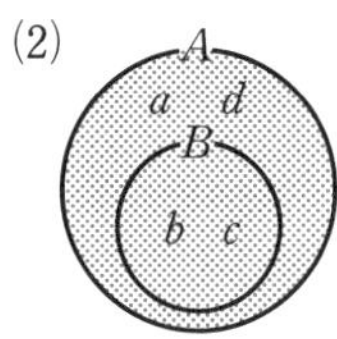

(3)
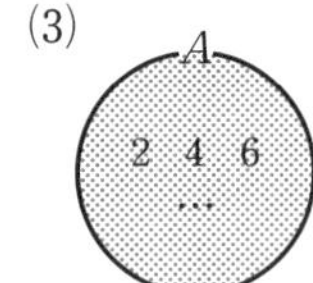

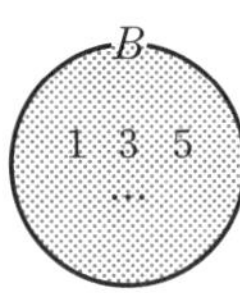

2 교집합

이를테면 두 집합 $A=\{1, 2, 3\}$, $B=\{2, 3, 4, 5\}$를 생각할 때, 집합 A에도 속하고 집합 B에도 속하는 모든 원소로 이루어진 새로운 집합 $\{2, 3\}$을 A와 B의 교집합이라 하고, $\boldsymbol{A\cap B}$로 나타낸다. 곧,

$$A\cap B=\{1, 2, 3\}\cap\{2, 3, 4, 5\}=\{2, 3\}$$

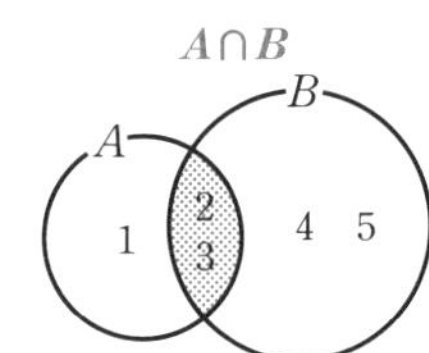

일반적으로 교집합 $A\cap B$는

$$\boldsymbol{A\cap B=\{x\,|\,x\in A \text{ 그리고 } x\in B\}}$$

와 같이 정의한다.

특히 두 집합

$$A=\{1, 2\}, \quad B=\{3, 4, 5, 6\}$$

의 경우와 같이 A, B에 공통인 원소가 하나도 없을 때, 곧

$$\boldsymbol{A\cap B=\varnothing}$$

일 때, 두 집합 A와 B는 서로소라고 한다.

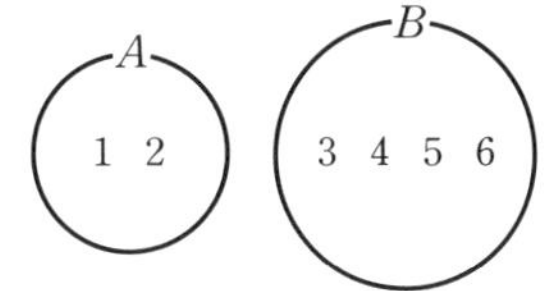

보기 2 다음 두 집합 A, B에 대하여 $A\cap B$를 구하시오.

(1) $A=\{a, b, c\}$, $B=\{b, c, d\}$ (2) $A=\{a, b, c, d\}$, $B=\{b, c\}$

(3) $A=\{a, b, c\}$, $B=\{d, e, f, g\}$

연구 (1) $A\cap B=\boldsymbol{\{b, c\}}$ (2) $A\cap B=\boldsymbol{\{b, c\}}$ (3) $A\cap B=\varnothing$

각 경우를 벤 다이어그램으로 나타내면 그림의 점 찍은 부분이다.

(1)

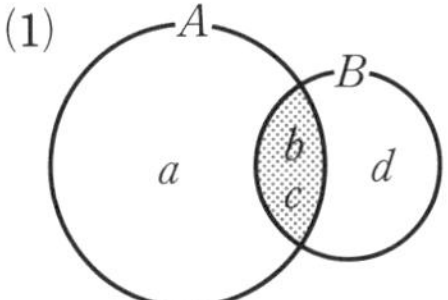

(2)

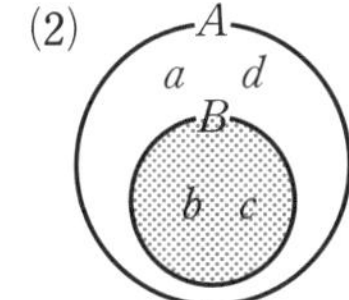

(3)

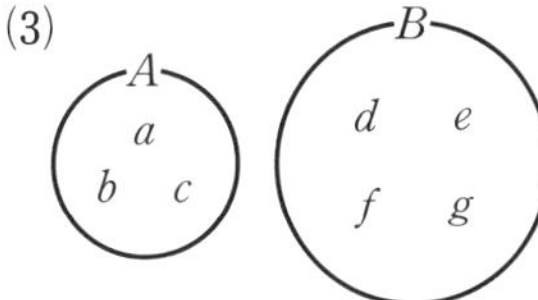

* *Note* (3)의 경우 두 집합 A와 B는 서로소이다.

3 여집합

이를테면 영어의 모든 알파벳을 원소로 하는 집합

$$U=\{a, b, c, d, \cdots, x, y, z\}$$

에 대하여 두 집합 $A=\{a, b, c\}$, $B=\{f, g, h, i\}$는 집합 U의 부분집합이다. 이와 같이 어떤 주어진 집합에 대하여 그 부분집합만을 생각할 때, 처음에 주어진 집합을 전체집합이라 하고, 보통 $\boldsymbol{U}$로 나타낸다.

이때, 전체집합 U의 원소 중에서 집합 A에 속하지 않는 모든 원소로 이루어진 집합은 $\{d, e, f, \cdots, x, y, z\}$이다. 이와 같이 전체집합 U의 부분집합 A에 대하여 A에 속하지 않는 모든 원소로 이루어진 집합을 U에 대한 A의 여집합이라 하고, $\boldsymbol{A^C}$으로 나타낸다.

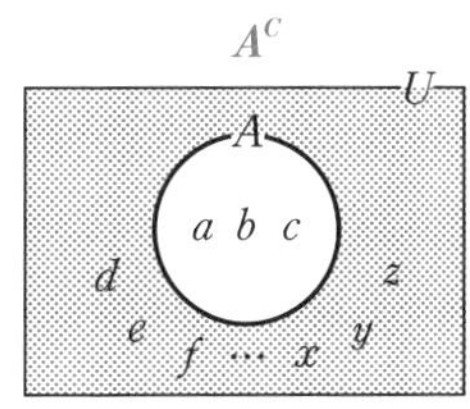

일반적으로 A의 여집합 A^C은

$$A^C=\{x \mid x\in U \text{ 그리고 } x\notin A\}$$

와 같이 정의한다.

* *Note* 전체집합을 나타내는 U는 Universal set(전체집합)의 첫 글자이고, A^C의 ^{C}는 Complement(여집합)의 첫 글자이다.

보기 3 전체집합 U와 그 부분집합 A가 다음과 같을 때, A^C을 구하시오.

(1) $U=\{x \mid x$는 10 이하의 자연수$\}$, $A=\{2, 3, 5, 7\}$

(2) $U=\{x \mid x$는 실수$\}$, $A=\{x \mid x$는 무리수$\}$

연구 (1) $\boldsymbol{A^C=\{1, 4, 6, 8, 9, 10\}}$ (2) $\boldsymbol{A^C=\{x \mid x}$는 유리수$\}$

4 차집합

이를테면 두 집합

$$A=\{1, 2, 3, 4, 5\}, \quad B=\{2, 4, 6\}$$

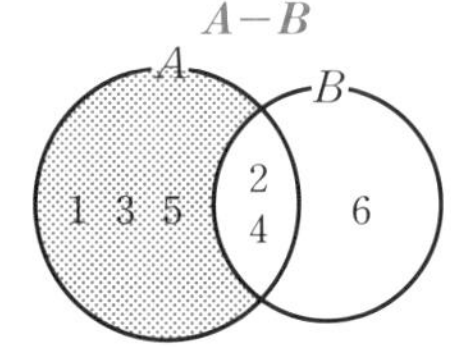

을 생각할 때, 집합 A에는 속하지만 집합 B에는 속하지 않는 모든 원소로 이루어진 새로운 집합 $\{1, 3, 5\}$를 A에 대한 B의 차집합이라 하고, $\boldsymbol{A-B}$로 나타낸다.

일반적으로 차집합 $A-B$는

$$A-B=\{x \mid x \in A \text{ 그리고 } x \notin B\}$$

와 같이 정의한다.

보기 4 두 집합 $A=\{a, b, c, d, e\}$, $B=\{b, c, e, f, g\}$에 대하여 다음 집합을 구하시오.

(1) $A-B$ (2) $B-A$ (3) $A-A$

연구 (1) $A-B=\{\boldsymbol{a, d}\}$ (2) $B-A=\{\boldsymbol{f, g}\}$ (3) $A-A=\varnothing$

Note 일반적으로 $A-B$와 $B-A$는 서로 같지 않다.

이상을 정리하면 다음과 같다.

기본정석 — **합집합, 교집합, 여집합, 차집합의 정의**

전체집합 U의 두 부분집합 A, B에 대하여

합집합 : $A\cup B=\{x \mid x\in A \text{ 또는 } x\in B\}$

교집합 : $A\cap B=\{x \mid x\in A \text{ 그리고 } x\in B\}$

여집합 : $A^C=\{x \mid x\in U \text{ 그리고 } x\notin A\}$

차집합 : $A-B=\{x \mid x\in A \text{ 그리고 } x\notin B\}$

Advice | 오른쪽과 같이 벤 다이어그램을 그려 보면 차집합과 여집합 사이에는 다음 관계가 성립한다는 것을 알 수 있다.

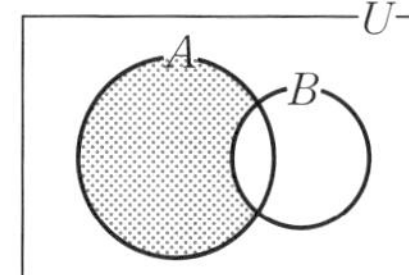

정석 $A-B=A\cap B^C$

기본 문제 5-5 전체집합 $U=\{0, 1, 2, 3, 4, 5, 6, 7, 8, 9\}$의 두 부분집합 A, B에 대하여

$$A\cap B^C=\{1, 3, 5, 7\}, \quad A^C\cap B=\{2, 4, 6\}, \quad A^C\cap B^C=\{8, 9\}$$

일 때, 집합 $A\cup B$, A, $A\cap B$를 각각 구하시오.

정석연구 두 집합 A, B 사이의 관계를 쉽게 이해하기 위해서는 우선 다음과 같은 기본적인 벤 다이어그램을 자유자재로 그릴 수 있어야 한다.

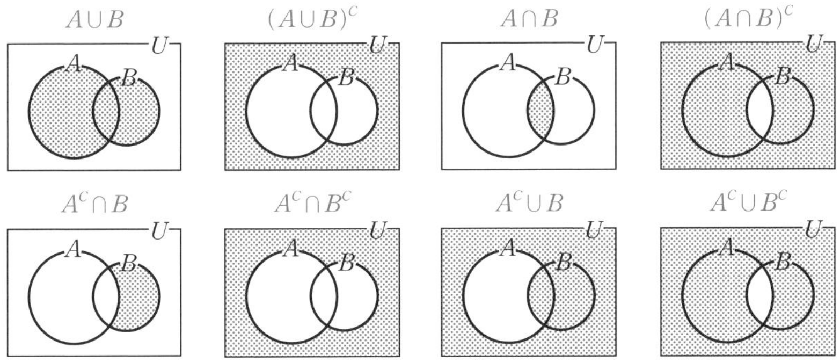

전체집합 U는 두 집합 A, B에 의하여 4개의 부분으로 나뉘고, 여기에 문제의 조건에 맞도록 숫자를 써넣으면 오른쪽 그림과 같다.

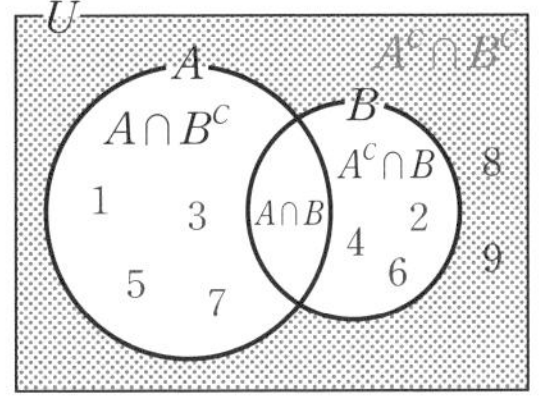

이때, 전체집합 U의 원소 중에서 남은 숫자 0은 $A\cap B$에 써넣으면 되므로

$A\cap B=\{0\}$, $A=\{0, 1, 3, 5, 7\}$,

$A\cup B=\{0, 1, 2, 3, 4, 5, 6, 7\}$

모범답안 $A\cup B=U-(A^C\cap B^C)=\{0, 1, 2, 3, 4, 5, 6, 7, 8, 9\}-\{8, 9\}$

$=\mathbf{\{0, 1, 2, 3, 4, 5, 6, 7\}}$ ← 답

$A=(A\cup B)-(A^C\cap B)=\{0, 1, 2, 3, 4, 5, 6, 7\}-\{2, 4, 6\}$

$=\mathbf{\{0, 1, 3, 5, 7\}}$ ← 답

$A\cap B=A-(A\cap B^C)=\{0, 1, 3, 5, 7\}-\{1, 3, 5, 7\}=\mathbf{\{0\}}$ ← 답

유제 **5**-6. 전체집합 $U=\{1, 2, 3, 4, 5, 6\}$의 두 부분집합 A, B에 대하여

$$A\cap B=\{6\}, \quad A-B=\{1, 2\}, \quad (A\cup B)^C=\{5\}$$

일 때, 집합 A, $A\cup B$, $B-A$를 각각 구하시오.

답 $\boldsymbol{A=\{1, 2, 6\}}$, $\boldsymbol{A\cup B=\{1, 2, 3, 4, 6\}}$, $\boldsymbol{B-A=\{3, 4\}}$

기본 문제 5-6 두 집합

$A=\{1, 2, a^2-6a+11\}, \quad B=\{a-2, a-1, a, a+1, a+2\}$

에 대하여 $A\cap B=\{2, 3\}$일 때, 다음 물음에 답하시오.

(1) 실수 a의 값을 구하시오.

(2) $A\cup B$를 구하시오.

정석연구 두 집합 A, B의 공통인 원소가 2, 3이므로 먼저 집합 A의 원소 중에 반드시 2와 3이 있어야 한다. 그런데 집합 A의 원소는 $1, 2, a^2-6a+11$이므로 이 원소들 중에서 원소 $a^2-6a+11$이 3이어야 한다.

$$\therefore\ a^2-6a+11=3$$

여기서 얻은 a의 값을 바로 답이라고 해서는 안 된다. 만일 1이 집합 B의 원소이면 $A\cap B=\{1, 2, 3\}$이 되기 때문이다.

따라서 a의 값을 B의 원소에 대입하여 $A\cap B=\{2, 3\}$을 만족시키는지를 조사해야 한다.

정석 $A\cap B=\{\alpha, \beta\}$이면 $\Longrightarrow$ $\alpha, \beta\in A$이고 $\alpha, \beta\in B$

모범답안 (1) $A=\{1, 2, a^2-6a+11\}$ ……①

$B=\{a-2, a-1, a, a+1, a+2\}$ ……②

$A\cap B=\{2, 3\}$과 ①로부터

$a^2-6a+11=3 \quad \therefore\ (a-2)(a-4)=0 \quad \therefore\ a=2, 4$

(i) $a=2$일 때, ②에서 $B=\{0, 1, 2, 3, 4\}$

이때, $A\cap B=\{1, 2, 3\}$이므로 $A\cap B\neq\{2, 3\}$이다.

따라서 $a=2$는 적합하지 않다.

(ii) $a=4$일 때, ②에서 $B=\{2, 3, 4, 5, 6\}$

이때, $A\cap B=\{2, 3\}$이므로 적합하다.

(i), (ii)에서 $\boldsymbol{a=4}$ ⟵ 답

(2) $a=4$일 때, $A=\{1, 2, 3\}$, $B=\{2, 3, 4, 5, 6\}$이므로

$\boldsymbol{A\cup B=\{1, 2, 3, 4, 5, 6\}}$ ⟵ 답

유제 **5**-7. 두 집합

$A=\{2, a^2-4a+7\}, \quad B=\{a+1, a^2-1, a^2\}$

에 대하여 $A\cap B=\{4\}$일 때, 다음 물음에 답하시오.

(1) 실수 a의 값을 구하시오.

(2) $A\cup B$를 구하시오.

답 (1) $\boldsymbol{a=3}$ (2) $\boldsymbol{\{2, 4, 8, 9\}}$

기본 문제 5-7 실수 전체의 집합 R의 네 부분집합

$$A=\{x\,|\,x^2-3x-4\ge 0\},\quad B=\{x\,|\,x^2-3x-4>0\},$$
$$C=\{x\,|\,x^2-x-12\le 0\},\quad D=\{x\,|\,x^2-x-12=0\}$$

에 대하여 다음 집합을 구하시오.

(1) $C\cap D^C$　　(2) $A\cap C$　　(3) $A\cup C$　　(4) $(A\cap B^C)\cup D$

정석연구 집합 $\{x\,|\,f(x)=0\}$은 방정식 $f(x)=0$의 해가 원소인 집합이다. 이 집합을 방정식 $f(x)=0$의 해집합이라 하고, 방정식의 해집합을 구하는 것을 방정식을 푼다고 한다.

또, 집합 $\{x\,|\,f(x)>0\}$은 부등식 $f(x)>0$의 해가 원소인 집합이다. 이 집합을 부등식 $f(x)>0$의 해집합이라 하고, 부등식의 해집합을 구하는 것을 부등식을 푼다고 한다.

이 문제의 경우, 방정식 또는 부등식의 해집합을 구한 다음

정 석 부등식의 해집합에 관한 문제 ⟹ 수직선에서 생각한다.

모범답안 $A=\{x\,|\,(x+1)(x-4)\ge 0\}=\{x\,|\,x\le -1$ 또는 $x\ge 4\}$

$B=\{x\,|\,(x+1)(x-4)>0\}=\{x\,|\,x<-1$ 또는 $x>4\}$

$C=\{x\,|\,(x+3)(x-4)\le 0\}=\{x\,|\,-3\le x\le 4\}$

$D=\{x\,|\,(x+3)(x-4)=0\}=\{-3,\ 4\}$

(1) $C\cap D^C=C-D=\boldsymbol{\{x\,|\,-3<x<4\}}$

(2) 오른쪽 수직선에서 공통인 부분이므로

$A\cap C=\boldsymbol{\{x\,|\,-3\le x\le -1}$ **또는** $\boldsymbol{x=4\}}$

(3) 오른쪽 수직선에서　$A\cup C=\boldsymbol{R}$

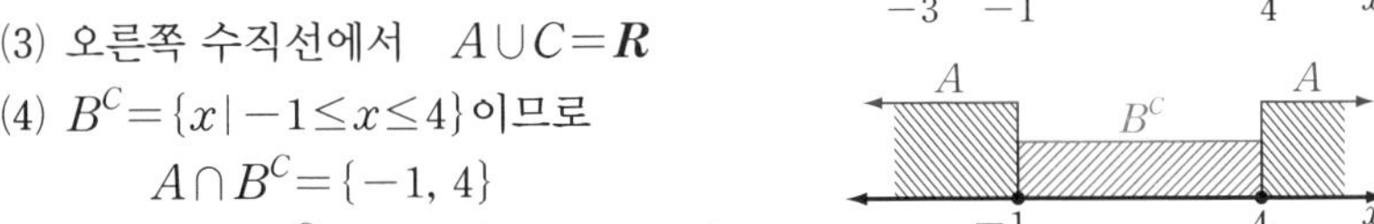

(4) $B^C=\{x\,|\,-1\le x\le 4\}$이므로

$A\cap B^C=\{-1,\ 4\}$

$\therefore\ (A\cap B^C)\cup D=\boldsymbol{\{-3,\ -1,\ 4\}}$

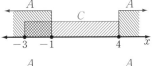

***Note** (1) 집합 $C\cap D^C$은 부등식 $x^2-x-12<0$의 해집합과 같다.

(4) 집합 B^C은 부등식 $x^2-3x-4\le 0$의 해집합과 같다.

유제 5-8. 실수 전체의 집합의 세 부분집합

$$A=\{x\,|\,x^2\le 3x\},\quad B=\{x\,|\,x^2+x>2\},\quad C=\{x\,|\,x^2-2x<0\}$$

에 대하여 다음 집합을 구하시오.

(1) $A\cap B$　　(2) $A\cup B$　　(3) $(A\cap B)\cap C^C$

답 (1) $\boldsymbol{\{x\,|\,1<x\le 3\}}$　(2) $\boldsymbol{\{x\,|\,x<-2}$ **또는** $\boldsymbol{x\ge 0\}}$　(3) $\boldsymbol{\{x\,|\,2\le x\le 3\}}$

기본 문제 **5**-8 두 집합

$$A=\{x\,|\,x^2-6x+8\le 0\},\quad B=\{x\,|\,x^2+ax+b<0\}$$

이 두 조건

$$A\cap B=\{x\,|\,2\le x<3\},\quad A\cup B=\{x\,|\,-1<x\le 4\}$$

를 만족시키도록 상수 a, b의 값을 정하시오.

정석연구 $x^2-6x+8\le 0$에서 $(x-2)(x-4)\le 0$이므로

$$A=\{x\,|\,2\le x\le 4\}$$

따라서 문제의 조건에 맞도록 집합 $A, A\cup B, A\cap B$를 수직선 위에 나타내어 보면 오른쪽 그림과 같으므로

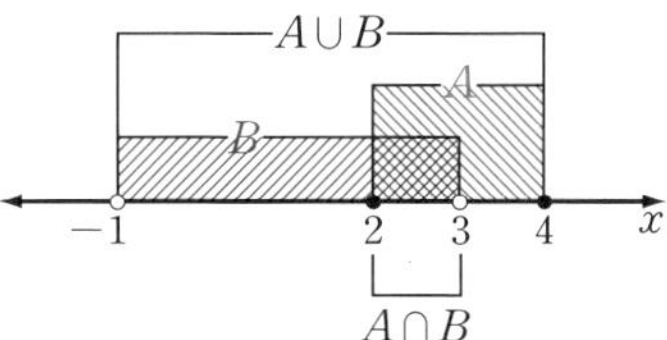

$$B=\{x\,|\,-1<x<3\}$$

이어야 한다는 것을 알 수 있다.

정석 연립부등식의 해집합에 관한 문제 $\Longrightarrow$ 수직선에서 생각한다.

모범답안 $A=\{x\,|\,(x-2)(x-4)\le 0\}=\{x\,|\,2\le x\le 4\}$

이므로 집합 A와 집합 $A\cup B=\{x\,|\,-1<x\le 4\}$를 수직선 위에 나타내면 위의 그림과 같다.

이때, 집합 $A\cap B=\{x\,|\,2\le x<3\}$이기 위해서는 위의 수직선에서 $B=\{x\,|\,-1<x<3\}$이어야 한다.

$$\therefore\ x^2+ax+b<0 \iff -1<x<3$$
$$\iff (x+1)(x-3)<0$$
$$\iff x^2-2x-3<0$$

$$\therefore\ \boldsymbol{a=-2,\ b=-3} \longleftarrow \text{답}$$

Advice | a, b의 값은

$$x^2+ax+b<0 \iff -1<x<3$$

에서 다음과 같이 이차방정식의 근과 계수의 관계를 이용하여 구할 수도 있다.

곧, $x^2+ax+b=0$의 두 근이 $-1, 3$이므로

$$(-1)+3=-a,\ (-1)\times 3=b \qquad \therefore\ \boldsymbol{a=-2,\ b=-3}$$

유제 **5**-9. 두 집합 $A=\{x\,|\,x^2-5x+4\le 0\}$, $B=\{x\,|\,x^2+ax+b>0\}$이 두 조건

$$A\cup B=\{x\,|\,x\text{는 실수}\},\quad A\cap B=\{x\,|\,3<x\le 4\}$$

를 만족시키도록 상수 a, b의 값을 정하시오. 답 $\boldsymbol{a=-4,\ b=3}$

연습문제 5

5-1 집합 $A=\{1, 2, \{3\}, \{4, 5\}\}$에 대하여 다음 중 옳은 것은?

① $3\in A$　② $\{4, 5\}\subset A$　③ $\{1, 2\}\subset A$　④ $\{3, 4, 5\}\subset A$

⑤ 집합 A의 부분집합의 개수는 32이다.

5-2 집합 $M=\{z\,|\,z=a(1+i)+b(1-i),\ a>0,\ b>0\}$에 대하여 다음 중 집합 M의 원소인 것은? 단, $i=\sqrt{-1}$이다.

① $2-5i$　② $5-2i$　③ $2i$　④ $2+3i$　⑤ $-3+2i$

5-3 자연수 n에 대하여 $A_n=\left\{x\,\middle|\,\left[\dfrac{x}{n}\right]=1,\ x\text{는 자연수}\right\}$라고 할 때, 집합 A_3과 A_6을 원소나열법으로 나타내시오.

단, $[x]$는 x보다 크지 않은 최대 정수를 나타낸다.

5-4 집합 $A=\{z\,|\,z=p+q\sqrt{2},\ p, q\text{는 정수}\}$에 대하여 다음 중 옳은 것만을 있는 대로 고른 것은?

> ㄱ. $-3\in A$
> ㄴ. 정수 전체의 집합을 Z라고 할 때, $Z\subset A$이다.
> ㄷ. 집합 A의 임의의 원소 x, y에 대하여 $xy\in A$이다.

① ㄱ　② ㄱ, ㄴ　③ ㄱ, ㄷ　④ ㄴ, ㄷ　⑤ ㄱ, ㄴ, ㄷ

5-5 다음 두 조건을 만족시키는 집합 A 중 원소의 개수가 최소인 것을 구하시오.

(가) $\{-2, 2\}\subset A$　(나) $x\in A$이면 $\dfrac{1}{1-x}\in A$이다.

5-6 두 집합 $A=\{x\,|\,x^2+2x-3\le 0\}$, $B=\{x\,|\,x^2+ax-a^2+1<0\}$에 대하여 $A\subset B$가 성립할 때, 실수 a의 값의 범위를 구하시오.

5-7 두 집합 $A=\{a, a-b, a+b\}$, $B=\{0, |a|, ab\}$에 대하여 $A=B$일 때, 실수 a, b의 값을 구하시오. 단, $n(A)=n(B)=3$이다.

5-8 집합 $\{a, b, c, d, e, f\}$의 부분집합 중에서 집합 $\{b, c, d\}$의 부분집합도 아니고 집합 $\{c, d, e, f\}$의 부분집합도 아닌 것의 개수를 구하시오.

5-9 집합 $A=\{1, 2, 3, 4, 5, 6\}$에 대하여 $X\subset A$, $\{2, 3, 5\}\cap X\neq\varnothing$을 만족시키는 집합 X의 개수를 구하시오.

5-10 두 집합 A, B가

$$A\cup B=\{x\,|\,x\text{는 10보다 작은 자연수}\},$$
$$A-B=\{x\,|\,x\text{는 10보다 작은 소수}\}$$

를 만족시킬 때, B의 부분집합의 개수를 구하시오.

5-11 전체집합 $U=\{(x, y)\,|\,x, y\text{는 실수}\}$의 두 부분집합

$$A=\{(x, y)\,|\,y=x+\sqrt{3},\ x\text{는 실수}\},$$
$$B=\{(p, q)\,|\,p, q\text{는 유리수}\}$$

에 대하여 다음 중 옳은 것은?

① $A\cup B=U$ ② $A\cap B=\varnothing$ ③ $A\cap B=A$
④ $A\cup B=A$ ⑤ $A\cap B=B$

5-12 전체집합 $U=\{a, b, c, d\}$의 두 부분집합 A, B가

$$n(A\cap B)=1, \quad n(A\cup B)=4$$

를 만족시킬 때, 집합 A, B의 순서쌍 (A, B)의 개수를 구하시오.

5-13 자연수 n에 대하여 집합 A_n을

$$A_n=\{x\,|\,x\text{는 } n\text{과 서로소인 자연수}\}$$

라고 할 때, 다음 중 옳지 않은 것은?

① 집합 A_2의 원소는 2의 배수가 아니다.
② 4의 배수가 아닌 수는 집합 A_4의 원소이다.
③ $A_6\subset A_2$ ④ $A_2=A_4$ ⑤ $A_6=A_3\cap A_4$

5-14 네 집합 A, B, C, D의 포함 관계가 오른쪽 그림과 같다.

이때, 점 찍은 부분 ①, ②, ③을 각각 집합 A, B, C, D를 이용하여 나타내시오.

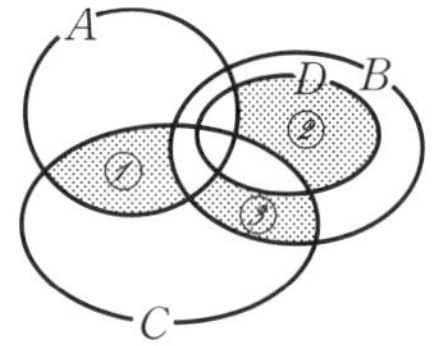

5-15 두 집합

$$A=\{x\,|\,x^2-6x+8=0\}, \quad B=\{x\,|\,x^2+ax+b=0\}$$

에 대하여 $(A-B)\cup(B-A)=\{-2, 2\}$일 때, 상수 a, b의 값을 구하시오.

5-16 두 집합 $A=\{1, 2, 3, 4\}$, $B=\{1, 2, 3, 4, 5, 6, 7\}$에 대하여 다음 세 조건을 만족시키는 집합 P를 구하시오.

(가) $n(P\cap A)=3$ (나) $P-B=\varnothing$
(다) 집합 P의 모든 원소의 합은 22이다.

⑥. 집합의 연산법칙

집합의 연산법칙／합집합의 원소의 개수

§1. 집합의 연산법칙

1 집합의 연산법칙

A, B, C가 다항식일 때,

교환법칙	$A+B=B+A$	$AB=BA$
결합법칙	$(A+B)+C=A+(B+C)$	$(AB)C=A(BC)$
분배법칙	$A(B+C)=AB+AC$	$(A+B)C=AC+BC$

가 성립한다. 또한 A, B, C가 실수일 때에도 이 연산법칙은 성립한다.

이제 집합에서는 어떠한 연산법칙이 성립하는지 알아보자.

▶ 교환법칙 : 이를테면 두 집합

$$A=\{1, 2, 3\}, \quad B=\{2, 3, 4, 5\}$$

에 대하여

$A\cup B=\{1, 2, 3\}\cup\{2, 3, 4, 5\}=\{1, 2, 3, 4, 5\}$,

$B\cup A=\{2, 3, 4, 5\}\cup\{1, 2, 3\}=\{2, 3, 4, 5, 1\}$

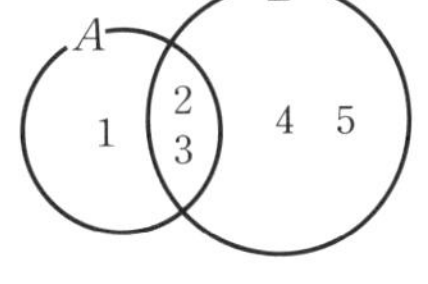

이므로 $A\cup B=B\cup A$가 성립함을 알 수 있다.

같은 방법으로 생각하면 $A\cap B=B\cap A$가 성립함을 알 수 있다.

일반적으로 두 집합 A, B에 대하여 오른쪽 그림과 같이 벤 다이어그램으로 나타내면

$$A\cup B=B\cup A, \quad A\cap B=B\cap A$$

가 성립함을 확인할 수 있다.

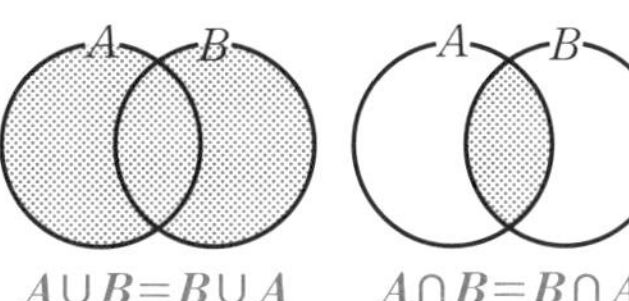

이것을 각각 합집합, 교집합에 대한 교환법칙이라고 한다.

▶ 결합법칙 : 세 집합 A, B, C에 대하여

$$(A\cup B)\cup C=A\cup(B\cup C)$$

가 성립한다. 이와 같은 법칙은 벤 다이어그램을 이용하여 확인할 수 있다.

(i) $(A\cup B)\cup C$를 벤 다이어그램으로 나타내면 다음과 같다.

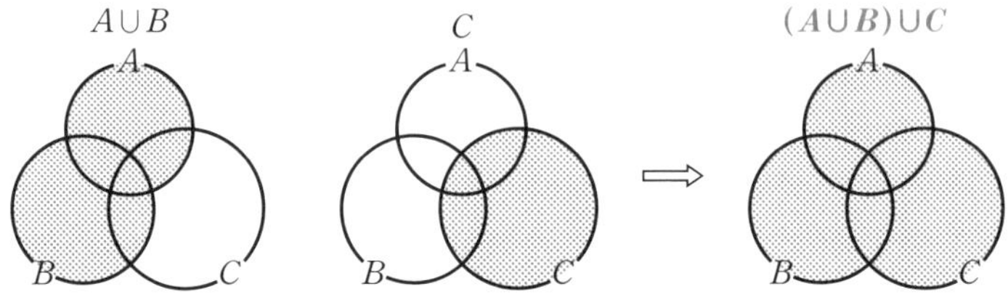

(ii) $A\cup(B\cup C)$를 벤 다이어그램으로 나타내면 다음과 같다.

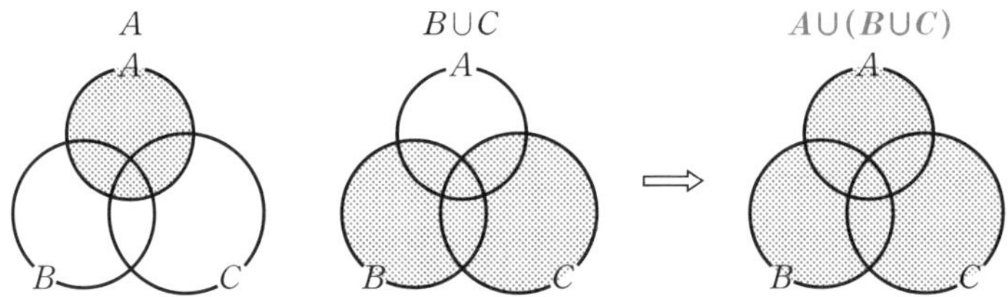

따라서 세 집합 A, B, C에 대하여

$$(A\cup B)\cup C=A\cup(B\cup C)$$

가 성립함을 알 수 있다. 이것을 합집합에 대한 결합법칙이라고 한다.

같은 방법으로 벤 다이어그램을 이용하면 세 집합 A, B, C에 대하여

$$(A\cap B)\cap C=A\cap(B\cap C)$$

가 성립함을 알 수 있다. 이것을 교집합에 대한 결합법칙이라고 한다.

이와 같이 결합법칙이 성립하므로 괄호를 생략하고

$$A\cup B\cup C,\quad A\cap B\cap C$$

와 같이 써도 된다.

▶ 집합의 연산법칙 : 이상에서 공부한 집합의 교환법칙, 결합법칙 이외에도 분배법칙, 드모르간의 법칙 등 집합에 대한 여러 법칙이 성립한다.

다음 면은 U를 전체집합이라 하고, A, B, C를 U의 부분집합이라고 할 때, 집합에 대한 연산법칙을 정리해 놓은 것이다.

이와 같은 집합의 연산법칙 역시 벤 다이어그램을 이용하면 쉽게 확인할 수 있다.

정 석 집합의 연산법칙 ⟹ 벤 다이어그램으로 확인!

기본정석 **집합의 연산법칙**

U를 전체집합, A, B, C를 U의 부분집합이라고 할 때,

① $A\cup B=B\cup A$ $\quad$ $A\cap B=B\cap A$ (교환법칙)

② $(A\cup B)\cup C=A\cup(B\cup C)$, $(A\cap B)\cap C=A\cap(B\cap C)$ (결합법칙)

③ $A\cup(B\cap C)=(A\cup B)\cap(A\cup C)$, $A\cap(B\cup C)=(A\cap B)\cup(A\cap C)$ (분배법칙)

④ $A\cup A=A$ $\quad$ $A\cap A=A$

⑤ $A\cup(A\cap B)=A$ $\quad$ $A\cap(A\cup B)=A$

⑥ $A\cup\varnothing=A$ $\quad$ $A\cap U=A$

⑦ $A\cup U=U$ $\quad$ $A\cap\varnothing=\varnothing$

⑧ $A\cup A^C=U$ $\quad$ $A\cap A^C=\varnothing$

⑨ $(A^C)^C=A$

⑩ $\varnothing^C=U$ $\quad$ $U^C=\varnothing$

⑪ $A-B=A\cap B^C$ (차집합의 성질)

⑫ $(A\cup B)^C=A^C\cap B^C$ $\quad$ $(A\cap B)^C=A^C\cup B^C$ (드모르간의 법칙)

⑬ $A\cup B=\varnothing$이면 $A=\varnothing$이고 $B=\varnothing$
$A\cap B=U$이면 $A=U$이고 $B=U$

⑭ $A\cup B=U$이고 $A\cap B=\varnothing$이면 $A=B^C$이고 $B=A^C$

⑮ $A\cup B=A$이면 $B\subset A$
$A\cap B=A$이면 $A\subset B$

Advice 1° 위의 연산법칙 ①, ②, ③, ⑪, ⑫는 문제 해결에 자주 이용되므로 평소에 기억해 두고서 자유자재로 활용하길 바란다.

다른 연산법칙들의 경우 무작정 외워 두고 문제 해결에 활용한다는 것은 무모한 일이다. 필요할 때마다 벤 다이어그램을 그려 확인해 보자.

정석 집합의 연산법칙의 증명 ⟹ 벤 다이어그램을 이용!

Advice 2° 이를테면 $A\cap B=B\cap A$는 다음과 같이 증명할 수도 있다.

(i) $x\in(A\cap B)$인 임의의 원소 x에 대하여 $x\in A$이고 $x\in B$이다.
곧, $x\in B$이고 $x\in A$이므로 $x\in(B\cap A)$이다. $\therefore (A\cap B)\subset(B\cap A)$

(ii) $y\in(B\cap A)$인 임의의 원소 y에 대하여 $y\in B$이고 $y\in A$이다.
곧, $y\in A$이고 $y\in B$이므로 $y\in(A\cap B)$이다. $\therefore (B\cap A)\subset(A\cap B)$

(i), (ii)에 의하여 $A\cap B=B\cap A$

Advice 3° 집합의 세계와 수의 세계의 비교

집합의 포함 관계는 수의 대소 관계와 닮은 데가 있다.

또, 집합의 연산과 연산법칙도 마찬가지이다. 합집합, 교집합은 두 개의 집합이 주어지면 새로운 집합이 정해지는 점에서 수의 덧셈, 곱셈과 닮은 데가 있고, 집합의 교환법칙, 결합법칙, 분배법칙 등도 수·식의 연산법칙과 닮은 데가 많다.

여기서 서로 닮은 점을 알아 두면 여러 가지 도움이 되리라고 믿는다. 그 비교표를 만들어 보면 다음과 같다.

집합의 세계	수의 세계
1. 포함 관계 $\boldsymbol{A\subset B}$ $A\subset B,\ B\subset C$이면 $A\subset C$ $A\subset B,\ B\subset A$이면 $A=B$	1. 대소 관계 $\boldsymbol{a\le b}$ $a\le b,\ b\le c$이면 $a\le c$ $a\le b,\ b\le a$이면 $a=b$
2. 합집합, 교집합 $A\cup B,\ A\cap B,$ $A\cup\varnothing=A,\ A\cap\varnothing=\varnothing$	2. 덧셈(+), 곱셈(×) $a+b,\ a\times b,$ $a+0=a,\ a\times 0=0$
3. 차집합, 여집합 $A-B,\ A^C,\ (A^C)^C=A$ $A\subset B$이면 $B^C\subset A^C$	3. 뺄셈(−) $a-b,\ -a,\ -(-a)=a$ $a\le b$이면 $-b\le -a$
4. 교환법칙 $A\cup B=B\cup A,\ A\cap B=B\cap A$	4. 교환법칙 $a+b=b+a,\ a\times b=b\times a$
5. 결합법칙 $(A\cup B)\cup C=A\cup(B\cup C)$ $(A\cap B)\cap C=A\cap(B\cap C)$	5. 결합법칙 $(a+b)+c=a+(b+c)$ $(a\times b)\times c=a\times(b\times c)$
6. 분배법칙 $A\cap(B\cup C)=(A\cap B)\cup(A\cap C)$ $A\cup(B\cap C)=(A\cup B)\cap(A\cup C)$	6. 분배법칙 $a\times(b+c)=a\times b+a\times c$?

닮지 않은 점을 몇 가지 찾아보면

① $A\cup(B\cap C)=(A\cup B)\cap(A\cup C)$ $a+(b\times c)\neq(a+b)\times(a+c)$

② $A\cup A=A,\ A\cap A=A$ $a+a\neq a,\ a\times a\neq a$

③ $A\cup B=A$이면 $B\subset A$ $a+b=a$일 때 $b\le a$인 것은 아니다.

$A\cap B=A$이면 $A\subset B$ $a\times b=a$일 때 $a\le b$인 것은 아니다.

④ $(A\cup B)^C=A^C\cap B^C$ $-(a+b)\neq(-a)\times(-b)$

$(A\cap B)^C=A^C\cup B^C$ $-(a\times b)\neq(-a)+(-b)$

기본 문제 6-1 세 집합 A, B, C에 대하여

$$A\cap(B\cup C)=(A\cap B)\cup(A\cap C) \quad \text{(분배법칙)}$$

가 성립한다. 이것을 벤 다이어그램을 이용하여 확인하시오.

정석연구 좌변과 우변을 각각 벤 다이어그램으로 나타낸 다음, 이들이 나타내는 부분이 서로 같음을 보이면 된다.

좌변 $A\cap(B\cup C)$를 벤 다이어그램으로 나타낼 때에는 먼저 $B\cup C$를 그린 다음, A와의 교집합 $A\cap(B\cup C)$를 그리면 된다.

또, 우변 $(A\cap B)\cup(A\cap C)$를 벤 다이어그램으로 나타낼 때에는 먼저 $A\cap B$, $A\cap C$를 각각 그린 다음, 이들의 합집합 $(A\cap B)\cup(A\cap C)$를 그리면 된다.

정석 집합의 연산법칙의 증명 ⟹ 벤 다이어그램을 이용!

모범답안 좌변을 벤 다이어그램으로 나타내면

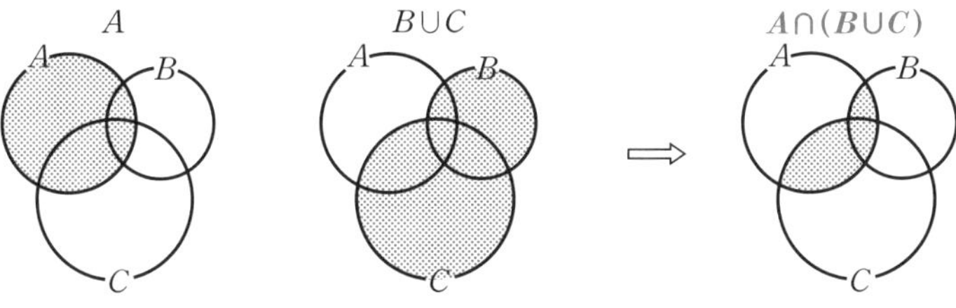

우변을 벤 다이어그램으로 나타내면

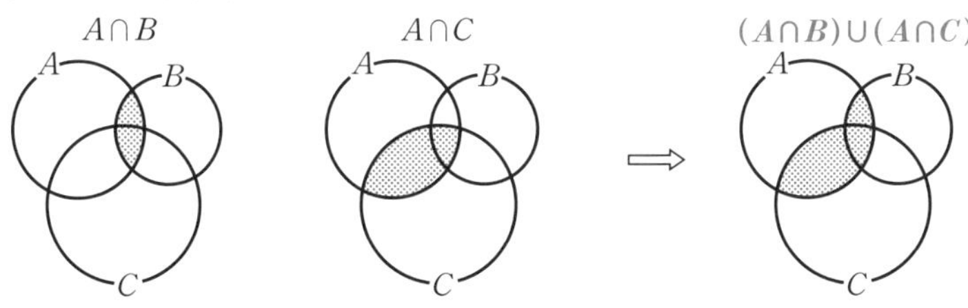

$$\therefore\ A\cap(B\cup C)=(A\cap B)\cup(A\cap C)$$

***Note** 두 집합 P, Q에 대하여 $P\subset Q$이고 $Q\subset P$이면 $P=Q$임을 이용하여 증명할 수도 있다.

유제 **6**-1. 세 집합 A, B, C에 대하여 다음 관계가 성립함을 벤 다이어그램을 이용하여 확인하시오.

(1) $A\cup(A\cap B)=A$　　(2) $A\cap(A\cup B)=A$

(3) $A\cup(B\cap C)=(A\cup B)\cap(A\cup C)$ (분배법칙)

기본 문제 **6**-2 전체집합 U의 두 부분집합 A, B에 대하여

$$(A\cup B)^C=A^C\cap B^C \quad \text{(드모르간의 법칙)}$$

이 성립한다. 이것을 벤 다이어그램을 이용하여 확인하시오.

정석연구 좌변 $(A\cup B)^C$을 벤 다이어그램으로 나타낼 때에는 먼저 $A\cup B$를 그린 다음, 그 여집합 $(A\cup B)^C$을 그리면 된다.

또, 우변 $A^C\cap B^C$을 벤 다이어그램으로 나타낼 때에는 먼저 A^C, B^C을 각각 그린 다음, 이들의 교집합 $A^C\cap B^C$을 그리면 된다.

정석 집합의 연산법칙의 증명 ⟹ 벤 다이어그램을 이용!

모범답안 좌변을 벤 다이어그램으로 나타내면

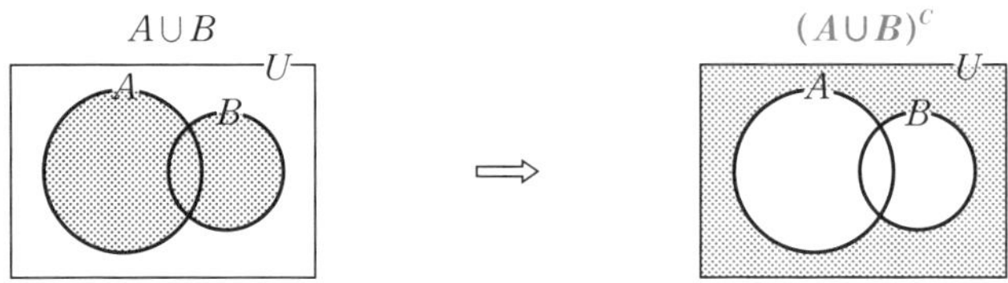

우변을 벤 다이어그램으로 나타내면

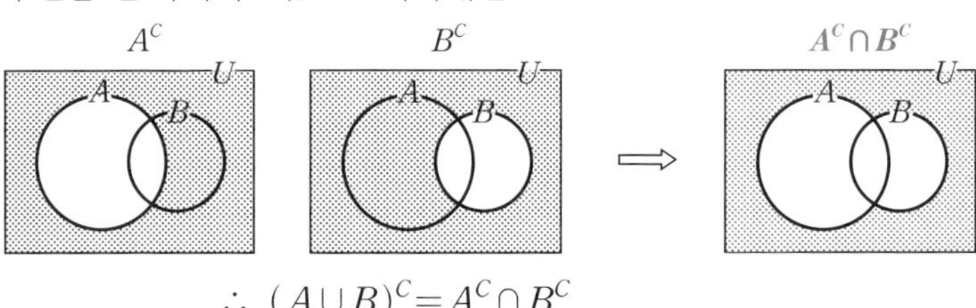

$$\therefore\ (A\cup B)^C=A^C\cap B^C$$

Advice 1° $(A\cup B)^C=A^C\cap B^C$을 이용하면 다음이 성립함을 알 수 있다.

$$(A\cup B\cup C)^C=[(A\cup B)\cup C]^C=(A\cup B)^C\cap C^C$$
$$=(A^C\cap B^C)\cap C^C=A^C\cap B^C\cap C^C$$

2° 같은 방법으로 생각하면 다음 법칙도 성립한다. ⇦ 유제 6-2

$$(A\cap B)^C=A^C\cup B^C, \quad (A\cap B\cap C)^C=A^C\cup B^C\cup C^C$$

정석 $(A\cup B)^C=A^C\cap B^C, \quad (A\cup B\cup C)^C=A^C\cap B^C\cap C^C$

$(A\cap B)^C=A^C\cup B^C, \quad (A\cap B\cap C)^C=A^C\cup B^C\cup C^C$

유제 **6**-2. 전체집합 U의 세 부분집합 A, B, C에 대하여 다음 관계가 성립함을 벤 다이어그램을 이용하여 확인하시오.

(1) $(A\cap B)^C=A^C\cup B^C$ (2) $(A\cap B\cap C)^C=A^C\cup B^C\cup C^C$

기본 문제 6-3 두 집합 P, Q에 대하여

$$P\circ Q=(P-Q)\cup(Q-P)$$

라고 하자. 전체집합 U의 세 부분집합 A, B, C가 오른쪽 그림과 같이 주어질 때, 다음 집합을 벤 다이어그램으로 나타내시오.

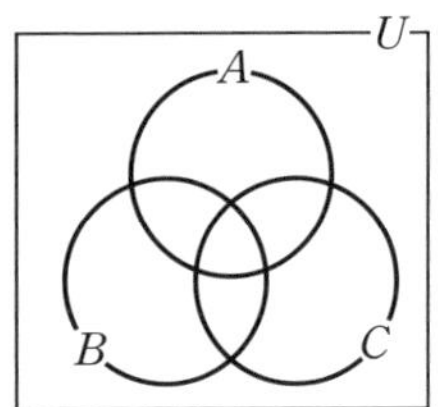

(1) $A\circ B$ (2) $(A\circ B)\cap C$ (3) $(A\circ B)\circ C$

정석연구 집합 $P\circ Q$를 벤 다이어그램으로 나타내면 아래 그림과 같다.

이로부터 집합 $P\circ Q$는

P, Q의 어느 한쪽에만 속하는 원소의 집합,

P, Q의 합집합에서 교집합을 제외한 집합

을 뜻함을 알 수 있다.

따라서 $P\circ Q$를

$$P\circ Q=(P-Q)\cup(Q-P)=(P\cup Q)-(P\cap Q)$$

와 같이 나타낼 수도 있다.

특히 (3)의 경우는 먼저 $A\circ B$를 그리고(아래 그림 ①의 붉은 부분), 다음에 C를 그린 다음(아래 그림 ②의 초록 부분), $A\circ B$와 C를 같은 그림에 나타냈을 때(아래 그림 ③), 그 중복된 부분만을 제외하면 된다(아래 그림 ④).

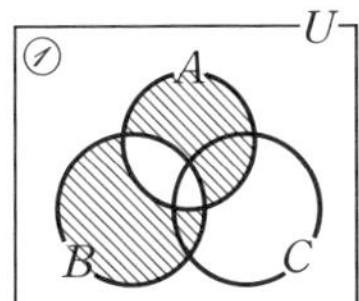

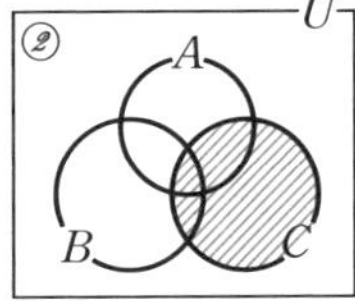

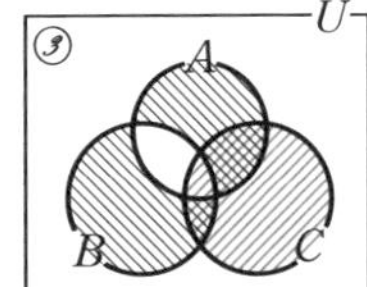

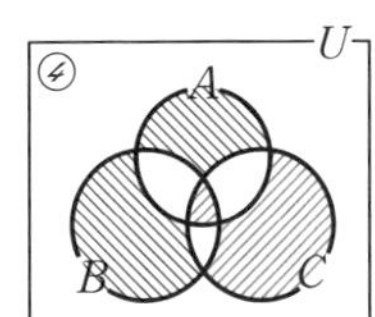

모범답안 (1) $A\circ B$ (2) $(A\circ B)\cap C$ (3) $(A\circ B)\circ C$

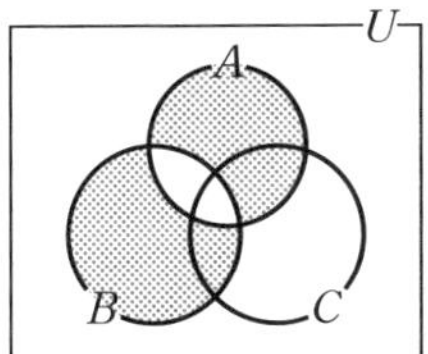

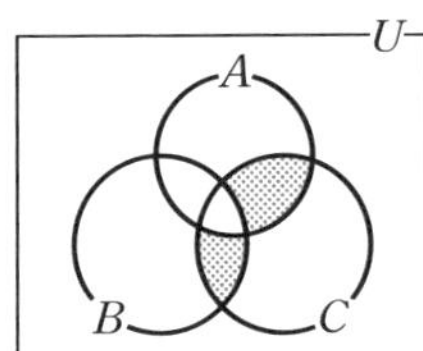

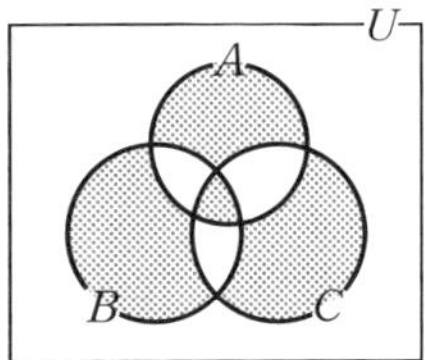

유제 **6**-3. 두 집합 X, Y에 대하여 $X\triangle Y=(X\cup Y)\cap(X\cap Y)^C$이라고 하자. 전체집합 U의 세 부분집합 A, B, C가 위의 **기본 문제**의 그림과 같이 주어질 때, 집합 $(A\triangle B)\cup(B\triangle C)$를 벤 다이어그램으로 나타내시오.

기본 문제 **6**-4 전체집합 U의 두 부분집합 A, B에 대하여

$$A\circ B=(A\cap B)\cup(A\cup B)^C$$

으로 정의할 때, 다음 관계가 성립함을 보이시오.

(1) $A\circ U=A$ (2) $A\circ B=B\circ A$ (3) $A\circ\varnothing=A^C$

(4) $A\circ A^C=\varnothing$ (5) $A^C\circ B^C=A\circ B$

정석연구 문제의 정의에 따라 등식의 좌변 또는 우변을 변형한다. 이때에는 다음과 같은 연산법칙을 이용한다.

정석 $A\cup\varnothing=A,\quad A\cap U=A,\quad A\cup U=U,\quad A\cap\varnothing=\varnothing,$
$A\cup A^C=U,\quad A\cap A^C=\varnothing,\quad (A^C)^C=A,\quad \varnothing^C=U,\quad U^C=\varnothing,$
$A\cup B=B\cup A,\quad A\cap B=B\cap A,$
$(A\cup B)^C=A^C\cap B^C,\quad (A\cap B)^C=A^C\cup B^C$

이와 같은 법칙을 무작정 외우려고 하면 어렵다. 그러나 두 집합 A, B와 전체집합 U, 공집합 $\varnothing$ 사이의 관계를 이해하고, 필요하면 벤 다이어그램을 그려서 그때그때 확인하다 보면 쉽게 익힐 수 있다.

모범답안 (1) $A\circ U=(A\cap U)\cup(A\cup U)^C$ ⇦ $A\cap U=A,\ A\cup U=U$
$=A\cup U^C=A\cup\varnothing=A$ ⇦ $U^C=\varnothing$

(2) $A\circ B=(A\cap B)\cup(A\cup B)^C$ ⇦ $A\cap B=B\cap A,\ A\cup B=B\cup A$
$=(B\cap A)\cup(B\cup A)^C=B\circ A$ ⇦ 연산 $\circ$의 정의

(3) $A\circ\varnothing=(A\cap\varnothing)\cup(A\cup\varnothing)^C$ ⇦ $A\cap\varnothing=\varnothing,\ A\cup\varnothing=A$
$=\varnothing\cup A^C=A^C$ ⇦ $\varnothing\cup A=A$

(4) $A\circ A^C=(A\cap A^C)\cup(A\cup A^C)^C$ ⇦ $A\cap A^C=\varnothing,\ A\cup A^C=U$
$=\varnothing\cup U^C=\varnothing\cup\varnothing=\varnothing$ ⇦ $U^C=\varnothing$

(5) $A^C\circ B^C=(A^C\cap B^C)\cup(A^C\cup B^C)^C$ ⇦ $(A\cup B)^C=A^C\cap B^C,\ (A^C)^C=A$
$=(A^C\cap B^C)\cup(A\cap B)$ ⇦ 합집합에 대한 교환법칙
$=(A\cap B)\cup(A^C\cap B^C)$ ⇦ $A^C\cap B^C=(A\cup B)^C$
$=(A\cap B)\cup(A\cup B)^C=A\circ B$ ⇦ 연산 $\circ$의 정의

유제 **6**-4. 전체집합 U의 두 부분집합 A, B에 대하여

$$A\circ B=(A\cap B^C)\cup(A^C\cap B)$$

로 정의할 때, 다음 관계가 성립함을 보이시오.

(1) $A\circ B=B\circ A$ (2) $A\circ\varnothing=A$ (3) $A\circ U=A^C$

(4) $A\circ A^C=U$ (5) $A^C\circ B^C=A\circ B$

기본 문제 6-5 전체집합 U의 세 부분집합 P, Q, R에 대하여 다음 관계가 성립함을 보이시오.

(1) $P-(Q-R)=(P-Q)\cup(P\cap R)$

(2) $(P\cup R)-(Q\cup R)=P-(Q\cup R)$

정석연구 좌변의 차집합의 꼴을

정석 $A-B=A\cap B^C$

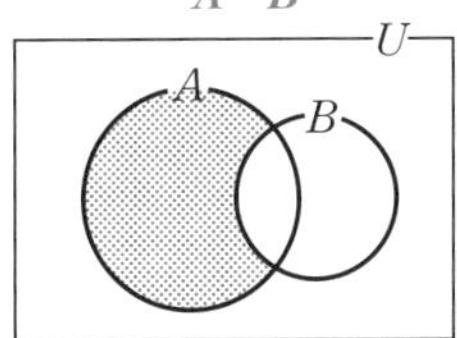

을 이용하여 교집합의 꼴로 나타낸 다음,

정석 $(A\cup B)^C=A^C\cap B^C$
$(A\cap B)^C=A^C\cup B^C$
$A\cap(B\cup C)=(A\cap B)\cup(A\cap C)$
$A\cup(B\cap C)=(A\cup B)\cap(A\cup C)$

등 여러 가지 연산법칙을 활용하여 주어진 식을 변형해 보자.

모범답안 (1) $P-(Q-R)=P-(Q\cap R^C)=P\cap(Q\cap R^C)^C$
$=P\cap\{Q^C\cup(R^C)^C\}=P\cap(Q^C\cup R)$
$=(P\cap Q^C)\cup(P\cap R)$
$=(P-Q)\cup(P\cap R)$

$\therefore\ P-(Q-R)=(P-Q)\cup(P\cap R)$

(2) $(P\cup R)-(Q\cup R)=(P\cup R)\cap(Q\cup R)^C$
$=\{P\cap(Q\cup R)^C\}\cup\{R\cap(Q\cup R)^C\}$
$=\{P\cap(Q\cup R)^C\}\cup(R\cap Q^C\cap R^C)$ ⇦ $R\cap R^C=\varnothing$
$=\{P\cap(Q\cup R)^C\}\cup\varnothing=P\cap(Q\cup R)^C$
$=P-(Q\cup R)$

$\therefore\ (P\cup R)-(Q\cup R)=P-(Q\cup R)$

*Note 1° **모범답안**에서는 좌변을 변형하여 우변이 된다는 것을 보였다. 우변을 변형하여 좌변이 된다는 것을 보여도 된다.

2° 좌변과 우변의 벤 다이어그램을 그려 서로 같다는 것을 보여도 된다.

3° 일반적으로 $A-B\neq B-A$, $(A-B)-C\neq A-(B-C)$임에 주의한다.

유제 **6**-5. 전체집합 U의 세 부분집합 A, B, C에 대하여 다음 관계가 성립함을 보이시오.

(1) $(A-B)^C=A^C\cup B$ (2) $(A-B)\cap(B-A)=\varnothing$

(3) $(A-B)-C=A-(B\cup C)$ (4) $A-(B\cap C)=(A-B)\cup(A-C)$

기본 문제 **6**-6 전체집합 U의 세 부분집합 A, B, C에 대하여

$$[A\cap(A^C\cup B)]\cup[B\cap(B^C\cap C^C)^C]=A\cup B$$

인 관계가 성립할 때, 다음 중 옳은 것은?

① $A\subset B$ ② $B\subset A$ ③ $(A\cup B)\subset C$
④ $C\subset(A\cup B)$ ⑤ $(A\cup C)\subset B$

정석연구 주어진 조건식의 좌변에 관한 벤 다이어그램을 그리거나, 집합의 연산법칙을 이용하여 좌변을 간단히 하면 세 집합 A, B, C 사이의 관계를 구할 수 있다.

정석 $A\cap(B\cup C)=(A\cap B)\cup(A\cap C)$ ⇦ 분배법칙
$(A\cup B)^C=A^C\cap B^C,\quad (A\cap B)^C=A^C\cup B^C$ ⇦ 드모르간의 법칙
$A\cap(A\cup B)=A,\quad A\cup(A\cap B)=A$
$A\cap A^C=\varnothing,\quad A\cup\varnothing=A$

모범답안 조건식의 좌변을 간단히 하면

$$\begin{aligned}&[A\cap(A^C\cup B)]\cup[B\cap(B^C\cap C^C)^C]\\&=[(A\cap A^C)\cup(A\cap B)]\cup[B\cap(B\cup C)]\\&=[\varnothing\cup(A\cap B)]\cup B=(A\cap B)\cup B=B\end{aligned}$$

따라서 조건식은 $B=A\cup B$ $\quad\therefore\ A\subset B$ 답 ①

Advice | 벤 다이어그램에서 다음 사실을 쉽게 확인할 수 있다.

정석 $A\cup B=B \iff A\subset B$ **정석** $A\cap B=B \iff B\subset A$

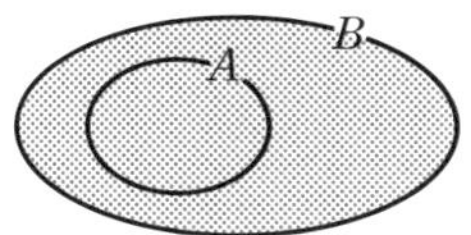

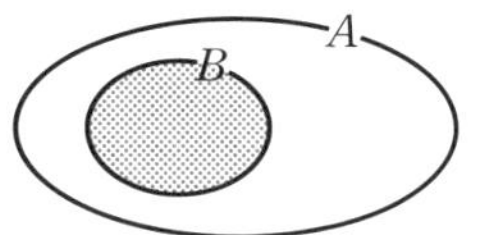

유제 **6**-6. 전체집합 U의 두 부분집합 A, B에 대하여 $A\subset B$일 때, 다음 중 항상 성립한다고 할 수 없는 것은? 단, $U\neq\varnothing$이다.

① $A\cup B=B$ ② $A\cap B=A$ ③ $(A\cap B)^C=B^C$
④ $B^C\subset A^C$ ⑤ $A-B=\varnothing$ 답 ③

유제 **6**-7. 전체집합 U의 두 부분집합 A, B에 대하여
$[(A\cap B)\cup(A-B)]\cap B=A$가 성립할 때, $A\subset B$임을 보이시오.

유제 **6**-8. 전체집합 U의 두 부분집합 A, B에 대하여 다음을 보이시오.

$$[(A\cap B)\cup(A\cap B^C)]\cup[(A^C\cap B)\cup(A^C\cap B^C)]=U$$

§2. 합집합의 원소의 개수

유한집합 A, B와 $A\cup B$, $A\cap B$의 원소의 개수 사이의 관계를 알아보자.

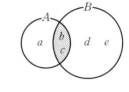

이를테면 두 집합

$A=\{a, b, c\}$, $B=\{b, c, d, e\}$

를 생각할 때,

$A\cup B=\{a, b, c, d, e\}$, $A\cap B=\{b, c\}$

이므로 다음이 성립한다.

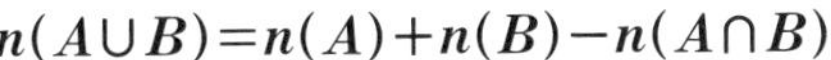

$$\boldsymbol{n(A\cup B)=n(A)+n(B)-n(A\cap B)}$$

특히 $A\cap B=\varnothing$인 두 집합

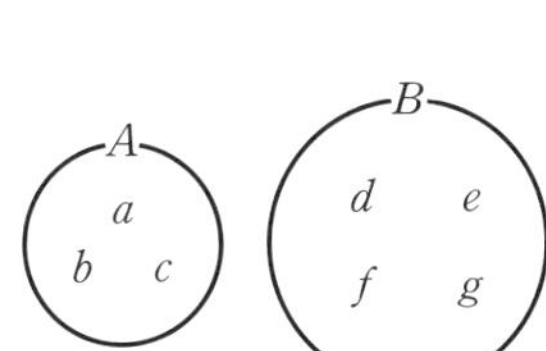

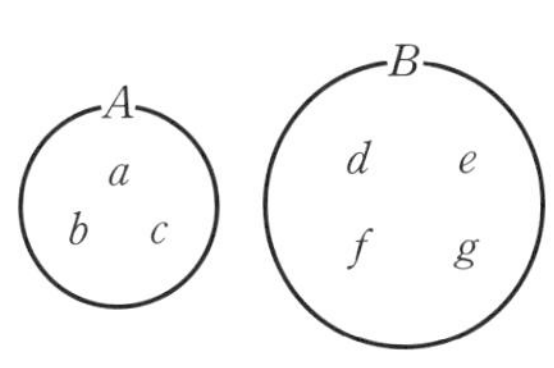

$A=\{a, b, c\}$, $B=\{d, e, f, g\}$

를 생각할 때,

$A\cup B=\{a, b, c, d, e, f, g\}$

이므로 다음이 성립한다.

$$\boldsymbol{n(A\cup B)=n(A)+n(B)} \quad (\text{단, } \boldsymbol{A\cap B=\varnothing})$$

기본정석 — **합집합의 원소의 개수**

> 유한집합 $\boldsymbol{A}$, $\boldsymbol{B}$에 대하여
>
> $$\boldsymbol{n(A\cup B)=n(A)+n(B)-n(A\cap B)}$$
>
> 특히 $\boldsymbol{A\cap B=\varnothing}$일 때 $\boldsymbol{n(A\cup B)=n(A)+n(B)}$

Advice | 오른쪽 그림에서 집합 $A-B$, $B-A$, $A\cap B$의 원소의 개수를 각각 p, q, r이라고 하면

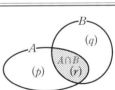

$n(A)=p+r$, $n(B)=q+r$,

$n(A\cap B)=r$, $n(A\cup B)=p+q+r$

$\therefore\ n(A)+n(B)-n(A\cap B)=(p+r)+(q+r)-r$

$=p+q+r=n(A\cup B)$

보기 1 두 집합 A, B에 대하여 다음 물음에 답하시오.

(1) $n(A)=10$, $n(B)=15$, $n(A\cap B)=7$일 때, $n(A\cup B)$를 구하시오.

(2) $n(A)=8$, $n(B)=7$, $n(A\cup B)=15$일 때, $n(A\cap B)$를 구하시오.

연구 $n(A\cup B)=n(A)+n(B)-n(A\cap B)$에 대입하면

(1) $n(A\cup B)=10+15-7$ $\quad\therefore\ n(A\cup B)=\mathbf{18}$

(2) $15=8+7-n(A\cap B)$ $\quad\therefore\ n(A\cap B)=\mathbf{0}$

기본 문제 **6**-7 전체집합 U의 두 부분집합 A, B에 대하여 다음 빈칸에 알맞은 수를 써넣으시오.

집합	U	A	B	$A\cap B$	A^C	$A\cup B$	$A^C\cap B^C$	$A^C\cap B$
원소의 개수	50	32		15				9

정석연구 원소의 개수가 주어진 집합들을 벤 다이어그램으로 나타내면 아래 그림의 점 찍은 부분과 같다.

$n(U)=50$

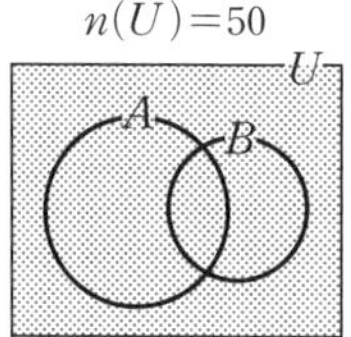

$n(A)=32$

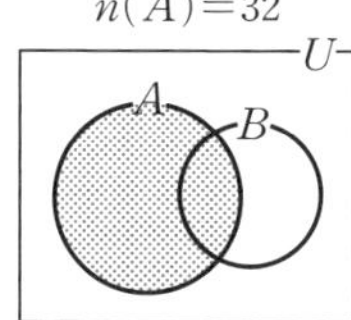

$n(A\cap B)=15$

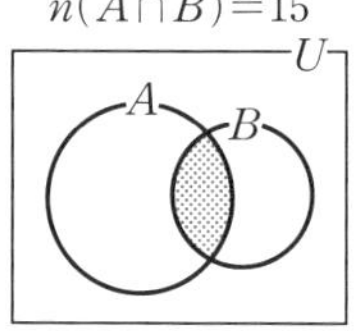

$n(A^C\cap B)=9$

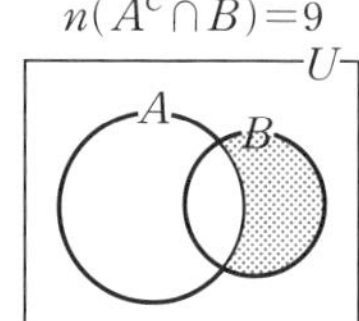

오른쪽 그림과 같이 벤 다이어그램을 그려 주어진 집합의 원소의 개수를 나타내면 빈칸에 알맞은 수를 쉽게 알아낼 수 있다.

모범답안 $n(B)=n(A\cap B)+n(A^C\cap B)$

$=15+9=\mathbf{24}$ ← 답

$n(A^C)=n(U)-n(A)=50-32=\mathbf{18}$ ← 답

$n(A\cup B)=n(A)+n(A^C\cap B)=32+9=\mathbf{41}$ ← 답

$n(A^C\cap B^C)=n((A\cup B)^C)=n(U)-n(A\cup B)=50-41=\mathbf{9}$ ← 답

Advice | 식을 써서 $n(A\cup B)$를 구할 때에는 보통 다음을 이용한다.

정석 $n(A\cup B)=n(A)+n(B)-n(A\cap B)$

유제 **6**-9. 전체집합 U의 두 부분집합 A, B에 대하여 다음 빈칸에 알맞은 수를 써넣으시오.

집합	U	A	B	$A\cup B$	$A\cap B$	$A^C\cap B$	$A^C\cap B^C$	$A^C\cup B^C$
원소의 개수	50			42	3	15		

답 차례로 **27, 18, 8, 47**

유제 **6**-10. 두 집합 A, B가 전체집합 U의 부분집합이고, $n(U)=30$, $n(A\cap B)=8$, $n(A^C\cap B^C)=17$일 때, $n(A)+n(B)$의 값을 구하시오.

답 **21**

기본 문제 6-8 50명의 학생을 대상으로 하여 a, b 두 과목에 대한 선택 여부를 조사했더니, a 과목을 선택한 학생이 30명, b 과목을 선택한 학생이 25명, a, b의 어느 과목도 선택하지 않은 학생이 8명이었다.

다음 물음에 답하시오.

(1) a, b 두 과목 중 적어도 어느 한 과목을 선택한 학생 수를 구하시오.

(2) a, b 두 과목을 모두 선택한 학생 수를 구하시오.

(3) a 과목만을 선택한 학생 수를 구하시오.

정석연구 이와 같은 유형의 문제는 집합을 이용하여 해결할 수 있다.

정 석 경우의 수에 관한 문제

첫째 — 집합을 설정한다.

둘째 — 벤 다이어그램을 그려 집합의 원소의 개수를 생각한다.

$$n(A\cup B)=n(A)+n(B)-n(A\cap B)$$

모범답안 50명의 학생 전체의 집합을 U라 하고, a를 선택한 학생의 집합을 A, b를 선택한 학생의 집합을 B라고 하면

$n(U)=50,\quad n(A)=30,\quad n(B)=25,$

$n(A^C\cap B^C)=n((A\cup B)^C)=8$

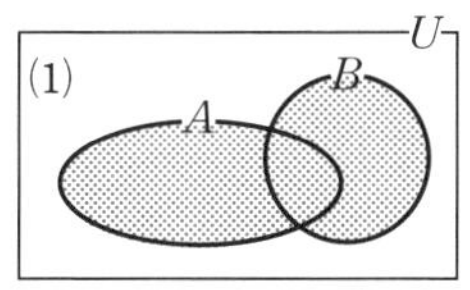

(1) 적어도 한 과목을 선택한 학생 수 $n(A\cup B)$는

$n(A\cup B)=n(U)-n(A^C\cap B^C)$

$=50-8=\mathbf{42}$ ← 답

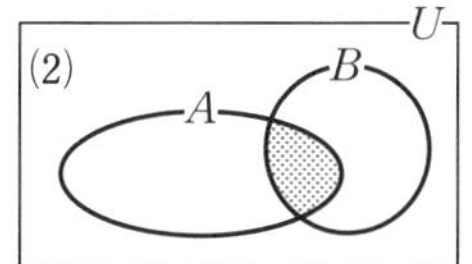

(2) a, b를 모두 선택한 학생 수 $n(A\cap B)$는

$n(A\cup B)=n(A)+n(B)-n(A\cap B)$에서

$42=30+25-n(A\cap B)$

$\therefore\ n(A\cap B)=\mathbf{13}$ ← 답

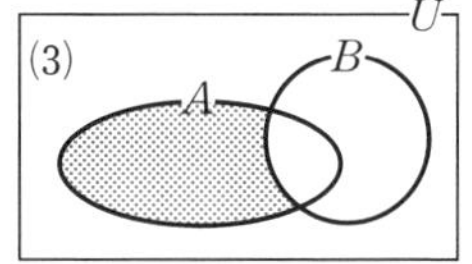

(3) a만을 선택한 학생 수 $n(A-B)$는

$n(A-B)=n(A)-n(A\cap B)$

$=30-13=\mathbf{17}$ ← 답

유제 **6**-11. 어느 학교의 1학년 학생 중 지난 토요일 또는 일요일에 봉사 활동을 한 학생이 50명이라고 한다. 토요일에 봉사 활동을 한 학생이 35명이고, 일요일에 봉사 활동을 한 학생이 28명이라고 할 때, 다음 물음에 답하시오.

(1) 토요일과 일요일에 모두 봉사 활동을 한 학생 수를 구하시오.

(2) 토요일에만 봉사 활동을 한 학생 수를 구하시오. 답 (1) **13** (2) **22**

기본 문제 **6**-9 어느 노래 경연 프로그램의 방청객을 대상으로 세 가수 a, b, c에 대한 선호도를 조사하였다.

그 결과 a를 좋아하는 사람이 28명, b를 좋아하는 사람이 30명, c를 좋아하는 사람이 42명이었고, a와 b를 모두 좋아하는 사람이 8명, b와 c를 모두 좋아하는 사람이 5명, a와 c를 모두 좋아하는 사람이 10명, a, b, c를 모두 좋아하는 사람이 3명이었다.

이때, a, b, c 중 적어도 한 가수를 좋아하는 사람 수를 구하시오.

[정석연구] $n(A\cup B)=n(A)+n(B)-n(A\cap B)$를 이용하면

$$\begin{aligned}n(A\cup B\cup C)&=n(A\cup(B\cup C))\\&=n(A)+n(B\cup C)-n(A\cap(B\cup C))\\&=n(A)+n(B\cup C)-n((A\cap B)\cup(A\cap C))\\&=n(A)+n(B)+n(C)-n(B\cap C)-n(A\cap B)-n(A\cap C)\\&\qquad+n((A\cap B)\cap(A\cap C))\\&=n(A)+n(B)+n(C)-n(B\cap C)-n(A\cap B)-n(A\cap C)\\&\qquad+n(A\cap B\cap C)\end{aligned}$$

이 결과는 오른쪽 아래 벤 다이어그램에서도 확인할 수 있다.

정 석 $\boldsymbol{n(A\cup B\cup C)=n(A)+n(B)+n(C)-n(A\cap B)-n(B\cap C)}$
$\boldsymbol{-n(C\cap A)+n(A\cap B\cap C)}$

[모범답안] a, b, c를 좋아하는 사람의 집합을 각각 A, B, C라고 하면 문제의 조건에서

$n(A)=28,\quad n(B)=30,\quad n(C)=42,$
$n(A\cap B)=8,\quad n(B\cap C)=5,\quad n(A\cap C)=10,$
$n(A\cap B\cap C)=3$

A B C

$$\begin{aligned}\therefore\ n(A\cup B\cup C)&=n(A)+n(B)+n(C)\\&\quad-n(A\cap B)-n(B\cap C)-n(C\cap A)+n(A\cap B\cap C)\\&=28+30+42-8-5-10+3=\mathbf{80}\end{aligned}$$ ← [답]

[유제] **6**-12. 어느 모임의 사람들을 대상으로 a, b, c 세 종류의 책을 읽었는가를 조사하였다. 그 결과 a를 읽은 사람이 10명, b를 읽은 사람이 7명, c를 읽은 사람이 5명, a와 b를 모두 읽은 사람이 4명, a와 c 중 적어도 한 종류를 읽은 사람이 12명이고, b와 c를 모두 읽은 사람은 한 명도 없었다.

이때, a, b, c 중 적어도 한 종류를 읽은 사람 수를 구하시오. [답] **15**

연습문제 6

6-1 자연수 전체의 집합의 부분집합 A_k를 자연수 k의 배수 전체의 집합이라 고 할 때, 다음 중 옳지 않은 것은?

① $A_4{}^C \cup A_6{}^C = A_{12}{}^C$
② $A_3 \cap (A_2 \cap A_4) = A_6$
③ $A_2 \cup (A_2 \cap A_5) = A_2$
④ $A_3 \cup (A_6 \cap A_9) = A_3$
⑤ $A_2 \cap (A_3 \cup A_4) = A_6 \cup A_4$

6-2 전체집합 U의 두 부분집합 A, B에 대하여 다음 중 옳지 않은 것은?

① $(A \cup B) \cap (A \cup B^C) = A$
② $[(A \cup B^C) \cap B]^C = (A \cap B)^C$
③ $(A \cap B^C) \cap (A^C \cap B) = \varnothing$
④ $[A^C \cup (A \cap B^C)]^C = A \cup B$
⑤ $(A \cap B) \cup (A \cap B^C) \cup (A^C \cap B) = A \cup B$

6-3 전체집합 U의 세 부분집합 A, B, C가

$$(A-B) \cup (B-C) \cup (C-A) = \varnothing$$

을 만족시킬 때, $[C \cap (B-A)^C] - B$를 간단히 하시오.

6-4 세 집합 A, B, C가 전체집합 $U=\{0, 1, 2, 3, 4, 5\}$의 부분집합이고, $A=\{3, 4, 5\}$일 때, 다음 물음에 답하시오.

(1) $(A^C \cup B) \cap A = \{3, 4\}$를 만족시키는 집합 B 중 원소의 개수가 가장 작은 것을 구하시오.

(2) $A \cap C = \varnothing$을 만족시키는 집합 C를 구하시오.

6-5 두 집합 $A=\{1, 2, 3, 4, 5, 6\}$, $B=\{3, 4, 5, 6, 7\}$에 대하여

$$A \cap C = C, \quad (A-B) \cup C = C$$

를 동시에 만족시키는 집합 C의 개수를 구하시오.

6-6 전체집합 U의 두 부분집합 A, B에 대하여

$$A \circ B = (A \cap B) \cup (A \cup B)^C$$

이라고 할 때, $(A \circ B) \circ A$를 간단히 하시오.

6-7 서로 다른 두 집합 X, Y에 대하여 집합 $(X \cup Y)-(X \cap Y)$의 가장 큰 원소가 X에 속할 때 $X \gg Y$라고 하자. 세 집합

$$A=\{1, 2, 5\}, \quad B=\{2, 3, 4\}, \quad C=\{2, 4, 5\}$$

에 대하여 다음 중 옳은 것은?

① $A \gg B \gg C$
② $A \gg C \gg B$
③ $B \gg A \gg C$
④ $C \gg A \gg B$
⑤ $C \gg B \gg A$

6-8 자연수 k에 대하여 전체집합 $U=\{x|x$는 k 이하의 자연수$\}$의 두 부분집합 A, B가 다음 세 조건을 만족시킬 때, 집합 $A^C \cap B^C$의 모든 원소의 합을 구하시오.

(가) $A-B=\{1, 3\}$ (나) $n(A^C \cup B)=6$

(다) 집합 B의 모든 원소의 합은 k이다.

6-9 전체집합 U의 두 부분집합 A, B에 대하여

$$A \cup B^C=\{1, 3, 4, 5, 10, 11\}, \quad A^C \cup B=\{4, 5, 6, 7, 9, 10, 11\}$$

일 때, 다음 중 옳은 것만을 있는 대로 고른 것은?

ㄱ. $n(U)=9$ ㄴ. $A-B=\{1, 3\}$

ㄷ. $n(A \cup B)$의 최솟값은 5이다.

① ㄱ ② ㄴ ③ ㄱ, ㄷ ④ ㄴ, ㄷ ⑤ ㄱ, ㄴ, ㄷ

6-10 전체집합 $U=\{1, 2, 3, \cdots, 100\}$의 두 부분집합 A, B를

$$A=\{x|x=2m, m\text{은 정수}\}, \quad B=\{x|x=3m, m\text{은 정수}\}$$

라고 할 때, 다음을 구하시오.

(1) $n(A \cap B)$ (2) $n(A \cup B)$ (3) $n(A^C \cup B^C)$

6-11 세 집합 A, B, C에 대하여 $B \cap C=\varnothing$이고, $n(A \cup B)=22$, $n(C)=12$, $n(A \cap C)=3$일 때, $n(A \cup B \cup C)$를 구하시오.

6-12 두 유한집합 A, B에 대하여 다음 중 옳은 것만을 있는 대로 고른 것은?

ㄱ. $n(A \cup B)+n(A \cap B) \le n(B)$이면 $A=\varnothing$이다.

ㄴ. $n(A)+n(B) \le n(A \cap B)$이면 $A=B=\varnothing$이다.

ㄷ. $n(A \cup B) \le n(A \cap B)$이면 $A=B$이다.

① ㄱ ② ㄱ, ㄴ ③ ㄱ, ㄷ ④ ㄴ, ㄷ ⑤ ㄱ, ㄴ, ㄷ

6-13 48명의 학생 중에서 물리학을 선택한 학생은 32명, 화학을 선택한 학생은 40명이다. 물리학과 화학을 모두 선택한 학생 수를 x라고 할 때, 가능한 x의 값의 범위는 $a \le x \le b$이다. a, b의 값을 구하시오.

6-14 운동복을 입은 학생 중 빨간색 운동복을 입은 학생은 모두 여학생이다. 또, 흰색 운동복을 입은 학생의 30 %가 여학생이고, 여학생의 절반은 빨간색 운동복을 입었다. 흰색, 빨간색 운동복을 입은 학생이 각각 90명, 50명일 때, 빨간색도 아니고 흰색도 아닌 운동복을 입은 여학생 수를 구하시오.

7. 명제와 조건

명제와 조건/명제의 역과 대우/충분조건·필요조건

§1. 명제와 조건

1 명 제

이를테면

① 2는 4의 약수이다. ② $3+(-5)>0$

에서 ①은 참이고, ②는 거짓이다. 이와 같이 참(true)인지 거짓(false)인지를 명확하게 판별할 수 있는 문장이나 식을 명제라고 한다. 위에서 ①은 참인 명제이고, ②는 거짓인 명제이다. 그러나

③ 수학을 좋아하나요? ④ 저 꽃은 참 아름답구나!

⑤ 3은 작은 수이다. ⑥ $x+5=7$

은 참인지 거짓인지를 명확하게 판별할 수가 없으므로 명제가 아니다.

보기 1 다음 중에서 명제인 것만을 있는 대로 고르시오.

① 걸어 다녀라. ② 얼룩소는 소가 아니다.

③ 나는 키가 크다. ④ 순환소수는 유리수이다.

⑤ x는 4의 약수이다.

연구 ②는 거짓임을 판별할 수 있고, ④는 참임을 판별할 수 있으므로 명제이다.

답 ②, ④

*Note 참인 것뿐만 아니라 거짓인 문장이나 식도 명제라고 한다는 것에 주의한다.

2 조건과 진리집합

이를테면

x는 4의 약수이다. ……⑦

은 x의 값에 따라 참일 수도 거짓일 수도 있으므로 명제라고 말할 수 없다.

그러나 x가 집합

$$U=\{1,\ 2,\ 3,\ 4\}$$

의 원소일 때, 각각의 값을 ㉠에 대입하면

$x=1$일 때「1은 4의 약수이다.」는 참
$x=2$일 때「2는 4의 약수이다.」는 참
$x=3$일 때「3은 4의 약수이다.」는 거짓
$x=4$일 때「4는 4의 약수이다.」는 참

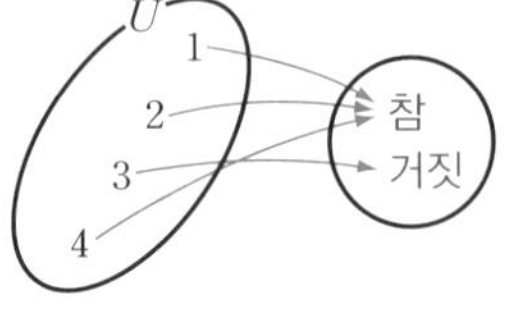

이므로 각각은 명제이다.

이와 같이 전체집합 $U\,(U\neq\varnothing)$가 주어질 때, 전체집합 U의 원소 x에 따라 참과 거짓을 판별할 수 있는 문장이나 식을 전체집합 U에서 정의된 조건이라 하고, 흔히 $\boldsymbol{p(x)}$, $\boldsymbol{q(x)}$, $\cdots$로 나타낸다. 그리고 혼동의 우려가 없을 때에는 '집합 U에서의 조건 $p(x)$'를 간단히 조건 $\boldsymbol{p}$라고도 한다.

또, 전체집합 U의 원소 중에서 조건 $p(x)$가 참이 되는 원소 전체의 집합 P를 조건 $p(x)$의 진리집합이라고 한다. 이를테면 조건 ㉠의 진리집합은 $P=\{1,\ 2,\ 4\}$이다.

일반적으로 전체집합 U에서의 조건 $p(x)$의 진리집합 P는

$$P=\{x\,|\,x\in U,\ p(x)\}$$

또는 간단히

$$P=\{x\,|\,p(x)\}$$

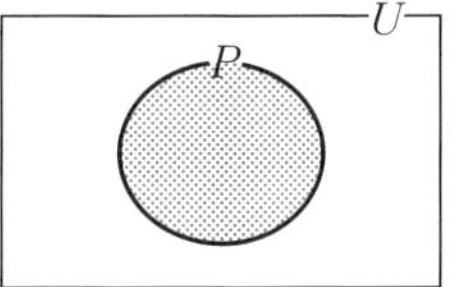

로 나타낸다. 여기에서 $p(x)$의 진리집합 P는 U의 부분집합이다.

* ***Note*** 특별한 말이 없을 때, 수에 대한 조건에서 전체집합은 실수 전체의 집합으로 생각한다.

보기 2 전체집합이 자연수 전체의 집합일 때, 조건

$$p(x):\ x\text{는 8의 약수이다.}$$

의 진리집합 P를 구하시오.

연구 $\boldsymbol{P=\{1,\ 2,\ 4,\ 8\}}$

보기 3 전체집합이 실수 전체의 집합 R일 때, 다음 조건의 진리집합 P를 구하시오.

(1) $x^2-4x+3=0$ (2) $x^2+1>0$ (3) $x^2+1\le0$

연구 (1) $(x-1)(x-3)=0$ $\therefore\ x=1,\ 3$ $\therefore\ \boldsymbol{P=\{1,\ 3\}}$

(2) $x^2+1>0$은 모든 실수 x에 대하여 성립하므로 $\boldsymbol{P=R}$

(3) $x^2+1\le0$을 만족시키는 실수 x는 없으므로 $\boldsymbol{P=\varnothing}$

3 명제와 조건의 부정

▶ 명제의 부정 : 이를테면 명제

2는 4의 약수이다.

를 p로 나타낼 때,

2는 4의 약수가 아니다.

라는 명제를 p의 부정이라 하고, $\sim\boldsymbol{p}$로 나타내며, $\boldsymbol{p}$가 아니다 또는 **not** $\boldsymbol{p}$라고 읽는다. 위의 예에서 p는 참이고, $\sim p$는 거짓임을 알 수 있다.

일반적으로 명제 p가 참이면 그 부정 $\sim p$는 거짓이고, p가 거짓이면 그 부정 $\sim p$는 참이다. 그리고 $\sim p$의 부정은 p이다. 곧,

정석 $\sim(\sim\boldsymbol{p})=\boldsymbol{p}$

▶ 조건의 부정 : 이를테면 전체집합이 $U=\{1, 2, 3, 4\}$이고, 조건 $p(x)$가

$p(x)$: x는 4의 약수이다.

일 때,

x는 4의 약수가 아니다.

라는 조건을 $p(x)$의 부정이라 하고, $\sim\boldsymbol{p}(\boldsymbol{x})$로 나타내며, $\boldsymbol{p}(\boldsymbol{x})$가 아니다 또는 **not** $\boldsymbol{p}(\boldsymbol{x})$라고 읽는다.

한편 U의 원소 중에서 $\sim p(x)$를 참이 되게 하는 x의 값은 3뿐이다.

따라서 $\sim p(x)$의 진리집합은 $\{3\}$이고, 이 집합은 조건 $p(x)$의 진리집합 $P=\{1, 2, 4\}$의 여집합이다.

일반적으로 조건 $p(x)$의 진리집합이 P이면 $\sim p(x)$의 진리집합은 P^C이다.

정석 $\sim\boldsymbol{p}(\boldsymbol{x})$의 진리집합은 $\boldsymbol{P}^C$

보기 4 전체집합이 $U=\{x\,|\,x$는 10보다 작은 자연수$\}$이고, 조건 $p(x)$의 진리집합이 $P=\{2, 3, 5, 7\}$일 때, 조건 $\sim p(x)$의 진리집합을 구하시오.

연구 P의 여집합이므로 $P^C=\{\boldsymbol{1, 4, 6, 8, 9}\}$

▶ '$\boldsymbol{p}$ 또는 $\boldsymbol{q}$', '$\boldsymbol{p}$이고 $\boldsymbol{q}$'의 부정 : 전체집합 U에서 조건 p, q의 진리집합을 각각 P, Q라고 할 때, 조건

$\boldsymbol{p}$ 또는 $\boldsymbol{q}$, $\boldsymbol{p}$이고 $\boldsymbol{q}$, $\sim\boldsymbol{p}$

의 진리집합은 각각 다음과 같다.

$\boldsymbol{P\cup Q}$, $\boldsymbol{P\cap Q}$, $\boldsymbol{P^C}$

따라서 조건과 이에 대응하는 진리집합의 관계를 이용하면

$\sim(p$ 또는 $q)$ $\Longrightarrow$ $(P\cup Q)^C$ $\Longrightarrow$ $P^C\cap Q^C$ $\Longrightarrow$ $\sim p$이고 $\sim q$

$\sim(p$이고 $q)$ $\Longrightarrow$ $(P\cap Q)^C$ $\Longrightarrow$ $P^C\cup Q^C$ $\Longrightarrow$ $\sim p$ 또는 $\sim q$

기본정석 ─ '또는', '그리고'의 부정

두 조건 p, q에 대하여

「p 또는 q」의 부정 $\Rightarrow$ $\sim$(p 또는 q) $\Rightarrow$ $\sim p$이고 $\sim q$

「p이고 q」의 부정 $\Rightarrow$ $\sim$(p이고 q) $\Rightarrow$ $\sim p$ 또는 $\sim q$

보기 5 전체집합이 실수 전체의 집합일 때, 다음 조건의 부정을 말하시오.

(1) $x=1$ 또는 $y=1$　　(2) $x=1$이고 $y=1$　　(3) $x=\pm 2$

(4) $x\le 1$ 또는 $x\ge 3$　　(5) $2<x\le 5$

연구 '또는'의 부정은 '그리고'이고, '그리고'의 부정은 '또는'이다.

정석 또는 $\xrightarrow{\text{부정}}$ 그리고,　　그리고 $\xrightarrow{\text{부정}}$ 또는

(1) $\boldsymbol{x\ne 1}$**이고** $\boldsymbol{y\ne 1}$　　(2) $\boldsymbol{x\ne 1}$ **또는** $\boldsymbol{y\ne 1}$

(3) $x=\pm 2$는「$x=2$ 또는 $x=-2$」이므로 부정은　$\boldsymbol{x\ne 2}$**이고** $\boldsymbol{x\ne -2}$

(4) $x>1$이고 $x<3$　　곧, $\boldsymbol{1<x<3}$

(5) $2<x\le 5$는「$x>2$이고 $x\le 5$」이므로 부정은　$\boldsymbol{x\le 2}$ **또는** $\boldsymbol{x>5}$

*Note (5)

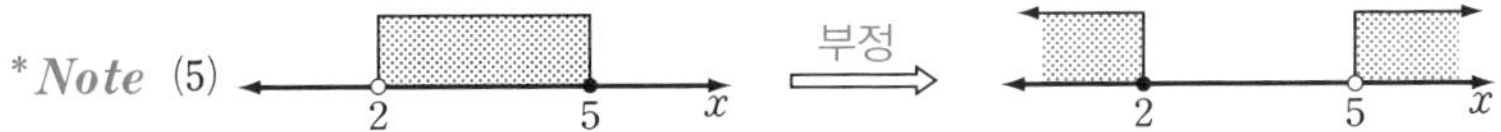

4 조건으로 이루어진 명제의 참, 거짓

▶ 조건으로 이루어진 명제 : 이를테면 두 조건

$$p : x=1, \qquad q : x^2=1$$

은 참과 거짓을 판별할 수 없으므로 명제가 아니다.

그러나 두 조건 p, q를

$$x=1\text{이면 } x^2=1\text{이다.}$$

와 같이「이면」으로 연결한 문장은 참과 거짓을 판별할 수 있으므로 명제이다. 이때, 앞의 조건 p를 가정, 뒤의 조건 q를 결론이라 하고, 이와 같은 꼴의 명제를 기호

$$p \longrightarrow q$$

로 나타낸다.

이를테면 위에서 예를 든 명제는 '$x=1 \longrightarrow x^2=1$'로 나타낼 수 있다.

또, 명제의 참, 거짓에 따라 다음과 같이 나타내기로 한다.

정의 명제 $p \longrightarrow q$가 참일 때에는　$p \Longrightarrow q$

명제 $p \longrightarrow q$가 거짓일 때에는　$p \not\Longrightarrow q$

명제 $p \longrightarrow q$와 명제 $q \longrightarrow p$가 모두 참일 때에는　$p \Longleftrightarrow q$

이를테면 다음과 같이 나타낼 수 있다.

$$x=1 \Longrightarrow x^2=1, \qquad x^2=1 \not\Longrightarrow x=1, \qquad x=0 \Longleftrightarrow x^2=0$$

▶ 조건으로 이루어진 명제의 참, 거짓 : 이를테면 전체집합이 $U=\{1, 2, 3, \cdots, 10\}$일 때, 두 조건

$\boldsymbol{p}$: $\boldsymbol{x}$는 **4**의 약수이다. $\qquad$ $\boldsymbol{q}$: $\boldsymbol{x}$는 **8**의 약수이다.

로 이루어진 명제

$\boldsymbol{x}$가 **4**의 약수이면 $\boldsymbol{x}$는 **8**의 약수이다.

의 참, 거짓에 대하여 생각해 보자.

두 조건 p, q의 진리집합을 각각 P, Q라고 하면

$$\boldsymbol{P=\{x|p\}=\{1, 2, 4\}, \qquad Q=\{x|q\}=\{1, 2, 4, 8\}}$$

이다. 여기서 명제

x가 4의 약수 $\longrightarrow$ x는 8의 약수

가 참이라고 하는 것은

$x \in P$이면 $x \in Q$ $\quad$ 곧, $P \subset Q$

라는 것임을 알 수 있다.

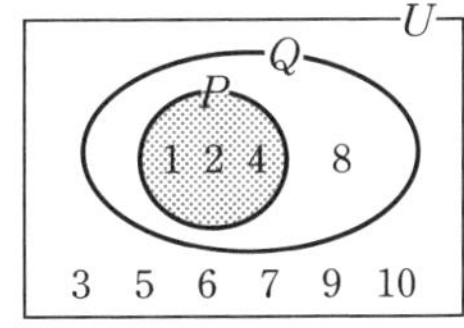

기본정석 $\qquad$ **조건으로 이루어진 명제의 참, 거짓**

전체집합 U에서의 두 조건 p, q에 대하여

$$P=\{x|p\}, \quad Q=\{x|q\}$$

라고 할 때, 명제 $p \longrightarrow q$의 참, 거짓과 진리집합 P, Q의 포함 관계는 다음과 같다.

$\boldsymbol{P \subset Q}$이면 $\quad \boldsymbol{p \Longrightarrow q}$

$\boldsymbol{p \Longrightarrow q}$이면 $\quad \boldsymbol{P \subset Q}$

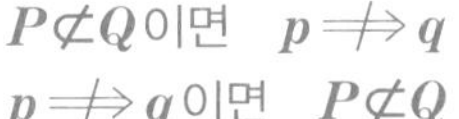

$\boldsymbol{P \not\subset Q}$이면 $\quad \boldsymbol{p \not\Longrightarrow q}$

$\boldsymbol{p \not\Longrightarrow q}$이면 $\quad \boldsymbol{P \not\subset Q}$

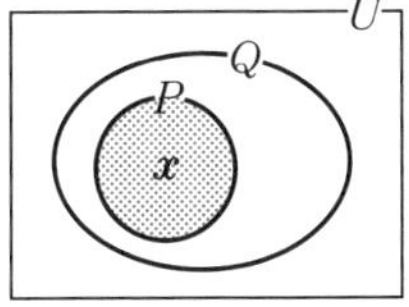

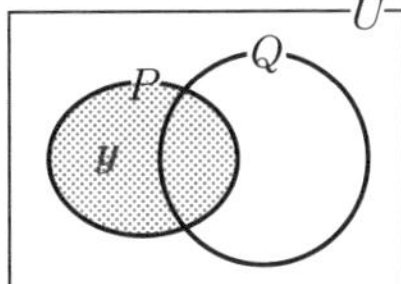

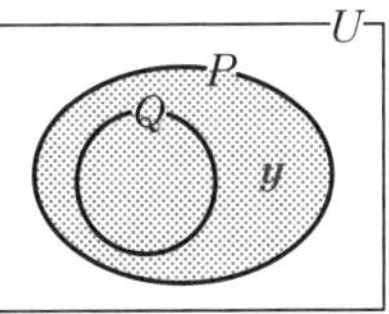

***Note** 1° $P=Q$이면 $p \Longleftrightarrow q$이고, $p \Longleftrightarrow q$이면 $P=Q$이다.

2° 위의 그림에서 y는 $p \longrightarrow q$가 참이 아님을 보여 주는 반례이다. ⇦ p. 141

3° 명제 'x가 4의 약수이면 x는 8의 약수이다'를 간단히 '4의 약수는 모두 8의 약수이다'라고 말하기도 한다. 이와 같이 생각하면 '$\sqrt{2}$는 무리수이다'라는 명제는 'x가 $\sqrt{2}$이면 x는 무리수이다'를 간단히 말한 것이라고 볼 수 있다.

보기 6 명제 「$x>5$이면 $x>1$이다.」가 참임을 진리집합을 써서 보이시오.

연구 조건 $p: x>5$, $q: x>1$의 진리집합을 각각 P, Q라고 하면

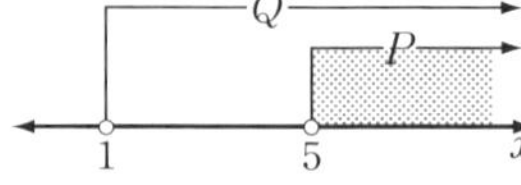

$$P=\{x|x>5\},\quad Q=\{x|x>1\}$$

이므로 $P\subset Q$이다. 따라서 명제 $p \longrightarrow q$는 참이다.

보기 7 명제 「$x^2=9$이면 $x=3$이다.」가 거짓임을 진리집합을 써서 보이시오.

연구 조건 $p: x^2=9$, $q: x=3$의 진리집합을 각각 P, Q라고 하면

$$P=\{x|x^2=9\}=\{-3, 3\},\quad Q=\{x|x=3\}=\{3\}$$

이므로 $P\not\subset Q$이다. 따라서 명제 $p \longrightarrow q$는 거짓이다.

*Note $x=-3$과 같이 $x\in P$이고 $x\notin Q$인 한 원소, 곧 반례를 들어도 된다.

5 '모든'과 '어떤'이 들어 있는 명제

전체집합이 자연수 전체의 집합일 때, '모든'과 '어떤'이 들어 있는 다음 문장을 생각해 보자.

모든 x에 대하여 $\boldsymbol{x^2-1\ge 0}$ ……①
모든 x에 대하여 $\boldsymbol{x+1<10}$ ……②
어떤 x에 대하여 $\boldsymbol{x+1<10}$ ……③
어떤 x에 대하여 $\boldsymbol{3x-5=0}$ ……④

① x가 자연수이면 $x\ge 1$이므로 $x^2\ge 1$이다. 곧, 모든 x에 대하여 $x^2-1\ge 0$이 성립한다. 따라서 참인 명제이다.

② $x=10$이면 $x+1<10$이 성립하지 않으므로 모든 x에 대하여 성립하는 것은 아니다. 따라서 거짓인 명제이다.

③ $x=1$이면 $x+1<10$이 성립하므로 $x+1<10$인 x가 존재한다. 따라서 참인 명제이다.

④ x가 자연수일 때 $3x-5=0$일 수 없으므로 어떤 x에 대해서도 성립하지 않는다. 따라서 거짓인 명제이다.

이와 같이 '모든'과 '어떤'이 들어 있는 문장은 명제가 될 수 있다.

일반적으로 조건 $p(x)$의 진리집합을 P라고 하면 명제 '모든 x에 대하여 $p(x)$'는 전체집합 U의 모든 원소가 조건 $p(x)$를 만족시킬 때 참이 되므로

명제 '모든 x에 대하여 $\boldsymbol{p(x)}$'는 $\boldsymbol{P=U}$일 때 참, $\boldsymbol{P\ne U}$일 때 거짓

또, 명제 '어떤 x에 대하여 $p(x)$'는 전체집합 U의 원소 중 조건 $p(x)$를 만족시키는 x가 적어도 하나 존재할 때 참이 되므로

명제 '어떤 x에 대하여 $\boldsymbol{p(x)}$'는 $\boldsymbol{P\ne\varnothing}$일 때 참, $\boldsymbol{P=\varnothing}$일 때 거짓

이제 '모든'과 '어떤'이 들어 있는 명제의 부정을 알아보자.

이를테면 세 학생 a, b, c에 대하여

모든 학생은 남자이다. ……①

의 부정을

모든 학생은 남자가 아니다(여자이다).

라고 해서는 안 된다.

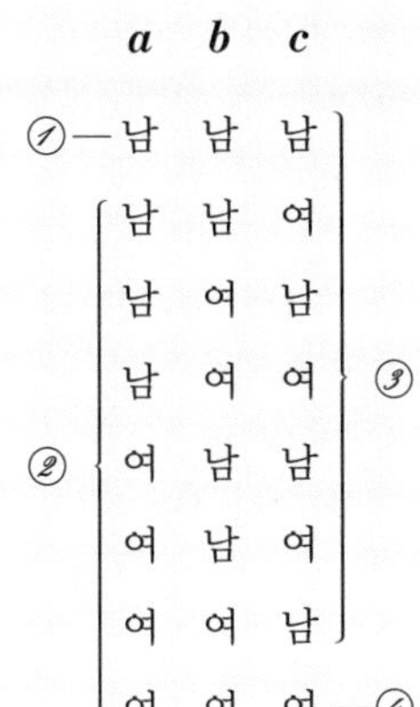

a b c
①—남 남 남
남 남 여
남 여 남
남 여 여
여 남 남
여 남 여
여 여 남
여 여 여—④
②
③

왜냐하면 「모든 학생은 남자이다」라는 말은

a가 남자이고 b가 남자이고 c가 남자

임을 뜻하므로 이에 대한 부정은

a가 여자 또는 b가 여자 또는 c가 여자

이기 때문이다.

그리고 이것을 '어떤'을 써서

어떤 학생은 여자이다. ……②

와 같이 나타낼 수 있다.

마찬가지로

어떤 학생은 남자이다. ……③

이라는 말은

a가 남자 또는 b가 남자 또는 c가 남자

임을 뜻하므로 이에 대한 부정은

a가 여자이고 b가 여자이고 c가 여자

이다. 그리고 이것을 '모든'을 써서 다음과 같이 나타낼 수 있다.

모든 학생은 여자이다. ……④

이와 같이 '모든'이 들어 있는 명제의 부정은 '어떤'을 써서 나타낼 수 있고, '어떤'이 들어 있는 명제의 부정은 '모든'을 써서 나타낼 수 있다.

기본정석 '모든'과 '어떤'의 부정

(1) '모든 x에 대하여 $p(x)$'의 부정은 ⟹ 어떤 x에 대하여 $\sim p(x)$

(2) '어떤 x에 대하여 $p(x)$'의 부정은 ⟹ 모든 x에 대하여 $\sim p(x)$

보기 8 다음 명제의 부정을 말하시오.

(1) 모든 실수 x에 대하여 $x^2+1>0$이다.

(2) 어떤 실수 x에 대하여 $x\le 2$이다.

연구 (1) 어떤 실수 x에 대하여 $x^2+1\le 0$이다.

(2) 모든 실수 x에 대하여 $x>2$이다.

기본 문제 **7**-1 두 조건 p, q가 각각 다음과 같을 때, 명제 $p \longrightarrow q$의 참, 거짓을 판별하시오. 단, x, y는 실수이다.

(1) $p:\ -2<x<1$ $\qquad q:\ -2\le x\le 2$

(2) $p:\ xy=0$ $\qquad q:\ x^2+y^2=0$

(3) $p:\ |x+y|>x+y$ $\qquad q:\ xy<0$

(4) $p:\ x^2=4$ $\qquad q:\ x^3=4x$

정석연구 조건 p의 진리집합을 P, 조건 q의 진리집합을 Q라고 하자.

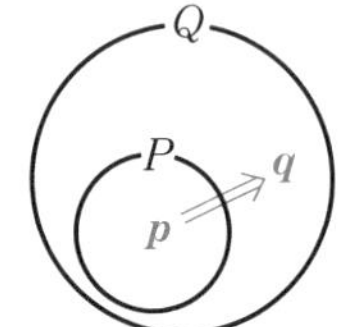

$P\subset Q$이면 $p \longrightarrow q$가 참이므로 두 진리집합의 포함 관계를 조사하면 된다.

정석 $P\subset Q$이면 $\quad p \Longrightarrow q$

또, $P\not\subset Q$이면 $p \longrightarrow q$가 거짓이므로 반례는 P의 원소 중에서 Q의 원소가 아닌 것을 찾으면 된다.

정석 $P\not\subset Q$이면 $\quad p \not\Longrightarrow q$

모범답안 (1) 조건 p, q의 진리집합을 각각 P, Q라고 하면

$$P=\{x\,|\,-2<x<1\},\quad Q=\{x\,|\,-2\le x\le 2\}$$

여기에서 $P\subset Q$이므로 $p\Longrightarrow q$이다. 답 참

(2) (반례) $x=3,\ y=0$일 때 $xy=0$이지만 $x^2+y^2\ne 0$이다. 답 거짓

(3) (반례) $x=-3,\ y=-2$일 때 $\quad |x+y|=5,\ x+y=-5$

이므로 $|x+y|>x+y$이지만 $xy=6>0$이다. 답 거짓

(4) 조건 p, q의 진리집합을 각각 P, Q라고 하면

$$P=\{x\,|\,x^2=4\},\quad Q=\{x\,|\,x^3=4x\}$$

$x^2=4$에서 $x=\pm 2$이므로 $\quad P=\{-2,\ 2\}$

$x^3=4x$에서 $\quad x^3-4x=0 \quad \therefore\ x(x+2)(x-2)=0$

$\therefore\ x=0,\ -2,\ 2 \quad \therefore\ Q=\{-2,\ 0,\ 2\}$

여기에서 $P\subset Q$이므로 $p\Longrightarrow q$이다. 답 참

유제 **7**-1. 다음 명제의 참, 거짓을 판별하시오. 단, x, y는 실수이다.

(1) $2<x<5$이면 $3\le x\le 7$이다.

(2) $x+y>2,\ xy>1$이면 $x>1,\ y>1$이다.

(3) $x^2=1$이면 $x^3=x$이다.

(4) $x^2-3x-4\le 0$이면 $|x|\le 4$이다. 답 (1) 거짓 (2) 거짓 (3) 참 (4) 참

기본 문제 7-2 실수 전체의 집합 R을 전체집합으로 하는 두 조건 p, q가 다음과 같이 주어져 있다.

$$p:\ x\le 1 \text{ 또는 } x\ge 4 \qquad q:\ -1\le x\le 2$$

이때, 다음 조건의 진리집합을 구하시오.

(1) p 또는 q　　(2) p이고 q　　(3) p 또는 $\sim q$

정석연구 전체집합 U에서의 조건 p, q의 진리집합을 각각 P, Q라고 할 때, 조건

$$p \text{ 또는 } q, \quad p\text{이고 } q, \quad \sim p$$

의 진리집합은 각각 다음과 같다.

$$P\cup Q, \qquad P\cap Q, \qquad P^C$$

정 석 $\boldsymbol{P=\{x\,|\,p\},\ Q=\{x\,|\,q\}}$라고 하면

$\boldsymbol{p}$ **또는** $\boldsymbol{q \Longrightarrow P\cup Q}$,　$\boldsymbol{p}$**이고** $\boldsymbol{q \Longrightarrow P\cap Q}$,　$\boldsymbol{\sim p \Longrightarrow P^C}$

모범답안 조건 p, q의 진리집합을 각각 P, Q라고 하면

$$P=\{x\,|\,x\le 1 \text{ 또는 } x\ge 4\}, \quad Q=\{x\,|\,-1\le x\le 2\}$$

(1) 조건 p 또는 q의 진리집합은

$P\cup Q$이고,

$P\cup Q=\boldsymbol{\{x\,|\,x\le 2}$ **또는** $\boldsymbol{x\ge 4\}}$

(2) 조건 p이고 q의 진리집합은

$P\cap Q$이고,

$P\cap Q=\boldsymbol{\{x\,|\,-1\le x\le 1\}}$

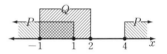

(3) 조건 p 또는 $\sim q$의 진리집합은

$P\cup Q^C$이고,

$Q^C=\{x\,|\,x<-1 \text{ 또는 } x>2\}$

이므로

$P\cup Q^C=\boldsymbol{\{x\,|\,x\le 1}$ **또는** $\boldsymbol{x>2\}}$

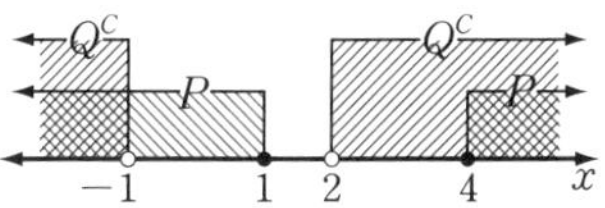

유제 **7**-2. 전체집합 $U=\{1, 2, 3, 4, \cdots, 12\}$에서 두 조건 p, q가 다음과 같이 주어져 있다.

$$p:\ x\text{는 } 2\text{의 배수이다.} \qquad q:\ x\text{는 } 3\text{의 배수이다.}$$

이때, 다음 조건의 진리집합을 구하시오.

(1) p 또는 q　　(2) p이고 q　　(3) $\sim p$　　(4) $\sim p$ 또는 q

답 (1) $\boldsymbol{\{2, 3, 4, 6, 8, 9, 10, 12\}}$　(2) $\boldsymbol{\{6, 12\}}$
(3) $\boldsymbol{\{1, 3, 5, 7, 9, 11\}}$　(4) $\boldsymbol{\{1, 3, 5, 6, 7, 9, 11, 12\}}$

기본 문제 7-3 전체집합 U의 공집합이 아닌 세 부분집합 P, Q, R이 각각 세 조건 p, q, r의 진리집합이라고 하자. $P\cup Q=P$, $Q\cap R=\varnothing$일 때, 다음 명제 중 참이 <u>아닌</u> 것은?

① $q \longrightarrow p$ ② $r \longrightarrow \sim q$ ③ (p이고 q) $\longrightarrow \sim r$
④ (p이고 r) $\longrightarrow \sim q$ ⑤ (p 또는 q) $\longrightarrow r$

정석연구 ①에서 명제 $q \longrightarrow p$가 참인지 거짓인지를 판별하기 위해서는 진리집합 P, Q 사이에 $Q\subset P$와 같은 포함 관계가 성립하는지를 생각해 보면 된다.

마찬가지로 명제 ②~⑤가 참인지 거짓인지를 판별하기 위해서는

$$R\subset Q^C,\quad (P\cap Q)\subset R^C,\quad (P\cap R)\subset Q^C,\quad (P\cup Q)\subset R$$

이 성립하는지를 생각해 보면 된다.

정석 조건 $\boldsymbol{p, q}$의 진리집합을 각각 $\boldsymbol{P, Q}$라고 할 때

$\boldsymbol{P\subset Q}$이면 $\boldsymbol{p \Longrightarrow q}$,
$\boldsymbol{p \Longrightarrow q}$이면 $\boldsymbol{P\subset Q}$

따라서 주어진 조건을 만족시키는 벤 다이어그램을 그린 다음 포함 관계가 성립하는지를 조사한다.

모범답안 $P\cup Q=P$이므로 $Q\subset P$이다.

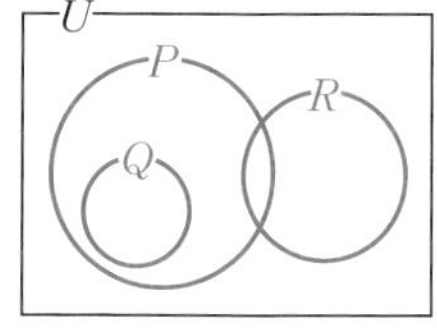

또, $Q\cap R=\varnothing$이므로 P, Q, R을 벤 다이어그램으로 나타내면 오른쪽과 같다. 이 그림에서

$Q\subset P$, $R\subset Q^C$, $(P\cap Q)\subset R^C$, $(P\cap R)\subset Q^C$

이므로 명제

$q \longrightarrow p$, $r \longrightarrow \sim q$, (p이고 q) $\longrightarrow \sim r$, (p이고 r) $\longrightarrow \sim q$

는 참이다.

그러나 $(P\cup Q)\subset R$은 성립하지 않으므로 명제 (p 또는 q) $\longrightarrow r$은 참이 아니다. 답 ⑤

* *Note* $\varnothing\subset Q^C$이므로 $P\cap R=\varnothing$인 경우에도 $(P\cap R)\subset Q^C$이 성립한다.
따라서 (p이고 r) $\longrightarrow \sim q$는 참이다.

유제 **7**-3. 전체집합 U의 공집합이 아닌 세 부분집합 P, Q, R이 각각 세 조건 p, q, r의 진리집합이라고 하자. $P^C\cap Q=\varnothing$, $(P\cup Q)\cap R=\varnothing$일 때, 다음 명제 중 참이 <u>아닌</u> 것은?

① $q \longrightarrow p$ ② $r \longrightarrow \sim p$ ③ $\sim q \longrightarrow \sim r$
④ (q이고 $\sim r$) $\longrightarrow p$ ⑤ (p 또는 q) $\longrightarrow \sim r$ 답 ③

기본 문제 7-4 다음 명제의 부정의 참, 거짓을 판별하시오.

(1) 모든 실수 x에 대하여 $x^2>x$이다.

(2) 임의의 실수 x에 대하여 $x>0$ 또는 $x<0$이다.

(3) 어떤 실수 x에 대하여 $x^2+3=0$이다.

(4) $x-2\ge0$이고 $x^2-2\ge0$인 실수 x가 존재한다.

정석연구 (1), (2) 다음은 모두 같은 표현이다.

모든 x에 대하여 $p(x)$
임의의 x에 대하여 $p(x)$

따라서 각 명제의 부정은 어떤 $\boldsymbol{x}$를 써서 나타내면 된다.

(3), (4) 다음도 모두 같은 표현이다.

어떤 x에 대하여 $p(x)$
$p(x)$인 x가 존재한다.

따라서 각 명제의 부정은 모든 $\boldsymbol{x}$를 써서 나타내면 된다.

정석 모든 x의 부정은 $\Longrightarrow$ 어떤 x
어떤 x의 부정은 $\Longrightarrow$ 모든 x

또, '모든'과 '어떤'이 들어 있는 명제의 참, 거짓은 다음과 같이 생각한다.

정석 전체집합 $\boldsymbol{U}$에서의 조건 $\boldsymbol{p(x)}$의 진리집합이 $\boldsymbol{P}$일 때
모든 $\boldsymbol{x}$에 대하여 $\boldsymbol{p(x)}$가 참 $\Longleftrightarrow$ $\boldsymbol{P=U}$
어떤 $\boldsymbol{x}$에 대하여 $\boldsymbol{p(x)}$가 참 $\Longleftrightarrow$ $\boldsymbol{P\neq\varnothing}$

모범답안 (1) 부정 : 어떤 실수 x에 대하여 $x^2\le x$이다.
$x=1$일 때 $1^2\le1$이므로 성립한다. 참 ← 답

(2) 부정 : 어떤 실수 x에 대하여 $x\le0$이고 $x\ge0$이다.
$x=0$일 때 $x\le0$이고 $x\ge0$이므로 성립한다. 참 ← 답

(3) 부정 : 모든 실수 x에 대하여 $x^2+3\neq0$이다.
x가 실수이면 $x^2\ge0$이므로 $x^2+3>0$이다. 참 ← 답

(4) 부정 : 모든 실수 x에 대하여 $x-2<0$ 또는 $x^2-2<0$이다.
$x=3$이면 $x-2>0$, $x^2-2>0$이므로 성립하지 않는다. 거짓 ← 답

유제 **7**-4. 다음 명제의 부정의 참, 거짓을 판별하시오.

(1) 임의의 실수 x에 대하여 $x^2>0$이다.

(2) 어떤 자연수 x에 대하여 $x^2-3x+2=0$이다.

(3) $x^3-8=0$인 실수 x가 존재한다.

답 (1) 참 (2) 거짓 (3) 거짓

§2. 명제의 역과 대우

1 명제의 역과 대우

명제 $p \longrightarrow q$에서 가정과 결론을 서로 바꾸어 놓은 명제

$$q \longrightarrow p$$

를 명제 $p \longrightarrow q$의 역이라고 한다.

또, 명제 $p \longrightarrow q$에서 가정과 결론을 부정하고 서로 바꾸어 놓은 명제

$$\sim q \longrightarrow \sim p$$

를 명제 $p \longrightarrow q$의 대우라고 한다.

다음은 명제와 그의 역, 대우 사이의 관계를 나타낸 것이다.

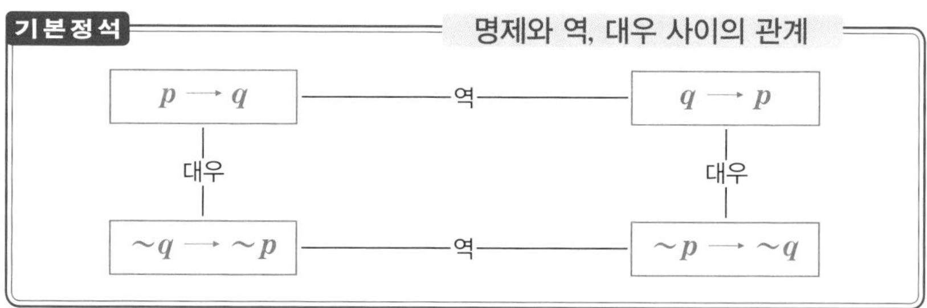

Advice ‖ 명제 $p \longrightarrow q$에서 가정과 결론을 부정한 명제 $\sim p \longrightarrow \sim q$를 명제 $p \longrightarrow q$의 이라고 한다. 이때, 이는 역 $q \longrightarrow p$의 대우임을 알 수 있다.

보기 1 다음 명제의 역과 대우를 말하시오.

(1) $x=0$이면 $xy=0$이다. ⇦ $x=0 \longrightarrow xy=0$

(2) $x>3$이면 $2x-6>0$이다. ⇦ $x>3 \longrightarrow 2x-6>0$

(3) 자연수 x에 대하여 x가 짝수이면 x^2은 짝수이다.

연구 (1) 역 : $xy=0$이면 $x=0$이다. ⇦ $xy=0 \longrightarrow x=0$

대우 : $xy\neq0$이면 $x\neq0$이다. ⇦ $xy\neq0 \longrightarrow x\neq0$

(2) 역 : $2x-6>0$이면 $x>3$이다. ⇦ $2x-6>0 \longrightarrow x>3$

대우 : $2x-6\leq0$이면 $x\leq3$이다. ⇦ $2x-6\leq0 \longrightarrow x\leq3$

(3) 역 : 자연수 x에 대하여 x^2이 짝수이면 x는 짝수이다.

대우 : 자연수 x에 대하여 x^2이 홀수이면 x는 홀수이다.

* *Note* (3)에서 '자연수 x에 대하여'를 대전제라고 한다. 대전제는 가정과 결론에 공통인 조건이므로 원래 명제에서 앞에 있으면 역, 대우에서도 앞에 둔다.

2 명제와 그의 역, 대우의 참과 거짓

다음 두 명제를 예로 하여 살펴보자.

명제 : $x=0 \longrightarrow x^2=0$ (참)	명제 : $x=0 \longrightarrow xy=0$ (참)
역 : $x^2=0 \longrightarrow x=0$ (참)	역 : $xy=0 \longrightarrow x=0$ (거짓)
대우 : $x^2\neq0 \longrightarrow x\neq0$ (참)	대우 : $xy\neq0 \longrightarrow x\neq0$ (참)

위에서 보면 어떤 명제가 참일 때 그 명제의 대우도 참이지만, 그 명제의 역은 참인 경우도 있고 거짓인 경우도 있음을 알 수 있다.

기본정석 명제와 역, 대우의 참과 거짓

(1) 명제 $p \longrightarrow q$가 참이면 대우 $\sim q \longrightarrow \sim p$도 반드시 참이다.
명제 $p \longrightarrow q$가 거짓이면 대우 $\sim q \longrightarrow \sim p$도 반드시 거짓이다.

(2) 명제 $p \longrightarrow q$가 참일 때, 역 $q \longrightarrow p$가 반드시 참인 것은 아니다.

Advice | 전체집합 U에서의 조건 p, q의 진리집합을 각각 P, Q라고 하자.

$p \longrightarrow q$가 참이면 $P\subset Q$가 성립한다. 그런데

$P\subset Q$이면 $Q^C\subset P^C$

이므로 $\sim q \longrightarrow \sim p$는 참이다.

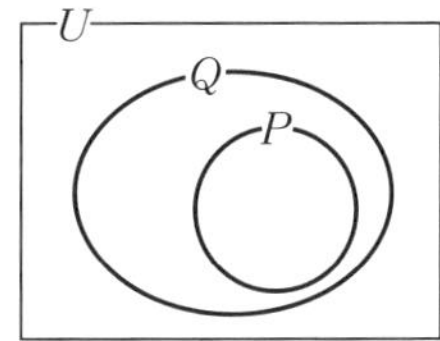

곧, $p \longrightarrow q$가 참이면 $\sim q \longrightarrow \sim p$도 참이다.

또, $p \longrightarrow q$가 거짓이면 $P\subset Q$가 성립하지 않으므로 $Q^C\subset P^C$도 성립하지 않는다.

곧, $p \longrightarrow q$가 거짓이면 $\sim q \longrightarrow \sim p$도 거짓이다.

보기 2 명제 $p \longrightarrow \sim q$가 참일 때, 다음 중 반드시 참인 명제는?

① $\sim q \longrightarrow p$ ② $\sim p \longrightarrow q$ ③ $p \longrightarrow q$ ④ $q \longrightarrow \sim p$ ⑤ $q \longrightarrow p$

연구 반드시 참인 명제는 이 명제의 대우이다. 그런데 이 명제의 대우는 $\sim(\sim q) \longrightarrow \sim p$이고, 이것을 정리하면 $q \longrightarrow \sim p$이다. 답 ④

보기 3 「2보다 큰 짝수는 두 소수의 합으로 표현될 수 있다.」가 참인 명제라고 할 때, 다음 중 반드시 참인 것은?

① 두 소수의 합으로 표현될 수 있는 수는 2보다 큰 짝수이다.
② 두 소수의 합으로 표현될 수 있는 수는 2보다 큰 짝수가 아니다.
③ 2보다 큰 짝수가 아니면 두 소수의 합으로 표현될 수 없다.
④ 2보다 큰 짝수는 두 소수의 합으로 표현될 수 없다.
⑤ 두 소수의 합으로 표현될 수 없는 수는 2보다 큰 짝수가 아니다.

연구 주어진 명제가 참일 때, 그 명제의 대우는 반드시 참이다. 답 ⑤

기본 문제 **7**-5 다음 명제의 참, 거짓을 판별하시오. 또, 주어진 명제의 역, 대우를 말하고 참, 거짓을 판별하시오. 단, x, y, a는 실수이다.

(1) $xy=0$이면 $x=0$ 또는 $y=0$이다.

(2) $x=2$이고 $y=3$이면 $x+y=5$이다.

(3) 어떤 실수 x에 대하여 $ax^2>0$이면 $a<0$이다.

정석연구 '또는'과 '그리고', '모든'과 '어떤'이 들어 있는 문장을 부정하면

정 석 또는 $\overset{\text{부정}}{\underset{\text{부정}}{\rightleftarrows}}$ 그리고, 모든 $\overset{\text{부정}}{\underset{\text{부정}}{\rightleftarrows}}$ 어떤

과 같이 바뀌어야 한다는 것에 주의해야 한다.

모범답안 (1) 명제 : $xy=0$이면 $x=0$ 또는 $y=0$이다. (참)

역 : $x=0$ 또는 $y=0$이면 $xy=0$이다. (참)

대우 : $x\neq0$이고 $y\neq0$이면 $xy\neq0$이다. (참)

(2) 명제 : $x=2$이고 $y=3$이면 $x+y=5$이다. ……① (참)

역 : $x+y=5$이면 $x=2$이고 $y=3$이다. (거짓)

대우 : $x+y\neq5$이면 $x\neq2$ 또는 $y\neq3$이다. ……② (참)

(3) 명제 : 어떤 실수 x에 대하여 $ax^2>0$이면 $a<0$이다. (거짓)

역 : $a<0$이면 어떤 실수 x에 대하여 $ax^2>0$이다. (거짓)

대우 : $a\geq0$이면 모든 실수 x에 대하여 $ax^2\leq0$이다. (거짓)

Advice 1° 위에서 알 수 있듯이 명제의 참, 거짓과 역의 참, 거짓이 일치하는 것은 아니라는 것에 주의한다.

2° 어떤 명제의 참, 거짓을 판별하기 어려운 경우 서로 대우 관계에 있는 명제가 참인지 거짓인지를 먼저 확인하면 된다.

정 석 대우 관계에 있는 두 명제의 참, 거짓은 같다.

이를테면 명제 ②가 참인지 거짓인지를 판별하기 힘들면 이 명제의 대우인 ①의 참, 거짓을 확인하면 된다.

유제 **7**-5. 다음 명제의 참, 거짓과 역, 대우의 참, 거짓을 판별하시오.
단, x, y, a는 실수이다.

(1) $x>y$이면 $x-y>0$이다.

(2) $xy<1$이면 $x<1$ 또는 $y<1$이다.

(3) 모든 실수 x에 대하여 $ax=0$이면 $a=0$이다.

답 차례로 (1) 참, 참, 참 (2) 참, 거짓, 참 (3) 참, 참, 참

기본 문제 7-6 세 조건 p, q, r에 대하여 다음 중 옳은 것은?

① $p \Longrightarrow \sim q$, $\sim r \Longrightarrow q$이면 $p \Longrightarrow \sim r$이다.

② $p \Longrightarrow \sim q$, $r \Longrightarrow q$이면 $p \Longrightarrow \sim r$이다.

③ $q \Longrightarrow \sim p$, $\sim q \Longrightarrow r$이면 $\sim p \Longrightarrow r$이다.

④ $p \Longrightarrow q$, $\sim r \Longrightarrow \sim q$이면 $\sim p \Longrightarrow r$이다.

⑤ $p \Longrightarrow r$, $q \Longrightarrow r$이면 $p \Longrightarrow q$이다.

정석연구 주어진 몇 개의 참인 명제로부터 새로운 참인 명제를 이끌어 내는 과정을 추론이라고 한다. 추론에서는 흔히

정석 $(\boldsymbol{p \Longrightarrow q}$이고 $\boldsymbol{q \Longrightarrow r})$이면 $\boldsymbol{p \Longrightarrow r}$

을 이용한다. 이 논법은 다음과 같이 이해할 수 있다.

세 조건 p, q, r의 진리집합을 각각 P, Q, R이라고 할 때

$p \Longrightarrow q$이고 $q \Longrightarrow r$이면 $P \subset Q$, $Q \subset R$ $\therefore$ $P \subset R$ $\therefore$ $p \Longrightarrow r$

이와 같은 논법을 이용하는 추론을 삼단논법이라고 한다.

따라서 주어진 각 추론을 오른쪽과 같은 꼴로 정리할 수 있는지를 확인한다. 바로 정리할 수 없을 때에는 그 명제의 대우를 만들어 확인한다.

$\boldsymbol{p \Longrightarrow q}$, $\boldsymbol{q \Longrightarrow r}$

같다

정석 $(\boldsymbol{p \Longrightarrow q}) \Longleftrightarrow (\boldsymbol{\sim q \Longrightarrow \sim p})$

모범답안 ① $\sim r \Longrightarrow q$에서 $\sim q \Longrightarrow r$이므로

「$p \Longrightarrow \sim q$, $\sim r \Longrightarrow q$」는 「$p \Longrightarrow \sim q$, $\sim q \Longrightarrow r$」 $\therefore$ $p \Longrightarrow r$

② $r \Longrightarrow q$에서 $\sim q \Longrightarrow \sim r$이므로 $p \Longrightarrow \sim r$

③ $q \Longrightarrow \sim p$에서 $p \Longrightarrow \sim q$이므로 $p \Longrightarrow r$

④ $\sim r \Longrightarrow \sim q$에서 $q \Longrightarrow r$이므로 $p \Longrightarrow r$

⑤ 세 조건 p, q, r의 진리집합을 각각 P, Q, R이라고 할 때

$p \Longrightarrow r$, $q \Longrightarrow r$이면 $P \subset R$, $Q \subset R$

이때, 반드시 $P \subset Q$라고는 말할 수 없으므로 $p \Longrightarrow q$라고 할 수 없다.

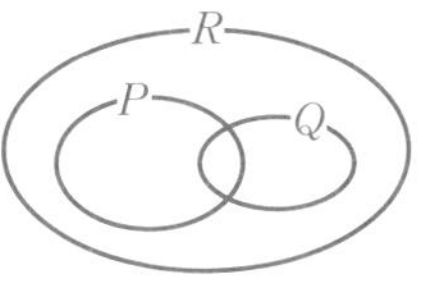

답 ②

유제 **7**-6. 두 명제 「$p \longrightarrow q$」와 「$\sim r \longrightarrow \sim q$」가 모두 참일 때, 다음 중 반드시 참이라고는 말할 수 <u>없는</u> 것은?

① $q \longrightarrow r$ ② $p \longrightarrow r$ ③ $\sim r \longrightarrow \sim p$

④ $\sim p \longrightarrow \sim r$ ⑤ $\sim q \longrightarrow \sim p$

답 ④

기본 문제 **7**-7 다음 두 문장이 모두 참인 명제라고 하자.

「날씨가 춥지 않으면 제비가 돌아온다.」, 「봄이 오면 꽃이 핀다.」

이 두 명제로부터 명제「봄이 오면 제비가 돌아온다.」가 참이라는 결론을 얻기 위해서는 하나의 참인 명제가 더 필요하다.

다음 명제가 모두 참이라고 할 때, 이 중에서 필요한 명제는?

① 봄이 오지 않으면 춥다. ② 꽃이 피지 않으면 춥다.
③ 제비가 돌아오면 꽃이 핀다. ④ 날씨가 춥지 않으면 봄이 온다.
⑤ 날씨가 추우면 꽃이 피지 않는다.

정석연구 삼단논법에서 $a \Longrightarrow b$, $b \Longrightarrow c$, $c \Longrightarrow d$일 때 $a \Longrightarrow d$를 추론할 수 있다. 역으로 $a \Longrightarrow b$, $\square$, $c \Longrightarrow d$일 때 $a \Longrightarrow d$가 성립할 참인 명제 $\square$를 찾을 수도 있다.

가장 먼저 생각할 수 있는 $\square$는 $b \Longrightarrow c$이다.

또, $a \Longrightarrow b$, $\square$만으로도 $a \Longrightarrow d$를 추론할 수 있으며, 이때 $\square$는 $b \Longrightarrow d$이면 된다. 마찬가지로 $\square$, $c \Longrightarrow d$만으로도 $a \Longrightarrow d$를 추론할 수 있으며, 이때 $\square$는 $a \Longrightarrow c$이면 된다.

따라서 가능한 $\square$는 $b \Longrightarrow c$, $b \Longrightarrow d$, $a \Longrightarrow c$와 이들의 대우이다.

정 석 $(\boldsymbol{p} \Longrightarrow \boldsymbol{q}$이고 $\boldsymbol{q} \Longrightarrow \boldsymbol{r})$이면 $\boldsymbol{p} \Longrightarrow \boldsymbol{r}$

모범답안 p : 날씨가 춥다. q : 제비가 돌아온다.
r : 봄이 온다. s : 꽃이 핀다.

라고 하면, 주어진 두 참인 명제는 $\sim p \Longrightarrow q$, $r \Longrightarrow s$

이로부터 $r \Longrightarrow q$라는 결론을 얻으려면

$$s \Longrightarrow \sim p, \quad r \Longrightarrow \sim p, \quad s \Longrightarrow q \qquad \cdots\cdots *$$

중의 하나가 필요하다.

그런데 ①은 $\sim r \Longrightarrow p$를, ②는 $\sim s \Longrightarrow p$를, ③은 $q \Longrightarrow s$를, ④는 $\sim p \Longrightarrow r$을 뜻하는 것으로 이들은 모두 $*$의 역이나 역의 대우가 참인 것을 밝힌 것에 불과하므로 $*$가 성립함을 보장하지는 않는다.

마지막 ⑤는 $p \Longrightarrow \sim s$를 뜻하므로 $s \Longrightarrow \sim p$와 같다. 답 ⑤

유제 **7**-7. 네 조건 p, q, r, s에 대하여 $q \Longrightarrow \sim s$, $\sim q \Longrightarrow r$이다. 이로부터 $s \Longrightarrow p$라는 결론을 얻기 위해 필요한 것은?

① $q \Longrightarrow \sim p$ ② $s \Longrightarrow r$ ③ $q \Longrightarrow \sim r$
④ $p \Longrightarrow r$ ⑤ $r \Longrightarrow p$ 답 ⑤

§3. 충분조건·필요조건

충분하다, 필요하다는 말은 일상생활에서 흔히 쓰는 말인데도 이 말이 수학에서 쓰일 때에는 어려움을 겪는 학생들이 있다. 그것은 충분조건, 필요조건에 관한 정의를 명확히 이해하지 못했거나, 이를테면

명제「$\boldsymbol{x=1 \longrightarrow x^2=1}$」,　명제「$\boldsymbol{x>2 \longrightarrow x>4}$」

가 참인지 거짓인지를 이런저런 경우를 생각해 보며 명백히 밝힐 수 있는 실력을 평소에 기르지 못했기 때문이다.

사실 명제 $p \longrightarrow q$에서 조건 p, q는 방정식, 부등식, 함수 등 수학 전반에 걸쳐 다루어지는 것이기 때문에 단시일 내에 참, 거짓을 판별하는 능력을 기른다는 것은 불가능한 일이다. 따라서 이런 분야들을 다룰 때 다시 공부하기로 하고, 여기에서는 충분조건, 필요조건에 관한 정의를 명확히 이해하는 데 중점을 두고 공부하기로 한다.

▶ 충분조건 : 이를테면

사람이면 동물이다.
개이면 동물이다.

라는 명제는 모두 참인 명제이다.

이제 어떤 것이 있어서 그것이 동물이라고 단정하는 방법을 생각해 보자. 여러 가지 방법

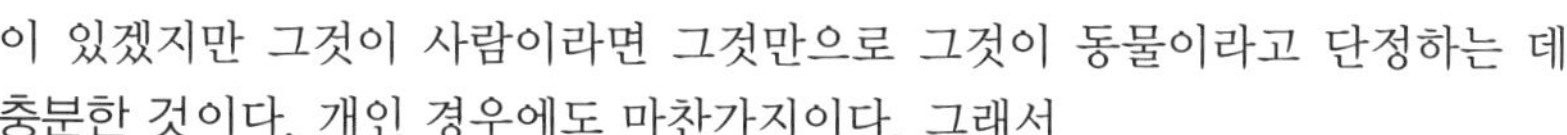
이 있겠지만 그것이 사람이라면 그것만으로 그것이 동물이라고 단정하는 데

충분한 것이다. 개인 경우에도 마찬가지이다. 그래서

사람은 동물이 되기 위한 충분조건,
개는 동물이 되기 위한 충분조건

이라고 정의한다.

▶ 필요조건 : 이를테면 위의 명제의 대우인

동물이 아니면 사람이 아니다.　　동물이 아니면 개가 아니다.

라는 명제 역시 모두 참이다.

이제 어떤 것이 있어서 이를테면 그것이 사람이라고 단정을 내리는 데 있어서는 그것이 동물이라는 조건은 반드시 필요한 것이다. 그래서 다음과 같이 정의한다.

동물은 사람이 되기 위한 필요조건,
동물은 개가 되기 위한 필요조건

기본정석 **충분 · 필요 · 필요충분조건**

(1) 충분 · 필요 · 필요충분조건의 정의

(i) $\boldsymbol{p} \Longrightarrow \boldsymbol{q}$일 때, 곧 명제 $p \longrightarrow q$가 참일 때

p는 q이기 위한 충분조건,

q는 p이기 위한 필요조건

(ii) $\boldsymbol{p} \Longleftrightarrow \boldsymbol{q}$일 때, 곧 명제 $p \longrightarrow q$와 $q \longrightarrow p$가 모두 참일 때

p는 q이기 위한 필요충분조건(또는 서로 동치),

q는 p이기 위한 필요충분조건(또는 서로 동치)

이라고 한다.

(2) 충분 · 필요 · 필요충분조건과 진리집합의 포함 관계

두 조건 p, q의 진리집합을 각각 P, Q라고 하면

$$\boldsymbol{P \subset Q} \Rightarrow \boldsymbol{p \Longrightarrow q}, \quad \boldsymbol{P = Q} \Rightarrow \boldsymbol{p \Longleftrightarrow q}$$

이다. 따라서

$\boldsymbol{P \subset Q}$일 때 p는 q이기 위한 충분조건,

q는 p이기 위한 필요조건

$\boldsymbol{P = Q}$일 때 p와 q는 서로 필요충분조건

의 관계가 있다.

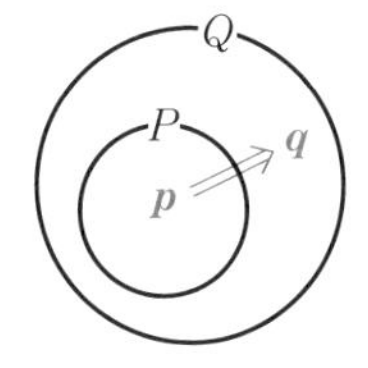

Advice 1° 보통 무언가를 줄 수 있다는 것은 충분히 여유가 있는 경우이고, 무언가를 받아야 한다는 것은 필요로 하는 것이 있는 경우라고 생각할 수 있다.

주기에 충분하다
$\boldsymbol{p} \Longrightarrow \boldsymbol{q}$
받을 필요가 있다

따라서 $p \Longrightarrow q$에서 화살표 방향으로 주는 p는 충분조건, 받는 q는 필요조건이라고 기억해도 된다.

2° 충분조건, 필요조건에 관한 문제를 해결할 때에는 기호를 보다 적극적으로 이용하는 것이 도움이 될 때가 많다.

이를테면 p가 q이기 위한 충분조건이면 $p \Longrightarrow q$

q가 r이기 위한 필요조건이면 $r \Longrightarrow q$ ······①

r과 s가 서로 필요충분조건이면 $r \Longleftrightarrow s$

와 같이 기호로 나타내고 생각한다.

또, ①과 같은 필요조건은

r은 q이기 위한 충분조건 (곧, $r \Longrightarrow q$)

과 같이 충분조건에 관한 표현만으로 바꾸어 생각하는 것도 도움이 된다.

보기 1 다음 ☐ 안에 충분, 필요, 필요충분 중에서 알맞은 것을 써넣으시오.

(1) $x=1$은 $x^2=1$이 되기 위한 ☐조건이다.

(2) $x>2$는 $x>4$가 되기 위한 ☐조건이다.

(3) $a=b$는 $a+m=b+m$이 되기 위한 ☐조건이다.

연구 다음 세 가지가 모두 같은 의미라는 것을 분명하게 알고 있어야 한다.

$P\subset Q$

$p \Longrightarrow q$

p는 q이기 위한 충분조건

또, 다음 세 가지도 같은 의미이다.

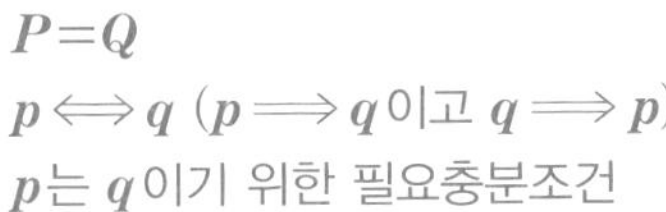

$P=Q$

$p \Longleftrightarrow q$ ($p \Longrightarrow q$이고 $q \Longrightarrow p$)

p는 q이기 위한 필요충분조건

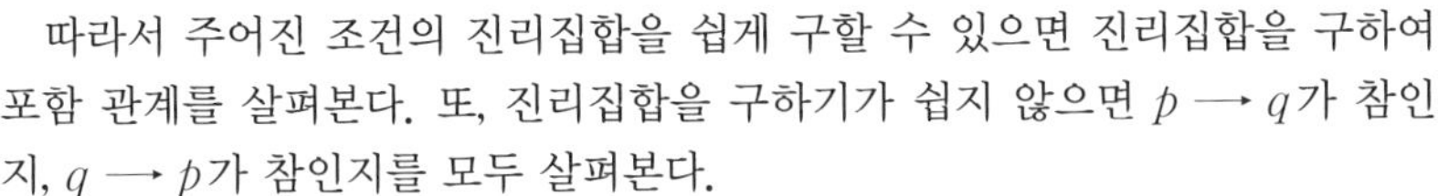

따라서 주어진 조건의 진리집합을 쉽게 구할 수 있으면 진리집합을 구하여 포함 관계를 살펴본다. 또, 진리집합을 구하기가 쉽지 않으면 $p \longrightarrow q$가 참인지, $q \longrightarrow p$가 참인지를 모두 살펴본다.

(1) p : $x=1$, q : $x^2=1$이라고 하면 $P=\{1\}$, $Q=\{-1, 1\}$이므로 $P\subset Q$, $Q\not\subset P$이다.

따라서 $p \Longrightarrow q$, $q \not\Longrightarrow p$이므로 p는 q이기 위한 충분조건이지만 필요조건은 아니다.

답 충분

(2) p : $x>2$, q : $x>4$라고 하면

$$P=\{x\,|\,x>2\},\quad Q=\{x\,|\,x>4\}$$

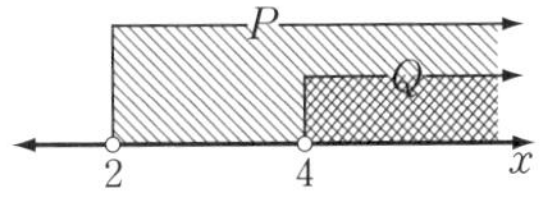

이므로 $P\not\subset Q$, $Q\subset P$이다.

따라서 $p \not\Longrightarrow q$, $q \Longrightarrow p$이므로 p는 q이기 위한 필요조건이지만 충분조건은 아니다.

답 필요

(3) $a=b$의 양변에 m을 더하면 $a+m=b+m$이고, $a+m=b+m$의 양변에서 m을 빼면 $a=b$이므로 $a=b \Longleftrightarrow a+m=b+m$

따라서 $a=b$는 $a+m=b+m$이 되기 위한 필요충분조건이다.

답 필요충분

Advice | 위의 **보기**에서 묻는 형식은

p는 q이기 위한 ☐조건 ……⑦

이다. 경우에 따라서 다음과 같이 물을 수도 있다.

p는 q의 ☐조건, q이기 위한 p는 ☐조건

이 경우도 ⑦과 같은 꼴로 바꾼 다음 생각하면 실수 없이 풀 수 있다.

기본 문제 **7**-8 네 조건 p, q, r, s에 대하여

p는 q이기 위한 충분조건, q는 r이기 위한 필요조건,
r은 s이기 위한 필요조건, s는 q이기 위한 필요조건

일 때, 다음 중 옳은 것만을 있는 대로 고른 것은?

ㄱ. p는 s이기 위한 충분조건이다.
ㄴ. r은 p이기 위한 필요조건이다.
ㄷ. q는 s이기 위한 필요충분조건이다.

① ㄱ ② ㄷ ③ ㄱ, ㄴ ④ ㄴ, ㄷ ⑤ ㄱ, ㄴ, ㄷ

정석연구 문제에서 주어진 조건들을

정석 「$\boldsymbol{p}$는 $\boldsymbol{q}$이기 위한 충분조건」이면 $\boldsymbol{p \Longrightarrow q}$
「$\boldsymbol{p}$는 $\boldsymbol{q}$이기 위한 필요조건」이면 $\boldsymbol{q \Longrightarrow p}$

를 이용하여 기호로 나타내면

$$p \Longrightarrow q,\quad r \Longrightarrow q,\quad s \Longrightarrow r,\quad q \Longrightarrow s$$

이고, 이 관계들을 그림으로 나타내면 오른쪽 아래와 같다.

모범답안 문제의 조건으로부터

$p \Longrightarrow q$ ……① $r \Longrightarrow q$ ……②
$s \Longrightarrow r$ ……③ $q \Longrightarrow s$ ……④

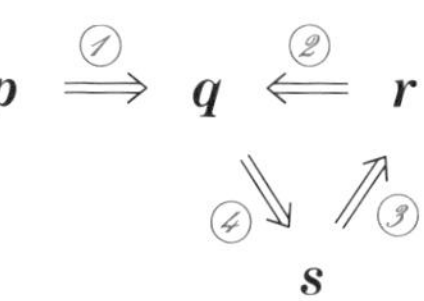

ㄱ. ①, ④에서 $p \Longrightarrow q \Longrightarrow s$이므로 $p \Longrightarrow s$이다.
따라서 p는 s이기 위한 충분조건이다.

ㄴ. ①, ④, ③에서 $p \Longrightarrow q \Longrightarrow s \Longrightarrow r$이므로 $p \Longrightarrow r$이다.
따라서 r은 p이기 위한 필요조건이다.

ㄷ. ④에서 $q \Longrightarrow s$이고, ③, ②에서 $s \Longrightarrow r \Longrightarrow q$, 곧 $s \Longrightarrow q$이므로 $q \Longleftrightarrow s$이다.
따라서 q는 s이기 위한 필요충분조건이다.

이상에서 옳은 것은 ㄱ, ㄴ, ㄷ이다. 답 ⑤

유제 **7**-8. 네 조건 p, q, r, s에 대하여 p, q는 모두 r이기 위한 충분조건이고, s는 r이기 위한 필요조건, q는 s이기 위한 필요조건이다.

p와 q, p와 r, r과 s, s와 q, q와 r

의 다섯 가지 중에서 서로 필요충분조건인 것만을 있는 대로 고르시오.

답 $\boldsymbol{r}$과 $\boldsymbol{s}$, $\boldsymbol{s}$와 $\boldsymbol{q}$, $\boldsymbol{q}$와 $\boldsymbol{r}$

기본 문제 **7**-9 x, y, z가 복소수이고 A, B, C가 집합일 때, 다음에서 조건 p는 조건 q이기 위한 어떤 조건인가?

(1) p : $xy=0$　　　q : $xyz=0$

(2) p : $x+y$, xy가 실수이다.　　　q : x, y가 실수이다.

(3) p : $A\cap(B\cap C)=A$　　　q : $A\cup(B\cup C)=B\cup C$

정석연구 각 조건의 진리집합의 포함 관계를 비교하기가 쉽지 않다. 따라서 $p\Longrightarrow q$, $q\Longrightarrow p$, $p\Longleftrightarrow q$ 중의 어느 경우인가를 조사한다.

정석 $\boldsymbol{p}\Longrightarrow \boldsymbol{q}$일 때 : $\boldsymbol{p}$는 충분조건, $\boldsymbol{q}$는 필요조건
$\boldsymbol{p}\Longleftrightarrow \boldsymbol{q}$일 때 : $\boldsymbol{p}$와 $\boldsymbol{q}$는 서로 필요충분조건

모범답안 (1) $xy=0$이면 $xyz=0$이다.　⇦ $p\Longrightarrow q$

그러나 $xyz=0$이면 $xy=0$ 또는 $z=0$이므로 $xyz=0$이라고 해서 반드시 $xy=0$인 것은 아니다. 곧,　⇦ $q\not\Longrightarrow p$

$$xy=0 \Longrightarrow xyz=0$$

따라서 p는 q의 충분조건이지만 필요조건은 아니다.　답 충분조건

(2) $x+y$, xy가 실수일 때, $x=2+i$, $y=2-i$인 경우도 있으므로 $x+y$, xy가 실수라고 해서 반드시 x, y가 실수인 것은 아니다.　⇦ $p\not\Longrightarrow q$

그러나 x, y가 실수이면 $x+y$, xy는 실수이다. 곧,　⇦ $q\Longrightarrow p$

$$x, y\text{가 실수} \Longrightarrow x+y,\ xy\text{가 실수}$$

따라서 p는 q의 필요조건이지만 충분조건은 아니다.　답 필요조건

(3) $[A\cap(B\cap C)=A] \Longleftrightarrow [A\subset(B\cap C)]$

$[A\cup(B\cup C)=B\cup C] \Longleftrightarrow [A\subset(B\cup C)]$

그런데 $(B\cap C)\subset(B\cup C)$이므로

$A\subset(B\cap C)$이면 $A\subset(B\cup C)$이지만,　⇦ $p\Longrightarrow q$

$A\subset(B\cup C)$라고 해서 반드시 $A\subset(B\cap C)$인 것은 아니다.　⇦ $q\not\Longrightarrow p$

따라서 p는 q의 충분조건이지만 필요조건은 아니다.　답 충분조건

유제 **7**-9. x, y, z가 실수이고 A, B, C가 집합일 때, 다음에서 조건 p는 조건 q이기 위한 어떤 조건인가?

(1) p : x, y가 유리수이다.　　　q : $x+y$, xy가 유리수이다.

(2) p : $x^2=x$　　　q : $x=1$

(3) p : $x^2+y^2+z^2=0$　　　q : $x=0$이고 $y=0$이고 $z=0$

(4) p : $B\subset A$이고 $C\subset A$　　　q : $(B\cap C)\subset A$

답 (1) 충분조건 (2) 필요조건 (3) 필요충분조건 (4) 충분조건

기본 문제 7-10 x가 실수일 때, 다음에서 조건 p는 조건 q이기 위한 어떤 조건인가?

(1) p : $x^2 \leq 1$ $\qquad$ q : $x^2-6x+8>0$

(2) p : $x^2-5x<0$ $\qquad$ q : $x^2-5x+4<0$

정석연구 두 조건 p, q의 진리집합을 각각 P, Q라고 할 때

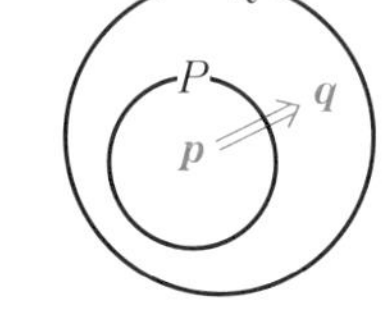

정 석 $\boldsymbol{P \subset Q} \iff \boldsymbol{p}$는 $\boldsymbol{q}$이기 위한 충분조건, $\boldsymbol{q}$는 $\boldsymbol{p}$이기 위한 필요조건

$\boldsymbol{P = Q} \iff \boldsymbol{p}$와 $\boldsymbol{q}$는 서로 필요충분조건

주어진 조건이 x에 관한 부등식이므로 진리집합을 수직선 위에 나타내어 포함 관계를 조사하면 된다.

정 석 부등식의 해의 비교는 $\Longrightarrow$ 수직선을 이용한다.

모범답안 (1) $P=\{x \mid x^2 \leq 1\}$, $Q=\{x \mid x^2-6x+8>0\}$으로 놓자.

$x^2 \leq 1$에서 $\quad (x+1)(x-1) \leq 0 \qquad \therefore P=\{x \mid -1 \leq x \leq 1\}$

$x^2-6x+8>0$에서 $\quad (x-2)(x-4)>0$

$\therefore Q=\{x \mid x<2$ 또는 $x>4\}$

$\therefore P \subset Q,\ Q \not\subset P$

곧, $p \Longrightarrow q,\ q \not\Longrightarrow p$

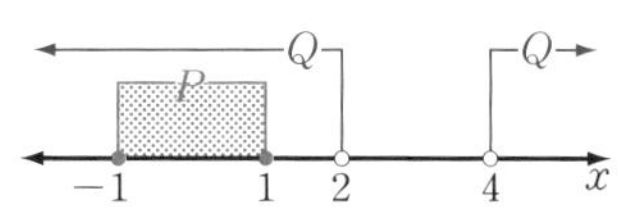

이므로 p는 q이기 위한 충분조건이다.

(2) $P=\{x \mid x^2-5x<0\}$, $Q=\{x \mid x^2-5x+4<0\}$으로 놓자.

$x^2-5x<0$에서 $\quad x(x-5)<0 \qquad \therefore P=\{x \mid 0<x<5\}$

$x^2-5x+4<0$에서 $\quad (x-1)(x-4)<0 \qquad \therefore Q=\{x \mid 1<x<4\}$

$\therefore Q \subset P,\ P \not\subset Q$

곧, $q \Longrightarrow p,\ p \not\Longrightarrow q$

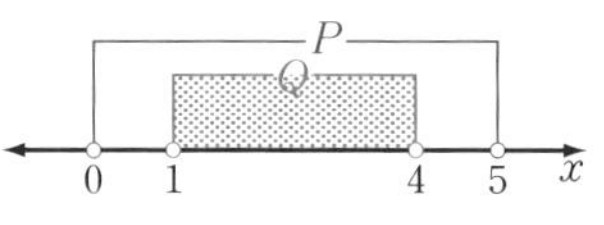

이므로 p는 q이기 위한 필요조건이다.

답 (1) 충분조건 (2) 필요조건

유제 **7**-10. x가 실수일 때, 다음에서 조건 p는 조건 q이기 위한 어떤 조건인가?

(1) p : $x<0$ $\qquad$ q : $x^2-2x>0$

(2) p : $-2 \leq x \leq 1$ $\qquad$ q : $x^2+x-2<0$

(3) p : $x<2$ 또는 $x>3$ $\qquad$ q : $x^2-5x+6>0$

답 (1) 충분조건 (2) 필요조건 (3) 필요충분조건

연습문제 7

7-1 전체집합 $U=\{1, 2, 3, \cdots, 10\}$에서 세 조건

p : x는 2의 배수이다. q : $1 \leq x \leq 3$ r : $x^2=4$

의 진리집합을 각각 P, Q, R이라고 할 때, 집합 $(P^C \cap Q) \cup R$을 구하시오.

7-2 다음 조건의 부정의 진리집합을 구하시오. 단, x는 실수이다.

$x^2-1<0$ 또는 $x^2+2x-3 \geq 0$

7-3 다음 명제가 참이 되도록 하는 양수 a의 최댓값은? 단, x는 실수이다.

$|x-2|<a$이면 $x^2-x-20<0$이다.

① 1 ② 2 ③ 3 ④ 4 ⑤ 5

7-4 두 양수 a, b에 대하여 다음 중 참인 명제만을 있는 대로 고른 것은?

ㄱ. $a^2<b^2$이면 $a<b$이다.
ㄴ. $a^2-b^2=1$이면 $0<a-b<1$이다.
ㄷ. $\frac{1}{a}-\frac{1}{b}=1$이면 $0<b-a<1$이다.

① ㄱ ② ㄱ, ㄴ ③ ㄱ, ㄷ ④ ㄴ, ㄷ ⑤ ㄱ, ㄴ, ㄷ

7-5 전체집합을 $U=\{1, 2, 3\}$이라고 할 때, 다음 중 참이 아닌 것은?

① 모든 x에 대하여 $x+3<7$이다. ② 어떤 x에 대하여 $x^2=4$이다.
③ 어떤 x에 대하여 $x^2-1>0$이다.
④ 모든 x와 모든 y에 대하여 $x^2+y^2<19$이다.
⑤ 어떤 x와 어떤 y에 대하여 $x^2+y^2<1$이다.

7-6 다음 명제의 대우를 말하시오.

(1) $abc=0$이면 $a=0$ 또는 $b=0$ 또는 $c=0$이다.
(2) $a^2+c^2=2b(a+c-b)$이면 $a=b=c$이다.
(3) $a>0$이고 $b^2-4ac<0$이면 모든 실수 x에 대하여 $ax^2+bx+c>0$이다.

7-7 전체집합 U의 공집합이 아닌 서로 다른 두 부분집합 P, Q가 각각 두 조건 p, q의 진리집합이라고 하자. p가 q이기 위한 충분조건일 때, 다음 중 옳지 않은 것은?

① $P \subset Q$ ② $P^C \cup Q=U$ ③ $P \cap Q^C=\varnothing$
④ $P^C \cap Q^C=Q^C$ ⑤ $P \cup Q^C=U$

7-8 전체집합 U에서의 두 조건 p, q의 진리집합 P, Q가 $P \cup (Q-P)=P$, $P \cap Q=P$를 모두 만족시킬 때, p는 q이기 위한 어떤 조건인가?

7-9 네 조건 p, q, r, s에 대하여 p는 q이기 위한 충분조건, r은 q이기 위한 필요조건, s는 r이기 위한 충분조건, q는 s이기 위한 필요충분조건이다.

다음 $\square$ 안에 충분, 필요, 필요충분 중에서 알맞은 것을 써넣으시오.

(1) (p이고 q)는 r이기 위한 $\square$조건이다.

(2) (p 또는 q)는 (r이고 s)이기 위한 $\square$조건이다.

7-10 x, y, m이 실수일 때, 다음에서 조건 p는 조건 q이기 위한 어떤 조건인가?

(1) p : $x^2=y^2$ q : $x=y$

(2) p : $x=y$ q : $mx=my$

(3) p : $x>0$이고 $y>0$ q : $x+y>0$이고 $xy>0$

(4) p : $xy>x+y>4$ q : $x>2$이고 $y>2$

7-11 다음 $\square$ 안에 $ab=0$, $a+b=0$, $a^2+b^2=0$, $ab>0$, $a+b>0$, $a^2+b^2>0$ 중에서 알맞은 것을 써넣으시오. 단, a, b는 실수이다.

(1) a도 b도 0이기 위한 필요충분조건은 $\square$이다.

(2) a도 b도 0이 아니기 위한 충분조건은 $\square$이다.

(3) a, b 중 적어도 하나는 0이기 위한 필요충분조건은 $\square$이다.

(4) a, b 중 적어도 하나는 0이 아니기 위한 필요충분조건은 $\square$이다.

7-12 a, b, c가 실수일 때, 다음 중 등식 $|ab|+|bc|+|ca|=0$이 성립하기 위한 필요충분조건은?

① a, b, c 모두 0이다.

② a, b, c 중 적어도 하나는 0이다.

③ a, b, c 중 적어도 두 개는 0이다.

④ a, b, c 중 적어도 하나는 0이 아니다.

⑤ a, b, c 중 적어도 두 개는 0이 아니다.

7-13 실수 a에 관한 두 조건

p : x에 관한 이차방정식 $x^2+2(a+1)x+a^2+5=0$이 허근을 가진다.

q : x에 관한 이차방정식 $x^2-ax+k^2=0$이 허근을 가진다.

에 대하여 p가 q이기 위한 필요조건일 때, 양수 k의 최댓값을 구하시오.

7-14 실수 x에 관한 두 조건

$$p : x^2+2ax+4<0, \quad q : x^2+2bx+25>0$$

이 있다. 다음 두 문장이 모두 참인 명제가 되도록 하는 정수 a, b의 순서쌍 (a, b)의 개수를 구하시오.

(가) 모든 실수 x에 대하여 $\sim p$이다.

(나) p는 $\sim q$이기 위한 필요조건이다.

8. 명제의 증명

명제의 증명／절대부등식의 증명／절대부등식의 활용

§1. 명제의 증명

1 정의, 증명, 정리

지금까지 정의, 증명, 정리라는 말을 특별히 약속하지 않고 사용하였다. 여기서 그 뜻에 대하여 알아보자.

▶ 정의 : 이를테면

두 변의 길이가 같은 삼각형을 이등변삼각형이라고 한다.

와 같이 용어의 뜻을 명확하게 정한 문장을 그 용어의 정의라고 한다.

▶ 증명과 정리 : 이를테면 명제

n이 정수일 때, n이 2의 배수이면 n^2은 2의 배수이다.

가 참임을 밝혀 보자.

n이 2의 배수이면 $n=2k$(k는 정수)로 나타낼 수 있으므로

$$n^2=(2k)^2=4k^2=2\times 2k^2$$

곧, n^2은 2의 배수이다. 따라서 명제 'n이 정수일 때, n이 2의 배수이면 n^2은 2의 배수이다'는 참이다.

이와 같이 이미 알고 있는 참인 명제나 정의를 이용하여 어떤 명제가 참임을 논리적으로 밝히는 과정을 증명이라 하고, 증명된 참인 명제 중에서 기본이 되는 것을 정리라고 한다.

어떤 명제가 참임을 증명할 때에는 먼저 명제의 가정과 결론을 분명히 한 다음, 가정과 그에 관련된 정의, 기본 성질이나 이미 알고 있는 정리 등을 이용하여 결론을 이끌어 낸다.

또, 어떤 명제가 거짓임을 보일 때에는 가정은 만족시키지만 결론을 만족시키지 않는 예가 하나라도 있음을 보여도 된다. 이와 같은 예를 반례라고 한다.

이를테면 명제 '$x^2=1$이면 $x=1$이다'는 거짓이다. 왜냐하면 $x=-1$일 때 $x^2=1$이지만 $x\neq1$이기 때문이다.

이때, $x=-1$은 이 명제가 거짓임을 보이는 반례이다.

보기 1 다음 명제를 정의와 정리로 구분하시오.

(1) 세 변의 길이가 같은 삼각형을 정삼각형이라고 한다.
(2) 이등변삼각형의 두 밑각의 크기는 서로 같다.
(3) 다항식 $f(x)$를 x에 관한 일차식 $x-\alpha$로 나눈 나머지는 $f(\alpha)$이다.
(4) 두 집합 A, B의 교집합 $A\cap B$는 $\{x|x\in A$ 그리고 $x\in B\}$이다.

연구 (1) 정의 (2) 정리 (3) 정리 (4) 정의

보기 2 다음 명제가 참임을 증명하시오.

임의의 실수 a에 대하여 $a^2\geq0$이다.

연구 먼저 명제의 가정과 결론을 분명히 구분한 다음, 가정과 이미 알고 있는 실수의 대소에 관한 기본 성질을 이용하여 증명한다. 위의 명제에서

가정 : a는 실수이다. 결론 : $a^2\geq0$이다.

(증명) 임의의 실수 a에 대하여 다음 중 어느 하나만 성립한다.

$a>0,\quad a=0,\quad a<0$

(i) $a>0$일 때 $a^2=a\times a>0$
(ii) $a=0$일 때 $a^2=a\times a=0$
(iii) $a<0$일 때, $-a>0$이므로 $a^2=(-a)^2=(-a)\times(-a)>0$

(i), (ii), (iii)에서 임의의 실수 a에 대하여 $a^2\geq0$이다.

2 대우를 이용한 증명법과 귀류법

▶ 대우를 이용한 증명법 : 명제와 그 대우는 참, 거짓이 일치하므로 명제 $p\longrightarrow q$가 참임을 증명하기가 쉽지 않을 때에는 그 대우인 $\sim q\longrightarrow\sim p$가 참임을 증명해도 된다.

정석 $\boldsymbol{\sim q\Longrightarrow\sim p}$이면 $\boldsymbol{p\Longrightarrow q}$

▶ 귀류법 : 어떤 명제가 참임을 증명하고자 할 때, 직접 증명하는 것이 쉽지 않은 경우에는 그 명제의 결론을 부정한 후에 모순이 생기는 것을 보여 증명하기도 한다.

이와 같이 명제의 결론을 부정하면 참이라고 인정되고 있는 사실이나 그 명제가 가정하고 있는 것에 모순이 생김을 보임으로써 처음 명제가 참임을 증명하는 방법을 귀류법이라고 한다.

정석 직접증명법이 쉽지 않으면 $\Longrightarrow$ 귀류법을 생각한다.

보기 3 다음 명제가 참임을 증명하시오.

자연수 n에 대하여 n^2이 짝수이면 n은 짝수이다.

연구 n^2이 짝수이므로 $n^2=2k$(k는 자연수)로 놓으면 $n=\sqrt{2k}$이다. 이때, 이 식에서 n이 짝수임을 보이기가 쉽지 않다.

이와 같이 주어진 명제가 참임을 직접 증명하기 쉽지 않거나 대우를 이용하는 것이 더 쉬운 경우에는 대우를 이용하여 증명한다.

(증명) 주어진 명제의 대우

자연수 n에 대하여 n이 홀수이면 n^2은 홀수이다.

가 참임을 증명해 보자.

자연수 n이 홀수이면 $n=2k-1$(k는 자연수)로 나타낼 수 있으므로

$$n^2=(2k-1)^2=4k^2-4k+1=2(2k^2-2k)+1$$

이다. 이때, $2k^2-2k$는 0 또는 자연수이므로 n^2은 홀수이다.

따라서 자연수 n에 대하여 n이 홀수이면 n^2은 홀수이다.

곧, 주어진 명제의 대우가 참이므로 명제 '자연수 n에 대하여 n^2이 짝수이면 n은 짝수이다'도 참이다.

보기 4 다음 명제가 참임을 증명하시오.

$\sqrt{2}$는 유리수가 아니다.

연구 어떤 수가 유리수임을 보일 때는 유리수의 정의를 이용하여 직접 증명하면 되지만 유리수가 아니라는 것은 직접 증명하기 쉽지 않다. 이와 같은 경우에는 결론을 부정한 후에 모순이 생기는 것을 보이는 귀류법을 이용하여 증명한다.

정 석 유리수 $\Longrightarrow$ $\boldsymbol{\dfrac{b}{a}}$($\boldsymbol{a}$와 $\boldsymbol{b}$는 서로소인 정수, $\boldsymbol{a\neq0}$) 꼴의 수

(증명) $\sqrt{2}$가 유리수라고 가정하면

$\sqrt{2}>0$이므로 $\sqrt{2}=\dfrac{b}{a}$를 만족시키는 서로소인 자연수 a, b가 존재한다.

곧, $b=\sqrt{2}a$에서 $b^2=2a^2$ ……①

①에서 b^2이 짝수이므로 b는 짝수이다. ⇦ 보기 3

$b=2k$(k는 자연수)라고 하면 ①에서

$(2k)^2=2a^2$ $\therefore$ $a^2=2k^2$ ……②

②에서 a^2이 짝수이므로 a는 짝수이다. ⇦ 보기 3

따라서 a, b는 모두 짝수가 되어 a, b가 서로소인 자연수라는 가정에 모순이다.

그러므로 $\sqrt{2}$는 유리수가 아니다.

기본 문제 **8**-1 다음 명제가 참임을 증명하시오.

(1) a, b가 실수일 때, $a^2+b^2=0$이면 $a=0$이고 $b=0$이다.

(2) a, b가 자연수일 때, ab가 짝수이면 a 또는 b가 짝수이다.

정석연구 앞서 대우 관계에 있는 두 명제의 참, 거짓은 일치하므로 어떤 명제가 참인지 거짓인지를 판별하기 쉽지 않을 때, 그 명제의 대우가 참인지 거짓인지를 확인하면 된다는 것을 공부하였다.

증명의 경우도 마찬가지이다. 주어진 명제가 참임을 증명하기가 쉽지 않을 때에는 그 명제의 대우가 참임을 증명해도 된다.

왜냐하면 $\sim q \longrightarrow \sim p$가 참이면 $p \longrightarrow q$도 참이기 때문이다.

정석 $\boldsymbol{\sim q \Longrightarrow \sim p}$이면 $\boldsymbol{p \Longrightarrow q}$

따라서 직접증명이 쉽지 않을 때에는 그 명제의 대우를 이용하여 증명한다.

모범답안 (1) 주어진 명제의 대우 'a, b가 실수일 때, $a\neq0$ 또는 $b\neq0$이면 $a^2+b^2\neq0$이다.'가 참임을 증명해 보자.

a, b가 실수일 때, $a\neq0$ 또는 $b\neq0$이면

$$a^2>0 \text{ 또는 } b^2>0\text{이므로} \quad a^2+b^2>0$$

이다. 따라서 $a\neq0$ 또는 $b\neq0$이면 $a^2+b^2\neq0$이다.

곧, 대우가 참이므로 명제 'a, b가 실수일 때, $a^2+b^2=0$이면 $a=0$이고 $b=0$이다.'도 참이다.

(2) 주어진 명제의 대우 'a, b가 자연수일 때, a와 b가 홀수이면 ab는 홀수이다.'가 참임을 증명해 보자.

a, b가 자연수일 때, a와 b가 홀수이면

$$a=2m-1,\ b=2n-1\ (m,\ n\text{은 자연수})$$

로 나타낼 수 있다. 이때,

$$\begin{aligned} ab&=(2m-1)(2n-1)=4mn-2m-2n+1 \\ &=2(2mn-m-n)+1 \end{aligned}$$

이므로 ab는 홀수이다. 따라서 a와 b가 홀수이면 ab는 홀수이다.

곧, 대우가 참이므로 명제 'a, b가 자연수일 때, ab가 짝수이면 a 또는 b가 짝수이다.'도 참이다.

유제 **8**-1. 다음 명제가 참임을 증명하시오.

(1) a, b가 실수일 때, $|a|+|b|=0$이면 $a=0$이고 $b=0$이다.

(2) n이 자연수일 때, n^2+2n이 홀수이면 n은 홀수이다.

기본 문제 8-2 다음 물음에 답하시오.

(1) $\sqrt{3}$은 유리수가 아님을 증명하시오.

(2) $\sqrt{3}$이 유리수가 아님을 알고 $2+\sqrt{3}$이 유리수가 아님을 증명하시오.

정석연구 (1) $\sqrt{3}$이 유리수라고 가정할 때, 모순이 됨을 밝혀 주면 된다.

정석 유리수 $\Longrightarrow$ $\dfrac{b}{a}$(a와 b는 서로소인 정수, $a\neq0$) 꼴의 수

(2) $2+\sqrt{3}$이 유리수라고 가정할 때, 모순이 됨을 밝혀 주면 된다.

정석 직접증명법이 쉽지 않으면 $\Longrightarrow$ 귀류법을 생각한다.

모범답안 (1) $\sqrt{3}$이 유리수라고 가정하면

$\sqrt{3}>0$이므로 $\sqrt{3}=\dfrac{b}{a}$를 만족시키는 서로소인 자연수 a, b가 존재한다.

곧, $b=\sqrt{3}a$에서 $b^2=3a^2$ ……①

여기에서 b^2이 3의 배수이고 3은 소수이므로 b는 3의 배수이다.

$b=3k$(k는 자연수)라고 하면 ①에서 $(3k)^2=3a^2$ $\therefore$ $a^2=3k^2$

여기에서 a^2이 3의 배수이고 3은 소수이므로 a는 3의 배수이다.

따라서 a, b는 모두 3의 배수가 되어 a, b가 서로소인 자연수라는 가정에 모순이다. 그러므로 $\sqrt{3}$은 유리수가 아니다.

(2) $2+\sqrt{3}$이 유리수라고 가정하면

$2+\sqrt{3}=c$를 만족시키는 유리수 c가 존재한다.

곧, $2+\sqrt{3}=c$에서 $\sqrt{3}=c-2$ ……②

그런데 유리수에서 유리수를 빼면 유리수이므로 ②의 우변은 유리수이다. 한편 ②의 좌변은 유리수가 아니므로 모순이다.

그러므로 $2+\sqrt{3}$은 유리수가 아니다.

Advice | 명제 「n이 정수일 때, n^2이 3의 배수이면 n은 3의 배수이다.」가 참임은 다음과 같이 증명한다.

n이 3의 배수가 아니라고 가정하면 $n=3k\pm1$(k는 정수)로 나타낼 수 있다. 이때, $n^2=(3k\pm1)^2=9k^2\pm6k+1=3(3k^2\pm2k)+1$이므로 n^2은 3의 배수가 아니다. 이것은 n^2이 3의 배수라는 가정에 모순이다.

따라서 n이 정수일 때, n^2이 3의 배수이면 n은 3의 배수이다.

유제 **8**-2. 유리수 r과 무리수 q의 합 $r+q$는 유리수가 아님을 증명하시오.

유제 **8**-3. a, b, c가 0이 아닌 정수일 때, $a^2+b^2=c^2$이면 a, b, c 중에서 적어도 하나는 3의 배수임을 증명하시오.

§2. 절대부등식의 증명

1 실수(또는 식)의 대소 관계

두 실수 또는 두 식의 대소를 판정할 때에는 여러 가지 방법을 이용하지만 그 기본은 다음 세 가지이다.

기본정석 — 두 실수 또는 두 식 P, Q의 대소 판정

(1) **P에서 Q를 빼 본다.**

$$P-Q>0 \iff P>Q,\quad P-Q=0 \iff P=Q,$$
$$P-Q<0 \iff P<Q$$

(2) **P^2에서 Q^2을 빼 본다.**

$P\ge0,\ Q\ge0$일 때

$$P^2-Q^2>0 \iff P>Q,\quad P^2-Q^2=0 \iff P=Q,$$
$$P^2-Q^2<0 \iff P<Q$$

(3) **P, Q의 비를 구해 본다.**

$P>0,\ Q>0$일 때

$$\frac{P}{Q}>1 \iff P>Q,\quad \frac{P}{Q}=1 \iff P=Q,\quad \frac{P}{Q}<1 \iff P<Q$$

Advice | (2)에서 $P\ge0$, $Q\ge0$일 때,

$$P^2-Q^2>0 \iff (P+Q)(P-Q)>0 \iff P-Q>0 \iff P>Q$$

이다. 곧,

정석 $P\ge0,\ Q\ge0$일 때, $P^2-Q^2>0 \iff P>Q$

이다.

이 성질은 P, Q가 근호나 절댓값 기호를 포함한 식일 때에 흔히 이용한다.

보기 1 $a>b$, $x>y$일 때, 다음 두 식의 대소를 비교하시오.

$$2(ax+by),\quad (a+b)(x+y)$$

연구 $2(ax+by)-(a+b)(x+y)=(2ax+2by)-(ax+ay+bx+by)$
$=ax-ay-bx+by=a(x-y)-b(x-y)$
$=(a-b)(x-y)$

그런데 $a-b>0$, $x-y>0$이므로 $(a-b)(x-y)>0$

$$\therefore\ 2(ax+by)>(a+b)(x+y)$$

보기 2 $a\ge0$, $b\ge0$일 때, 다음 두 식의 대소를 비교하시오.

$$\sqrt{2(a+b)},\quad \sqrt{a}+\sqrt{b}$$

연구 $\{\sqrt{2(a+b)}\}^2-(\sqrt{a}+\sqrt{b})^2=2(a+b)-(a+2\sqrt{ab}+b)$

$$=a-2\sqrt{ab}+b=(\sqrt{a}-\sqrt{b})^2\ge0$$

곧, $\{\sqrt{2(a+b)}\}^2\ge(\sqrt{a}+\sqrt{b})^2$

그런데 $\sqrt{2(a+b)}\ge0$, $\sqrt{a}+\sqrt{b}\ge0$이므로

$$\boldsymbol{\sqrt{2(a+b)}\ge\sqrt{a}+\sqrt{b}}$$ (등호는 $\boldsymbol{a=b}$일 때 성립)

보기 3 3^{30}과 10^{15}의 대소를 비교하시오.

연구 $\dfrac{3^{30}}{10^{15}}=\dfrac{(3^2)^{15}}{10^{15}}=\left(\dfrac{3^2}{10}\right)^{15}=\left(\dfrac{9}{10}\right)^{15}<1$

그런데 $3^{30}>0$, $10^{15}>0$이므로 $\boldsymbol{3^{30}<10^{15}}$

2 절대부등식

이를테면 $x^2+2>0$과 같은 부등식은 x에 어떤 실수를 대입해도 항상 성립한다. 이와 같이 부등식의 문자에 어떤 실수를 대입해도 항상 성립하는 부등식을 절대부등식이라 하고, 절대부등식에서 그것이 항상 성립함을 보이는 것을 부등식을 증명한다고 말한다.

다음의 기본적인 절대부등식은 문제 해결에 자주 이용되므로 공식처럼 기억해 두는 것이 좋다.

기본정석 — 기본적인 절대부등식

$\boldsymbol{a}$, $\boldsymbol{b}$, $\boldsymbol{c}$가 실수일 때

(1) $\boldsymbol{a^2\pm2ab+b^2\ge0}$ (등호는 $\boldsymbol{a=\mp b}$일 때 성립, 복부호동순)

(2) $\boldsymbol{a^2+b^2+c^2-ab-bc-ca\ge0}$ (등호는 $\boldsymbol{a=b=c}$일 때 성립)

Advice | 기본적인 절대부등식의 증명은

정석 x가 실수이면 $\boldsymbol{x^2\ge0}$ (등호는 $\boldsymbol{x=0}$일 때 성립)

을 이용한다.

(1) $a^2\pm2ab+b^2=(a\pm b)^2\ge0$ (등호는 $a=\mp b$일 때 성립, 복부호동순)

(2) $a^2+b^2+c^2-ab-bc-ca=\dfrac{1}{2}(2a^2+2b^2+2c^2-2ab-2bc-2ca)$

$$=\frac{1}{2}\{(a^2-2ab+b^2)+(b^2-2bc+c^2)+(c^2-2ca+a^2)\}$$

$$=\frac{1}{2}\{(a-b)^2+(b-c)^2+(c-a)^2\}$$

그런데 a, b, c는 실수이므로 $(a-b)^2\ge0,\ (b-c)^2\ge0,\ (c-a)^2\ge0$

$$\therefore\ a^2+b^2+c^2-ab-bc-ca\ge0$$

등호는 $a-b=0,\ b-c=0,\ c-a=0$, 곧 $a=b=c$일 때 성립한다.

* ***Note*** (1), (2)와 같이 등호를 포함하는 부등식의 경우는 등호가 성립하는 조건을 반드시 밝혀야 한다.

보기 4 $a>0,\ b>0,\ c>0$일 때, 다음 부등식을 증명하시오.

$$a^3+b^3+c^3-3abc\ge0$$

연구 $a^3+b^3+c^3-3abc=(a+b+c)(a^2+b^2+c^2-ab-bc-ca)$

$$=\frac{1}{2}(a+b+c)\{(a-b)^2+(b-c)^2+(c-a)^2\}$$

그런데 $a>0,\ b>0,\ c>0$이므로 $a+b+c>0$이고,
$(a-b)^2\ge0,\ (b-c)^2\ge0,\ (c-a)^2\ge0$이다.

$$\therefore\ a^3+b^3+c^3-3abc\ge0\ (\text{등호는 } a=b=c\text{일 때 성립})$$

3 산술 · 기하 · 조화평균

두 양수 a, b에 대하여

$$\frac{a+b}{2},\quad \sqrt{ab},\quad \frac{2ab}{a+b}$$

를 각각 a와 b의 산술평균, 기하평균, 조화평균이라고 한다.

기본정석 — **산술 · 기하 · 조화평균의 대소**

두 양수 a와 b의 산술평균, 기하평균, 조화평균 사이에는

정석 $$\frac{a+b}{2}\ge\sqrt{ab}\ge\frac{2ab}{a+b}$$

인 관계가 성립한다. 단, 등호는 $a=b$일 때 성립한다.

Advice | 이 대소 관계는 다음과 같이 증명한다.

$$\frac{a+b}{2}-\sqrt{ab}=\frac{a+b-2\sqrt{ab}}{2}=\frac{(\sqrt{a})^2-2\sqrt{a}\sqrt{b}+(\sqrt{b})^2}{2}$$

$$=\frac{(\sqrt{a}-\sqrt{b})^2}{2}\ge0\quad \therefore\ \frac{a+b}{2}\ge\sqrt{ab}\qquad \cdots\cdots①$$

$$\sqrt{ab}-\frac{2ab}{a+b}=\frac{\sqrt{ab}(a+b)-2ab}{a+b}=\frac{\sqrt{ab}(a+b-2\sqrt{ab})}{a+b}$$

$$=\frac{\sqrt{ab}(\sqrt{a}-\sqrt{b})^2}{a+b}\ge0\quad \therefore\ \sqrt{ab}\ge\frac{2ab}{a+b}\qquad \cdots\cdots②$$

①, ②로부터 $\dfrac{a+b}{2}\ge\sqrt{ab}\ge\dfrac{2ab}{a+b}$ (등호는 $a=b$일 때 성립)

보기 5 a, b가 양수일 때, 다음 부등식을 증명하시오.

(1) $a+\dfrac{1}{a}\ge 2$ (2) $\dfrac{a}{b}+\dfrac{b}{a}\ge 2$

연구 a, b가 양수일 때

정석 $\boldsymbol{a+b\ge 2\sqrt{ab}}$ (등호는 $\boldsymbol{a=b}$일 때 성립)

를 이용한다.

(1) $a+\dfrac{1}{a}\ge 2\sqrt{a\times\dfrac{1}{a}}=2$ $\left(\text{등호는 } a=\dfrac{1}{a}, \text{ 곧 } a=1\text{일 때 성립}\right)$

(2) $\dfrac{a}{b}+\dfrac{b}{a}\ge 2\sqrt{\dfrac{a}{b}\times\dfrac{b}{a}}=2$ $\left(\text{등호는 } \dfrac{a}{b}=\dfrac{b}{a}, \text{ 곧 } a=b\text{일 때 성립}\right)$

4 이차부등식과 절대부등식

이를테면 이차부등식 $x^2+2x+2>0$이 x에 관한 절대부등식임을 증명할 때에는 다음과 같이 완전제곱식을 이용하여 증명하면 된다.

$x^2+2x+2=(x+1)^2+1$에서 $(x+1)^2\ge 0$이므로

$$(x+1)^2+1>0 \qquad \therefore\ x^2+2x+2>0$$

또, 이차부등식 $ax^2+2x+2>0$이 x에 관한 절대부등식이 되기 위한 실수 a의 조건을 찾을 때에도 위와 같이 완전제곱식을 이용할 수 있다. 그러나 이런 경우에는 공통수학**1**에서 공부한

정석 모든 실수 x에 대하여 $\boldsymbol{ax^2+bx+c>0\ (a\ne 0)}$
$\iff$ $\boldsymbol{a>0}$이고 $\boldsymbol{D=b^2-4ac<0}$

을 이용하는 것이 편할 때도 있다.

곧, 이차부등식 $ax^2+2x+2>0$이 x에 관한 절대부등식이려면

$$a>0\text{이고 } D/4=1-2a<0 \qquad \therefore\ a>\frac{1}{2}$$

*Note 1° 이차부등식 $ax^2+bx+c>0$이 x에 관한 절대부등식이라는 말은 모든 실수 x에 대하여 이차부등식 $ax^2+bx+c>0$이 성립한다는 뜻이다.

2° 일반적으로 '~이 되기 위한 조건'이라고 표현할 때의 '조건'은 '필요충분조건'을 간단히 표현한 것이라고 이해하면 된다.

보기 6 이차부등식 $x^2+2ax+4>0$이 x에 관한 절대부등식이 되도록 실수 a의 값의 범위를 정하시오.

연구 (방법 **1**) $x^2+2ax+4=(x+a)^2-a^2+4$

여기에서 $(x+a)^2\ge 0$이므로 $x^2+2ax+4>0$이려면 $-a^2+4>0$

$$\therefore\ a^2-4<0 \qquad \therefore\ \boldsymbol{-2<a<2}$$

(방법 **2**) $D/4=a^2-4<0$에서 $\boldsymbol{-2<a<2}$

기본 문제 **8**-3 다음 부등식을 증명하시오.

(1) $a>b>0$일 때 $\sqrt{a-b}>\sqrt{a}-\sqrt{b}$

(2) a, b가 실수일 때 $|a|+|b|\geq|a+b|$

정석연구 근호나 절댓값 기호를 포함한 부등식을 증명할 때에는 흔히 양변을 제곱한 다음 한 식에서 다른 식을 빼서 그 부호를 조사해 본다.

정석 $A\geq 0$, $B\geq 0$일 때 $A^2\geq B^2 \iff A\geq B$

A, B의 양, 음에 관계없이 $A^2\geq B^2 \iff |A|\geq|B|$

모범답안 (1) $a>b>0$이므로

$$(\sqrt{a-b})^2-(\sqrt{a}-\sqrt{b})^2=(a-b)-(a-2\sqrt{ab}+b)$$
$$=2\sqrt{ab}-2b=2\sqrt{b}(\sqrt{a}-\sqrt{b})>0$$
$$\therefore (\sqrt{a-b})^2>(\sqrt{a}-\sqrt{b})^2$$

그런데 $\sqrt{a-b}>0$, $\sqrt{a}-\sqrt{b}>0$이므로 $\sqrt{a-b}>\sqrt{a}-\sqrt{b}$

(2) $$(|a|+|b|)^2-|a+b|^2=|a|^2+2|a||b|+|b|^2-|a+b|^2$$
$$=a^2+2|ab|+b^2-(a+b)^2$$
$$=a^2+2|ab|+b^2-a^2-2ab-b^2$$
$$=2(|ab|-ab)$$

그런데 $ab\geq 0$이면 $|ab|-ab=ab-ab=0$ (등호 성립)

$ab<0$이면 $|ab|-ab=-ab-ab=-2ab>0$

$\therefore (|a|+|b|)^2-|a+b|^2\geq 0$ 곧, $(|a|+|b|)^2\geq|a+b|^2$

그런데 $|a|+|b|\geq 0$, $|a+b|\geq 0$이므로

$|a|+|b|\geq|a+b|$ (등호는 $ab\geq 0$일 때 성립)

Advice | 절댓값 계산에 있어서

정석 A, B가 실수일 때

$|A|^2=A^2$, $|A||B|=|AB|$

와 같은 계산은 자유롭게 해도 좋다.

그러나 이를테면 $A=3$, $B=-2$일 때에는 $|A|+|B|=|A+B|$가 성립하지 않는다.

$|A|+|B|=|A+B|$는 $AB\geq 0$일 때에만 성립

한다는 것에 주의해야 한다.

유제 **8**-4. a, b가 실수일 때, 다음 부등식을 증명하시오.

(1) $\sqrt{2(a^2+b^2)}\geq|a|+|b|$ (2) $|a+b|\geq|a|-|b|$

기본 문제 **8**-4 a, b, c, d가 양수일 때, 다음 부등식을 증명하시오.

(1) $\left(\frac{a}{b}+\frac{c}{d}\right)\left(\frac{b}{a}+\frac{d}{c}\right) \geq 4$ (2) $(a+b)(b+c)(c+a) \geq 8abc$

정석연구 (산술평균)≥(기하평균)의 관계를 이용한다. 이때, 등호가 성립하는 조건을 반드시 밝혀야 한다.

정 석 $\boldsymbol{a, b}$가 양수일 때

$$\frac{\boldsymbol{a+b}}{2} \geq \sqrt{\boldsymbol{ab}} \text{ (등호는 } \boldsymbol{a=b} \text{일 때 성립)}$$

모범답안 (1) $a>0, b>0, c>0, d>0$이므로

$$\frac{a}{b}+\frac{c}{d} \geq 2\sqrt{\frac{a}{b} \times \frac{c}{d}}, \quad \frac{b}{a}+\frac{d}{c} \geq 2\sqrt{\frac{b}{a} \times \frac{d}{c}}$$

이 두 식의 양변은 각각 양수이고, 두 식에서 등호는 $\frac{a}{b}=\frac{c}{d}, \frac{b}{a}=\frac{d}{c}$, 곧 $ad=bc$일 때 성립한다.

변끼리 곱하면

$$\left(\frac{a}{b}+\frac{c}{d}\right)\left(\frac{b}{a}+\frac{d}{c}\right) \geq 4\sqrt{\frac{ac}{bd}}\sqrt{\frac{bd}{ac}}=4$$

$$\therefore \left(\frac{a}{b}+\frac{c}{d}\right)\left(\frac{b}{a}+\frac{d}{c}\right) \geq 4 \text{ (등호는 } ad=bc \text{일 때 성립)}$$

(2) $a>0, b>0, c>0$이므로

$$\frac{a+b}{2} \geq \sqrt{ab}, \quad \frac{b+c}{2} \geq \sqrt{bc}, \quad \frac{c+a}{2} \geq \sqrt{ca}$$

이 세 식의 양변은 각각 양수이고, 세 식에서 등호는 $a=b, b=c, c=a$, 곧 $a=b=c$일 때 성립한다.

변끼리 곱하면

$$\frac{a+b}{2} \times \frac{b+c}{2} \times \frac{c+a}{2} \geq \sqrt{ab}\sqrt{bc}\sqrt{ca}$$

$$\therefore (a+b)(b+c)(c+a) \geq 8abc \text{ (등호는 } a=b=c \text{일 때 성립)}$$

Advice (1) 다음과 같이 주어진 식의 좌변을 전개하여 증명해도 된다.

$$\left(\frac{a}{b}+\frac{c}{d}\right)\left(\frac{b}{a}+\frac{d}{c}\right)=1+\frac{ad}{bc}+\frac{bc}{ad}+1$$

$$\geq 2+2\sqrt{\frac{ad}{bc} \times \frac{bc}{ad}}=4 \text{ (등호는 } ad=bc \text{일 때 성립)}$$

유제 **8**-5. a, b, c가 양수일 때, 다음 부등식을 증명하시오.

(1) $\left(a+\frac{1}{b}\right)\left(b+\frac{1}{a}\right) \geq 4$ (2) $\left(\frac{a}{b}+\frac{b}{c}\right)\left(\frac{b}{c}+\frac{c}{a}\right)\left(\frac{c}{a}+\frac{a}{b}\right) \geq 8$

기본 문제 **8**-5 다음 물음에 답하시오.

(1) a, b, x, y가 실수일 때, 다음 부등식을 증명하시오.

$$(a^2+b^2)(x^2+y^2)\ge(ax+by)^2$$

(2) x, y가 실수이고 $x^2+y^2=2$일 때, $3x+y$의 값의 범위를 구하시오.

정석연구 (1) 한 식에서 다른 식을 빼서 그 부호를 조사한다.

정석 $P\ge Q \iff P-Q\ge 0$

(2) (1)에서 $a=3,\ b=1,\ x^2+y^2=2$인 경우를 생각한다.

모범답안 (1) $(a^2+b^2)(x^2+y^2)-(ax+by)^2$

$$=a^2x^2+a^2y^2+b^2x^2+b^2y^2-(a^2x^2+2abxy+b^2y^2)$$
$$=b^2x^2-2abxy+a^2y^2=(bx-ay)^2$$

그런데 a, b, x, y는 실수이므로 $(bx-ay)^2\ge 0$

$\therefore\ (a^2+b^2)(x^2+y^2)\ge(ax+by)^2$ (등호는 $bx=ay$일 때 성립)

(2) (1)의 결과에 $a=3,\ b=1,\ x^2+y^2=2$를 대입하면

$$(3^2+1^2)\times 2\ge(3x+y)^2 \qquad \therefore\ -2\sqrt{5}\le 3x+y\le 2\sqrt{5}$$

등호는 $x=3y$일 때 성립한다. 답 $\boldsymbol{-2\sqrt{5}\le 3x+y\le 2\sqrt{5}}$

Advice 1° 일반적으로 a, b, x, y가 실수일 때, 다음이 성립한다.

정석 $\boldsymbol{(a^2+b^2)(x^2+y^2)\ge(ax+by)^2}$

단, 등호는 $\dfrac{a}{x}=\dfrac{b}{y}$일 때 성립한다.

이와 같은 부등식을 코시-슈바르츠 부등식이라고 한다.

2° (2)에서 $3x+y=k$로 놓고 $y=-3x+k$를 $x^2+y^2=2$에 대입한 다음 판별식을 이용하여 k의 값의 범위를 구할 수도 있다.

3° (2)의 결과로부터 $3x+y$의 최댓값은 $2\sqrt{5}$이고 최솟값은 $-2\sqrt{5}$임을 알 수 있다. 이와 같이 코시-슈바르츠 부등식은 최댓값, 최솟값을 구하는 데 이용된다. ⇦ p. 153 보기 3, p. 157 참조

유제 **8**-6. a, b, x, y가 실수이고 $a^2+b^2=1,\ x^2+y^2=1$일 때, $-1\le ax+by\le 1$임을 증명하시오.

유제 **8**-7. a, b가 실수일 때, 다음 부등식을 증명하시오.

$$(a^2+1)(b^2+1)\ge(ab+1)^2$$

유제 **8**-8. a, b가 음이 아닌 실수이고 $(a^2+1)(b^2+1)=25$일 때, ab의 값의 범위를 구하시오. 답 $\boldsymbol{0\le ab\le 4}$

§3. 절대부등식의 활용

공통수학1에서는 최대와 최소에 관한 문제를 해결하는 방법으로 완전제곱꼴로 변형하거나 판별식을 이용하는 방법을 공부하였다. 여기서는 산술평균과 기하평균의 관계나 코시-슈바르츠 부등식을 이용하는 방법을 공부해 보자.

기본정석 — 여러 가지 절대부등식

(1) 산술평균과 기하평균의 관계

a, b가 양수일 때 $\dfrac{a+b}{2}\ge\sqrt{ab}$

단, 등호는 $a=b$일 때 성립한다.

(2) 코시-슈바르츠 부등식

a, b, x, y가 실수일 때 $(a^2+b^2)(x^2+y^2)\ge(ax+by)^2$

단, 등호는 $\dfrac{a}{x}=\dfrac{b}{y}$일 때 성립한다.

보기 1 $x>0$, $y>0$이고 $x+y=10$일 때, xy의 최댓값을 구하시오.

연구 $\dfrac{x+y}{2}\ge\sqrt{xy}$에 $x+y=10$을 대입하면 $\dfrac{10}{2}\ge\sqrt{xy}$

양변을 제곱하면 $25\ge xy$ 곧, $xy\le25$

등호는 $x=y=5$일 때 성립하고, xy의 최댓값은 **25**

보기 2 $x>0$, $y>0$이고 $xy=100$일 때, $x+y$의 최솟값을 구하시오.

연구 $\dfrac{x+y}{2}\ge\sqrt{xy}$에 $xy=100$을 대입하면 $\dfrac{x+y}{2}\ge\sqrt{100}$

$\therefore\ x+y\ge20$

등호는 $x=y=10$일 때 성립하고, $x+y$의 최솟값은 **20**

보기 3 x, y가 실수이고 $x^2+y^2=9$일 때, $3x+4y$의 최댓값과 최솟값을 구하시오.

연구 $(a^2+b^2)(x^2+y^2)\ge(ax+by)^2$에 $x^2+y^2=9$, $a=3$, $b=4$를 대입하면

$(3^2+4^2)\times9\ge(3x+4y)^2$ $\therefore\ -15\le3x+4y\le15$

따라서 $\dfrac{3}{x}=\dfrac{4}{y}$일 때, 곧 $x=\pm\dfrac{9}{5}$, $y=\pm\dfrac{12}{5}$(복부호동순)일 때,

$3x+4y$의 최댓값 **15**, 최솟값 **−15**

기본 문제 **8**-6 $x>0,\ y>0$일 때, 다음 물음에 답하시오.

(1) $(2x+3y)\left(\dfrac{8}{x}+\dfrac{3}{y}\right)$의 최솟값을 구하시오.

(2) $3x+2y=10$일 때, $\sqrt{3x}+\sqrt{2y}$의 최댓값을 구하시오.

정석연구 (2)에서는 먼저 $(\sqrt{3x}+\sqrt{2y})^2$의 최댓값을 생각해 본다.

정석 a, b가 양수일 때 $\dfrac{a+b}{2}\ge\sqrt{ab}$ (등호는 $a=b$일 때 성립)

모범답안 (1) $x>0,\ y>0$이므로

$$(2x+3y)\left(\frac{8}{x}+\frac{3}{y}\right)=2x\times\frac{8}{x}+2x\times\frac{3}{y}+3y\times\frac{8}{x}+3y\times\frac{3}{y}$$
$$=\frac{6x}{y}+\frac{24y}{x}+25\ge2\sqrt{\frac{6x}{y}\times\frac{24y}{x}}+25=24+25=49$$

등호는 $\dfrac{6x}{y}=\dfrac{24y}{x}$, 곧 $x=2y$일 때 성립하고, 최솟값은 **49** ← 답

(2) $x>0,\ y>0,\ 3x+2y=10$이므로

$$(\sqrt{3x}+\sqrt{2y})^2=3x+2\sqrt{3x\times2y}+2y=10+2\sqrt{3x\times2y} \quad \Leftarrow 3x+2y=10$$
$$\le10+(3x+2y)=10+10=20 \quad \Leftarrow 2\sqrt{3x\times2y}\le3x+2y$$

곧, $(\sqrt{3x}+\sqrt{2y})^2\le20$에서 $\sqrt{3x}+\sqrt{2y}\le2\sqrt{5}$

등호는 $3x=2y=5$일 때 성립하고, 최댓값은 $\mathbf{2\sqrt{5}}$ ← 답

**Note* (1)에서 「$(2x+3y)\left(\dfrac{8}{x}+\dfrac{3}{y}\right)\ge(2\sqrt{2x\times3y})\left(2\sqrt{\dfrac{8}{x}\times\dfrac{3}{y}}\right)=48$이므로 최솟값은 48이다.」라고 답해서는 안 된다.

왜냐하면 아래와 같이 두 부등식에서 등호가 성립하는 조건이 다르기 때문이다.

$2x+3y\ge2\sqrt{2x\times3y}$에서 등호는 $2x=3y$일 때 성립한다.

$\dfrac{8}{x}+\dfrac{3}{y}\ge2\sqrt{\dfrac{8}{x}\times\dfrac{3}{y}}$에서 등호는 $\dfrac{8}{x}=\dfrac{3}{y}$일 때 성립한다.

유제 **8**-9. $x>0,\ y>0$일 때, 다음 식의 최솟값을 구하시오.

(1) $x+\dfrac{4}{x}$ (2) $(2x+y)\left(\dfrac{8}{x}+\dfrac{1}{y}\right)$

답 (1) **4** (2) **25**

유제 **8**-10. 다음 식의 최솟값을 구하시오.

(1) $x>0$일 때, $x+\dfrac{1}{x}+\dfrac{4x}{x^2+1}$ (2) $x>-1$일 때, $x+\dfrac{9}{x+1}$

답 (1) **4** (2) **5**

유제 **8**-11. $x>0,\ y>0$이고 $x+y=50$일 때, $\sqrt{x}+\sqrt{y}$의 최댓값을 구하시오.

답 **10**

기본 문제 8-7 다음 물음에 답하시오.

(1) $x>0$, $y>0$이고 $xy=6$일 때, $4x^2+9y^2$의 최솟값과 이때 x, y의 값을 구하시오.

(2) $x>0$, $y>0$이고 $x+y=4$일 때, $\dfrac{y+1}{x}+\dfrac{x+1}{y}$의 최솟값과 이때 x, y의 값을 구하시오.

정석연구 (1)은 곱이 일정한 경우이고, (2)는 합이 일정한 경우이다.

이와 같이 합 또는 곱이 일정한 경우의 최대·최소는 (산술평균)≥(기하평균)의 관계를 이용하여 구한다.

정석 $\boldsymbol{a}$, $\boldsymbol{b}$가 양수일 때

$$\frac{a+b}{2}\ge\sqrt{ab} \text{ (등호는 } a=b\text{일 때 성립)}$$

모범답안 (1) $x>0$, $y>0$이므로 (산술평균)≥(기하평균)의 관계에서

$$4x^2+9y^2\ge2\sqrt{4x^2\times9y^2}=12xy$$

그런데 $xy=6$이므로 $4x^2+9y^2\ge72$이고, 등호는

$$4x^2=9y^2=36 \quad \text{곧, } x=3,\ y=2\ (\because\ x>0,\ y>0)$$

일 때 성립한다. 답 **최솟값 72, $x=3$, $y=2$**

(2) $$\frac{y+1}{x}+\frac{x+1}{y}=\frac{y^2+y+x^2+x}{xy}=\frac{(x+y)^2-2xy+(x+y)}{xy}$$

$$=\frac{4^2-2xy+4}{xy}=\frac{20}{xy}-2$$

$x>0$, $y>0$이므로 (산술평균)≥(기하평균)의 관계에서

$$x+y\ge2\sqrt{xy}$$

여기서 $x+y=4$이므로 $0<xy\le4$이고, 등호는 $x=y=2$일 때 성립한다.

이때, $\dfrac{1}{xy}\ge\dfrac{1}{4}$ $\quad\therefore\ \dfrac{y+1}{x}+\dfrac{x+1}{y}\ge20\times\dfrac{1}{4}-2=3$

답 **최솟값 3, $x=2$, $y=2$**

유제 **8**-12. $x>0$, $y>0$일 때, 다음 물음에 답하시오.

(1) $x+4y=12$일 때, xy의 최댓값을 구하시오.

(2) $xy=1$일 때, $\dfrac{2}{x}+\dfrac{8}{y}$의 최솟값을 구하시오.

(3) $xy=2$일 때, x^2+2y^2의 최솟값을 구하시오.

(4) $x+2y=4$일 때, $\dfrac{2}{x}+\dfrac{1}{y}$의 최솟값을 구하시오.

답 (1) **9** (2) **8** (3) **$4\sqrt{2}$** (4) **2**

기본 문제 **8**-8 반지름의 길이가 $\sqrt{3}$ 인 원에 내접하는 직사각형 중에서 넓이가 최대인 것은 정사각형임을 증명하고, 그 정사각형의 넓이를 구하시오.

정석연구 직사각형의 이웃하는 두 변의 길이를 각각 x, y라고 하면 대각선의 길이는 $\sqrt{x^2+y^2}$이고, 넓이는 xy이다.

직사각형이 원에 내접하므로 직사각형의 대각선의 길이는 원의 지름의 길이와 같다. 곧, $\sqrt{x^2+y^2}=2\sqrt{3}$ 이다.

여기서 (산술평균)≥(기하평균)의 관계를 이용한다.

정 석 $\boldsymbol{a}$, $\boldsymbol{b}$가 양수일 때

$$\frac{a+b}{2}\ge\sqrt{ab} \text{ (등호는 } a=b\text{일 때 성립)}$$

모범답안 직사각형의 이웃하는 두 변의 길이를 각각 x, y라고 하자.

직사각형의 대각선의 길이는 원의 지름의 길이와 같으므로

$$\sqrt{x^2+y^2}=2\sqrt{3} \qquad \therefore\ x^2+y^2=12 \qquad \cdots\cdots ㉮$$

또, 직사각형의 넓이는 xy이다.

이때, $x^2>0$, $y^2>0$이므로 (산술평균)≥(기하평균)의 관계에서

$$x^2+y^2\ge2\sqrt{x^2y^2} \text{ (등호는 } x^2=y^2\text{일 때 성립)}$$

여기에 ㉮을 대입하면 $\sqrt{x^2y^2}\le6$

$x>0$, $y>0$이므로 $0<xy\le6$ (등호는 $x=y=\sqrt{6}$ 일 때 성립)

따라서 넓이가 최대인 것은 정사각형이고, 이때 넓이는 **6** ← 답

유제 **8**-13. 길이가 36 cm인 철사를 모두 사용하여 오른쪽 그림과 같이 안쪽에 칸막이가 있는 직사각형 모양의 도형을 만들 때, 이 도형의 넓이의 최댓값을 구하시오.

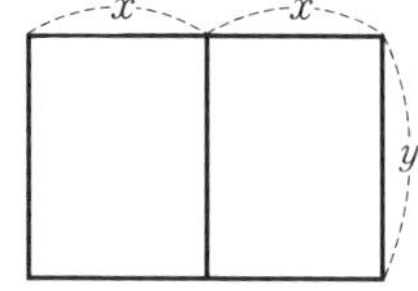

답 **54 cm²**

유제 **8**-14. 부피가 450 cm³이고 높이가 9 cm인 직육면체 모양의 상자를 오른쪽 그림의 점선을 따라 끈으로 묶으려고 한다. 매듭의 길이는 생각하지 않기로 할 때, 최소 몇 cm의 끈을 준비해야 하는가?

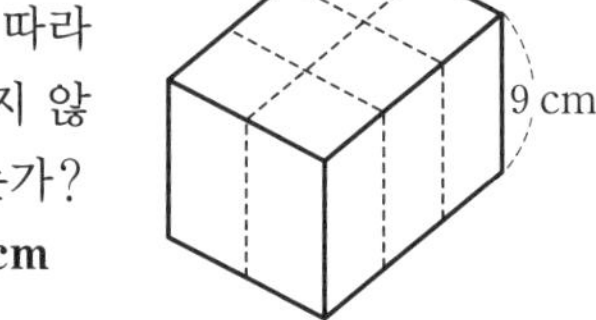

답 **94 cm**

기본 문제 8-9 직각을 낀 두 변의 길이가 각각 4, 6인 직각삼각형의 빗변 위에 점 P가 있다. 점 P와 빗변이 아닌 두 변 사이의 거리를 각각 a, b라고 할 때, a^2+b^2의 최솟값을 구하시오.

정석연구 먼저 a, b 사이의 관계를 구해 본다.

오른쪽 그림과 같이 $\overline{AC}=4$, $\overline{BC}=6$, $\angle C=90^\circ$인 직각삼각형 ABC의 빗변 위의 점 P에서 두 변 BC, AC에 내린 수선의 발을 각각 H, H′이라 하고, $\overline{PH}=a$, $\overline{PH'}=b$라고 하자. 이때,

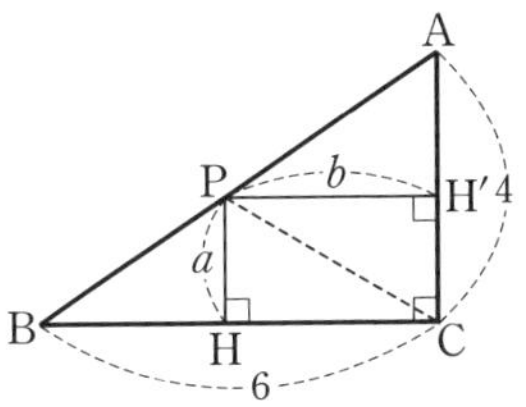

$$\triangle ABC=\triangle PBC+\triangle PCA$$
$$=\frac{1}{2}\times\overline{BC}\times a+\frac{1}{2}\times\overline{AC}\times b$$

이므로 △ABC의 넓이와 두 변의 길이를 알면 a, b 사이의 관계를 구할 수 있다. 이렇게 구한 a, b 사이의 관계를 알고 a^2+b^2의 최솟값을 구할 때에는 코시-슈바르츠 부등식을 이용하면 된다.

정석 $\boldsymbol{a}, \boldsymbol{b}, \boldsymbol{x}, \boldsymbol{y}$가 실수일 때 $\boldsymbol{(a^2+b^2)(x^2+y^2)\ge(ax+by)^2}$

단, 등호는 $\dfrac{a}{x}=\dfrac{b}{y}$일 때 성립한다.

모범답안 위의 그림에서 △ABC=△PBC+△PCA이므로

$$\frac{1}{2}\times6\times4=\frac{1}{2}\times6\times a+\frac{1}{2}\times4\times b \qquad \therefore\ 3a+2b=12 \qquad \cdots\cdots㉮$$

코시-슈바르츠 부등식에서 ⇦ $x=3$, $y=2$를 대입

$$(a^2+b^2)(3^2+2^2)\ge(3a+2b)^2$$

$$\therefore\ 13(a^2+b^2)\ge12^2 \qquad \therefore\ a^2+b^2\ge\frac{144}{13}$$

등호는 $\dfrac{a}{3}=\dfrac{b}{2}$일 때 성립한다. 답 $\boldsymbol{\dfrac{144}{13}}$

*Note $\dfrac{a}{3}=\dfrac{b}{2}$에서 $b=\dfrac{2}{3}a$이고, 이것을 ㉮에 대입하면

$$3a+\frac{4}{3}a=12 \qquad \therefore\ a=\frac{36}{13},\ b=\frac{24}{13}$$

따라서 등호는 $a=\dfrac{36}{13}$, $b=\dfrac{24}{13}$일 때 성립한다.

유제 **8**-15. 넓이가 10인 삼각형 ABC의 변 BC 위에 점 P가 있다. △ABP, △APC의 넓이를 각각 S_1, S_2라고 할 때, ${S_1}^2+{S_2}^2$의 최솟값을 구하시오. 답 **50**

연습문제 8

8-1 x, y가 실수일 때, 다음 명제가 참임을 증명하시오.

(1) $x+y>0$이면 $x>0$ 또는 $y>0$이다.

(2) a, b가 양수일 때, $ax+by>0$이면 $x>0$ 또는 $y>0$이다.

8-2 a, b가 자연수일 때, $a+b$가 홀수이면 a, b 중 하나는 홀수이고 다른 하나는 짝수임을 증명하시오.

8-3 $a>1$일 때, 다음 세 수의 대소를 비교하시오.

$$1,\quad \frac{a}{a-1},\quad \frac{a+1}{a}$$

8-4 $a>1, b>1, c>1$일 때, 다음 부등식을 증명하시오.

(1) $ab+1>a+b$

(2) $abc+1>ab+c$

(3) $abc+2>a+b+c$

8-5 $a>0, b>0, a+b=1$이고, $A=ax+by, B=bx+ay$일 때, AB와 xy의 대소를 비교하시오. 단, x, y는 실수이다.

8-6 a, b, x, y가 양수이고 $a+b=1$일 때, 다음 부등식을 증명하시오.

(1) $a^2+b^2>a^3+b^3$

(2) $\sqrt{ax+by}\geq a\sqrt{x}+b\sqrt{y}$

8-7 두 실수 x, y에 대하여 $x\circ y$를 다음과 같이 정의하자.

$$x\geq y \text{일 때 } x\circ y=x, \quad x<y \text{일 때 } x\circ y=y$$

서로 다른 네 실수로 이루어진 집합 $A=\{a, b, c, d\}$에 대하여

(가) A의 모든 원소 x에 대하여 $x\circ a=x$이다.

(나) $c\circ d<c\circ b$

가 성립할 때, 다음 중 옳은 것은?

① $a<b<c$ ② $a<c<b$ ③ $b<c<a$

④ $b<d<a$ ⑤ $d<b<c$

8-8 a, b가 양수일 때, 다음 부등식을 증명하시오.

(1) $\dfrac{a^3+b^3}{2}\geq\left(\dfrac{a+b}{2}\right)^3$

(2) $(a+b)\left(\dfrac{1}{a}+\dfrac{1}{b}\right)\geq 4$

8-9 모든 실수 x, y에 대하여 부등식

$$x^2+4xy+5y^2+2x+2y+k>0$$

이 성립하도록 실수 k의 값의 범위를 정하시오.

8-10 $a>0$이고 $b^2-4ac<0$일 때, 모든 실수 x, y에 대하여 부등식

$$ax^2+bxy+cy^2\geq 0$$

이 성립함을 증명하시오. 단, a, b, c는 실수이다.

8-11 세 실수 x, y, z에 대하여

$$x^2+yz\leq 1, \quad y^2+zx\leq 1, \quad z^2+xy\leq 1$$

일 때, $x+y+z$의 최댓값과 최솟값을 구하시오.

8-12 $a>-1, b>-1$이고 $ab+a+b=8$일 때, $a+b$의 최솟값은?

① 4 ② 5 ③ 6 ④ 7 ⑤ 8

8-13 포물선 $y=x^2-2ax+a^2+\dfrac{1}{a}$의 꼭짓점 P와 원점 O 사이의 거리가 최소일 때, 양수 a의 값은?

① 1 ② 2 ③ 3 ④ 4 ⑤ 5

8-14 점 $(1, 4)$를 지나고 기울기가 음수인 직선이 x축, y축과 만나는 점을 각각 A, B라고 할 때, $\overline{\text{OA}}+\overline{\text{OB}}$의 최솟값은? 단, O는 원점이다.

① 6 ② 7 ③ 8
④ 9 ⑤ 10

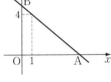

8-15 오른쪽 그림과 같이 $\overline{\text{AB}}=3$, $\overline{\text{BC}}=4$, $\angle\text{B}=90^\circ$인 직각삼각형 ABC의 빗변 위의 한 점 P에서 두 변 AB, BC에 내린 수선의 발을 각각 Q, R이라고 할 때, 사각형 QBRP의 넓이의 최댓값을 구하시오.

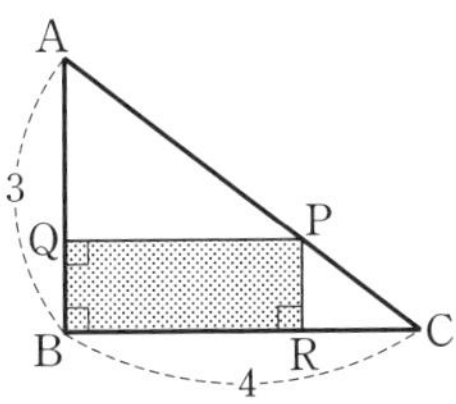

8-16 두 사람 A, B가 같은 거리를 여행하는데, A는 거리의 반을 v_1의 속력으로, 나머지 거리를 v_2의 속력으로 가고, B는 총 걸린 시간 중 반을 v_1의 속력으로, 나머지 시간을 v_2의 속력으로 갔다. A, B의 평균 속력을 각각 v_{A}, v_{B}라고 할 때, v_{A}와 v_{B}의 대소를 비교하시오.

8-17 길이가 12인 선분 AB를 지름으로 하는 원이 있다. 오른쪽 그림과 같이 선분 AB 위의 점 P에 대하여 선분 AP, BP를 각각 대각선으로 하는 정사각형을 그릴 때, 점 찍은 부분의 넓이의 최댓값을 구하시오.

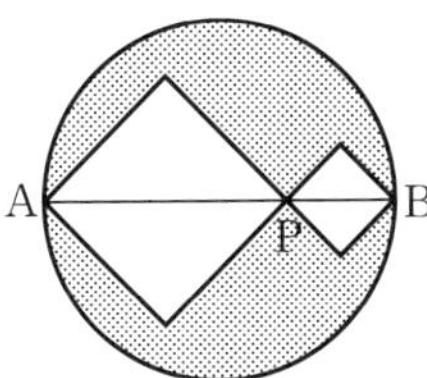

⑨. 함 수

함수／함수의 그래프／일대일대응

§1. 함 수

1 함수의 정의

이를테면 두 집합

$X=\{$서울, 런던, 베이징, 뉴욕$\}$,

$Y=\{$한국, 미국, 영국, 중국$\}$

에 대하여 X에 속하는 각 도시가 Y에 속하는 나라 중에서 어느 나라에 있는지를 조사하여 「$\longrightarrow$」로 짝을 지어 보면 오른쪽과 같다.

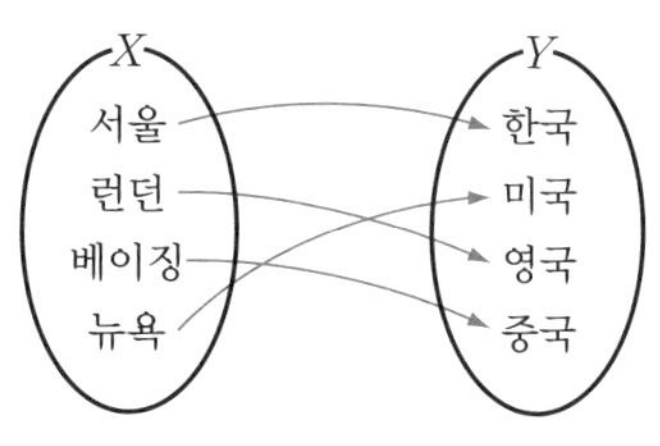

이와 같이 어떤 관계에 의하여 집합 X의 원소에 집합 Y의 원소를 짝지어 주는 것을 집합 X에서 집합 Y로의 대응이라고 한다.

위의 대응에서는 집합 X의 원소를 하나 정하면 그 원소에 대하여

집합 $\boldsymbol{Y}$의 원소가 반드시 그리고 오직 하나만 결정된다

는 사실을 알 수 있다. 이와 같이 집합 X의 각 원소에 집합 Y의 원소가 오직 하나씩 대응할 때, 이 대응을 **집합 $\boldsymbol{X}$에서 집합 $\boldsymbol{Y}$로의 함수**라고 한다.

집합 X에서 집합 Y로의 함수를 f라고 할 때

$$f: X \longrightarrow Y \quad \text{또는} \quad X \xrightarrow{f} Y$$

로 나타내고, 이 함수 f에 의하여 집합 X의 원소 x에 집합 Y의 원소 y가 대응할 때

$$y=f(x)$$

로 나타낸다. 이때, $f(x)$를 함수 f에 의한 x의 **함숫값**이라고 한다.

앞면의 예에서는 함숫값 전체의 집합 {한국, 미국, 영국, 중국}이 집합 Y와 일치하는 경우이지만 일반적으로 집합 X에서 집합 Y로의 함수라고 할 때, 함숫값 전체의 집합이 집합 Y와 일치하지 않아도 된다.

이를테면

$X=\{$서울, 런던, 뉴욕$\}$,

$Y=\{$영국, 미국, 한국, 러시아$\}$

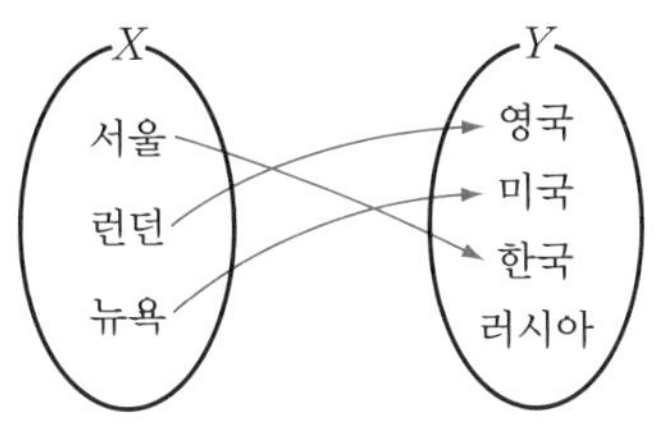

라고 할 때, X의 각 원소에 Y의 원소가 하나씩 대응하므로 이때에도 역시 X에서 Y로의 함수라고 할 수 있다. 이때, 집합 X를 이 함수의 정의역, 집합 Y를 이 함수의 공역이라 하고, 함숫값 전체의 집합 {영국, 미국, 한국}을 이 함수의 치역이라고 한다.

앞면의 예는 치역이 공역과 일치하는 경우이다.

기본정석 — **함수의 정의**

(1) 함수, 함숫값, 독립변수, 종속변수

공집합이 아닌 두 집합 X, Y에 대하여 X의 각 원소에 Y의 원소가 하나씩 대응할 때 이 대응을

X에서 Y로의 함수

라 하고, 이 함수를 f라고 할 때

$\boldsymbol{f : X \longrightarrow Y}$　또는　$\boldsymbol{X \xrightarrow{f} Y}$

로 나타낸다.

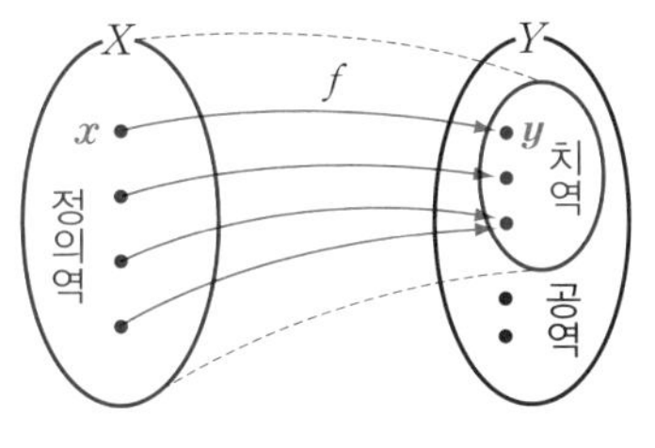

또, 함수 f에 의하여 X의 원소 x에 Y의 원소 y가 대응하는 것을

$$\boldsymbol{f : x \longrightarrow y,\quad x \xrightarrow{f} y,\quad y=f(x)}$$

등으로 나타낸다.

이때, y를 함수 f에 의한 x의 함숫값이라 하고, $\boldsymbol{f(x)}$로 나타낸다. 여기에서 x를 독립변수, y를 종속변수라고도 한다.

(2) 함수의 정의역, 공역, 치역

함수 $f : X \longrightarrow Y$가 있을 때 집합 X를 함수 f의 정의역, 집합 Y를 함수 f의 공역이라고 한다.

또, f에 의한 $x(x\in X)$의 함숫값 전체의 집합 $\{f(x)\,|\,x\in X\}$를 함수 f의 치역이라 하며, $\boldsymbol{f(X)}$로 나타내기도 한다. 이때, 치역 $f(X)$는 공역 Y의 부분집합이다.

보기 1 다음 대응이 집합 X에서 집합 Y로의 함수인지 아닌지 말하고, 함수인 것에 대하여 그 정의역과 치역을 구하시오.

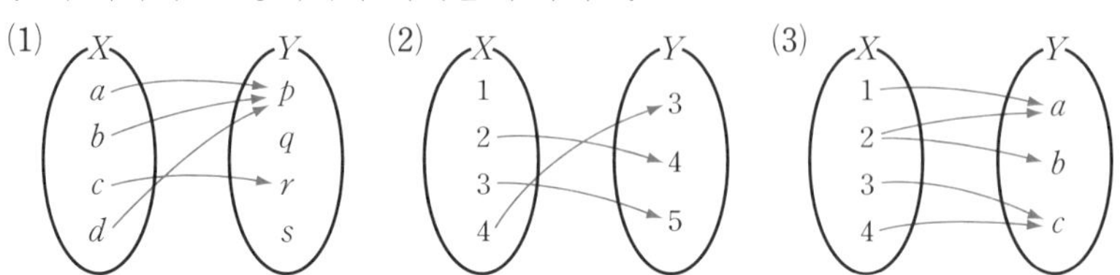

연구 (1) $a \longrightarrow p,\ b \longrightarrow p,\ c \longrightarrow r,\ d \longrightarrow p$와 같이 X의 각 원소에 Y의 원소가 하나씩 대응하므로 함수이다.

이때, 정의역은 $X=\{\boldsymbol{a}, \boldsymbol{b}, \boldsymbol{c}, \boldsymbol{d}\}$이고, 치역은 $f(X)=\{\boldsymbol{p}, \boldsymbol{r}\}$이다.

(2) X의 원소 1에 대응하는 Y의 원소가 없으므로 함수가 아니다.

(3) X의 원소 2에 대응하는 Y의 원소가 a, b의 두 개이므로 함수가 아니다.

정석 집합 X에서 집합 Y로의 함수이면

(i) X의 각 원소에 대응하는 Y의 원소가 반드시 있어야 한다.

(ii) X의 각 원소에 대응하는 Y의 원소가 오직 하나뿐이어야 한다.

보기 2 정의역과 공역이 모두 실수 전체의 집합인 함수 f가 다음과 같을 때, $f(0), f(1), f(2)$의 값을 구하시오.

(1) $f(x)=2x+1$ (2) $f: x \longrightarrow x^2$ (3) $x \overset{f}{\longrightarrow} x^3-1$

연구 다음 방법을 따르면 된다.

x 대신 a를 대입한 것이므로

$$\boldsymbol{f(x)=2x+1} \qquad\qquad \boldsymbol{f(a)=2a+1}$$

x 대신 a를 대입한다

(1) $f(0)=2\times0+1=\mathbf{1},\quad f(1)=2\times1+1=\mathbf{3},\quad f(2)=2\times2+1=\mathbf{5}$

(2) $f(x)=x^2$이므로

$f(0)=0^2=\mathbf{0},\quad f(1)=1^2=\mathbf{1},\quad f(2)=2^2=\mathbf{4}$

(3) $f(x)=x^3-1$이므로

$f(0)=0^3-1=\mathbf{-1},\quad f(1)=1^3-1=\mathbf{0},\quad f(2)=2^3-1=\mathbf{7}$

보기 3 집합 $A=\{x \mid -2<x<3,\ x$는 정수$\}$, $B=\{x \mid x$는 실수$\}$일 때, A에서 B로의 함수 $f: x \longrightarrow x+1$의 치역을 구하시오.

연구 $A=\{-1, 0, 1, 2\}$이고, $f(x)=x+1$이므로

$f(-1)=-1+1=0,\quad f(0)=0+1=1,\quad f(1)=1+1=2,\quad f(2)=2+1=3$

따라서 구하는 치역은 $\{\mathbf{0, 1, 2, 3}\}$

Advice ∥ $f: X \longrightarrow Y,\ x \longrightarrow y$의 의미

우리에게 익숙한 함수 $y=2x+1$을 생각해 보자.

$x=0$일 때　$y=1$　　⇦ $0 \longrightarrow 1$

$x=1$일 때　$y=3$　　⇦ $1 \longrightarrow 3$

……

과 같이 x의 값 하나하나에 y의 값이 하나씩 대응한다.

다시 말하면 $y=2x+1$이라는 함수는 실수 x에 실수 y를 대응시키는 대응 관계 또는 대응 규칙을 나타내는 것이다.

따라서 함수 $y=2x+1$이 주어졌다고 할 때 이것은 정확하게는 실수 x에 실수 $2x+1$을 대응시키는 대응 관계 f가 주어진 것이라고 할 수 있다.

이런 의미에서 $y=2x+1$이라는 함수를

$$f: x \longrightarrow 2x+1$$　⇦ $y=2x+1$과 같은 뜻

이라고 표기하는 것이 더욱 바람직하다.

그러나 이와 같은 대응 관계만을 밝혔다고 해서 함수 $y=2x+1$이 뜻하는 바를 다 밝혔다고 할 수 있을까?

이를테면 이번에는 $y=\sqrt{x}-1$이라는 함수를 생각하자. 이것을

$$f: x \longrightarrow \sqrt{x}-1$$

이라고 써서 대응 관계만을 밝힌다면, 마치 함수 f는 이를테면 -1과 같은 음수에 허수 $\sqrt{-1}-1$을 대응시킬 수도 있다는 인상을 준다. 그런데 고등학교 교육과정에서는 실수 범위에서만 함수를 다루므로 이와 같은 대응은 곤란하다. 그래서 함수 f가 어떤 집합에 속하는 원소에 어떤 집합에 속하는 원소를 대응시키는가를 뚜렷하게 밝혀 줄 필요가 있다. 그러므로

$$X=\{x \mid x \geq 0\},\quad Y=\{y \mid y\text{는 실수}\}$$

라고 할 때, 함수 $y=\sqrt{x}-1$을

$$f: X \longrightarrow Y,\quad x \longrightarrow \sqrt{x}-1$$
$$f: X \longrightarrow Y,\quad y=\sqrt{x}-1$$
$$f: X \longrightarrow Y,\quad f(x)=\sqrt{x}-1$$

등과 같이 「$X \longrightarrow Y$」를 써서 f가 정의되어 있는 집합과 f의 함숫값이 속해 있는 집합을 밝혀 주어야 비로소 완벽한 의미를 지니게 된다.

이때, 위의 기호 표기가 지닌 뜻은 다음과 같이 해석할 수 있다.

'음이 아닌 실수 전체의 집합 X의 임의의 원소 x에 실수 전체의 집합 Y의 원소를 대응시키는 함수 f가 있어, 이 대응 관계는 X의 임의의 원소 x에 Y의 원소 $\sqrt{x}-1$을 대응시키는 것이다.'

함수 $f: X \longrightarrow Y,\ x \longrightarrow \sqrt{x}-1$에서 정의역은 $X=\{x \mid x \geq 0\}$이고, 공역은 $Y=\{y \mid y$는 실수$\}$이다.

그리고 $\sqrt{x} \geq 0$이므로 $\sqrt{x}-1 \geq -1$로부터 함수 f의 치역은 $\{y \mid y \geq -1\}$이 된다.

그러나 함수 $f: X \longrightarrow Y,\ x \longrightarrow y$에서 정의역과 공역이 분명할 때에는 「$X \longrightarrow Y$」를 생략하고 간단히

함수 $\boldsymbol{f}$, 함수 $\boldsymbol{f(x)}$, 함수 $\boldsymbol{y=f(x)}$

등으로 나타내기도 한다.

따라서 함수 $y=f(x)$의 정의역이나 공역이 주어지지 않은 경우에는 정의역은 함숫값 $f(x)$가 정의될 수 있는 실수 x의 값 전체의 집합으로 생각하고, 공역은 실수 전체의 집합으로 생각한다. 이를테면

「함수 $y=2x+1$」이라고 하면 정의역은 실수 전체의 집합 R이고,

「함수 $y=\sqrt{x}-1$」이라고 하면 정의역은 $\{x \mid x \geq 0\}$이며,

「함수 $y=\dfrac{1}{x}$」이라고 하면 정의역은 $\{x \mid x \neq 0$인 실수$\}$이다.

그리고 공역은 실수 전체의 집합 R로 본다.

보기 4 N을 자연수 전체의 집합이라 하고, 함수 f를

$$f: N \longrightarrow N,\quad f(x)=x^2$$

이라고 할 때, 이 함수의 정의역, 공역, 치역을 구하시오.

연구 $f: N \longrightarrow N$에서 정의역과 공역은 모두 자연수 전체의 집합 N이므로

정의역은 $\{\boldsymbol{x} \mid \boldsymbol{x}$는 자연수$\}$,

공역은 $\{\boldsymbol{y} \mid \boldsymbol{y}$는 자연수$\}$

그리고 $f(x)=x^2$이므로

$f(1)=1,\ f(2)=4,\ f(3)=9,\ f(4)=16,\ \cdots$

따라서 치역은 $\{\mathbf{1, 4, 9, 16}, \cdots\}$

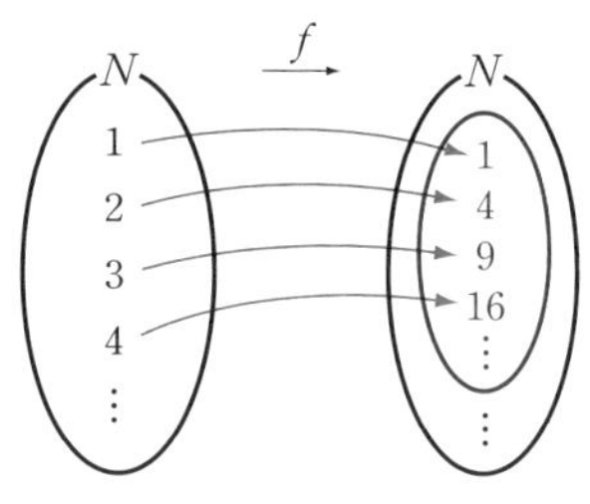

보기 5 다음 함수의 정의역을 구하시오.

(1) $y=x^2+x$ (2) $y=\sqrt{1-x^2}$ (3) $y=\dfrac{1}{(x-1)(x-2)}$

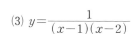

연구 (1) 모든 실수 x에 대하여 x^2+x가 정의되므로 $\{\boldsymbol{x} \mid \boldsymbol{x}$는 실수$\}$

(2) $1-x^2 \geq 0$이어야 하므로 $x^2-1 \leq 0$ $\quad \therefore -1 \leq x \leq 1$

$\therefore \{\boldsymbol{x} \mid \mathbf{-1} \leq \boldsymbol{x} \leq \mathbf{1}\}$

(3) $(x-1)(x-2) \neq 0$이어야 하므로 $x \neq 1$이고 $x \neq 2$

$\therefore \{\boldsymbol{x} \mid \boldsymbol{x} \neq \mathbf{1},\ \boldsymbol{x} \neq \mathbf{2}$인 실수$\}$

2 서로 같은 함수

이를테면 두 함수

$$f(x)=x, \quad g(x)=x^3$$

에서 모든 실수 x에 대하여 $f(x)$와 $g(x)$가 같은 것은 아니지만, 정의역이 모두 $X=\{-1, 1\}$이면

$f(-1)=-1,\ g(-1)=(-1)^3=-1$이므로 $\quad f(-1)=g(-1)$,

$f(1)=1,\ g(1)=1^3=1$이므로 $\quad f(1)=g(1)$

이다. 따라서 정의역 X의 모든 원소 x에 대하여 $f(x)=g(x)$이다.

기본정석 — **서로 같은 함수**

정의역과 공역이 각각 같은 두 함수 $f: X \longrightarrow Y,\ g: X \longrightarrow Y$에서

정의역 X의 모든 원소 x에 대하여 $\quad \boldsymbol{f(x)=g(x)}$

일 때, 두 함수 f, g는 서로 같다고 하고, 이것을 $\boldsymbol{f=g}$로 나타낸다.

Advice 1° 실수 전체의 집합에서 정의된 두 함수 $f(x)=x^2,\ g(x)=|x|^2$은 정의역의 모든 원소 x에 대하여 $f(x)=g(x)$이므로 $f=g$이다.

2° 두 함숫값 $f(x), g(x)$가 서로 같을 때 $f(x)=g(x)$로 나타내고, 두 함수 f, g가 서로 같을 때 $f=g$로 나타낸다.

또, 두 함수 f, g가 서로 같지 않을 때 $f\neq g$로 나타낸다.

보기 6 정의역이 $\{-1, 1\}$인 두 함수

$$f(x)=|x|-1, \quad g(x)=x^2-1$$

에 대하여 $f=g$임을 보이시오.

연구 $f(-1)=|-1|-1=0,\ g(-1)=(-1)^2-1=0$이므로 $\quad f(-1)=g(-1)$

$f(1)=|1|-1=0,\ g(1)=1^2-1=0$이므로 $\quad f(1)=g(1)$

$$\therefore\ f=g$$

보기 7 정의역이 실수 전체의 집합의 부분집합 X인 두 함수

$$f(x)=x^2+1, \quad g(x)=2x+4$$

가 있다. $f=g$가 되는 정의역 X 중에서 원소가 가장 많은 집합 X를 구하시오.

연구 $f=g$이므로 정의역의 모든 원소 x에 대하여 $f(x)=g(x)$이다. 곧,

$$x^2+1=2x+4 \quad \therefore\ x^2-2x-3=0 \quad \therefore\ x=-1, 3$$

따라서 정의역이 $X=\{-1\}, \{3\}, \{-1, 3\}$이면 $f=g$이고, 이 중에서 원소가 가장 많은 집합은 $\quad \boldsymbol{\{-1, 3\}}$

Advice 1° 함수의 여러 가지 예

함수 $f: X \longrightarrow Y$에서 정의역 X나 공역 Y는 원소가 실수, 점, 도형, 사람 등 무엇이든 집합을 이루기만 하면 된다. 몇 가지 예를 들면 다음과 같다.

▶ 점 $(x, y) \longrightarrow$ 점 (x', y')

이를테면 점 $(2, 1), (3, 2)$를 x축에 대하여 대칭이동하면 각각 점 $(2, -1), (3, -2)$이다.

일반적으로 좌표평면 위의 점을 x축에 대하여 대칭이동하는 대응은

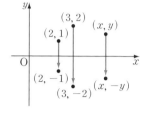

$$\text{함수 } f: (x, y) \longrightarrow (x, -y)$$

와 같이 나타낼 수 있다.

▶ 사람 ⟶ 실수, 도형 ⟶ 실수

① 사람에 그의 몸무게를 대응시키는 것도 함수이다.

② 삼각형에 그 넓이를 대응시키는 것도 함수이다.

▶ $t \longrightarrow (x, y)$, $(x, y) \longrightarrow t$

① $t \longrightarrow (t+1, 2t+3)$과 같은 대응도 함수이다.

이를테면 $t=0, 1, 2$에 각각 좌표평면 위의 점 $(1, 3), (2, 5), (3, 7)$이 대응한다. 곧, 모든 실수 t의 값에 좌표평면 위의 점이 하나씩 대응하므로 실수에 좌표평면 위의 점을 대응시키는 함수이다.

② $(a, b) \longrightarrow a+b+ab$와 같은 대응도 함수이다.

이를테면 순서쌍 $(2, 3)$에 실수 11이 대응한다. 이와 같이 실수의 순서쌍에 실수를 대응시키는 함수를 이항연산이라 하고, 기호 ∘ 등을 써서

$$a \circ b = a+b+ab$$

와 같이 나타낸다. 사칙연산도 이항연산의 하나이다.

이상에서 든 예 이외에도 우리의 주변이나 수학적 상황에서 함수의 예는 얼마든지 찾아볼 수 있다. 또한 이와 같은 함수의 개념은 일상생활에서도 효과적으로 이용되고 있다.

Advice 2° 함수와 사상

데데킨트(Dedekind)는 공집합이 아닌 두 집합 X, Y에 대하여 X의 각 원소에 Y의 원소가 하나씩 대응할 때 이 대응을 X에서 Y로의 사상이라 하고, 이 중에서 X, Y가 모두 수의 집합인 경우 이 사상을 함수라고 하였다. 그러나 오늘날 함수의 개념이 적용되는 범위가 넓어짐에 따라, 데데킨트의 사상의 정의를 함수의 정의로 받아들여 함수와 사상이라는 용어를 같은 뜻으로 사용한다.

기본 문제 9-1 두 집합 $X=\{-1, 1, 2\}$, $Y=\{1, 2, 3, 4\}$가 있다.

X의 임의의 원소 x에 대하여 다음과 같은 X에서 Y로의 대응을 생각할 때, 이 중 X에서 Y로의 함수인 것은?

① $x \longrightarrow x+1$ ② $x \longrightarrow x^2$

③ $\begin{cases} x\ge 0 \text{일 때 } x \longrightarrow \text{짝수} \\ x<0 \text{일 때 } x \longrightarrow \text{홀수} \end{cases}$ ④ $\begin{cases} x\ge 0 \text{일 때 } x \longrightarrow 1 \\ x<0 \text{일 때 } x \longrightarrow 0 \end{cases}$

정석연구 이와 같이 집합 X, Y가 원소가 몇 개 안 되는 유한집합일 때에는 그림을 그려서 대응을 조사하는 것이 알기 쉽다.

이때, 문제 해결의 기본은

정 의 X의 각 원소에 Y의 원소가 하나씩 대응할 때 $\Longrightarrow$ 함수

라고 한다는 것이다.

모범답안 대응 관계를 그림으로 나타내면 각각 다음과 같다.

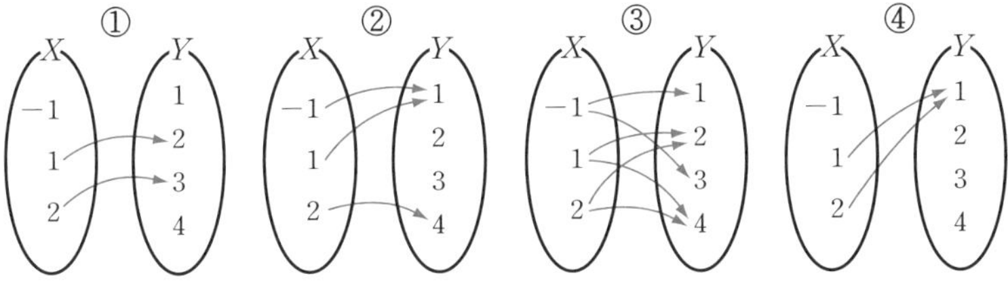

① X의 원소 -1에 대응하는 Y의 원소가 없으므로 함수가 아니다.

② $-1 \longrightarrow 1$, $1 \longrightarrow 1$, $2 \longrightarrow 4$와 같이 X의 각 원소에 Y의 원소가 하나씩 대응하므로 함수이다.

③ X의 원소 -1에 대응하는 Y의 원소가 1, 3의 두 개이므로 함수가 아니다. (1에 대응하는 원소, 2에 대응하는 원소도 두 개씩 있다.)

④ X의 원소 -1에 대응하는 Y의 원소가 없으므로 함수가 아니다.

답 ②

유제 **9**-1. 두 집합 $X=\{-1, 0, 1\}$, $Y=\{-1, 0, 1, 2\}$에 대하여 x가 X의 원소일 때, 다음 대응 중 X에서 Y로의 함수가 아닌 것은?

① $x \longrightarrow x$ ② $x \longrightarrow 2x$ ③ $x \longrightarrow x^2$ ④ $x \longrightarrow x^3$ 답 ②

유제 **9**-2. 자연수 전체의 집합을 N이라고 하자. x가 N의 원소일 때, 다음 대응 중 N에서 N으로의 함수가 아닌 것은?

① $x \longrightarrow x+1$ ② $x \longrightarrow x-1$ ③ $x \longrightarrow |-x|$ ④ $x \longrightarrow x^2$ 답 ②

기본 문제 **9**-2 함수 f가 임의의 두 실수 x, y에 대하여

$$f(x-y)=y+f(x), \quad f(1)=-1$$

을 만족시킬 때, $f(0), f(-1), f(2)$의 값을 구하시오.

정석연구 조건식 $f(x-y)=y+f(x)$가

임의의 두 실수 $\boldsymbol{x}, \boldsymbol{y}$에 대하여 성립

하므로, 이를테면 x, y에

$$x=0,\ y=0, \quad x=1,\ y=1, \quad x=0,\ y=1$$

등과 같은 특정한 값을 대입할 때에도 성립한다.

특히 이 문제의 경우는 주어진 조건 $f(1)=-1$에 착안하여 조건식에 $x=1$, $y=1$부터 대입해 본다.

모범답안 임의의 두 실수 x, y에 대하여

$$f(x-y)=y+f(x) \qquad \cdots\cdots ⓐ$$

이므로

(i) $x=1, y=1$을 ⓐ에 대입하면 $f(1-1)=1+f(1)$
문제의 조건에서 $f(1)=-1$이므로 $\boldsymbol{f(0)=0}$ ← 답

(ii) $x=0, y=1$을 ⓐ에 대입하면 $f(0-1)=1+f(0)$
(i)에서 $f(0)=0$이므로 $\boldsymbol{f(-1)=1}$ ← 답

(iii) $x=1, y=-1$을 ⓐ에 대입하면 $f(1-(-1))=-1+f(1)$
문제의 조건에서 $f(1)=-1$이므로 $\boldsymbol{f(2)=-2}$ ← 답

* ***Note*** 주어진 식에 $x=1, y=1-a$를 대입하면

$$f(a)=1-a+f(1)=-a \qquad \therefore f(x)=-x$$

유제 **9**-3. 함수 f가 임의의 두 정수 x, y에 대하여

$$f(x)f(y)=f(x+y)+f(x-y), \quad f(1)=1$$

을 만족시킬 때, $f(0)$과 $f(2)$의 값을 구하시오. 답 $\boldsymbol{f(0)=2,\ f(2)=-1}$

유제 **9**-4. 함수 f가 모든 실수 x에 대하여

$$(x+2)f(2-x)+(2x+1)f(2+x)=1$$

을 만족시킬 때, $f(5)$의 값을 구하시오. 답 $\boldsymbol{\frac{1}{3}}$

유제 **9**-5. 함수 f가 임의의 두 양수 x, y에 대하여

$$f(xy)=f(x)+f(y)$$

를 만족시킬 때, 다음을 증명하시오.

(1) $f(1)=0$ (2) $f(x^3)=3f(x)$ (3) $f\left(\frac{1}{x}\right)=-f(x)$

§2. 함수의 그래프

1 순서쌍

이를테면 두 집합

$$X=\{a, b, c\},\quad Y=\{1, 2, 3, 4\}$$

가 주어졌을 때, X의 한 원소 x와 Y의 한 원소 y를 잡아 순서를 생각해서 만든 x와 y의 쌍 (x, y)를 순서쌍이라고 한다.

위의 경우에 생각할 수 있는 순서쌍 (x, y)를 모두 나열하면

$$(a, 1),\ (a, 2),\ (a, 3),\ (a, 4),\ (b, 1),\ (b, 2),$$
$$(b, 3),\ (b, 4),\ (c, 1),\ (c, 2),\ (c, 3),\ (c, 4)$$

이고, 이들을 원소로 하는 집합을

$$\{(x, y)\,|\,x\in X,\ y\in Y\}$$

로 나타낼 수 있다.

또, 이 집합의 원소를 좌표평면 위의 점으로 나타내면 $0<a<b<c$일 때 오른쪽 그림과 같다.

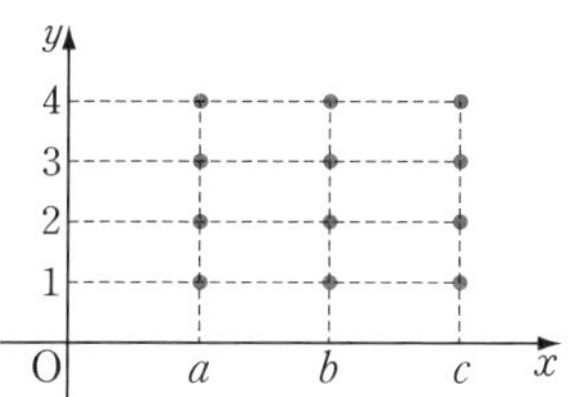

2 함수의 그래프

함수 $f: X \longrightarrow Y$가 아래 왼쪽 그림과 같다고 하자.

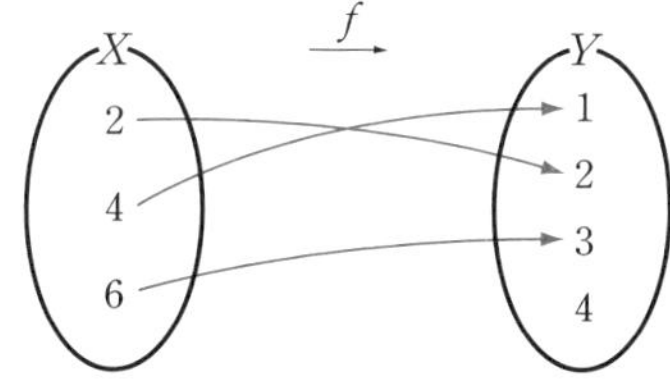

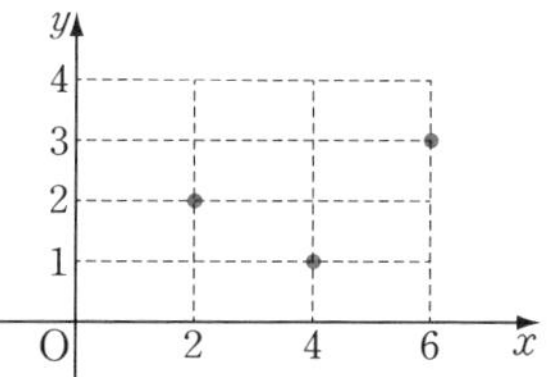

이제 첫 번째에는 집합 X의 원소 x를, 두 번째에는 x의 함숫값 $f(x)$를 잡아 만든 순서쌍 $(x, f(x))$ 전체의 집합을 G라고 하면

$$G=\{(2, 2),\ (4, 1),\ (6, 3)\}$$

이다.

이때, 집합 G를 함수 f의 그래프라고 한다. 한편 이 그래프는 위의 오른쪽 그림과 같이 좌표평면 위의 점으로 나타낼 수도 있다. 이것을 함수 f의 그래프의 기하적 표현이라 하고, 그래프의 기하적 표현에 의하여 나타난 도형을 간단히 그래프라고도 한다.

기본정석 — 함수의 그래프

함수 $f: X \longrightarrow Y$에 대하여 정의역 X의 원소 x와 이에 대응하는 함숫값 $f(x)$의 순서쌍 전체의 집합

$$G=\{(x, f(x)) \mid x \in X\}$$

를 함수 f의 그래프라고 한다.

특히 함수 $y=f(x)$의 정의역과 공역이 모두 실수 전체의 집합 R의 부분집합이면 함수 $y=f(x)$의 그래프는 좌표평면 위에 그림으로 나타낼 수 있다. 이 그림을 함수 $y=f(x)$의 그래프의 기하적 표현이라고 한다.

Advice | 이를테면 함수 $y=2x-1$에서 x가 실수의 값을 가지면서 변할 때, 이에 대응하는 y의 값을 잡아 집합

$$G=\{(x, y) \mid y=2x-1,\ x \in R\}$$

을 생각하면 집합 G가 함수 $\boldsymbol{y=2x-1}$의 그래프이고, 그래프 G를 기하적으로 표현한 것이 오른쪽 그림이다.

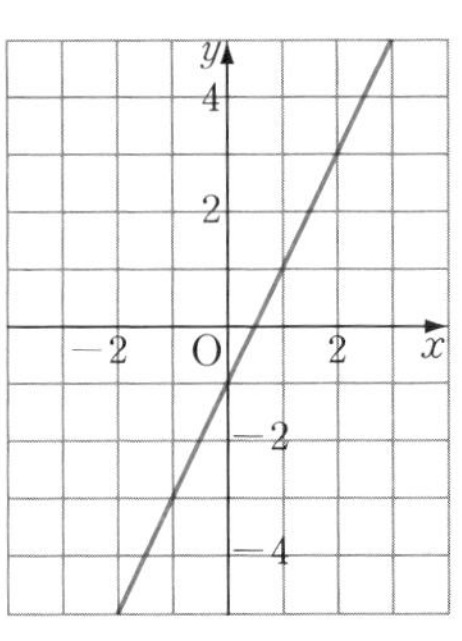

그래프의 기하적 표현에 의하여 나타난 도형을 간단히 그래프라고도 하므로 흔히 「함수의 그래프를 그리시오」라고 하면 그래프를 기하적 표현법으로 나타내라는 뜻이다.

한편 $y=2x-1$은 x, y에 관한 방정식으로 볼 수 있으므로 위의 도형을 방정식 $\boldsymbol{y=2x-1}$의 그래프라 하고, $y=2x-1$을 도형 $\boldsymbol{G}$의 방정식 또는 그래프 $\boldsymbol{G}$의 방정식이라고 하기도 한다.

보기 1 다음 중 함수의 그래프인 것은 어느 것인가?

① 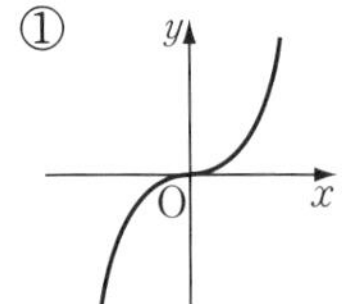

② 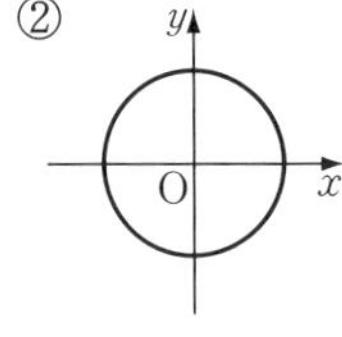

③ 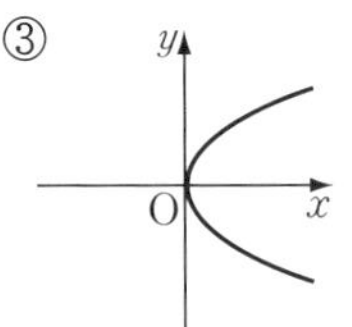

④ 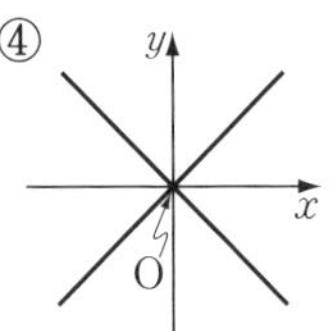

연구 함수는 그 정의에 따라 정의역의 각 원소에 대응하는 공역의 원소가 오직 하나뿐이다.

따라서 함수의 그래프는 정의역의 각 원소 a에 대하여 x축에 수직인 직선 $x=a$를 그을 때, 이 직선과 오직 한 점에서 만난다. 답 ①

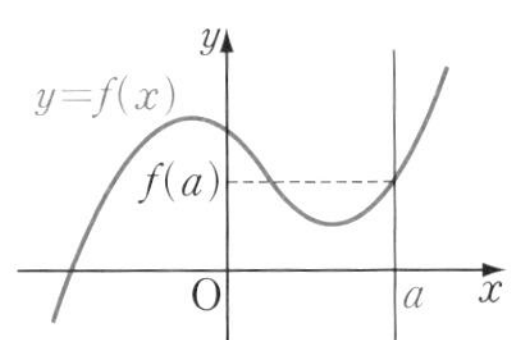

보기 2 오른쪽 그림에서 직선은 $y=f(x)$의 그래프이고, 포물선은 $y=g(x)$의 그래프이다.

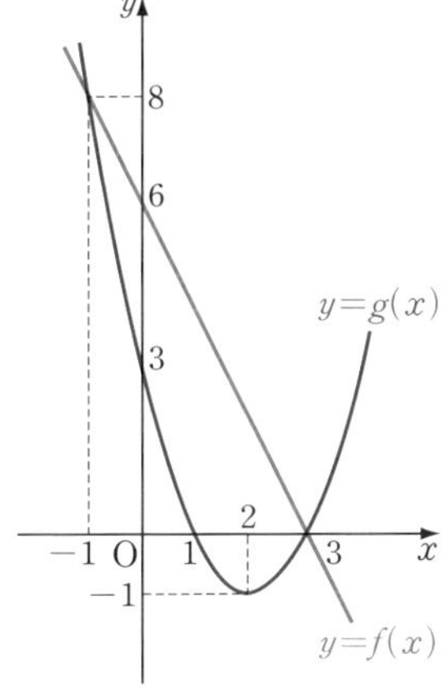

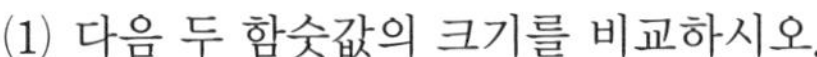

(1) 다음 두 함숫값의 크기를 비교하시오.

① $f(-2)$, $g(-2)$　② $f(-1)$, $g(-1)$

③ $f(0)$, $g(0)$　④ $f(4)$, $g(4)$

⑤ $g(-1)$, $f(2)$　⑥ $f(0)$, $f(2)$

(2) 다음 방정식을 만족시키는 x의 값을 구하시오.

⑦ $f(x)=0$　⑧ $g(x)=0$

⑨ $f(x)=g(x)$　⑩ $g(x)=-1$

(3) 다음 부등식을 만족시키는 x의 값의 범위를 구하시오.

⑪ $f(x)>0$　⑫ $f(x)<6$

⑬ $g(x)<0$　⑭ $f(x)>g(x)$

연구 함수의 그래프는 그릴 줄 알면서도 그 그래프를 볼 줄 모르는 학생이 의외로 많다. 이 문제는 이미 중학교에서 공부한 내용을 기초로 하여 그래프를 보는 방법을 공부하기 위한 것이다.

① $\boldsymbol{f(-2)}$는 $x=-2$일 때의 $f(x)$의 값이고, $\boldsymbol{g(-2)}$는 $x=-2$일 때의 $g(x)$의 값이다.

따라서 직선 $x=-2$를 그을 때 오른쪽 그림에서 $f(-2)$는 $y=f(x)$의 그래프가 직선 $x=-2$와 만나는 점의 y좌표이고, $g(-2)$는 $y=g(x)$의 그래프가 직선 $x=-2$와 만나는 점의 y좌표이다.

이때, $g(-2)$가 $f(-2)$보다 위쪽에 있으므로　$\boldsymbol{f(-2)<g(-2)}$

② 그래프에서 $f(-1)=8$, $g(-1)=8$이므로 $f(-1)$과 $g(-1)$은 같음을 알 수 있다.

$$\therefore\ \boldsymbol{f(-1)=g(-1)}$$

같은 방법으로 y좌표를 비교하면

③ $\boldsymbol{f(0)>g(0)}$　④ $\boldsymbol{f(4)<g(4)}$　⑤ $\boldsymbol{g(-1)>f(2)}$　⑥ $\boldsymbol{f(0)>f(2)}$

⑦ $\boldsymbol{f(x)=0}$인 x의 값은 그래프 위의 점 $(x, f(x))$를 생각하면 y좌표인 $f(x)$가 0이므로 x축 위의 점의 x좌표이다.

따라서 구하는 x의 값은 $y=f(x)$의 그래프가 x축과 만나는 점의 x좌표이므로 $y=f(x)$의 그래프에서 $\boldsymbol{x=3}$

⑧ $\boldsymbol{g(x)=0}$인 x의 값은 ⑦과 같은 방법으로 생각하면 $y=g(x)$의 그래프가 x축과 만나는 점의 x좌표이므로 $y=g(x)$의 그래프에서 $\boldsymbol{x=1,\ 3}$

⑨ $\boldsymbol{f(x)=g(x)}$인 x의 값은 $y=f(x)$의 그래프에서의 함숫값 $f(x)$와 $y=g(x)$의 그래프에서의 함숫값 $g(x)$가 같을 때이다.

곧, $y=f(x)$의 그래프와 $y=g(x)$의 그래프의 교점의 x좌표이므로

$\boldsymbol{x=-1,\ 3}$

⑩ $\boldsymbol{g(x)=-1}$인 x의 값은 함수 $y=g(x)$의 그래프 위의 점 $(x, g(x))$를 생각하면 y좌표인 $g(x)$가 -1인 점의 x좌표이다.

$y=g(x)$의 그래프에서 $\boldsymbol{x=2}$

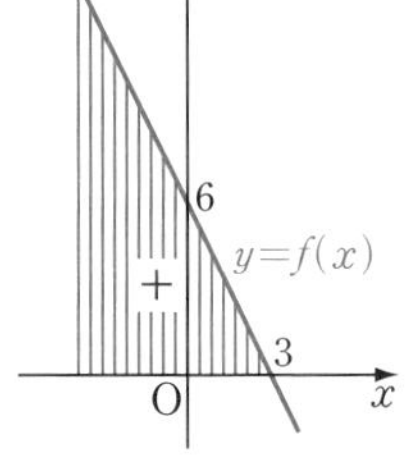

⑪ $\boldsymbol{f(x)>0}$인 x의 값은 $y=f(x)$의 그래프가 x축보다 위쪽에 있을 때이다.

$y=f(x)$의 그래프에서 $\boldsymbol{x<3}$

⑫ $\boldsymbol{f(x)<6}$인 x의 값은 $y=f(x)$의 그래프가 직선 $y=6$보다 아래쪽에 있을 때이다.

$y=f(x)$의 그래프에서 $\boldsymbol{x>0}$

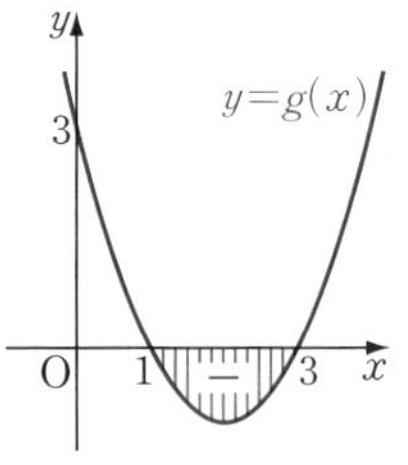

⑬ $\boldsymbol{g(x)<0}$인 x의 값은 $y=g(x)$의 그래프가 x축보다 아래쪽에 있을 때이다.

$y=g(x)$의 그래프에서 $\boldsymbol{1<x<3}$

⑭ $\boldsymbol{f(x)>g(x)}$인 x의 값은 $y=f(x)$의 그래프가 $y=g(x)$의 그래프보다 위쪽에 있을 때이다.

앞면의 $y=f(x)$, $y=g(x)$의 그래프에서

$\boldsymbol{-1<x<3}$

기본정석 **그래프를 보는 방법**

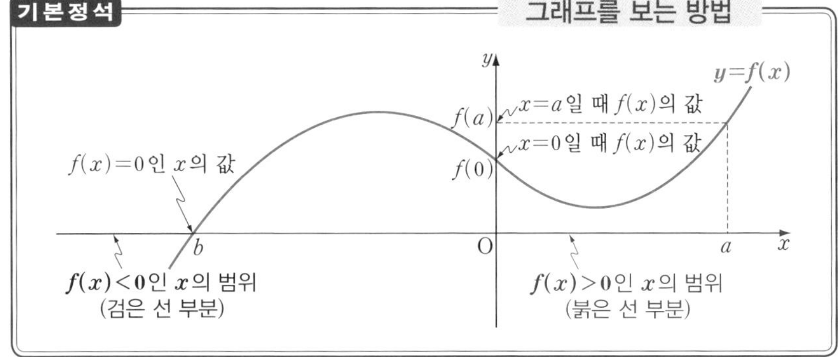

기본 문제 9-3 두 집합 $X=\{1, 2, 3, 4\}$, $Y=\{1, 2, 3, 4, 5\}$에 대하여

$$f: X \longrightarrow Y, \quad x \longrightarrow x+1$$

일 때, 다음 물음에 답하시오.

(1) 함수 f의 그래프를 집합으로 나타내시오.

(2) 함수 f의 그래프를 좌표평면 위에 나타내시오.

(3) 함수 f의 치역을 구하시오.

[모범답안] 함수 f는 집합 X의 원소 x에 대하여

$$x \longrightarrow x+1$$

과 같이 대응하는 X에서 Y로의 함수이므로 이를 그림으로 나타내면 오른쪽과 같다.

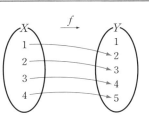

(1) 오른쪽 그림에서 함수 f의 그래프는

$\{(\mathbf{1}, \mathbf{2}), (\mathbf{2}, \mathbf{3}), (\mathbf{3}, \mathbf{4}), (\mathbf{4}, \mathbf{5})\}$ ⟵ [답]

(2) 함수 f의 그래프를 좌표평면 위에 나타내면 오른쪽과 같다.

(3) 함수 f의 치역은 $\{\mathbf{2}, \mathbf{3}, \mathbf{4}, \mathbf{5}\}$ ⟵ [답]

[유제] **9**-6. 집합 $X=\{x \mid 1 \le x \le 4,\ x\text{는 정수}\}$와 실수 전체의 집합 R에 대하여

$$f: X \longrightarrow R, \quad f(x)=x-1$$

일 때, 다음 물음에 답하시오.

(1) 함수 f의 그래프를 집합으로 나타내시오.

(2) 함수 f의 치역을 구하시오.

[답] (1) $\{(\mathbf{1}, \mathbf{0}), (\mathbf{2}, \mathbf{1}), (\mathbf{3}, \mathbf{2}), (\mathbf{4}, \mathbf{3})\}$ (2) $\{\mathbf{0}, \mathbf{1}, \mathbf{2}, \mathbf{3}\}$

[유제] **9**-7. 다음은 두 집합 $X=\{1, 2, 3, 4\}$, $Y=\{1, 2, 3\}$에 대하여 X의 원소 x와 Y의 원소 y 사이의 대응 관계를 좌표평면 위에 나타낸 것이다.

이 중에서 집합 X에서 집합 Y로의 함수의 그래프인 것은?

①
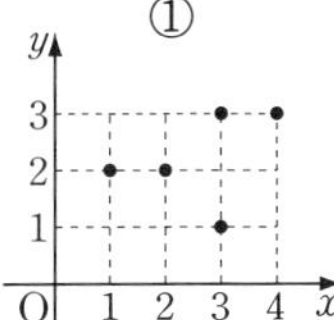

②
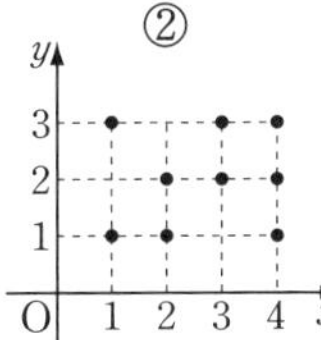

③
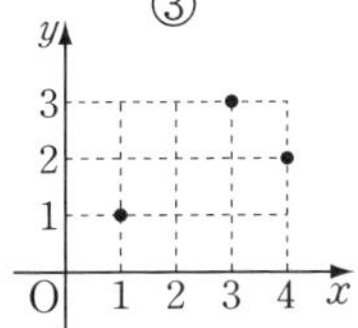

④
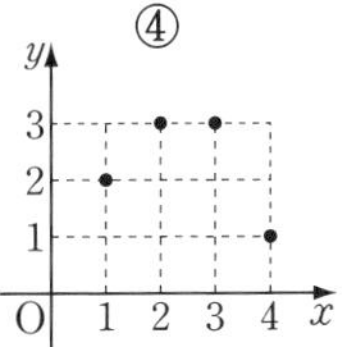

[답] ④

§3. 일대일대응

1 여러 가지 함수

다음은 집합 X에서 집합 Y로의 함수 f의 여러 가지 예이다.

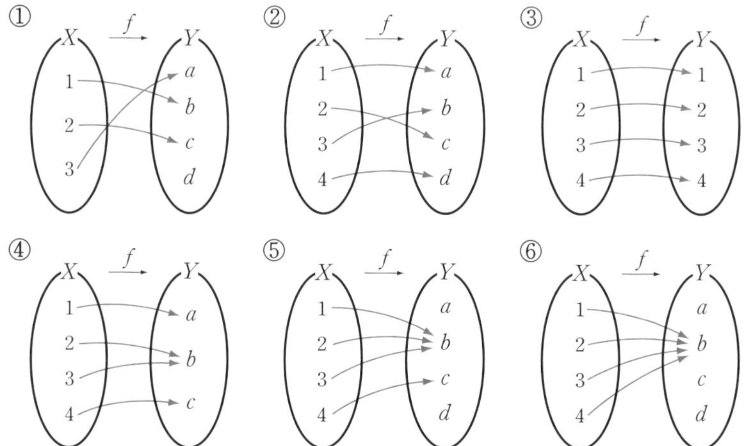

②, ③, ④에서는 함수 f의 치역이 공역 Y와 일치하고, ①, ⑤, ⑥에서는 함수 f의 치역이 공역 Y의 진부분집합이다.

또, ①, ②, ③에서는 X의 서로 다른 원소에 Y의 서로 다른 원소가 대응하고, ④, ⑤, ⑥에서는 X의 서로 다른 원소에 Y의 같은 원소가 대응하기도 한다. 이들의 대응 형태에 따라 다음과 같이 나눈다.

▶ 일대일함수 : ①, ②, ③과 같이 X의 서로 다른 원소에 Y의 서로 다른 원소가 대응하는 함수를 일대일함수라고 한다. 곧,

함수 $f : X \longrightarrow Y$에서 X의 임의의 두 원소 x_1, x_2에 대하여

$$x_1 \neq x_2 \text{이면} \quad f(x_1) \neq f(x_2) \qquad \cdots\cdots *$$

일 때, 함수 f를 일대일함수라고 한다.

*Note 일대일함수의 정의는 *의 대우인

$$f(x_1) = f(x_2) \text{이면} \quad x_1 = x_2$$

로 기억해도 된다.

▶ 일대일대응 : 일대일함수 중에서 ②, ③의 경우와 같이 치역과 공역이 같은 함수를 특히 일대일대응이라고 한다. 곧,

함수 $\boldsymbol{f}: \boldsymbol{X} \longrightarrow \boldsymbol{Y}$ 에서

(i) 치역이 공역과 같고, ⇦ $\{f(x) | x \in X\} = Y$

(ii) $\boldsymbol{X}$의 임의의 두 원소 $\boldsymbol{x_1}, \boldsymbol{x_2}$에 대하여 $\boldsymbol{x_1 \neq x_2}$이면 $\boldsymbol{f(x_1) \neq f(x_2)}$

일 때, 함수 f를 일대일대응이라고 한다.

▶ 항등함수 : 일대일대응 중에서 ③의 경우와 같이 정의역과 공역이 같고, X의 각 원소 x에 x 자신이 대응하는 함수를 항등함수라고 한다. 곧,

함수 $\boldsymbol{f}: \boldsymbol{X} \longrightarrow \boldsymbol{Y}$ 에서

(i) $\boldsymbol{X=Y}$ 이고,

(ii) $\boldsymbol{X}$의 임의의 원소 $\boldsymbol{x}$에 대하여 $\boldsymbol{f(x)=x}$

일 때, 함수 f를 X에서의 항등함수라 하고, 흔히 I_X(또는 I)로 나타낸다.

▶ 상수함수 : ⑥의 경우와 같이 함수 f의 치역의 원소가 하나뿐인 함수를 상수함수라고 한다. 곧, 함수 $f: X \longrightarrow Y$ 에서 X의 모든 원소에 Y의 한 원소가 대응하는 함수를 상수함수라고 한다.

보기 1 정수 전체의 집합 Z에서 Z로의 함수 f, g, h, k가

$$f: x \longrightarrow -x+1, \quad g: x \longrightarrow 2x+1,$$
$$h: x \longrightarrow x, \qquad k: x \longrightarrow 3$$

이다. 이 중에서

(1) 일대일함수는 어느 것인가?　　(2) 일대일대응은 어느 것인가?

(3) 항등함수는 어느 것인가?　　(4) 상수함수는 어느 것인가?

연구 함수 f, g, h, k의 대응을 아래와 같이 그림으로 나타내어 생각하면 알기 쉽다.

함수 f, g, h는 정의역 Z의 서로 다른 원소에 공역 Z의 서로 다른 원소가 대응하므로 일대일함수이다. 이 중 함수 f, h는 치역이 공역과 같은 함수이므로 일대일대응이다. 특히 함수 h는 Z의 각 원소 x에 x 자신이 대응하므로 항등함수이다. 또, 함수 k는 치역의 원소가 3 하나뿐이므로 상수함수이다.

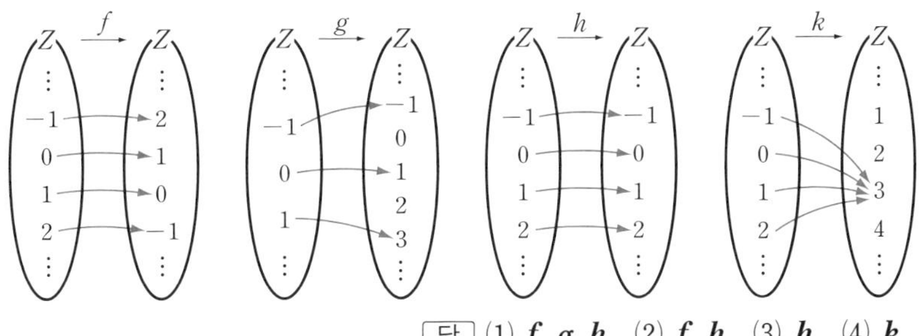

답 (1) $\boldsymbol{f, g, h}$　(2) $\boldsymbol{f, h}$　(3) $\boldsymbol{h}$　(4) $\boldsymbol{k}$

2 그래프상의 의미

실수 전체의 집합 R에서 R로의 함수 f, g, h, k가

① $f(x)=-x+1$ ② $g(x)=2x+1$ ③ $h(x)=x$ ④ $k(x)=3$

일 때, 각 그래프를 좌표평면 위에 나타내면 다음과 같다.

① $\boldsymbol{f(x)=-x+1}$의 그래프

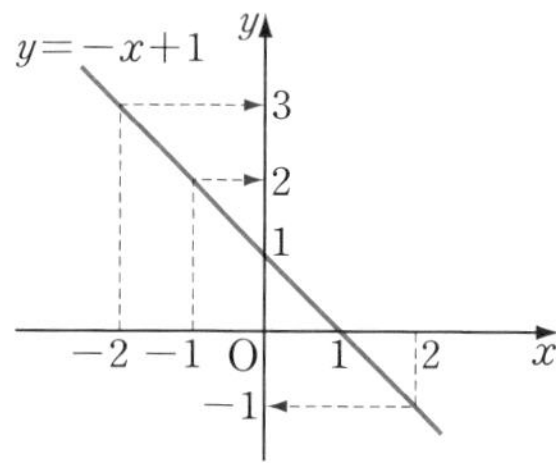

② $\boldsymbol{g(x)=2x+1}$의 그래프

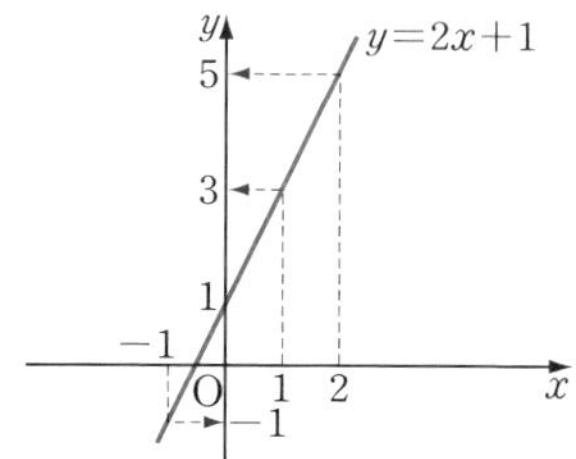

③ $\boldsymbol{h(x)=x}$의 그래프

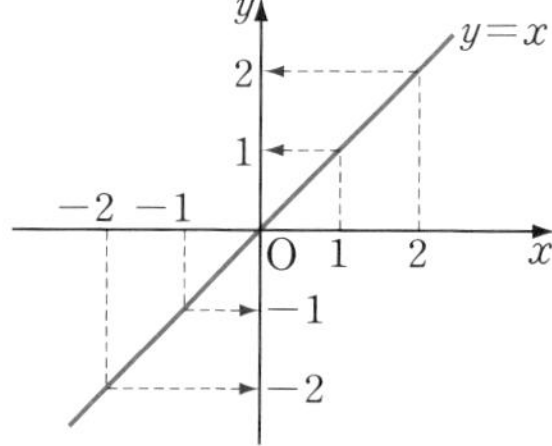

④ $\boldsymbol{k(x)=3}$의 그래프

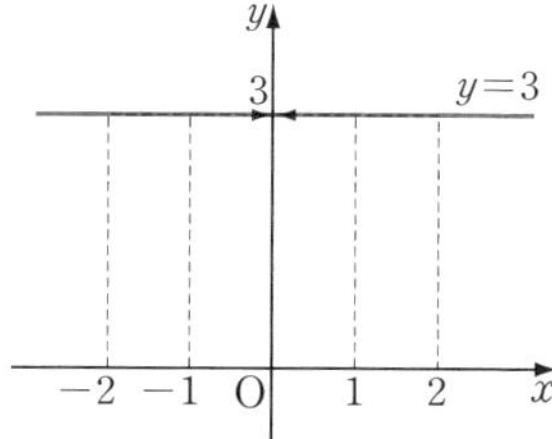

이로부터 일대일함수(①, ②, ③), 일대일대응(①, ②, ③), 항등함수(③), 상수함수(④)의 그래프상의 의미를 이해할 수 있다.

이제 또 다른 함수

$$p(x)=x^2$$

의 그래프를 그려 보면 오른쪽과 같다.

$\boldsymbol{y=p(x)}$의 그래프

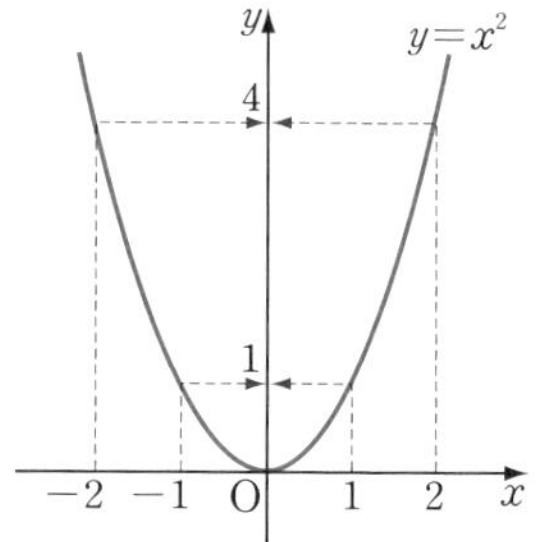

이 함수는 서로 다른 x의 값, 이를테면 $x=2$, $x=-2$에 대응하는 $p(x)$의 값이 4로 같으므로 일대일대응이 아님을 알 수 있다.

그러나 X가 0 또는 양의 실수 전체의 집합이면

$$p : X \longrightarrow X,\quad p(x)=x^2$$

은 일대일대응이다.

이와 같이 그래프를 그려 보면 주어진 함수가 일대일함수 또는 일대일대응이 되는 정의역과 공역을 쉽게 찾을 수 있다.

기본 문제 **9**-4 두 집합 $X=\{a, b, c\}$, $Y=\{1, 2, 3\}$이 있다.
(1) X에서 Y로의 함수의 개수를 구하시오.
(2) X에서 Y로의 일대일대응의 개수를 구하시오.

모범답안 오른쪽과 같이 수형도(tree)를 만들어 그 개수를 조사해 본다.

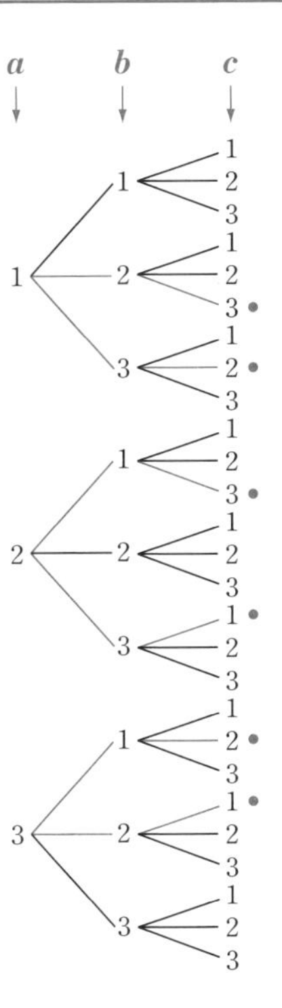

(1) 함수의 개수는 $3\times3\times3=\mathbf{27}$ ← 답

(2) 이 중 일대일대응은 오른쪽 그림의 점 「•」을 찍은 것이므로 그 개수는 $3\times2=\mathbf{6}$ ← 답

Advice 1° 다음 방법도 생각할 수 있다.

(1) Y의 원소 1, 2, 3에서 3개를 뽑아 이것을

$a \longrightarrow \square$, $b \longrightarrow \square$, $c \longrightarrow \square$

의 $\square$ 안에 나열하는 경우의 수를 구하면 된다.

이때, 뽑은 세 수가 1, 2, 3으로 모두 다를 때는 말할 것도 없지만, 1, 1, 2와 같이 어느 두 수가 같거나 세 수가 모두 같아도 된다.

따라서 a에는 1, 2, 3의 세 가지, b에는 a에 온 수가 와도 되므로 세 가지, 마찬가지로 c에는 a, b에 온 수가 와도 되므로 세 가지씩 있다.

$\therefore\ 3\times3\times3=\mathbf{27}$

(2) a에 온 수가 b에 와서는 안 되고, a, b에 온 수가 c에 와서는 안 되므로

$3\times2\times1=\mathbf{6}$

2° 일반적으로 함수의 개수와 일대일대응의 개수는 다음과 같다.

정석 (i) 두 집합 $\boldsymbol{X}$, $\boldsymbol{Y}$의 원소의 개수가 각각 $\boldsymbol{r}$, $\boldsymbol{n}$일 때,
$\boldsymbol{X}$에서 $\boldsymbol{Y}$로의 함수의 개수는 $\Longrightarrow \boldsymbol{n^r}$

(ii) 두 집합 $\boldsymbol{X}$, $\boldsymbol{Y}$의 원소의 개수가 각각 $\boldsymbol{n}$일 때,
$\boldsymbol{X}$에서 $\boldsymbol{Y}$로의 일대일대응의 개수는
$\Longrightarrow \boldsymbol{n\times(n-1)\times(n-2)\times\cdots\times3\times2\times1=n!}$

유제 **9**-8. 두 집합 $X=\{a, b, c, d\}$, $Y=\{p, q, r, s\}$가 있다.
(1) X에서 Y로의 함수의 개수를 구하시오.
(2) X에서 Y로의 일대일대응의 개수를 구하시오. 답 (1) **256** (2) **24**

연습문제 9

9-1 자연수 전체의 집합에서 정의된 함수 f가

$$f(x)=\begin{cases}\sqrt{x} & (\sqrt{x}\text{가 자연수일 때})\\ f(x+1)+1 & (\sqrt{x}\text{가 자연수가 아닐 때})\end{cases}$$

을 만족시킬 때, $f(50)$의 값을 구하시오.

9-2 실수 전체의 집합에서 정의된 두 함수

$$f(x)=\begin{cases}-1 & (x<0)\\ 0 & (x=0),\\ 1 & (x>0)\end{cases}\quad g(x)=|x|$$

에 대하여 다음 중 $g(x)$와 서로 같은 함수만을 있는 대로 고른 것은?

ㄱ. $xf(x)$ ㄴ. $|x|f(x)$ ㄷ. $x|f(x)|$ ㄹ. $|xf(x)|$

① ㄱ, ㄷ ② ㄱ, ㄹ ③ ㄴ, ㄷ ④ ㄴ, ㄹ ⑤ ㄷ, ㄹ

9-3 함수 f가 임의의 두 실수 x, y에 대하여 $f(x+y)=f(x)+y(2x+y+1)$을 만족시킬 때, $f(10)-f(9)+f(8)-f(7)+f(6)-f(5)$의 값을 구하시오.

9-4 양의 실수 전체의 집합 R^+에서 R^+로의 함수 f가 임의의 두 양의 실수 x, y에 대하여 $3f(x+y)=f(x)f(y)$를 만족시키고 $f(2)=12$일 때, $f\left(\frac{1}{2}\right)$의 값을 구하시오.

9-5 두 집합 $X=\{1, 2, 3, 4\}$, $Y=\{1, 2, 3, 4, 5\}$에 대하여 X에서 Y로의 일대일함수 f가 있다. $f(3)=4$일 때, $f(1)+f(2)+f(4)$의 최댓값을 구하시오.

9-6 집합 $X=\{a, b\}$에 대하여 X에서 X로의 함수 f가

$$f(x)=\begin{cases}2-x & (x<2)\\ 3x-6 & (x\geq 2)\end{cases}$$

으로 정의된다. f가 항등함수일 때, $a+b$의 값은?

① 1 ② 2 ③ 3 ④ 4 ⑤ 5

9-7 집합 $X=\{-1, 0, 1\}$, $Y=\{-2, -1, 0, 1, 2\}$일 때, X의 모든 원소 x에 대하여 $xf(x)$가 상수함수가 되는 함수 $f: X \longrightarrow Y$의 개수는?

① 1 ② 4 ③ 5 ④ 12 ⑤ 15

9-8 모든 실수 x에 대하여 다음 식을 만족시키는 함수 f를 구하시오.

$$f(x)+xf(1-x)=1+x$$

10. 합성함수와 역함수

합성함수／역함수

§1. 합성함수

1 합성함수

이를테면 세 집합

$X=\{1, 2, 3, 4\}$,

$Y=\{a, b, c, d\}$,

$Z=\{\alpha, \beta, \gamma\}$

에 대하여 두 함수

$f: X \longrightarrow Y$,

$g: Y \longrightarrow Z$

가 오른쪽 그림과 같다고 하자.

이때, 이 두 함수 f, g의 대응을 계속하여 그림으로 나타내면 아래 왼쪽 그림과 같고, 또 아래 왼쪽 그림에서 화살표를 따라 X의 원소와 Z의 원소 사이만의 대응을 보면 아래 오른쪽 그림과 같다.

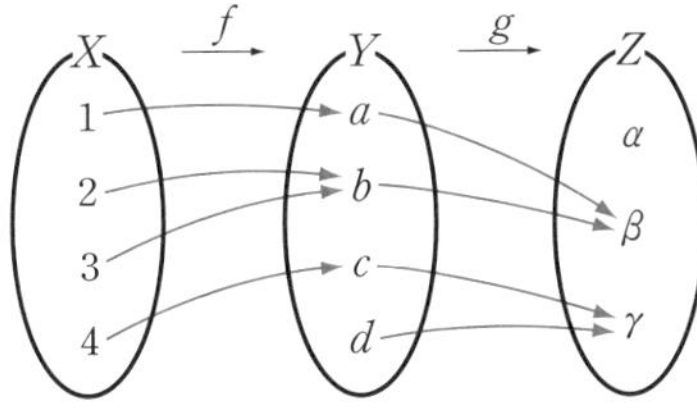

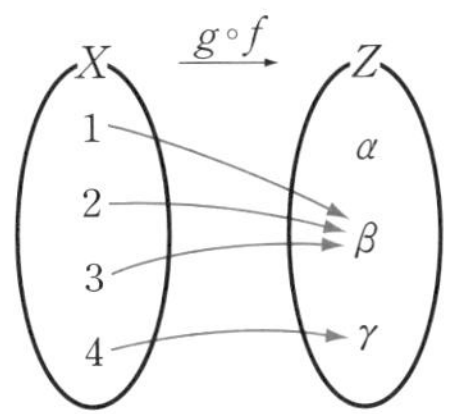

위의 오른쪽 그림의 대응은 정의역이 X이고 공역이 Z인 새로운 함수가 된다는 것을 알 수 있다. 이 새로운 함수를 f와 g의 합성함수라 하고, $\boldsymbol{g \circ f}$로 나타낸다.

기본정석 — 합성함수

두 함수 $f: X \longrightarrow Y$, $g: Y \longrightarrow Z$가 주어졌을 때, f에 의하여 X의 원소 x에 대응하는 Y의 원소는 $f(x)$이고, g에 의하여 Y의 원소 $f(x)$에 대응하는 Z의 원소는 $g(f(x))$이다.

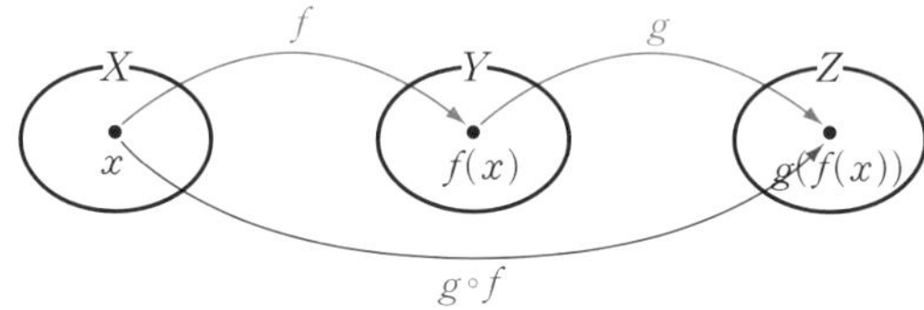

이때, X의 원소 x에 Z의 원소 $g(f(x))$를 대응시키면 정의역이 X이고 공역이 Z인 새로운 함수를 얻는다.

이 함수를 f와 g의 합성함수라 하고, $\boldsymbol{g\circ f}$로 나타낸다. 곧,

$$g\circ f: x \longrightarrow g(f(x)),\quad (g\circ f)(x)=g(f(x))$$

보기 1 오른쪽 그림은 두 함수
$f: X \longrightarrow Y$, $g: Y \longrightarrow Z$
를 나타낸 것이다.
다음 값을 구하시오.
(1) $f(-1)$, $f(0)$, $f(2)$
(2) $(g\circ f)(-1)$, $(g\circ f)(0)$

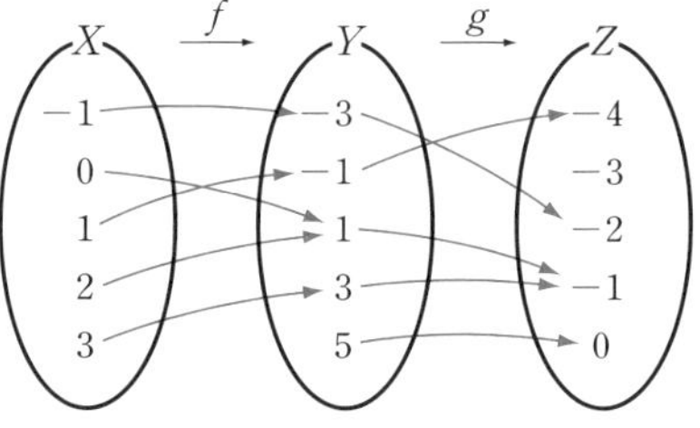

연구 함숫값을 구하는 문제이다.

정석 $a \xrightarrow{f} b \xrightarrow{g} c \Longrightarrow (g\circ f)(a)=c$
$(g\circ f)(x)=g(f(x))$

(1) X의 원소 $-1, 0, 2$에 대응하는 Y의 원소를 찾으면

$$-1 \longrightarrow -3,\quad 0 \longrightarrow 1,\quad 2 \longrightarrow 1$$

이므로 $\boldsymbol{f(-1)=-3,\ f(0)=1,\ f(2)=1}$

(2) X의 원소 $-1, 0$에 대응하는 Z의 원소를 화살표를 따라 찾아보면

$$-1 \longrightarrow -3 \longrightarrow -2,\quad 0 \longrightarrow 1 \longrightarrow -1$$

이므로 $\boldsymbol{(g\circ f)(-1)=-2,\ (g\circ f)(0)=-1}$

또, (1)에서 구한 함숫값을 이용하여 구할 수도 있다. 곧,

$(g\circ f)(-1)=g(f(-1))=g(-3)=\boldsymbol{-2}$,
$(g\circ f)(0)=g(f(0))=g(1)=\boldsymbol{-1}$

기본 문제 **10**-1 다음 물음에 답하시오.

(1) $f(3x-1)=2x^2+3$일 때, $(f\circ f)(5)$의 값을 구하시오.

(2) 집합 $X=\{1, 2, 3, 4, 5\}$를 정의역으로 하는 함수 f가 $f(x)=-x+6$으로 정의될 때, $f(f(x))=\dfrac{1}{x}$을 만족시키는 x의 값을 구하시오.

정석연구 (1) 단순히 양변에 $x=5$를 대입하면

$$f(3\times5-1)=2\times5^2+3 \quad \text{곧,}\ f(14)=53$$

이므로 $f(5)$의 값을 구할 수 없다.

$f(5)$의 값을 구하기 위해서는 $3x-1=5$를 만족시키는 x의 값을 구하여 주어진 식의 양변에 대입해야 한다.

(2) 합성함수 $f(f(x))$는 다음 방법으로 구하면 된다.

x 대신 $f(x)$를 대입한 것

$$\boldsymbol{f(x)=-x+6} \quad \Longrightarrow \quad \boldsymbol{f(f(x))=-f(x)+6}$$

x 대신 $f(x)$를 대입한다

모범답안 (1) $3x-1=5$로 놓으면 $3x=6$ $\therefore\ x=2$

따라서 주어진 식의 양변에 $x=2$를 대입하면

$$f(3\times2-1)=2\times2^2+3 \quad \therefore\ f(5)=11$$

이때, $(f\circ f)(5)=f(f(5))=f(11)$이므로

$3x-1=11$로 놓으면 $3x=12$ $\therefore\ x=4$

따라서 주어진 식의 양변에 $x=4$를 대입하면

$$f(3\times4-1)=2\times4^2+3 \quad \therefore\ f(11)=\mathbf{35} \longleftarrow \boxed{\text{답}}$$

(2) $f(f(x))=-f(x)+6=-(-x+6)+6=x$

따라서 $f(f(x))=\dfrac{1}{x}$에서

$$x=\frac{1}{x} \quad \therefore\ x^2=1 \quad \therefore\ x=\pm1$$

그런데 함수 f의 정의역이 $X=\{1, 2, 3, 4, 5\}$이므로 $\boldsymbol{x=1} \longleftarrow$ 답

***Note** 구한 x의 값이 함수의 정의역에 속하는지 확인해야 한다.

유제 **10**-1. $f(x)=2x+1$, $g(x)=x^2-2x$일 때, $f(g(x))=7$을 만족시키는 x의 값을 구하시오.
답 $\boldsymbol{x=-1, 3}$

유제 **10**-2. $f(x)=\dfrac{1}{2}x^2-3x$, $g(x)=x+4$일 때, $(f\circ g)(x)=x$를 만족시키는 x의 값을 구하시오.
답 $\boldsymbol{x=\pm2\sqrt{2}}$

기본 문제 10-2 실수 전체의 집합에서 실수 전체의 집합으로의 함수 f, g, h가

$$f : x \longrightarrow x-1, \quad g : x \longrightarrow 3x, \quad h : x \longrightarrow x^2$$

일 때, 다음 함수를 구하시오. 단, I는 항등함수이다.

(1) $g\circ f$ (2) $f\circ g$ (3) $h\circ(g\circ f)$
(4) $(h\circ g)\circ f$ (5) $f\circ I$ (6) $I\circ f$

[정석연구] 문제 해결의 기본은 다음 합성함수의 정의

$$\textbf{정의} \quad (g\circ f)(x)=g(f(x))$$

이다.

[모범답안] $f(x)=x-1$, $g(x)=3x$, $h(x)=x^2$, $I(x)=x$이다.

(1) $(g\circ f)(x)=g(f(x))=g(x-1)=3(x-1)=\boldsymbol{3x-3}$ ← [답]

(2) $(f\circ g)(x)=f(g(x))=f(3x)=\boldsymbol{3x-1}$ ← [답]

(3) $(g\circ f)(x)=3x-3$이므로

$$(h\circ(g\circ f))(x)=h((g\circ f)(x))=h(3x-3)$$
$$=(3x-3)^2=\boldsymbol{9(x-1)^2} \longleftarrow \text{[답]}$$

(4) $(h\circ g)(x)=h(g(x))=h(3x)=(3x)^2=9x^2$이므로

$$((h\circ g)\circ f)(x)=(h\circ g)(f(x))=(h\circ g)(x-1)=\boldsymbol{9(x-1)^2} \longleftarrow \text{[답]}$$

(5) $(f\circ I)(x)=f(I(x))=f(x)=\boldsymbol{x-1}$ ← [답]

(6) $(I\circ f)(x)=I(f(x))=I(x-1)=\boldsymbol{x-1}$ ← [답]

Advice 1° f, g, h 등을 다음과 같이 나타내어 생각할 수도 있다.

이를테면 $g : x \longrightarrow 3x$를

$$x \xrightarrow{g} 3x$$

와 같이 나타내어 구하면 편리할 때가 많다.

곧, x가 g를 통과하면 3배가 되므로

$$x-3 \xrightarrow{g} 3(x-3), \quad x^2 \xrightarrow{g} 3x^2, \quad |x| \xrightarrow{g} 3|x|$$

이다. 위의 **기본 문제**의 경우, f를 통과하면 1을 뺀 것이 되고, g를 통과하면 3배 한 것이 되며, h를 통과하면 제곱한 것이 된다고 생각하여 다음과 같이 풀어도 된다.

(1) $x \xrightarrow{f} x-1 \xrightarrow{g} 3(x-1) \qquad \therefore\ \boldsymbol{g\circ f : x \longrightarrow 3(x-1)}$

(2) $x \xrightarrow{g} 3x \xrightarrow{f} 3x-1 \qquad \therefore\ \boldsymbol{f\circ g : x \longrightarrow 3x-1}$

(3) $g\circ f: x \longrightarrow 3(x-1)$이므로

$x \xrightarrow{g\circ f} 3(x-1) \xrightarrow{h} \{3(x-1)\}^2$ $\quad\therefore\ \boldsymbol{h\circ(g\circ f): x \longrightarrow 9(x-1)^2}$

(4) $x \xrightarrow{g} 3x \xrightarrow{h} (3x)^2$ $\quad\therefore\ h\circ g: x \longrightarrow 9x^2$

$x \xrightarrow{f} x-1 \xrightarrow{h\circ g} 9(x-1)^2$ $\quad\therefore\ \boldsymbol{(h\circ g)\circ f: x \longrightarrow 9(x-1)^2}$

(5) $x \xrightarrow{I} x \xrightarrow{f} x-1$ $\quad\therefore\ \boldsymbol{f\circ I: x \longrightarrow x-1}$

(6) $x \xrightarrow{f} x-1 \xrightarrow{I} x-1$ $\quad\therefore\ \boldsymbol{I\circ f: x \longrightarrow x-1}$

Advice 2° 합성함수를 나타낼 때, 이를테면 (1)의 경우 답을

$(g\circ f)(x)=3(x-1),\quad g(f(x))=3(x-1),\quad g\circ f: x \longrightarrow 3(x-1)$

중의 어느 것으로 나타내어도 좋다.

Advice 3° (1), (2)에서는 $g\circ f\neq f\circ g$임을 알 수 있고, (3), (4)에서는 $h\circ(g\circ f)=(h\circ g)\circ f$임을 알 수 있다.

정석 합성함수의 성질

(i) $\boldsymbol{g\circ f\neq f\circ g}$

(ii) $\boldsymbol{h\circ(g\circ f)=(h\circ g)\circ f}$

(i)은 아래 **유제 10**-4와 같이 f, g에 따라서는 $g\circ f=f\circ g$일 수도 있으나, 일반적으로 항상 $g\circ f=f\circ g$인 것은 아니라는 뜻이다.

또, (ii)가 성립하므로 괄호를 풀어서 $h\circ g\circ f$로 나타내어도 된다. (ii)의 증명은 실력 공통수학**2**의 p. 177을 참조한다.

Advice 4° 여기에서 항등함수 $I(x)=x$의 성질도 알아 두자.

함수 $f: X \longrightarrow X$에 대하여

$(f\circ I)(x)=f(I(x))=f(x),\quad (I\circ f)(x)=I(f(x))=f(x)$

정석 $f: X \longrightarrow X$에 대하여 $\quad\boldsymbol{f\circ I=I\circ f=f}$

유제 **10**-3. 세 함수 $f(x)=2x-1$, $g(x)=x+3$, $h(x)=x^2$에 대하여 다음을 구하시오.

(1) $g\circ f$ (2) $f\circ g$ (3) $f\circ(g\circ h)$ (4) $(f\circ g)\circ h$

답 (1) $\boldsymbol{(g\circ f)(x)=2x+2}$ (2) $\boldsymbol{(f\circ g)(x)=2x+5}$
(3) $\boldsymbol{(f\circ(g\circ h))(x)=2x^2+5}$ (4) $\boldsymbol{((f\circ g)\circ h)(x)=2x^2+5}$

유제 **10**-4. 실수 전체의 집합에서 정의된 두 함수 $f(x)=3x-2$, $g(x)=ax+2$에 대하여 $f\circ g=g\circ f$가 성립할 때, 상수 a의 값을 구하시오.

답 $\boldsymbol{a=-1}$

기본 문제 **10**-3 다음과 같이 정의된 두 함수 f, g가 있다.

$$f : x \longrightarrow 2x+a, \quad g : x \longrightarrow -x+2$$

$(f\circ f)(x)=4x-9$일 때, 다음 물음에 답하시오.

(1) 상수 a의 값을 구하시오.

(2) $(g\circ h)(x)=f(x)$를 만족시키는 함수 $h(x)$를 구하시오.

(3) $(k\circ g)(x)=f(x)$를 만족시키는 함수 $k(x)$를 구하시오.

정석연구 문제 해결의 기본은 다음 합성함수의 정의

정 의 $(g\circ f)(x)=g(f(x))$

이다.

모범답안 $f(x)=2x+a,\ g(x)=-x+2$이다.

(1) $(f\circ f)(x)=f(f(x))=f(2x+a)=2(2x+a)+a=4x+3a$

이므로 모든 x에 대하여 $(f\circ f)(x)=4x-9$이려면

$4x+3a=4x-9 \quad \therefore\ 3a=-9 \quad \therefore\ \boldsymbol{a=-3}$ ← 답

(2) $g(x)=-x+2$이므로

$$(g\circ h)(x)=g(h(x))=-h(x)+2$$

$$\therefore\ (g\circ h)(x)=f(x) \iff -h(x)+2=2x-3$$

$$\therefore\ \boldsymbol{h(x)=-2x+5} \longleftarrow \text{답}$$

(3) $g(x)=-x+2$이므로

$$(k\circ g)(x)=k(g(x))=k(-x+2)$$

$$\therefore\ (k\circ g)(x)=f(x) \iff k(-x+2)=2x-3 \quad \cdots\cdots ⓐ$$

여기에서 $-x+2=t$로 놓으면 $x=-t+2$

ⓐ에 대입하면 $k(t)=2(-t+2)-3 \quad \therefore\ k(t)=-2t+1$

t를 x로 바꾸면 $\boldsymbol{k(x)=-2x+1}$ ← 답

유제 **10**-5. $f(x)=4x+1,\ g(x)=2x-3$일 때, 다음 물음에 답하시오.

(1) $g(h(x))=f(x)$를 만족시키는 함수 $h(x)$를 구하시오.

(2) $k(f(x))=g(x)$를 만족시키는 함수 $k(x)$를 구하시오.

답 (1) $\boldsymbol{h(x)=2x+2}$ (2) $\boldsymbol{k(x)=\frac{1}{2}x-\frac{7}{2}}$

유제 **10**-6. $f(x)=3x-2,\ g(x)=-2x+5$일 때,

$$(h\circ g\circ f)(x)=f(x)$$

를 만족시키는 함수 $h(x)$를 구하시오. 답 $\boldsymbol{h(x)=-\frac{1}{2}x+\frac{5}{2}}$

기본 문제 **10**-4 집합 $X=\{1, 2, 3, 4, 5\}$에 대하여 함수 $f: X \longrightarrow X$를

$$f(x)=\begin{cases} x+2 & (x\le 3) \\ 1 & (x=4) \\ 2 & (x=5) \end{cases}$$

와 같이 정의하자. 함수 $g: X \longrightarrow X$가 $g(1)=5$이고, $f\circ g=g\circ f$를 만족시킬 때, $g(3)$과 $g(5)$의 값을 구하시오.

정석연구 문제의 조건으로부터 $f(4)=1$, $f(5)=2$이다.

또, $x\le 3$일 때 $f(x)=x+2$이므로 $f(1)=3$, $f(2)=4$, $f(3)=5$이다. 이것과 조건 $g(1)=5$를 이용하여 $f\circ g$와 $g\circ f$를 나타내면 다음과 같다.

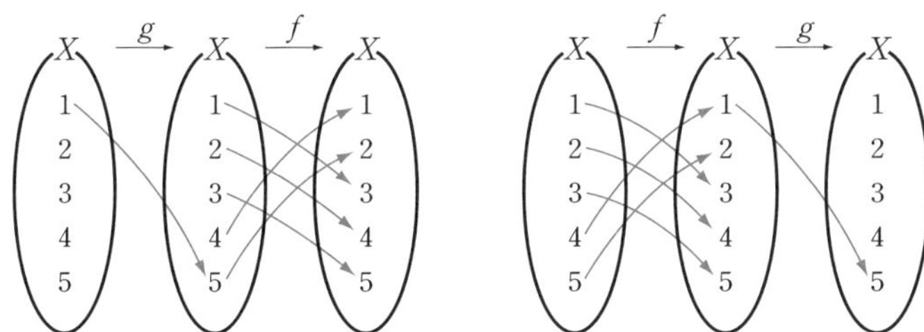

왼쪽 $f\circ g$에서 $(f\circ g)(1)=2$이고, $f\circ g=g\circ f$이므로 $(g\circ f)(1)=2$이다.

이것을 만족시키기 위해서는 오른쪽 $g\circ f$에서 $g(3)=2$이어야 한다. 이것을 위의 그림에 나타내고 같은 방법으로 하면 $g(5)$의 값을 구할 수 있다.

정석 함수의 조건을 알기 쉽게 그림으로 나타낸다.

모범답안 조건에서 $g(1)=5$이므로 $(f\circ g)(1)=f(g(1))=f(5)=2$

한편 $(g\circ f)(1)=g(f(1))=g(3)$이고,

조건에서 $f\circ g=g\circ f$이므로 $(f\circ g)(1)=(g\circ f)(1)$ $\therefore g(3)=2$

같은 방법으로 하면

$$(f\circ g)(3)=f(g(3))=f(2)=4, \quad (g\circ f)(3)=g(f(3))=g(5)$$

조건에서 $f\circ g=g\circ f$이므로 $(f\circ g)(3)=(g\circ f)(3)$ $\therefore g(5)=4$

답 $\boldsymbol{g(3)=2,\ g(5)=4}$

유제 **10**-7. 세 집합 $X=\{1, 2, 3\}$, $Y=\{a, b, c\}$, $Z=\{4, 5, 6\}$에 대하여 함수 $f: X \longrightarrow Y$와 함수 $g: Y \longrightarrow Z$가 각각 일대일대응이고,

$$f(1)=a, \quad g(c)=6, \quad (g\circ f)(2)=4$$

를 만족시킬 때, $f(3)$과 $g(b)$의 값을 구하시오. 답 $\boldsymbol{f(3)=c,\ g(b)=4}$

기본 문제 10-5 오른쪽 그림은 두 함수 $y=f(x)$와 $y=x$의 그래프이다.

다음 물음에 답하시오.

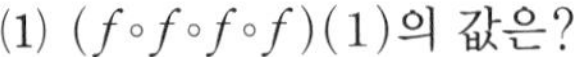
(1) $(f\circ f\circ f\circ f)(1)$의 값은?

① a ② b ③ c ④ d ⑤ e

(2) $(f\circ f)(x)=d$를 만족시키는 x의 값은?

① a ② b ③ c ④ d ⑤ e

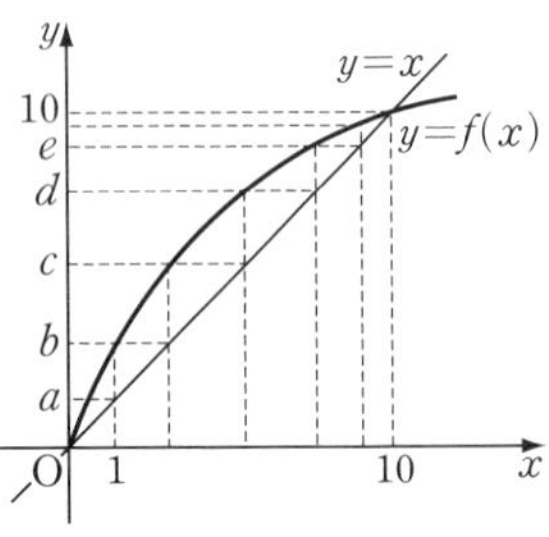

정석연구 이 문제에서는

정 석 직선 $\boldsymbol{y=x}$ 위의 점의 $\boldsymbol{x}$좌표와 $\boldsymbol{y}$좌표는 서로 같다

는 성질을 이용하는 것이 핵심이다.

이 성질에 의하면 $a=1$이고, y좌표 b, c, d, e에 대응하는 x좌표는 오른쪽 그림과 같다.

이와 같이 생각하면 오른쪽 그림에서

$f(1)=b,\ f(b)=c,\ f(c)=d,\ f(d)=e$

인 것도 알 수 있다.

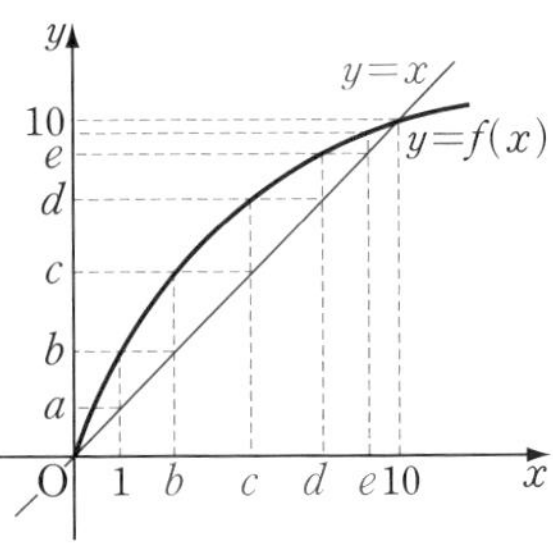

모범답안 (1) $(f\circ f\circ f\circ f)(1)=(f\circ f\circ f)(f(1))$
$=(f\circ f\circ f)(b)=(f\circ f)(f(b))$
$=(f\circ f)(c)=f(f(c))=f(d)=e$ 답 ⑤

(2) $(f\circ f)(x)=d$에서 $f(f(x))=d$

한편 그림에서 $f(c)=d$이고, $f(x)$는 일대일함수이므로 $f(x)=c$

또한 그림에서 $f(b)=c$이고, $f(x)$는 일대일함수이므로 $x=b$

답 ②

유제 **10**-8. 오른쪽 그림은 두 함수 $y=f(x)$와 $y=x$의 그래프이다.

다음 물음에 답하시오.

(1) $(f\circ f\circ f)(d)$의 값은?

① a ② b ③ c ④ d ⑤ e

(2) $(f\circ f)(x)=b$를 만족시키는 x의 값은?

① a ② b ③ c ④ d ⑤ e

답 (1) ① (2) ④

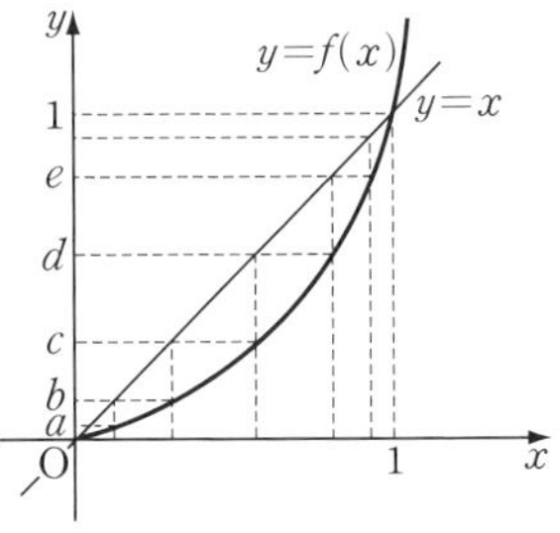

§2. 역 함 수

1 역함수

아래 왼쪽 그림과 같이 함수 $f: X \longrightarrow Y$가 일대일대응이라고 할 때, 아래 오른쪽 그림과 같이 Y에서 X로의 대응을 생각하면 이 대응도 역시 일대일대응임을 알 수 있다.

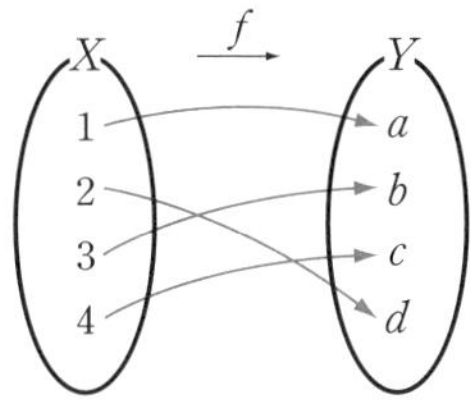

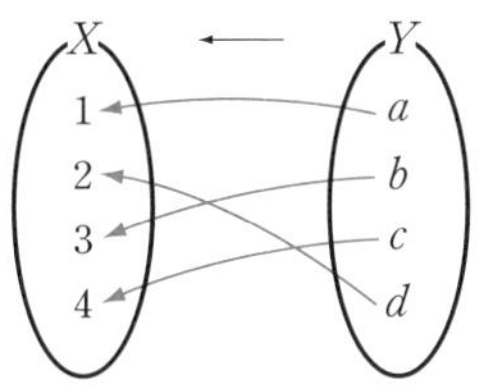

기본정석 — 역함수의 정의

함수 $f: X \longrightarrow Y$가 일대일대응이면 집합 Y의 각 원소 y에 대하여 $f(x)=y$인 집합 X의 원소 x는 오직 하나 존재한다.

따라서 집합 Y의 각 원소 y에 대하여 $f(x)=y$인 집합 X의 원소 x를 대응시키는 관계는 Y에서 X로의 함수이다. 이러한 함수를 함수 $f: X \longrightarrow Y$의 역함수라 하고, $\boldsymbol{f^{-1}: Y \longrightarrow X}$로 나타낸다.

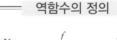

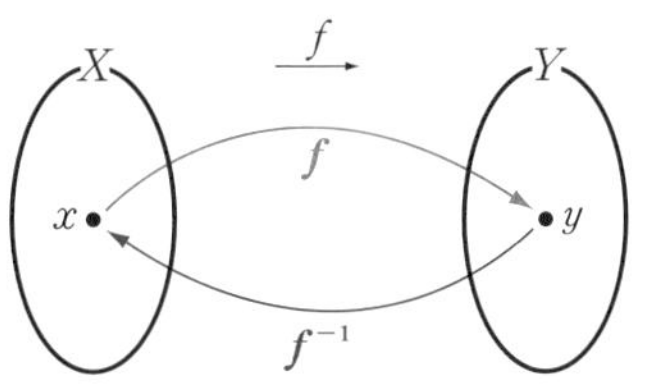

정 의 $\boldsymbol{f: X \longrightarrow Y,\ x \longrightarrow y}$에서 $\Longrightarrow$ $\boldsymbol{f^{-1}: Y \longrightarrow X,\ y \longrightarrow x}$

$$\boldsymbol{y=f(x) \iff x=f^{-1}(y)}$$

보기 1 오른쪽 그림 (i)의 함수 f에 대하여

$$f^{-1}: Y \longrightarrow X$$

를 그림으로 나타내시오.

연구 역대응을 생각하면

$$\alpha \longrightarrow c,\quad \beta \longrightarrow a,$$
$$\gamma \longrightarrow d,\quad \delta \longrightarrow b$$

이므로 그림 (ii)와 같다.

그림 (i)

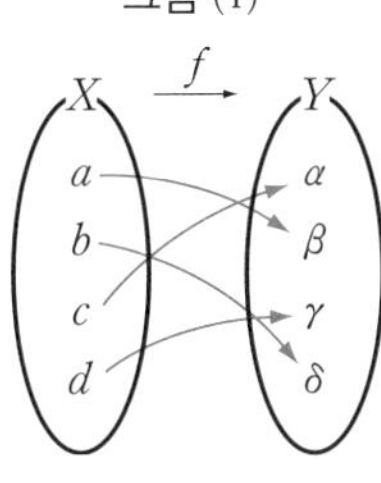

그림 (ii)

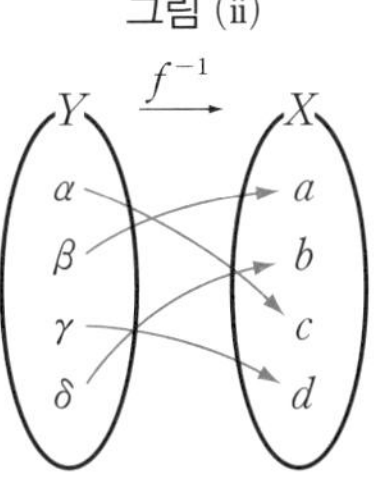

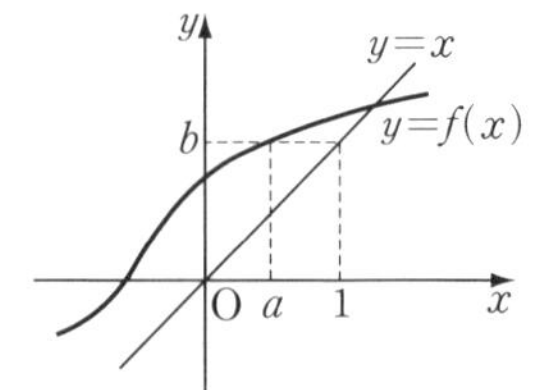

보기 2 역함수가 존재하는 함수 $y=f(x)$의 그래프가 오른쪽 그림과 같을 때, 다음 중 a의 값과 같은 것은?

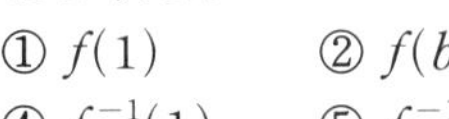

① $f(1)$ ② $f(b)$ ③ $(f\circ f)(1)$

④ $f^{-1}(1)$ ⑤ $f^{-1}(a)$

연구 y의 값에 대응하는 x의 값을 찾을 때에는 역함수 f^{-1}를 써서 나타내면 된다.

$b=1$이므로 $f(a)=1$이다. $\therefore\ a=f^{-1}(1)$

답 ④

2 역함수의 존재

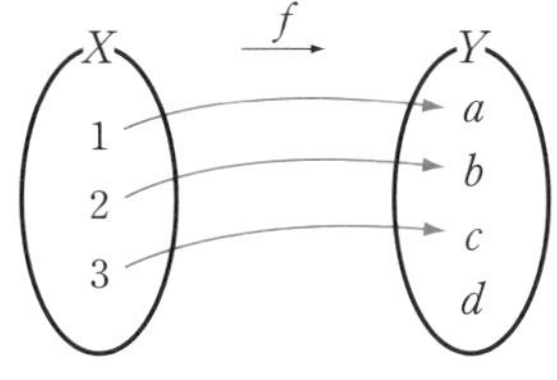

오른쪽 그림의 함수 $f: X \longrightarrow Y$에 대하여 Y에서 X로의 대응, 곧 역대응을 생각하면 Y의 원소 d에 대응하는 X의 원소가 없으므로 이 역대응은 함수가 아니다. 이것은 한 예에 불과하지만, 일반적으로

함수 $f: X \longrightarrow Y$가 일대일대응일 때에만 역함수 f^{-1}가 존재

하고, 그 역함수도 역시 일대일대응이 된다.

위의 예에서 만일 $Y'=\{a, b, c\}$로 하여 함수 $f: X \longrightarrow Y'$을 생각하면 이 함수 f는 일대일대응이 되어 역함수가 존재하게 된다.

또, 이를테면 일차함수 $y=2x-1$은 일대일대응이므로 역함수가 존재하지만, 이차함수 $y=x^2$은 일대일대응이 아니므로 역함수가 존재하지 않는다.

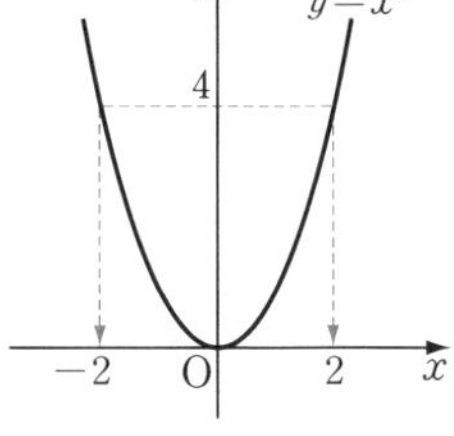

오른쪽 그림에서 Y에서 X로의 대응을 생각하면 Y의 원소 4에 대응하는 X의 원소는 -2, 2의 두 개이다. 곧, 역대응은 함수가 아니므로 역함수는 존재하지 않는다.

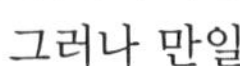

그러나 만일

X, Y를 음이 아닌 실수 전체의 집합

이라 하고,

$$f: X \longrightarrow Y,\ y=x^2$$

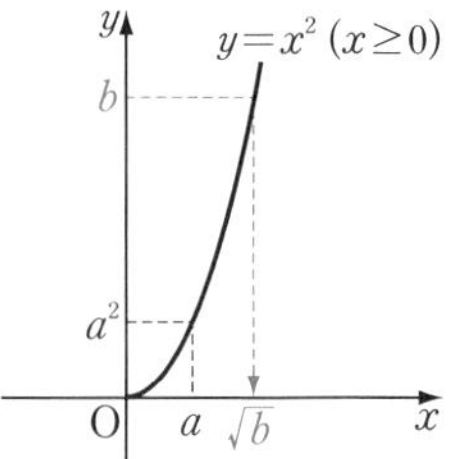

이라고 하면 오른쪽 그림과 같이 함수 f는 일대일대응이므로 역함수가 존재한다.

이와 같은 함수를 간단히

$$\boldsymbol{y=x^2\ (x\ge 0)} \quad \text{또는} \quad \boldsymbol{f: x \longrightarrow x^2\ (x\ge 0)}$$

으로 나타내기도 한다.

보기 3 다음 f 중에서 f^{-1}가 존재하는 것은?

① 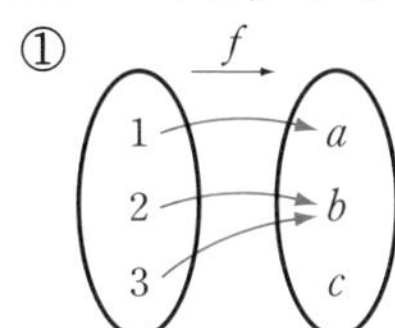

② 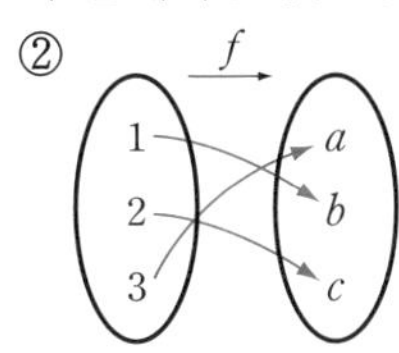

③ 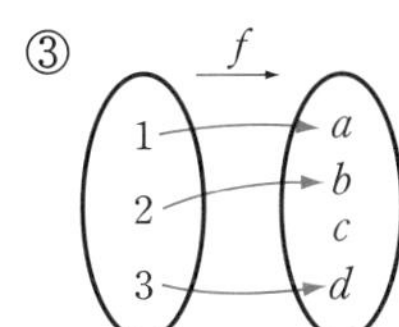

연구 함수 f가 일대일대응일 때에만 그 역함수 f^{-1}가 존재한다. 그런데 ①, ②, ③ 중에서 일대일대응은 ②뿐이다. 답 ②

*Note ①에서 역대응을 생각하면 b에 대응하는 원소가 2개이고, c에 대응하는 원소가 없으므로 이 역대응은 함수가 아니다.

③의 역대응에서는 c에 대응하는 원소가 없으므로 함수가 아니다.

보기 4 집합 $X=\{x|x\geq a\}$에서 집합 Y로의 함수 $f(x)=(x-1)^2+1$의 역함수가 존재할 때, 실수 a의 최솟값과 이때의 집합 Y를 구하시오.

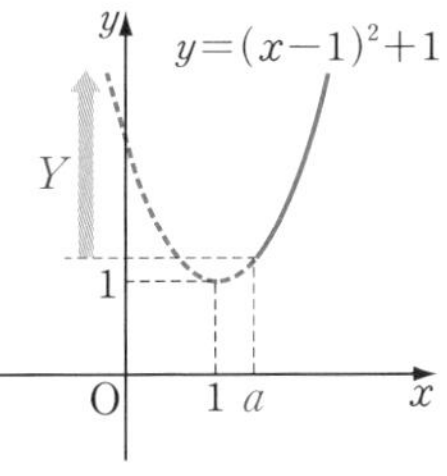

연구 $x\geq a$에서 함수 $y=(x-1)^2+1$의 역함수가 존재할 때, 이 함수는 일대일대응이다.

오른쪽 그림에서 $a\geq 1$이어야 하므로

최솟값 **1**, $\boldsymbol{Y=\{y|y\geq 1\}}$

3 역함수의 성질

함수 f가 일대일대응일 때, 함수 f와 그 역함수 f^{-1} 사이에 다음이 성립한다.

기본정석 — **역함수의 성질**

집합 X에서 집합 X로의 항등함수를 I_X, 집합 Y에서 집합 Y로의 항등함수를 I_Y라고 하자.

(1) $f: X \longrightarrow Y$가 일대일대응일 때, $f^{-1}: Y \longrightarrow X$에 대하여

① $\boldsymbol{(f^{-1})^{-1}=f}$

② $\boldsymbol{f^{-1}(f(x))=x}$ $(x\in X)$ 곧, $\boldsymbol{f^{-1}\circ f=I_X}$

$\boldsymbol{f(f^{-1}(y))=y}$ $(y\in Y)$ 곧, $\boldsymbol{f\circ f^{-1}=I_Y}$

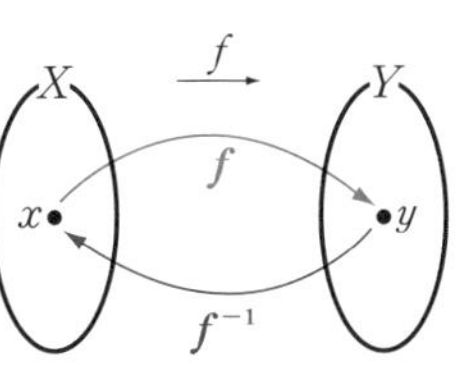

(2) $f: X \longrightarrow Y$, $g: Y \longrightarrow X$에서

$\boldsymbol{g\circ f=I_X,\ f\circ g=I_Y \iff g=f^{-1}}$

(3) 함수 $f: X \longrightarrow Y$, $g: Y \longrightarrow Z$가 일대일대응일 때,

$\boldsymbol{(g\circ f)^{-1}=f^{-1}\circ g^{-1}}$

Advice ‖ ① $(f^{-1})^{-1}=f$

f가 일대일대응이므로 f^{-1}도 일대일대응이다. 따라서 f^{-1}의 역함수 $(f^{-1})^{-1}$가 존재한다.

$y=f(x)$로 놓으면 역함수의 정의에 의하여 $y=f(x) \Longleftrightarrow x=f^{-1}(y)$

마찬가지로 $x=f^{-1}(y) \Longleftrightarrow y=(f^{-1})^{-1}(x)$ $\therefore (f^{-1})^{-1}=f$

② $f^{-1}\circ f=I_X,\ f\circ f^{-1}=I_Y$

$f(x)=y$라고 하면

$$(f^{-1}\circ f)(x)=f^{-1}(f(x))=f^{-1}(y)=x,$$
$$(f\circ f^{-1})(y)=f(f^{-1}(y))=f(x)=y$$

따라서 $f^{-1}\circ f,\ f\circ f^{-1}$는 항등함수이다.

또, $X=Y$이면 $f^{-1}\circ f=f\circ f^{-1}=I$이다.

③ $g\circ f=I_X,\ f\circ g=I_Y \Longleftrightarrow g=f^{-1}$

$f^{-1}\circ f=I_X, f\circ f^{-1}=I_Y$와 비교하면 알 수 있다.

이 성질을 역함수의 정의로 쓰기도 하고, 두 함수 f, g가 역함수의 관계가 있는지를 살피는 데 이용할 수도 있다.

④ $(g\circ f)^{-1}=f^{-1}\circ g^{-1}$

$$(f^{-1}\circ g^{-1})\circ(g\circ f)=f^{-1}\circ(g^{-1}\circ g)\circ f=f^{-1}\circ I\circ f=f^{-1}\circ f=I$$
$$(g\circ f)\circ(f^{-1}\circ g^{-1})=g\circ(f\circ f^{-1})\circ g^{-1}=g\circ I\circ g^{-1}=g\circ g^{-1}=I$$

따라서 성질 ③에서 $(g\circ f)^{-1}=f^{-1}\circ g^{-1}$

4 역함수를 구하는 순서

함수 $f: x \longrightarrow y$의 역함수를 구한다는 것은 역대응의 규칙 $y \longrightarrow x$를 구하는 것과 같다. 따라서 이를테면 함수 $y=x+1$의 역함수는 $x=y-1$이라고 하면 된다.

그런데 보통은 독립변수를 x로, 종속변수를 y로 나타내므로 $x=y-1$의 x와 y를 바꾸어 $y=x-1$과 같이 나타낸다.

기본정석 — **역함수를 구하는 순서**

첫째 — 주어진 함수가 일대일대응인가를 확인한다.

둘째 — $y=f(x)$를 $x=g(y)$의 꼴로 고친다.

셋째 — $x=g(y)$에서 x와 y를 바꾸어서 $y=g(x)$로 한다.

이때, 다음 사실에 주의해야 한다.

f^{-1}의 정의역은 f의 치역, f^{-1}의 치역은 f의 정의역

보기 5 다음 함수의 역함수를 구하시오.

(1) $f(x)=x+2$ (2) $f(x)=2x-1$

연구 (1) $y=f(x)=x+2$로 놓으면 $x=y-2$

x와 y를 바꾸면 $y=x-2$ $\therefore$ $\boldsymbol{f^{-1}(x)=x-2}$

(2) $y=f(x)=2x-1$로 놓으면 $x=\dfrac{1}{2}(y+1)$

x와 y를 바꾸면 $y=\dfrac{1}{2}(x+1)$ $\therefore$ $\boldsymbol{f^{-1}(x)=\dfrac{1}{2}(x+1)}$

보기 6 $f(x)=x-3$, $g(x)=3x+1$일 때, 다음을 구하시오.

(1) $(g\circ f)(x)$ (2) $(f^{-1}\circ g^{-1})(x)$

연구 (1) $(g\circ f)(x)=g(f(x))=g(x-3)=3(x-3)+1=3x-8$

$\therefore$ $\boldsymbol{(g\circ f)(x)=3x-8}$

(2) $f^{-1}\circ g^{-1}=(g\circ f)^{-1}$이고, $(g\circ f)(x)=3x-8$이므로

$y=(g\circ f)(x)=3x-8$로 놓으면 $x=\dfrac{1}{3}(y+8)$

x와 y를 바꾸면 $y=\dfrac{1}{3}(x+8)$ $\therefore$ $(g\circ f)^{-1}(x)=\dfrac{1}{3}(x+8)$

$\therefore$ $\boldsymbol{(f^{-1}\circ g^{-1})(x)=\dfrac{1}{3}(x+8)}$

5 함수의 그래프와 그 역함수의 그래프의 관계

이를테면 위의 **보기 5**에서 함수 $y=x+2$의 그래프와 그 역함수 $y=x-2$의 그래프를 그려 보면, 이 두 그래프는 오른쪽 그림과 같이 직선 $y=x$에 대하여 대칭임을 알 수 있다.

일반적으로 실수의 집합 X에서 실수의 집합 Y로의 함수 $y=f(x)$의 그래프는

$$\{(x, y)\,|\,y=f(x),\ x\in X\}$$

이고, f의 역함수 $y=f^{-1}(x)$가 존재하면 그 그래프는

$$\{(y, x)\,|\,y=f(x),\ x\in X\}$$

이다.

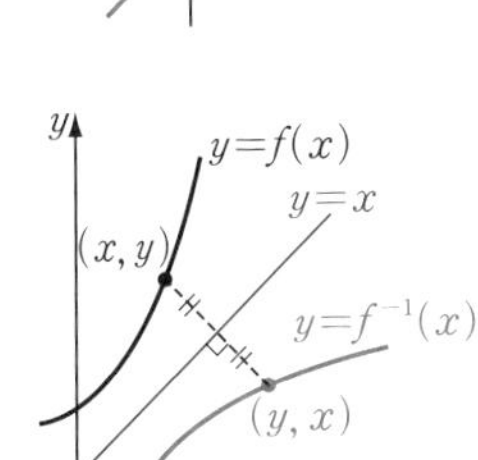

그런데 점 (x, y)와 점 (y, x)는 직선 $y=x$에 대하여 대칭이므로 다음이 성립한다.

정석 함수 $\boldsymbol{y=f(x)}$의 그래프와 그 역함수 $\boldsymbol{y=f^{-1}(x)}$의 그래프는 직선 $\boldsymbol{y=x}$에 대하여 서로 대칭이다.

기본 문제 **10**-**6** 세 함수 f, g, h를

$$f: x \longrightarrow 2x, \quad g: x \longrightarrow x+1, \quad h: x \longrightarrow ax+b$$

로 정의할 때, 다음 물음에 답하시오.

(1) $f^{-1}, g^{-1}, f^{-1}\circ g^{-1}, g\circ f, (g\circ f)^{-1}$를 각각 구하여 $(g\circ f)^{-1}=f^{-1}\circ g^{-1}$임을 확인하시오.

(2) $f^{-1}\circ g^{-1}\circ h=f$일 때, 상수 a, b의 값을 구하시오.

정석연구 합성함수, 역함수의 정의를 충실히 따르면 된다.

정 의 $(g\circ f)(x)=g(f(x))$

모범답안 (1) $f: x \longrightarrow 2x$는 $y=2x$로 놓을 수 있으므로 $x=\dfrac{1}{2}y$

x와 y를 바꾸면 $y=\dfrac{1}{2}x$ $\quad \therefore f^{-1}(x)=\dfrac{1}{2}x$

같은 방법으로 하면 $g^{-1}(x)=x-1$

$\therefore (f^{-1}\circ g^{-1})(x)=f^{-1}(g^{-1}(x))=f^{-1}(x-1)=\dfrac{1}{2}(x-1)$ ……①

또, $(g\circ f)(x)=g(f(x))=g(2x)=2x+1$이므로

$y=2x+1$로 놓으면 $x=\dfrac{1}{2}(y-1)$

x와 y를 바꾸면 $y=\dfrac{1}{2}(x-1)$ $\quad \therefore (g\circ f)^{-1}(x)=\dfrac{1}{2}(x-1)$ ……②

①, ②로부터 $(g\circ f)^{-1}=f^{-1}\circ g^{-1}$

(2) $f^{-1}\circ g^{-1}=(g\circ f)^{-1}$이므로

$(f^{-1}\circ g^{-1}\circ h)(x)=(g\circ f)^{-1}(h(x))=(g\circ f)^{-1}(ax+b)=\dfrac{1}{2}(ax+b-1)$

문제의 조건 $f^{-1}\circ g^{-1}\circ h=f$로부터

$\dfrac{1}{2}(ax+b-1)=2x$ $\quad \therefore ax+b-1=4x$

x에 관한 항등식이므로 $\boldsymbol{a=4,\ b=1}$ ← 답

* *Note* (2) 다음과 같이 계산해도 된다.

$$(f^{-1}\circ g^{-1}\circ h)(x)=(f^{-1}\circ g^{-1})(h(x))=(f^{-1}\circ g^{-1})(ax+b)$$
$$=f^{-1}(g^{-1}(ax+b))=f^{-1}(ax+b-1)=\frac{1}{2}(ax+b-1)$$

유제 **10**-9. 두 함수 f, g에 대하여 $f(x)=3x$, $g(x)=x-1$일 때, $(g\circ f)^{-1}=f^{-1}\circ g^{-1}$임을 확인하시오.

유제 **10**-10. $f(x)=4x^2+1$, $g(x)=2x+3$일 때, $(g^{-1}\circ f)(x)$를 구하시오.

답 $\boldsymbol{(g^{-1}\circ f)(x)=2x^2-1}$

기본 문제 **10**-7 다음 물음에 답하시오.

(1) 함수 $f(x)=ax+b$에 대하여 $f^{-1}(1)=0$, $(f\circ f)(0)=3$일 때, 상수 a, b의 값을 구하시오.

(2) 함수 $f(x)=ax+b$의 역함수 $g(x)$가 존재한다. 점 $(1, 2)$가 함수 $y=f(x)$의 그래프와 $y=g(x)$의 그래프 위에 있을 때, 상수 a, b의 값을 구하시오.

정석연구 (1) 역함수의 정의 「$y=f(x) \iff x=f^{-1}(y)$」를 이용한다. 곧,

정석 $f(a)=b \iff f^{-1}(b)=a$

이므로 $f^{-1}(1)=0$으로부터 $f(0)=1$을 얻는다.

(2) 점 $(1, 2)$가 두 함수 $y=f(x)$, $y=g(x)$의 그래프 위에 있으므로 $f(1)=2$, $g(1)=2$이다.

여기에서 $g(1)=2$를 f에 관한 조건으로 바꾸는 것이 문제의 핵심이라고 할 수 있는데, 이때 '$f(x)$의 역함수가 $g(x)$'라는 조건을 이용한다. 곧,

$$f^{-1}=g,\ g(1)=2 \Longrightarrow f^{-1}(1)=2 \iff f(2)=1$$

모범답안 (1) $f^{-1}(1)=0$이므로 $f(0)=1$

$(f\circ f)(0)=3$이므로 $f(f(0))=3$ $\therefore f(1)=3$

따라서 $f(x)=ax+b$에서

$$f(0)=b=1,\quad f(1)=a+b=3$$

두 식을 연립하여 풀면 $\boldsymbol{a=2,\ b=1}$ ← 답

(2) 점 $(1, 2)$가 $y=f(x)$의 그래프 위의 점이므로 $f(1)=2$

또, 점 $(1, 2)$가 $y=g(x)$의 그래프 위의 점이므로 $g(1)=2$

그런데 g는 f의 역함수이므로 $f^{-1}(1)=2$ $\therefore f(2)=1$

따라서 $f(x)=ax+b$에서

$$f(1)=a+b=2,\quad f(2)=2a+b=1$$

두 식을 연립하여 풀면 $\boldsymbol{a=-1,\ b=3}$ ← 답

유제 **10**-11. 함수 $f(x)=ax^3+b$에 대하여 $f(1)=-2$, $f^{-1}(5)=2$일 때, 상수 a, b의 값을 구하시오. 답 $\boldsymbol{a=1,\ b=-3}$

유제 **10**-12. 함수 $f(x)=ax+b$의 역함수 $g(x)$가 존재한다. 점 $(2, 3)$이 함수 $y=f(x)$의 그래프와 $y=g(x)$의 그래프 위에 있을 때, 상수 a, b의 값을 구하시오. 답 $\boldsymbol{a=-1,\ b=5}$

기본 문제 **10**-8 1보다 큰 실수 전체의 집합 A에서 A로의 함수 f, g가 다음과 같다.

$$f(x)=3x^2-2, \quad g(x)=\frac{1}{2}(x+1)$$

(1) $g^{-1}(10)$의 값을 구하시오.

(2) $(f\circ(g\circ f)^{-1}\circ f)(2)$의 값을 구하시오.

정석연구 (1) $g(x)=\dfrac{1}{2}(x+1)$로부터 $g^{-1}(10)$의 값을 구하는 데는 다음 두 가지 방법을 생각할 수 있다.

(i) 먼저 $g(x)$의 역함수 $g^{-1}(x)$를 직접 구하여 $x=10$을 대입한다.

곧, $g(x)=\dfrac{1}{2}(x+1)=y$로 놓으면 $x+1=2y$ $\therefore x=2y-1$

$\therefore g^{-1}(x)=2x-1\ (x>1)$ $\therefore \boldsymbol{g^{-1}(10)=19}$

(ii) 역함수의 정의 「$y=f(x) \iff x=f^{-1}(y)$」를 이용한다. 곧,

정석 $\boldsymbol{f(a)=b \iff f^{-1}(b)=a}$

$g^{-1}(10)=k$로 놓으면 $g(k)=10$ $\therefore \dfrac{1}{2}(k+1)=10$

$\therefore k=19$ $\therefore \boldsymbol{g^{-1}(10)=19}$

(2) 다음의 합성함수와 역함수의 성질을 활용하여 먼저 $f\circ(g\circ f)^{-1}\circ f$를 간단히 한다.

정석 $\boldsymbol{I\circ f=f,\ f\circ I=f,\ (f\circ g)\circ h=f\circ(g\circ h)=f\circ g\circ h,}$
$\boldsymbol{f\circ f^{-1}=I,\ f^{-1}\circ f=I,\ (g\circ f)^{-1}=f^{-1}\circ g^{-1}}$

모범답안 (1) **정석연구** 참조 답 **19**

(2) $f\circ(g\circ f)^{-1}\circ f=f\circ(f^{-1}\circ g^{-1})\circ f=f\circ f^{-1}\circ g^{-1}\circ f=(f\circ f^{-1})\circ(g^{-1}\circ f)$
$=I\circ(g^{-1}\circ f)=g^{-1}\circ f$

$\therefore (f\circ(g\circ f)^{-1}\circ f)(2)=(g^{-1}\circ f)(2)=g^{-1}(f(2))$

그런데 $f(x)=3x^2-2$에서 $f(2)=10$이므로

$(f\circ(g\circ f)^{-1}\circ f)(2)=g^{-1}(10)=\mathbf{19}$ ← 답

유제 **10**-13. 위의 문제에서 $(g\circ(f\circ g)^{-1}\circ g)(7)$의 값을 구하시오.

답 $\sqrt{2}$

유제 **10**-14. 양의 실수 전체의 집합 A에서 A로의 함수 f와 h가

$$f(x)=x^2+x, \quad h(x)=\frac{x+2}{f(x)}$$

이다. g가 f의 역함수일 때, $h(g(2))$의 값을 구하시오. 답 $\dfrac{3}{2}$

기본 문제 10-9 두 함수 $f(x)=x-2$, $g(x)=2x+1$에 대하여 다음 물음에 답하시오.

(1) $f^{-1}(x)$를 구하시오.

(2) $(h\circ f)(x)=g(x)$를 만족시키는 함수 $h(x)$를 구하시오.

(3) $(f\circ k)(x)=g(x)$를 만족시키는 함수 $k(x)$를 구하시오.

정석연구 $h(x)$와 $k(x)$는 p. 184에서와 같이 합성함수의 정의만으로 구할 수 있다. 또는 다음과 같이 역함수를 이용하여 구할 수도 있다.

$h\circ f=g$일 때, 양변의 오른쪽에 f^{-1}를 합성하면

$$(h\circ f)\circ f^{-1}=g\circ f^{-1} \quad \therefore\ h\circ(f\circ f^{-1})=g\circ f^{-1} \quad \therefore\ h=g\circ f^{-1}$$

$f\circ k=g$일 때, 양변의 왼쪽에 f^{-1}를 합성하면

$$f^{-1}\circ(f\circ k)=f^{-1}\circ g \quad \therefore\ (f^{-1}\circ f)\circ k=f^{-1}\circ g \quad \therefore\ k=f^{-1}\circ g$$

정석 함수 f의 역함수 f^{-1}가 존재할 때,

$$\boldsymbol{h\circ f=g \Longrightarrow h=g\circ f^{-1},\quad f\circ k=g \Longrightarrow k=f^{-1}\circ g}$$

특히 $g(x)=x$일 때에는 역함수의 성질 $f^{-1}(f(x))=x$를 생각하면 다음 성질을 얻는다. 아래 **유제**에 이용해 보자.

정석 $\boldsymbol{h(f(x))=x \Longrightarrow h(x)=f^{-1}(x)}$

모범답안 (1) $y=x-2$로 놓으면 $x=y+2$

x와 y를 바꾸면 $y=x+2$ $\quad\therefore\ \boldsymbol{f^{-1}(x)=x+2}$ ← 답

(2) $h(x)=(g\circ f^{-1})(x)=g(f^{-1}(x))=g(x+2)$

$=2(x+2)+1=\boldsymbol{2x+5}$ ← 답

(3) $k(x)=(f^{-1}\circ g)(x)=f^{-1}(g(x))=f^{-1}(2x+1)$

$=(2x+1)+2=\boldsymbol{2x+3}$ ← 답

* *Note* (3) $(f\circ k)(x)=f(k(x))=k(x)-2=2x+1$

$\therefore\ \boldsymbol{k(x)=2x+3}$

유제 **10**-15. 함수 $f(x)=3x+2$에 대하여 다음 물음에 답하시오.

(1) $(f\circ f)(x)$를 구하시오. (2) $f^{-1}(x)$를 구하시오.

(3) $g(f(x))=x$를 만족시키는 함수 $g(x)$를 구하시오.

(4) $f(h(x))=x-1$을 만족시키는 함수 $h(x)$를 구하시오.

답 (1) $\boldsymbol{(f\circ f)(x)=9x+8}$ (2) $\boldsymbol{f^{-1}(x)=\frac{1}{3}(x-2)}$

(3) $\boldsymbol{g(x)=\frac{1}{3}(x-2)}$ (4) $\boldsymbol{h(x)=\frac{1}{3}(x-3)}$

연습문제 10

10-1 세 함수 f, g, h에 대하여 $(h\circ g)(x)=6x+7$, $f(x)=x-5$일 때, $(h\circ(g\circ f))(4)$의 값은?

① -1 ② 0 ③ 1 ④ 2 ⑤ 3

10-2 실수 전체의 집합 R에서 R로의 함수 $f(x)=2x-1$이 있다. $(f\circ f\circ f)(x)>x^2$을 만족시키는 x의 값의 범위를 구하시오.

10-3 다항식 $f(x)$를 $x(x-1)(x-2)$로 나눈 나머지가 x^2+1일 때, $(f\circ f\circ f)(0)$의 값은?

① 5 ② 6 ③ 7 ④ 8 ⑤ 9

10-4 실수 전체의 집합에서 정의된 함수 f가 모든 실수 x에 대하여

$$f(2x-5)\le 2x-3\le f(2x)-5$$

를 만족시킬 때, $(f\circ f)(10)$의 값을 구하시오.

10-5 집합 $S=\{1, 2, 3, 4, 5\}$에 대하여 일대일대응인 $f : S \longrightarrow S$가

$$f(1)=2,\quad f(3)=4,\quad (f\circ f\circ f)(5)=1$$

을 만족시킬 때, $f(2), f(4), f(5)$의 값을 구하시오.

10-6 다항식 $g(x)$가 모든 실수 x에 대하여 $g(g(x))=x$이고, $g(0)=1$일 때, $g(x)$를 구하시오.

10-7 한 변의 길이가 1인 정사각형 ABCD에 대하여 점 P는 점 A에서 출발하여 점 D까지 화살표 방향으로 변을 따라 움직인다. 점 P가 점 A로부터 움직인 거리가 $x(0<x<3)$일 때, 삼각형 PDA의 넓이를 $f(x)$라고 하자.

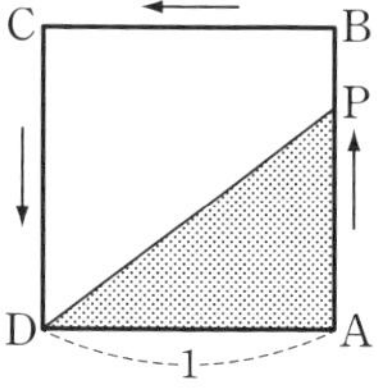

$(f\circ f)\left(\dfrac{1}{4}\right)+(f\circ f)\left(\dfrac{5}{4}\right)+(f\circ f)\left(\dfrac{9}{4}\right)$의 값을 구하시오.

10-8 오른쪽 그림은 함수 $y=f(x)$의 그래프이다. 단, $x<0$, $x>13$일 때 $f(x)<0$이다.

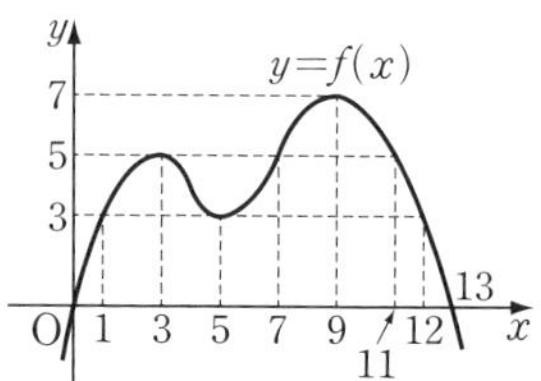

(1) $(f\circ f\circ f\circ f)(9)$의 값을 구하시오.

(2) $(f\circ f)(x)=5$를 만족시키는 x의 값을 구하시오.

10-9 오른쪽 그림은 두 함수 $y=x$, $y=f(x)$의 그래프이다. 이때, 집합

$$\{x \mid (f\circ f)(x)=f(x)\}$$

의 원소의 개수는?

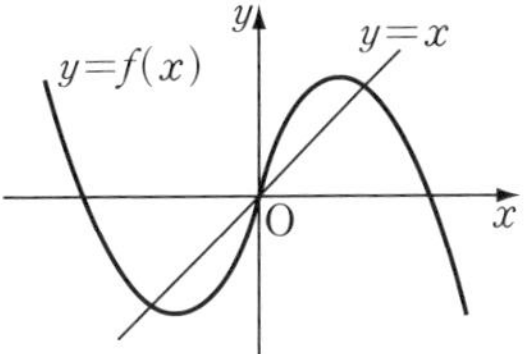

① 3　② 5　③ 7　④ 9　⑤ 11

10-10 두 함수 $f(x)=ax+b$와 $g(x)=x+c$가

$$(f\circ g)(x)=2x-3,\quad f^{-1}(3)=-2$$

를 만족시킬 때, $g^{-1}(2)$의 값을 구하시오. 단, a, b, c는 상수이다.

10-11 함수 $f(x)$의 역함수가 존재하고, $f^{-1}(1)=2$이다. $g(x)=f(3x-1)$일 때, $g^{-1}(1)$의 값을 구하시오.

10-12 함수 $f(x)=\begin{cases} 2x+1 & (x\ge 0) \\ -x^2+1 & (x<0) \end{cases}$에 대하여 $f^{-1}(3)+f^{-1}(a)=0$을 만족시키는 실수 a의 값은?

① -1　② $-\dfrac{1}{2}$　③ 0　④ $\dfrac{1}{2}$　⑤ 1

10-13 집합 $X=\{1, 2, 3, 4, 5\}$에 대하여 X에서 X로의 함수 f의 역함수가 존재하고,

$$f(2)+3f(4)=18,\quad f^{-1}(2)-f^{-1}(4)=4$$

일 때, $f(3)+f^{-1}(3)$의 값을 구하시오.

10-14 두 함수 $y=f(x)$, $y=x$의 그래프가 오른쪽 그림과 같다. $0<a<1<b<2$일 때, 다음 중 옳은 것만을 있는 대로 고른 것은?

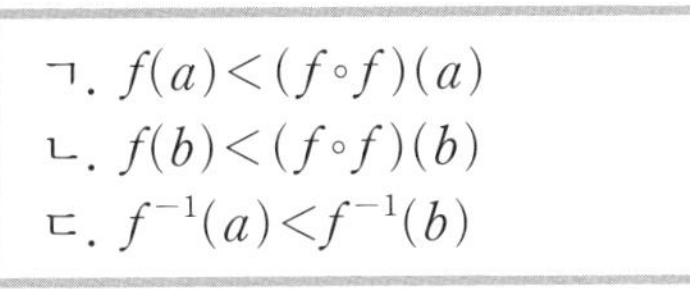
ㄱ. $f(a)<(f\circ f)(a)$
ㄴ. $f(b)<(f\circ f)(b)$
ㄷ. $f^{-1}(a)<f^{-1}(b)$

y
y=x
2
1
y=f(x)
O　1　2　x

① ㄱ　② ㄴ　③ ㄷ　④ ㄱ, ㄴ　⑤ ㄴ, ㄷ

10-15 함수 $f(x)=\dfrac{1}{4}x^2+a\,(x\ge 0)$의 역함수를 $g(x)$라고 하자.

방정식 $f(x)=g(x)$가 음이 아닌 서로 다른 두 실근을 가질 때, 실수 a의 값의 범위를 구하시오.

11. 다항함수의 그래프

일차함수의 그래프／절댓값 기호가 있는 방정식의 그래프／이차함수의 그래프／간단한 삼차함수의 그래프

§1. 일차함수의 그래프

1 일차함수의 그래프

함수 $f(x)$가

$$2x-1, \quad 3x^2+4x+2, \quad x^3-4x^2+5x+3, \quad \cdots$$

과 같이 x에 관한 다항식일 때, 이 함수를 다항함수라고 한다.

또, $f(x)$가 일차, 이차, 삼차, …의 다항식일 때, 그 다항함수를 각각 일차함수, 이차함수, 삼차함수, …라고 한다.

특히 c가 상수일 때 $f(x)=c$는 앞에서 공부한 바 있는 상수함수이고, 이때의 $f(x)$는 영(0)차의 다항함수로 볼 수 있다.

일차함수

$$\boldsymbol{y=ax+b}$$

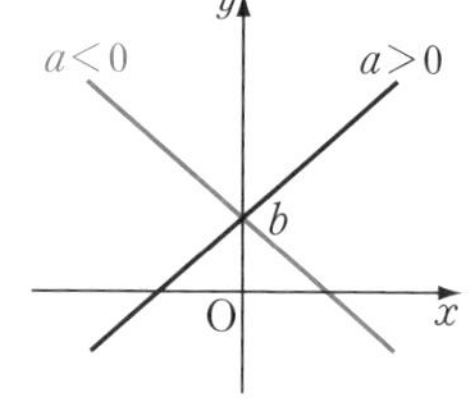

의 그래프는 오른쪽 그림과 같이 기울기가 a이고 y절편이 b인 직선이다.

그리고 $a>0$일 때 x의 값이 증가하면 y의 값도 증가하고, $a<0$일 때 x의 값이 증가하면 y의 값은 감소한다.

또한 $b>0$이면 원점의 윗부분에서 y축과 만나고, $b<0$이면 원점의 아랫부분에서 y축과 만나며, $b=0$이면 원점을 지난다.

이와 같은 일차함수의 성질에 대해서는 이미 중학교에서도 공부하였고, 직선의 방정식 단원에서도 공부했으므로 여기에서는 그 활용 방법을 중심으로 공부해 보자.

* ***Note*** $y=ax+b$에서 $a=0$이면 그 그래프는 y축에 수직인 직선이다.

기본 문제 11-1 함수 $y=2mx-m+3$이 다음을 만족시키도록 실수 m의 값의 범위를 정하시오.

(1) $-1<x<1$에서 y의 값이 항상 양수이다.

(2) $-1\le x\le 1$에서 y가 양수인 값과 음수인 값을 모두 가진다.

정석연구 $y=2mx-m+3$ ……①

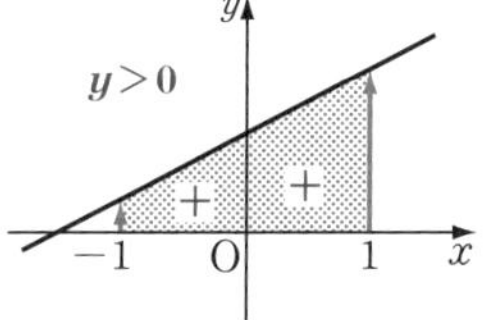

(1) $-1<x<1$에서 항상 $y>0$이라는 말은

$-1<x<1$의 범위에서 ①의 그래프가 x축의 위쪽에 존재한다는 말과 같다. 따라서

$x=-1$일 때 $y\ge 0$, $x=1$일 때 $y\ge 0$

이어야 한다. 이때, $x=1$, $x=-1$이 범위에 포함되어 있지 않으므로 $x=1$, $x=-1$일 때 $y=0$이어도 된다는 것에 주의해야 한다.

만일 x의 범위가 $-1\le x\le 1$이라고 하면 $x=1$, $x=-1$일 때에도 $y>0$이어야 한다는 것을 같이 기억하기를 바란다.

정석 $f(x)=px+q\,(p\neq 0)$에 대하여

$a<x<b$에서 $f(x)$가 항상 양 $\Longrightarrow$ $f(a)\ge 0$, $f(b)\ge 0$

$a\le x\le b$에서 $f(x)$가 항상 양 $\Longrightarrow$ $f(a)>0$, $f(b)>0$

(2) $-1\le x\le 1$에서 y가 양수, 음수인 값을 모두 가진다는 것은 $x=-1$, $x=1$에서 y의 값의 부호가 서로 다르다는 것과 동치이다.

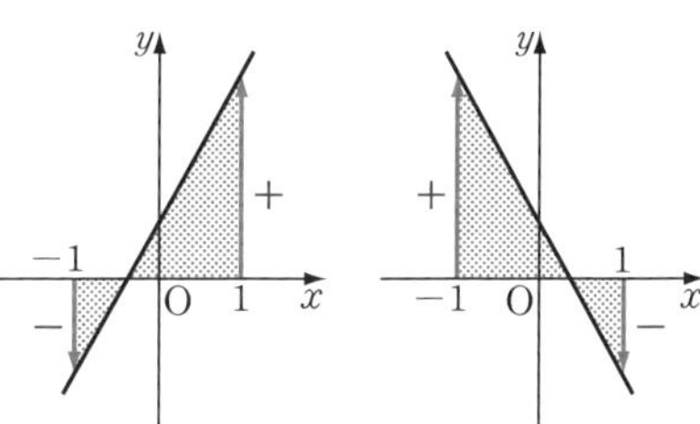

모범답안 $y=2mx-m+3$에서

(1) $-1<x<1$에서 $y>0$이려면

$x=-1$일 때 $y=-2m-m+3\ge 0$
$x=1$일 때 $y=2m-m+3\ge 0$

$\therefore$ $\boldsymbol{-3\le m\le 1}$ ← 답

(2) $-1\le x\le 1$에서 y가 양수인 값과 음수인 값을 모두 가지려면 $x=-1$일 때와 $x=1$일 때의 y의 값의 부호가 서로 달라야 하므로

$(-2m-m+3)(2m-m+3)<0$ $\therefore$ $\boldsymbol{m<-3,\ m>1}$ ← 답

유제 **11**-1. 두 집합 $A=\{x\,|\,0\le x\le 1\}$, $B=\{y\,|\,0\le y\le 2\}$에 대하여 함수 $f: A\longrightarrow B$, $x\longrightarrow x+k$가 정의될 때, 실수 k의 값의 범위를 구하시오.

답 $\boldsymbol{0\le k\le 1}$

기본 문제 11-2 정의역이 집합 $\{x \mid 1 \le x \le 3\}$인 함수 $y=ax+b$의 치역이 $\{y \mid 1 \le y \le 5\}$일 때, 상수 a, b의 값을 구하시오.

정석연구 이 문제를 바꾸어 표현하면

「 $1 \le x \le 3$에서 함수 $y=ax+b$의 최댓값이 5이고, 최솟값이 1일 때, 상수 a, b의 값을 구하시오. 」

이다.

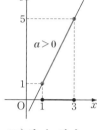

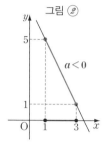

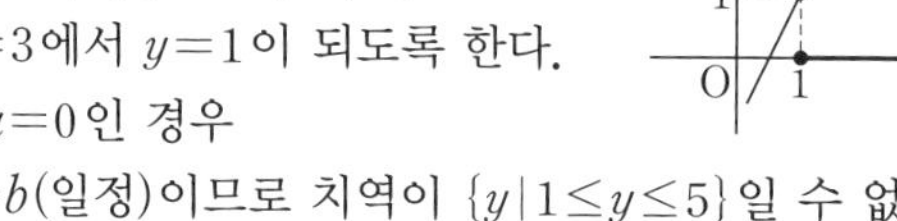

$a>0$인 경우(그림 ①)
$x=1$에서 $y=1$이 되고,
$x=3$에서 $y=5$가 되도록 한다.

$a<0$인 경우(그림 ②)
$x=1$에서 $y=5$가 되고,
$x=3$에서 $y=1$이 되도록 한다.

$a=0$인 경우
$y=b$(일정)이므로 치역이 $\{y \mid 1 \le y \le 5\}$일 수 없다.

정석 $\boldsymbol{y=ax+b}$의 그래프는
$\boldsymbol{a>0,\ a<0,\ a=0}$인 경우로 나누어 생각한다.

모범답안 $y=ax+b=f(x)$라고 하자.

(i) $a>0$일 때, x의 값이 증가하면 y의 값도 증가하므로 $1 \le x \le 3$에서

$f(1) \le y \le f(3)$ 곧, $a+b \le y \le 3a+b$

한편 조건에서 치역이 $\{y \mid 1 \le y \le 5\}$이므로 $a+b=1,\ 3a+b=5$

연립하여 풀면 $a=2,\ b=-1$ 이것은 $a>0$을 만족시킨다.

(ii) $a<0$일 때, x의 값이 증가하면 y의 값은 감소하므로 $1 \le x \le 3$에서

$f(3) \le y \le f(1)$ 곧, $3a+b \le y \le a+b$

한편 조건에서 치역이 $\{y \mid 1 \le y \le 5\}$이므로 $3a+b=1,\ a+b=5$

연립하여 풀면 $a=-2,\ b=7$ 이것은 $a<0$을 만족시킨다.

(iii) $a=0$일 때, $y=b$(일정)이므로 치역이 $\{y \mid 1 \le y \le 5\}$일 수 없다.

(i), (ii), (iii)에서 $\boldsymbol{a=2,\ b=-1}$ 또는 $\boldsymbol{a=-2,\ b=7}$ ⟵ 답

유제 **11**-2. 함수 $y=-2x+k\,(-1 \le x \le 2)$의 최댓값이 5일 때, 상수 k의 값과 이 함수의 최솟값을 구하시오.
답 $\boldsymbol{k=3}$, 최솟값 $\boldsymbol{-1}$

유제 **11**-3. 함수 $y=ax+b\,(-1 \le x \le 3)$의 치역이 $\{y \mid 0 \le y \le 4\}$일 때, 상수 a, b의 값을 구하시오.
답 $\boldsymbol{a=1,\ b=1}$ 또는 $\boldsymbol{a=-1,\ b=3}$

기본 문제 11-3 정의역이 집합 $\{x \mid 0 \le x \le 4\}$인 함수

$$f(x)=\begin{cases} 2x & (0 \le x \le 2) \\ 8-2x & (2 < x \le 4) \end{cases}$$

에 대하여 함수 $y=(f \circ f)(x)$의 그래프를 좌표평면 위에 그리시오.

정석연구 $y=f(x)$의 그래프는 오른쪽 그림의 꺾인 선이다.

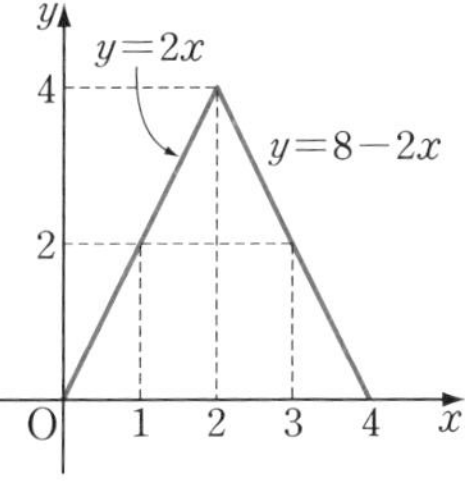

또, $g(x)=(f \circ f)(x)$라고 하면

$$g(x)=\begin{cases} 2f(x) & (0 \le f(x) \le 2) \\ 8-2f(x) & (2 < f(x) \le 4) \end{cases} \quad \cdots ⓐ$$

그런데 그림에서 $0 \le f(x) \le 2$인 x의 범위는

$$0 \le x \le 1, \quad 3 \le x \le 4$$

이고, $0 \le x \le 1$에서는 $f(x)=2x$, $3 \le x \le 4$에서는 $f(x)=8-2x$이다.

또, $2 < f(x) \le 4$인 x의 범위는 $1 < x < 3$이고, $1 < x \le 2$에서는 $f(x)=2x$, $2 < x < 3$에서는 $f(x)=8-2x$이다.

이와 같이 x의 범위에 따라 $f(x)$를 찾아서 ⓐ에 대입하면 된다.

모범답안 $g(x)=(f \circ f)(x)$라고 하면 $g(x)=f(f(x))$에서

$$g(x)=\begin{cases} 2f(x) & (0 \le f(x) \le 2) \\ 8-2f(x) & (2 < f(x) \le 4) \end{cases}$$

$$=\begin{cases} 2(2x) & (0 \le x \le 1) \\ 2(8-2x) & (3 \le x \le 4) \\ 8-2(2x) & (1 < x \le 2) \\ 8-2(8-2x) & (2 < x < 3) \end{cases}$$

$$=\begin{cases} 4x & (0 \le x \le 1) \\ 8-4x & (1 < x \le 2) \\ 4x-8 & (2 < x < 3) \\ 16-4x & (3 \le x \le 4) \end{cases}$$

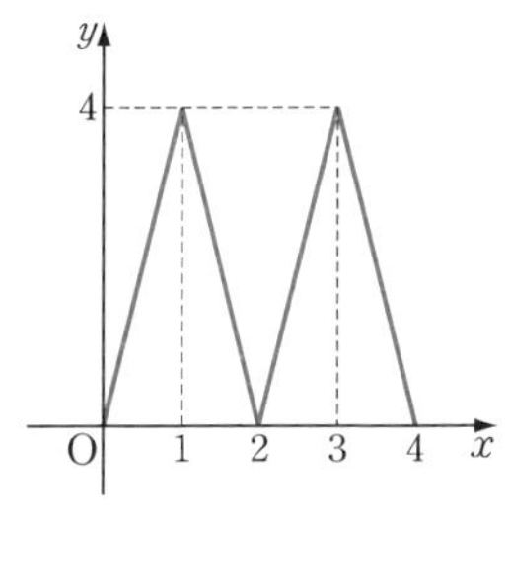

따라서 $y=(f \circ f)(x)$의 그래프는 위의 오른쪽 그림과 같다.

유제 **11**-4. 두 함수

$$y=f(x), \quad y=g(x)$$

의 그래프가 오른쪽 그림과 같을 때, 함수 $y=(g \circ f)(x)$의 그래프를 좌표평면 위에 그리시오.

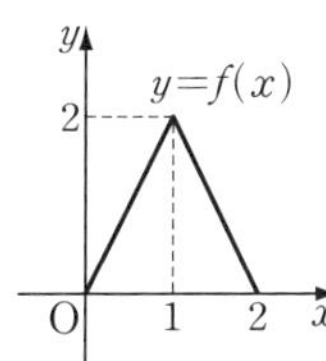

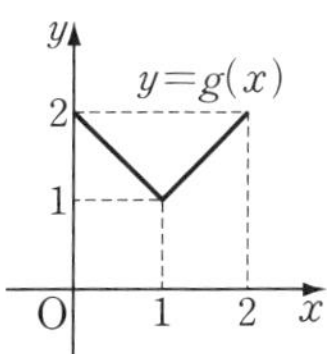

§2. 절댓값 기호가 있는 방정식의 그래프

1 절댓값의 성질

절댓값의 정의와 다음 절댓값의 성질을 이용하면 절댓값 기호가 있는 방정식의 그래프를 그릴 수 있다. 절댓값의 성질은 이미 공부한 내용이지만 다시 한번 정리하기를 바란다.

기본정석 — 절댓값의 성질

(1) $|a|=\begin{cases} a & (a\ge 0) \\ -a & (a<0) \end{cases}$ (2) $|a|\ge 0$

(3) $|-a|=|a|$ (4) $|a|^2=a^2$

(5) $|ab|=|a||b|$ (6) $\left|\dfrac{a}{b}\right|=\dfrac{|a|}{|b|}$

보기 1 다음 방정식의 그래프를 그리시오.

(1) $y=|x|$ (2) $|y|=x$

연구 절댓값 기호가 있는 방정식의 그래프는

정석 $A\ge 0$일 때 $|A|=A$, $A<0$일 때 $|A|=-A$

를 이용하여 절댓값 기호가 없는 식을 만든 다음 그린다.

(1) $y=|x|$에서

$x\ge 0$일 때 $y=x$,

$x<0$일 때 $y=-x$

(2) $|y|=x$에서

$y\ge 0$일 때 $y=x$,

$y<0$일 때 $-y=x$

따라서 그래프는 오른쪽 그림과 같다.

(1)

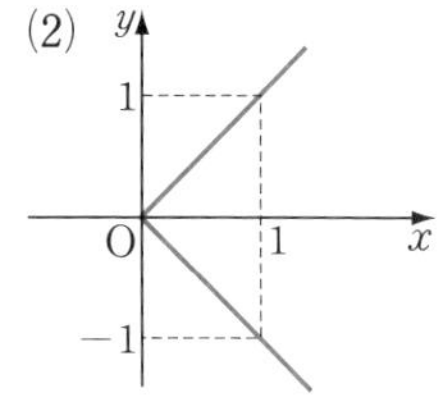

Advice ‖ $y=|x|$의 그래프는 y축에 대하여 대칭임을 알 수 있다. 그 이유는 x 대신 $-x$를 대입해도 같은 식이 되기 때문이다.

또한 $|y|=x$의 그래프는 x축에 대하여 대칭임을 알 수 있다. 그 이유는 y 대신 $-y$를 대입해도 같은 식이 되기 때문이다.

$y=|x|$와 $|y|=x$의 그래프는 절댓값 기호가 있는 방정식의 그래프를 그리는 데 기본이 되므로 기억해 두는 것이 좋다.

기본 문제 11-4 다음 방정식의 그래프를 그리시오.

(1) $y=|x+2|-1$ (2) $|y-1|=x+2$

정석연구 먼저 절댓값 기호를 없앤 식을 생각한다.

정석 $A\geq 0$일 때 $|A|=A$, $A<0$일 때 $|A|=-A$

모범답안 (1) $y=|x+2|-1$에서

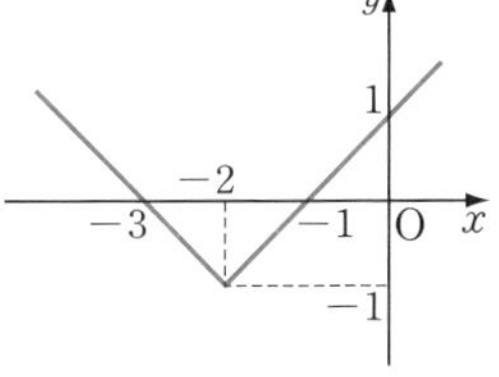

(i) $x+2\geq 0$, 곧 $x\geq -2$일 때

$y=(x+2)-1=x+1$

(ii) $x+2<0$, 곧 $x<-2$일 때

$y=-(x+2)-1=-x-3$

따라서 그래프는 오른쪽 그림과 같다.

(2) $|y-1|=x+2$에서

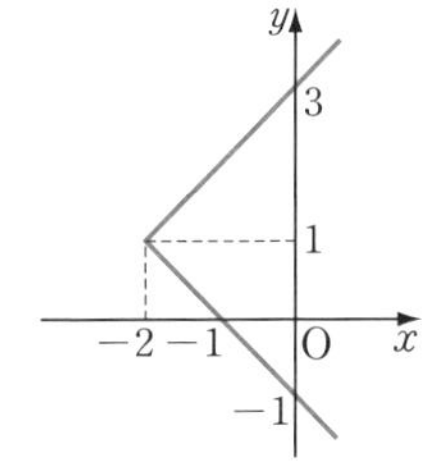

(i) $y-1\geq 0$, 곧 $y\geq 1$일 때

$y-1=x+2$ ∴ $y=x+3$

(ii) $y-1<0$, 곧 $y<1$일 때

$-(y-1)=x+2$ ∴ $y=-x-1$

따라서 그래프는 오른쪽 그림과 같다.

Advice 1° (1)의 그래프를 보면 점 $(-2,\ -1)$에서 그래프가 꺾였다.

일반적으로 절댓값 기호 안에 x가 있는 식에서 꺾인 점의 좌표를 구하려면

(i) 절댓값 기호 안이 0이 되는 x의 값을 구한다. 이것이 x좌표이다.

(ii) 이 x의 값을 주어진 식에 대입하여 y의 값을 구한다. 이것이 y좌표이다.

2° (2)의 그래프를 보면 점 $(-2,\ 1)$에서 그래프가 꺾였다.

일반적으로 절댓값 기호 안에 y가 있는 식에서 꺾인 점의 좌표를 구하려면

(i) 절댓값 기호 안이 0이 되는 y의 값을 구한다. 이것이 y좌표이다.

(ii) 이 y의 값을 주어진 식에 대입하여 x의 값을 구한다. 이것이 x좌표이다.

3° (1)의 그래프는 $y=|x|$의 그래프를 x축의 방향으로 -2만큼, y축의 방향으로 -1만큼 평행이동한 것이다. 또, (2)의 그래프는 $|y|=x$의 그래프를 x축의 방향으로 -2만큼, y축의 방향으로 1만큼 평행이동한 것이다.

따라서 그래프를 그릴 때 $y=|x|$, $|y|=x$의 그래프를 기본 도형으로 익혀 두고, 그 평행이동을 생각하면 좀 더 쉽게 그릴 수 있다.

유제 **11**-5. 다음 방정식의 그래프를 그리시오.

(1) $y=|x-2|+1$ (2) $y=x+|x-1|$ (3) $|y+2|=x-1$

기본 문제 **11**-5 다음 함수의 그래프를 그리시오.

(1) $y=\dfrac{|x|}{x}$ (2) $y=|x+2|+|x-1|$

정석연구 (1) 다음 **정석**을 이용하여 절댓값 기호를 없앤다.

정 석 $A\ge 0$일 때 $|A|=A$, $A<0$일 때 $|A|=-A$

또, 이 함수는 $x=0$에서 정의되지 않으므로 이 함수의 정의역은 $\{x\,|\,x\ne 0$인 실수$\}$라는 것도 주의해야 한다.

정 석 분모가 0일 때에는 함수가 정의되지 않는다.

(2) 방정식이나 부등식을 풀 때와 마찬가지로 절댓값 기호가 두 개 이상 있는 경우에는 절댓값 기호 안의 식이 0이 되는 값을 찾아 x의 값의 범위를 나누면 된다.

곧, $x+2=0$에서 $x=-2$, $x-1=0$에서 $x=1$이므로

$$x<-2,\quad -2\le x<1,\quad x\ge 1$$

인 경우로 나누어 그린다.

모범답안 (1) $y=\dfrac{|x|}{x}$에서

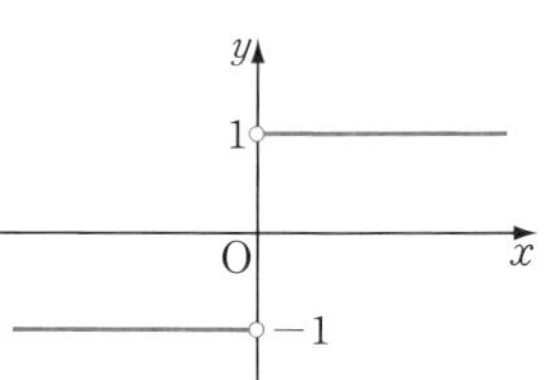

(i) $x>0$일 때 $y=\dfrac{x}{x}=1$

(ii) $x<0$일 때 $y=\dfrac{-x}{x}=-1$

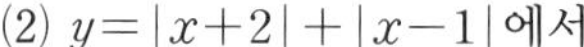
따라서 그래프는 오른쪽 그림과 같다.

(2) $y=|x+2|+|x-1|$에서

(i) $x<-2$일 때

$$y=-(x+2)-(x-1)=-2x-1$$

(ii) $-2\le x<1$일 때

$$y=(x+2)-(x-1)=3$$

(iii) $x\ge 1$일 때

$$y=(x+2)+(x-1)=2x+1$$

따라서 그래프는 오른쪽 그림과 같다.

* ***Note*** (1)의 치역은 $\{-1, 1\}$이고, (2)의 치역은 $\{y\,|\,y\ge 3\}$이다.

유제 **11**-6. 다음 함수의 그래프를 그리시오.

(1) $y=\dfrac{x(x-1)}{|x|}$ (2) $y=|x|+|x-1|$

기본 문제 11-6 다음 함수의 그래프를 그리고, 치역을 구하시오.

$$y=||x-1|-|x-3||$$

정석연구 이를테면 $y=|x-1|$에서

$x\geq1$일 때 $y=x-1$,

$x<1$일 때 $y=-(x-1)=-x+1$

이므로 그래프는 오른쪽과 같다.

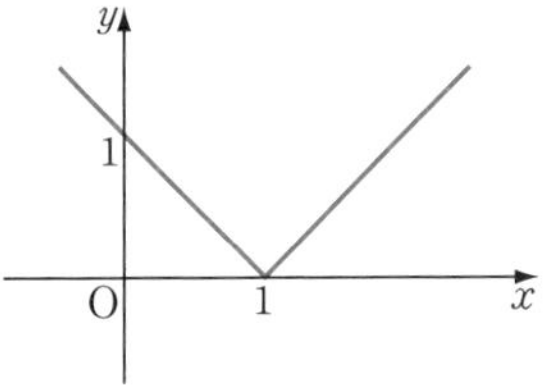

곧, $y=|x-1|$의 그래프는 $y=x-1$의 그래프에서 x축 윗부분은 그대로 두고, x축 아랫부분만 x축을 대칭축으로 하여 x축 위로 꺾어 올린 것과 같다.

정석 $y=|f(x)|$ 꼴의 그래프를 그리는 방법

첫째 — 절댓값 기호가 없는 것, 곧 $y=f(x)$의 그래프를 그린다.

둘째 — 위의 $y=f(x)$의 그래프에서 x축 윗부분은 그대로 두고,
x축 아랫부분만 x축을 대칭축으로 하여 x축 위로 꺾어 올린다.

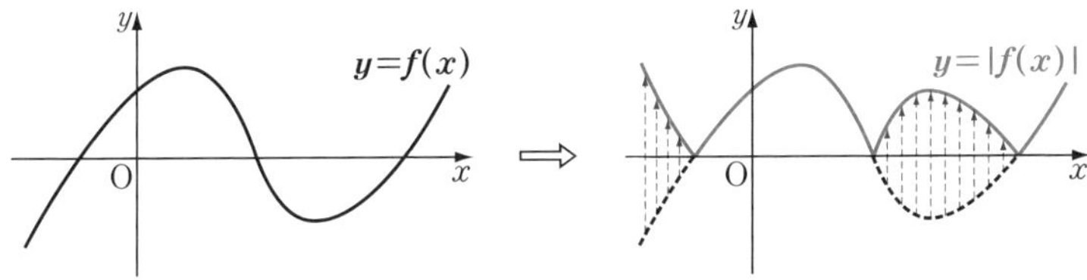

모범답안 $f(x)=|x-1|-|x-3|$이라고 하면

(i) $x<1$일 때 $f(x)=-(x-1)+(x-3)=-2$

(ii) $1\leq x<3$일 때 $f(x)=(x-1)+(x-3)=2x-4$

(iii) $x\geq3$일 때 $f(x)=(x-1)-(x-3)=2$

따라서 $y=|f(x)|$의 그래프는 아래 오른쪽과 같고, 치역은 $\{\boldsymbol{y}|\mathbf{0}\leq\boldsymbol{y}\leq\mathbf{2}\}$

$y=|x-1|-|x-3|$ ⟹ $y=||x-1|-|x-3||$

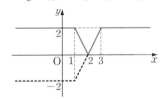

유제 **11**-7. 다음 함수의 그래프를 그리시오.

(1) $y=\sqrt{x^2-4x+4}$

(2) $y=||x-2|-|x+2||$

기본 문제 **11**-7 다음 물음에 답하시오.

(1) 방정식 $|x|+|y|=4$의 그래프를 그리시오.

(2) 방정식 $|x|+|y|=4$의 그래프가 나타내는 도형의 넓이를 구하시오.

정석연구 $|x|$, $|y|$를 모두 포함한 방정식의 그래프는

$$x\ge0,\ y\ge0,\quad x\ge0,\ y<0,$$
$$x<0,\ y\ge0,\quad x<0,\ y<0$$

인 경우로 나누어 그린다.

모범답안 (1) $|x|+|y|=4$에서

$x\ge0,\ y\ge0$일 때 $x+y=4$ $\therefore\ y=-x+4$

$x\ge0,\ y<0$일 때 $x-y=4$ $\therefore\ y=x-4$

$x<0,\ y\ge0$일 때 $-x+y=4$ $\therefore\ y=x+4$

$x<0,\ y<0$일 때 $-x-y=4$ $\therefore\ y=-x-4$

따라서 그래프는 오른쪽 그림과 같다.

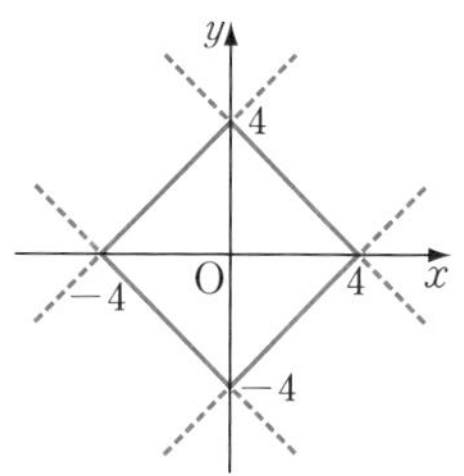

(2) 그래프가 나타내는 도형은 마름모이므로 그 넓이는

$$\frac{1}{2}\times8\times8=\mathbf{32} \longleftarrow \boxed{\text{답}}$$

Advice 1° (1)은 x 대신 $-x$를, y 대신 $-y$를 대입해도 같은 식이 되므로 x축, y축, 원점에 대하여 대칭인 도형이다.

일반적으로 $|y|=f(|x|)$ 꼴의 그래프를 그리는 방법은 다음과 같다.

정석 $|y|=f(|x|)$ 꼴의 그래프를 그리는 방법

첫째 — $x\ge0,\ y\ge0$일 때의 $y=f(x)$의 그래프를 그린다.

둘째 — 다른 사분면에서의 그래프는 위에서 얻은 그래프를 x축, y축, 원점에 대하여 대칭이동하여 그린다.

2° 평행이동을 이용하면 다음과 같은 도형도 쉽게 그릴 수 있다.

$|x-2|+|y-3|=4 \Longrightarrow$ 도형 $|x|+|y|=4$를 x축의 방향으로 2만큼, y축의 방향으로 3만큼 평행이동한 도형이다.

$|x+1|+|y-4|=2 \Longrightarrow$ 도형 $|x|+|y|=2$를 x축의 방향으로 -1만큼, y축의 방향으로 4만큼 평행이동한 도형이다.

유제 **11**-8. 다음 방정식의 그래프가 나타내는 도형의 넓이를 구하시오.

(1) $|x|+|y|=2$ (2) $|x|+2|y|=4$ 답 (1) **8** (2) **16**

유제 **11**-9. 방정식 $|x|-|y|=1$의 그래프를 그리시오.

기본 문제 11-8 두 방정식

$$|x|+2|y|=2, \quad y=mx-m+1$$

의 그래프가 만나지 않도록 실수 m의 값의 범위를 정하시오.

정석연구 $|x|+2|y|=2$ ……① $y=mx-m+1$ ……②

①은 고정된 그래프이고, ②는 m의 값이 변함에 따라 기울기와 y절편이 동시에 변하는 직선이다.

그런데 ②를 m에 관하여 정리하면 $(x-1)m+1-y=0$

이므로 ②는 m의 값에 관계없이 두 직선 $x-1=0$, $1-y=0$의 교점 $(1, 1)$을 지난다. 이를 이용하여 점 $(1, 1)$을 회전의 중심으로 하여 직선 ②를 회전시켜 본다.

정석 일차함수의 그래프는
⟹ 기울기, y절편, 항상 지나는 점 등을 찾아 그린다.

모범답안 $|x|+2|y|=2$ ……①

$x\geq0$, $y\geq0$일 때 $x+2y=2$

또, ①은 x축, y축, 원점에 대하여 대칭인 도형이므로 ①의 그래프는 오른쪽 그림의 마름모이다.

$$y=mx-m+1 \quad \cdots\cdots②$$

를 m에 관하여 정리하면

$$(x-1)m+1-y=0$$

그러므로 ②는 m의 값에 관계없이 점 $(1, 1)$을 지난다. 곧, ②는 점 $(1, 1)$을 지나고 기울기가 m인 직선이다.

따라서 ①, ②가 만나지 않기 위해서는 직선 ②가 위의 그림의 붉은 점 찍은 부분(경계선 제외)에 존재해야 한다.

따라서 구하는 m의 값의 범위는 $\boldsymbol{-1<m<0}$ ⟵ 답

유제 11-10. 두 집합

$$A=\{(x, y)\,|\,|x|+|y|=2\}, \quad B=\{(x, y)\,|\,y=m(x-4)+1\}$$

에 대하여 $A\cap B\neq\varnothing$일 때, 실수 m의 값의 범위를 구하시오.

답 $\boldsymbol{-\frac{1}{4}\leq m\leq\frac{3}{4}}$

유제 11-11. x에 관한 방정식 $x+|x-2|=mx+1$이 서로 다른 두 실근을 가지도록 실수 m의 값의 범위를 정하시오. 답 $\boldsymbol{\frac{1}{2}<m<2}$

기본 문제 11-9 $-1\le x\le 3$일 때, 다음 함수의 그래프를 그리시오.
단, $[x]$는 x보다 크지 않은 최대 정수를 나타낸다.

(1) $y=[x]$　　　(2) $y=x-[x]$　　　(3) $y=|x[x-2]|$

정석연구 다음 가우스 기호의 정의를 이용한다.

정 의 $[x]=n \iff n\le x<n+1$ (n은 정수)

모범답안 (1) $y=[x]$에서

$-1\le x<0$일 때 $y=-1$
$0\le x<1$일 때 $y=0$
$1\le x<2$일 때 $y=1$
$2\le x<3$일 때 $y=2$
$x=3$ 일 때 $y=3$

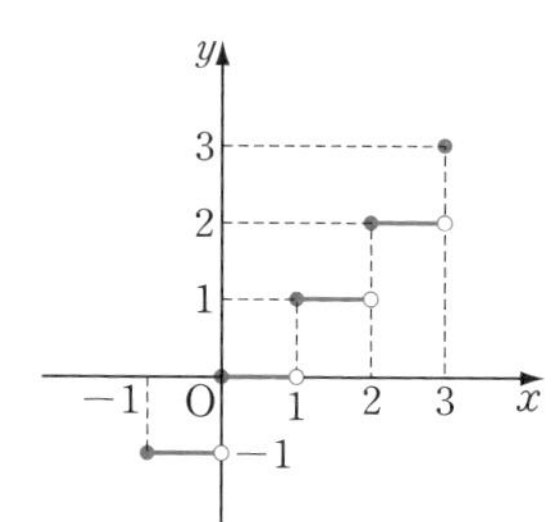

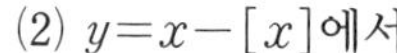

(2) $y=x-[x]$에서

$-1\le x<0$일 때 $y=x+1$
$0\le x<1$일 때 $y=x$
$1\le x<2$일 때 $y=x-1$
$2\le x<3$일 때 $y=x-2$
$x=3$ 일 때 $y=0$

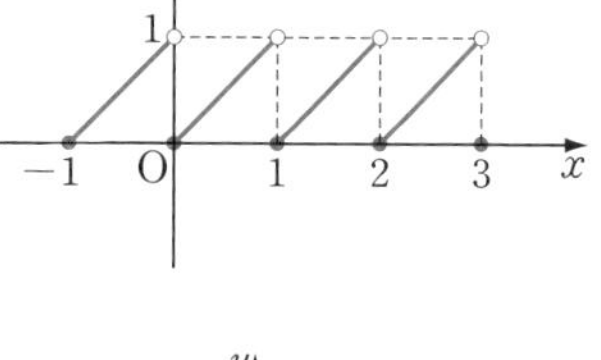

(3) $y=|x[x-2]|$에서

$-1\le x<0$일 때 $[x-2]=-3$이므로
$y=|-3x|=-3x$ ⇦ $-3x>0$
$0\le x<1$일 때 $[x-2]=-2$이므로
$y=|-2x|=2x$ ⇦ $-2x\le 0$
$1\le x<2$일 때 $[x-2]=-1$이므로
$y=|-x|=x$ ⇦ $-x<0$
$2\le x<3$일 때 $[x-2]=0$이므로 $y=0$
$x=3$일 때 $[x-2]=1$이므로 $y=3$

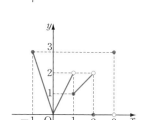

유제 **11**-12. $[x]$는 x보다 크지 않은 최대 정수를 나타낼 때, 다음에 답하시오.

(1) $0\le x\le 2$일 때, 함수 $y=[x]$의 그래프를 이용하여 방정식 $2-x=[x]$를 푸시오.

(2) $-1\le x\le 3$일 때, 함수 $y=x[x-1]$의 그래프를 그리시오.

답 (1) $\boldsymbol{x=1}$ (2) 생략

§3. 이차함수의 그래프

1 이차함수 $y=ax^2$의 그래프

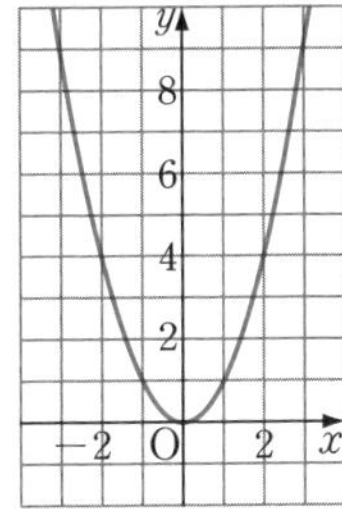

이를테면 $y=x^2$의 그래프를 그려 보자.

x에 여러 가지 값을 대입하고 이에 대응하는 y의 값을 구하면 다음과 같은 표를 얻는다.

x	$\cdots$	-3	-2	-1	0	1	2	3	$\cdots$
y	$\cdots$	9	4	1	0	1	4	9	$\cdots$

이들 x, y의 순서쌍 (x, y)의 집합을 좌표평면 위에 나타내면 오른쪽 위와 같다. 이와 같은 곡선을 포물선이라 하고, y축을 축, 원점을 꼭짓점이라고 한다.

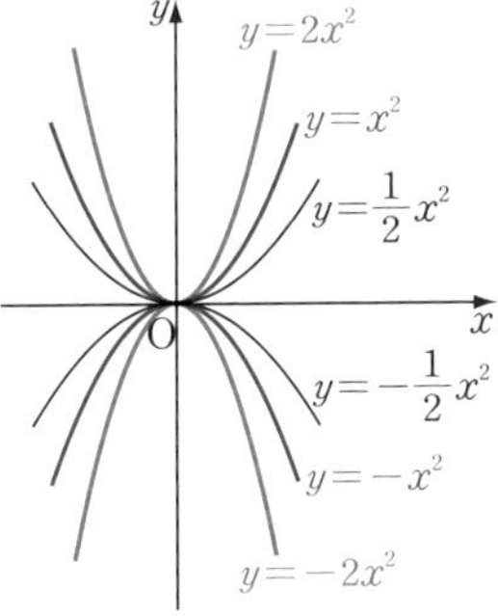

이제 $y=ax^2$에서 a의 값을

$$\frac{1}{2},\ 1,\ 2,\ -\frac{1}{2},\ -1,\ -2$$

와 같이 여러 가지로 변화시켜 각 경우의 그래프를 그려 보면 오른쪽과 같은 그림을 얻을 수 있고, 다음 사실을 알 수 있다.

기본정석 이차함수 $y=ax^2$의 그래프

(1) 꼭짓점이 원점이고 축이 y축인 포물선이다.

(2) $a>0$이면 아래로 볼록하고, $a<0$이면 위로 볼록하다.

(3) $|a|$의 값이 커질수록 포물선의 폭이 좁아진다.

보기 1 오른쪽 그림에서 포물선 A의 방정식이 $y=ax^2$일 때, 다음 중 포물선 B의 방정식이 될 수 있는 것은?

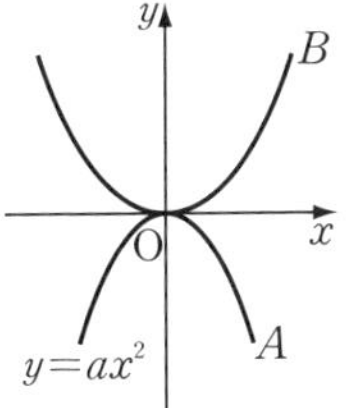

① $y=2ax^2$ ② $y=-2ax^2$ ③ $y=3ax^2$

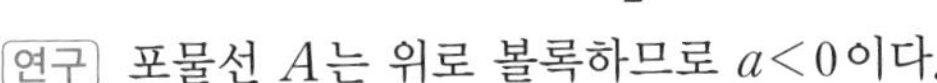
④ $y=-ax^2$ ⑤ $y=-\frac{1}{2}ax^2$

연구 포물선 A는 위로 볼록하므로 $a<0$이다.

따라서 포물선 B의 방정식은 ②, ④, ⑤ 중의 어느 하나이다. 그런데 포물선 B는 포물선 A보다 폭이 더 넓으므로 B의 방정식에서 x^2의 계수의 절댓값이 $|a|$보다 작아야 한다. 답 ⑤

2 이차함수 $y=a(x-m)^2+n$의 그래프

$y=a(x-m)^2+n$은 $y=ax^2$에서 x 대신 $x-m$을, y 대신 $y-n$을 대입한 식이라는 것에 착안하면 다음 사실을 알 수 있다.

기본정석 이차함수 $y=a(x-m)^2+n$의 그래프

함수 $y=a(x-m)^2+n$의 그래프는
함수 $y=ax^2$의 그래프를
x축의 방향으로 m만큼,
y축의 방향으로 n만큼
평행이동한 것이다.

따라서 함수 $y=ax^2$의 그래프와 합동인 포물선이고,

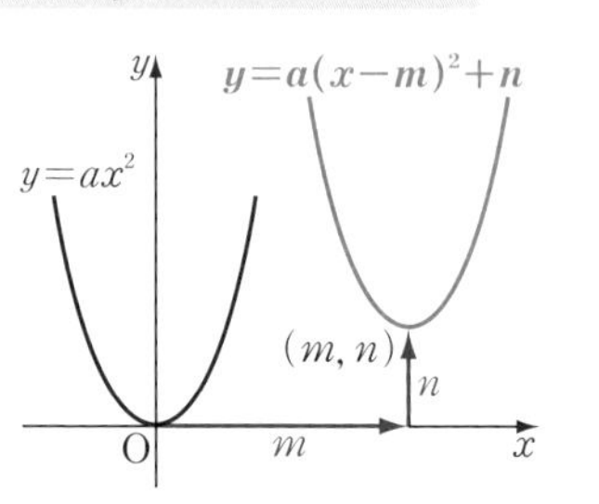

$$y=a(x-m)^2+n \Longrightarrow \text{꼭짓점 : } (m,\ n), \quad \text{축 : } x=m$$

보기 2 다음 함수의 그래프를 그리시오.

(1) $y=2x^2+1$ (2) $y=2x^2-1$ (3) $y=2(x-3)^2$
(4) $y=2(x+3)^2$ (5) $y=2(x-3)^2+1$ (6) $y=2(x+3)^2-1$

연구 함수 $y=2x^2$의 그래프(아래에서 검은색 포물선)를 평행이동한다.

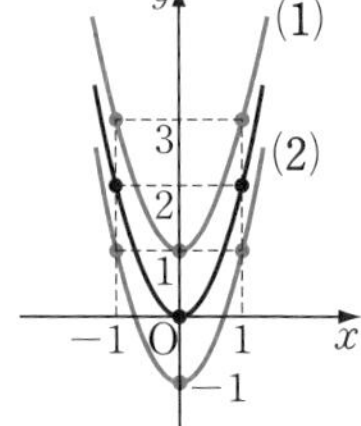

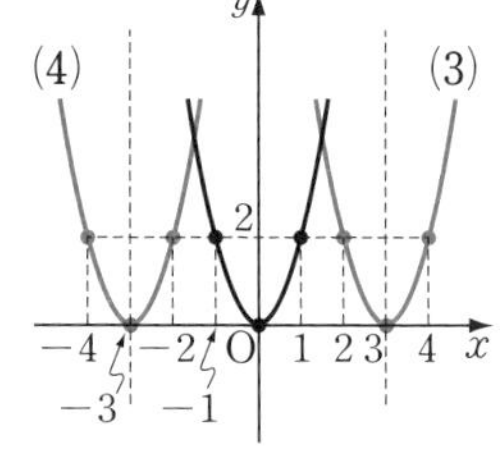

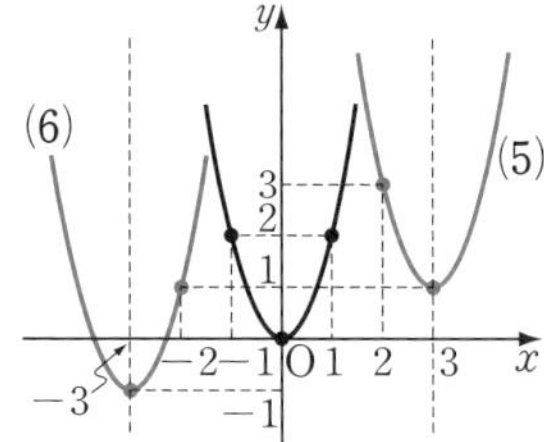

보기 3 함수 $y=-\dfrac{1}{2}(x-2)^2+1$의 그래프를 그리고, 꼭짓점의 좌표, 축의 방정식, y절편, 치역을 구하시오.

연구 $y=-\dfrac{1}{2}x^2$의 그래프를 x축의 방향으로 2만큼, y축의 방향으로 1만큼 평행이동한 것이므로

꼭짓점 : $(\mathbf{2,\ 1})$, 축 : $\boldsymbol{x=2}$

y절편 : $x=0$을 대입하면 $\boldsymbol{y=-1}$

따라서 그래프는 오른쪽 그림과 같고, 치역은 $\{\boldsymbol{y \mid y\le 1}\}$이다.

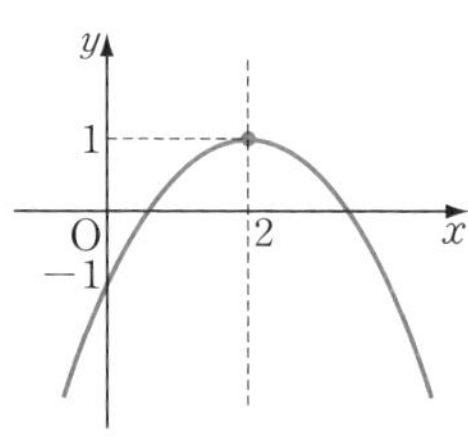

3 이차함수 $\boldsymbol{y=ax^2+bx+c}$의 그래프

이차함수 $y=ax^2+bx+c$의 그래프를 그리기 위해서는

$$\boldsymbol{y=a(x-m)^2+n}$$

의 꼴로 고쳐 꼭짓점의 좌표를 찾아야 한다. 그리고 필요하면 x절편과 y절편을 찾을 수 있어야 한다.

정석 이차함수의 그래프 $\Longrightarrow$ 꼭짓점과 $\boldsymbol{x}$, $\boldsymbol{y}$절편을 찾는다.

보기 4 함수 $y=-x^2+4x-3$의 그래프를 그리시오.

연구 첫째 — 위의 식을 $y=a(x-m)^2+n$의 꼴로 변형한다.

$y=-x^2+4x-3$ ⇦ x^2의 계수로 이차항과 일차항을 묶는다.

$=-(x^2-4x)-3$ ⇦ ( )에서 x의 계수의 $\frac{1}{2}$의 제곱을 더하고 뺀다.

$=-\{x^2-4x+(-2)^2-(-2)^2\}-3$ ⇦ { }에서 앞 세 항을 $(\ )^2$ 꼴로 변형

$=-\{(x-2)^2-4\}-3$ ⇦ 괄호 { }를 푼다.

$=-(x-2)^2+1$

둘째 — $y=-x^2+4x-3 \Longleftrightarrow y-1=-(x-2)^2$

이므로 $y=-x^2+4x-3$의 그래프는 $y=-x^2$의 그래프를 x축의 방향으로 2만큼, y축의 방향으로 1만큼 평행이동한 것이다.

따라서 위로 볼록하고 꼭짓점은 점 (2, 1), 축은 직선 $x=2$인 포물선이다.

셋째 — 그래프를 정확하게 그리기 위해서는 x축, y축과의 교점도 구해야 한다.

$y=-x^2+4x-3$에서

x절편 : $y=0$을 대입하면

$-x^2+4x-3=0 \quad \therefore\ (x-1)(x-3)=0$

$\therefore\ x=1, 3$

y절편 : $x=0$을 대입하면 $y=-3$

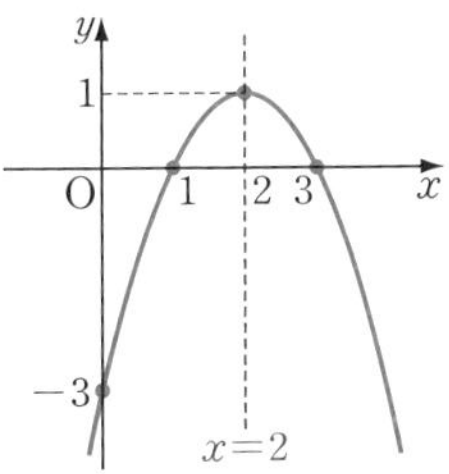

Advice | 포물선 $y=ax^2+bx+c$의 x절편은 $y=0$일 때의 x의 값이므로 이차방정식 $ax^2+bx+c=0$의 실근이다. 따라서 이 방정식이 허근을 가지면 포물선은 x축과 만나지 않는다. 또, 이 방정식이 중근을 가지면 포물선은 x축에 접하고, 이때 꼭짓점의 y좌표는 0이다. ⇦ 기본 공통수학1 p. 142 참조

정석 포물선 $\boldsymbol{y=ax^2+bx+c}$의 $\boldsymbol{x}$절편

$\Longleftrightarrow$ 이차방정식 $\boldsymbol{ax^2+bx+c=0}$의 실근

y절편은 $x=0$일 때의 y의 값이므로 포물선 $y=ax^2+bx+c$의 y절편은 항상 c이다.

일반적으로 이차함수 $y=ax^2+bx+c$는 다음과 같이 변형한다.

$$y=ax^2+bx+c=a\left(x^2+\frac{b}{a}x\right)+c$$
$$=a\left\{x^2+\frac{b}{a}x+\left(\frac{b}{2a}\right)^2-\left(\frac{b}{2a}\right)^2\right\}+c=a\left(x+\frac{b}{2a}\right)^2-a\times\frac{b^2}{4a^2}+c$$
$$=a\left(x+\frac{b}{2a}\right)^2-\frac{b^2-4ac}{4a}$$

기본정석 **이차함수 $y=ax^2+bx+c$의 그래프**

(1) $y=ax^2+bx+c=a\left(x+\frac{b}{2a}\right)^2-\frac{b^2-4ac}{4a}$

(2) $y=ax^2+bx+c$의 그래프는 $y=ax^2$의 그래프와 합동인 포물선이고

꼭짓점 : $\left(-\frac{b}{2a}, -\frac{b^2-4ac}{4a}\right)$, 축 : $x=-\frac{b}{2a}$

Advice | 축의 방정식 $x=-\frac{b}{2a}$만 기억하고 있어도 축의 방정식과 꼭짓점의 좌표를 쉽게 구할 수 있다.

이를테면 $y=-x^2+4x-3$에서 $a=-1$, $b=4$이므로 축의 방정식은

$$x=-\frac{b}{2a}=-\frac{4}{2\times(-1)}=2$$

이다. 따라서 꼭짓점의 x좌표는 2이다. 또, 이 값을 $y=-x^2+4x-3$에 대입하면 $y=-2^2+4\times2-3=1$이므로 꼭짓점의 좌표는 $(2, 1)$이다.

보기 5 다음 함수의 그래프를 그리시오.

(1) $y=x^2-4x+3$ (2) $y=-2x^2-3x$

연구 (1) $y=x^2-4x+3$

$$=x^2-4x+(-2)^2-(-2)^2+3$$
$$=(x-2)^2-1$$

꼭짓점 : $(2, -1)$, 축 : $x=2$,

x절편 : 1, 3, y절편 : 3

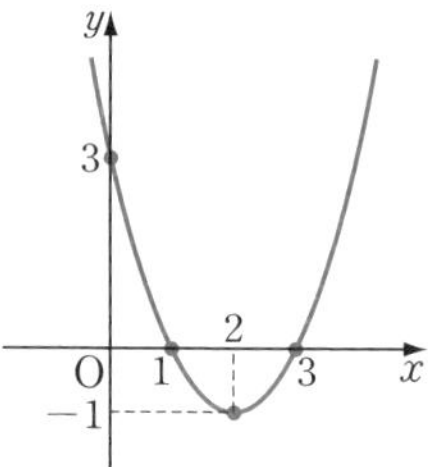

(2) $y=-2x^2-3x$

$$=-2\left\{x^2+\frac{3}{2}x+\left(\frac{3}{4}\right)^2-\left(\frac{3}{4}\right)^2\right\}$$
$$=-2\left(x+\frac{3}{4}\right)^2+\frac{9}{8}$$

꼭짓점 : $\left(-\frac{3}{4}, \frac{9}{8}\right)$, 축 : $x=-\frac{3}{4}$,

x절편 : $0, -\frac{3}{2}$, y절편 : 0

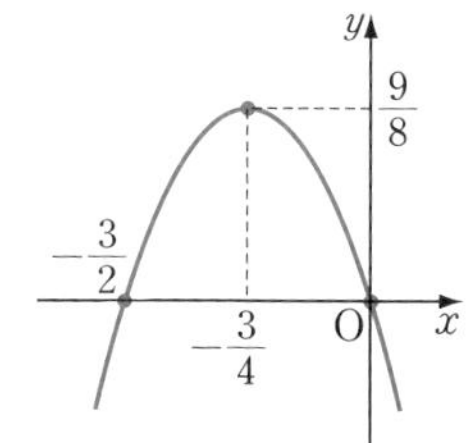

4 포물선의 방정식

지금까지 이차함수 $y=ax^2+bx+c$의 그래프인 포물선에 대한 여러 가지 성질을 공부하였다.

이제 역으로 어떤 조건이 주어질 때, 그 조건에 맞는 이차함수, 곧 포물선의 방정식을 구하는 방법을 공부해 보자.

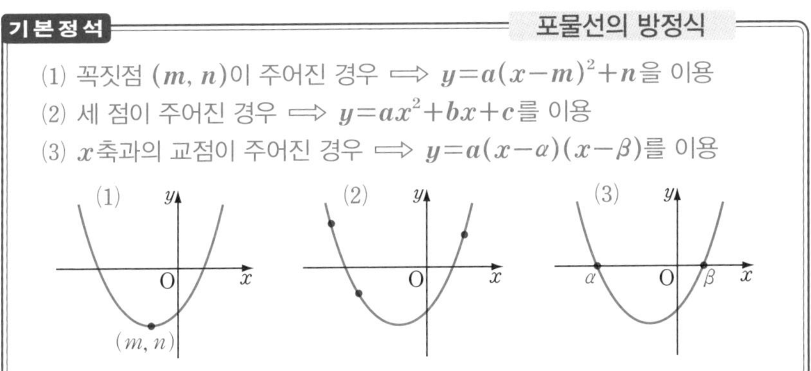

기본정석 포물선의 방정식

(1) 꼭짓점 $(\boldsymbol{m}, \boldsymbol{n})$이 주어진 경우 ⟹ $\boldsymbol{y=a(x-m)^2+n}$을 이용

(2) 세 점이 주어진 경우 ⟹ $\boldsymbol{y=ax^2+bx+c}$를 이용

(3) x축과의 교점이 주어진 경우 ⟹ $\boldsymbol{y=a(x-\alpha)(x-\beta)}$를 이용

Advice ‖ 여기에서는 축이 x축에 수직인 포물선만 다룬다. 축이 y축에 수직인 포물선은 기하에서 공부한다.

보기 6 다음 포물선의 방정식을 구하시오. 단, 축은 x축에 수직이다.

(1) 꼭짓점이 점 $(-2, 3)$이고 점 $(1, -6)$을 지나는 포물선

(2) 꼭짓점이 점 $(2, 1)$이고 y절편이 13인 포물선

연구 꼭짓점이 주어진 포물선의 방정식을 구할 때에는 다음 **정석**을 이용한다.

정석 꼭짓점 $(\boldsymbol{m}, \boldsymbol{n})$이 주어지면
⟹ 구하는 식을 $\boldsymbol{y=a(x-m)^2+n}$으로 놓는다.

(1) 꼭짓점이 점 $(-2, 3)$이므로 구하는 방정식을 $y=a(x+2)^2+3$이라고 하자.

점 $(1, -6)$을 지나므로 $\quad -6=a(1+2)^2+3 \quad \therefore a=-1$

따라서 구하는 포물선의 방정식은

$$y=-(x+2)^2+3 \quad \therefore \boldsymbol{y=-x^2-4x-1}$$

(2) 꼭짓점이 점 $(2, 1)$이므로 구하는 방정식을 $y=a(x-2)^2+1$이라고 하자.

점 $(0, 13)$을 지나므로 $\quad 13=a(0-2)^2+1 \quad \therefore a=3$

따라서 구하는 포물선의 방정식은

$$y=3(x-2)^2+1 \quad \therefore \boldsymbol{y=3x^2-12x+13}$$

기본 문제 **11**-10 다음 방정식의 그래프를 그리시오.

(1) $y=|x^2-1|$　　　(2) $y=x^2-4|x|+3$

(3) $|y|=x^2-2x-3$

정석연구 먼저 절댓값 기호를 없앤 다음 그린다.

정석 $A\geq0$일 때 $|A|=A$,　$A<0$일 때 $|A|=-A$

모범답안 (1) $y=|x^2-1|$에서

$x^2-1\geq0$일 때, 곧 $x\leq-1$, $x\geq1$일 때

$y=x^2-1$

$x^2-1<0$일 때, 곧 $-1<x<1$일 때

$y=-(x^2-1)=-x^2+1$

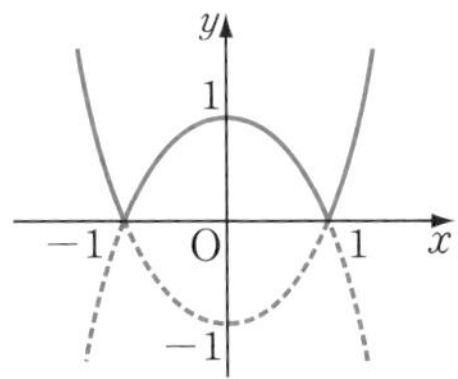

(2) $x\geq0$일 때

$y=x^2-4x+3=(x-2)^2-1$

$\therefore$ 꼭짓점 : $(2, -1)$, y절편 : 3

$x<0$일 때

$y=x^2-4(-x)+3=(x+2)^2-1$

$\therefore$ 꼭짓점 : $(-2, -1)$, y절편 : 3

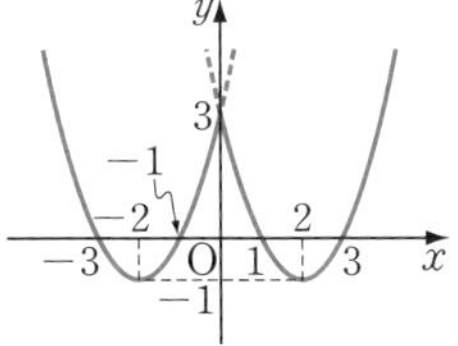

(3) $y\geq0$일 때

$y=x^2-2x-3=(x-1)^2-4$

$\therefore$ 꼭짓점 : $(1, -4)$, y절편 : -3

$y<0$일 때 $-y=x^2-2x-3$이므로

$y=-x^2+2x+3=-(x-1)^2+4$

$\therefore$ 꼭짓점 : $(1, 4)$, y절편 : 3

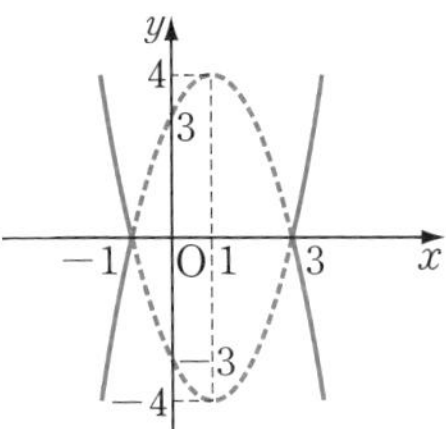

Advice | $y=|f(x)|$, $y=f(|x|)$, $|y|=f(x)$ 꼴의 그래프이다.

(1) $y=x^2-1$의 그래프를 그린 다음, 그중 x축 윗부분은 그대로 두고 x축 아랫부분을 x축에 대하여 대칭이동한다.

(2) x 대신 $-x$를 대입해도 같은 식이므로 그래프는 y축에 대하여 대칭이다. 먼저 $x\geq0$일 때 $y=x^2-4x+3$의 그래프를 그린다.

(3) y 대신 $-y$를 대입해도 같은 식이므로 그래프는 x축에 대하여 대칭이다. 먼저 $y\geq0$일 때 $y=x^2-2x-3$의 그래프를 그린다.

유제 **11**-13. $f(x)=x^2-2x-1$일 때, 다음 방정식의 그래프를 그리시오.

(1) $y=|f(x)|$　　　(2) $y=f(|x|)$　　　(3) $|y|=f(x)$

기본 문제 11-11 포물선 $y=2x^2-4ax+2a^2-b^2-4b$에 대하여 다음 물음에 답하시오.

(1) 이 포물선의 꼭짓점이 점 $(3,\ 4)$일 때, 실수 $a,\ b$의 값을 구하시오.

(2) 이 포물선의 꼭짓점이 포물선 $y=x^2+2x+5$ 위에 있도록 실수 $a,\ b$의 값을 정하시오.

정석연구 주어진 식을 $y=a(x-m)^2+n$의 꼴로 고치면 꼭짓점의 좌표를 구할 수 있다.

정석 꼭짓점은 $\Longrightarrow$ $\boldsymbol{y=a(x-m)^2+n}$의 꼴로 변형하여 구한다.

공식에 대입하여 꼭짓점의 좌표를 구할 수도 있지만 위와 같이 변형하여 구하는 것이 좋다.

모범답안 $y=2x^2-4ax+2a^2-b^2-4b=2(x-a)^2-b^2-4b$

이므로 이 포물선의 꼭짓점의 좌표는 $(a,\ -b^2-4b)$이다.

(1) $(a,\ -b^2-4b)=(3,\ 4)$이면

$$a=3,\ -b^2-4b=4 \quad \therefore\ b=-2$$

답 $\boldsymbol{a=3,\ b=-2}$

(2) 점 $(a,\ -b^2-4b)$가 포물선 $y=x^2+2x+5$ 위에 있으려면

$$-b^2-4b=a^2+2a+5 \quad \therefore\ a^2+2a+b^2+4b+5=0$$

$$\therefore\ (a+1)^2+(b+2)^2=0$$

$a,\ b$는 실수이므로 $a+1=0,\ b+2=0$ $\quad\therefore\ \boldsymbol{a=-1,\ b=-2}$ ← 답

Advice | (1)은

정석 꼭짓점이 점 $\boldsymbol{(m,\ n)}$인 포물선 $\Longrightarrow$ $\boldsymbol{y=a(x-m)^2+n}$

을 이용하여 다음과 같이 풀 수도 있다.

x^2의 계수가 2이고 꼭짓점이 점 $(3,\ 4)$인 포물선의 방정식은

$$y=2(x-3)^2+4 \iff y=2x^2-12x+22$$

$y=2x^2-4ax+2a^2-b^2-4b$와 비교하면

$$-4a=-12,\ 2a^2-b^2-4b=22 \quad \therefore\ \boldsymbol{a=3,\ b=-2}$$

유제 **11**-14. 포물선 $y=x^2+ax+b$의 꼭짓점이 점 $(3,\ -4)$일 때, 상수 $a,\ b$의 값을 구하시오.

답 $\boldsymbol{a=-6,\ b=5}$

유제 **11**-15. 포물선 $y=x^2-2kx+k^2+2k+3$에 대하여 다음 물음에 답하시오.

(1) 꼭짓점이 제1사분면에 있을 때, 실수 k의 값의 범위를 구하시오.

(2) 꼭짓점이 직선 $y=x+1$ 위에 있을 때, 실수 k의 값을 구하시오.

답 (1) $\boldsymbol{k>0}$ (2) $\boldsymbol{k=-2}$

기본 문제 11-12 이차함수 $y=ax^2+bx+c$의 그래프가 오른쪽 그림과 같을 때, 다음의 값 또는 부호를 조사하시오.

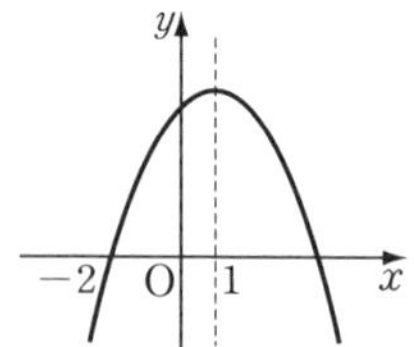

(1) a (2) b (3) c

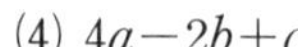
(4) $4a-2b+c$ (5) $a+2b+4c$

정석연구 그래프를 보고 계수의 부호를 결정하는 문제이다.

이차함수 $y=ax^2+bx+c$의 그래프와 계수 a, b, c의 부호의 관계는 다음과 같다.

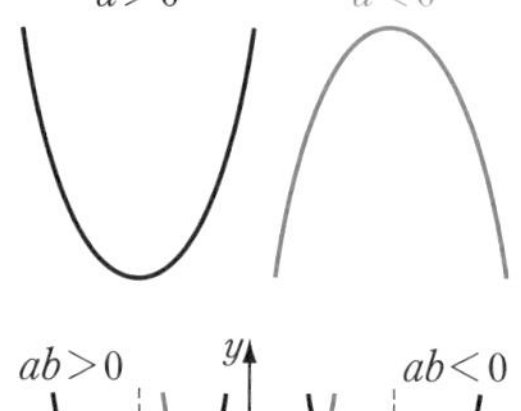

(i) $\boldsymbol{a}$의 부호(어느 쪽으로 볼록한가?)

아래로 볼록한 포물선 $\Longleftrightarrow a>0$

위로 볼록한 포물선 $\Longleftrightarrow a<0$

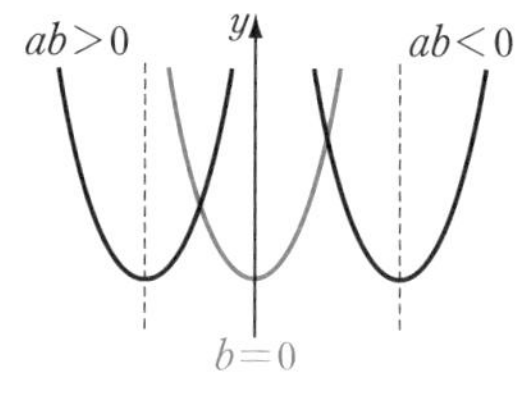

(ii) $\boldsymbol{b}$의 부호(a의 부호와 축의 위치로서)

축이 y축의 오른쪽 $\Longleftrightarrow a, b$는 다른 부호

축이 y축과 일치 $\Longleftrightarrow b=0$

축이 y축의 왼쪽 $\Longleftrightarrow a, b$는 같은 부호

(iii) $\boldsymbol{c}$의 부호(y축과의 교점의 y좌표로서)

y축과 원점의 위쪽에서 만난다 $\Longleftrightarrow c>0$

원점을 지난다 $\Longleftrightarrow c=0$

y축과 원점의 아래쪽에서 만난다 $\Longleftrightarrow c<0$

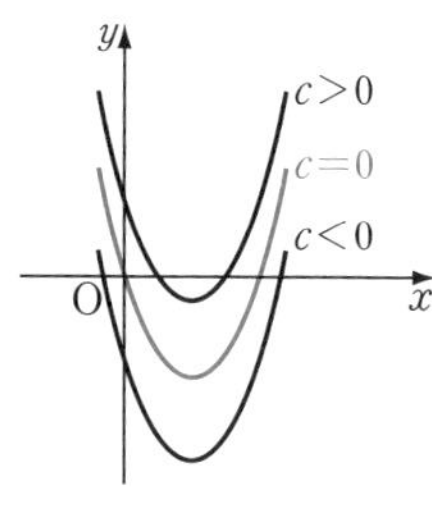

모범답안 (1) 위로 볼록한 포물선이므로 $\boldsymbol{a<0}$

(2) 축이 y축의 오른쪽에 있으므로 $-\dfrac{b}{2a}>0$

여기에서 $a<0$이므로 $\boldsymbol{b>0}$

(3) $x=0$일 때의 y의 값이므로 $\boldsymbol{c>0}$

(4) $x=-2$일 때의 y의 값이므로 $\boldsymbol{4a-2b+c=0}$

(5) $x=\dfrac{1}{2}$일 때 $y=\dfrac{1}{4}a+\dfrac{1}{2}b+c=\dfrac{1}{4}(a+2b+4c)$

그래프에서 $x=\dfrac{1}{2}$일 때 $y>0$이므로 $\boldsymbol{a+2b+4c>0}$

유제 **11**-16. $y=-ax^2+bx+c$의 그래프가 오른쪽 그림과 같을 때, 다음의 값 또는 부호를 조사하시오.

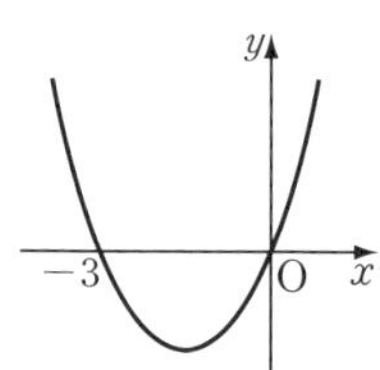

(1) a (2) b (3) c (4) $4a+2b-c$

답 (1) $\boldsymbol{a<0}$ (2) $\boldsymbol{b>0}$
(3) $\boldsymbol{c=0}$ (4) $\boldsymbol{4a+2b-c>0}$

기본 문제 11-13 $a<0,\ b>0,\ c>0$일 때, 다음 함수의 그래프는 아래 네 개의 그래프 ①~④ 중 어느 것인가?

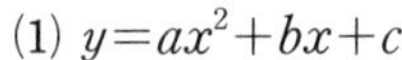

(1) $y=ax^2+bx+c$ (2) $y=cx^2+bx+a$

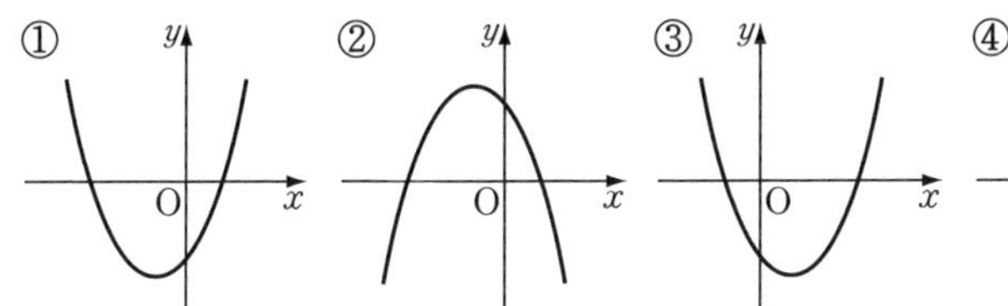

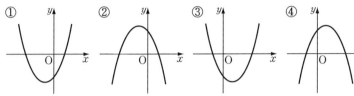

정석연구 계수의 부호를 알고 그래프를 결정하는 문제이다.

문제의 조건 $a<0,\ b>0,\ c>0$으로부터 다음을 조사한다.

볼록의 방향, 축의 위치, y절편의 위치

모범답안 (1) $y=ax^2+bx+c$에서

볼록의 방향 : $a<0$이므로 위로 볼록하다.

축 : $x=-\dfrac{b}{2a}$에서 $a<0,\ b>0$이므로 $-\dfrac{b}{2a}>0$이다.

따라서 축은 y축의 오른쪽에 있다.

y절편 : $x=0$일 때 $y=c$

그런데 $c>0$이므로 원점 위쪽에서 y축과 만난다. 답 ④

(2) $y=cx^2+bx+a$에서

볼록의 방향 : $c>0$이므로 아래로 볼록하다.

축 : $x=-\dfrac{b}{2c}$에서 $b>0,\ c>0$이므로 $-\dfrac{b}{2c}<0$이다.

따라서 축은 y축의 왼쪽에 있다.

y절편 : $x=0$일 때 $y=a$

그런데 $a<0$이므로 원점 아래쪽에서 y축과 만난다. 답 ①

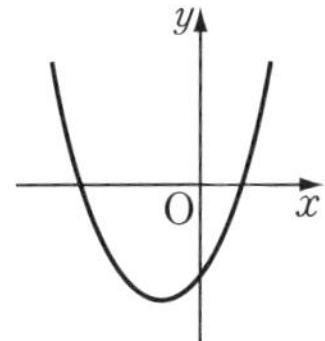

유제 **11**-17. $y=ax^2+bx+c$의 그래프가 오른쪽 그림과 같을 때, $y=cx^2-bx+a$의 그래프의 개형을 그리시오.

단, $a,\ b,\ c$는 상수이다.

유제 **11**-18. 다음 중 $y=ax^2+bx$의 그래프가 제4사분면을 지나는 경우만을 있는 대로 고르시오.

① $a>0,\ b>0$ ② $a>0,\ b<0$ ③ $a<0,\ b>0$

④ $a=0,\ b>0$ ⑤ $a>0,\ b=0$

답 ②, ③

기본 문제 **11**-14 축이 x축에 수직이고, 다음을 만족시키는 포물선의 방정식을 구하시오.

(1) 세 점 $(1, 1)$, $(-1, 9)$, $(0, 3)$을 지난다.

(2) 세 점 $(1, 0)$, $(4, 0)$, $(2, 2)$를 지난다.

(3) 두 점 $(2, 0)$, $(4, 0)$을 지나고, 꼭짓점의 y좌표가 -2이다.

정석연구 (1) 세 점이 주어진 경우 다음 **정석**을 이용한다.

정 석 세 점이 주어질 때에는

$\Longrightarrow$ 구하는 식을 $\boldsymbol{y=ax^2+bx+c}$로 놓는다.

(2), (3) x절편이 주어진 경우 다음 **정석**을 이용한다.

정 석 x절편이 α, β일 때에는

$\Longrightarrow$ 구하는 식을 $\boldsymbol{y=a(x-\alpha)(x-\beta)}$로 놓는다.

모범답안 (1) 구하는 방정식을 $y=ax^2+bx+c$ ……㉮

이라고 하면 세 점 $(1, 1)$, $(-1, 9)$, $(0, 3)$을 지나므로

$$1=a+b+c, \quad 9=a-b+c, \quad 3=c$$

이 세 식을 연립하여 풀면 $a=2$, $b=-4$, $c=3$

이 값을 ㉮에 대입하면 $\boldsymbol{y=2x^2-4x+3}$ ← 답

(2) x절편이 1, 4이므로 구하는 방정식을 $y=a(x-1)(x-4)$ ……㉯

라고 하면 점 $(2, 2)$를 지나므로

$$a(2-1)(2-4)=2 \qquad \therefore a=-1$$

이 값을 ㉯에 대입하면 $y=-(x-1)(x-4)$

$$\therefore \boldsymbol{y=-x^2+5x-4} \leftarrow \text{답}$$

(3) x절편이 2, 4이므로 구하는 방정식을 $y=a(x-2)(x-4)$ ……㉰

이라고 하면

$$y=a(x^2-6x+8)=a(x-3)^2-a$$

이때, 꼭짓점의 y좌표는 $-a$이므로 $-a=-2$ $\therefore a=2$

이 값을 ㉰에 대입하면 $y=2(x-2)(x-4)$

$$\therefore \boldsymbol{y=2x^2-12x+16} \leftarrow \text{답}$$

유제 **11**-19. 다음 세 점을 지나고, 축이 x축에 수직인 포물선의 방정식을 구하시오.

(1) $(0, 0)$, $(-1, 7)$, $(5, -5)$ (2) $(2, 0)$, $(4, 0)$, $(5, 3)$

답 (1) $\boldsymbol{y=x^2-6x}$ (2) $\boldsymbol{y=x^2-6x+8}$

기본 문제 11-15 p가 음이 아닌 실수의 값을 가지면서 변할 때, 포물선

$$y=x^2-2px+2p^2-2p$$

의 꼭짓점의 자취의 방정식을 구하시오.

정석연구 $y=x^2-2px+2p^2-2p$에서 p에 0, 1, 2, 3을 대입하여 각각의 그래프를 그려 보면 오른쪽 그림의 점선인 곡선이 되며, 각 곡선의 꼭짓점의 집합을 생각하면 초록색으로 나타내어지는 포물선임을 알 수 있다.

그러나 이와 같은 방법으로

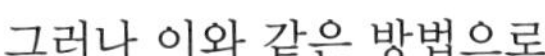

꼭짓점의 자취가 포물선이라고 예상

할 수는 있으나 이것만으로는 포물선이라고 단정할 수 없다.

이런 경우 꼭짓점의 좌표를 p로 나타낸 다음,

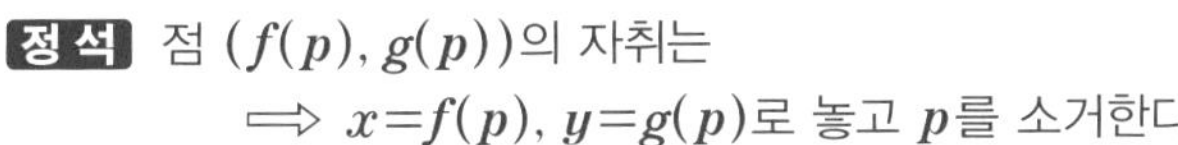

정석 점 $(f(p), g(p))$의 자취는

$\Longrightarrow$ $x=f(p)$, $y=g(p)$로 놓고 p를 소거한다

를 이용한다.

그리고 p가 음이 아닌 실수라는 조건을 빠뜨리지 않도록 주의한다.

정석 자취 문제 $\Longrightarrow$ 항상 변수의 범위에 주의한다.

모범답안 $y=x^2-2px+2p^2-2p=(x-p)^2+p^2-2p$

에서 꼭짓점의 좌표는 (p, p^2-2p)이다.

$x=p$ ⋯⋯① $\qquad$ $y=p^2-2p$ ⋯⋯②

로 놓자.

①을 ②에 대입하여 p를 소거하면

$$y=x^2-2x$$

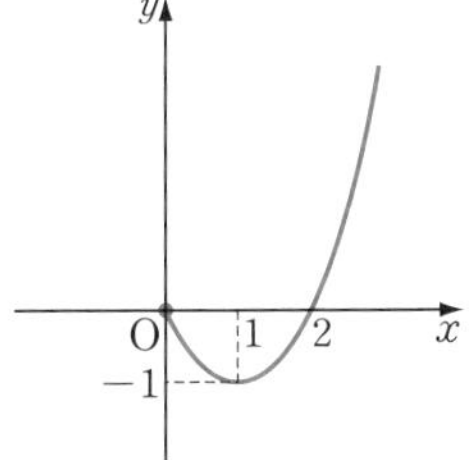

한편 $p\ge0$이므로 ①에서 $x\ge0$

따라서 구하는 자취의 방정식은

$\boldsymbol{y=x^2-2x\ (x\ge0)}$ ⟵ 답

유제 **11**-20. p가 실수의 값을 가지면서 변할 때, 다음 포물선의 꼭짓점의 자취의 방정식을 구하시오.

(1) $y=x^2-px$ $\qquad$ (2) $y=x^2+2px+p$

답 (1) $\boldsymbol{y=-x^2}$ (2) $\boldsymbol{y=-x^2-x}$

§4. 간단한 삼차함수의 그래프

1 삼차함수 $\boldsymbol{y=ax^3}$, $\boldsymbol{y=a(x-m)^3+n}$의 그래프

이를테면 함수 $y=x^3$의 그래프를 그려 보자.

x에 여러 가지 값을 대입하고 이에 대응하는 y의 값을 구하여 이들 x, y의 순서쌍 (x, y)의 집합을 좌표평면 위에 나타내면 오른쪽 그림 ①과 같은 곡선을 얻는다.

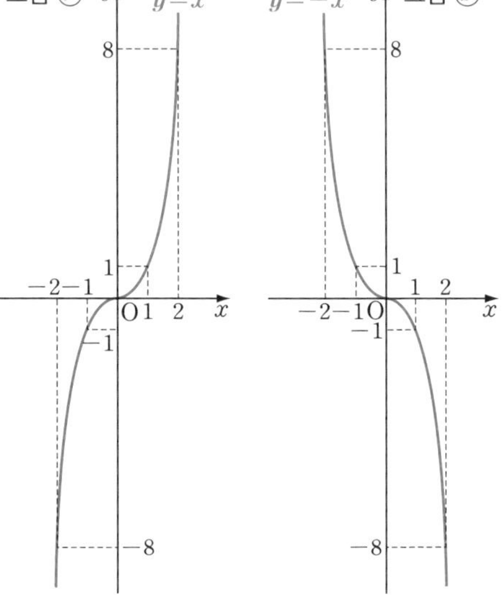

같은 방법으로 하여 함수 $y=-x^3$의 그래프를 그려 보면 오른쪽 그림 ②와 같은 곡선을 얻는다. 또,

$$y=-x^3 \iff y=(-x)^3$$

이고, 이것은 $y=x^3$에서 x 대신 $-x$를 대입한 것이므로 $y=-x^3$의 그래프는 $y=x^3$의 그래프를 y축에 대하여 대칭이동한 것임을 이용하여 그려도 된다.

이상과 같은 방법으로 하면 다음 함수의 그래프도 그릴 수 있다.

$$y=2x^3,\quad y=-2x^3,\quad y=\frac{1}{2}x^3,\quad y=-\frac{1}{2}x^3,\quad \cdots$$

일반적인 삼차함수의 그래프는 미적분Ⅰ에서 공부한다.

기본정석 $\boldsymbol{y=ax^3}$, $\boldsymbol{y=a(x-m)^3+n}$의 그래프

(1) 삼차함수 $\boldsymbol{y=ax^3}$의 그래프

(i) 원점에 대하여 대칭이다.

(ii) $a>0$일 때, x의 값이 증가하면 y의 값도 증가한다.
$a<0$일 때, x의 값이 증가하면 y의 값은 감소한다.

(2) 삼차함수 $\boldsymbol{y=a(x-m)^3+n}$의 그래프

$y=ax^3$의 그래프를 x축의 방향으로 m만큼, y축의 방향으로 n만큼 평행이동한 것이다.

보기 1 삼차함수 $y=x^3$의 그래프를 다음과 같이 평행이동한 그래프의 방정식을 구하시오.

(1) x축의 방향으로 -3만큼 평행이동

(2) y축의 방향으로 2만큼 평행이동

(3) x축의 방향으로 -3만큼, y축의 방향으로 2만큼 평행이동

연구 (1) x 대신 $x+3$을 대입하면 $\boldsymbol{y=(x+3)^3}$

(2) y 대신 $y-2$를 대입하면 $y-2=x^3$ $\therefore$ $\boldsymbol{y=x^3+2}$

(3) x 대신 $x+3$을, y 대신 $y-2$를 대입하면

$$y-2=(x+3)^3 \quad \therefore \ \boldsymbol{y=(x+3)^3+2}$$

2 우함수와 기함수

이를테면 함수 $f(x)=x^2$에서는

$$f(-x)=(-x)^2=x^2=f(x) \quad \text{곧, } \boldsymbol{f(-x)=f(x)}$$

가 성립한다. 또, 함수 $f(x)=x^3$에서는

$$f(-x)=(-x)^3=-x^3=-f(x) \quad \text{곧, } \boldsymbol{f(-x)=-f(x)}$$

가 성립한다.

일반적으로 $f(-x)=f(x)$가 성립하는 함수 $f(x)$를 우함수(짝함수)라 하고, $f(-x)=-f(x)$가 성립하는 함수 $f(x)$를 기함수(홀함수)라고 한다.

또, 두 함수 $f(x)=x^2$, $f(x)=x^3$의 그래프를 살펴보면 우함수와 기함수의 그래프는 다음과 같은 대칭성이 있음을 알 수 있다.

기본정석 — 우함수와 기함수

우함수 $\Longleftrightarrow$ $\boldsymbol{f(-x)=f(x)}$ $\Longleftrightarrow$ 그래프는 $\boldsymbol{y}$축에 대하여 대칭

기함수 $\Longleftrightarrow$ $\boldsymbol{f(-x)=-f(x)}$ $\Longleftrightarrow$ 그래프는 원점에 대하여 대칭

보기 2 다음 함수 중에서 우함수는 ○표, 기함수는 △표, 우함수도 기함수도 아닌 함수는 ×표를 하시오.

(1) $f(x)=x^4+2x^2-3$

(2) $f(x)=x^3-2x$

(3) $f(x)=\dfrac{3}{x^2+1}$

(4) $f(x)=3x^2-4x+1$

연구 (1) $f(-x)=(-x)^4+2(-x)^2-3=x^4+2x^2-3=f(x)$

(2) $f(-x)=(-x)^3-2(-x)=-x^3+2x=-(x^3-2x)=-f(x)$

(3) $f(-x)=\dfrac{3}{(-x)^2+1}=\dfrac{3}{x^2+1}=f(x)$

(4) $f(-x)=3x^2+4x+1$

답 (1) ○ (2) △ (3) ○ (4) ×

기본 문제 11-16 다음 중에서 삼차함수 $y=(x-a)^3+a^3$의 그래프와 삼차함수 $y=-(x+a)^3+a^3$의 그래프가 옳게 짝지어진 것은?

단, $a>0$이다.

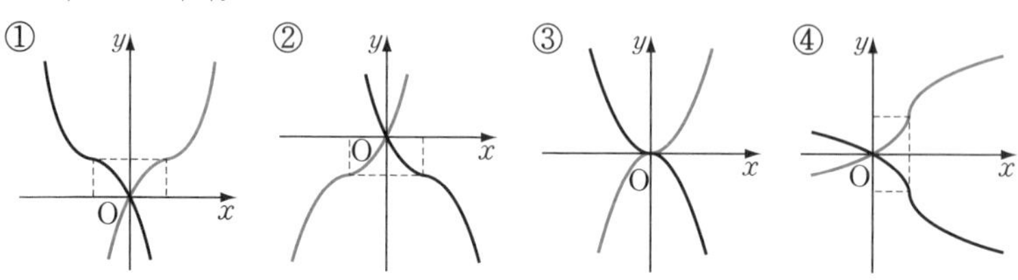

정석연구 함수 $y=(x-a)^3+a^3$의 그래프는 $y=x^3$의 그래프를 평행이동한 것이고, 함수 $y=-(x+a)^3+a^3$의 그래프는 $y=-x^3$의 그래프를 평행이동한 것이다.

일반적으로

정석 함수 $\boldsymbol{y=a(x-m)^3+n}$의 그래프는 $\boldsymbol{y=ax^3}$의 그래프를 $\boldsymbol{x}$축의 방향으로 $\boldsymbol{m}$만큼, $\boldsymbol{y}$축의 방향으로 $\boldsymbol{n}$만큼 평행이동한 것이다.

한편 $y=(x-a)^3+a^3$에서 x 대신 $-x$를 대입하면 $y=-(x+a)^3+a^3$이므로 이 두 그래프는 y축에 대하여 대칭이다.

정석 $\boldsymbol{y=f(x)}$와 $\boldsymbol{y=f(-x)}$의 그래프는 $\boldsymbol{y}$축에 대하여 대칭!

모범답안 $y=(x-a)^3+a^3$의 그래프는 $y=x^3$의 그래프를 x축의 방향으로 a만큼, y축의 방향으로 a^3만큼 평행이동한 것이고, $x=0$일 때 $y=0$이므로 원점을 지난다.

또한 $y=-(x+a)^3+a^3$은 $y=(x-a)^3+a^3$에 x 대신 $-x$를 대입한 것이므로 $y=(x-a)^3+a^3$의 그래프와 $y=-(x+a)^3+a^3$의 그래프는 y축에 대하여 대칭이다.

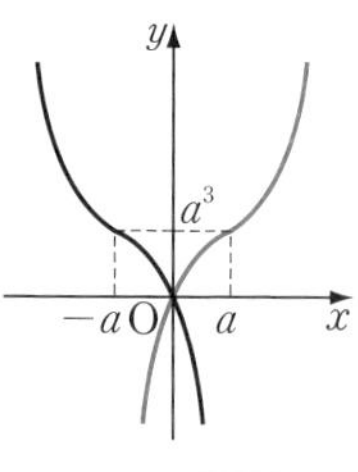

답 ①

유제 **11**-21. 다음 중에서 옳은 것은?

① $y=x^3+x$의 그래프는 x축에 대하여 대칭이다.
② $y=x^2+2$의 그래프는 원점에 대하여 대칭이다.
③ $y=x^3+2$의 그래프는 점 $(0, 2)$에 대하여 대칭이다.
④ $y=x^3+x^2-x-1$의 그래프는 x축과 서로 다른 세 점에서 만난다.
⑤ $y=x^3+2$의 그래프는 x축과 서로 다른 두 점에서 만난다.

답 ③

기본 문제 **11**-17 함수 $f(x)$가 기함수이고 함수 $g(x)$가 우함수일 때, 다음 함수 중에서 기함수인 것만을 있는 대로 고르시오.

① $g(x)-f(x)$ ② $f(x)g(x)$ ③ $\dfrac{g(x)}{f(x)}\ (f(x)\neq 0)$

④ $\{f(x)\}^2$ ⑤ $(g\circ f)(x)$

정석연구 주어진 조건으로부터 $f(-x)=-f(x)$, $g(-x)=g(x)$이다.

각 식을 $F(x)$로 놓고 $F(-x)$를 계산하여 $F(x)$와 비교한다.

정석 $F(-x)=F(x) \iff F(x)$는 우함수
$F(-x)=-F(x) \iff F(x)$는 기함수

모범답안 문제의 조건으로부터 $f(-x)=-f(x)$, $g(-x)=g(x)$

① $F(x)=g(x)-f(x)$로 놓으면

$$F(-x)=g(-x)-f(-x)=g(x)-\{-f(x)\}=g(x)+f(x)$$

곧, $F(-x)\neq F(x)$, $F(-x)\neq -F(x)$이므로 우함수도 기함수도 아니다.

② $F(x)=f(x)g(x)$로 놓으면

$$F(-x)=f(-x)g(-x)=-f(x)g(x)=-F(x)$$

곧, $F(-x)=-F(x)$이므로 기함수이다.

③ $F(x)=\dfrac{g(x)}{f(x)}$로 놓으면 $F(-x)=\dfrac{g(-x)}{f(-x)}=\dfrac{g(x)}{-f(x)}=-F(x)$

곧, $F(-x)=-F(x)$이므로 기함수이다.

④ $F(x)=\{f(x)\}^2$으로 놓으면

$$F(-x)=\{f(-x)\}^2=\{-f(x)\}^2=\{f(x)\}^2=F(x)$$

곧, $F(-x)=F(x)$이므로 우함수이다.

⑤ $F(x)=(g\circ f)(x)$로 놓으면

$$F(-x)=(g\circ f)(-x)=g(f(-x))=g(-f(x))=g(f(x))=F(x)$$

곧, $F(-x)=F(x)$이므로 우함수이다. 답 ②, ③

유제 **11**-22. 실수 전체의 집합에서 정의된 함수 $f(x)$에 대하여 다음 중에서 옳지 <u>않은</u> 것은?

① $f(x)+f(-x)$는 우함수이다. ② $f(x)-f(-x)$는 기함수이다.

③ $f(x)f(-x)$는 우함수이다.

④ $f(x)$가 기함수이면 $(f\circ f)(x)$도 기함수이다.

⑤ $y=f(x)f(-x)$의 그래프는 제1사분면과 제2사분면을 지난다.

답 ⑤

연습문제 11

11-1 두 일차함수 $y=f(x)$와 $y=g(x)$의 그래프가 오른쪽 그림과 같을 때, 이차부등식

$$f(x)g(x)<0$$

의 해를 구하시오.

11-2 함수 $y=f(x)$의 그래프가 오른쪽 그림과 같을 때, 다음의 그래프를 그리시오.

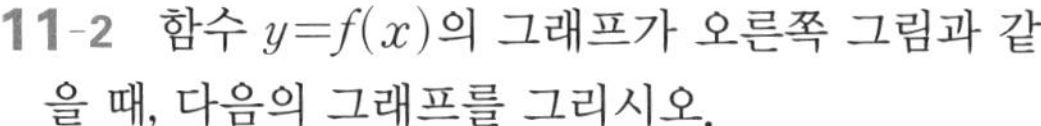

(1) $y=f(-x)$　　(2) $y=f(|x|)$

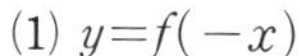

(3) $|y|=f(x)$　　(4) $y=|f(x)|$

(5) $y=f(|2-x|)$

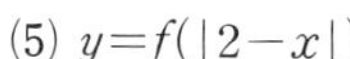

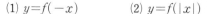

11-3 수직선 위에 세 점 A(-1), B(2), C(5)가 있다. 이 수직선 위에 점 P를 잡아 $\overline{\text{PA}}+\overline{\text{PB}}+\overline{\text{PC}}$를 최소가 되게 할 때, 점 P의 좌표는?

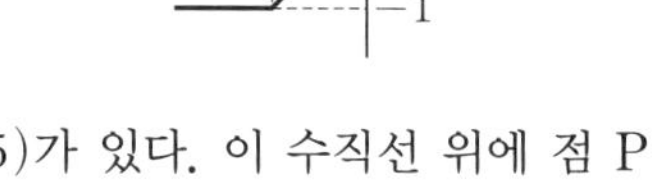

① P(-1)　② P(2)　③ P(3)　④ P(4)　⑤ P(5)

11-4 실수 전체의 집합 R에서 R로의 함수 f를

$$f(x)=a|x-1|+(2-a)x+a$$

로 정의할 때, f가 일대일대응이 되는 실수 a의 값의 범위를 구하시오.

11-5 두 함수 $y=||x-3|-2|$, $y=mx+m$의 그래프가 서로 다른 네 점에서 만날 때, 실수 m의 값의 범위를 구하시오.

11-6 방정식 $x-[x]=\dfrac{1}{10}x$의 서로 다른 실근의 개수는?

단, $[x]$는 x보다 크지 않은 최대 정수를 나타낸다.

① 7　② 8　③ 9　④ 10　⑤ 11

11-7 정의역이 실수 전체의 집합인 함수 $y=|[x]|-[|x|]$의 그래프를 그리고, 치역을 구하시오. 단, $[x]$는 x보다 크지 않은 최대 정수를 나타낸다.

11-8 다음 함수의 그래프를 그리시오.

(1) $y=(x-3)^2-2|x-3|+2$　　(2) $y=x^2-1+|x^2-1|$

11-9 두 포물선 $y=2x^2-8ax+8a^2+3b$, $y=3x^2-6bx+3b^2+2a+4$의 꼭짓점이 일치할 때, 상수 a, b의 값을 구하시오.

11-10 이차항의 계수의 절댓값이 서로 같고 부호가 서로 다른 두 이차함수 $y=f(x)$, $y=g(x)$의 그래프가 두 점 $(-1, 5)$, $(2, 8)$에서 만날 때, $f(5)+g(5)$의 값을 구하시오.

11-11 이차함수 $f(x)=x^2+ax+b$는 모든 실수 x에 대하여 $f(4-x)=f(x)$를 만족시킨다. $f(-1)=7$일 때, $f(2)$의 값을 구하시오. 단, a, b는 상수이다.

11-12 포물선 $y=x^2+2x-3$ 위의 두 점 $\mathrm{A}(x_1, y_1)$, $\mathrm{B}(x_2, y_2)$가 원점에 대하여 대칭일 때, ${x_1}^2+{x_2}^2$의 값은?

① 3 ② 4 ③ 5 ④ 6 ⑤ 7

11-13 집합 $A=\{x\,|\,0\le x\le 1\}$에서 정의된 함수 $y=x^2+ax+b\,(a\le -2)$의 치역이 집합 $B=\{y\,|\,0\le y\le 1\}$일 때, 상수 a, b의 값을 구하시오.

11-14 두 함수 $f(x)=|x-1|+2$, $g(x)=x^2+2x-2$에 대하여 $-2\le x\le 2$에서 $(g\circ f)(x)$의 최댓값과 최솟값을 구하시오.

11-15 포물선 $y=ax^2+bx+c$는 x축과 두 점 $(-3, 0)$, $(1, 0)$에서 만나고, 그 꼭짓점은 직선 $2x+y=2$ 위에 있을 때, 상수 a, b, c의 값을 구하시오.

11-16 축이 x축에 수직이고, 두 점 $(0, 0)$, $(1, 1)$을 지나며, 직선 $y=x-2$에 접하는 포물선의 방정식을 구하시오.

11-17 실수 a, b에 대하여 포물선 $y=x^2+ax+b$가 직선 $y=x$에 접하면서 움직일 때, 그 꼭짓점의 자취의 방정식을 구하시오.

11-18 포물선 $y=x^2$ 위를 움직이는 점 P와 점 $\mathrm{A}(3, 1)$에 대하여 선분 AP의 중점 M의 자취의 방정식을 구하시오.

11-19 곡선 $y=x^3-3x^2+2x+1$을 평행이동한 곡선 $y=x^3+ax^2+bx+c$가 원점에 대하여 대칭일 때, 상수 a, b, c의 값을 구하시오.

11-20 곡선 $y=x^3-2x^2+ax+b$가 직선 $y=mx+n$과 세 점 (x_1, y_1), (x_2, y_2), (x_3, y_3)에서 만날 때, $x_1+x_2+x_3$의 값은?

단, a, b, m, n은 상수이다.

① 0 ② 1 ③ 2 ④ 3 ⑤ $a-m$

11-21 실수 전체의 집합에서 정의된 함수 $f(x)$, $g(x)$에 대하여 $h(x)=\frac{1}{3}f(x)+\frac{2}{3}g(x)$라고 할 때, 다음 중 옳지 <u>않은</u> 것은?

① 두 함수 $y=f(x)$, $y=g(x)$의 그래프의 교점을 P라고 할 때, 함수 $y=h(x)$의 그래프는 점 P를 지난다.

② $f(x)$, $g(x)$가 모두 우함수이면 $h(x)$도 우함수이다.

③ $f(x)$, $g(x)$가 모두 기함수이면 $h(x)$도 기함수이다.

④ $f(x)$, $g(x)$가 모두 일대일대응이면 $h(x)$도 일대일대응이다.

⑤ 모든 실수 x에 대하여 $\{h(x)-f(x)\}\{h(x)-g(x)\}\le 0$이다.

12. 유리함수의 그래프

유리식／유리함수의 그래프

§1. 유 리 식

1 유리식

▶ 유리식 : 두 다항식 A, $B(B\neq 0)$에 대하여 $\dfrac{A}{B}$의 꼴로 나타내어지는 식을 유리식이라 하고, A를 분자, B를 분모라고 한다.

특히 분모 B가 0이 아닌 상수이면 유리식 $\dfrac{A}{B}$는 다항식이므로 다항식도 유리식이다.

이를테면

$$\frac{2}{x},\quad \frac{4x}{x^2+3x+2},\quad \frac{xy}{x+y},\quad \frac{x+1}{3},\quad 4x^2+3x+2$$

는 모두 유리식이고, 이 식 중에서 $\dfrac{x+1}{3}$, $4x^2+3x+2$는 다항식이다.

기본정석 ── 유리식의 기본 성질

A, B, $M(B\neq 0,\ M\neq 0)$이 다항식일 때, 다음 식이 성립한다.

① $\dfrac{A}{B}=\dfrac{A\times M}{B\times M}$ ② $\dfrac{A}{B}=\dfrac{A\div M}{B\div M}$

▶ 약분, 통분 : 위의 기본 성질 ②를 이용하여 유리식의 분모와 분자를 공통인수로 나누어서 간단히 하는 것을 유리식의 약분이라 하고, 기본 성질 ①을 이용하여 유리식의 분모를 같게 하는 것을 유리식의 통분이라고 한다.

약분 : $\dfrac{A\times M}{B\times M} \Longrightarrow \dfrac{A}{B}$

통분 : $\dfrac{A}{B},\ \dfrac{C}{D} \Longrightarrow \dfrac{AD}{BD},\ \dfrac{BC}{BD}$

보기 1 다음 유리식을 약분하시오.

(1) $\dfrac{25a^2b^2}{20ab^4}$ (2) $\dfrac{x^2-4x+3}{x^2-1}$ (3) $\dfrac{a^4+a^2b^2+b^4}{a^3-b^3}$

연구 분모와 분자의 공통인수로 분모, 분자를 나눈다.

특별한 말이 없어도

유리식의 결과는 분모, 분자가 서로소인 유리식으로 나타내어야 한다.

(1) $\dfrac{25a^2b^2}{20ab^4}=\boldsymbol{\dfrac{5a}{4b^2}}$

(2) $\dfrac{x^2-4x+3}{x^2-1}=\dfrac{(x-1)(x-3)}{(x+1)(x-1)}=\boldsymbol{\dfrac{x-3}{x+1}}$

(3) $\dfrac{a^4+a^2b^2+b^4}{a^3-b^3}=\dfrac{(a^2+ab+b^2)(a^2-ab+b^2)}{(a-b)(a^2+ab+b^2)}=\boldsymbol{\dfrac{a^2-ab+b^2}{a-b}}$

보기 2 다음 유리식을 통분하시오.

(1) $\dfrac{1}{x+2},\ \dfrac{1}{x-2},\ \dfrac{1}{x^2-4}$ (2) $\dfrac{x+y}{x^2-5xy+6y^2},\ \dfrac{x-y}{x^2-2xy-3y^2}$

연구 (1) $x^2-4=(x+2)(x-2)$이므로 분모가 $(x+2)(x-2)$가 되도록 통분한다.

$$\therefore\ \boldsymbol{\frac{x-2}{(x+2)(x-2)},\ \frac{x+2}{(x+2)(x-2)},\ \frac{1}{(x+2)(x-2)}}$$

(2) $x^2-5xy+6y^2=(x-2y)(x-3y)$, $x^2-2xy-3y^2=(x+y)(x-3y)$ 이므로 분모가 $(x+y)(x-2y)(x-3y)$가 되도록 통분한다.

$$\therefore\ \boldsymbol{\frac{(x+y)^2}{(x+y)(x-2y)(x-3y)},\ \frac{(x-y)(x-2y)}{(x+y)(x-2y)(x-3y)}}$$

2 유리식의 곱셈, 나눗셈

유리식은 덧셈, 뺄셈보다는 곱셈, 나눗셈이 더 간단하므로 곱셈, 나눗셈부터 먼저 공부해 보자.

유리식의 곱셈, 나눗셈은

첫째 — 분모, 분자를 인수분해할 수 있으면 인수분해하고, 또 약분할 수 있으면 약분해서 분모, 분자가 서로소인 유리식으로 만든다.

둘째 — 다음과 같이 곱셈과 나눗셈을 한다.

정석 $\dfrac{A}{B}\times\dfrac{C}{D}=\dfrac{AC}{BD},\quad \dfrac{A}{B}\div\dfrac{C}{D}=\dfrac{A}{B}\times\dfrac{D}{C}=\dfrac{AD}{BC}$

셋째 — 결과를 다시 약분할 수 있으면 약분해서 분모, 분자가 서로소인 유리식으로 만든다.

보기 3 다음 유리식을 간단히 하시오.

(1) $\dfrac{x^3-y^3}{x+y}\times\dfrac{x^2+2xy+y^2}{x^2-y^2}$ (2) $\dfrac{2x^2-5x+3}{x^2-4x+4}\times\dfrac{x^3-8}{x^2-1}\div\dfrac{2x^2+x-6}{x^2-x-2}$

연구 (1) (준 식)$=\dfrac{(x-y)(x^2+xy+y^2)}{x+y}\times\dfrac{(x+y)^2}{(x+y)(x-y)}=\boldsymbol{x^2+xy+y^2}$

(2) (준 식)$=\dfrac{(x-1)(2x-3)}{(x-2)^2}\times\dfrac{(x-2)(x^2+2x+4)}{(x+1)(x-1)}\times\dfrac{(x+1)(x-2)}{(x+2)(2x-3)}$

$=\boldsymbol{\dfrac{x^2+2x+4}{x+2}}$

3 유리식의 덧셈, 뺄셈

유리식의 덧셈, 뺄셈은

첫째 — 분모, 분자를 인수분해할 수 있으면 인수분해하고, 또 약분할 수 있으면 약분해서 분모, 분자가 서로소인 유리식으로 만든다.

둘째 — 분모가 같을 때에는

정석 $\dfrac{A}{D}+\dfrac{B}{D}-\dfrac{C}{D}=\dfrac{A+B-C}{D}$

와 같이 계산하고, 분모가 다를 때에는 통분해서 위와 같이 계산한다.

셋째 — 결과를 다시 약분할 수 있으면 약분한다.

보기 4 다음 유리식을 간단히 하시오.

(1) $\dfrac{2x^2-11x+5}{6x^2+x-2}-\dfrac{2x^2+7x+6}{6x^2+5x-6}+\dfrac{x+10}{9x^2-4}$

(2) $\dfrac{a+b}{a^2+ab+b^2}+\dfrac{3b^2}{a^3-b^3}-\dfrac{a}{a^2-ab}$

연구 (1) (준 식)$=\dfrac{(x-5)(2x-1)}{(2x-1)(3x+2)}-\dfrac{(x+2)(2x+3)}{(2x+3)(3x-2)}+\dfrac{x+10}{(3x+2)(3x-2)}$

$=\dfrac{x-5}{3x+2}-\dfrac{x+2}{3x-2}+\dfrac{x+10}{(3x+2)(3x-2)}$

$=\dfrac{(x-5)(3x-2)-(x+2)(3x+2)+(x+10)}{(3x+2)(3x-2)}$

$=\dfrac{-24x+16}{(3x+2)(3x-2)}=\dfrac{-8(3x-2)}{(3x+2)(3x-2)}=\boldsymbol{-\dfrac{8}{3x+2}}$

(2) (준 식)$=\dfrac{a+b}{a^2+ab+b^2}+\dfrac{3b^2}{(a-b)(a^2+ab+b^2)}-\dfrac{1}{a-b}$

$=\dfrac{(a+b)(a-b)+3b^2-(a^2+ab+b^2)}{(a-b)(a^2+ab+b^2)}=\dfrac{-b(a-b)}{(a-b)(a^2+ab+b^2)}$

$=\boldsymbol{-\dfrac{b}{a^2+ab+b^2}}$

4 비례식과 그 성질

두 개의 비 $a:b$와 $c:d$가 같을 때,

$$\boldsymbol{a:b=c:d} \quad \text{또는} \quad \boldsymbol{\frac{a}{b}=\frac{c}{d}}$$

로 나타내고, 이 식을 비례식이라고 한다.

비례식은 다음과 같은 성질을 가지고 있다.

기본정석 **비례식의 성질**

(1) a, b, c, d가 0이 아닐 때, 다음 등식은 동치이다.

$$a:b=c:d \iff \frac{a}{b}=\frac{c}{d} \iff ad=bc$$

정석 $\dfrac{a}{b}=\dfrac{c}{d}=k$로 놓으면 $\Longrightarrow$ $\boldsymbol{a=bk,\ c=dk}$

(2) $\dfrac{a}{b}=\dfrac{c}{d}=\dfrac{e}{f}$일 때, 다음 등식이 성립한다.

$$\frac{a}{b}=\frac{c}{d}=\frac{e}{f}=\frac{a+c+e}{b+d+f}=\frac{pa+qc+re}{pb+qd+rf}$$
$$(b+d+f\neq0,\ pb+qd+rf\neq0)$$

Advice | (1) $\dfrac{a}{b}=\dfrac{c}{d}$의 양변에 bd를 곱하면 $\quad ad=bc$

(2) $\dfrac{a}{b}=\dfrac{c}{d}=\dfrac{e}{f}=k$로 놓으면 $a=bk,\ c=dk,\ e=fk$이므로

$$a+c+e=(b+d+f)k \qquad \therefore\ k=\frac{a+c+e}{b+d+f}\ (b+d+f\neq0)$$

$$\therefore\ \frac{a}{b}=\frac{c}{d}=\frac{e}{f}=\frac{a+c+e}{b+d+f}\ (b+d+f\neq0)$$

또, $\dfrac{a}{b}=\dfrac{c}{d}=\dfrac{e}{f}=\dfrac{pa}{pb}=\dfrac{qc}{qd}=\dfrac{re}{rf}$이므로 위의 성질을 이용하면

$$\frac{a}{b}=\frac{c}{d}=\frac{e}{f}=\frac{pa+qc+re}{pb+qd+rf}\ (pb+qd+rf\neq0)$$

보기 5 $w:x=4:3,\ y:z=3:2,\ z:x=1:6$일 때, $w:y$를 구하시오.

연구 주어진 비례식을 유리식으로 바꾸면

$$\frac{w}{x}=\frac{4}{3},\quad \frac{y}{z}=\frac{3}{2},\quad \frac{z}{x}=\frac{1}{6}$$

$$\therefore\ \frac{w}{y}=\frac{w}{x}\times\frac{x}{z}\times\frac{z}{y}=\frac{4}{3}\times\frac{6}{1}\times\frac{2}{3}=\frac{16}{3}$$

$$\therefore\ \boldsymbol{w:y=16:3}$$

보기 6 $3x=2y$일 때, $\dfrac{x^2+y^2}{(x+y)^2}$의 값을 구하시오. 단, $xy\neq0$이다.

연구 (방법 1) $y=\dfrac{3}{2}x$이므로 $\dfrac{x^2+y^2}{(x+y)^2}=\dfrac{x^2+\left(\dfrac{3}{2}x\right)^2}{\left(x+\dfrac{3}{2}x\right)^2}=\dfrac{\dfrac{13}{4}x^2}{\dfrac{25}{4}x^2}=\boldsymbol{\dfrac{13}{25}}$

(방법 2) $x:y=2:3$이므로 $x=2k$, $y=3k$로 놓으면

$$\frac{x^2+y^2}{(x+y)^2}=\frac{(2k)^2+(3k)^2}{(2k+3k)^2}=\frac{13k^2}{25k^2}=\boldsymbol{\frac{13}{25}}$$

보기 7 x, y, z가

$x+2y+z=0$ ……① $2x-y-3z=0$ ……②

를 만족시킬 때, 다음을 구하시오. 단, $xyz\neq0$이다.

(1) $x:y:z$ (2) $x^2:y^2:z^2$

연구 z를 상수로, x, y를 미지수로 생각하고 ①, ②를 연립하여 푼다.

①+②×2에서 $5x-5z=0$ $\therefore x=z$

이것을 ①에 대입하면 $z+2y+z=0$ $\therefore y=-z$

(1) $x:y:z=z:(-z):z=\mathbf{1:(-1):1}$

(2) $x^2:y^2:z^2=z^2:(-z)^2:z^2=z^2:z^2:z^2=\mathbf{1:1:1}$

보기 8 다음 $\square$ 안에 알맞은 수나 식을 써넣으시오. 단, 분모는 0이 아니다.

(1) $\dfrac{a}{b}=\dfrac{c}{d}$이면 $\dfrac{a}{b}=\dfrac{\square}{b-d}=\dfrac{2a+3c}{\square}$이다.

(2) $\dfrac{a}{b}=\dfrac{c}{d}=\dfrac{e}{f}=\dfrac{2}{5}$이면 $\dfrac{2a+3c-4e}{2b+3d-4f}=\square$이다.

연구 다음 **정석**을 이용한다.

정석 $\boldsymbol{\dfrac{a}{b}=\dfrac{c}{d}=\dfrac{e}{f}=\dfrac{a+c+e}{b+d+f}=\dfrac{pa+qc+re}{pb+qd+rf}}$ (분모$\neq$0)

(1) $\dfrac{a}{b}=\dfrac{c}{d} \iff \dfrac{a}{b}=\dfrac{-c}{-d}$ $\therefore \dfrac{a}{b}=\boldsymbol{\dfrac{a-c}{b-d}}$

$\dfrac{a}{b}=\dfrac{c}{d} \iff \dfrac{2a}{2b}=\dfrac{3c}{3d}$ $\therefore \dfrac{a}{b}=\dfrac{2a+3c}{\mathbf{2b+3d}}$

(2) $\dfrac{a}{b}=\dfrac{c}{d}=\dfrac{e}{f}=\dfrac{2}{5} \iff \dfrac{2a}{2b}=\dfrac{3c}{3d}=\dfrac{-4e}{-4f}=\dfrac{2}{5}$

$\therefore \dfrac{2a+3c-4e}{2b+3d-4f}=\boldsymbol{\dfrac{2}{5}}$

*Note (2) $\dfrac{a}{b}=\dfrac{c}{d}=\dfrac{e}{f}=\dfrac{2}{5}$에서 $a=\dfrac{2}{5}b$, $c=\dfrac{2}{5}d$, $e=\dfrac{2}{5}f$임을 이용할 수도 있다.

기본 문제 12-1 다음 유리식을 간단히 하시오.

(1) $P=\dfrac{a^2}{(a-b)(a-c)}+\dfrac{b^2}{(b-c)(b-a)}+\dfrac{c^2}{(c-a)(c-b)}$

(2) $Q=\dfrac{x-2}{x-3}+\dfrac{x-4}{x-5}-\dfrac{x}{x-1}-\dfrac{x-6}{x-7}$

정석연구 (1) 분모의 각 인수를 오른쪽과 같은 순서로 고쳐 정리하면 분모의 공통인수를 쉽게 찾을 수 있다.

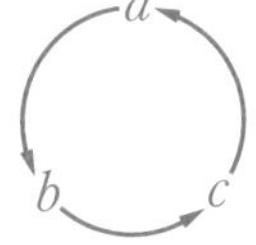

(2) 분자의 차수가 분모의 차수보다 크거나 같은 경우 분자를 분모로 직접 나눈 다음

(분자의 차수)<(분모의 차수)

가 되게 하여 계산하면 더 간편하게 계산할 수 있다.

이 문제의 경우 각 항의 분자를 다음과 같이 변형하여 계산할 수도 있다.

$(x-3)+1,\ (x-5)+1,\ (x-1)+1,\ (x-7)+1$

모범답안 (1) $P=\dfrac{-a^2}{(c-a)(a-b)}+\dfrac{-b^2}{(a-b)(b-c)}+\dfrac{-c^2}{(b-c)(c-a)}$

$=\dfrac{-a^2(b-c)-b^2(c-a)-c^2(a-b)}{(a-b)(b-c)(c-a)}$

이때, (분자)$=-(b-c)a^2+(b^2-c^2)a-(b^2c-bc^2)$ ⇦ a에 관하여 정리

$=-(b-c)\{a^2-(b+c)a+bc\}$

$=-(b-c)(a-b)(a-c)=(a-b)(b-c)(c-a)$

$\therefore\ P=\dfrac{(a-b)(b-c)(c-a)}{(a-b)(b-c)(c-a)}=\mathbf{1}$

(2) $Q=\left(1+\dfrac{1}{x-3}\right)+\left(1+\dfrac{1}{x-5}\right)-\left(1+\dfrac{1}{x-1}\right)-\left(1+\dfrac{1}{x-7}\right)$

$=\left(\dfrac{1}{x-3}-\dfrac{1}{x-1}\right)+\left(\dfrac{1}{x-5}-\dfrac{1}{x-7}\right)=\dfrac{2}{(x-3)(x-1)}-\dfrac{2}{(x-5)(x-7)}$

$=\dfrac{2(x-5)(x-7)-2(x-3)(x-1)}{(x-3)(x-1)(x-5)(x-7)}=\boldsymbol{\dfrac{-16(x-4)}{(x-1)(x-3)(x-5)(x-7)}}$

유제 **12**-1. 다음 유리식을 간단히 하시오.

(1) $\dfrac{a}{(a-b)(a-c)}+\dfrac{b}{(b-c)(b-a)}+\dfrac{c}{(c-a)(c-b)}$

(2) $\dfrac{x+2}{x}-\dfrac{x+3}{x+1}-\dfrac{x-5}{x-3}+\dfrac{x-6}{x-4}$ (3) $\dfrac{1}{1-x}+\dfrac{1}{1+x}+\dfrac{2}{1+x^2}+\dfrac{4}{1+x^4}$

답 (1) **0** (2) $-\boldsymbol{\dfrac{8(2x-3)}{x(x+1)(x-3)(x-4)}}$ (3) $\boldsymbol{\dfrac{8}{1-x^8}}$

기본 문제 12-2 다음 유리식을 간단히 하시오.

$$P=\frac{1}{a(a+1)}+\frac{1}{(a+1)(a+2)}+\frac{1}{(a+2)(a+3)}$$

정석연구 여러 가지 방법을 생각할 수 있다.

(방법 1) 유리식을 통분한다.

분모가 $a(a+1)(a+2)(a+3)$이 되도록 통분하면

$$P=\frac{(a+2)(a+3)+a(a+3)+a(a+1)}{a(a+1)(a+2)(a+3)}=\frac{3(a^2+3a+2)}{a(a+1)(a+2)(a+3)}$$

$$=\frac{3(a+1)(a+2)}{a(a+1)(a+2)(a+3)}=\frac{3}{a(a+3)}$$

(방법 2) 먼저 제1항과 제2항을 더하고, 여기에 다시 제3항을 더한다.

$$\frac{1}{a(a+1)}+\frac{1}{(a+1)(a+2)}=\frac{(a+2)+a}{a(a+1)(a+2)}=\frac{2}{a(a+2)}$$

$$\therefore\ P=\frac{2}{a(a+2)}+\frac{1}{(a+2)(a+3)}=\frac{2(a+3)+a}{a(a+2)(a+3)}=\frac{3}{a(a+3)}$$

(방법 3) 다음 **정석**을 활용하여 각 항을 변형한다. (아래 **모범답안**)

정석 $\displaystyle \frac{1}{AB}=\frac{1}{B-A}\left(\frac{1}{A}-\frac{1}{B}\right)$

이 등식의 우변을 통분하고 정리하면 좌변이 된다는 것을 쉽게 확인할 수 있다. 공식으로 기억해 두기를 바란다.

(예) $\displaystyle \frac{1}{3\times4}=\frac{1}{4-3}\left(\frac{1}{3}-\frac{1}{4}\right),\quad \frac{1}{3\times5}=\frac{1}{5-3}\left(\frac{1}{3}-\frac{1}{5}\right),$

$$\frac{1}{a(a+1)}=\frac{1}{(a+1)-a}\left(\frac{1}{a}-\frac{1}{a+1}\right)=\frac{1}{a}-\frac{1}{a+1}$$

모범답안 $\displaystyle P=\left(\frac{1}{a}-\frac{1}{a+1}\right)+\left(\frac{1}{a+1}-\frac{1}{a+2}\right)+\left(\frac{1}{a+2}-\frac{1}{a+3}\right)$

$$=\frac{1}{a}-\frac{1}{a+3}=\frac{(a+3)-a}{a(a+3)}=\boldsymbol{\frac{3}{a(a+3)}} \longleftarrow \text{답}$$

유제 **12**-2. 다음 유리식을 간단히 하시오.

(1) $\displaystyle \frac{b}{a(a+b)}+\frac{c}{(a+b)(a+b+c)}+\frac{d}{(a+b+c)(a+b+c+d)}$

(2) $\displaystyle \frac{1}{x(x+1)}+\frac{2}{(x+1)(x+3)}+\frac{3}{(x+3)(x+6)}+\frac{4}{(x+6)(x+10)}$

답 (1) $\boldsymbol{\dfrac{b+c+d}{a(a+b+c+d)}}$ (2) $\boldsymbol{\dfrac{10}{x(x+10)}}$

기본 문제 **12**-3 다음 유리식을 간단히 하시오.

(1) $\dfrac{\dfrac{x^2}{y^3}+\dfrac{1}{x}}{\dfrac{x}{y^2}-\dfrac{1}{y}+\dfrac{1}{x}}$ (2) $\dfrac{x}{x-\dfrac{x+2}{2-\dfrac{x-1}{x}}}$

정석연구 이와 같은 꼴의 유리식을 간단히 할 때에는

정석 $\dfrac{\dfrac{A}{B}}{\dfrac{C}{D}}=\dfrac{A}{B}\div\dfrac{C}{D}=\dfrac{A}{B}\times\dfrac{D}{C}=\dfrac{AD}{BC}$, $\dfrac{\dfrac{A}{B}}{\dfrac{C}{D}}=\dfrac{\dfrac{A}{B}\times BD}{\dfrac{C}{D}\times BD}=\dfrac{AD}{BC}$

를 이용한다.

모범답안 (1) 분모, 분자에 xy^3을 곱하면

$$(\text{준 식})=\frac{x^3+y^3}{x^2y-xy^2+y^3}=\frac{(x+y)(x^2-xy+y^2)}{y(x^2-xy+y^2)}=\boldsymbol{\frac{x+y}{y}} \longleftarrow \boxed{\text{답}}$$

* *Note* 먼저 분모, 분자를 각각 통분한 다음, 위의 **정석**의 첫째 식을 이용해도 된다. 아래 (2)의 풀이는 이 방법을 따른 것이다.

(2) $(\text{준 식})=\dfrac{x}{x-\dfrac{x+2}{\dfrac{2x-(x-1)}{x}}}=\dfrac{x}{x-\dfrac{x+2}{\dfrac{x+1}{x}}}=\dfrac{x}{x-(x+2)\times\dfrac{x}{x+1}}$

$=\dfrac{x}{\dfrac{x(x+1)-(x+2)x}{x+1}}=\dfrac{x}{-\dfrac{x}{x+1}}=x\times\left(-\dfrac{x+1}{x}\right)$

$=\boldsymbol{-x-1} \longleftarrow \boxed{\text{답}}$

Advice ‖ (2) $\dfrac{x+2}{2-\dfrac{x-1}{x}}$의 분모, 분자에 x를 곱하면 $\dfrac{x(x+2)}{2x-(x-1)}=\dfrac{x(x+2)}{x+1}$

$$\therefore\ (\text{준 식})=\frac{x}{x-\dfrac{x(x+2)}{x+1}}=\frac{x(x+1)}{x(x+1)-x(x+2)}=\frac{x(x+1)}{-x}=\boldsymbol{-x-1}$$

유제 **12**-3. 다음 유리식을 간단히 하시오.

(1) $\dfrac{\dfrac{a^2}{b}-\dfrac{b^2}{a}}{\dfrac{1}{b}-\dfrac{1}{a}}$ (2) $\dfrac{a+2}{a-\dfrac{2}{a+1}}$ (3) $\dfrac{1}{1-\dfrac{1}{1-\dfrac{1}{a}}}\times\dfrac{1}{1-\dfrac{1}{1+\dfrac{1}{a}}}$

답 (1) $\boldsymbol{a^2+ab+b^2}$ (2) $\boldsymbol{\dfrac{a+1}{a-1}}$ (3) $\boldsymbol{1-a^2}$

기본 문제 **12**-4 $x+\frac{1}{x}=3$일 때, 다음 유리식의 값을 구하시오.

(1) $x^2+\frac{1}{x^2}$ (2) $x^3+\frac{1}{x^3}$ (3) $x-\frac{1}{x}$ (4) $x^2-\frac{1}{x^2}$

정석연구 (1), (2) 다음 곱셈 공식의 변형식을 이용하여 구할 수 있다.

정 석 $a^2+b^2=(a+b)^2-2ab$

$a^3+b^3=(a+b)^3-3ab(a+b)$

(3) $\left(x-\frac{1}{x}\right)^2=x^2-2x\times\frac{1}{x}+\frac{1}{x^2}=x^2+\frac{1}{x^2}-2$임을 이용해 보자.

(4) $x^2-\frac{1}{x^2}=\left(x-\frac{1}{x}\right)\left(x+\frac{1}{x}\right)$임을 이용해 보자.

모범답안 (1) $x^2+\frac{1}{x^2}=\left(x+\frac{1}{x}\right)^2-2x\times\frac{1}{x}=3^2-2=\mathbf{7}$ ← 답

(2) $x^3+\frac{1}{x^3}=\left(x+\frac{1}{x}\right)^3-3x\times\frac{1}{x}\left(x+\frac{1}{x}\right)=3^3-3\times3=\mathbf{18}$ ← 답

(3) $\left(x-\frac{1}{x}\right)^2=x^2+\frac{1}{x^2}-2x\times\frac{1}{x}=7-2=5$ $\quad\therefore\ x-\frac{1}{x}=\pm\sqrt{5}$ ← 답

(4) $x^2-\frac{1}{x^2}=\left(x-\frac{1}{x}\right)\left(x+\frac{1}{x}\right)=\pm\sqrt{5}\times3=\pm3\sqrt{5}$ ← 답

Advice 1° 조건식의 양변을 제곱하면 (1)의 값을 구할 수 있고, 세제곱하면 (2)의 값을 구할 수 있다.

2° 일반적으로 $x^2-ax+1=0$에서 $x\neq0$이므로 양변을 x로 나누면

$x-a+\frac{1}{x}=0$, 곧 $x+\frac{1}{x}=a$를 얻는다. 따라서

$$x+\frac{1}{x}=a \iff x^2-ax+1=0$$

이다. 조건식이 어느 것으로 주어지든 자유로이 변형할 줄 알아야 한다.

유제 **12**-4. $x^2+2\sqrt{2}x-1=0$일 때, 다음 유리식의 값을 구하시오.

(1) $x-\frac{1}{x}$ (2) $x+\frac{1}{x}$ (3) $x^2-\frac{1}{x^2}$ (4) $x^2+\frac{1}{x^2}$

답 (1) $-2\sqrt{2}$ (2) $\pm2\sqrt{3}$ (3) $\pm4\sqrt{6}$ (4) 10

유제 **12**-5. $x^2+\frac{1}{x^2}=3\,(x>1)$일 때, 다음 유리식의 값을 구하시오.

(1) $x+\frac{1}{x}$ (2) $x^3+\frac{1}{x^3}$ (3) $x^8+\frac{1}{x^8}$ (4) $x^3-\frac{1}{x^3}$

답 (1) $\sqrt{5}$ (2) $2\sqrt{5}$ (3) 47 (4) 4

기본 문제 **12**-5 $\dfrac{x+y}{3}=\dfrac{y+z}{4}=\dfrac{z+x}{5}$일 때, 다음 비 또는 식의 값을 구하시오. 단, $xyz\neq0$이다.

(1) $x:y:z$ (2) $\dfrac{1}{xy}:\dfrac{1}{yz}:\dfrac{1}{zx}$ (3) $\dfrac{xy+yz+zx}{x^2+y^2+z^2}$

정석연구 주어진 조건식을 k로 놓으면

$$x+y=3k,\ y+z=4k,\ z+x=5k$$

를 얻는다. 이를 연립하여 푼 다음 (1), (2), (3)에 대입한다.

정석 $\dfrac{a}{b}=\dfrac{c}{d}=\dfrac{e}{f}=k$로 놓는다.

또, 주어진 조건식과 다음 비례식은 같은 식이다.

$$(x+y):(y+z):(z+x)=3:4:5$$

모범답안 $\dfrac{x+y}{3}=\dfrac{y+z}{4}=\dfrac{z+x}{5}=k$로 놓으면 $k\neq0$이고,

$x+y=3k,\ y+z=4k,\ z+x=5k$ $\therefore\ x=2k,\ y=k,\ z=3k$

(1) $x:y:z=2k:k:3k=\mathbf{2:1:3}$ ← 답

(2) $\dfrac{1}{xy}:\dfrac{1}{yz}:\dfrac{1}{zx}=\dfrac{1}{2k\times k}:\dfrac{1}{k\times3k}:\dfrac{1}{3k\times2k}=\dfrac{1}{2}:\dfrac{1}{3}:\dfrac{1}{6}$

$=\mathbf{3:2:1}$ ← 답

(3) $\dfrac{xy+yz+zx}{x^2+y^2+z^2}=\dfrac{2k\times k+k\times3k+3k\times2k}{(2k)^2+k^2+(3k)^2}=\dfrac{11k^2}{14k^2}=\mathbf{\dfrac{11}{14}}$ ← 답

Advice | (1)에서 $x:y:z=2:1:3$이므로 (2), (3)에 $x=2,\ y=1,\ z=3$을 대입해도 같은 답이 나오지만, 이 방법은 답만을 얻기 위한 편법일 뿐 모범답안은 아니다. 왜냐하면 $x:y:z=2:1:3$의 의미와 $x=2,\ y=1,\ z=3$의 의미는 다르기 때문이다.

유제 **12**-6. $x:y=4:3$일 때, $\dfrac{y}{x+y}+\dfrac{x}{x-y}-\dfrac{x^2+4xy+y^2}{x^2-y^2}$의 값을 구하시오. 단, $xy\neq0$이다. 답 -6

유제 **12**-7. $(x+y):(y+z):(z+x)=2:4:5$일 때, 다음 비 또는 식의 값을 구하시오. 단, $xyz\neq0$이다.

(1) $x:y:z$ (2) $\dfrac{x+2y+3z}{x+y+z}$ 답 (1) $\mathbf{3:1:7}$ (2) $\mathbf{\dfrac{26}{11}}$

유제 **12**-8. $2x-3y+z=0,\ 6x+y-2z=0\,(xyz\neq0)$일 때,

$\dfrac{y+z}{x}+\dfrac{z+x}{y}+\dfrac{x+y}{z}+\dfrac{xy+yz+zx}{x^2+y^2+z^2}$의 값을 구하시오. 답 $\mathbf{\dfrac{119}{12}}$

§2. 유리함수의 그래프

1 $y=\dfrac{k}{x}\,(k\neq0)$의 그래프

함수 $y=f(x)$에서 $f(x)$가 x에 관한 유리식일 때, 이 함수를 유리함수라고 한다. 특히 유리함수 $y=f(x)$ 중에서 $f(x)$가 x에 관한 다항식일 때, 이 함수를 다항함수라고 한다. 이를테면 함수

$$y=\frac{1}{x},\quad y=\frac{2}{x-1},\quad y=\frac{2x}{x^2-1},\quad y=x^2+1$$

은 모두 유리함수이고, 이 중에서 $y=x^2+1$은 다항함수이다.

다항함수가 아닌 유리함수 $y=f(x)$의 정의역이 주어지지 않은 경우에는 분모를 0으로 하는 x의 값을 제외한 실수 전체의 집합을 정의역으로 한다.

보기 1 다음 함수 중에서 다항함수가 아닌 유리함수를 찾고, 그 함수의 정의역을 구하시오.

(1) $y=3x^2-2$ (2) $y=\dfrac{3x-1}{x+2}$ (3) $y=\dfrac{3-x}{5}$ (4) $y=\dfrac{x+1}{x^2-4x+3}$

연구 (1), (3)은 다항함수이고, (2), (4)는 다항함수가 아닌 유리함수이다.

(2)의 정의역은 분모 $x+2$를 0으로 하는 x의 값인 -2를 제외한 실수 전체의 집합이므로 $\{x\,|\,x\neq-2$인 실수$\}$이다.

(4)의 정의역은 분모 x^2-4x+3을 0으로 하는 x의 값인 1, 3을 제외한 실수 전체의 집합이므로 $\{x\,|\,x\neq1,\ x\neq3$인 실수$\}$이다.

답 (2) : $\{x\,|\,x\neq-2$인 실수$\}$, (4) : $\{x\,|\,x\neq1,\ x\neq3$인 실수$\}$

▶ $y=\dfrac{1}{x}$의 그래프

이 유리함수의 정의역은 0을 제외한 실수 전체의 집합이다.

따라서 x에 $x\neq0$인 여러 가지 값을 대입하고 이에 대응하는 y의 값을 얻어, 이들 x, y의 값에 따른 순서쌍 (x, y)의 집합을 좌표평면 위에 나타내면 오른쪽 그림과 같은 한 쌍의 곡선을 얻는다. 이 곡선을 쌍곡선이라고 한다.

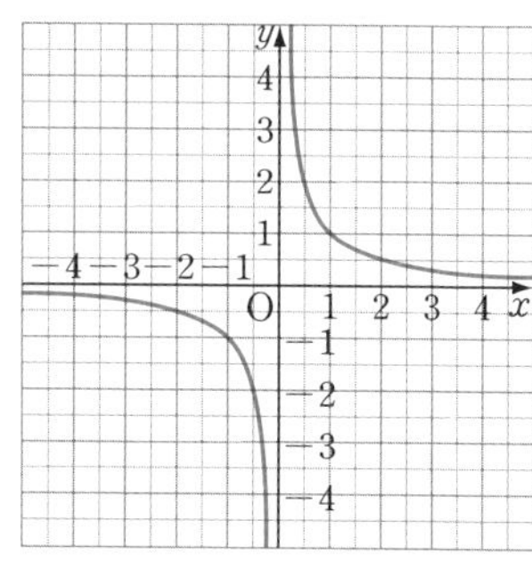

같은 방법으로 하면

$$y=\frac{2}{x},\ y=-\frac{1}{x},\ y=-\frac{2}{x}$$

의 그래프도 그릴 수 있다.

▶ $y=\dfrac{k}{x}(k\neq0)$의 그래프

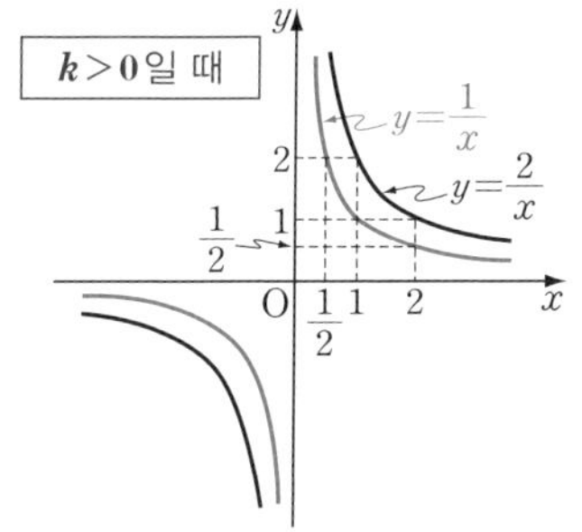

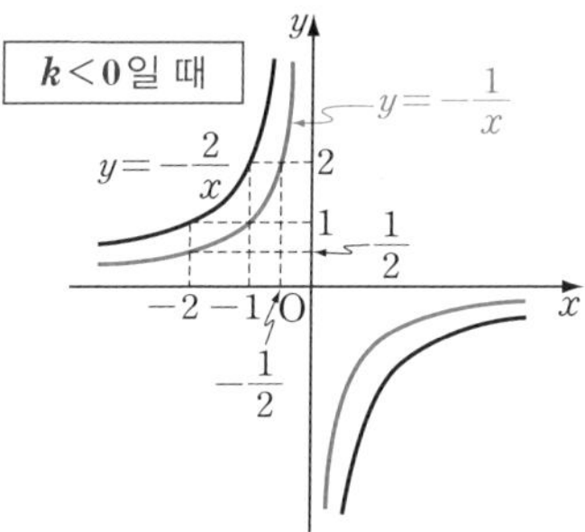

위의 그림과 같이 곡선 위의 점은 x의 절댓값이 커질수록 x축에 가까워지고 x의 값이 0에 가까워질수록 y축에 가까워진다. 이와 같이 곡선이 어떤 직선에 한없이 가까워질 때, 이 직선을 그 곡선의 점근선이라고 한다.

기본정석 $y=\dfrac{k}{x}(k\neq0)$의 그래프

(1) 정의역과 치역은 모두 0을 제외한 실수 전체의 집합이다.
(2) 원점과 직선 $y=x$, $y=-x$에 대하여 각각 대칭인 쌍곡선이다.
(3) 점근선은 x축, y축이다.
(4) $k>0$이면 그래프는 제 1 사분면과 제 3 사분면에 존재하고,
$k<0$이면 그래프는 제 2 사분면과 제 4 사분면에 존재한다.
(5) $|k|$의 값이 커질수록 곡선은 원점에서 멀어진다.

보기 2 다음 방정식의 그래프를 그리시오.

(1) $y=\dfrac{1}{|x|}$ (2) $|y|=\dfrac{1}{x}$ (3) $|y|=\dfrac{1}{|x|}$

연구 먼저 절댓값 기호를 없앤 다음 그린다. 또는 $y=f(|x|)$, $|y|=f(x)$, $|y|=f(|x|)$의 그래프를 그리는 방법에 따라 그린다. ⇦ p. 202, 206, 214

(1)

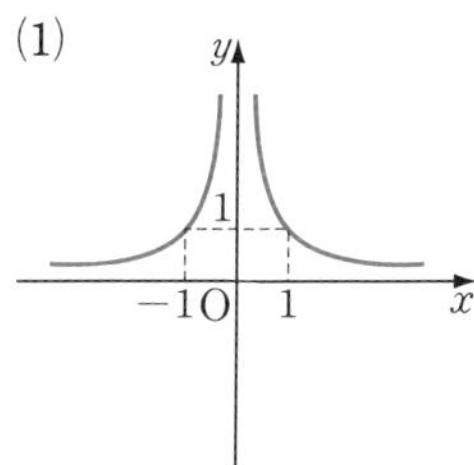

(2)

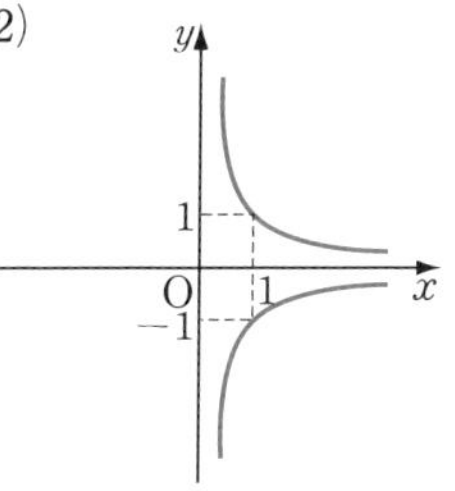

(3)

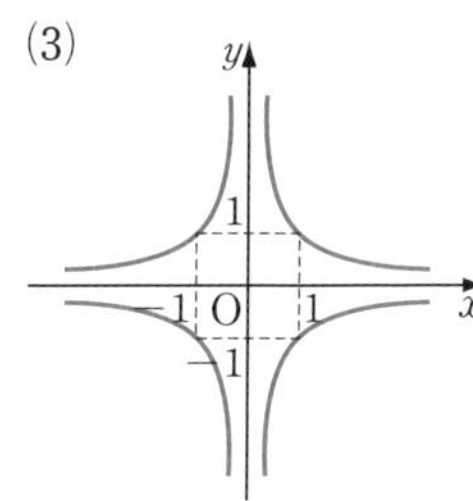

2 $y=\dfrac{k}{x-m}+n\,(k\neq0)$의 그래프

▶ $y=\dfrac{1}{x-2}+1$의 그래프

$$y=\frac{1}{x-2}+1 \iff y-1=\frac{1}{x-2}$$

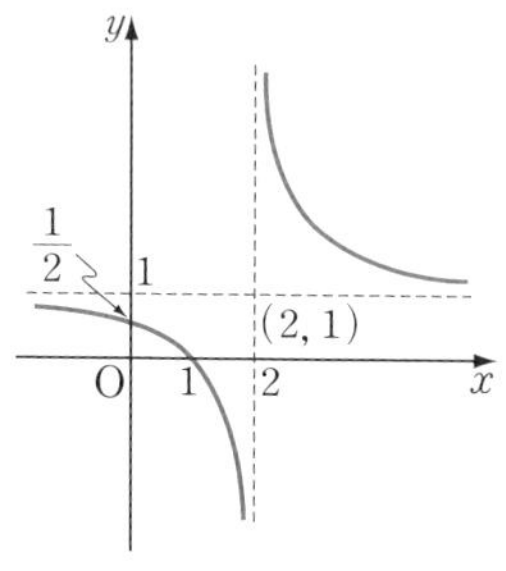

이므로 $y=\dfrac{1}{x}$의 그래프를 x축의 방향으로 2만큼, y축의 방향으로 1만큼 평행이동한 것이다.

또한 $x=0$일 때 $y=\dfrac{1}{2}$이므로 이 그래프는 y축과 점 $\left(0, \dfrac{1}{2}\right)$에서 만나고, $y=0$일 때 $x=1$이므로 이 그래프는 x축과 점 $(1, 0)$에서 만난다.

기본정석 $y=\dfrac{k}{x-m}+n\,(k\neq0)$의 그래프

$$y=\frac{k}{x-m}+n \iff y-n=\frac{k}{x-m}$$

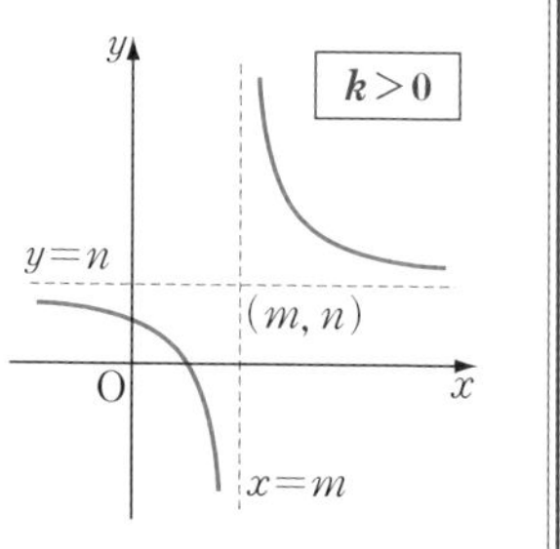

(1) $y=\dfrac{k}{x}$의 그래프를 x축의 방향으로 m만큼, y축의 방향으로 n만큼 평행이동한 것이다.

(2) 점 (m, n)에 대하여 대칭인 쌍곡선이다.

(3) 점근선은 직선 $x=m$, $y=n$이다.

보기 3 함수 $y=-\dfrac{1}{x-1}+2$의 그래프를 그리시오.

연구 $y=-\dfrac{1}{x-1}+2 \iff y-2=-\dfrac{1}{x-1}$

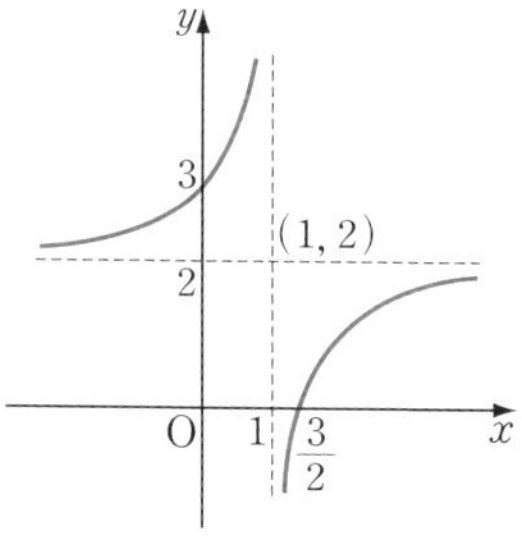

따라서 $y=-\dfrac{1}{x}$의 그래프를 x축의 방향으로 1만큼, y축의 방향으로 2만큼 평행이동한 것이다. 또한

점근선 : 직선 $x=1$, $y=2$

x절편 : $y=0$일 때 $x=\dfrac{3}{2}$

y절편 : $x=0$일 때 $y=3$

이므로 그래프는 오른쪽 그림과 같다.

*Note 그래프는 점 $(1, 2)$에 대하여 대칭인 쌍곡선이다.

기본 문제 12-6 함수 $y=\dfrac{2x+4}{x+1}$에 대하여 다음 물음에 답하시오.

(1) 정의역이 $\{x\,|\,-3\le x<-1,\ -1<x\le 0\}$일 때, 치역을 구하시오.

(2) 치역이 $\{y\,|\,y\le 0,\ y\ge 3\}$일 때, 정의역을 구하시오.

정석연구 먼저 주어진 함수를

정석 $y=\dfrac{ax+b}{cx+d}$의 꼴은 $\Longrightarrow$ $y-n=\dfrac{k}{x-m}$의 꼴로 변형

하여 그래프를 그린 다음, 그래프에서 생각하면 알기 쉽다.

정석 정의역, 치역 문제 $\Longrightarrow$ 그래프에서 생각한다.

모범답안 $y=\dfrac{2x+4}{x+1}=\dfrac{2(x+1)+2}{x+1}=2+\dfrac{2}{x+1}$ ……⑦

에서 $y-2=\dfrac{2}{x+1}$이므로 $y=\dfrac{2x+4}{x+1}$의 그래프는 $y=\dfrac{2}{x}$의 그래프를 x축의 방향으로 -1만큼, y축의 방향으로 2만큼 평행이동한 것이다.

⇦ 점근선 : 직선 $x=-1$, $y=2$

(1) 정의역이 $\{x\,|\,-3\le x<-1,\ -1<x\le 0\}$일 때, 아래 그림에서 치역은

$\{y\,|\,y\le 1,\ y\ge 4\}$ ← 답

(2) 치역이 $\{y\,|\,y\le 0,\ y\ge 3\}$일 때, 아래 그림에서 정의역은

$\{x\,|\,-2\le x<-1,\ -1<x\le 1\}$ ← 답

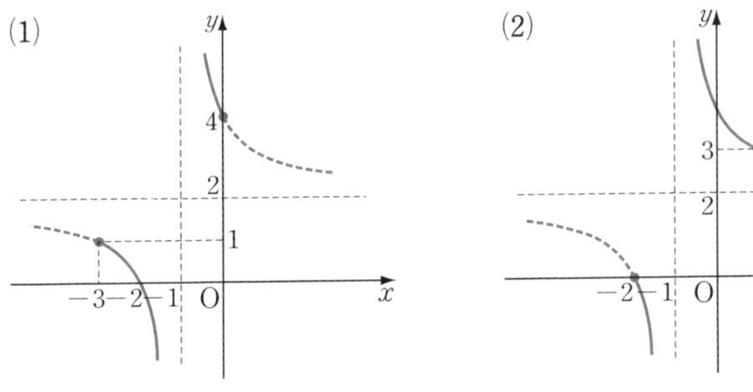

*Note ⑦에서 분자를 분모로 나눈 몫이 2, 나머지가 2임을 이용해도 된다.

유제 **12**-9. 함수 $y=\dfrac{2x-5}{x-3}$에 대하여 다음 물음에 답하시오.

(1) 정의역이 $\{x\,|\,0\le x\le 2\}$일 때, 치역을 구하시오.

(2) 치역이 $\{y\,|\,y\le 0,\ y\ge 4\}$일 때, 정의역을 구하시오.

답 (1) $\left\{y\,\middle|\,1\le y\le \dfrac{5}{3}\right\}$ (2) $\left\{x\,\middle|\,\dfrac{5}{2}\le x<3,\ 3<x\le \dfrac{7}{2}\right\}$

기본 문제 **12**-7 함수 $f(x)=\dfrac{ax+b}{x+c}$에 대하여 다음 물음에 답하시오.

(1) 함수 $y=f(x)$의 그래프가 점 $(2, 8)$을 지나고, 점근선이 직선 $x=1$, $y=3$일 때, 상수 a, b, c의 값을 구하시오.

(2) 함수 $y=f(x)$의 그래프가 점 $(-2, 1)$에 대하여 대칭이고, 점 $(-3, 6)$을 지날 때, 상수 a, b, c의 값을 구하시오.

정석연구 유리함수 $f(x)=\dfrac{ax+b}{cx+d}$에 대하여 $y=f(x)$의 그래프의 점근선이 직선 $x=m, y=n$이면 그래프가 점 (m, n)에 대하여 대칭이다. 또, $y=f(x)$의 그래프가 점 (m, n)에 대하여 대칭이면 점근선이 직선 $x=m, y=n$이다.

따라서 다음 **정석**을 이용한다.

정 석 유리함수 $y=\dfrac{ax+b}{cx+d}$의 그래프가 점 (m, n)에 대하여 대칭이면
점근선이 직선 $x=m$, $y=n$이므로 $y=\dfrac{k}{x-m}+n$으로 놓는다.

모범답안 (1) 점근선이 직선 $x=1, y=3$이므로 $f(x)=\dfrac{k}{x-1}+3$으로 놓을 수 있다.

이 함수의 그래프가 점 $(2, 8)$을 지나므로

$$8=\frac{k}{2-1}+3 \quad \therefore k=5$$

$$\therefore f(x)=\frac{5}{x-1}+3=\frac{5+3(x-1)}{x-1}=\frac{3x+2}{x-1}$$

문제에서 주어진 $f(x)$와 비교하면 $\boldsymbol{a=3,\ b=2,\ c=-1}$ ← 답

(2) 그래프가 점 $(-2, 1)$에 대하여 대칭이므로 점근선이 직선 $x=-2, y=1$이다. 따라서 $f(x)=\dfrac{k}{x+2}+1$로 놓을 수 있다.

이 함수의 그래프가 점 $(-3, 6)$을 지나므로

$$6=\frac{k}{-3+2}+1 \quad \therefore k=-5$$

$$\therefore f(x)=\frac{-5}{x+2}+1=\frac{-5+(x+2)}{x+2}=\frac{x-3}{x+2}$$

문제에서 주어진 $f(x)$와 비교하면 $\boldsymbol{a=1,\ b=-3,\ c=2}$ ← 답

유제 **12**-10. 함수 $f(x)=\dfrac{x+a}{bx+c}$의 그래프가 점 $\left(3, \dfrac{1}{2}\right)$에 대하여 대칭이고, 점 $(2, -3)$을 지날 때, 상수 a, b, c의 값을 구하시오.

답 $\boldsymbol{a=4,\ b=2,\ c=-6}$

기본 문제 **12**-8 함수 $f(x)=\dfrac{ax+b}{x+c}$의 역함수가 $f^{-1}(x)=\dfrac{4x-3}{-x+2}$일 때, 상수 a, b, c의 값을 구하시오.

정석연구 $f(x)=\dfrac{ax+b}{x+c}$의 역함수를 구한 다음 주어진 $f^{-1}(x)$와 비교하여 a, b, c의 값을 구해도 되지만, 다음 **정석**을 이용하는 것이 간편하다.

정석 함수 f의 역함수 f^{-1}가 존재하면 $\Longrightarrow$ $(f^{-1})^{-1}=f$

모범답안 $f^{-1}(x)=\dfrac{4x-3}{-x+2}=y$로 놓으면 $4x-3=-yx+2y$

$$\therefore\ (y+4)x=2y+3 \qquad \therefore\ x=\frac{2y+3}{y+4}$$

x와 y를 바꾸면 $y=\dfrac{2x+3}{x+4}$ $\quad\therefore\ (f^{-1})^{-1}(x)=f(x)=\dfrac{2x+3}{x+4}$

문제에서 주어진 $f(x)$와 비교하면 $\boldsymbol{a=2,\ b=3,\ c=4}$ ← 답

Advice ‖ $f(x)=\dfrac{k}{x-m}+n$의 그래프의 점근선은 직선

$$x=m,\ y=n$$

이다. 그런데 그 역함수 $y=f^{-1}(x)$의 그래프는 $y=f(x)$의 그래프와 직선 $y=x$에 대하여 대칭이므로 역함수는 직선

$$x=n,\ y=m$$

을 그래프의 점근선으로 하는 유리함수이다.

$$\therefore\ f^{-1}(x)=\frac{k}{x-n}+m$$

$k>0$일 때

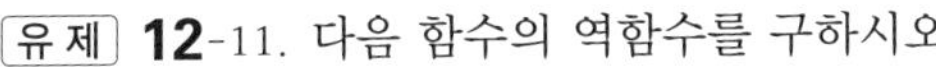

유제 **12**-11. 다음 함수의 역함수를 구하시오.

(1) $f:\ x \longrightarrow \dfrac{1}{x}$ (2) $f(x)=\dfrac{x+1}{2x-3}$

답 (1) $\boldsymbol{f^{-1}:\ x \longrightarrow \dfrac{1}{x}}$ (2) $\boldsymbol{f^{-1}(x)=\dfrac{3x+1}{2x-1}}$

유제 **12**-12. 함수 $f(x)=\dfrac{2}{x-a}-1$의 역함수 $f^{-1}(x)$가 $f(x)$와 일치할 때, 상수 a의 값을 구하시오. 답 $\boldsymbol{a=-1}$

유제 **12**-13. 함수 $f(x)=\dfrac{x-1}{x-2}$의 역함수가 $f^{-1}(x)=\dfrac{ax+b}{x+c}$일 때, 상수 a, b, c의 값을 구하시오. 답 $\boldsymbol{a=2,\ b=-1,\ c=-1}$

기본 문제 12-9 두 함수 $f(x)=\dfrac{x-1}{x+1}$, $g(x)=\dfrac{ax+b}{x+c}$에 대하여 다음 물음에 답하시오.

(1) 방정식 $f(f(x))=-x$를 만족시키는 x의 값을 구하시오.

(2) $f(g(x))=\dfrac{1}{x}$이 x에 관한 항등식일 때, 상수 a, b, c의 값을 구하시오.

정석연구 (1) $f(x)$의 x 대신 $f(x)$를 대입하여 먼저 $f(f(x))$를 $f(x)$로 나타낸다.

(2) $f(x)$의 x 대신 $g(x)$를 대입하여 먼저 $f(g(x))$를 $g(x)$로 나타낸다.

모범답안 (1) $f(f(x))=\dfrac{f(x)-1}{f(x)+1}=\dfrac{\dfrac{x-1}{x+1}-1}{\dfrac{x-1}{x+1}+1}=\dfrac{x-1-(x+1)}{x-1+x+1}=-\dfrac{1}{x}$

이때, $f(f(x))=-x$이므로 $-\dfrac{1}{x}=-x$ $\therefore x^2=1$ $\therefore x=\pm 1$

그런데 $x\neq -1$, $f(x)\neq -1$이어야 하므로 $\boldsymbol{x=1}$ ← 답

(2) $f(g(x))=\dfrac{g(x)-1}{g(x)+1}$이므로 조건식은 $\dfrac{g(x)-1}{g(x)+1}=\dfrac{1}{x}$

$\therefore xg(x)-x=g(x)+1$ $\therefore (x-1)g(x)=x+1$ $\therefore g(x)=\dfrac{x+1}{x-1}$

문제에서 주어진 $g(x)$와 비교하면 $\boldsymbol{a=1,\ b=1,\ c=-1}$ ← 답

Advice | (2)는 다음과 같은 방법으로 구할 수도 있다.

$f(g(x))=\dfrac{1}{x}$에서 $g(x)=f^{-1}\left(\dfrac{1}{x}\right)$ ⇦ $f(a)=b \Longleftrightarrow a=f^{-1}(b)$

그런데 $f^{-1}(x)=-\dfrac{x+1}{x-1}$이므로

$$g(x)=f^{-1}\left(\frac{1}{x}\right)=-\frac{\dfrac{1}{x}+1}{\dfrac{1}{x}-1}=-\frac{1+x}{1-x}=\frac{x+1}{x-1}$$

$\therefore \boldsymbol{a=1,\ b=1,\ c=-1}$

유제 **12**-14. 함수 $f(x)=\dfrac{x-1}{x}$, $g(x)=\dfrac{x}{x-1}$에 대하여 방정식 $(f^{-1}\circ g)(x)=x^2+x+2$를 만족시키는 x의 값을 구하시오. 답 $\boldsymbol{x=-1}$

유제 **12**-15. 함수 $f(x)=\dfrac{x}{x+1}$, $g(x)=\dfrac{ax+b}{x+c}$에 대하여 $f(g(2x))=-x$가 x에 관한 항등식일 때, 상수 a, b, c의 값을 구하시오.

답 $\boldsymbol{a=-1,\ b=0,\ c=2}$

기본 문제 12-10 다음과 같은 두 집합 A, B가 있다.

$$A=\left\{(x, y)\,\middle|\,y=\frac{|x-1|}{x}\right\},\quad B=\{(x, y)\,|\,y=mx\}$$

(1) $A\cap B=\varnothing$일 때, 실수 m의 값의 범위를 구하시오.

(2) $n(A\cap B)=1$일 때, 상수 m의 값을 구하시오.

정석연구 두 집합 A, B를 각각 좌표평면 위에 나타내어 보면 A는 그 위치가 고정된 곡선(아래 그림의 초록 곡선)이고, B는 원점을 지나고 기울기가 m인 직선이다.

(1) $A\cap B=\varnothing$이면 두 그래프의 교점이 없다. 곧,

정석 $A\cap B=\varnothing \iff$ 두 그래프는 만나지 않는다

는 뜻이다. 따라서 원점을 지나는 직선을 원점을 회전의 중심으로 하여 회전시켜 보면 두 그래프가 만나지 않는 조건을 찾을 수 있다.

(2) $n(A\cap B)=1$이면 두 그래프가 한 점에서 만난다. 역시 그래프에서 (1)과 같은 방법으로 생각해 본다.

모범답안 $y=\dfrac{|x-1|}{x}$에서

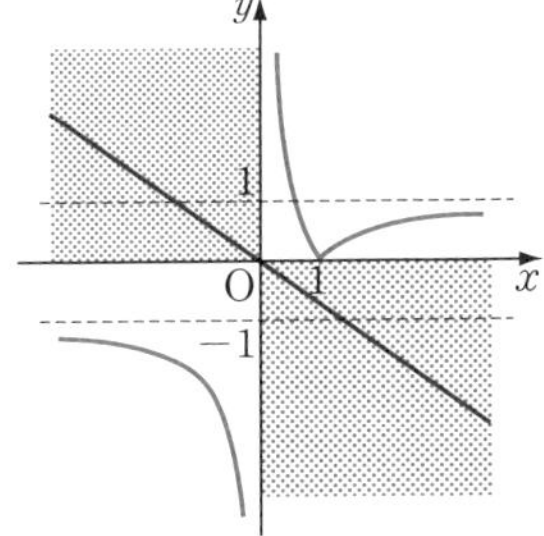

$x\geq 1$일 때 $\quad y=\dfrac{x-1}{x}=\dfrac{-1}{x}+1,$

$x<1$일 때 $\quad y=\dfrac{-x+1}{x}=\dfrac{1}{x}-1$

따라서 집합 A를 좌표평면 위에 나타내면 오른쪽 그림의 초록 곡선이다.

또, 집합 B는 원점을 지나고 기울기가 m인 직선을 나타낸다.

(1) $A\cap B=\varnothing$이려면 곡선과 직선이 만나지 않아야 하므로 직선 $y=mx$가 제 2사분면과 제 4사분면을 지나야 한다.

따라서 구하는 m의 값의 범위는 $\boldsymbol{m<0}$ ← 답

(2) $n(A\cap B)=1$이려면 곡선과 직선이 한 점에서 만나야 한다.

따라서 구하는 m의 값은 $\boldsymbol{m=0}$ ← 답

유제 **12**-16. 다음과 같은 두 집합 A, B가 있다.

$$A=\left\{(x, y)\,\middle|\,y=\left|1-\frac{1}{x}\right|\right\},\quad B=\{(x, y)\,|\,y=mx+1\}$$

$n(A\cap B)=2$일 때, 상수 m의 값을 구하시오. 답 $\boldsymbol{m=-1}$

연습문제 12

12-1 다음 유리식을 간단히 하시오.

$$\frac{1}{x+y+z}\times\left(\frac{1}{x}+\frac{1}{y}+\frac{1}{z}\right)\times\frac{1}{xy+yz+zx}\times\left(\frac{1}{xy}+\frac{1}{yz}+\frac{1}{zx}\right)$$

12-2 다음 등식이 x에 관한 항등식이 되도록 상수 a, b, c의 값을 정하시오.

(1) $\dfrac{8x-1}{(x-2)(x^2+1)}=\dfrac{a}{x-2}+\dfrac{bx+c}{x^2+1}$

(2) $\dfrac{1}{x(x+1)^2}=\dfrac{a}{x}+\dfrac{b}{x+1}+\dfrac{c}{(x+1)^2}$

12-3 자연수 n에 대하여 $f(n)=\dfrac{1}{n^2+2n}$일 때, 다음 값을 구하시오.

$$f(1)+f(2)+f(3)+\cdots+f(9)$$

12-4 $a+b+c=0$일 때, 다음 유리식의 값을 구하시오.

(1) $\dfrac{a^2}{b+c}+\dfrac{b^2}{c+a}+\dfrac{c^2}{a+b}$

(2) $a\left(\dfrac{1}{b}+\dfrac{1}{c}\right)+b\left(\dfrac{1}{c}+\dfrac{1}{a}\right)+c\left(\dfrac{1}{a}+\dfrac{1}{b}\right)$

(3) $\dfrac{a^2+1}{bc}+\dfrac{b^2+1}{ca}+\dfrac{c^2+1}{ab}$

(4) $\dfrac{a^2+b^2+c^2}{a^3+b^3+c^3}+\dfrac{2}{3}\left(\dfrac{1}{a}+\dfrac{1}{b}+\dfrac{1}{c}\right)$

12-5 $x+\dfrac{1}{y}=1,\ y+\dfrac{1}{2z}=1$일 때, $z+\dfrac{1}{2x}$과 $2xyz+1$의 값을 구하시오.

12-6 $\dfrac{1}{x+1}+\dfrac{1}{y+1}=1$일 때, $\dfrac{1}{x-1}+\dfrac{1}{y-1}$의 값을 구하시오.

12-7 $a:b=c:d$일 때, 다음 등식 중에서 성립하지 않는 것은?
단, 분모는 모두 0이 아니다.

① $\dfrac{a+b}{b}=\dfrac{c+d}{d}$ ② $\dfrac{a+b}{a-b}=\dfrac{c+d}{c-d}$ ③ $\dfrac{a^2+b^2}{b^2}=\dfrac{c^2+d^2}{d^2}$

④ $\dfrac{ac+bd}{bd}=\dfrac{a^2+b^2}{b^2}$ ⑤ $\dfrac{ab+cd}{ab-cd}=\dfrac{a^2+d^2}{a^2-d^2}$

12-8 어떤 보석의 가격은 무게의 제곱에 정비례한다. 가격이 a인 이 보석을 잘못 세공하여 무게의 비가 $3:1$인 두 조각이 되었다면 조각난 두 보석의 가격의 합은 얼마인가?

12-9 다음 방정식의 그래프를 그리시오.

(1) $\dfrac{1}{x}+\dfrac{1}{y}=1$ (2) $y=\dfrac{1}{1+|x|}$ (3) $y=\dfrac{|x|-1}{|x-1|}$

(4) $xy+x+y=1$ (5) $xy-4x-3y+15=0$

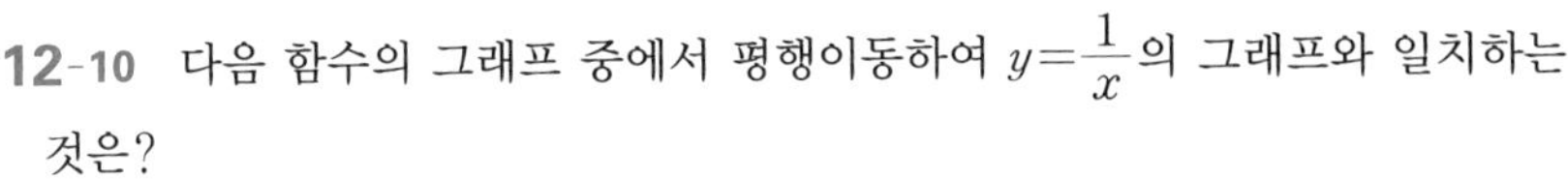

12-10 다음 함수의 그래프 중에서 평행이동하여 $y=\dfrac{1}{x}$의 그래프와 일치하는 것은?

① $y=\dfrac{x+1}{x-1}$ ② $y=\dfrac{x}{x-1}$ ③ $y=\dfrac{x-2}{x-1}$

④ $y=\dfrac{-x}{x-1}$ ⑤ $y=\dfrac{x-1}{x}$

12-11 원 $x^2+y^2=k^2$과 쌍곡선 $xy=k$가 만나지 않도록 하는 0이 아닌 정수 k의 개수는?

① 1 ② 2 ③ 3 ④ 4 ⑤ 5

12-12 함수 f에 대하여 $f^2=f\circ f$, $f^3=f\circ f\circ f$, $f^4=f\circ f\circ f\circ f$, $\cdots$라고 하자.

$f(x)=\dfrac{x-1}{x}$일 때, $f^{2028}(2028)$의 값을 구하시오.

12-13 함수 $f(x)=\dfrac{ax+b}{x+c}$의 그래프가 점 $(3,\ 2)$를 지나고, 점 $(2,\ 1)$에 대하여 대칭일 때, $f^{-1}(3)$의 값을 구하시오. 단, $a,\ b,\ c$는 상수이다.

12-14 함수 $y=\dfrac{2x+7}{x+3}$의 그래프가 직선 $y=ax+b$에 대하여 대칭일 때, 상수 $a,\ b$의 값을 구하시오.

12-15 두 함수 $f(x)=\dfrac{1}{x-2}$, $g(x)=\dfrac{x}{x+1}$에 대하여 다음 물음에 답하시오.

(1) $f^{-1}(x)$를 구하시오.

(2) $(h\circ f)(x)=g(x)$를 만족시키는 함수 $h(x)$를 구하시오.

(3) $(f\circ k)(x)=g(x)$를 만족시키는 함수 $k(x)$를 구하시오.

12-16 함수 $f(x)=\dfrac{3x+4}{x+2}$에 대하여 $y=f(x)$의 그래프를 x축의 방향으로 m만큼, y축의 방향으로 n만큼 평행이동했더니 함수 $y=g(x)$의 그래프와 일치하였다. $(f\circ g)(x)=x$가 성립할 때, mn의 값을 구하시오.

12-17 함수 $y=\dfrac{2x+3}{x+1}$의 그래프 위의 세 점 A, B, C를 꼭짓점으로 하는 정삼각형 ABC의 무게중심의 좌표가 $(0,\ 3)$일 때, $\triangle$ABC의 넓이는?

① $2\sqrt{6}$ ② $4\sqrt{3}$ ③ $6\sqrt{2}$ ④ $4\sqrt{6}$ ⑤ $6\sqrt{3}$

12-18 좌표평면의 제1사분면 위의 점 P에서 x축, y축에 내린 수선의 발을 각각 Q, R이라고 하자. 점 $\mathrm{A}(-1,\ -1)$에 대하여 $\overline{\mathrm{PA}}=\overline{\mathrm{PQ}}+\overline{\mathrm{PR}}$을 만족시키는 점 P의 자취의 개형을 그리시오.

13. 무리함수의 그래프

무리식／무리함수의 그래프

§1. 무 리 식

1 무리식

이를테면

$$\sqrt{x+1},\ \sqrt{x}-2,\ \sqrt{x^2+2x+3},\ \frac{2}{\sqrt{x+1}-\sqrt{x-1}},\ \cdots$$

와 같이 근호 안에 문자를 포함한 식 중에서 유리식으로 나타낼 수 없는 식을 그 문자에 관한 무리식이라고 한다.

무리식의 문자에 어떤 실수를 대입했을 때 얻은 값이 실수가 되려면 근호 안의 식의 값이 음수가 아니어야 한다.

따라서 무리식의 값이 실수가 되기 위하여

(근호 안의 식의 값)≥ 0, (분모)$\neq 0$

이 되는 문자의 값의 범위에서만 생각한다. 이를테면 무리식 $2x-1+\sqrt{x-1}$ 에서는 $x-1\geq 0$, 곧 $x\geq 1$인 경우만 생각하면 된다.

공통수학1에서 공부한 무리수에서 성립하는 성질은 무리식에서도 성립한다.

기본정석 무리식의 성질

(1) $A\geq 0,\ B\geq 0$일 때 $\sqrt{A}\sqrt{B}=\sqrt{AB},\ \dfrac{\sqrt{A}}{\sqrt{B}}=\sqrt{\dfrac{A}{B}}\ (B\neq 0)$

(2) $\sqrt{A^2}=|A|=\begin{cases} A & (A\geq 0) \\ -A & (A<0) \end{cases}$

(3) $\sqrt[3]{A^3}=A$

Advice | 분모에 무리식이 있을 때에는 분모와 분자에 적당한 식을 곱하여 분모를 유리화한다.

보기 1 다음 무리식의 값이 실수이기 위한 x의 값의 범위를 구하시오.

(1) $-\sqrt{x+2}$ (2) $\sqrt{3-x}+\sqrt{x+1}$ (3) $\dfrac{\sqrt{x}+1}{\sqrt{1-x}}$

연구 (근호 안의 식의 값)≥ 0, (분모)$\neq 0$이 되는 x의 값의 범위를 구한다.

(1) $x+2\geq 0$에서 $\boldsymbol{x\geq -2}$

(2) $3-x\geq 0$에서 $x\leq 3$이고, $x+1\geq 0$에서 $x\geq -1$이므로

$\boldsymbol{-1\leq x\leq 3}$

(3) $x\geq 0$이고, $1-x>0$에서 $x<1$이므로 $\boldsymbol{0\leq x<1}$

기본 문제 **13**-1 다음 무리식을 간단히 하시오.

(1) $\dfrac{4}{\sqrt{x+2}+\sqrt{x-2}}$ (2) $\dfrac{\sqrt{x+1}-\sqrt{x}}{\sqrt{x+1}+\sqrt{x}}+\dfrac{\sqrt{x+1}+\sqrt{x}}{\sqrt{x+1}-\sqrt{x}}$

정석연구 분모에 무리식이 포함되어 있는 경우에는 무리수의 경우에서와 같이 분모, 분자에 적당한 식을 곱하여 분모에 무리식이 포함되지 않도록 분모를 유리화하여 간단히 한다.

정석 $(\sqrt{A}+\sqrt{B})(\sqrt{A}-\sqrt{B})=A-B$

모범답안 (1) $\dfrac{4}{\sqrt{x+2}+\sqrt{x-2}}=\dfrac{4(\sqrt{x+2}-\sqrt{x-2})}{(\sqrt{x+2}+\sqrt{x-2})(\sqrt{x+2}-\sqrt{x-2})}$

$$=\frac{4(\sqrt{x+2}-\sqrt{x-2})}{(\sqrt{x+2})^2-(\sqrt{x-2})^2}=\frac{4(\sqrt{x+2}-\sqrt{x-2})}{(x+2)-(x-2)}$$

$$=\boldsymbol{\sqrt{x+2}-\sqrt{x-2}}\longleftarrow \boxed{\text{답}}$$

(2) $\dfrac{\sqrt{x+1}-\sqrt{x}}{\sqrt{x+1}+\sqrt{x}}+\dfrac{\sqrt{x+1}+\sqrt{x}}{\sqrt{x+1}-\sqrt{x}}=\dfrac{(\sqrt{x+1}-\sqrt{x})^2+(\sqrt{x+1}+\sqrt{x})^2}{(\sqrt{x+1}+\sqrt{x})(\sqrt{x+1}-\sqrt{x})}$

$$=\frac{2\{(\sqrt{x+1})^2+(\sqrt{x})^2\}}{(\sqrt{x+1})^2-(\sqrt{x})^2}=\frac{2\{(x+1)+x\}}{(x+1)-x}$$

$$=\boldsymbol{4x+2}\longleftarrow \boxed{\text{답}}$$

유제 **13**-1. 다음 무리식의 분모를 유리화하시오.

(1) $\dfrac{x}{\sqrt{x+4}+2}$ (2) $\dfrac{2}{\sqrt{x}-\sqrt{x-2}}$

답 (1) $\boldsymbol{\sqrt{x+4}-2}$ (2) $\boldsymbol{\sqrt{x}+\sqrt{x-2}}$

유제 **13**-2. 다음 무리식을 간단히 하시오.

$$\frac{2}{\sqrt{x+1}+\sqrt{x+3}}+\frac{2}{\sqrt{x+3}+\sqrt{x+5}}+\frac{2}{\sqrt{x+5}+\sqrt{x+7}}$$

답 $\boldsymbol{\sqrt{x+7}-\sqrt{x+1}}$

기본 문제 **13**-2 x의 값의 범위가 다음과 같을 때,
$P=\sqrt{x^2-2x+1}-\sqrt{x^2+4x+4}$를 간단히 하시오.
(1) $x\ge1$ (2) $-2\le x<1$ (3) $x<-2$

정석연구 $P=\sqrt{(x-1)^2}-\sqrt{(x+2)^2}$이다.
이 식에서 $x-1$, $x+2$를 근호 밖으로 꺼내기 위해서는

정석 $A\ge0$일 때 $\sqrt{A^2}=A$, $A<0$일 때 $\sqrt{A^2}=-A$

를 활용하면 된다.

모범답안 $P=\sqrt{(x-1)^2}-\sqrt{(x+2)^2}$
(1) $x\ge1$일 때, $x-1\ge0$, $x+2>0$이므로
$$P=(x-1)-(x+2)=\mathbf{-3} \longleftarrow \text{답}$$
(2) $-2\le x<1$일 때, $x-1<0$, $x+2\ge0$이므로
$$P=-(x-1)-(x+2)=\mathbf{-2x-1} \longleftarrow \text{답}$$
(3) $x<-2$일 때, $x-1<0$, $x+2<0$이므로
$$P=-(x-1)+(x+2)=\mathbf{3} \longleftarrow \text{답}$$

Advice | $\sqrt{(x-1)^2}$과 $\sqrt{(x+2)^2}$은
$$x-1=0,\quad x+2=0$$
으로 하는 x의 값인 $x=1$, $x=-2$를 경계로 하여 부호가 바뀐다.

-2 1 x

이 문제와 달리 만일 x의 값의 범위가 실수 전체로 주어질 때에는
$$x<-2,\quad -2\le x<1,\quad x\ge1$$
인 경우로 나누어 근호를 풀면 된다. 또한

정석 실수 A에 대하여 $\sqrt{A^2}=|A|$

이므로 P를 절댓값 기호를 써서 나타낼 수도 있다. 곧,
$$\boldsymbol{P=\sqrt{(x-1)^2}-\sqrt{(x+2)^2} \iff P=|x-1|-|x+2|}$$

유제 **13**-3. $-3<a<3$일 때, $\sqrt{(a-3)^2}+|a+3|$을 간단히 하시오.

답 **6**

유제 **13**-4. 다음 중에서 옳은 것은?
① $\sqrt{(3-\sqrt{10})^2}=3-\sqrt{10}$ ② $x<3$일 때 $\sqrt{x^2-6x+9}=x-3$
③ $x<0$일 때 $\sqrt{4x^2}=2x$ ④ $x>2$일 때 $\sqrt{4-4x+x^2}=x-2$
⑤ $|a|<1$일 때 $\sqrt{a^2+2a+1}+\sqrt{a^2-2a+1}=2a$

답 ④

기본 문제 13-3 다음 물음에 답하시오.

(1) $x=\sqrt{3}$ 일 때, $\sqrt{\dfrac{2+x}{2-x}}-\sqrt{\dfrac{2-x}{2+x}}$ 의 값을 구하시오.

(2) $x=\sqrt{2}$ 일 때, $\dfrac{1}{\sqrt{x+1-2\sqrt{x}}}-\dfrac{1}{\sqrt{x+1+2\sqrt{x}}}$ 의 값을 구하시오.

정석연구 (1) $\sqrt{\dfrac{2+x}{2-x}}=\dfrac{\sqrt{2+x}}{\sqrt{2-x}}$, $\sqrt{\dfrac{2-x}{2+x}}=\dfrac{\sqrt{2-x}}{\sqrt{2+x}}$ 로 고쳐 준 식을 통분한다.

정석 $A>0$, $B>0$ 일 때 $\sqrt{A}\sqrt{B}=\sqrt{AB}$, $\dfrac{\sqrt{A}}{\sqrt{B}}=\sqrt{\dfrac{A}{B}}$

(2) $\sqrt{x+1-2\sqrt{x}}=\sqrt{(\sqrt{x}-1)^2}$ 은

$x\ge1$ 일 때 $\sqrt{x}-1$, $0\le x<1$ 일 때 $1-\sqrt{x}$

이지만, 이 문제에서는 $x=\sqrt{2}$ 이므로 $x\ge1$ 인 경우만 생각하면 된다.

정석 $A>B>0$ 일 때

$\sqrt{A+B\pm2\sqrt{AB}}=\sqrt{(\sqrt{A}\pm\sqrt{B})^2}=\sqrt{A}\pm\sqrt{B}$ (복부호동순)

모범답안 (1) $x=\sqrt{3}$ 일 때, $2+x>0$, $2-x>0$ 이므로

$$(\text{준 식})=\frac{\sqrt{2+x}}{\sqrt{2-x}}-\frac{\sqrt{2-x}}{\sqrt{2+x}}=\frac{(\sqrt{2+x})^2-(\sqrt{2-x})^2}{\sqrt{2-x}\sqrt{2+x}}$$

$$=\frac{(2+x)-(2-x)}{\sqrt{4-x^2}}=\frac{2x}{\sqrt{4-x^2}}=\frac{2\sqrt{3}}{\sqrt{4-(\sqrt{3})^2}}=\mathbf{2\sqrt{3}} \longleftarrow \text{답}$$

(2) $x>1$ 이므로 $\sqrt{x+1-2\sqrt{x}}=\sqrt{x}-1$, $\sqrt{x+1+2\sqrt{x}}=\sqrt{x}+1$

$$\therefore\ (\text{준 식})=\frac{1}{\sqrt{x}-1}-\frac{1}{\sqrt{x}+1}=\frac{(\sqrt{x}+1)-(\sqrt{x}-1)}{(\sqrt{x}-1)(\sqrt{x}+1)}$$

$$=\frac{2}{x-1}=\frac{2}{\sqrt{2}-1}=\frac{2(\sqrt{2}+1)}{(\sqrt{2}-1)(\sqrt{2}+1)}=\mathbf{2\sqrt{2}+2} \longleftarrow \text{답}$$

**Note* (1) $x=\sqrt{3}$ 을 바로 대입하여 풀 수도 있다. 곧,

$$\sqrt{\frac{2+x}{2-x}}=\sqrt{\frac{2+\sqrt{3}}{2-\sqrt{3}}}=\sqrt{(2+\sqrt{3})^2}=2+\sqrt{3}$$

$$\therefore\ \sqrt{\frac{2+x}{2-x}}-\sqrt{\frac{2-x}{2+x}}=2+\sqrt{3}-\frac{1}{2+\sqrt{3}}=2+\sqrt{3}-(2-\sqrt{3})=\mathbf{2\sqrt{3}}$$

유제 **13**-5. $x=\sqrt{2}$ 일 때, $\dfrac{\sqrt{x+1}+\sqrt{x-1}}{\sqrt{x+1}-\sqrt{x-1}}$ 의 값을 구하시오. 답 $\mathbf{\sqrt{2}+1}$

유제 **13**-6. $a=\sqrt{6}$, $b=\sqrt{3}$ 일 때, $\dfrac{\sqrt{a+b}-\sqrt{a-b}}{\sqrt{a+b}+\sqrt{a-b}}+\dfrac{\sqrt{a+b}+\sqrt{a-b}}{\sqrt{a+b}-\sqrt{a-b}}$ 의 값을 구하시오. 답 $\mathbf{2\sqrt{2}}$

§ 2. 무리함수의 그래프

1 $y=\sqrt{ax}\,(a\neq 0)$의 그래프

함수 $y=f(x)$에서 $f(x)$가 x에 관한 무리식일 때, 이 함수를 무리함수라고 한다. 이를테면

$$y=\sqrt{x}, \quad y=\sqrt{x-1}, \quad y=\sqrt{-2x+4}$$

는 모두 무리함수이다.

무리함수 $y=f(x)$에서 정의역이 주어지지 않은 경우에는 근호 안의 식의 값이 0 이상이 되도록 하는 실수 전체의 집합을 정의역으로 한다.

이를테면 무리함수 $y=\sqrt{x}$의 정의역은 $\{x\,|\,x\geq 0\}$이고,
무리함수 $y=\sqrt{-2x+4}$의 정의역은 $-2x+4\geq 0$에서 $\{x\,|\,x\leq 2\}$이다.

▶ $y=\sqrt{x}$의 그래프

정의역이 $\{x\,|\,x\geq 0\}$이므로 x에 $x\geq 0$인 여러 가지 값을 대입하고 이에 대응하는 y의 값을 얻어, 그 x의 값을 x좌표로, y의 값을 y좌표로 하는 점들의 집합을 좌표평면 위에 나타내면 오른쪽과 같은 곡선을 얻는다.

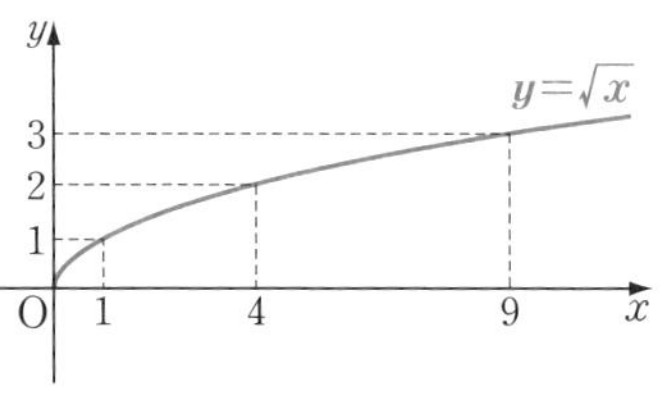

Note 무리함수 $y=\sqrt{x}$의 치역은 $\{y\,|\,y\geq 0\}$이다.

▶ $y=\sqrt{ax}$, $y=-\sqrt{ax}\,(a\neq 0)$의 그래프

무리함수 $y=\sqrt{ax}\,(a\neq 0)$의 정의역은 $\{x\,|\,ax\geq 0\}$이므로

$$a>0\text{일 때 } \{x\,|\,x\geq 0\}, \quad a<0\text{일 때 } \{x\,|\,x\leq 0\}$$

이고, 치역은 $\{y\,|\,y\geq 0\}$이다.

무리함수 $y=\sqrt{ax}$에서 $a=\pm 1$, $a=\pm 2$, $a=\pm 3$일 때의 그래프를 그려 보면 아래 그림과 같이 $|a|$의 값이 커질수록 그래프는 x축에서 멀어짐을 알 수 있다.

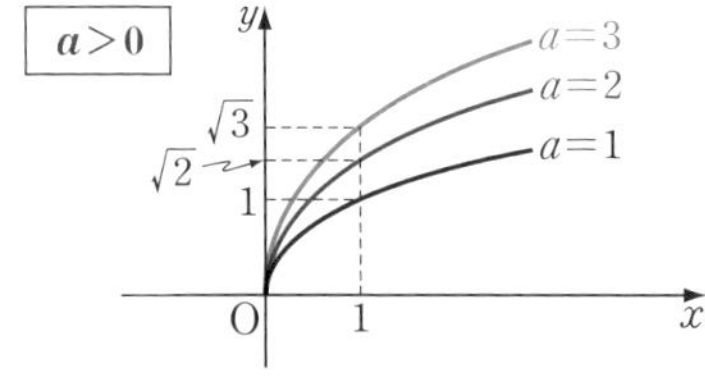

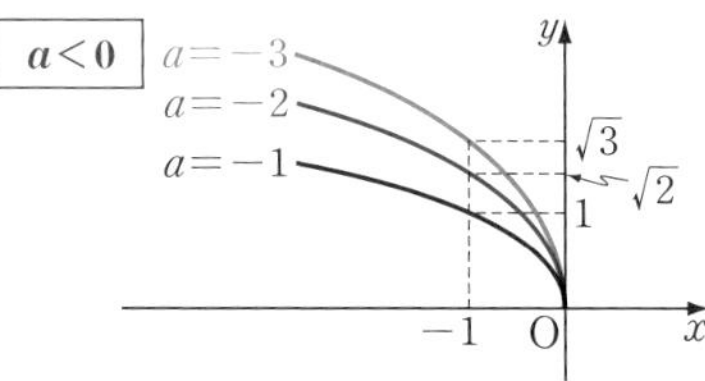

일반적으로 무리함수 $y=\sqrt{ax}\,(a\neq0)$의 그래프는 다음과 같은 곡선이 된다.

$a>0$일 때

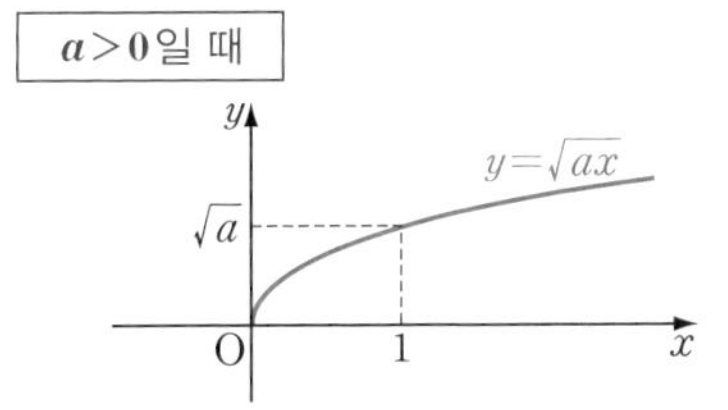

$a<0$일 때

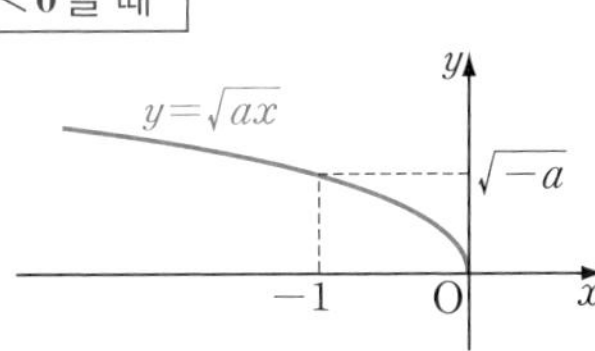

한편 $y=-\sqrt{ax} \iff -y=\sqrt{ax}$이므로 무리함수 $y=-\sqrt{ax}$의 그래프는 무리함수 $y=\sqrt{ax}$의 그래프를 x축에 대하여 대칭이동한 곡선이다.

$a>0$일 때

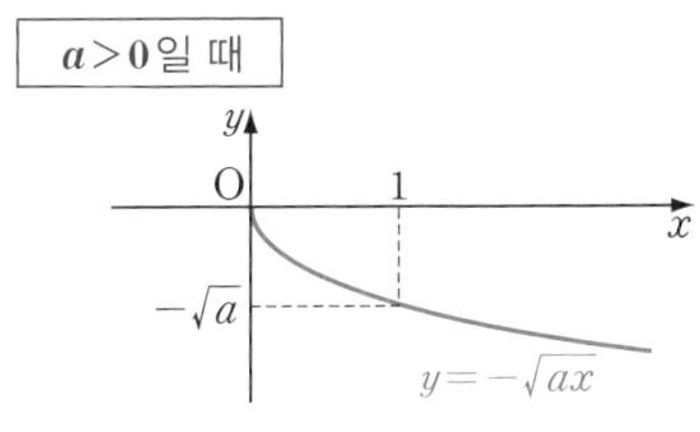

$a<0$일 때

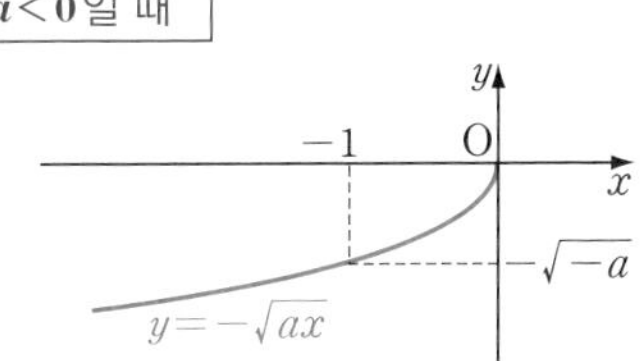

기본정석 $y=\sqrt{ax}\,(a\neq0)$의 그래프

(1) $a>0$일 때, 정의역은 $\{x\,|\,x\geq0\}$, 치역은 $\{y\,|\,y\geq0\}$이다.
$a<0$일 때, 정의역은 $\{x\,|\,x\leq0\}$, 치역은 $\{y\,|\,y\geq0\}$이다.

(2) $|a|$의 값이 커질수록 그래프는 x축에서 멀어진다.

2 $y=\sqrt{a(x-m)}+n\,(a\neq0)$의 그래프

이를테면 $y=\sqrt{2x-2}+3 \iff y-3=\sqrt{2(x-1)}$
이므로 $y=\sqrt{2x-2}+3$의 그래프는 $y=\sqrt{2x}$의 그래프를 x축의 방향으로 1만큼, y축의 방향으로 3만큼 평행이동한 것이다. (아래 왼쪽 그림)

일반적으로 $y=\sqrt{a(x-m)}+n \iff y-n=\sqrt{a(x-m)}$
이므로 $y=\sqrt{a(x-m)}+n$의 그래프는 $y=\sqrt{ax}$의 그래프를 x축의 방향으로 m만큼, y축의 방향으로 n만큼 평행이동한 것이다. (아래 오른쪽 그림)

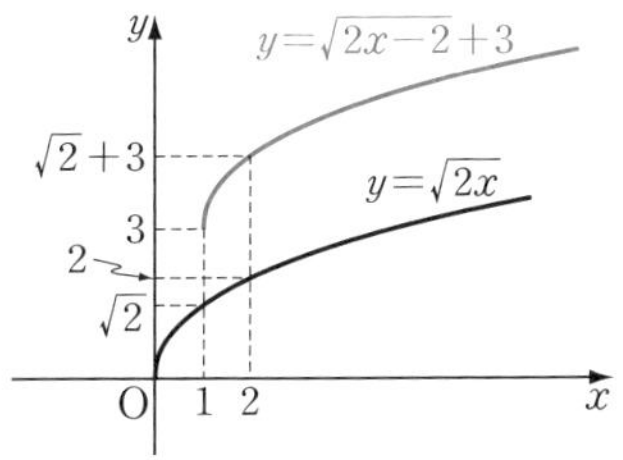

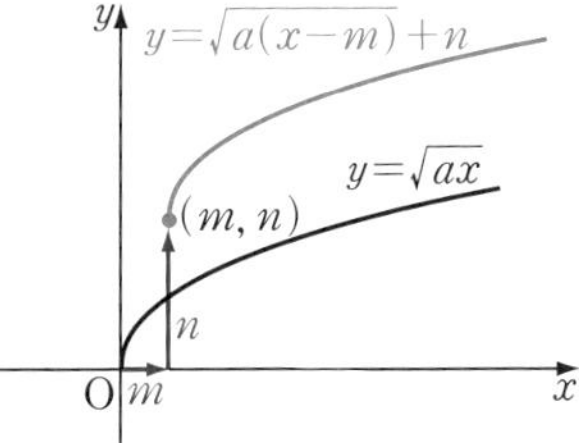

3 역함수의 그래프를 이용한 무리함수의 그래프

함수 $y=f(x)$의 그래프와 그 역함수 $y=f^{-1}(x)$의 그래프가 직선 $y=x$에 대하여 서로 대칭임을 이용하여 무리함수의 그래프를 그릴 수 있다.

이를테면 역함수의 그래프를 이용하여 함수 $y=\sqrt{x}$의 그래프를 그려 보자.

무리함수 $y=\sqrt{x}$는 정의역 $\{x\,|\,x\ge0\}$에서 치역 $\{y\,|\,y\ge0\}$으로의 일대일대응이므로 이 함수의 역함수가 존재한다. 곧,

$$y=\sqrt{x}\ (x\ge0,\ y\ge0) \qquad \cdots\cdots①$$

에서

$$x=y^2\ (y\ge0,\ x\ge0)$$

x와 y를 바꾸면 ①의 역함수

$$y=x^2\ (x\ge0,\ y\ge0) \qquad \cdots\cdots②$$

를 얻는다.

그런데 함수 ①의 그래프와 그 역함수 ②의 그래프는 직선 $y=x$에 대하여 서로 대칭이므로 역함수 ②의 그래프를 이용하여 함수 ①의 그래프를 그릴 수 있다.

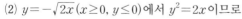

보기 1 역함수의 그래프를 이용하여 다음 함수의 그래프를 그리시오.

(1) $y=\sqrt{3x}$ (2) $y=-\sqrt{2x}$

연구 (1) $y=\sqrt{3x}\,(x\ge0,\ y\ge0)$에서 $y^2=3x$이므로

$$x=\frac{1}{3}y^2\ (y\ge0,\ x\ge0)$$

x와 y를 바꾸면 $y=\sqrt{3x}$의 역함수는

$$y=\frac{1}{3}x^2\ (x\ge0,\ y\ge0) \qquad \cdots\cdots①$$

그런데 $y=\sqrt{3x}$의 그래프와 ①의 그래프는 직선 $y=x$에 대하여 서로 대칭이므로 $y=\sqrt{3x}$의 그래프는 오른쪽과 같다.

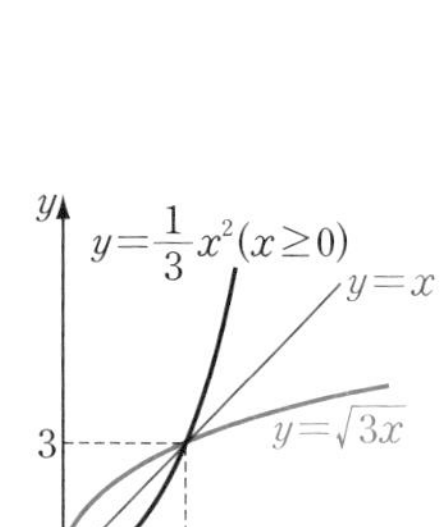

(2) $y=-\sqrt{2x}\,(x\ge0,\ y\le0)$에서 $y^2=2x$이므로

$$x=\frac{1}{2}y^2\ (y\le0,\ x\ge0)$$

x와 y를 바꾸면 $y=-\sqrt{2x}$의 역함수는

$$y=\frac{1}{2}x^2\ (x\le0,\ y\ge0) \qquad \cdots\cdots②$$

그런데 $y=-\sqrt{2x}$의 그래프와 ②의 그래프는 직선 $y=x$에 대하여 서로 대칭이므로 $y=-\sqrt{2x}$의 그래프는 오른쪽과 같다.

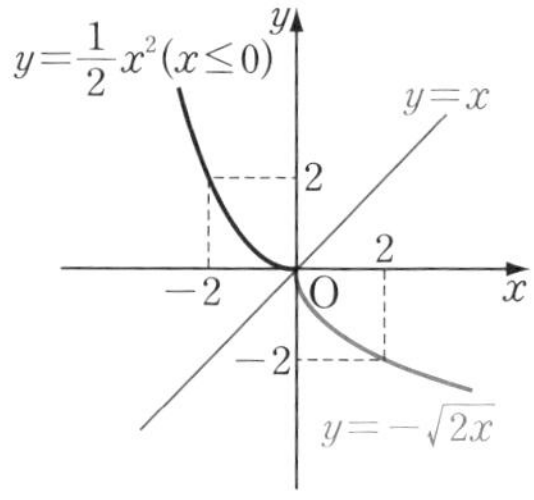

기본 문제 13-4 다음 물음에 답하시오.

(1) 함수 $y=\sqrt{2x+4}+1$의 그래프를 그리시오.
또, 정의역이 $\{x \mid 2 \le x \le 5\}$일 때, 치역을 구하시오.

(2) 함수 $y=-\sqrt{6-2x}$의 그래프를 그리시오.
또, 정의역이 $\{x \mid x \le -5,\ 1 \le x \le 3\}$일 때, 치역을 구하시오.

정석연구 무리함수 $y=\sqrt{a(x-m)}+n$, $y=-\sqrt{a(x-m)}+n$의 그래프의 개형은 다음과 같이 네 가지 꼴(포물선의 일부)로 나타내어진다.

따라서 우선 점 (m, n)을 잡은 다음, x좌표가 정의역에 속하는 한 점을 잡아 점 (m, n)과 부드러운 곡선(위의 개형과 같이)으로 연결하면 된다.

또, $y=\sqrt{ax+b}+c$, $y=-\sqrt{ax+b}+c$ 꼴의 무리함수에서는 특별한 말이 없는 한 집합 $\{x \mid ax+b \ge 0\}$을 그 무리함수의 정의역으로 본다.

모범답안 (1) $y=\sqrt{2x+4}+1 \iff y-1=\sqrt{2(x+2)}$

따라서 $y=\sqrt{2x}$의 그래프를 x축의 방향으로 -2만큼, y축의 방향으로 1만큼 평행이동한 곡선이다.

또, $x=2$일 때 $y=\sqrt{8}+1$,

$x=5$일 때 $y=\sqrt{14}+1$

이므로 구하는 치역은

$\{\boldsymbol{y} \mid \boldsymbol{2\sqrt{2}+1 \le y \le \sqrt{14}+1}\}$ ⟵ 답

(2) $y=-\sqrt{6-2x} \iff y=-\sqrt{-2(x-3)}$

따라서 $y=-\sqrt{-2x}$의 그래프를 x축의 방향으로 3만큼 평행이동한 곡선이다.

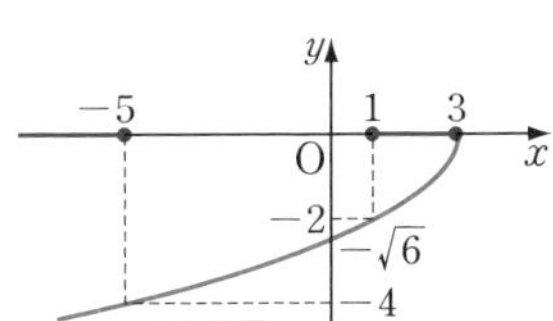

또, $x=-5$일 때 $y=-4$,

$x=1$일 때 $y=-2$,

$x=3$일 때 $y=0$

이므로 구하는 치역은 $\{\boldsymbol{y} \mid \boldsymbol{y \le -4,\ -2 \le y \le 0}\}$ ⟵ 답

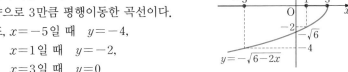

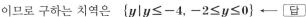

유제 **13**-7. 다음 함수의 그래프를 그리고, 정의역과 치역을 구하시오.

(1) $y=\sqrt{4x+8}+1$ (2) $y=1-2\sqrt{-2x-4}$

답 (1) $\{\boldsymbol{x} \mid \boldsymbol{x \ge -2}\}$, $\{\boldsymbol{y} \mid \boldsymbol{y \ge 1}\}$ (2) $\{\boldsymbol{x} \mid \boldsymbol{x \le -2}\}$, $\{\boldsymbol{y} \mid \boldsymbol{y \le 1}\}$

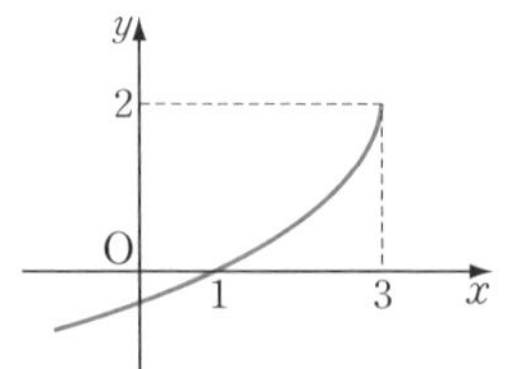

기본 문제 13-5 무리함수 $y=-\sqrt{ax+b}+c$의 그래프가 오른쪽 그림과 같을 때, 다음 물음에 답하시오.

(1) 상수 a, b, c의 값을 구하시오.

(2) 무리함수 $y=\sqrt{ax+b}-c$의 치역이 $\{y\,|\,-2\le y\le 0\}$일 때, 정의역을 구하시오.

정석연구 (1) 함수 $y=-\sqrt{ax+b}+c$를 $y=-\sqrt{a(x-m)}+n$의 꼴로 변형하면 주어진 그래프에서 $m=3, n=2$로 놓을 수 있다.

(2) $y=\sqrt{ax+b}-c$는 $y=-\sqrt{ax+b}+c$에서 y 대신 $-y$를 대입한 것이다.

모범답안 (1) $y=-\sqrt{ax+b}+c=-\sqrt{a\left(x+\dfrac{b}{a}\right)}+c$

이므로 이 함수의 그래프는 함수 $y=-\sqrt{ax}$의 그래프를 x축의 방향으로 $-\dfrac{b}{a}$만큼, y축의 방향으로 c만큼 평행이동한 것이다.

따라서 주어진 그래프에서 $-\dfrac{b}{a}=3,\ c=2$

또, 주어진 그래프는 점 $(1, 0)$을 지나므로 $-\sqrt{a+b}+c=0$

세 식을 연립하여 풀면 $\boldsymbol{a=-2,\ b=6,\ c=2}$ ← 답

(2) 함수 $y=\sqrt{ax+b}-c$의 그래프는 함수 $y=-\sqrt{ax+b}+c$의 그래프를 x축에 대하여 대칭이동한 것이므로 이 함수의 그래프는 오른쪽 그림의 곡선과 같다.

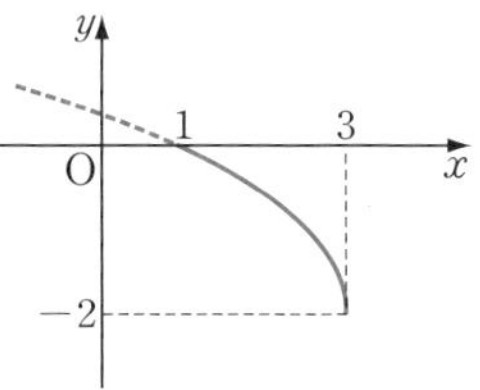

그림에서 치역이 $\{y\,|\,-2\le y\le 0\}$일 때, 정의역은 $\boldsymbol{\{x\,|\,1\le x\le 3\}}$ ← 답

*Note (1) 곡선의 방정식을 $y=-\sqrt{a(x-3)}+2$로 놓을 수 있다.

이 곡선이 점 $(1, 0)$을 지나므로 $0=-\sqrt{-2a}+2$ $\quad\therefore\ \boldsymbol{a=-2}$

$\therefore\ y=-\sqrt{-2(x-3)}+2=-\sqrt{-2x+6}+2$ $\quad\therefore\ \boldsymbol{b=6,\ c=2}$

(2) $y=\sqrt{ax+b}-c$에 $a=-2, b=6, c=2$를 대입하면

$y=\sqrt{-2x+6}-2=\sqrt{-2(x-3)}-2$

이므로 이 그래프에서 정의역을 구해도 된다.

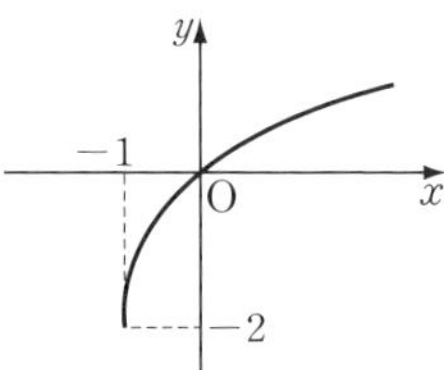

유제 **13**-8. 무리함수 $y=\sqrt{ax+b}+c$의 그래프가 오른쪽 그림과 같을 때, 상수 a, b, c의 값을 구하시오.

답 $\boldsymbol{a=4,\ b=4,\ c=-2}$

기본 문제 13-6 다음 함수의 역함수를 구하고, 그 그래프를 그리시오.

(1) $y=x^2+1\ (x\geq0)$ (2) $f(x)=\sqrt{x+1}+2$

정석연구 $y=f(x)$ 꼴의 역함수를 구할 때에는

(i) 정의역과 치역을 조사한다.

(ii) $x=g(y)$ 꼴로 나타내고, x와 y를 바꾼다.

특히 이때 정의역과 치역이 바뀐다는 것에 주의한다.

정석 f^{-1}의 정의역은 f의 치역, f^{-1}의 치역은 f의 정의역

모범답안 주어진 함수의 정의역을 U, 치역을 V라고 하자.

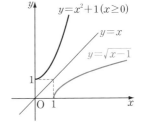

(1) $U=\{x\,|\,x\geq0\}$, $V=\{y\,|\,y\geq1\}$

이고, U에서 V로의 일대일대응이다.

$y=x^2+1\,(x\geq0,\ y\geq1)$에서 $x^2=y-1$

$x\geq0$이므로 $x=\sqrt{y-1}\ (y\geq1,\ x\geq0)$

x와 y를 바꾸면

$y=\sqrt{x-1}\ (x\geq1,\ y\geq0)$

답 $\boldsymbol{y=\sqrt{x-1}}$

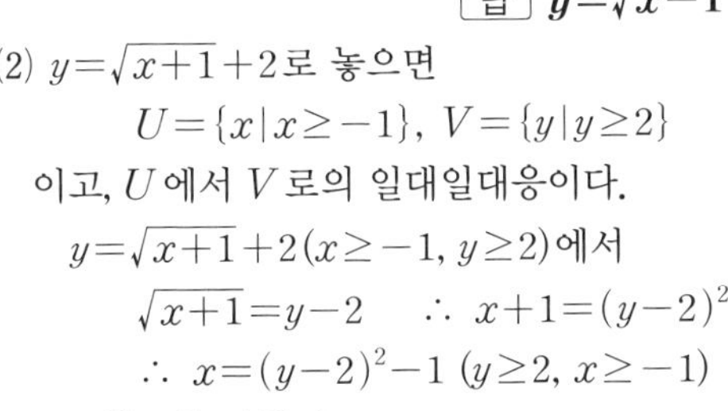

(2) $y=\sqrt{x+1}+2$로 놓으면

$U=\{x\,|\,x\geq-1\}$, $V=\{y\,|\,y\geq2\}$

이고, U에서 V로의 일대일대응이다.

$y=\sqrt{x+1}+2\,(x\geq-1,\ y\geq2)$에서

$\sqrt{x+1}=y-2$ $\therefore\ x+1=(y-2)^2$

$\therefore\ x=(y-2)^2-1\ (y\geq2,\ x\geq-1)$

x와 y를 바꾸면

$y=(x-2)^2-1\ (x\geq2,\ y\geq-1)$

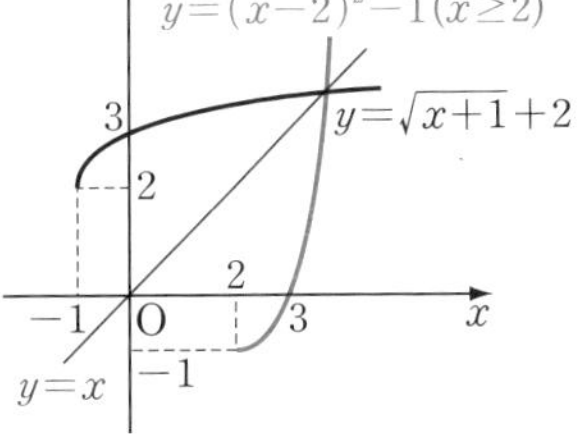

답 $\boldsymbol{f^{-1}(x)=(x-2)^2-1\ (x\geq2)}$

**Note* 1° (1)과 같이 무리함수에서 정의역이 분명한 경우 생략해도 된다.

2° $y=f(x)$와 $y=f^{-1}(x)$의 그래프는 직선 $y=x$에 대하여 서로 대칭이다.

유제 **13**-9. 다음 함수의 역함수를 구하시오.

(1) $y=-x^2+2\ (x\geq0)$ (2) $y=x^2-1\ (x\geq0)$

(3) $y=\sqrt{x+1}$ (4) $y=\sqrt{x-2}-3$

답 (1) $\boldsymbol{y=\sqrt{-x+2}}$ (2) $\boldsymbol{y=\sqrt{x+1}}$

(3) $\boldsymbol{y=x^2-1\ (x\geq0)}$ (4) $\boldsymbol{y=(x+3)^2+2\ (x\geq-3)}$

기본 문제 **13**-7 함수 $f(x)=\sqrt{x+a}-1$의 역함수를 $g(x)$라고 할 때, 함수 $y=g(x)$의 그래프가 점 $(0, 3)$을 지난다. 다음 물음에 답하시오.

(1) 상수 a의 값을 구하시오.

(2) 함수 $y=g(x)$의 그래프와 직선 $y=x+k$가 접할 때, 상수 k의 값을 구하시오.

정석연구 (1) 함수 $f(x)$의 역함수가 $g(x)$이고, 점 $(0, 3)$이 함수 $y=g(x)$의 그래프 위의 점이므로 $g(0)=3$이다. 따라서 다음을 알 수 있다.

$$f^{-1}=g,\ g(0)=3 \Longrightarrow f^{-1}(0)=3 \Longleftrightarrow f(3)=0$$

(2) 먼저 역함수 $g(x)$를 구한 다음, 이차방정식의 판별식을 이용한다.

정석 접한다 $\Longleftrightarrow$ $D=0$

모범답안 (1) $f^{-1}=g$이고, $g(0)=3$이므로 $f^{-1}(0)=3$ $\therefore\ f(3)=0$

따라서 $f(x)=\sqrt{x+a}-1$에서 $\sqrt{3+a}-1=0$ $\therefore\ \sqrt{3+a}=1$

양변을 제곱하면 $3+a=1$ $\therefore\ \boldsymbol{a=-2}$ ← 답

(2) 함수 $f(x)$는 정의역 $\{x|x\geq 2\}$에서 치역 $\{y|y\geq -1\}$로의 일대일대응이다.

$y=\sqrt{x-2}-1\,(x\geq 2,\ y\geq -1)$로 놓으면 $\sqrt{x-2}=y+1$

$\therefore\ x=(y+1)^2+2\ (y\geq -1,\ x\geq 2)$

x와 y를 바꾸면

$$y=(x+1)^2+2\ (x\geq -1,\ y\geq 2)$$

$\therefore\ g(x)=(x+1)^2+2\ (x\geq -1)$

따라서 직선 $y=x+k$와 접할 조건은

$$(x+1)^2+2=x+k$$

곧, $x^2+x+3-k=0$에서

$$D=1-4(3-k)=0 \qquad \therefore\ k=\frac{11}{4}$$

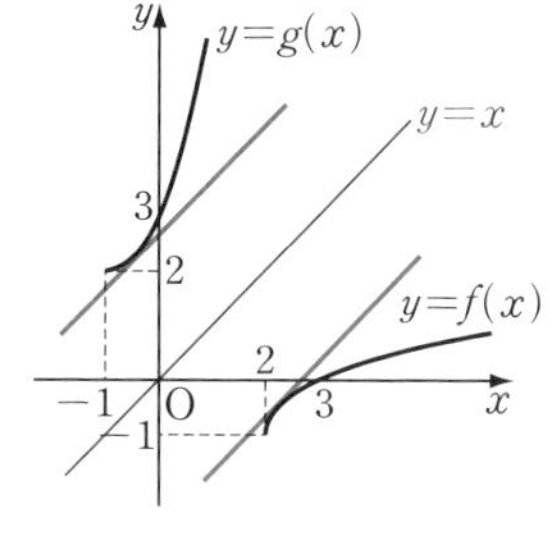

이때, 접점의 x좌표 $-\frac{1}{2}$은 $x\geq -1$을 만족시킨다. 답 $\boldsymbol{k=\frac{11}{4}}$

***Note** (1) $g(x)=(x+1)^2-a\,(x\geq -1)$를 구하여 $g(0)=3$을 이용해도 된다.

(2) 직선 $y=x+\frac{11}{4}$을 직선 $y=x$에 대하여 대칭이동한 직선 $y=x-\frac{11}{4}$은 함수 $y=f(x)$의 그래프와 접한다.

유제 **13**-10. 함수 $f(x)=\sqrt{ax+b}$의 역함수 $g(x)$가 존재한다. 점 $(1, 2)$가 함수 $y=f(x)$의 그래프와 $y=g(x)$의 그래프 위에 있을 때, 상수 a, b의 값을 구하시오.

답 $\boldsymbol{a=-3,\ b=7}$

기본 문제 13-8 함수 $f(x)=\begin{cases} \sqrt{x} & (x\geq 0) \\ x^2 & (x<0) \end{cases}$의 그래프의 윗부분과 원 $x^2+(y-1)^2=1$의 내부의 공통부분의 넓이를 구하시오.

정석연구 문제의 공통부분은 아래 그림 ①에서 점 찍은 부분(경계선 제외)이다.

그런데 $y=x^2(x<0)$의 그래프는 $y=\sqrt{x}\,(x>0)$의 그래프를 원점을 중심으로 시계 반대 방향으로 90° 회전한 것과 같으므로 아래 그림 ②에서 점 찍은 두 부분의 넓이는 같다.

따라서 구하는 넓이는 아래 그림 ③에서 점 찍은 부분의 넓이와 같다.

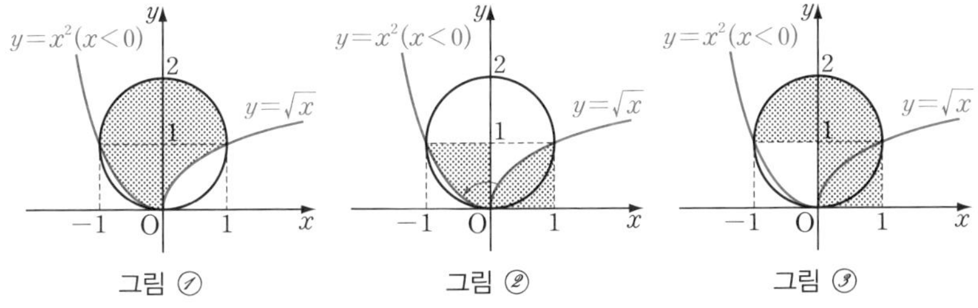

그림 ①　　그림 ②　　그림 ③

이와 같이 조건을 만족시키는 부분을 좌표평면 위에 나타낸 다음, 넓이가 같은 부분이 있는지 찾아본다.

정석 넓이가 같은 도형을 찾는다.

모범답안 공통부분은 위의 그림 ①에서 점 찍은 부분(경계선 제외)이다.

그런데 $y=x^2(x<0)$의 그래프는 $y=\sqrt{x}\,(x>0)$의 그래프를 직선 $y=x$에 대하여 대칭이동한 다음, y축에 대하여 대칭이동한 것과 같으므로 위의 그림 ②에서 점 찍은 두 부분의 넓이는 같다.

따라서 구하는 넓이는 위의 그림 ③에서 점 찍은 부분의 넓이와 같다. 곧, 반지름의 길이가 1인 반원의 넓이와 한 변의 길이가 1인 정사각형의 넓이의 합과 같으므로　$\pi\times 1^2\times\dfrac{1}{2}+1^2=\boldsymbol{\dfrac{\pi}{2}+1}$ ← 답

유제 **13**-11. 함수 $f(x)=\begin{cases} x^2 & (x\geq 0) \\ \sqrt{-x} & (x<0) \end{cases}$의 그래프와 이 그래프 위의 두 점 $\mathrm{A}(-4,\ 2)$, $\mathrm{B}(2,\ 4)$를 잇는 선분 AB로 둘러싸인 도형의 넓이를 구하시오.

답 **10**

유제 **13**-12. 양수 a에 대하여 두 함수 $y=\sqrt{x+a^2}$, $y=-\sqrt{x}+a$의 그래프와 x축으로 둘러싸인 도형의 넓이가 27일 때, a의 값을 구하시오.　답 $\boldsymbol{a=3}$

연습문제 13

13-1 $a<b$이고 $x=(a+b)^2$, $y=4ab$일 때, $\sqrt{x-y}$는?

① $a-b$ ② $b-a$ ③ $a+b$ ④ $a+2b$ ⑤ $2a+b$

13-2 $x=5+\sqrt{29}$일 때, $\dfrac{\sqrt{x}}{\sqrt{x-10}}=p+q\sqrt{29}$이다. 유리수 p, q의 값을 구하시오.

13-3 자연수 n에 대하여 $f(n)=\sqrt{n+1}+\sqrt{n}$일 때,

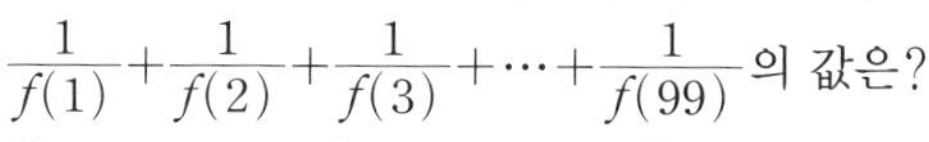

$\dfrac{1}{f(1)}+\dfrac{1}{f(2)}+\dfrac{1}{f(3)}+\cdots+\dfrac{1}{f(99)}$의 값은?

① 6 ② 7 ③ 8 ④ 9 ⑤ 10

13-4 다음 함수의 그래프를 그리시오.

(1) $x=\sqrt{y-1}$ (2) $y=\sqrt{x+|x|}$ (3) $y=\sqrt{4-|x|}$

13-5 $2\le x\le 5$에서 무리함수 $y=-\sqrt{x-1}+a$의 최솟값이 -4일 때, 최댓값을 구하시오. 단, a는 상수이다.

13-6 무리함수 $y=\sqrt{x}$의 그래프 위의 두 점 $\mathrm{P}(a, b)$, $\mathrm{Q}(c, d)$에 대하여 $b+d=2$일 때, 직선 PQ의 기울기는? 단, $0<a<c$이다.

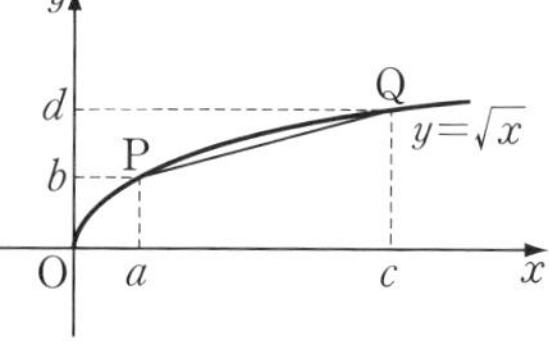

① $\dfrac{1}{4}$ ② $\dfrac{1}{3}$ ③ $\dfrac{2}{5}$

④ $\dfrac{1}{2}$ ⑤ $\dfrac{2}{3}$

13-7 양수 a에 대하여 함수 $y=a\sqrt{x-k}$의 그래프가 두 점 $\mathrm{A}(3, 1)$, $\mathrm{B}(3, 4)$를 잇는 선분 AB와 만나도록 하는 실수 k의 최댓값을 m, 최솟값을 n이라고 하자. $m+n=-11$일 때, a의 값은?

① $\dfrac{1}{3}$ ② $\dfrac{1}{2}$ ③ 1 ④ 2 ⑤ 3

13-8 양수 a에 대하여 직선 $x=a$와 두 곡선 $y=\sqrt{x}$, $y=2\sqrt{x}$가 만나는 점을 각각 A, B라고 하자. 또, 점 B를 지나고 y축에 수직인 직선이 곡선 $y=\sqrt{x}$와 만나는 점을 C라 하고, 점 C를 지나고 x축에 수직인 직선이 곡선 $y=2\sqrt{x}$와 만나는 점을 D라고 하자. 다음 물음에 답하시오.

(1) 두 점 A, D를 지나는 직선의 기울기가 $\dfrac{1}{3}$일 때, a의 값을 구하시오.

(2) △DAC의 넓이가 24일 때, a의 값을 구하시오.

13-9 곡선 $y=\sqrt{x+2}+2$, $y=\sqrt{-x+2}-2$와 직선 $x=-2$, $x=2$로 둘러싸인 도형의 넓이를 구하시오.

13-10 곡선 $y=a\sqrt{-x+1}+b$를 x축의 방향으로 2만큼, y축의 방향으로 4만큼 평행이동한 다음, y축에 대하여 대칭이동한 그래프가 두 점 $(1, 4)$, $(6, 0)$을 지난다. 다음 물음에 답하시오.

(1) 상수 a, b의 값을 구하시오.

(2) 곡선 $y=a\sqrt{-x+1}+b$가 직선 $y=2x+6$과 만나는 두 점을 A, B라고 할 때, $\triangle$OAB의 넓이를 구하시오. 단, O는 원점이다.

13-11 두 점 $\mathrm{O}(0, 0)$, $\mathrm{A}(1, 1)$과 무리함수 $y=\sqrt{x-2}$의 그래프 위의 점 B에 대하여 삼각형 AOB의 넓이의 최솟값과 이때의 점 B의 좌표를 구하시오.

13-12 정의역이 $\{x|x>0\}$인 두 함수 $f(x)=\dfrac{x}{1+x^2}$, $g(x)=\sqrt{x}$가 있다. $f(g^{-1}(a))=\dfrac{1}{2}$일 때, $g(f(a))$의 값은?

① $\dfrac{\sqrt{2}}{2}$ ② $\dfrac{\sqrt{3}}{3}$ ③ $\dfrac{1}{2}$ ④ $\dfrac{\sqrt{2}}{4}$ ⑤ $\dfrac{1}{3}$

13-13 실수 전체의 집합 R에서 R로의 함수

$$f(x)=\begin{cases} x-1 & (x<2) \\ \sqrt{a(x-2)}+b & (x\geq 2) \end{cases}$$

의 역함수가 존재하기 위한 상수 a, b의 조건을 구하시오.

13-14 함수 $f(x)=\begin{cases} \sqrt{x} & (x\geq 0) \\ 3x & (x<0) \end{cases}$의 역함수를 $g(x)$라고 하자.

(1) 역함수 $g(x)$를 구하시오.

(2) 부등식 $g(x)\leq -x^2+8$을 만족시키는 x의 값의 범위를 구하시오.

13-15 상수 a, b에 대하여 무리함수 $f(x)=\sqrt{x+a}+b$의 그래프가 오른쪽 그림과 같다. 함수 $y=f(x)$의 그래프와 그 역함수 $y=f^{-1}(x)$의 그래프의 교점의 좌표를 구하시오.

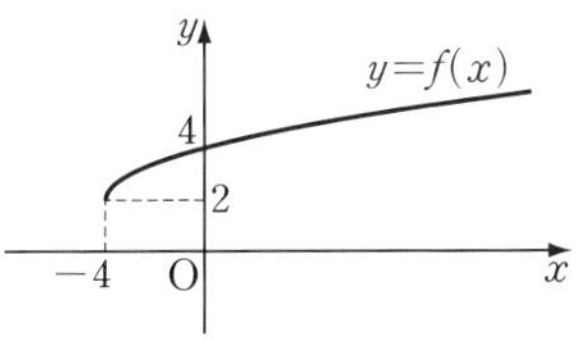

13-16 함수 $y=ax^2+12\,(a<0)$의 그래프가 y축과 만나는 점을 A라 하고, 이 함수의 그래프가 함수 $y=x^2\,(x\geq 0)$의 역함수의 그래프와 만나는 점을 B라고 하자. $\triangle$AOB의 넓이가 54일 때, 상수 a의 값을 구하시오. 단, O는 원점이다.

연습문제
풀이 및 정답

연습문제 풀이 및 정답

1-1. $\overline{OA}^2=a^2+b^2$

$\overline{OB}^2=(a+b)^2+(b-a)^2$
$=2(a^2+b^2)$

$\overline{AB}^2=(a+b-a)^2+(b-a-b)^2$
$=a^2+b^2$

$\therefore$ $\overline{OA}^2+\overline{AB}^2=\overline{OB}^2$이고 $\overline{OA}=\overline{AB}$

$\therefore$ **$\angle A=90°$인 직각이등변삼각형**

1-2. 외심을 $P(a, b)$라고 하자.

(1) $\overline{PA}^2=\overline{PB}^2$에서

$(a-6)^2+(b-1)^2=(a+1)^2+(b-2)^2$

$\overline{PA}^2=\overline{PC}^2$에서

$(a-6)^2+(b-1)^2=(a-2)^2+(b-3)^2$

각각 전개하여 정리하면

$7a-b-16=0,\ 2a-b-6=0$

연립하여 풀면 $a=2,\ b=-2$

따라서 외심의 좌표는 **$(2, -2)$**

(2) $\overline{PA}^2=(2-6)^2+(-2-1)^2=25$

$\therefore$ $\overline{PA}=\mathbf{5}$

1-3. 점 P의 좌표를 $P(x, y)$라고 하면

$\overline{PO}^2+\overline{PA}^2+\overline{PB}^2$
$=x^2+y^2+(x-2)^2+y^2$
$+(x-4)^2+(y-3)^2$
$=3x^2-12x+3y^2-6y+29$
$=3(x-2)^2+3(y-1)^2+14$

따라서 $x=2, y=1$일 때 최소이고, 최솟값은 14이다.

$\therefore$ **$P(2, 1)$, 최솟값 14**

* ***Note*** 점 P는 $\triangle$OAB의 무게중심이다.

1-4. 포물선 위의 점 $Q(a, b)$와 점 $P(-1, 0)$ 사이의 거리를 l이라고 하면

$l^2=(a+1)^2+b^2=a^2+2a+1+b^2$

한편 점 $Q(a, b)$는 포물선 $y=x^2+2x$ 위의 점이므로 $b=a^2+2a$이다.

$\therefore$ $l^2=b+1+b^2$
$=\left(b+\frac{1}{2}\right)^2+\frac{3}{4}\ (b\ge-1)$

따라서 l^2의 최솟값은 $\frac{3}{4}$이고, l의 최솟값은 $\boldsymbol{\frac{\sqrt{3}}{2}}$

* ***Note*** $b=a^2+2a=(a+1)^2-1\ge-1$

1-5. 변 BC의 중점을 D라고 하면 세 점 A, G, D는 한 직선 위에 있고,

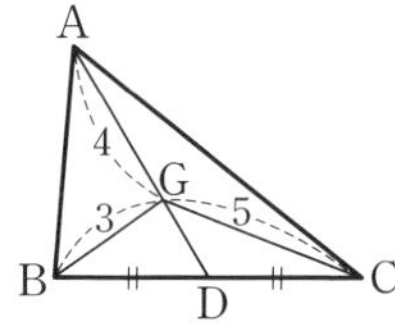

$\overline{AG}:\overline{GD}=2:1$

$\overline{AG}=4$이므로 $\overline{GD}=2$

$\triangle$GBC에서 중선 정리를 적용하면

$\overline{GB}^2+\overline{GC}^2=2(\overline{GD}^2+\overline{BD}^2)$

$\therefore$ $9+25=2(4+\overline{BD}^2)$ $\quad\therefore$ $\overline{BD}=\sqrt{13}$

$\therefore$ $\overline{BC}=2\overline{BD}=2\sqrt{13}$ 답 ④

1-6. 무게중심이 $G(1, b)$이므로

$\frac{a+3+(-2)}{3}=1,\ \frac{5+7+3}{3}=b$

$\therefore$ $a=2,\ b=5$ $\quad\therefore$ $a+b=7$

답 ③

1-7.

선분 PQ의 중점을 M이라고 하면 점 M은 선분 OR의 중점이므로

$\mathrm{M}\left(\dfrac{0+12}{2}, \dfrac{0+18}{2}\right)$ 곧, $\mathrm{M}(6, 9)$

이때, $\triangle$OPQ의 무게중심 G는 선분 OM을 $2:1$로 내분하는 점이므로

$$\mathrm{G}\left(\frac{2\times6+1\times0}{2+1}, \frac{2\times9+1\times0}{2+1}\right)$$

곧, $\mathrm{G}(4, 6)$ 답 ④

* ***Note*** $\overline{\mathrm{OG}}:\overline{\mathrm{GR}}=1:2$임을 이용하여 점 G의 좌표를 구할 수도 있다.

1-8. $\overline{\mathrm{OA}}=\sqrt{3^2+4^2}=5$, $\overline{\mathrm{OB}}=3$이므로 $\angle$AOB의 이등분선과 선분 AB의 교점을 $\mathrm{C}(x, y)$라고 하면

$$\overline{\mathrm{AC}}:\overline{\mathrm{CB}}=\overline{\mathrm{AO}}:\overline{\mathrm{OB}}=5:3$$

따라서 점 C는 선분 AB를 $5:3$으로 내분하는 점이므로

$$x=\frac{5\times(-3)+3\times3}{5+3}=-\frac{3}{4},$$
$$y=\frac{5\times0+3\times4}{5+3}=\frac{3}{2}$$
$$\therefore \left(-\frac{3}{4}, \frac{3}{2}\right)$$

1-9. $\overline{\mathrm{OA}}=\sqrt{5^2+(-\sqrt{11})^2}=6$이므로

$$\overline{\mathrm{OM}}=3$$

또, $\overline{\mathrm{OB}}=\sqrt{4^2+3^2}=5$

$\triangle\mathrm{OAB}\backsim\triangle\mathrm{ONM}$에서 $\overline{\mathrm{OA}}:\overline{\mathrm{OB}}=\overline{\mathrm{ON}}:\overline{\mathrm{OM}}$이므로

$$6:5=\overline{\mathrm{ON}}:3 \qquad \therefore \overline{\mathrm{ON}}=\frac{18}{5}$$

이때, $\overline{\mathrm{NB}}=5-\dfrac{18}{5}=\dfrac{7}{5}$이므로 점 N은 선분 OB를 $18:7$로 내분하는 점이다.

$$\therefore \mathrm{N}\left(\frac{18\times4+7\times0}{18+7}, \frac{18\times3+7\times0}{18+7}\right)$$

곧, $\mathbf{N}\left(\dfrac{72}{25}, \dfrac{54}{25}\right)$

1-10.

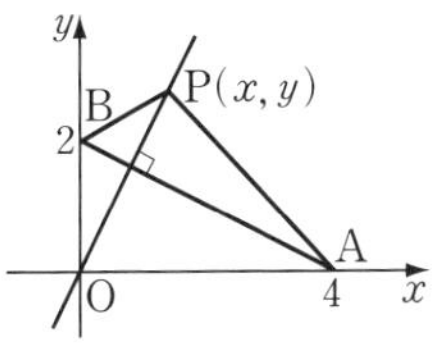

위의 그림과 같이 직선 OA, OB를 각각 x축, y축으로 잡아 $\mathrm{O}(0, 0)$, $\mathrm{A}(4, 0)$, $\mathrm{B}(0, 2)$라고 하자.

점 P의 좌표를 $\mathrm{P}(x, y)$라고 하면 $\overline{\mathrm{PA}}^2-\overline{\mathrm{PB}}^2=12$에서

$$(x-4)^2+y^2-\{x^2+(y-2)^2\}=12$$

정리하면 $y=2x$이고, 이 직선은 원점을 지나고 선분 AB에 수직이다.

따라서 구하는 자취는

점 O를 지나고 선분 AB에 수직인 직선

* ***Note*** 직선 AB의 방정식은 $y=-\dfrac{1}{2}x+2$이고, 이 직선은 직선 $y=2x$와 수직이다. ⇦ p. 28 참조

2-1. $ax+by+c=0$에서

(1) $a=0$, $b\neq0$이므로 $y=-\dfrac{c}{b}$ $\cdots$①

$bc<0$이므로 $\dfrac{c}{b}<0$ $\quad\therefore -\dfrac{c}{b}>0$

따라서 ①은 y축에 수직이고 y절편이 양수인 직선이므로

제 1, 2 사분면

(2) $c=0$, $b\neq0$이므로 $y=-\dfrac{a}{b}x$ $\cdots$②

$ab<0$이므로 $\dfrac{a}{b}<0$ $\quad\therefore -\dfrac{a}{b}>0$

따라서 ②는 원점을 지나고 기울기가 양수인 직선이므로

제 1, 3 사분면

(3) $b\neq0$이므로 $y=-\dfrac{a}{b}x-\dfrac{c}{b}$ $\cdots$③

$ab<0$, $bc>0$이므로

$$-\frac{a}{b}>0, \; -\frac{c}{b}<0$$

따라서 ③은 기울기가 양수이고 y절편이 음수인 직선이므로

제 1, 3, 4 사분면

2-2. 점 $\mathrm{C}(3, a)$가 직선 $y=-x+b$ 위의 점이므로

$$a=-3+b \qquad \cdots\cdots①$$

△ABC의 무게중심 $G\left(\frac{4}{3}, \frac{3+a}{3}\right)$도 직선 $y=-x+b$ 위의 점이므로

$$\frac{3+a}{3}=-\frac{4}{3}+b \qquad \cdots\cdots ②$$

①, ②에서 $a=-1,\ b=2$

$\therefore\ a+b=1$ 답 ③

*Note 선분 AB의 중점 $\left(\frac{1}{2}, \frac{3}{2}\right)$이 직선 $y=-x+b$ 위의 점이므로 $b=2$

2-3. $y=a(x+2)$ ……①

$y=2a(x-1)$ ……②

두 직선 ①, ②가 x축과 만나는 점을 각각 A, B라고 하면

A$(-2, 0)$, B$(1, 0)$

①, ②를 연립하여 풀면

$x=4,\ y=6a$

따라서 두 직선 ①, ②가 만나는 점을 C라고 하면 C$(4, 6a)$이다.

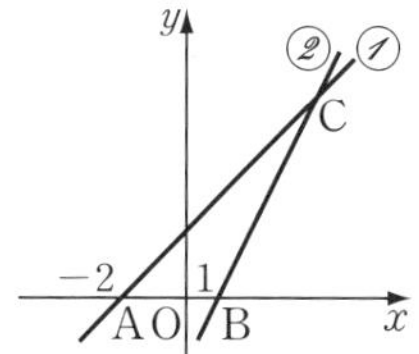

△ABC의 넓이가 9이므로

$\frac{1}{2}\times3\times6a=9 \qquad \therefore\ \boldsymbol{a=1}$

2-4. $x+ay+1=0$ ……①

$2x-by+1=0$ ……②

$x-(b-3)y-1=0$ ……③

①, ②가 수직이므로

$1\times2+a\times(-b)=0 \qquad \therefore\ ab=2$

이때, $a\neq0$이고 ①, ③이 평행하므로

$$\frac{1}{1}=\frac{-(b-3)}{a}\neq\frac{-1}{1}$$

$\therefore\ a+b=3$

$\therefore\ a^2+b^2=(a+b)^2-2ab$
$=3^2-2\times2=\boldsymbol{5}$

*Note ①, ②가 수직이고 ①, ③이 평행하므로 ②, ③은 수직이다. 이를 이용해도 된다.

2-5. $x-y=-1$ ……①

$3x+2y=12$ ……②

$kx-y=k-1$ ……③

①과 ②는 기울기가 다르므로 한 점에서 만나는 직선이다.

①, ②를 연립하여 풀면 $x=2,\ y=3$이므로 교점의 좌표는 $(2, 3)$이다.

(i) ③과 ①의 기울기가 같을 때

$\frac{k}{1}=\frac{-1}{-1} \qquad \therefore\ k=1$

(ii) ③과 ②의 기울기가 같을 때

$\frac{k}{3}=\frac{-1}{2} \qquad \therefore\ k=-\frac{3}{2}$

(iii) ③이 ①, ②의 교점 $(2, 3)$을 지날 때

$x=2,\ y=3$을 ③에 대입하면

$2k-3=k-1 \qquad \therefore\ k=2$

(i), (ii), (iii)에서 $\boldsymbol{k=-\frac{3}{2},\ 1,\ 2}$

2-6. 직선 $y=mx+1$과 포물선 $y=x^2$의 두 교점을 $A(\alpha, \alpha^2)$, $B(\beta, \beta^2)$이라고 하면 α, β는 이차방정식

$x^2=mx+1$, 곧 $x^2-mx-1=0$

의 두 실근이므로

$\alpha+\beta=m,\ \alpha\beta=-1$

이때, 원점 O에 대하여 직선 OA의 기울기는 $\frac{\alpha^2}{\alpha}=\alpha$, 직선 OB의 기울기는 $\frac{\beta^2}{\beta}=\beta$이고 $\alpha\beta=-1$이므로 두 직선 OA, OB는 서로 수직이다.

따라서 선분 AB가 세 점 O, A, B를 지나는 원의 지름이므로 $\overline{AB}=2\sqrt{7}$

$\therefore\ (\beta-\alpha)^2+(\beta^2-\alpha^2)^2=(2\sqrt{7})^2$

$\therefore\ (\beta-\alpha)^2\{1+(\beta+\alpha)^2\}=28$

이때,

$(\beta-\alpha)^2=(\beta+\alpha)^2-4\beta\alpha=m^2+4$

이므로 대입하면

$$(m^2+4)(1+m^2)=28$$

$$\therefore\ m^4+5m^2-24=0$$

$$\therefore\ (m^2+8)(m^2-3)=0$$

m은 실수이므로 $\boldsymbol{m^2=3}$

2-7. (1) $x-3y+5=0$, $x+9y-7=0$을 연립하여 풀면 두 직선의 교점의 좌표는 $(-2, 1)$이다. 또, 직선

$$x-\sqrt{3}y+1=0,\ 곧\ y=\frac{1}{\sqrt{3}}x+\frac{1}{\sqrt{3}}$$

과 평행하므로 기울기는 $\dfrac{1}{\sqrt{3}}$이다.

따라서 구하는 직선의 방정식은

$$y-1=\frac{1}{\sqrt{3}}(x+2)$$

$$\therefore\ \boldsymbol{x-\sqrt{3}y+\sqrt{3}+2=0}$$

(2) 직선 AB의 기울기는 $\dfrac{7-3}{-3-1}=-1$ 이므로 직선 AB에 수직인 직선의 기울기는 1이다.

또, 점 C의 좌표는

$$C\left(\frac{-9+1}{3+1}, \frac{21+3}{3+1}\right),\ 곧\ C(-2, 6)$$

이므로 구하는 직선의 방정식은

$$y-6=1\times(x+2)\qquad 곧,\ \boldsymbol{y=x+8}$$

2-8. 선분 BC의 중점을 M이라고 하면 선분 AM은 △ABC의 넓이를 이등분한다.

$$M\left(\frac{-2+4}{2}, \frac{-3+3}{2}\right),\ 곧\ M(1, 0)$$

이므로 두 점 A, M을 지나는 직선의 방정식은

$$y-0=\frac{4-0}{-1-1}(x-1)$$

곧, $y=-2x+2\qquad\therefore\ a=-2,\ b=2$

$$\therefore\ a^2+b^2=8$$

답 ③

2-9.

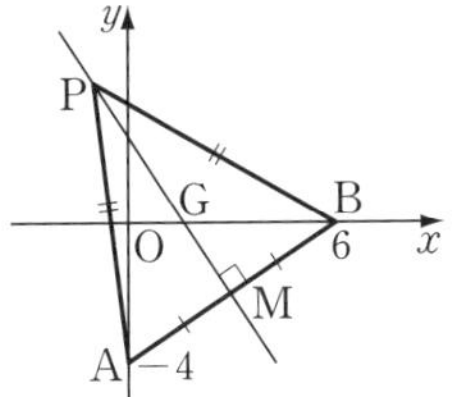

조건 ㈎에 의하여 점 P는 선분 AB의 수직이등분선 위에 있다.

선분 AB의 중점을 M이라고 하면 $M(3, -2)$이고, 직선 AB의 기울기가 $\dfrac{0-(-4)}{6-0}=\dfrac{2}{3}$이므로 직선 PM의 방정식은 $\quad y+2=-\dfrac{3}{2}(x-3)$

$$\therefore\ 3x+2y-5=0$$

△PAB의 무게중심은 중선 PM 위에 있으므로 직선 $3x+2y-5=0$과 x축의 교점이다.

따라서 무게중심을 G라고 하면

$$G\left(\frac{5}{3}, 0\right)$$

이때, $P(a, b)$라고 하면

$$\frac{a+0+6}{3}=\frac{5}{3},\quad \frac{b-4+0}{3}=0$$

$\therefore\ a=-1,\ b=4\qquad\therefore\ \boldsymbol{P(-1, 4)}$

2-10.

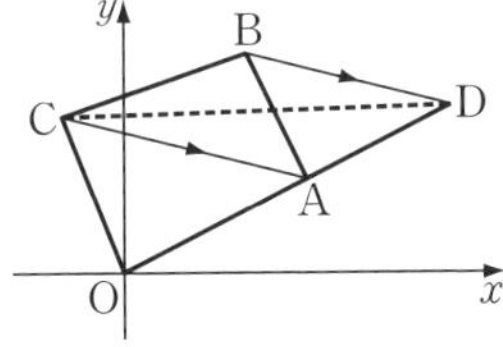

□OABC=△ODC이면 △ABC=△ADC이므로 $\overline{CA}/\!/\overline{BD}$이다.

따라서 점 D는 선분 OA의 연장선과 점 B를 지나고 직선 AC에 평행한 직선이 만나는 점이다.

직선 OA의 방정식은

$$y=\frac{1}{2}x\qquad\cdots\cdots①$$

한편 직선 AC의 기울기는

$$\frac{3-5}{6-(-2)}=-\frac{1}{4}$$

따라서 직선 BD의 기울기는 $-\frac{1}{4}$이고 점 B(4, 7)을 지나므로 직선 BD의 방정식은

$$y-7=-\frac{1}{4}(x-4)$$

$$\therefore\ y=-\frac{1}{4}x+8 \quad \cdots\cdots ②$$

①, ②를 연립하여 풀면

$$x=\frac{32}{3},\ y=\frac{16}{3} \qquad \therefore\ \mathbf{D}\left(\frac{32}{3},\ \frac{16}{3}\right)$$

2-11.

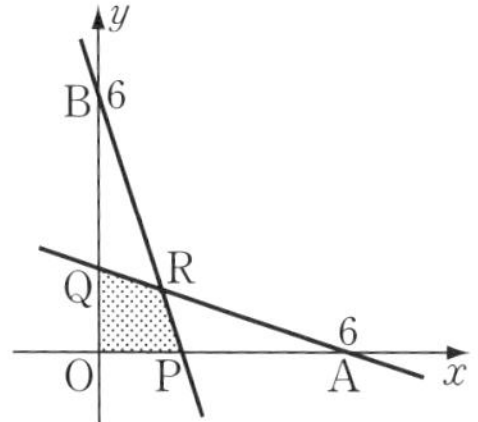

P(2, 0), Q(0, 2)이므로
직선 AQ의 방정식은

$$\frac{x}{6}+\frac{y}{2}=1 \qquad \therefore\ x+3y=6 \ \cdots ①$$

직선 BP의 방정식은

$$\frac{x}{2}+\frac{y}{6}=1 \qquad \therefore\ 3x+y=6 \ \cdots ②$$

①, ②를 연립하여 풀면

$$x=\frac{3}{2},\ y=\frac{3}{2} \qquad \therefore\ \mathrm{R}\left(\frac{3}{2},\ \frac{3}{2}\right)$$

$$\therefore\ \square\mathrm{OPRQ}=\triangle\mathrm{OPR}+\triangle\mathrm{ORQ}$$
$$=\frac{1}{2}\times2\times\frac{3}{2}+\frac{1}{2}\times2\times\frac{3}{2}$$
$$=3$$

답 ③

2-12.

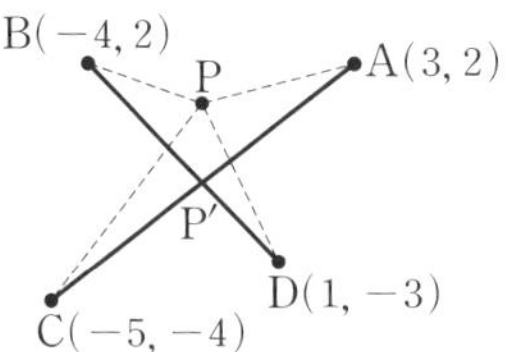

두 선분 AC, BD의 교점을 P′이라고 하면 임의의 점 P에 대하여

$$\overline{\mathrm{PA}}+\overline{\mathrm{PC}}\ge\overline{\mathrm{P'A}}+\overline{\mathrm{P'C}}=\overline{\mathrm{AC}},$$
$$\overline{\mathrm{PB}}+\overline{\mathrm{PD}}\ge\overline{\mathrm{P'B}}+\overline{\mathrm{P'D}}=\overline{\mathrm{BD}}$$

이므로

$$\overline{\mathrm{PA}}+\overline{\mathrm{PB}}+\overline{\mathrm{PC}}+\overline{\mathrm{PD}}\ge\overline{\mathrm{AC}}+\overline{\mathrm{BD}}$$

따라서 $\overline{\mathrm{PA}}+\overline{\mathrm{PB}}+\overline{\mathrm{PC}}+\overline{\mathrm{PD}}$는 점 P가 점 P′과 일치할 때 최소이고, 최솟값은

$$\overline{\mathrm{AC}}+\overline{\mathrm{BD}}=\sqrt{(3+5)^2+(2+4)^2}+\sqrt{(-4-1)^2+(2+3)^2}$$
$$=10+5\sqrt{2}$$

한편 직선 AC의 방정식은

$$y-2=\frac{2+4}{3+5}(x-3)$$

$$\therefore\ y=\frac{3}{4}x-\frac{1}{4} \quad \cdots\cdots ①$$

직선 BD의 방정식은

$$y-2=\frac{2+3}{-4-1}(x+4)$$

$$\therefore\ y=-x-2 \quad \cdots\cdots ②$$

①, ②를 연립하여 풀면

$$x=-1,\ y=-1 \qquad \therefore\ \mathrm{P'}(-1,\ -1)$$

$\therefore$ 최솟값 $\mathbf{10+5\sqrt{2}}$, $\mathbf{P(-1,\ -1)}$

2-13. $kx-y-k+2=0$에서

$$y=k(x-1)+2 \quad \cdots\cdots ①$$

따라서 ①은 기울기가 k이고 점 D(1, 2)를 지나는 직선이다.

$k=1$일 때 ①은 $y=x+1$

$k=2$일 때 ①은 $y=2x$

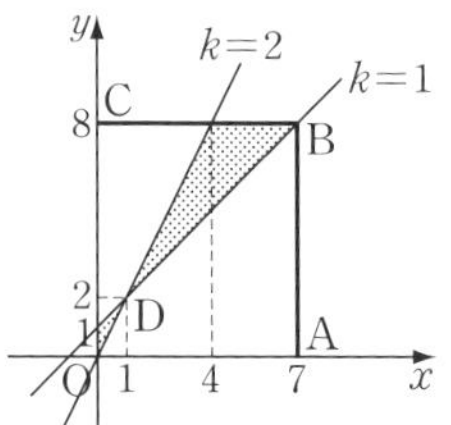

따라서 $1\le k\le2$일 때 ①은 위의 그림에서 점 찍은 부분을 지나므로, 넓이는

$$\frac{1}{2}\times1\times1+\frac{1}{2}\times3\times6=\frac{19}{2}$$ 답 ②

2-14. 점 A(4, 3)과 직선 $x+y-1=0$ 사이의 거리는

$$\frac{|4+3-1|}{\sqrt{1^2+1^2}}=3\sqrt{2}$$

따라서 정삼각형의 한 변의 길이는

$$3\sqrt{2}\times\frac{2}{\sqrt{3}}=2\sqrt{6}$$ 답 ③

***Note** 정삼각형의 한 변의 길이를 a, 높이를 h라고 하면

$$\frac{h}{a}=\sin 60^\circ \qquad \therefore\ \boldsymbol{a=\frac{2}{\sqrt{3}}h}$$

2-15. 직선 $y=-\sqrt{3}x+2$와 수직인 직선의 기울기는 $\dfrac{1}{\sqrt{3}}$이므로 구하는 직선의 방정식을

$$y=\frac{1}{\sqrt{3}}x+b \qquad \cdots\cdots ①$$

곧, $x-\sqrt{3}y+\sqrt{3}b=0$

으로 놓을 수 있다.

원점과 이 직선 사이의 거리가 2이므로

$$\frac{|\sqrt{3}b|}{\sqrt{1^2+(-\sqrt{3})^2}}=2 \qquad \therefore\ b=\pm\frac{4}{\sqrt{3}}$$

①에 대입하면 $y=\dfrac{1}{\sqrt{3}}x\pm\dfrac{4}{\sqrt{3}}$

곧, $\boldsymbol{y=\dfrac{\sqrt{3}}{3}x\pm\dfrac{4\sqrt{3}}{3}}$

2-16. $ax+by=1 \qquad \cdots\cdots ①$

$ax+by=3 \qquad \cdots\cdots ②$

두 직선 ①, ②는 평행하므로 직선 ① 위의 점 (x_0, y_0)과 직선 ② 사이의 거리

$$l=\frac{|ax_0+by_0-3|}{\sqrt{a^2+b^2}}$$

이 두 직선 사이의 거리이다.

그런데 조건에서 $a^2+b^2=4$이고, 점 (x_0, y_0)이 직선 ① 위에 있으므로

$$ax_0+by_0=1$$

$$\therefore\ l=\frac{|1-3|}{\sqrt{4}}=\boldsymbol{1}$$

***Note** 서로 평행한 두 직선

$$ax+by+c=0,\ ax+by+c'=0$$

사이의 거리를 l이라고 하면

$$l=\frac{|c-c'|}{\sqrt{a^2+b^2}}$$

2-17.

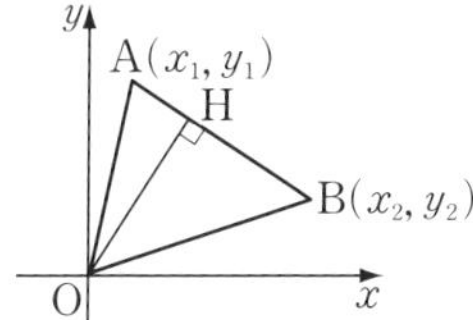

$$\overline{\text{AB}}=\sqrt{(x_2-x_1)^2+(y_2-y_1)^2}$$

또, 직선 AB의 방정식은

$$(x_2-x_1)(y-y_1)=(y_2-y_1)(x-x_1)$$

$$\therefore\ (y_2-y_1)x-(x_2-x_1)y-(x_1y_2-x_2y_1)=0$$

점 O에서 직선 AB에 내린 수선의 발을 H라고 하면

$$\overline{\text{OH}}=\frac{|-(x_1y_2-x_2y_1)|}{\sqrt{(y_2-y_1)^2+(x_2-x_1)^2}}$$

따라서 △OAB의 넓이를 S라고 하면

$$S=\frac{1}{2}\times\overline{\text{AB}}\times\overline{\text{OH}}$$

$$=\frac{1}{2}\sqrt{(x_2-x_1)^2+(y_2-y_1)^2}\times\frac{|-(x_1y_2-x_2y_1)|}{\sqrt{(y_2-y_1)^2+(x_2-x_1)^2}}$$

$$=\frac{1}{2}|x_1y_2-x_2y_1|$$

2-18. P(x, y)라고 하면

$$\triangle\text{PAB}=\frac{1}{2}\times2\times y=y,$$

$$\triangle\text{POC}=\frac{1}{2}\times2\times x=x$$

△PAB+△POC=3이므로 $y+x=3$

점 P가 제1사분면의 점이므로

$$x>0,\ y>0$$

$$\therefore\ \boldsymbol{y=-x+3\ (0<x<3)}$$

2-19. 다음과 같이 좌표축을 잡는다.

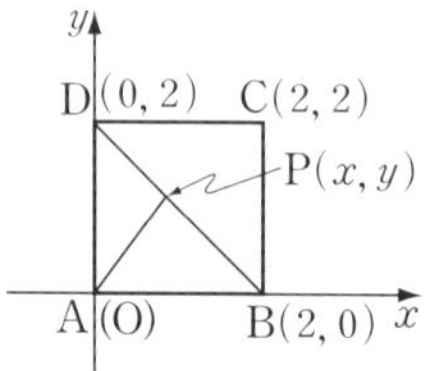

$P(x, y)$라고 하면

$2(x^2+y^2)=\{(x-2)^2+y^2\}+\{x^2+(y-2)^2\}$

$\therefore\ y=-x+2$

이것은 두 점 B, D를 지나는 직선이므로 점 P의 자취는 대각선 BD이고,

$\overline{BD}=\sqrt{2^2+2^2}=2\sqrt{2}$ 답 ②

3-1. (1) $(x-2)^2+(y+3)^2=14$ 이므로 중심은 점 $(2, -3)$이다.

구하는 원의 반지름의 길이를 r이라고 하면

$(x-2)^2+(y+3)^2=r^2$

이 원이 점 $(1, 2)$를 지나므로

$(1-2)^2+(2+3)^2=r^2 \quad \therefore\ r^2=26$

따라서 구하는 원의 방정식은

$\boldsymbol{(x-2)^2+(y+3)^2=26}$

(2) 반지름의 길이를 r이라고 하면 점 $(3, 0)$에서 x축에 접하므로 중심은 점 $(3, r)$ 또는 점 $(3, -r)$이다. 그런데 구하는 원이 점 $(0, 3)$을 지나므로 중심은 점 $(3, r)$이다.

$\therefore\ (x-3)^2+(y-r)^2=r^2$

이 원이 점 $(0, 3)$을 지나므로

$(0-3)^2+(3-r)^2=r^2 \quad \therefore\ r=3$

$\therefore\ \boldsymbol{(x-3)^2+(y-3)^2=9}$

(3) 원의 중심을 점 (a, b)라고 하면

$(x-a)^2+(y-b)^2=25$

두 점 $(6, 4)$, $(3, -5)$를 지나므로

$(6-a)^2+(4-b)^2=25,$

$(3-a)^2+(-5-b)^2=25$

연립하여 풀면

$a=3,\ b=0$ 또는 $a=6,\ b=-1$

$\therefore\ \boldsymbol{(x-3)^2+y^2=25,}$

$\boldsymbol{(x-6)^2+(y+1)^2=25}$

(4) 원의 중심을 점 $(a, 0)$, 반지름의 길이를 r이라고 하면

$(x-a)^2+y^2=r^2$

두 점 $(0, -3)$, $(1, 4)$를 지나므로

$a^2+9=r^2,\ (1-a)^2+16=r^2$

$\therefore\ a=4,\ r=5$

$\therefore\ \boldsymbol{(x-4)^2+y^2=25}$

* ***Note*** 현의 수직이등분선은 원의 중심을 지난다.

따라서 두 점 $(0, -3)$, $(1, 4)$를 잇는 선분의 수직이등분선

$y-\dfrac{1}{2}=-\dfrac{1}{7}\left(x-\dfrac{1}{2}\right)$

이 x축과 만나는 점 $(4, 0)$이 원의 중심이다.

3-2. x축에 접하므로 원의 방정식을

$(x-a)^2+(y-b)^2=b^2$

으로 놓으면 두 점 $A(1, 5)$, $B(9, 1)$을 지나므로

$(1-a)^2+(5-b)^2=b^2,$

$(9-a)^2+(1-b)^2=b^2$

두 식에서 b를 소거하여 풀면

$a=6,\ 16$

$1\le a\le 9$이므로 $a=6$ 이때, $b=5$

한편 원의 중심 $(6, 5)$에서 직선 AB에 내린 수선의 발은 현 AB의 중점 $(5, 3)$이므로, 원의 중심과 직선 AB 사이의 거리는

$\sqrt{(6-5)^2+(5-3)^2}=\sqrt{5}$ 답 ⑤

* ***Note*** 직선 AB의 방정식을 구한 다음 원의 중심과 직선 사이의 거리를 구해도 된다.

3-3. 제 2 사분면, 제 4 사분면에 각각 중심이 있고 x축, y축에 동시에 접하는 두 원의 중심은 직선 $y=-x$ 위에 있으므로

조건을 만족시키는 두 원의 중심은 곡선 $y=-x^2+x+1$과 직선 $y=-x$의 교점이다.

두 교점의 x좌표를 각각 α, β라고 하면 α, β는 방정식

$-x^2+x+1=-x$, 곧 $x^2-2x-1=0$

의 두 근이므로

$$\alpha+\beta=2,\ \alpha\beta=-1$$

이때, 두 원의 반지름의 길이는 각각 $|\alpha|, |\beta|$이다.

따라서 구하는 두 원의 넓이의 합은

$$\begin{aligned}\pi\alpha^2+\pi\beta^2&=\pi(\alpha^2+\beta^2)\\&=\pi\{(\alpha+\beta)^2-2\alpha\beta\}\\&=\pi\{2^2-2\times(-1)\}\\&=\mathbf{6\pi}\end{aligned}$$

3-4.

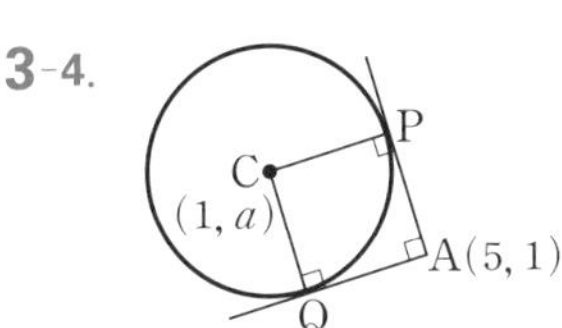

원의 중심을 C, 두 접선과 원의 교점을 각각 P, Q라고 하면 □APCQ는 정사각형이고 $\overline{CP}=\sqrt{10}$이므로

$$\overline{AC}=\sqrt{2}\times\sqrt{10}=2\sqrt{5}$$

이때,

$$\begin{aligned}\overline{AC}&=\sqrt{(5-1)^2+(1-a)^2}\\&=\sqrt{16+(1-a)^2}\end{aligned}$$

이므로

$16+(1-a)^2=20 \quad \therefore\ a^2-2a-3=0$

$\therefore\ (a-3)(a+1)=0$

$a>0$이므로 $a=3$ 답 ③

3-5. $(x-1)^2+(y+1)^2=2^2$

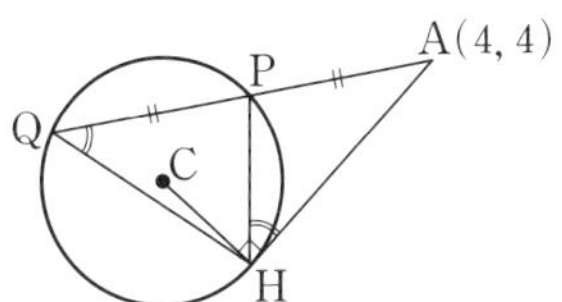

점 A에서 원에 그은 접선이 원과 만나는 점을 H라고 하자.

△AQH와 △AHP에서

∠AQH=∠AHP, ∠A는 공통

이므로

△AQH∽△AHP (AA 닮음)

$\therefore\ \overline{AH}:\overline{AP}=\overline{AQ}:\overline{AH}$

$$\begin{aligned}\therefore\ \overline{AH}^2&=\overline{AP}\times\overline{AQ}=\overline{AP}\times2\overline{AP}\\&=2\overline{AP}^2\end{aligned}$$

한편 원의 중심을 C라고 하면

$$\begin{aligned}\overline{AH}^2&=\overline{AC}^2-\overline{CH}^2\\&=(4-1)^2+(4+1)^2-2^2=30\end{aligned}$$

이므로

$\overline{AP}^2=15 \quad \therefore\ \overline{AP}=\boldsymbol{\sqrt{15}}$

3-6.

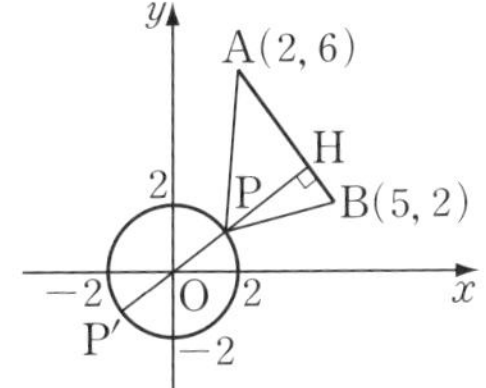

(1) 원점 O에서 선분 AB에 내린 수선의 발을 H라 하고, 선분 OH가 원과 만나는 점을 P라고 할 때, △PAB의 넓이가 최소이다.

직선 AB의 방정식은

$$4x+3y-26=0$$

이므로 원점과 이 직선 사이의 거리는

$$\overline{OH}=\frac{|-26|}{\sqrt{4^2+3^2}}=\frac{26}{5}$$

$$\therefore\ \overline{PH}=\frac{26}{5}-2=\frac{16}{5}$$

또, $\overline{AB}=\sqrt{(5-2)^2+(2-6)^2}=5$

따라서 △PAB의 넓이의 최솟값은

$$\frac{1}{2}\times5\times\frac{16}{5}=\mathbf{8}$$

(2) 선분 OH의 연장선이 원과 만나는 점을 P′이라고 할 때 △P′AB의 넓이가

최대이고, 이때의 넓이는

$$\frac{1}{2}\times5\times\left(\frac{16}{5}+4\right)=18$$

이므로 넓이의 최댓값과 최솟값의 차는

$$18-8=\mathbf{10}$$

***Note** 최댓값과 최솟값의 차는

$\triangle\mathrm{P'AB}-\triangle\mathrm{PAB}$

$=\frac{1}{2}\times\overline{\mathrm{AB}}\times\overline{\mathrm{P'H}}-\frac{1}{2}\times\overline{\mathrm{AB}}\times\overline{\mathrm{PH}}$

$=\frac{1}{2}\times\overline{\mathrm{AB}}\times(\overline{\mathrm{P'H}}-\overline{\mathrm{PH}})$

$=\frac{1}{2}\times\overline{\mathrm{AB}}\times\overline{\mathrm{P'P}}$

$=\frac{1}{2}\times\overline{\mathrm{AB}}\times4$

이므로 (2)만 구하기 위해서는 직선 AB의 방정식이나 선분 PH의 길이를 따로 구할 필요가 없다.

3-7. (1) 구하는 접선의 방정식을

$$y=-x+b \qquad \cdots\cdots①$$

이라고 하면 원의 중심 $(2, 3)$과 ① 사이의 거리는 원의 반지름의 길이와 같으므로

$$\frac{|2+3-b|}{\sqrt{1^2+1^2}}=\sqrt{10} \qquad \therefore\ b=5\pm2\sqrt{5}$$

$$\therefore\ \boldsymbol{y=-x+5\pm2\sqrt{5}}$$

(2) 원의 중심 $(2, 3)$과 접점 $\mathrm{P}(5, 4)$를 양 끝 점으로 하는 선분은 접선과 수직이므로 접선의 기울기를 m이라 하면

$$m\times\frac{4-3}{5-2}=-1 \qquad \therefore\ m=-3$$

또, 접선은 점 $\mathrm{P}(5, 4)$를 지나므로

$$y-4=-3(x-5)$$

$$\therefore\ \boldsymbol{y=-3x+19}$$

(3) 접선의 기울기를 m이라고 하면 점 $(-3, 8)$을 지나는 접선의 방정식은

$$y-8=m(x+3)$$

곧, $mx-y+3m+8=0 \quad \cdots②$

원의 중심 $(2, 3)$과 ② 사이의 거리는 원의 반지름의 길이와 같으므로

$$\frac{|2m-3+3m+8|}{\sqrt{m^2+(-1)^2}}=\sqrt{10}$$

$$\therefore\ 5|m+1|=\sqrt{10}\sqrt{m^2+1}$$

양변을 제곱하여 정리하면

$$3m^2+10m+3=0$$

$$\therefore\ m=-3,\ -\frac{1}{3}$$

이것을 ②에 대입하면

$$\boldsymbol{y=-3x-1,\ y=-\frac{1}{3}x+7}$$

***Note** 원의 중심이 원점이 아니므로 공식이나 판별식을 이용하는 것보다 원의 성질을 이용하는 것이 편하다.

3-8. 다음 그림과 같이 직선 OP가 원 O_1에 접할 때, 선분 AB의 길이는 최소가 된다.

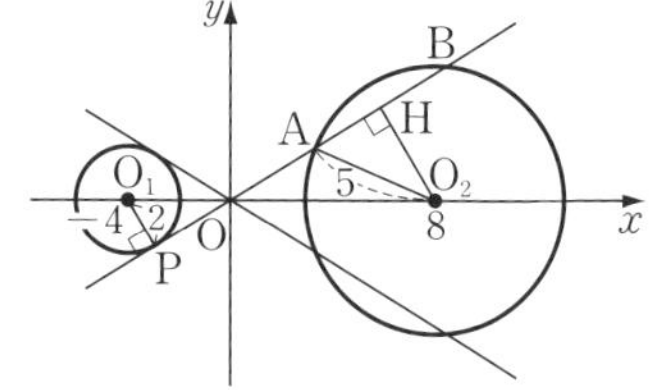

직선 OP의 방정식을 $y=mx$라고 하면 원 O_1의 중심 $\mathrm{O_1}(-4, 0)$과 직선 $mx-y=0$ 사이의 거리가 2이므로

$$\frac{|-4m|}{\sqrt{m^2+(-1)^2}}=2 \qquad \therefore\ m=\pm\frac{1}{\sqrt{3}}$$

따라서 직선 OP의 방정식은

$$y=\pm\frac{1}{\sqrt{3}}x \qquad \text{곧, } x\pm\sqrt{3}y=0$$

원 O_2의 중심 $\mathrm{O_2}(8, 0)$에서 직선 $x\pm\sqrt{3}y=0$에 내린 수선의 발을 H라고 하면

$$\overline{\mathrm{O_2H}}=\frac{|8|}{\sqrt{1+3}}=4$$

또, $\overline{\mathrm{O_2A}}=5$이므로

$$\overline{\mathrm{AH}}=\sqrt{5^2-4^2}=3$$

$\overline{\mathrm{AB}}=2\overline{\mathrm{AH}}=6$이므로 구하는 길이의 최솟값은 6

답 ③

*__Note__ $\overline{\mathrm{O_2H}}$는 다음과 같이 구할 수도 있다.

$\triangle \mathrm{O_1PO} \backsim \triangle \mathrm{O_2HO}$이므로

$\overline{\mathrm{O_1P}} : \overline{\mathrm{O_2H}} = \overline{\mathrm{OO_1}} : \overline{\mathrm{OO_2}}$

$\therefore\ 2 : \overline{\mathrm{O_2H}} = 4 : 8 \qquad \therefore\ \overline{\mathrm{O_2H}} = 4$

3-9. (i) $y=2x+k$에서 $2x-y+k=0$

원점과 이 직선 사이의 거리를 d라고 하면

$$d=\frac{|k|}{\sqrt{2^2+(-1)^2}}<2 \qquad \therefore\ |k|<2\sqrt{5}$$

$$\therefore\ \boldsymbol{-2\sqrt{5}<k<2\sqrt{5}}$$

(ii)

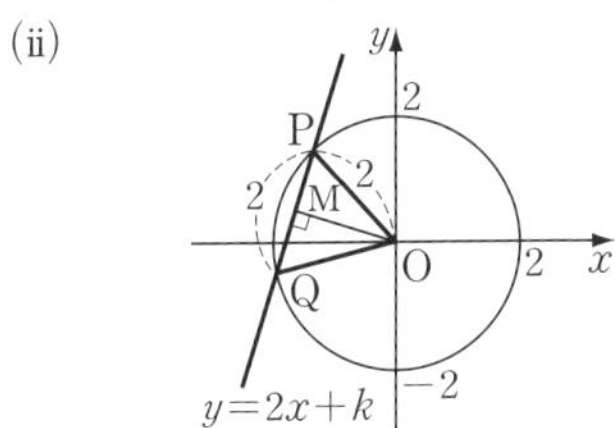

$\triangle$OPQ가 한 변의 길이가 2인 정삼각형이므로 현 PQ의 중점을 M이라고 하면 $\overline{\mathrm{OM}}=\sqrt{3}$

$$\therefore\ \frac{|k|}{\sqrt{2^2+(-1)^2}}=\sqrt{3}$$

$$\therefore\ \boldsymbol{k=\pm\sqrt{15}}$$

*__Note__ 다음과 같이 풀 수도 있다.

(i) 두 식에서 y를 소거하면

$5x^2+4kx+k^2-4=0$ ……①

이 방정식이 서로 다른 두 실근을 가지면 되므로

$D/4=4k^2-5(k^2-4)>0$

$\therefore\ \boldsymbol{-2\sqrt{5}<k<2\sqrt{5}}$

(ii)

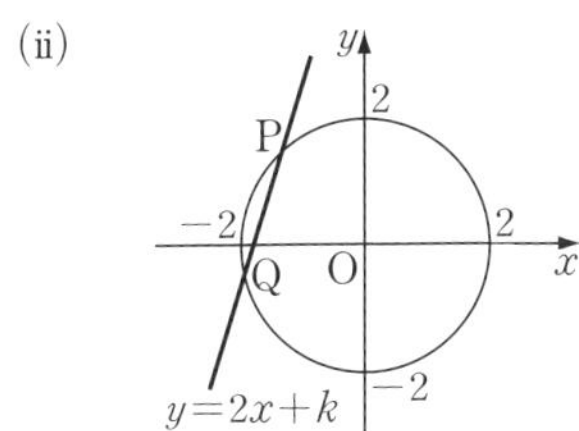

점 P, Q의 x좌표를 각각 α, β라고 하면

$\mathrm{P}(\alpha, 2\alpha+k),\ \mathrm{Q}(\beta, 2\beta+k)$

이므로

$$\begin{aligned}\overline{\mathrm{PQ}}&=\sqrt{(\beta-\alpha)^2+(2\beta-2\alpha)^2}\\&=\sqrt{5(\beta-\alpha)^2}\\&=\sqrt{5\{(\alpha+\beta)^2-4\alpha\beta\}}\ \cdots②\end{aligned}$$

한편 α, β는 ①의 두 근이므로

$$\alpha+\beta=-\frac{4k}{5},\ \alpha\beta=\frac{k^2-4}{5}$$

②에 대입하여 정리하면

$$\overline{\mathrm{PQ}}=\frac{2}{5}\sqrt{5(20-k^2)}$$

$\overline{\mathrm{PQ}}=2$이므로 $\dfrac{2}{5}\sqrt{5(20-k^2)}=2$

$\therefore\ 5(20-k^2)=25 \qquad \therefore\ \boldsymbol{k=\pm\sqrt{15}}$

3-10. 직선과 원이 만나는 점을 각각 A, B라고 하자.

(1) 점 P가 원의 중심 O에서 직선에 내린 수선의 발일 때 $\overline{\mathrm{AB}}$의 길이가 최소이다.

그런데 $\overline{\mathrm{OP}}=\sqrt{5}$, $\overline{\mathrm{OA}}=\sqrt{10}$이므로

$\overline{\mathrm{PA}}=\sqrt{5} \qquad \therefore\ \overline{\mathrm{AB}}=\boldsymbol{2\sqrt{5}}$

*__Note__

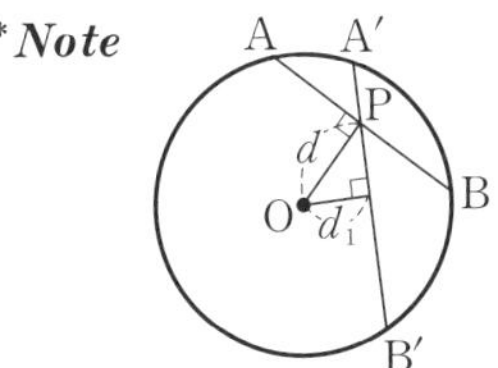

위의 그림에서 $d>d_1$이므로 $\overline{\mathrm{AB}}<\overline{\mathrm{A'B'}}$이다. 따라서 점 P가 점 O에서 현에 내린 수선의 발일 때 현의 길이가 최소이다.

(2) 직선 $x=2$가 원과 만나서 생기는 현의 길이는 $2\sqrt{6}$이므로 조건을 만족시키지 않는다.

따라서 점 P(2, 1)을 지나고 조건을 만족시키는 직선의 방정식을

$$y-1=m(x-2) \quad \cdots\cdots ①$$

로 놓을 수 있다.

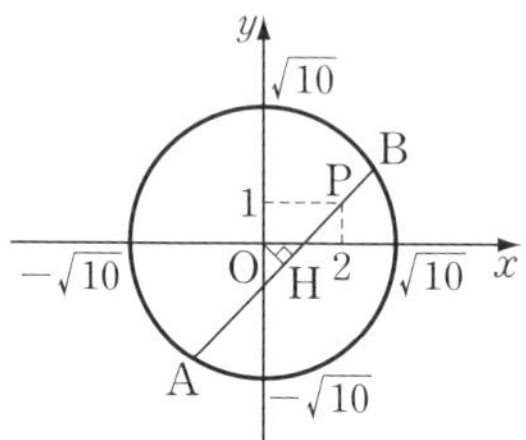

원점에서 이 직선에 내린 수선의 발을 H라고 하면

$$\overline{AH}=3,\ \overline{OA}=\sqrt{10}$$

이므로 $\overline{OH}=\sqrt{(\sqrt{10})^2-3^2}=1$

따라서 원의 중심 O와 직선 $mx-y-2m+1=0$ 사이의 거리가 1이다.

$$\therefore \frac{|-2m+1|}{\sqrt{m^2+(-1)^2}}=1$$

$\therefore (2m-1)^2=m^2+1 \quad \therefore m=0,\ \frac{4}{3}$

①에 대입하여 정리하면

$$\boldsymbol{y=1,\ 4x-3y-5=0}$$

***Note** ①은 x축에 수직인 직선을 나타내지 않으므로 직선 $x=2$와 원이 만나서 생기는 현이 주어진 조건을 만족시키는지 확인해야 한다.

3-11. 원 C의 중심을 C라고 하자.

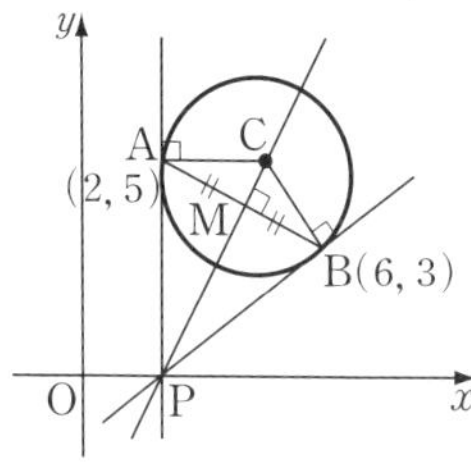

(1) 직선 CP는 선분 AB의 수직이등분선이다.

선분 AB의 중점을 M이라고 하면

$$M\left(\frac{2+6}{2},\ \frac{5+3}{2}\right) \quad \text{곧, } M(4,\ 4)$$

또, 직선 AB의 기울기는

$\frac{3-5}{6-2}=-\frac{1}{2}$이므로 선분 AB의 수직이등분선의 기울기는 2이다.

따라서 직선 CP의 방정식은

$$y-4=2(x-4) \quad \therefore y=2x-4$$

이 직선의 x절편은 2이므로 점 P의 x좌표는 **2**

(2) $\overline{AP}\perp\overline{AC}$이고 점 P의 x좌표는 2이므로 점 C의 y좌표는 5이다.

또, 점 C는 직선 $y=2x-4$ 위의 점이므로 $5=2x-4$에서 $x=\frac{9}{2}$

$$\therefore C\left(\frac{9}{2},\ 5\right)$$

이때, $\overline{AC}=\frac{9}{2}-2=\frac{5}{2}$이므로 원 C의 방정식은

$$\boldsymbol{\left(x-\frac{9}{2}\right)^2+(y-5)^2=\frac{25}{4}}$$

3-12. $x^2+y^2=1 \quad \cdots\cdots ①$

$x^2+y^2-2\sqrt{3}x-1=0 \quad \cdots\cdots ②$

②에서 $(x-\sqrt{3})^2+y^2=2^2$이므로 중심이 점 $(\sqrt{3},\ 0)$, 반지름의 길이가 2이다.

또, ①을 ②에 대입하면

$$1-2\sqrt{3}x-1=0 \quad \therefore x=0$$

①에 대입하면 $y=\pm1$

따라서 두 원의 교점은

$$A(0,\ 1),\ B(0,\ -1)$$

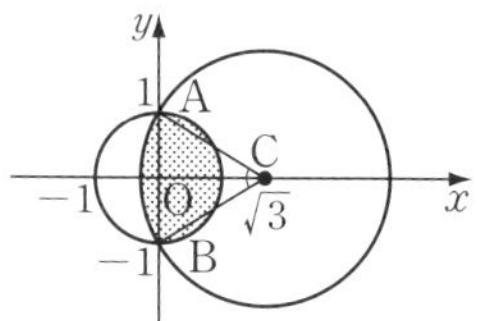

위의 그림에서 구하는 넓이는

(부채꼴 CAB의 넓이)$-\triangle$ABC

$+\frac{1}{2}$(원 ①의 넓이)

$$=\pi\times2^2\times\frac{60^\circ}{360^\circ}-\frac{1}{2}\times2\times\sqrt{3}+\frac{1}{2}\times\pi\times1^2$$

$$=\boldsymbol{\frac{7}{6}\pi-\sqrt{3}}$$

3-13.

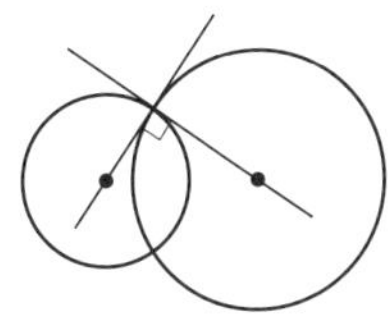

두 원의 접선이 서로 수직이면 교점에서 그은 한 원의 접선이 다른 원의 중심을 지난다. 따라서 두 원의 중심과 교점은 직각삼각형을 이룬다.

두 원의 중심은 각각 점 $(-a, 0)$, $(1, a)$이므로 중심 사이의 거리는

$$\sqrt{(a+1)^2+a^2}$$

또, 두 원의 반지름의 길이는 각각 1, 2이므로

$$(a+1)^2+a^2=1^2+2^2$$

$$\therefore\ a^2+a-2=0$$

$$\therefore\ (a+2)(a-1)=0$$

$a>0$이므로 $a=1$ 답 ①

3-14. 원 $x^2+y^2-9=0$은 x축에 접하지 않으므로 구하는 원의 방정식을

$$(x^2+y^2-9)m+(x^2+y^2-4x-2y+3)=0 \quad (m\neq-1) \quad \cdots\cdots ㉠$$

로 놓을 수 있다.

이 원과 x축의 교점의 x좌표를 구하기 위하여 ㉠에 $y=0$을 대입하면

$$(m+1)x^2-4x+3-9m=0$$

㉠이 x축에 접하려면 이 이차방정식이 중근을 가져야 하므로

$$D/4=4-(m+1)(3-9m)=0$$

$$\therefore\ m=-\frac{1}{3}$$

이 값을 ㉠에 대입하고 정리하면

$$\boldsymbol{x^2+y^2-6x-3y+9=0}$$

3-15.

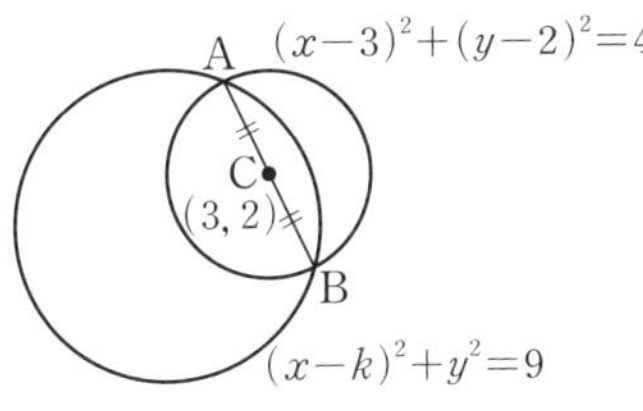

$$(x-k)^2+y^2=9 \quad \cdots\cdots ㉠$$

$$(x-3)^2+(y-2)^2=4 \quad \cdots\cdots ㉡$$

두 원의 중심 사이의 거리가

$$\sqrt{(k-3)^2+4}$$

이므로 두 원이 두 점에서 만나려면

$$3-2<\sqrt{(k-3)^2+4}<3+2 \quad \cdots ㉢$$

한편 ㉠이 ㉡의 둘레를 이등분하려면 ㉠과 ㉡의 교점 A, B가 원 ㉡의 지름의 양 끝 점이어야 한다.

직선 AB의 방정식은 ㉠−㉡에서

$$(6-2k)x+4y+k^2-18=0$$

이 직선이 원 ㉡의 중심 C(3, 2)를 지나므로

$$(6-2k)\times3+4\times2+k^2-18=0$$

$$\therefore\ k^2-6k+8=0 \qquad \therefore\ \boldsymbol{k=2,\ 4}$$

이 값은 ㉢을 만족시킨다.

3-16. $\angle APB=90^\circ$를 만족시키는 점 P는 선분 AB를 지름으로 하는 원, 곧 원 $x^2+y^2=k^2$ 위의 점이다.

따라서 조건을 만족시키는 점 P가 원 $(x-2)^2+(y-4)^2=5$ 위에 존재하려면 두 원 $x^2+y^2=k^2$, $(x-2)^2+(y-4)^2=5$가 만나야 한다.

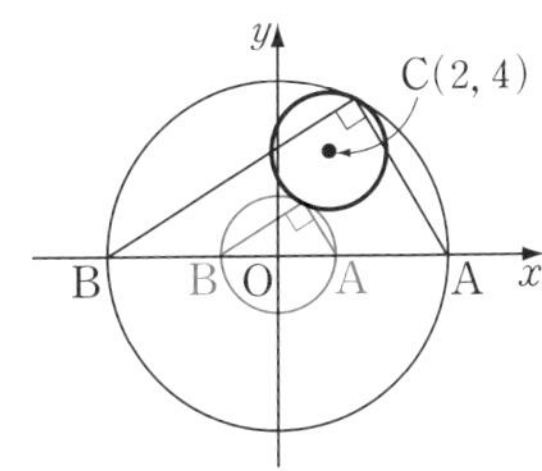

원 $(x-2)^2+(y-4)^2=5$의 중심을 C라고 하면 C$(2, 4)$이므로 원점 O에 대하여 $\overline{\text{OC}}=\sqrt{2^2+4^2}=2\sqrt{5}$

이때, 중심이 원점이고 원 $(x-2)^2+(y-4)^2=5$와 외접하는 원의 반지름의 길이는

$$\overline{\text{OC}}-\sqrt{5}=2\sqrt{5}-\sqrt{5}=\sqrt{5}$$

또, 내접하는 원의 반지름의 길이는

$$\overline{\text{OC}}+\sqrt{5}=2\sqrt{5}+\sqrt{5}=3\sqrt{5}$$

$$\therefore\ \boldsymbol{\sqrt{5}\le k\le 3\sqrt{5}}$$

3-17. 점 P의 좌표를 P(x, y)라고 하면 $\overline{\text{PA}}^2+\overline{\text{PB}}^2=18$이므로

$$(x-5)^2+(y-2)^2+(x-3)^2+(y-4)^2=18$$

$$\therefore\ (x-4)^2+(y-3)^2=7$$

따라서 점 P는 중심이 점 $(4, 3)$이고 반지름의 길이가 $\sqrt{7}$인 원 위를 움직인다.

그러므로 선분 OP의 길이의

최댓값 $5+\sqrt{7}$, 최솟값 $5-\sqrt{7}$

3-18. $(x-5)^2+y^2=3^2$이므로 중심이 C$(5, 0)$이고 반지름의 길이가 3이다.

점 P의 좌표를 P(x, y)라고 하면

$$\overline{\text{PA}}^2=(x-2)^2+(y-4)^2$$

이고

$$\overline{\text{PT}}^2=\overline{\text{PC}}^2-\overline{\text{CT}}^2=(x-5)^2+y^2-3^2=x^2+y^2-10x+16$$

$\overline{\text{PT}}=\overline{\text{PA}}$이므로

$$x^2+y^2-10x+16=(x-2)^2+(y-4)^2$$

$$\therefore\ \boldsymbol{3x-4y+2=0}$$

3-19. $y+k(x-2)=0$ ⋯⋯①

$ky-(x+2)=0$ ⋯⋯②

k의 값에 관계없이 ①은 점 A$(2, 0)$을 지나고, ②는 점 B$(-2, 0)$을 지난다.

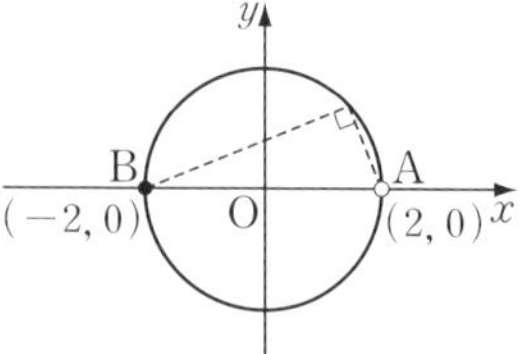

한편 ①, ②에서

$$k\times(-1)+1\times k=0$$

이므로 k의 값에 관계없이 ①, ②는 수직이다.

따라서 ①, ②의 교점은 지름이 $\overline{\text{AB}}$인 원 위에 있다.

이때, $\overline{\text{AB}}$의 중점은 원점이고, $\overline{\text{AB}}=4$이므로 자취의 방정식은

$$x^2+y^2=4$$

한편 ①은 직선 $x=2$를, ②는 직선 $y=0$을 나타낼 수 없으므로 점 $(2, 0)$은 제외한다.

따라서 구하는 자취의 방정식은

$\boldsymbol{x^2+y^2=4}$ (단, 점 **(2, 0)**은 제외)

4-1. T는 x축의 방향으로 m만큼의 평행이동이다.

따라서 직선 $3x+4y+3=0$을 T에 의하여 평행이동하면

$$3(x-m)+4y+3=0$$

이 직선이 원점 $(0, 0)$을 지나므로

$$3(0-m)+4\times0+3=0$$

$$\therefore\ m=1$$

답 ④

4-2. 직선 $y=ax+b$를 x축의 방향으로 2만큼, y축의 방향으로 -3만큼 평행이동한 직선 l의 방정식은

$$y+3=a(x-2)+b$$

$$\therefore\ y=ax-2a+b-3$$

직선 $y=3x+4$가 직선 l과 수직이므로 $\boldsymbol{a=-\frac{1}{3}}$

또, 직선 $y=3x+4$는 직선 l과 y절편

이 같으므로

$$-2a+b-3=4$$

$a=-\frac{1}{3}$을 대입하면 $\boldsymbol{b=\frac{19}{3}}$

4-3.

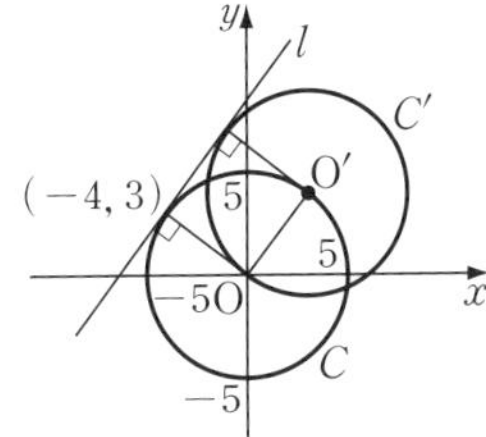

원 C'의 중심을 O'이라고 하면 원점 O에 대하여 $\overline{\mathrm{OO}'} /\!/ l$

이때, 직선 l의 방정식은

$$-4x+3y=25,\ \text{곧}\ y=\frac{4}{3}x+\frac{25}{3}$$

이므로 직선 OO'의 방정식은 $y=\frac{4}{3}x$

원 C'의 중심 $\mathrm{O}'(a, b)$가 직선 $y=\frac{4}{3}x$ 위에 있으므로 $b=\frac{4}{3}a$

한편 원 C'이 원 C의 중심 $\mathrm{O}(0, 0)$을 지나므로 $\overline{\mathrm{OO}'}=5$

$$\therefore\ a^2+b^2=25$$

$b=\frac{4}{3}a$를 대입하면

$$a^2+\frac{16}{9}a^2=25 \qquad \therefore\ a^2=9$$

$a>0$이므로 $a=3$

이때, $b=\frac{4}{3}a=4$

$$\therefore\ \boldsymbol{a+b=7}$$

4-4. 평행이동한 직선의 방정식은

$$3(x-3)+4(y+2)=5$$

곧, $3x+4y=6$

다시 대칭이동한 직선의 방정식은

$$3y+4x=6 \qquad \text{곧, } 4x+3y=6$$

이 직선이 원의 넓이를 이등분하려면 원의 중심 $(a, -6)$을 지나야 하므로

$$4a+3\times(-6)=6 \qquad \therefore\ a=6$$

답 ④

4-5. 모눈종이를 직선

$$y=ax+b \qquad \cdots\cdots ①$$

을 따라 접었다고 하면 점 $(1, 4)$는 점 $(5, 0)$과 직선 ①에 대하여 대칭이다.

두 점을 잇는 선분의 중점 $(3, 2)$가 직선 ① 위에 있으므로

$$2=3a+b \qquad \cdots\cdots ②$$

또, 두 점을 지나는 직선이 직선 ①과 수직이므로

$$\frac{0-4}{5-1}\times a=-1 \qquad \therefore\ a=1$$

이 값을 ②에 대입하면 $b=-1$

따라서 ①은 $y=x-1 \qquad \cdots\cdots ③$

한편 구하는 점의 좌표를 (p, q)라고 하면, 두 점 $(4, -3)$, (p, q)는 직선 ③에 대하여 대칭이므로

$$\frac{q-3}{2}=\frac{p+4}{2}-1,\ \frac{q+3}{p-4}=-1$$

$$\therefore\ p=-2,\ q=3 \qquad \therefore\ \boldsymbol{(-2, 3)}$$

4-6. $\sqrt{x^2+2x+5}+\sqrt{x^2-8x+32}$

$=\sqrt{(x+1)^2+2^2}+\sqrt{(x-4)^2+4^2}\ \cdots ①$

이므로 $\mathrm{A}(-1, 2)$, $\mathrm{B}(4, 4)$, $\mathrm{P}(x, 0)$이라고 하면 ①은 $\overline{\mathrm{AP}}+\overline{\mathrm{BP}}$와 같다.

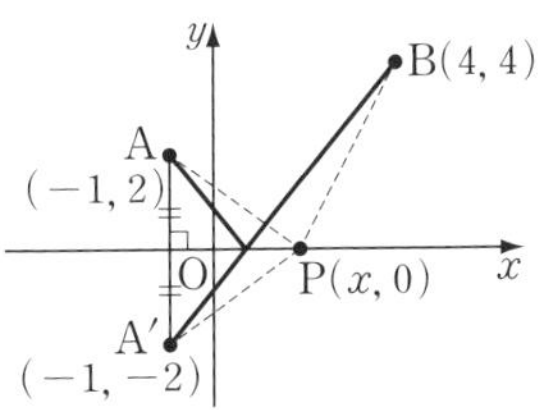

점 A를 x축에 대하여 대칭이동한 점을 A′이라고 하면 $\mathrm{A}'(-1, -2)$이고,

$$\overline{\mathrm{AP}}+\overline{\mathrm{BP}}=\overline{\mathrm{A'P}}+\overline{\mathrm{BP}}\ge\overline{\mathrm{A'B}}$$

이므로 점 P가 선분 A′B 위에 있을 때 $\overline{\mathrm{AP}}+\overline{\mathrm{BP}}$가 최소가 된다.

따라서 구하는 최솟값은

$\overline{\text{A}'\text{B}}=\sqrt{(4+1)^2+(4+2)^2}=\sqrt{\mathbf{61}}$

한편 직선 A′B의 방정식은

$$y+2=\frac{4+2}{4+1}(x+1)$$

곧, $6x-5y-4=0$

이 직선의 x절편이 구하는 x의 값이므로 $6x-4=0$에서 $\boldsymbol{x=\frac{2}{3}}$

4-7.

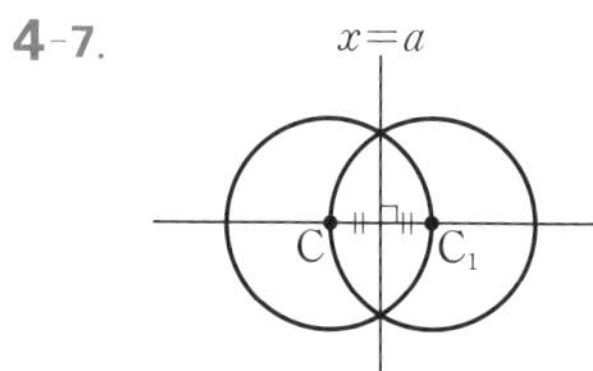

$(x-2)^2+(y-1)^2=5^2$에서 원 C는 중심이 C(2, 1)이고 반지름의 길이가 5인 원이다.

따라서 원 C를 직선 $x=a$에 대하여 대칭이동한 원의 중심을 C_1이라고 하면 직선 $x=a$는 선분 CC_1의 수직이등분선이고, $\overline{CC_1}=5$이므로 $a=2\pm\frac{5}{2}$

$a>0$이므로 $\boldsymbol{a=\frac{9}{2}}$

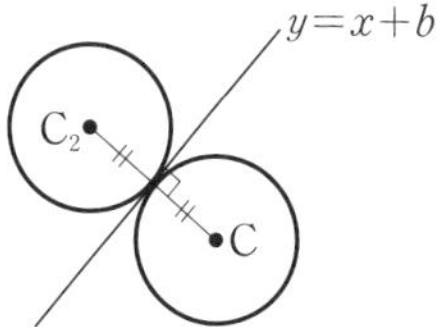

또, 직선 $y=x+b$는 원 C의 접선이므로 점 C와 이 직선 사이의 거리는 5이다.

$\therefore \dfrac{|2-1+b|}{\sqrt{1^2+(-1)^2}}=5 \quad \therefore b=-1\pm5\sqrt{2}$

$b>0$이므로 $\boldsymbol{b=5\sqrt{2}-1}$

4-8. (1) 점 P(x, y)를 직선 $y=-x$에 대하여 대칭이동한 점을 P′(x', y')이라고 하자.

선분 PP′의 중점이 직선 $y=-x$ 위에 있으므로

$$\frac{y+y'}{2}=-\frac{x+x'}{2}$$

$\therefore x'+y'=-x-y$ ……①

또, 직선 PP′이 직선 $y=-x$와 수직이므로 $\dfrac{y'-y}{x'-x}=1$

$\therefore x'-y'=x-y$ ……②

①, ②를 x', y'에 관하여 연립하여 풀면 $x'=-y$, $y'=-x$

$\therefore \boldsymbol{(-y, -x)}$

(2) 직선 $y=-x$에 대하여 직선

$y=ax+1$ ……①

과 대칭인 직선의 방정식은

$-x=-ay+1$

곧, $x-ay+1=0$ ……②

①에서 $ax-y+1=0$ ……③

②, ③은 일치하므로 $\boldsymbol{a=1}$

*Note 1° 직선 $y=-x$에 대하여 도형 $f(x, y)=0$을 대칭이동한 도형의 방정식은 $f(-y, -x)=0$이다.

⇦ 유제 4-5 참조

2° 직선 $y=ax+1$이 직선 $y=-x$에 대하여 대칭일 때에는 두 직선이 서로 수직이어야 하므로

$a\times(-1)=-1 \quad \therefore \boldsymbol{a=1}$

4-9. (1) 주어진 원의 방정식을 표준형으로 고치면

$(x-3)^2+(y+2)^2=13$

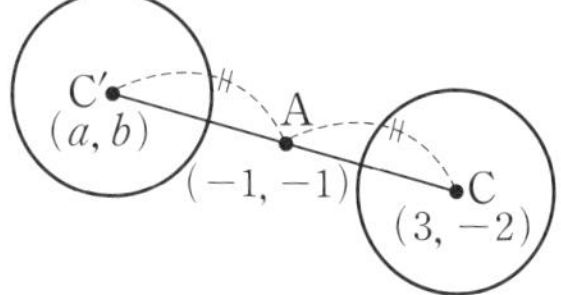

이때, 점 A$(-1, -1)$에 대하여 중심 C$(3, -2)$와 대칭인 점을 C′(a, b)라고 하면 $\overline{CC'}$의 중점이 A이므로

$$\frac{3+a}{2}=-1,\ \frac{-2+b}{2}=-1$$

$\therefore\ a=-5,\ b=0$

대칭이동한 원의 반지름의 길이는 변하지 않으므로 구하는 원의 방정식은

$$(x+5)^2+y^2=13$$

(2) $2x-y+1=0$ ……㉮

직선 ㉮ 위의 점 $\mathrm{P}(x, y)$가 점 $\mathrm{P}'(x', y')$으로 이동된다고 하면 두 점 P, P'은 점 $(2, 1)$에 대하여 대칭이므로

$$\frac{x+x'}{2}=2,\ \frac{y+y'}{2}=1$$

$\therefore\ x=4-x',\ y=2-y'$

그런데 점 $\mathrm{P}(x, y)$는 직선 ㉮ 위에 있으므로

$2(4-x')-(2-y')+1=0$

$\therefore\ 2x'-y'-7=0$

x', y'을 x, y로 바꾸면

$$2x-y-7=0$$

5-1. 집합 A의 원소는 $1, 2, \{3\}, \{4, 5\}$이므로

$3\notin A,\ \{4, 5\}\not\subset A,\ \{1, 2\}\subset A,$
$\{3, 4, 5\}\not\subset A$

또, 원소의 개수가 4이므로 부분집합의 개수는 $2^4=16$ 답 ③

5-2. $z=a(1+i)+b(1-i)$
$=(a+b)+(a-b)i\ (a>0,\ b>0)$

① $2-5i\in M$이라고 하면

$a+b=2,\ a-b=-5$를 만족시키는 양수 a, b가 존재해야 한다.

그런데 두 식을 연립하여 풀면

$a=-\frac{3}{2},\ b=\frac{7}{2}$이고, 이것은 $a<0$이므로 모순이다. $\therefore\ 2-5i\notin M$

② $5-2i\in M$이라고 하면

$a+b=5,\ a-b=-2$를 만족시키는 양수 a, b가 존재해야 한다.

두 식을 연립하여 풀면 $a=\frac{3}{2},\ b=\frac{7}{2}$이고 $a>0,\ b>0$이므로 $5-2i\in M$

③, ④, ⑤도 같은 방법으로 하면

$2i\notin M,\ 2+3i\notin M,\ -3+2i\notin M$

답 ②

5-3. $A_3=\left\{x\,\middle|\,\left[\frac{x}{3}\right]=1,\ x\text{는 자연수}\right\}$

$=\left\{x\,\middle|\,1\le\frac{x}{3}<2,\ x\text{는 자연수}\right\}$

$=\{x\,|\,3\le x<6,\ x\text{는 자연수}\}$

$\therefore\ \boldsymbol{A_3=\{3, 4, 5\}}$

$A_6=\left\{x\,\middle|\,\left[\frac{x}{6}\right]=1,\ x\text{는 자연수}\right\}$

$=\left\{x\,\middle|\,1\le\frac{x}{6}<2,\ x\text{는 자연수}\right\}$

$=\{x\,|\,6\le x<12,\ x\text{는 자연수}\}$

$\therefore\ \boldsymbol{A_6=\{6, 7, 8, 9, 10, 11\}}$

5-4. ㄱ. $-3=-3+0\times\sqrt{2}$이고 -3과 0이 정수이므로 $-3\in A$

ㄴ. 임의의 정수 n에 대하여

$n=n+0\times\sqrt{2}$

로 나타낼 수 있으므로 $n\in A$

$\therefore\ Z\subset A$

ㄷ. $x=a+b\sqrt{2},\ y=c+d\sqrt{2}$
$(a, b, c, d\text{는 정수})$

라고 하면

$xy=(a+b\sqrt{2})(c+d\sqrt{2})$
$=ac+ad\sqrt{2}+bc\sqrt{2}+2bd$
$=(ac+2bd)+(ad+bc)\sqrt{2}$

이때, $ac+2bd,\ ad+bc$가 모두 정수이므로 $xy\in A$

이상에서 옳은 것은 ㄱ, ㄴ, ㄷ이다.

답 ⑤

5-5. 조건 ㈎에 의하여 $-2\in A$이고, $-2\in A$이면 조건 ㈏에 의하여

$$\frac{1}{1-(-2)}=\frac{1}{3}\in A$$

$\frac{1}{3}\in A$이면 조건 ㈏에 의하여

$$\frac{1}{1-\frac{1}{3}}=\frac{3}{2}\in A$$

$\frac{3}{2} \in A$ 이면 조건 (나)에 의하여

$$\frac{1}{1-\frac{3}{2}}=-2\in A$$

마찬가지 방법으로

$2\in A$ 이면 $\frac{1}{1-2}=-1\in A$

$-1\in A$ 이면 $\frac{1}{1-(-1)}=\frac{1}{2}\in A$

$\frac{1}{2}\in A$ 이면 $\frac{1}{1-\frac{1}{2}}=2\in A$

따라서 원소의 개수가 최소인 A는

$$\boldsymbol{A=\left\{-2,\ -1,\ \frac{1}{3},\ \frac{1}{2},\ \frac{3}{2},\ 2\right\}}$$

5-6. $A=\{x\,|\,(x-1)(x+3)\le 0\}$
$=\{x\,|\,-3\le x\le 1\}$

따라서 $A\subset B$이려면

$f(x)=x^2+ax-a^2+1$로 놓을 때

$-3\le x\le 1$에서 $f(x)<0$이어야 한다.

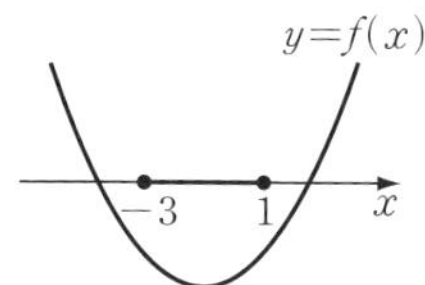

$\therefore\ f(-3)<0,\ f(1)<0$

$f(-3)<0$에서 $9-3a-a^2+1<0$

$\therefore\ a<-5$ 또는 $a>2$ ⋯⋯①

$f(1)<0$에서 $1+a-a^2+1<0$

$\therefore\ a<-1$ 또는 $a>2$ ⋯⋯②

①, ②의 공통 범위는

$\boldsymbol{a<-5}$ **또는** $\boldsymbol{a>2}$

5-7. $n(A)=n(B)=3$이므로

$a\ne 0,\ b\ne 0$

(i) $a-b=0$일 때, $b=a$이므로

$A=\{a,\ 0,\ 2a\},\ B=\{0,\ |a|,\ a^2\}$

$a^2>0$이므로 $A=B$이려면 $a>0$

따라서 $|a|=a$이므로 $2a=a^2$

$a\ne 0$이므로 $a=2,\ b=2$

이때, $A=B=\{0,\ 2,\ 4\}$이므로 조건을 만족시킨다.

(ii) $a+b=0$일 때, $b=-a$이므로

$A=\{a,\ 2a,\ 0\},\ B=\{0,\ |a|,\ -a^2\}$

이때, A의 원소 $a,\ 2a$는 서로 같은 부호이고, B의 원소 $|a|,\ -a^2$은 서로 다른 부호이므로 $A=B$가 될 수 없다.

(i), (ii)에서 $\boldsymbol{a=2,\ b=2}$

5-8. 집합 $\{b,\ c,\ d\}$의 부분집합의 개수는

$2^3=8$

집합 $\{c,\ d,\ e,\ f\}$의 부분집합의 개수는

$2^4=16$

두 집합 $\{b,\ c,\ d\}$, $\{c,\ d,\ e,\ f\}$의 부분집합 중 서로 같은 것의 개수는 집합 $\{c,\ d\}$의 부분집합의 개수와 같으므로

$2^2=4$

따라서 집합 $\{b,\ c,\ d\}$의 부분집합이거나 집합 $\{c,\ d,\ e,\ f\}$의 부분집합인 것의 개수는 $8+16-4=20$

이때, 집합 $\{a,\ b,\ c,\ d,\ e,\ f\}$의 부분집합의 개수는 $2^6=64$이므로 조건을 만족시키는 부분집합의 개수는

$64-20=\boldsymbol{44}$

5-9. 주어진 조건에 의하여 X는 A의 부분집합이고, 2, 3, 5 중 적어도 하나는 원소로 가져야 한다.

A의 부분집합의 개수는 2^6이고, 2, 3, 5를 모두 원소로 가지지 않는 부분집합의 개수는 집합 $\{1,\ 4,\ 6\}$의 부분집합의 개수와 같으므로 2^3이다.

따라서 구하는 집합 X의 개수는

$2^6-2^3=64-8=\boldsymbol{56}$

5-10. $A\cup B=\{1,\ 2,\ 3,\ \cdots,\ 9\}$,
$A-B=\{2,\ 3,\ 5,\ 7\}$

이므로

$B=(A\cup B)-(A-B)$
$=\{1,\ 2,\ 3,\ \cdots,\ 9\}-\{2,\ 3,\ 5,\ 7\}$

$=\{1, 4, 6, 8, 9\}$

따라서 집합 B의 원소의 개수가 5이므로 부분집합의 개수는 $2^5=\mathbf{32}$

*Note

A B

$A-B$ $A\cap B$ $B-A$

위의 벤 다이어그램에서 다음을 알 수 있다.

$B=(A\cap B)\cup(B-A)$
$=(A\cup B)-(A-B)$

5-11. 임의의 $(p, q)\in B$에 대하여 $q-p$는 유리수이므로

$q-p\neq\sqrt{3}$ 곧, $q\neq p+\sqrt{3}$

$\therefore\ (p, q)\notin A$

$\therefore\ A\cap B=\varnothing$ ······㉠

한편 $A\neq\varnothing$이고 $B\neq\varnothing$이므로 ㉠에 의하여 $A\cup B\neq A$

또한 $(\sqrt{2}, \sqrt{2})\notin A$, $(\sqrt{2}, \sqrt{2})\notin B$이므로 $A\cup B\neq U$ [답] ②

5-12. $n(A\cup B)=4$이므로 $A\cup B=U$

$n(A\cap B)=1$이므로 $A\cap B$는

$\{a\}$ 또는 $\{b\}$ 또는 $\{c\}$ 또는 $\{d\}$

$A\cap B=\{a\}$일 때, b, c, d는 각각 $A-B$ 또는 $B-A$의 원소이므로 순서쌍 (A, B)의 개수는 $2\times2\times2=8$

$A\cap B=\{b\}, \{c\}, \{d\}$일 때에도 마찬가지이므로 구하는 순서쌍 (A, B)의 개수는 $4\times8=\mathbf{32}$

5-13. A_n은 n과 서로소인 자연수의 집합을 뜻한다.

이를테면 A_6은 $6(=2\times3)$과 서로소인 자연수의 집합이므로 2의 배수도 아니고 3의 배수도 아닌 자연수의 집합이다.

곧, $A_6=\{1, 5, 7, 11, \cdots\}$

① $A_2=\{1, 3, 5, 7, 9, \cdots\}$이므로 A_2의 원소는 2의 배수가 아니다.

② $A_4=\{1, 3, 5, 7, 9, \cdots\}$ ⇦ $4=2^2$

여기서 이를테면 6은 4의 배수가 아니지만 A_4의 원소는 아니다.

③ $A_6=\{1, 5, 7, 11, \cdots\}$이므로 이것과 ①로부터 $A_6\subset A_2$

④ 위의 ①과 ②에서 $A_2=A_4$

⑤ $A_6=A_2\cap A_3$이고 $A_2=A_4$이므로

$A_6=A_4\cap A_3$ [답] ②

*Note 자연수 n을 소인수분해하여

$n=a^\alpha b^\beta c^\gamma$ (a, b, c는 소수)

이라고 하면 A_n은 a, b, c의 배수가 아닌 자연수의 집합이다.

5-14. ㉠ $\mathbf{(A\cap C)-B}$

㉡ $\mathbf{D-(A\cup C)}$

㉢ $\mathbf{(B-D)\cap(C-A)}$

*Note ㉠, ㉡, ㉢을 나타내는 방법은 여러 가지가 있다. 이를테면

㉠ $A\cap B^C\cap C$, $(A\cap C)-(A\cap B)$

㉡ $A^C\cap C^C\cap D$, $(D-A)\cap(D-C)$

㉢ $A^C\cap B\cap C\cap D^C$, $(B\cap C)-(A\cup D)$

등도 가능하다.

5-15. $A=\{x\mid(x-2)(x-4)=0\}$

$=\{2, 4\}$,

$(A-B)\cup(B-A)=\{-2, 2\}$

에서 A, B를 벤 다이어그램으로 나타내면 아래 그림과 같다.

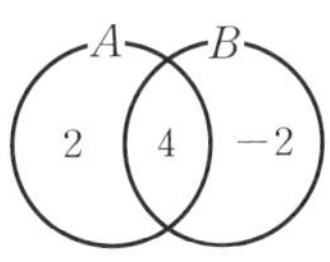

$\therefore\ B=\{-2, 4\}$

이차방정식의 근과 계수의 관계로부터

$-a=-2+4,\ b=-2\times4$

$\therefore\ \mathbf{a=-2,\ b=-8}$

5-16. 조건 ㈎에서 $n(P\cap A)=3$이므로

집합 A의 네 원소 중 3개가 집합 P에 속한다.

따라서 집합 $P\cap A$는 $\{1, 2, 3\}$, $\{1, 2, 4\}$, $\{1, 3, 4\}$, $\{2, 3, 4\}$ 중 하나이므로 $P\cap A$의 모든 원소의 합으로 가능한 값은 6, 7, 8, 9이다.

$P=(P\cap A)\cup(P-A)$이므로 조건 (다)에서 $P-A$의 모든 원소의 합으로 가능한 값은 16, 15, 14, 13이다. ……㉮

또, 조건 (나)에서 $P\subset B$이므로

$$(P-A)\subset(B-A)$$

곧, $(P-A)\subset\{5, 6, 7\}$

이때, ㉮을 만족시키는 경우는 $P-A=\{6, 7\}$뿐이고, 이 경우 $P\cap A$의 모든 원소의 합은 9이어야 하므로

$$P\cap A=\{2, 3, 4\}$$

$$\therefore\ \boldsymbol{P=\{2, 3, 4, 6, 7\}}$$

6-1. ① $A_4{}^C\cup A_6{}^C=(A_4\cap A_6)^C=A_{12}{}^C$

② $A_3\cap(A_2\cap A_4)=A_3\cap A_4=A_{12}$

③ $A_2\cup(A_2\cap A_5)=A_2\cup A_{10}=A_2$

④ $A_3\cup(A_6\cap A_9)=(A_3\cup A_6)\cap(A_3\cup A_9)$
$=A_3\cap A_3=A_3$

⑤ $A_2\cap(A_3\cup A_4)=(A_2\cap A_3)\cup(A_2\cap A_4)$
$=A_6\cup A_4$

답 ②

**Note* ③ $A\cup(A\cap B)=A$이므로
$A_2\cup(A_2\cap A_5)=A_2$

④ $A_3\cup(A_6\cap A_9)=A_3\cup A_{18}=A_3$

6-2. ① $(A\cup B)\cap(A\cup B^C)$
$=A\cup(B\cap B^C)=A\cup\varnothing=A$

② $[(A\cup B^C)\cap B]^C$
$=[(A\cap B)\cup(B^C\cap B)]^C$
$=[(A\cap B)\cup\varnothing]^C=(A\cap B)^C$

③ $(A\cap B^C)\cap(A^C\cap B)$
$=(A\cap A^C)\cap(B\cap B^C)=\varnothing\cap\varnothing=\varnothing$

④ $[A^C\cup(A\cap B^C)]^C$
$=(A^C)^C\cap(A\cap B^C)^C$
$=A\cap(A^C\cup B)$
$=(A\cap A^C)\cup(A\cap B)$
$=\varnothing\cup(A\cap B)=A\cap B$

⑤ $(A\cap B)\cup(A\cap B^C)\cup(A^C\cap B)$
$=[A\cap(B\cup B^C)]\cup(A^C\cap B)$
$=(A\cap U)\cup(A^C\cap B)$
$=A\cup(A^C\cap B)$
$=(A\cup A^C)\cap(A\cup B)$
$=U\cap(A\cup B)=A\cup B$

답 ④

**Note* 1° 좌변과 우변의 벤 다이어그램을 각각 그려 양변이 같은지 확인해도 된다.

2° ③ $(A\cap B^C)\cap(A^C\cap B)$
$=(A-B)\cap(B-A)=\varnothing$

⑤ $(A\cap B)\cup(A\cap B^C)\cup(A^C\cap B)$
$=(A\cap B)\cup(A-B)\cup(B-A)$
$=A\cup B$

6-3. $(A-B)\cup(B-C)\cup(C-A)=\varnothing$ 이므로

$$A-B=\varnothing,\ B-C=\varnothing,\ C-A=\varnothing$$
$$\therefore\ A\subset B,\ B\subset C,\ C\subset A$$
$$\therefore\ A=B=C$$

$\therefore\ [C\cap(B-A)^C]-B=(C\cap\varnothing^C)-B$
$=(C\cap U)-B$
$=C-B=\varnothing$

6-4. (1) $(A^C\cup B)\cap A$
$=(A^C\cap A)\cup(B\cap A)$
$=\varnothing\cup(B\cap A)=B\cap A$

이므로 주어진 조건식에서

$$A\cap B=\{3, 4\}$$

따라서 집합 B에 3, 4가 속해야 하고, 5는 속하지 않아야 한다.

이와 같은 집합 B 중 원소의 개수가 가장 작은 것은 다음 그림과 같은 경우이므로 $\{3, 4\}$이다.

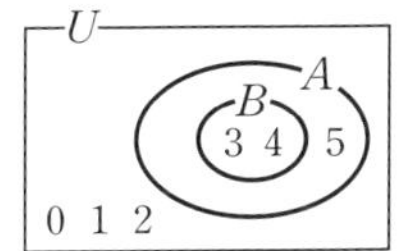

답 $\{3, 4\}$

(2) $A\cap C=\varnothing$이려면 집합 C에 3, 4, 5가 속하지 않아야 한다.

따라서 집합 C는 집합 $\{0, 1, 2\}$의 부분집합이어야 한다.

답 $\varnothing$, $\{0\}$, $\{1\}$, $\{2\}$, $\{0, 1\}$, $\{0, 2\}$, $\{1, 2\}$, $\{0, 1, 2\}$

6-5. $A\cap C=C$이므로 $C\subset A$

$(A-B)\cup C=C$이므로 $(A-B)\subset C$

$\therefore (A-B)\subset C\subset A$

한편 $A-B=\{1, 2\}$이므로

$\{1, 2\}\subset C\subset\{1, 2, 3, 4, 5, 6\}$

따라서 C는 $\{1, 2, 3, 4, 5, 6\}$의 부분집합 중에서 1과 2가 속하는 집합이다.

곧, 집합 C의 개수는 집합 $\{3, 4, 5, 6\}$의 부분집합의 개수와 같으므로

$2^4=$**16**

6-6. $A\circ B$를 벤 다이어그램으로 나타내면 아래와 같다.

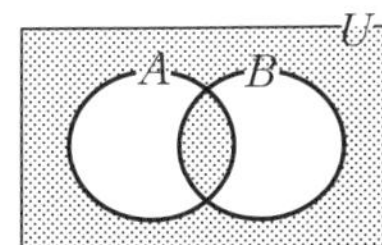

$\therefore (A\circ B)\circ A=[(A\circ B)\cap A]\cup[(A\circ B)\cup A]^C$

$=(A\cap B)\cup(B-A)$

$=\boldsymbol{B}$

***Note** $(A\circ B)\cap A$

$=[(A\cap B)\cup(A\cup B)^C]\cap A$

$=(A\cap B\cap A)\cup[(A\cup B)^C\cap A]$

$=(A\cap B)\cup\varnothing=A\cap B$

$[(A\circ B)\cup A]^C$

$=[(A\cap B)\cup(A\cup B)^C\cup A]^C$

$=[A\cup(A\cup B)^C]^C$

$=A^C\cap(A\cup B)$

$=(A\cup B)-A=B-A$

6-7. (i) $(A\cup B)-(A\cap B)=\{1, 3, 4, 5\}$

이 집합의 가장 큰 원소는 5이고, $5\in A$이므로 $A\gg B$

(ii) $(A\cup C)-(A\cap C)=\{1, 4\}$

이 집합의 가장 큰 원소는 4이고, $4\in C$이므로 $C\gg A$

(i), (ii)에서 $C\gg A\gg B$ 답 ④

***Note** $X\gg Y$의 정의에 의하여 $X\gg Y$이고 $Y\gg Z$이면 $X\gg Z$이다.

6-8. 드모르간의 법칙에 의하여

$A^C\cup B=(A\cap B^C)^C=(A-B)^C$

이때, $(A-B)\cup(A-B)^C=U$이므로 조건 (가), (나)에 의하여

$k=2+6=8$

한편 $A^C\cap B^C=(A\cup B)^C$이므로 $A^C\cap B^C$의 모든 원소의 합은 전체집합 U의 모든 원소의 합에서 $A\cup B$의 모든 원소의 합을 뺀 것과 같다.

전체집합 U의 모든 원소의 합은

$1+2+3+\cdots+8=36$

또, $A\cup B=(A-B)\cup B$

이므로 $A\cup B$의 모든 원소의 합은 조건 (가), (다)에 의하여

$(1+3)+k=4+8=12$

따라서 $A^C\cap B^C$의 모든 원소의 합은

$36-12=$**24**

6-9. 두 집합 $A\cup B^C$, $A^C\cup B$를 각각 벤 다이어그램으로 나타내면 아래와 같다.

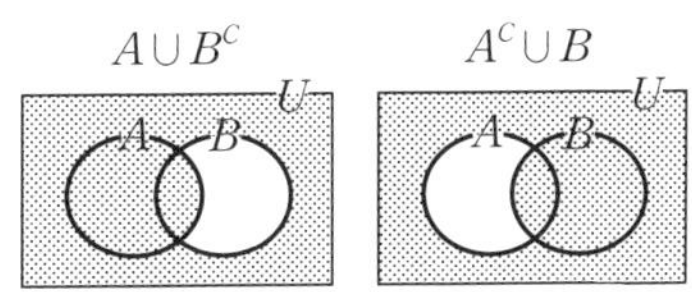

ㄱ. 위의 벤 다이어그램에서

$(A\cup B^C)\cup(A^C\cup B)=U$

이므로

$U=\{1, 3, 4, 5, 6, 7, 9, 10, 11\}$

$\therefore\ n(U)=9$

ㄴ. $A-B=A\cap B^C=(A^C\cup B)^C$

$=U-(A^C\cup B)=\{1, 3\}$

ㄷ. 위의 벤 다이어그램에서

$(A\cup B^C)\cap(A^C\cup B)$

$=(A\cap B)\cup(A\cup B)^C$

$=\{4, 5, 10, 11\}$

이므로

$(A\cup B)^C=\{4, 5, 10, 11\}$, $A\cap B=\varnothing$

일 때 $n(A\cup B)$가 최소가 된다.

이때, 최솟값은

$n(A\cup B)=n(U)-n((A\cup B)^C)$

$=9-4=5$

이상에서 옳은 것은 ㄱ, ㄴ, ㄷ이다.

답 ⑤

*** Note** ㄱ, ㄴ은 집합의 연산법칙을 이용하여 다음과 같이 확인할 수도 있다.

ㄱ. $(A\cup B^C)\cup(A^C\cup B)$

$=(A\cup A^C)\cup(B\cup B^C)$

$=U\cup U=U$

이므로

$U=\{1, 3, 4, 5, 6, 7, 9, 10, 11\}$

$\therefore\ n(U)=9$

ㄴ. $(A\cup B^C)-(A^C\cup B)$

$=(A\cup B^C)\cap(A^C\cup B)^C$

$=(A\cup B^C)\cap(A\cap B^C)$

$=\{A\cap(A\cap B^C)\}\cup\{B^C\cap(A\cap B^C)\}$

$=(A\cap B^C)\cup(A\cap B^C)$

$=A\cap B^C=A-B$

이므로 $A-B=\{1, 3\}$

6-10. (1) $A\cap B$는 1 이상 100 이하의 6의 배수의 집합이므로

$A\cap B=\{6\times1, 6\times2, \cdots, 6\times16\}$

$\therefore\ n(A\cap B)=\mathbf{16}$

(2) $A=\{2\times1, 2\times2, \cdots, 2\times50\}$,

$B=\{3\times1, 3\times2, \cdots, 3\times33\}$

$\therefore\ n(A\cup B)=n(A)+n(B)-n(A\cap B)$

$=50+33-16=\mathbf{67}$

(3) $n(A^C\cup B^C)=n((A\cap B)^C)$

$=n(U)-n(A\cap B)$

$=100-16=\mathbf{84}$

6-11.

$B\cap C=\varnothing$이므로 위의 그림에서

$n(A\cup B\cup C)=n(A\cup B)+n(C)-n(A\cap C)$

$=22+12-3=\mathbf{31}$

*** Note** $n(A\cup B\cup C)$

$=n(A)+n(B)+n(C)-n(A\cap B)-n(B\cap C)-n(C\cap A)+n(A\cap B\cap C)$

에서

$n(A)+n(B)-n(A\cap B)=n(A\cup B)=22$,

$n(C)=12$,

$n(B\cap C)=n(\varnothing)=0$,

$n(C\cap A)=3$,

$n(A\cap B\cap C)=n(A\cap\varnothing)=n(\varnothing)=0$

이므로

$n(A\cup B\cup C)=22+12-3=\mathbf{31}$

6-12. ㄱ. $n(A\cup B)=n(A)+n(B)-n(A\cap B)$

이므로

$n(A\cup B)+n(A\cap B)$

$=n(A)+n(B)\le n(B)$

$\therefore\ n(A)\le0$

곧, $n(A)=0$이므로 $A=\varnothing$

ㄴ. $n(A)+n(B)\le n(A\cap B)$에서

$n(A)+n(B)-n(A\cap B)\le 0$

$\therefore\ n(A\cup B)\le 0$

곧, $n(A\cup B)=0$이므로

$A\cup B=\varnothing$

$\therefore\ A=B=\varnothing$

ㄷ. $n(A\cup B)\le n(A\cap B)$이면

$A\cup B=A\cap B$

그런데 $(A\cap B)\subset A\subset (A\cup B)$,

$(A\cap B)\subset B\subset (A\cup B)$이므로

$A=B$

이상에서 옳은 것은 ㄱ, ㄴ, ㄷ이다.

답 ⑤

6-13. 물리학, 화학을 선택한 학생들의 집합을 각각 P, Q라고 하자.

$n(P)=32,\ n(Q)=40$이므로

$n(P\cap Q)\le 32,\ n(P\cup Q)\le 48$

한편

$n(P\cup Q)=n(P)+n(Q)-n(P\cap Q)$

에서

$32+40-n(P\cap Q)=n(P\cup Q)\le 48$

$\therefore\ n(P\cap Q)\ge 24$

$\therefore\ 24\le n(P\cap Q)\le 32$

$\therefore\ 24\le x\le 32$ $\quad\therefore\ \boldsymbol{a=24,\ b=32}$

****Note*** 48명의 학생 전체의 집합을 U라 하고, 아래 벤 다이어그램에서 생각할 수도 있다.

(i) x가 최대일 때 : $P\subset Q$이므로 아래 왼쪽 그림에서 x의 최댓값은 **32**

(ii) x가 최소일 때 : 물리학도 화학도 선택하지 않은 학생이 한 명도 없는 경우로서 $P\cup Q=U$이다.

아래 오른쪽 그림에서 x의 최솟값은 $32+40-48=$**24**

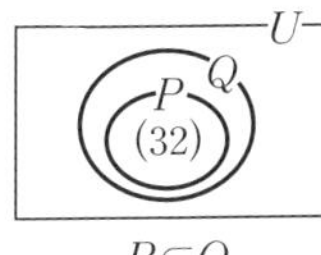

$P\subset Q$

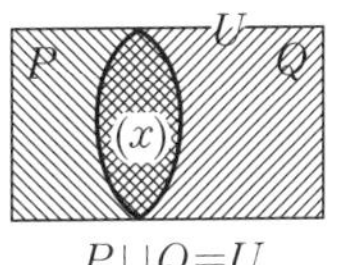

$P\cup Q=U$

6-14. 여학생의 집합을 G, 빨간색 운동복을 입은 학생의 집합을 R, 흰색 운동복을 입은 학생의 집합을 W라고 하면

$R\subset G,\ R\cap W=\varnothing,$

$n(W)=90,\ n(R)=50,$

$n(G)=2\times n(R)=100,$

$n(G\cap W)=n(W)\times 0.3=27$

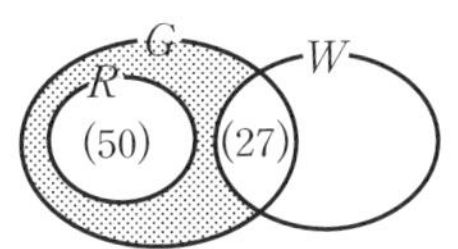

빨간색도 아니고 흰색도 아닌 운동복을 입은 여학생은 위의 그림에서 점 찍은 부분에 속하므로 구하는 여학생 수는

$n(G)-n(R)-n(G\cap W)$

$=100-50-27=$**23**

7-1. $P=\{2, 4, 6, 8, 10\},$

$Q=\{1, 2, 3\},\ R=\{2\}$

이므로

$P^C\cap Q=Q-P=\{1, 3\}$

$\therefore\ (P^C\cap Q)\cup R=\{1, 3\}\cup\{2\}$

$=\boldsymbol{\{1, 2, 3\}}$

7-2. 주어진 조건의 부정은

「$x^2-1\ge 0$이고 $x^2+2x-3<0$」

$x^2-1\ge 0$에서 $(x+1)(x-1)\ge 0$

$\therefore\ x\le -1$ 또는 $x\ge 1$ ……①

$x^2+2x-3<0$에서

$(x+3)(x-1)<0$

$\therefore\ -3<x<1$ ……②

①, ②의 공통 범위는 $-3<x\le -1$

따라서 구하는 진리집합은

$\boldsymbol{\{x\,|\,-3<x\le -1\}}$

7-3. 조건

p : $|x-2|<a,$

q : $x^2-x-20<0$

이라 하고, p, q의 진리집합을 각각 P, Q라고 하자.

$|x-2|<a$에서 $-a<x-2<a$

$\therefore\ 2-a<x<a+2$

$\therefore\ P=\{x|2-a<x<a+2\}$

$x^2-x-20<0$에서 $-4<x<5$

$\therefore\ Q=\{x|-4<x<5\}$

주어진 명제가 참이 되려면 $P\subset Q$이어야 한다.

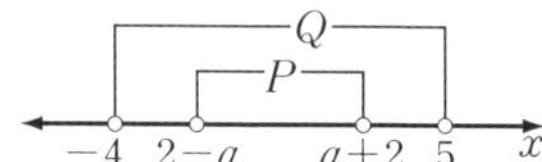

곧, $-4\le 2-a$이고 $a+2\le 5$이어야 하므로 $0<a\le 3$

따라서 a의 최댓값은 3 답 ③

7-4. ㄱ. $a^2<b^2$이면 $a^2-b^2<0$

$\therefore\ (a+b)(a-b)<0$

이때, $a+b>0$이므로 $a-b<0$

$\therefore\ a<b$

ㄴ. $a^2-b^2=1$이면 $(a+b)(a-b)=1$

이때, $a+b\ne 0$이므로

$$a-b=\frac{1}{a+b}$$

한편 $a^2=b^2+1>1$에서 $a>1$

또, $b>0$이므로 $a+b>1$

$\therefore\ 0<\dfrac{1}{a+b}<1$ 곧, $0<a-b<1$

ㄷ. (반례) $a=\dfrac{2}{3}$, $b=2$이면 $\dfrac{1}{a}-\dfrac{1}{b}=1$

이지만 $b-a=\dfrac{4}{3}>1$이다.

이상에서 참인 명제는 ㄱ, ㄴ이다.

답 ②

7-5. ① $x=1, 2, 3$일 때 $x+3<7$이므로 U의 모든 x에 대하여 성립한다.

② $x=2$일 때 $x^2=4$이므로 U의 어떤 x에 대하여 성립한다.

③ $x=2, 3$일 때 $x^2-1>0$이므로 U의 어떤 x에 대하여 성립한다.

④ $x=3, y=3$일 때 x^2+y^2이 최대이고

$x^2+y^2=3^2+3^2=18<19$

이므로 U의 모든 x, y에 대하여 성립한다.

⑤ $x=1, y=1$일 때 x^2+y^2이 최소이고

$x^2+y^2=1^2+1^2=2>1$

이므로 $x^2+y^2<1$인 x, y는 U에 존재하지 않는다. 답 ⑤

7-6. (1) 가정인 $abc=0$의 부정은 $abc\ne 0$이고, 결론인

「$a=0$ 또는 $b=0$ 또는 $c=0$」

의 부정은

「$a\ne 0$이고 $b\ne 0$이고 $c\ne 0$」

이므로 주어진 명제의 대우는

$\boldsymbol{a\ne 0}$이고 $\boldsymbol{b\ne 0}$이고 $\boldsymbol{c\ne 0}$이면 $\boldsymbol{abc\ne 0}$이다.

(a, b, c가 모두 0이 아니면 $abc\ne 0$이다.)

(2) 가정인 $a^2+c^2=2b(a+c-b)$의 부정은 $a^2+c^2\ne 2b(a+c-b)$이고, 결론인

「$a=b$이고 $b=c$이고 $c=a$」

의 부정은

「$a\ne b$ 또는 $b\ne c$ 또는 $c\ne a$」

이므로 주어진 명제의 대우는

$\boldsymbol{a\ne b}$ 또는 $\boldsymbol{b\ne c}$ 또는 $\boldsymbol{c\ne a}$이면 $\boldsymbol{a^2+c^2\ne 2b(a+c-b)}$이다.

(a, b, c 중에 서로 다른 두 수가 있으면 $a^2+c^2\ne 2b(a+c-b)$이다.)

***Note** 「$a=b=c$」를

「$a=b$이고 $b=c$」

로 생각하여 그 부정을

「$a\ne b$ 또는 $b\ne c$」

라고 해도 된다.

(3) 가정인 「$a>0$이고 $b^2-4ac<0$」의 부정은 「$a\le 0$ 또는 $b^2-4ac\ge 0$」이고, 결론인

「모든 실수 x에 대하여

$ax^2+bx+c>0$」

의 부정은

「어떤 실수 x에 대하여

$ax^2+bx+c\le 0$」

이므로 주어진 명제의 대우는

어떤 실수 x에 대하여

$ax^2+bx+c\le 0$이면 $a\le 0$ 또는

$b^2-4ac\ge 0$이다.

7-7. p가 q이기 위한 충분조건이면

$p \Longrightarrow q$이므로 $P\subset Q$이다.

$P\subset Q$이고 $P\ne Q$

이면 오른쪽 벤 다이어그램으로부터

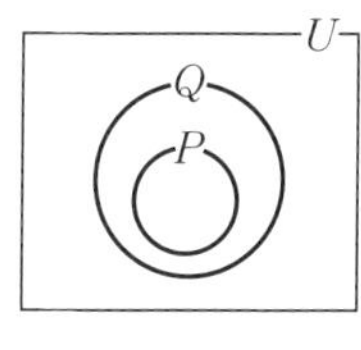

$P^C\cup Q=U$,

$P\cap Q^C=\varnothing$,

$P^C\cap Q^C=Q^C$,

$P\cup Q^C\ne U$

답 ⑤

7-8. $P\cup(Q-P)=P$에서

$(\text{좌변})=P\cup(Q\cap P^C)$

$=(P\cup Q)\cap(P\cup P^C)$

$=(P\cup Q)\cap U=P\cup Q$

이므로 $P\cup Q=P$ $\quad\therefore Q\subset P$

또, $P\cap Q=P$에서 $P\subset Q$

$\therefore P=Q$ $\quad\therefore p\Longleftrightarrow q$

$\therefore$ 필요충분조건

7-9. 문제에서 주어진 조건들을 기호로 나타내면

$p\Longrightarrow q,\ q\Longrightarrow r,$

$s\Longrightarrow r,\ q\Longleftrightarrow s$

따라서 조건 p, q, r, s의 진리집합을 각각 P, Q, R, S라고 하면

$P\subset Q,\ Q\subset R,\ S\subset R,\ Q=S$

이고, 벤 다이어그램으로 나타내면 아래 오른쪽 그림과 같다.

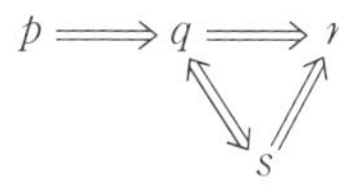

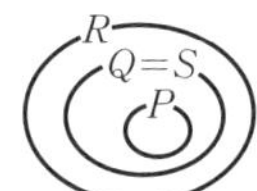

(1) $(P\cap Q)\subset R$이므로

$(p$이고 $q)\Longrightarrow r$ $\quad\therefore$ 충분

(2) $P\cup Q=R\cap S$이므로

$(p$ 또는 $q)\Longleftrightarrow(r$이고 $s)$

$\therefore$ 필요충분

7-10. (1) $x^2=y^2 \not\Longrightarrow x=y$

(반례 : $x=1,\ y=-1$)

$x=y \Longrightarrow x^2=y^2$

$\therefore$ 필요조건

(2) $x=y \Longrightarrow mx=my$

$mx=my \not\Longrightarrow x=y$

(반례 : $m=0,\ x=2,\ y=1$)

$\therefore$ 충분조건

(3) $x>0$이고 $y>0$

$\Longleftrightarrow x+y>0$이고 $xy>0$

$\therefore$ 필요충분조건

(4) $xy>x+y>4 \not\Longrightarrow x>2$이고 $y>2$

(반례 : $x=10,\ y=1.5$)

$x>2$이고 $y>2$이면 $x+y>4$이고

$xy-(x+y)=(x-1)(y-1)-1>0$

$\therefore x>2$이고 $y>2$

$\Longrightarrow xy>x+y>4$

$\therefore$ 필요조건

7-11. (1) $a^2+b^2=0$

$\Longleftrightarrow a=0$이고 $b=0$

$\therefore \boldsymbol{a^2+b^2=0}$

(2) $ab>0 \Longrightarrow a\ne 0$이고 $b\ne 0$

$\therefore \boldsymbol{ab>0}$

(3) $ab=0 \Longleftrightarrow a=0$ 또는 $b=0$

$\therefore \boldsymbol{ab=0}$

(4) $a^2+b^2>0 \Longleftrightarrow a\ne 0$ 또는 $b\ne 0$

$\therefore \boldsymbol{a^2+b^2>0}$

7-12. $|ab|+|bc|+|ca|=0$

$\Longleftrightarrow ab=bc=ca=0$

$\Longleftrightarrow a, b, c$ 중 적어도 두 개는 0이다.

답 ③

7-13. 조건 p, q의 진리집합을 각각 P, Q라고 하자.

조건 p에서 $x^2+2(a+1)x+a^2+5=0$의 판별식을 D_1이라고 하면

$D_1/4=(a+1)^2-(a^2+5)=2a-4<0$

곧, p : $a<2$ $\quad\therefore\ P=\{a\,|\,a<2\}$

조건 q에서 $x^2-ax+k^2=0$의 판별식을 D_2라고 하면

$D_2=a^2-4k^2=(a+2k)(a-2k)<0$

곧, q : $-2k<a<2k$

$\therefore\ Q=\{a\,|\,-2k<a<2k\}$

이때, p가 q이기 위한 필요조건이므로 $Q\subset P$이다.

P
Q
$-2k$ $2k$ 2 a

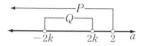

곧, $0<2k\le 2$이므로 $\quad 0<k\le 1$

따라서 k의 최댓값은 **1**

7-14. 실수 전체의 집합을 U라 하고, 조건 p, q의 진리집합을 각각 P, Q라고 하자.

(가)가 참인 명제가 되려면 $P^C=U$이어야 하므로 $P=\varnothing$이다.

따라서 모든 실수 x에 대하여 $x^2+2ax+4\ge 0$이어야 하므로 이차방정식 $x^2+2ax+4=0$의 판별식을 D_1이라고 하면

$D_1/4=a^2-4\le 0$ $\quad\therefore\ -2\le a\le 2$

이때, 정수 a는 $\quad -2,\ -1,\ 0,\ 1,\ 2$

(나)가 참인 명제가 되려면 $Q^C\subset P$이어야 하는데 $P=\varnothing$이므로

$Q^C=\varnothing$ $\quad\therefore\ Q=U$

따라서 모든 실수 x에 대하여 $x^2+2bx+25>0$이어야 하므로 이차방정식 $x^2+2bx+25=0$의 판별식을 D_2라고 하면

$D_2/4=b^2-25<0$ $\quad\therefore\ -5<b<5$

이때, 정수 b는

$-4,\ -3,\ -2,\ -1,\ 0,\ 1,\ 2,\ 3,\ 4$

따라서 구하는 순서쌍 (a, b)의 개수는

$5\times 9=$**45**

8-1. 대우를 이용하여 증명한다.

(1) $x\le 0$이고 $y\le 0$이면 $x+y\le 0$이다.

곧, 대우가 참이므로 명제 '$x+y>0$이면 $x>0$ 또는 $y>0$이다.'도 참이다.

(2) a, b가 양수일 때, $x\le 0$이고 $y\le 0$이면 $ax\le 0$이고 $by\le 0$이므로 $ax+by\le 0$이다.

곧, 대우가 참이므로 명제 'a, b가 양수일 때, $ax+by>0$이면 $x>0$ 또는 $y>0$이다.'도 참이다.

8-2. 귀류법을 이용하여 증명한다.

a, b가 모두 짝수라고 하면

$a=2m$, $b=2n$ (m, n은 자연수)

으로 나타낼 수 있으므로

$a+b=2m+2n=2(m+n)$

a, b가 모두 홀수라고 하면

$a=2m-1$, $b=2n-1$ (m, n은 자연수)

로 나타낼 수 있으므로

$$a+b=(2m-1)+(2n-1)$$
$$=2(m+n-1)$$

어느 경우이든 $a+b$는 짝수가 되어 가정에 모순이다.

따라서 a, b가 자연수일 때, $a+b$가 홀수이면 a, b 중 하나는 홀수이고 다른 하나는 짝수이다.

****Note*** 주어진 명제의 대우인 'a, b가 자연수일 때, a, b가 모두 짝수 또는 모두 홀수이면 $a+b$는 짝수이다.'를 증명해도 된다.

8-3. $a>1$이므로

$$\frac{a}{a-1}-1=\frac{a-(a-1)}{a-1}=\frac{1}{a-1}>0$$

$$\therefore\ \frac{a}{a-1}>1 \qquad \cdots\cdots①$$

$$\frac{a+1}{a}-\frac{a}{a-1}=\frac{(a^2-1)-a^2}{a(a-1)}$$
$$=-\frac{1}{a(a-1)}<0$$
$$\therefore\ \frac{a}{a-1}>\frac{a+1}{a} \quad \cdots\cdots②$$
$$\frac{a+1}{a}-1=\frac{(a+1)-a}{a}=\frac{1}{a}>0$$
$$\therefore\ \frac{a+1}{a}>1 \quad \cdots\cdots③$$
①, ②, ③에서
$$\boldsymbol{\frac{a}{a-1}>\frac{a+1}{a}>1}$$

**Note* 1° 위의 풀이에서 ②, ③만 보여도 된다.

2° $\dfrac{a}{a-1}=1+\dfrac{1}{a-1}$,
$\dfrac{a+1}{a}=1+\dfrac{1}{a}$
$a>1$에서 $a>a-1>0$이므로
$$\frac{1}{a-1}>\frac{1}{a}>0$$
$$\therefore\ 1+\frac{1}{a-1}>1+\frac{1}{a}>1$$
곧, $\boldsymbol{\dfrac{a}{a-1}>\dfrac{a+1}{a}>1}$

8-4. (1) $(ab+1)-(a+b)$
$=(a-1)(b-1)>0$
$(\because\ a>1,\ b>1)$
$\therefore\ ab+1>a+b$

(2) $(abc+1)-(ab+c)$
$=ab(c-1)-(c-1)$
$=(ab-1)(c-1)$

한편 $a>1,\ b>1$이므로 $ab>1$이고, $c>1$이므로
$(abc+1)-(ab+c)>0$
$\therefore\ abc+1>ab+c$

(3) (2)의 양변에 1을 더하면
$abc+2>ab+c+1$
(1)에서 $ab+1>a+b$이므로
$abc+2>a+b+c$

8-5. $AB-xy$
$=(ax+by)(bx+ay)-xy$
$=abx^2+(a^2+b^2-1)xy+aby^2$
$=abx^2+\{(a+b)^2-2ab-1\}xy+aby^2$
$=abx^2-2abxy+aby^2$
$=ab(x-y)^2\ge0$
$\therefore$ $\boldsymbol{AB\ge xy}$ (등호는 $\boldsymbol{x=y}$일 때 성립)

8-6. (1) $(a^2+b^2)-(a^3+b^3)$
$=a^2(1-a)+b^2(1-b)$
$=a^2b+b^2a=ab(a+b)=ab>0$
$\therefore\ a^2+b^2>a^3+b^3$

(2) $(\sqrt{ax+by})^2-(a\sqrt{x}+b\sqrt{y})^2$
$=(ax+by)-(a^2x+2ab\sqrt{xy}+b^2y)$
$=a(1-a)x+b(1-b)y-2ab\sqrt{xy}$
$=abx+aby-2ab\sqrt{xy}$
$=ab(x+y-2\sqrt{xy})$
$=ab(\sqrt{x}-\sqrt{y})^2\ge0$
$\therefore\ (\sqrt{ax+by})^2\ge(a\sqrt{x}+b\sqrt{y})^2$
그런데
$\sqrt{ax+by}>0,\ a\sqrt{x}+b\sqrt{y}>0$
이므로
$\sqrt{ax+by}\ge a\sqrt{x}+b\sqrt{y}$
(등호는 $x=y$일 때 성립)

8-7. 주어진 정의에 의하면
$x\circ y=(x, y$ 중 크거나 같은 수$)$
(가)에서 모든 x에 대하여 $x\ge a$이므로 a는 A의 원소 중 최솟값이다. ……①
(나)에서 $c\circ d<c\circ b$이므로
$c>d,\ c>b$일 때 $c<c$ (모순)
$c>d,\ c<b$일 때 $c<b$
$\therefore\ d<c<b$ ……②
$c<d,\ c>b$일 때 $d<c$ (모순)
$c<d,\ c<b$일 때 $d<b$
$\therefore\ c<d<b$ ……③
①, ②, ③에 의하여
$a<d<c<b$ 또는 $a<c<d<b$
따라서 옳은 것은 ②이다. [답] ②

8-8. (1) $\dfrac{a^3+b^3}{2}-\left(\dfrac{a+b}{2}\right)^3$

$=\dfrac{a^3+b^3}{2}-\dfrac{a^3+3a^2b+3ab^2+b^3}{8}$

$=\dfrac{3}{8}\{a^3+b^3-ab(a+b)\}$

$=\dfrac{3}{8}\{(a+b)^3-4ab(a+b)\}$

$=\dfrac{3}{8}(a+b)\{(a+b)^2-4ab\}$

$=\dfrac{3}{8}(a+b)(a-b)^2\ge 0$

$\therefore\ \dfrac{a^3+b^3}{2}\ge\left(\dfrac{a+b}{2}\right)^3$

(등호는 $a=b$일 때 성립)

(2) $a>0,\ b>0$이므로

$a+b\ge 2\sqrt{ab},$

$\dfrac{1}{a}+\dfrac{1}{b}\ge 2\sqrt{\dfrac{1}{a}\times\dfrac{1}{b}}$

이 두 식의 양변은 각각 양수이고, 두 식에서 등호가 성립할 조건이 $a=b$이므로 변끼리 곱하면

$(a+b)\left(\dfrac{1}{a}+\dfrac{1}{b}\right)\ge 4$

(등호는 $a=b$일 때 성립)

****Note*** $(a+b)\left(\dfrac{1}{a}+\dfrac{1}{b}\right)$

$=1+\dfrac{a}{b}+\dfrac{b}{a}+1$

$\ge 2+2\sqrt{\dfrac{a}{b}\times\dfrac{b}{a}}=4$

(등호는 $a=b$일 때 성립)

8-9. 준 부등식을 x에 관하여 정리하면

$x^2+2(2y+1)x+5y^2+2y+k>0$

모든 실수 x에 대하여 성립하려면

$x^2+2(2y+1)x+5y^2+2y+k=0$

의 판별식을 D_1이라고 할 때,

$D_1/4=(2y+1)^2-(5y^2+2y+k)<0$

$\therefore\ y^2-2y+k-1>0$

이 부등식이 모든 실수 y에 대하여 성립하려면 $y^2-2y+k-1=0$의 판별식을 D_2라고 할 때,

$D_2/4=1-(k-1)<0 \qquad \therefore\ \boldsymbol{k>2}$

8-10. (좌변)$=ax^2+byx+cy^2$

$=a\left(x+\dfrac{b}{2a}y\right)^2-\dfrac{b^2}{4a}y^2+cy^2$

$=a\left(x+\dfrac{b}{2a}y\right)^2-\dfrac{b^2-4ac}{4a}y^2$

$a>0,\ b^2-4ac<0$이므로 (좌변)≥ 0

곧, $ax^2+bxy+cy^2\ge 0$

등호는 $x+\dfrac{b}{2a}y=0,\ y=0$, 곧 $x=0,\ y=0$일 때 성립한다.

****Note*** (좌변)$=ax^2+byx+cy^2$에서

$a>0,$

$D=(by)^2-4acy^2=(b^2-4ac)y^2\le 0$

이므로 모든 실수 x, y에 대하여

$ax^2+bxy+cy^2\ge 0$

8-11. $x^2+y^2+z^2-xy-yz-zx\ge 0$에서

$x^2+y^2+z^2\ge xy+yz+zx$

(등호는 $x=y=z$일 때 성립)

이므로

$(x+y+z)^2$

$=x^2+y^2+z^2+2xy+2yz+2zx$

$=x^2+y^2+z^2+\dfrac{3}{2}(xy+yz+zx)$

$\qquad+\dfrac{1}{2}(xy+yz+zx)$

$\le x^2+y^2+z^2+\dfrac{3}{2}(xy+yz+zx)$

$\qquad+\dfrac{1}{2}(x^2+y^2+z^2)$

$=\dfrac{3}{2}(x^2+y^2+z^2+xy+yz+zx)$

$=\dfrac{3}{2}\{(x^2+yz)+(y^2+zx)+(z^2+xy)\}$

$\le\dfrac{3}{2}(1+1+1)=\dfrac{9}{2}$

곧, $(x+y+z)^2\le\dfrac{9}{2}$이므로

$-\dfrac{3}{\sqrt{2}}\le x+y+z\le\dfrac{3}{\sqrt{2}}$

따라서

$x=y=z=\dfrac{1}{\sqrt{2}}$일 때　최댓값 $\boldsymbol{\dfrac{3\sqrt{2}}{2}}$,

$x=y=z=-\dfrac{1}{\sqrt{2}}$일 때　최솟값 $\boldsymbol{-\dfrac{3\sqrt{2}}{2}}$

8-12. $ab+a+b=8$에서

$$(a+1)(b+1)=9$$

$a+1>0,\ b+1>0$이므로

(산술평균)≥(기하평균)의 관계에서

$$(a+1)+(b+1)\ge 2\sqrt{(a+1)(b+1)}=6$$

$$\therefore\ a+b\ge 4$$

등호는 $a+1=b+1=3$, 곧 $a=b=2$일 때 성립한다.

따라서 $a+b$의 최솟값은 4이다.

답 ①

8-13. $y=(x-a)^2+\dfrac{1}{a}$이므로 꼭짓점 P의 좌표는 $\mathrm{P}\left(a,\ \dfrac{1}{a}\right)$이다.

$$\therefore\ \overline{\mathrm{OP}}^2=a^2+\frac{1}{a^2}\ge 2\sqrt{a^2\times\frac{1}{a^2}}=2$$

따라서 $\overline{\mathrm{OP}}$의 최솟값은 $\sqrt{2}$이고, 등호가 성립하는 경우는 $a^2=\dfrac{1}{a^2}$인 경우이므로 $a=1(\because\ a>0)$이다.　답 ①

8-14. $\mathrm{A}(a,\ 0),\ \mathrm{B}(0,\ b)$라고 하면

$$a>0,\ b>0,\ \overline{\mathrm{OA}}+\overline{\mathrm{OB}}=a+b$$

또, 직선 AB의 방정식은

$$\frac{x}{a}+\frac{y}{b}=1$$

이 직선이 점 (1, 4)를 지나므로

$$\frac{1}{a}+\frac{4}{b}=1 \qquad \therefore\ \frac{1}{a}=1-\frac{4}{b}=\frac{b-4}{b}$$

$$\therefore\ a=\frac{b}{b-4} \qquad \cdots\cdots ㉠$$

$$\therefore\ a+b=\frac{b}{b-4}+b=1+\frac{4}{b-4}+b$$

$$=\frac{4}{b-4}+(b-4)+5$$

$a>0,\ b>0$이므로 ㉠에서　$b-4>0$

$$\therefore\ a+b\ge 2\sqrt{\frac{4}{b-4}\times(b-4)}+5=9$$

등호는 $\dfrac{4}{b-4}=b-4$, 곧 $b=6$일 때 성립한다. 이때, $a=3$이다.

따라서 $\overline{\mathrm{OA}}+\overline{\mathrm{OB}}$의 최솟값은 9이다.

답 ④

**Note*　다음과 같이 풀 수도 있다.

$\dfrac{1}{a}+\dfrac{4}{b}=1$이므로

$$a+b=(a+b)\left(\frac{1}{a}+\frac{4}{b}\right)$$

$$=1+\frac{4a}{b}+\frac{b}{a}+4$$

$$\ge 2\sqrt{\frac{4a}{b}\times\frac{b}{a}}+5=9$$

8-15.

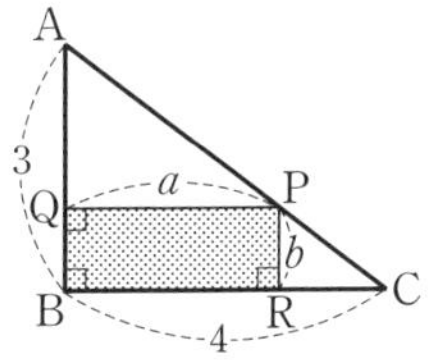

$\overline{\mathrm{PQ}}=a,\ \overline{\mathrm{PR}}=b$라고 하면

$$\overline{\mathrm{AQ}}=3-b,\ \overline{\mathrm{RC}}=4-a$$

△AQP∽△PRC(AA 닮음)이므로

$$a:(4-a)=(3-b):b$$

$$\therefore\ ab=(4-a)(3-b)$$

$$\therefore\ 3a+4b=12$$

또, 사각형 QBRP의 넓이는　ab

이때, $a>0,\ b>0$이므로

$$3a+4b\ge 2\sqrt{3a\times 4b}$$

$$\therefore\ 12\ge 4\sqrt{3ab} \qquad \therefore\ 0<ab\le 3$$

등호는 $3a=4b=6$, 곧 $a=2,\ b=\dfrac{3}{2}$일 때 성립한다.

따라서 넓이의 최댓값은　**3**

**Note*　삼각형의 넓이를 이용하여 $a,\ b$ 사이의 관계식을 구할 수도 있다. 곧,

△ABC=△PAB+△PBC이므로

$$\frac{1}{2}\times 3\times 4=\frac{1}{2}\times 3\times a+\frac{1}{2}\times 4\times b$$

$$\therefore\ 3a+4b=12$$

8-16. 거리를 l이라 하고, A가 걸린 시간을 T_A라고 하면

$$T_A=\frac{l}{2}\times\frac{1}{v_1}+\frac{l}{2}\times\frac{1}{v_2}$$

따라서 A의 평균 속력 v_A는

$$v_A=\frac{l}{T_A}=\frac{l}{\frac{l}{2v_1}+\frac{l}{2v_2}}=\frac{2v_1v_2}{v_1+v_2}$$

또, B가 걸린 시간을 T_B라고 하면

$$l=T_B\times v_B=\frac{T_B}{2}\times v_1+\frac{T_B}{2}\times v_2$$

이므로 B의 평균 속력 v_B는

$$v_B=\frac{1}{2}(v_1+v_2)$$

$v_1>0$, $v_2>0$이고

(산술평균)$\ge$(조화평균)이므로

$$\frac{1}{2}(v_1+v_2)\ge\frac{2v_1v_2}{v_1+v_2}$$

$\therefore$ $\boldsymbol{v_B\ge v_A}$ (등호는 $\boldsymbol{v_1=v_2}$일 때 성립)

8-17. $\overline{AP}=x$, $\overline{BP}=y$라고 하면

$$x+y=12$$

점 찍은 부분의 넓이를 S라고 하면

$$S=\pi\times6^2-\left(\frac{x}{\sqrt{2}}\right)^2-\left(\frac{y}{\sqrt{2}}\right)^2$$

$$=36\pi-\frac{1}{2}(x^2+y^2)$$

코시-슈바르츠 부등식에서

$$(1^2+1^2)(x^2+y^2)\ge(x+y)^2$$

$$\therefore\ 2(x^2+y^2)\ge12^2$$

$$\therefore\ x^2+y^2\ge72$$

(등호는 $x=y=6$일 때 성립)

따라서

$$S=36\pi-\frac{1}{2}(x^2+y^2)$$

$$\le36\pi-\frac{1}{2}\times72=36(\pi-1)$$

이므로 S의 최댓값은 $\boldsymbol{36(\pi-1)}$

9-1. $\sqrt{50}$, $\sqrt{51}$, $\sqrt{52}$, $\cdots$, $\sqrt{63}$은 자연수가 아니고, $\sqrt{64}=8$은 자연수이므로

$$f(50)=f(51)+1=f(52)+2$$

$$=f(53)+3=\cdots=f(64)+14$$

$$=8+14=\mathbf{22}$$

9-2. $g(x)=\begin{cases}-x & (x<0)\\ 0 & (x=0)\\ x & (x>0)\end{cases}$

ㄱ. $xf(x)=\begin{cases}x\times(-1)=-x & (x<0)\\ 0\times0=0 & (x=0)\\ x\times1=x & (x>0)\end{cases}$

$\therefore\ xf(x)=g(x)$

ㄴ. $|x|f(x)=\begin{cases}-x\times(-1)=x & (x<0)\\ 0\times0=0 & (x=0)\\ x\times1=x & (x>0)\end{cases}$

$\therefore\ |x|f(x)\neq g(x)$

ㄷ. $x|f(x)|=\begin{cases}x\times1=x & (x<0)\\ 0\times0=0 & (x=0)\\ x\times1=x & (x>0)\end{cases}$

$\therefore\ x|f(x)|\neq g(x)$

ㄹ. $|xf(x)|=\begin{cases}|x\times(-1)|=-x & (x<0)\\ |0\times0|=0 & (x=0)\\ |x\times1|=x & (x>0)\end{cases}$

$\therefore\ |xf(x)|=g(x)$

이상에서 $g(x)$와 서로 같은 함수는 ㄱ, ㄹ이다. 답 ②

9-3. $f(x+y)=f(x)+y(2x+y+1)$에 $y=1$을 대입하면

$$f(x+1)=f(x)+2x+2$$

$$\therefore\ f(x+1)-f(x)=2(x+1)$$

이 식에 $x=9,\ 7,\ 5$를 대입하면

$$f(10)-f(9)=2\times10=20,$$

$$f(8)-f(7)=2\times8=16,$$

$$f(6)-f(5)=2\times6=12$$

$\therefore$ (준 식)$=20+16+12=\mathbf{48}$

9-4. $3f(x+y)=f(x)f(y)$ ……㉠

㉠에 $x=y=1$을 대입하면

$$3f(2)=\{f(1)\}^2$$

조건에서 $f(2)=12$이므로

$$\{f(1)\}^2=36$$

$f(1)\in R^+$이므로 $f(1)=6$

①에 $x=y=\dfrac{1}{2}$을 대입하면

$$3f(1)=\left\{f\left(\frac{1}{2}\right)\right\}^2$$

$f(1)=6$이므로 $\left\{f\left(\dfrac{1}{2}\right)\right\}^2=18$

$f\left(\dfrac{1}{2}\right)\in R^+$이므로 $f\left(\dfrac{1}{2}\right)=\mathbf{3\sqrt{2}}$

9-5. 함수 f가 일대일함수이고 $f(3)=4$이므로 f의 치역은 집합 Y의 원소 중 4를 포함한 서로 다른 네 원소로 이루어져야 한다.

이때, $f(1)+f(2)+f(4)$의 값이 최대가 되는 경우는 치역이 $\{2, 3, 4, 5\}$일 때이므로 구하는 최댓값은

$$2+3+5=\mathbf{10}$$

9-6. f가 항등함수이려면 X에 속하는 모든 x에 대하여 $f(x)=x$이어야 한다.

(i) $x<2$일 때

$2-x=x \quad \therefore x=1$

(ii) $x\ge2$일 때

$3x-6=x \quad \therefore x=3$

따라서 $X=\{1, 3\}$이므로

$a+b=4$ 답 ④

9-7. $xf(x)$가 상수함수이려면 $x=-1, 0, 1$일 때의 $xf(x)$의 값이 모두 같아야 하므로

$$-1\times f(-1)=0\times f(0)=1\times f(1)$$

여기서 $0\times f(0)=0$이므로 $f(-1)=0$, $f(1)=0$이어야 한다.

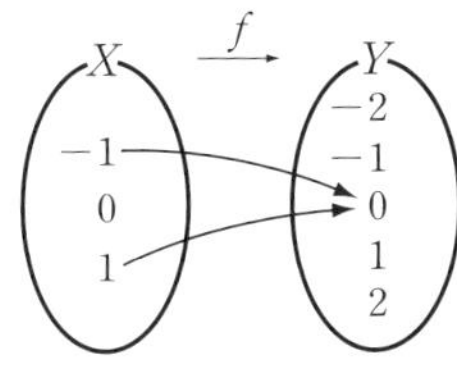

이때, $f(0)$은 Y의 모든 원소가 가능하므로 f의 개수는 5이다. 답 ③

9-8. $f(x)+xf(1-x)=1+x$ ……①

에서 x 대신 $1-x$를 대입하면

$f(1-x)+(1-x)f(x)=2-x$ ……②

①$-$②$\times x$하면

$f(x)-x(1-x)f(x)=1+x-x(2-x)$

$\therefore (x^2-x+1)f(x)=x^2-x+1$

$x^2-x+1>0$이므로 $\boldsymbol{f(x)=1}$

10-1. $(h\circ(g\circ f))(x)=((h\circ g)\circ f)(x)$
$=(h\circ g)(f(x))=(h\circ g)(x-5)$
$=6(x-5)+7=6x-23$

$\therefore (h\circ(g\circ f))(4)=6\times4-23=1$

답 ③

***Note** $(h\circ(g\circ f))(4)=((h\circ g)\circ f)(4)$
$=(h\circ g)(f(4))=(h\circ g)(-1)$
$=6\times(-1)+7=1$

10-2. $(f\circ f\circ f)(x)=(f\circ f)(f(x))$
$=(f\circ f)(2x-1)=f(f(2x-1))$
$=f(2(2x-1)-1)=f(4x-3)$
$=2(4x-3)-1=8x-7$

따라서 $8x-7>x^2$에서

$(x-1)(x-7)<0 \quad \therefore \mathbf{1<x<7}$

10-3. 몫을 $Q(x)$라고 하면

$f(x)=x(x-1)(x-2)Q(x)+x^2+1$

$\therefore (f\circ f\circ f)(0)=(f\circ f)(f(0))$
$=(f\circ f)(1)=f(f(1))$
$=f(2)=2^2+1=5$

답 ①

10-4. $f(2x-5)\le2x-3$에서 $2x-5=s$로 놓으면 $2x-3=s+2$이므로

$f(s)\le s+2$ 곧, $f(x)\le x+2$ ……①

$2x-3\le f(2x)-5$에서

$f(2x)\ge2x+2$

$2x=t$로 놓으면

$f(t)\ge t+2$ 곧, $f(x)\ge x+2$ ……②

①, ②에서 $f(x)=x+2$

$\therefore\ (f\circ f)(10)=f(f(10))=f(12)=\mathbf{14}$

10-5. $f(1)=2,\ f(3)=4$이고, f가 일대일대응이므로 $f(5)$는 1, 3, 5 중 어느 하나이다.

(i) $f(5)=1$일 때

$$(f\circ f\circ f)(5)=(f\circ f)(f(5))=(f\circ f)(1)=f(f(1))=f(2)$$

그런데 $(f\circ f\circ f)(5)=1$이므로 $f(2)=1$이다. 곧, $f(5)=1,\ f(2)=1$이 되어 f가 일대일대응이라는 조건에 모순이다.

(ii) $f(5)=3$일 때

$$(f\circ f\circ f)(5)=(f\circ f)(f(5))=(f\circ f)(3)=f(f(3))=f(4)$$

그런데 $(f\circ f\circ f)(5)=1$이므로

$$f(4)=1$$

또, f가 일대일대응이므로

$$f(2)=5$$

(iii) $f(5)=5$일 때

$$(f\circ f\circ f)(5)=(f\circ f)(f(5))=(f\circ f)(5)=f(f(5))=f(5)=5$$

이므로 $(f\circ f\circ f)(5)=1$에 모순이다.

(i), (ii), (iii)에서 주어진 조건을 만족시키는 경우는 (ii)뿐이고, 이때

$$\boldsymbol{f(2)=5,\ f(4)=1,\ f(5)=3}$$

10-6. $g(x)$의 최고차항을 $ax^n(a\neq0)$이라 고 하면 $g(g(x))$의 최고차항이 x이므로

$$a(ax^n)^n=a^{n+1}x^{n^2}=x$$

$$\therefore\ n^2=1,\ a^{n+1}=1$$

$$\therefore\ n=1,\ a^2=1 \qquad \therefore\ a=\pm1$$

따라서 $g(x)=\pm x+b$라고 하면 $g(0)=1$에서 $b=1$

$$\therefore\ g(x)=\pm x+1$$

이 중 $g(g(x))=x$를 만족시키는 것은

$$\boldsymbol{g(x)=-x+1}$$

* ***Note*** 역함수의 성질을 이용하여 다음과 같이 풀 수도 있다.

$g(0)=1$이므로 $g(g(0))=0$에서

$$g(1)=0$$

그런데 $g\circ g$는 항등함수이므로 $g=g^{-1}$이다.

곧, 함수 $y=g(x)$의 그래프는 직선 $y=x$에 대하여 대칭이고, 두 점 $(0,\ 1),\ (1,\ 0)$을 지난다.

이때, $g(x)$의 최고차항을 $ax^n(a\neq0)$이라 하고, 위에서와 같은 방법으로 하면 $n=1$이다.

$$\therefore\ \boldsymbol{g(x)=-x+1}$$

10-7. $f(x)=\begin{cases}\dfrac{1}{2}x & (0<x<1)\\ \dfrac{1}{2} & (1\le x<2)\\ \dfrac{1}{2}(3-x) & (2\le x<3)\end{cases}$

이므로

$$(f\circ f)\left(\frac{1}{4}\right)=f\left(f\left(\frac{1}{4}\right)\right)=f\left(\frac{1}{8}\right)=\frac{1}{16},$$

$$(f\circ f)\left(\frac{5}{4}\right)=f\left(f\left(\frac{5}{4}\right)\right)=f\left(\frac{1}{2}\right)=\frac{1}{4},$$

$$(f\circ f)\left(\frac{9}{4}\right)=f\left(f\left(\frac{9}{4}\right)\right)=f\left(\frac{3}{8}\right)=\frac{3}{16}$$

$$\therefore\ (\text{준 식})=\frac{1}{16}+\frac{1}{4}+\frac{3}{16}=\boldsymbol{\frac{1}{2}}$$

10-8. (1) $(f\circ f\circ f\circ f)(9)$

$$=(f\circ f\circ f)(f(9))=(f\circ f\circ f)(7)$$
$$=(f\circ f)(f(7))=(f\circ f)(5)$$
$$=f(f(5))=f(3)=\mathbf{5}$$

(2) $f(f(x))=5$에서 $f(x)=t$로 놓으면

$$f(t)=5$$

$\therefore\ t=3,\ 7,\ 11 \qquad \therefore\ f(x)=3,\ 7,\ 11$

$f(x)=3$일 때 $x=1,\ 5,\ 12$

$f(x)=7$일 때 $x=9$

$f(x)=11$인 x는 없다.

$\therefore$ $\boldsymbol{x=1, 5, 9, 12}$

10-9.

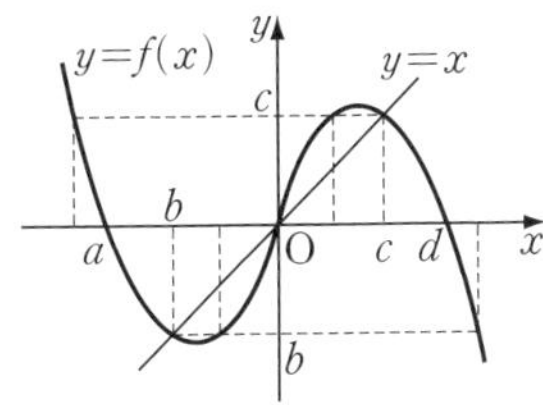

위의 그림에서 $f(x)=x$인 x는 $x=b,\ 0,\ c$이므로

$f(f(x))=f(x) \iff f(x)=b,\ 0,\ c$

그런데 위의 그림에서 $f(x)=0$인 x는 $x=a,\ 0,\ d$로 3개이고, 마찬가지로 $f(x)=b$인 x는 3개, $f(x)=c$인 x는 3개이고 모두 서로 다르므로 $f(f(x))=f(x)$인 x의 개수는 9이다.

답 ④

10-10. $f^{-1}(3)=-2$에서 $f(-2)=3$

$\therefore$ $-2a+b=3$ ……①

또, $f(g(x))=2x-3$에서

$a(x+c)+b=2x-3$

x에 관한 항등식이므로

$a=2,\ ac+b=-3$ ……②

①, ②에서 $a=2,\ b=7,\ c=-5$

$\therefore$ $g(x)=x-5$

이때, $g^{-1}(2)=k$로 놓으면

$g(k)=2$ $\therefore$ $k-5=2$ $\therefore$ $k=7$

$\therefore$ $\boldsymbol{g^{-1}(2)=7}$

***Note** $g(x)=x-5$에서 $g^{-1}(x)=x+5$이므로 $\boldsymbol{g^{-1}(2)=7}$

10-11. $g^{-1}(1)=k$로 놓으면 $g(k)=1$

$g(x)=f(3x-1)$이므로

$g(k)=f(3k-1)=1$

$\therefore$ $f^{-1}(1)=3k-1$

문제의 조건에서 $f^{-1}(1)=2$이므로

$2=3k-1$ $\therefore$ $k=1$

$\therefore$ $\boldsymbol{g^{-1}(1)=1}$

***Note** $f^{-1}(1)=2$에서 $f(2)=1$

$g^{-1}(g(x))=x$에서

$g^{-1}(f(3x-1))=x$

이므로 $x=1$을 대입하면

$g^{-1}(f(2))=1$ $\therefore$ $\boldsymbol{g^{-1}(1)=1}$

10-12. $f^{-1}(3)=t$로 놓으면 $f(t)=3$

$t\ge0$일 때, $2t+1=3$에서

$t=1$ ($t\ge0$에 적합)

$t<0$일 때, $-t^2+1=3$에서

$t=\pm\sqrt{2}i$ ($t<0$에 부적합)

따라서 $f^{-1}(3)=1$이고, 주어진 등식은

$1+f^{-1}(a)=0$ $\therefore$ $f^{-1}(a)=-1$

$\therefore$ $a=f(-1)=-(-1)^2+1=0$

답 ③

10-13. 함수 f의 역함수가 존재하므로 f는 일대일대응이다.

$f(2)+3f(4)=18$에서 $f(4)\le4$이면

$f(2)=18-3f(4)\ge6$

이므로 조건을 만족시키지 않는다.

$\therefore$ $f(4)=5,\ f(2)=3$

$f^{-1}(2)=a,\ f^{-1}(4)=b$라고 하면

$f(a)=2,\ f(b)=4$이고 $a-b=4$

f가 일대일대응이므로 $a=5,\ b=1$

$\therefore$ $f(5)=2,\ f(1)=4$

따라서 $f(3)=1$이므로

$f(3)+f^{-1}(3)=1+2=\boldsymbol{3}$

10-14. 주어진 그림에서

$0<x<1$일 때 $1<f(x)<2$,

$1<x<2$일 때 $0<f(x)<1$

ㄱ. $1<f(a)<2$이고

$0<(f\circ f)(a)=f(f(a))<1$이므로

$f(a)>(f\circ f)(a)$

ㄴ. $0<f(b)<1$이고 $1<f(f(b))<2$이므로 $f(b)<(f\circ f)(b)$

ㄷ. $f^{-1}(a)=p,\ f^{-1}(b)=q$로 놓으면

$$f(p)=a,\ f(q)=b$$

$$\therefore\ 1<p<2 \text{이고 } 0<q<1$$

$$\therefore\ f^{-1}(a)>f^{-1}(b)$$

이상에서 옳은 것은 ㄴ이다. 답 ②

*****Note*** ㄱ, ㄴ. 다음과 같이 생각할 수 도 있다.

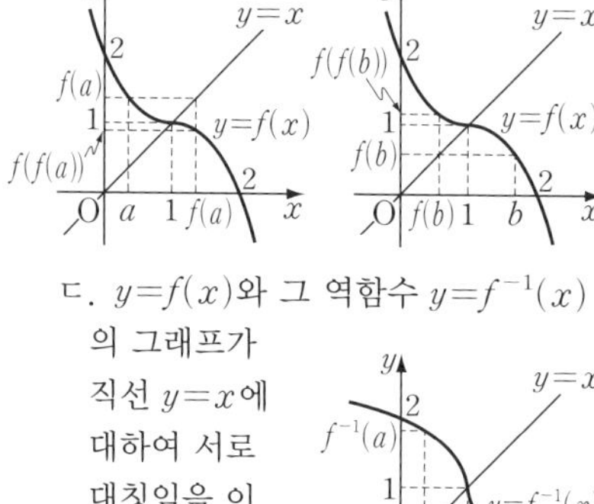

ㄷ. $y=f(x)$와 그 역함수 $y=f^{-1}(x)$의 그래프가 직선 $y=x$에 대하여 서로 대칭임을 이용하면 오른쪽과 같이 생각할 수도 있다.

10-15. $a\ge0$일 때와 $a<0$일 때로 나누어 $y=f(x)$와 $y=g(x)$의 그래프를 그려 보면 두 그래프의 교점은 $y=f(x)$와 $y=x$의 그래프의 교점과 같다.

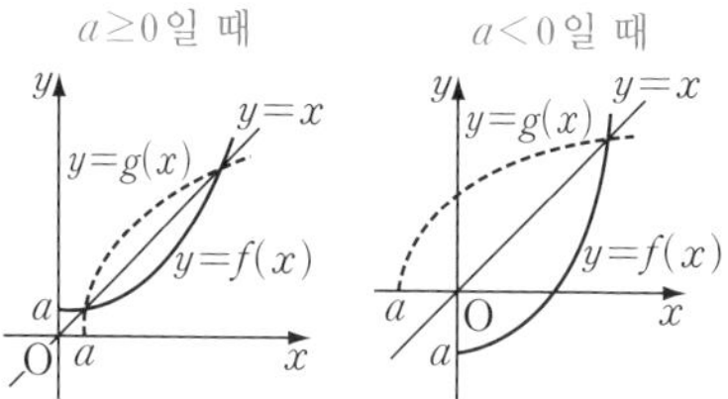

따라서 방정식 $f(x)=g(x)$의 실근은 방정식 $f(x)=x$의 실근과 일치한다.

$$\therefore\ \frac{1}{4}x^2+a=x$$

곧, $x^2-4x+4a=0$이 음이 아닌 서로 다른 두 실근을 가져야 하므로

$$a\ge0,\ D/4=4-4a>0$$

따라서 구하는 a의 값의 범위는

$$\mathbf{0\le a<1}$$

*****Note*** $f(x)$가 증가함수(미적분 I 에서 공부한다)일 때,

방정식 $f(x)=f^{-1}(x)$의 실근

$\Longleftrightarrow$ 방정식 $f(x)=x$의 실근

11-1. $f(x)g(x)<0$

$\Longleftrightarrow \begin{cases} f(x)>0 \\ g(x)<0 \end{cases}$ 또는 $\begin{cases} f(x)<0 \\ g(x)>0 \end{cases}$

$\Longleftrightarrow \begin{cases} x<4 \\ x<-1 \end{cases}$ 또는 $\begin{cases} x>4 \\ x>-1 \end{cases}$

$\Longleftrightarrow$ $\boldsymbol{x<-1}$ **또는** $\boldsymbol{x>4}$

11-2. (1) $y=f(x)$의 그래프를 y축에 대하여 대칭이동한 것이다.

(2) $x\ge0$일 때 $y=f(x)$
$x<0$일 때 $y=f(-x)$

(3) $y\ge0$일 때 $y=f(x)$
$y<0$일 때 $-y=f(x)$

(4) $y=|f(x)|$ 꼴의 그래프를 그리는 방법에 따른다.

(5) $y=f(|2-x|)=f(|x-2|)$이므로 $y=f(|x|)$의 그래프를 x축의 방향으로 2만큼 평행이동한 것이다.

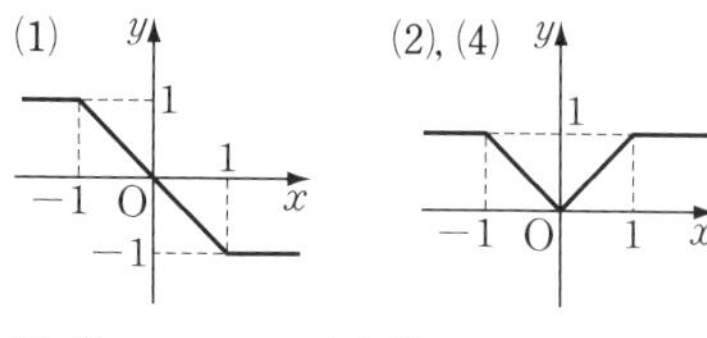

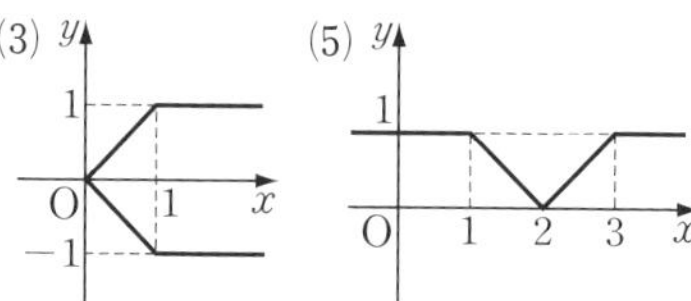

11-3. 점 P의 좌표를 x라고 하면

$$\overline{PA}+\overline{PB}+\overline{PC}$$
$$=|x+1|+|x-2|+|x-5|$$

$y=|x+1|+|x-2|+|x-5|$로 놓고,

$x<-1$, $-1\le x<2$, $2\le x<5$, $x\ge5$ 일 때로 나누어 그래프를 그리면 오른쪽 그림과 같다.

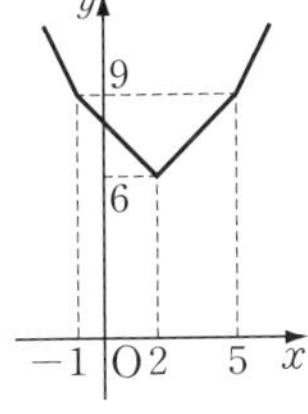

따라서 y는 $x=2$일 때 최소가 된다.

이때, 점 P의 좌표는 P(2) 답 ②

Note $y=|x-a|+|x-b|+|x-c|$ $(a<b<c)$는 $x=b$일 때 최솟값을 가진다.

11-4. $f(x)=\begin{cases}2x & (x\ge1)\\ -2(a-1)x+2a & (x<1)\end{cases}$

이므로 $y=f(x)$의 그래프는 아래 그림과 같다.

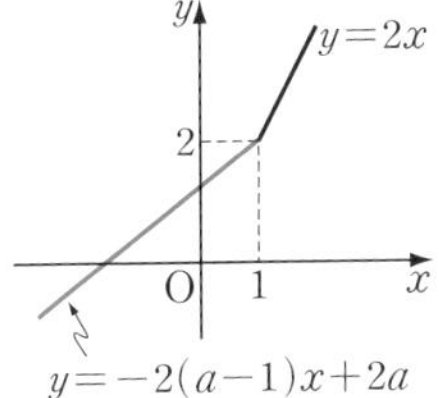

$x\ge1$에서 x의 값이 증가하면 y의 값이 증가하므로 함수 f가 일대일대응이기 위해서는 $x<1$에서도 x의 값이 증가하면 y의 값이 증가해야 한다.

$\therefore\ -2(a-1)>0\qquad \therefore\ \boldsymbol{a<1}$

11-5. $y=||x-3|-2|$ ……①

$y=mx+m$ ……②

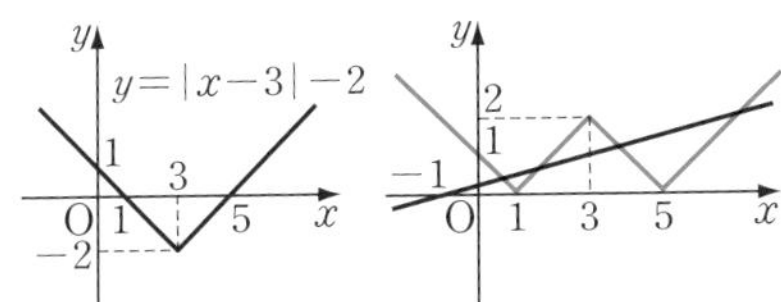

①의 그래프는 위의 오른쪽 그림에서 초록 선이다.

또, ②의 그래프는 $y=m(x+1)$에서 m의 값에 관계없이 점 $(-1, 0)$을 지나는 직선이다.

직선 ②가 점 $(3, 2)$를 지날 때

$$2=3m+m\qquad \therefore\ m=\frac{1}{2}$$

따라서 ①, ②의 그래프가 서로 다른 네 점에서 만나려면

$$\boldsymbol{0<m<\frac{1}{2}}$$

11-6. 방정식 $x-[x]=\dfrac{1}{10}x$의 실근은

$y=x-[x]$ …①　　$y=\dfrac{1}{10}x$ …②

로 놓을 때, ①, ②의 그래프의 교점의 x좌표와 같으므로 ①, ②의 그래프의 교점의 개수를 조사한다.

정수 n에 대하여 $n\le x<n+1$일 때

$$y=x-[x]=x-n$$

이므로 $0\le x-[x]<1$

따라서 $0\le\dfrac{1}{10}x<1$, 곧 $0\le x<10$인 범위에서 생각하면 된다.

이 범위에서 ①, ②의 그래프는 아래와 같고, 두 그래프의 교점이 9개이므로 방정식의 실근의 개수는 9이다.

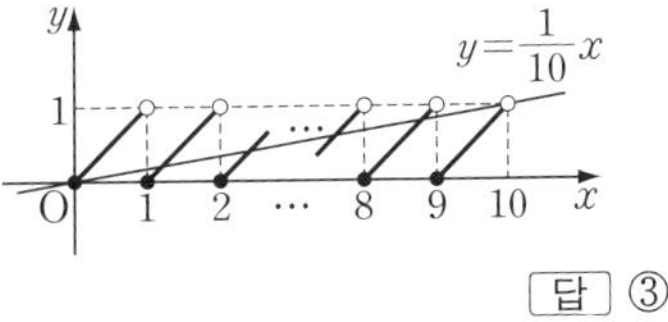

답 ③

11-7. (i) $x\ge0$일 때

음이 아닌 정수 n에 대하여

$n\le x<n+1$이면

$y=|n|-[x]=n-n=0$

(ii) $x<0$일 때

음의 정수 m에 대하여 $x=m$이면

$y=|m|-[-m]$

$=-m-(-m)=0$

$m<x<m+1$이면

$-m-1<-x<-m$ 이므로

$$y=|m|-[-x]$$
$$=-m-(-m-1)=1$$

(i), (ii)에서 $y=|[x]|-[|x|]$의 치역은 **{0, 1}**이고, 그 그래프는 아래 그림과 같다.

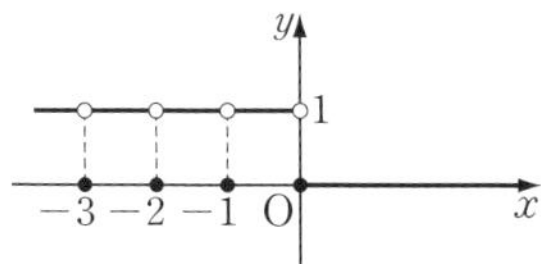

11-8. (1) $x\geq3$일 때

$$y=(x-3)^2-2(x-3)+2$$
$$=(x-4)^2+1$$

$x<3$일 때

$$y=(x-3)^2+2(x-3)+2$$
$$=(x-2)^2+1$$

(2) $x^2-1\geq0$, 곧 $x\leq-1$, $x\geq1$일 때

$$y=x^2-1+(x^2-1)=2x^2-2$$

$x^2-1<0$, 곧 $-1<x<1$일 때

$$y=x^2-1-(x^2-1)=0$$

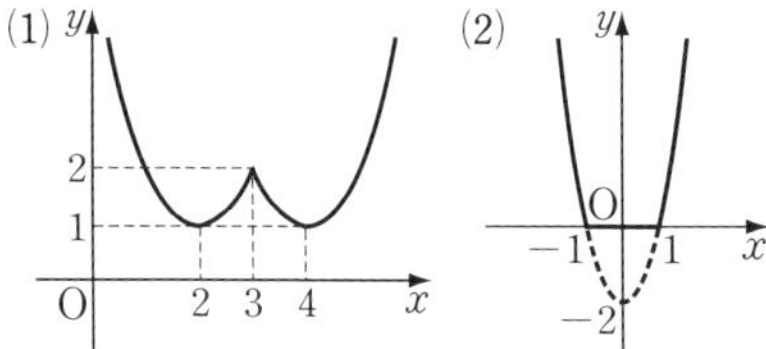

11-9. $y=2x^2-8ax+8a^2+3b$

$$=2(x-2a)^2+3b$$

에서 꼭짓점의 좌표는

$$(2a,\ 3b) \quad \cdots\cdots①$$

$$y=3x^2-6bx+3b^2+2a+4$$
$$=3(x-b)^2+2a+4$$

에서 꼭짓점의 좌표는

$$(b,\ 2a+4) \quad \cdots\cdots②$$

①, ②가 일치하므로

$$2a=b,\ 3b=2a+4$$

$$\therefore\ \boldsymbol{a=1,\ b=2}$$

11-10. 두 이차함수 $f(x)$, $g(x)$의 이차항의 계수의 절댓값이 서로 같고 부호가 서로 다르므로

$$f(x)+g(x)=ax+b$$

로 놓을 수 있다.

이때, $y=f(x)$, $y=g(x)$의 그래프가 모두 두 점 $(-1, 5)$, $(2, 8)$을 지나므로

$$f(-1)=g(-1)=5,$$
$$f(2)=g(2)=8$$

$$\therefore\ f(-1)+g(-1)=-a+b=10,$$
$$f(2)+g(2)=2a+b=16$$

연립하여 풀면 $a=2,\ b=12$

$$\therefore\ f(x)+g(x)=2x+12$$

$$\therefore\ f(5)+g(5)=2\times5+12=\mathbf{22}$$

11-11. $f(4-x)=f(x)$의 x에 $2+x$를 대입하면 $f(2-x)=f(2+x)$

따라서 $y=f(x)$의 그래프는 직선 $x=2$에 대하여 대칭이므로 이 그래프의 축의 방정식은 $x=2$이다.

$$\therefore\ -\frac{a}{2}=2 \quad \therefore\ a=-4$$

또, 문제의 조건에서

$$f(-1)=1-a+b=7 \quad \therefore\ b=2$$

곧, $f(x)=x^2-4x+2$이므로

$$\boldsymbol{f(2)=-2}$$

***Note**

위의 그림에서 알 수 있듯이 모든 실수 x에 대하여 $f(4-x)=f(x)$를 만족시키는 함수의 그래프는 x좌표가 $4-x$와 x의 평균인 $\dfrac{4-x+x}{2}=2$인 점을 지나고 x축에 수직인 직선에 대하여 대칭이다.

11-12. 두 점 $\mathrm{A}(x_1, y_1)$, $\mathrm{B}(x_2, y_2)$가 포물선 위의 점이므로

$$y_1=x_1^2+2x_1-3,$$
$$y_2=x_2^2+2x_2-3$$

또, $\mathrm{A}(x_1, y_1)$, $\mathrm{B}(x_2, y_2)$가 원점에 대하여 대칭이므로

$$x_2=-x_1,\ y_2=-y_1$$
$$\therefore\ x_1+x_2=0,\ y_1+y_2=0 \quad \cdots\cdots ㉮$$

한편

$$y_1+y_2=(x_1^2+2x_1-3)+(x_2^2+2x_2-3)$$
$$=(x_1^2+x_2^2)+2(x_1+x_2)-6$$

㉮을 대입하여 정리하면

$$x_1^2+x_2^2=6$$ 답 ④

11-13. $y=x^2+ax+b$

$$=\left(x+\frac{a}{2}\right)^2-\frac{a^2}{4}+b$$

이므로 이 함수의 그래프의 꼭짓점의 x 좌표는

$$x=-\frac{a}{2}\geq 1\ (\because\ a\leq -2)$$

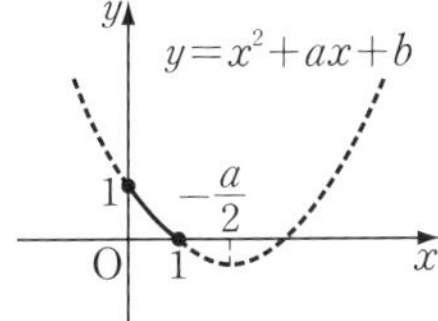

따라서 $A=\{x\,|\,0\leq x\leq 1\}$에서 x의 값이 증가하면 y의 값은 감소한다.

이때, 치역이 $B=\{y\,|\,0\leq y\leq 1\}$이므로

$x=0$일 때 $y=b=1$,

$x=1$일 때 $y=1+a+b=0$

$$\therefore\ \boldsymbol{a=-2,\ b=1}$$

11-14. $f(x)=t$로 놓으면

$$(g\circ f)(x)=g(f(x))=g(t)$$
$$=t^2+2t-2$$
$$=(t+1)^2-3 \quad \cdots\cdots ㉮$$

다음 왼쪽 그림에서

$-2\leq x\leq 2$일 때 $2\leq t\leq 5$

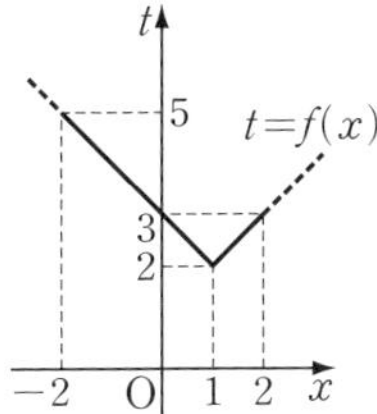

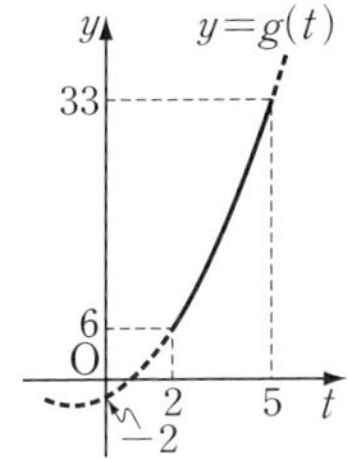

$2\leq t\leq 5$에서 ㉮의 최댓값과 최솟값을 구하면

$t=2$, 곧 $x=1$일 때 **최솟값 6,**

$t=5$, 곧 $x=-2$일 때 **최댓값 33**

****Note*** $x<1$일 때 $f(x)=-x+3$,

$x\geq 1$일 때 $f(x)=x+1$

이므로 $-2\leq x<1$일 때와 $1\leq x\leq 2$일 때로 나누어 $(g\circ f)(x)$를 구해도 된다.

11-15. $f(x)=ax^2+bx+c$라고 하면 포물선이 x축과 두 점 $(-3, 0)$, $(1, 0)$에서 만나므로

$$f(x)=a(x+3)(x-1)$$
$$=a(x^2+2x-3)$$
$$=a(x+1)^2-4a$$

이 포물선의 꼭짓점 $(-1, -4a)$가 직선 $2x+y=2$ 위에 있으므로

$$-2-4a=2 \qquad \therefore\ a=-1$$
$$\therefore\ f(x)=-x^2-2x+3$$
$$\therefore\ \boldsymbol{a=-1,\ b=-2,\ c=3}$$

11-16. 포물선의 방정식을

$$y=ax^2+bx+c\ (a\neq 0) \quad \cdots\cdots ㉮$$

이라고 하면 두 점 $(0, 0)$, $(1, 1)$을 지나므로

$$0=c,\ 1=a+b+c$$

곧, $c=0$, $b=1-a$

㉮에 대입하면

$$y=ax^2+(1-a)x$$

또, 이것이 직선 $y=x-2$에 접하므로

$$ax^2+(1-a)x=x-2$$

곧, $ax^2-ax+2=0$에서

$$D=a^2-8a=0$$

$a\neq0$이므로 $a=8$ $\therefore b=-7$

따라서 ㉮은 $\boldsymbol{y=8x^2-7x}$

11-17. 포물선 $y=x^2+ax+b$가 직선 $y=x$에 접하므로 $x^2+ax+b=x$

곧, $x^2+(a-1)x+b=0$에서

$$D=(a-1)^2-4b=0$$

$$\therefore b=\frac{1}{4}a^2-\frac{1}{2}a+\frac{1}{4}$$

이것을 포물선의 방정식에 대입하면

$$y=x^2+ax+\frac{1}{4}a^2-\frac{1}{2}a+\frac{1}{4}$$

$$=\left(x+\frac{1}{2}a\right)^2-\frac{1}{2}a+\frac{1}{4}$$

따라서 꼭짓점의 좌표는

$\left(-\frac{1}{2}a,\ -\frac{1}{2}a+\frac{1}{4}\right)$이므로

$$x=-\frac{1}{2}a,\ y=-\frac{1}{2}a+\frac{1}{4}$$

로 놓고 a를 소거하면 $\boldsymbol{y=x+\frac{1}{4}}$

*__Note__ 포물선이 직선 $y=x$에 접하면서 움직이므로 꼭짓점의 자취는 직선 $y=x$에 평행한 직선이다.

11-18.

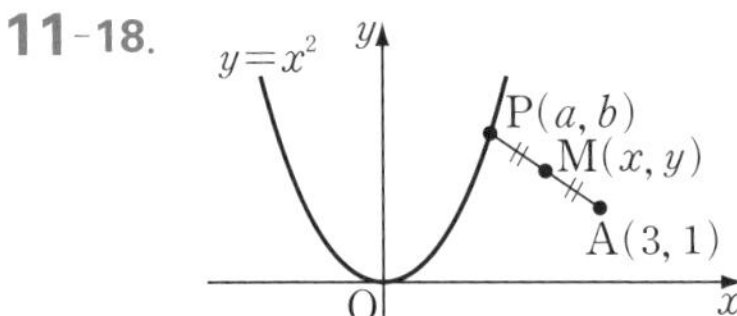

점 P의 좌표를 (a, b)라고 하면 점 P는 포물선 $y=x^2$ 위의 점이므로

$$b=a^2 \qquad \cdots\cdots ㉮$$

또, 점 M의 좌표를 (x, y)라고 하면 점 M은 선분 AP의 중점이므로

$$x=\frac{a+3}{2},\ y=\frac{b+1}{2}$$

$$\therefore a=2x-3,\ b=2y-1$$

㉮에 대입하여 정리하면

$$\boldsymbol{y=2x^2-6x+5}$$

11-19. 곡선 $y=x^3-3x^2+2x+1$을 x축의 방향으로 m만큼, y축의 방향으로 n만큼 평행이동하면

$$y-n=(x-m)^3-3(x-m)^2+2(x-m)+1$$

정리하면

$$y=x^3-3(m+1)x^2+(3m^2+6m+2)x-m^3-3m^2-2m+1+n$$

이 함수의 그래프가 원점에 대하여 대칭이면 기함수이므로

$$-3(m+1)=0,$$
$$-m^3-3m^2-2m+1+n=0$$
$$\therefore m=-1,\ n=-1$$

따라서 평행이동한 곡선의 방정식은

$$y=x^3-x$$

$$\therefore \boldsymbol{a=0,\ b=-1,\ c=0}$$

*__Note__ $f(x)=x^3+ax^2+bx+c$가 기함수이면 $f(-x)=-f(x)$이므로

$$-x^3+ax^2-bx+c=-x^3-ax^2-bx-c$$

곧, 모든 실수 x에 대하여 $2ax^2+2c=0$이므로 $\boldsymbol{a=0,\ c=0}$

11-20. 곡선과 직선의 교점의 x좌표 x_1, x_2, x_3은 방정식

$$x^3-2x^2+ax+b=mx+n$$

곧, $x^3-2x^2+(a-m)x+b-n=0$의 세 근이므로 삼차방정식의 근과 계수의 관계로부터

$$x_1+x_2+x_3=2$$ 답 ③

11-21. ① $y=f(x)$와 $y=g(x)$의 그래프의 교점 P의 좌표를 (a, b)라고 하면

$$f(a)=b,\ g(a)=b$$

$$\therefore h(a)=\frac{1}{3}f(a)+\frac{2}{3}g(a)=b$$

따라서 $y=h(x)$의 그래프는 점 P를 지난다.

② $f(-x)=f(x)$, $g(-x)=g(x)$이므로

$$h(-x)=\frac{1}{3}f(-x)+\frac{2}{3}g(-x)$$
$$=\frac{1}{3}f(x)+\frac{2}{3}g(x)=h(x)$$

따라서 $h(x)$는 우함수이다.

③ $f(-x)=-f(x),\ g(-x)=-g(x)$ 이므로

$$h(-x)=\frac{1}{3}f(-x)+\frac{2}{3}g(-x)$$
$$=-\frac{1}{3}f(x)-\frac{2}{3}g(x)$$
$$=-h(x)$$

따라서 $h(x)$는 기함수이다.

④ $f(x)=2x,\ g(x)=-x$이면 $f(x)$와 $g(x)$는 모두 일대일대응이지만

$$h(x)=\frac{1}{3}\times 2x+\frac{2}{3}\times(-x)=0$$

은 상수함수가 되어 일대일대응이 아니다.

⑤ $\{h(x)-f(x)\}\{h(x)-g(x)\}$

$$=-\frac{2}{3}\{f(x)-g(x)\}\times\frac{1}{3}\{f(x)-g(x)\}$$
$$=-\frac{2}{9}\{f(x)-g(x)\}^2\le 0$$

답 ④

12-1. (준 식)

$$=\frac{1}{x+y+z}\times\frac{yz+zx+xy}{xyz}\times\frac{1}{xy+yz+zx}\times\frac{z+x+y}{xyz}$$
$$=\boldsymbol{\frac{1}{(xyz)^2}}$$

12-2. (1) $\dfrac{8x-1}{(x-2)(x^2+1)}$

$$=\frac{a(x^2+1)+(x-2)(bx+c)}{(x-2)(x^2+1)}$$
$$=\frac{(a+b)x^2+(-2b+c)x+a-2c}{(x-2)(x^2+1)}$$

$\therefore\ 8x-1=(a+b)x^2+(-2b+c)x+a-2c$

이 등식이 x에 관한 항등식이려면

$a+b=0,\ -2b+c=8,\ a-2c=-1$

$\therefore\ \boldsymbol{a=3,\ b=-3,\ c=2}$

(2) $\dfrac{1}{x(x+1)^2}$

$$=\frac{a(x+1)^2+bx(x+1)+cx}{x(x+1)^2}$$
$$=\frac{(a+b)x^2+(2a+b+c)x+a}{x(x+1)^2}$$

$\therefore\ 1=(a+b)x^2+(2a+b+c)x+a$

이 등식이 x에 관한 항등식이려면

$a+b=0,\ 2a+b+c=0,\ a=1$

$\therefore\ \boldsymbol{a=1,\ b=-1,\ c=-1}$

12-3. $f(n)=\dfrac{1}{n^2+2n}=\dfrac{1}{n(n+2)}$

$$=\frac{1}{2}\left(\frac{1}{n}-\frac{1}{n+2}\right)$$

$\therefore\ f(1)+f(2)+f(3)+\cdots+f(9)$

$$=\frac{1}{2}\left\{\left(1-\frac{1}{3}\right)+\left(\frac{1}{2}-\frac{1}{4}\right)+\left(\frac{1}{3}-\frac{1}{5}\right)+\cdots+\left(\frac{1}{8}-\frac{1}{10}\right)+\left(\frac{1}{9}-\frac{1}{11}\right)\right\}$$
$$=\frac{1}{2}\left(1+\frac{1}{2}-\frac{1}{10}-\frac{1}{11}\right)=\boldsymbol{\frac{36}{55}}$$

12-4. (1) $a+b+c=0$에서

$b+c=-a,\ c+a=-b,\ a+b=-c$

$$\therefore\ (\text{준 식})=\frac{a^2}{-a}+\frac{b^2}{-b}+\frac{c^2}{-c}$$
$$=-(a+b+c)=\boldsymbol{0}$$

(2) $$(\text{준 식})=\frac{a}{b}+\frac{a}{c}+\frac{b}{c}+\frac{b}{a}+\frac{c}{a}+\frac{c}{b}$$
$$=\frac{b+c}{a}+\frac{c+a}{b}+\frac{a+b}{c}$$
$$=\frac{-a}{a}+\frac{-b}{b}+\frac{-c}{c}$$
$$=-1-1-1=\boldsymbol{-3}$$

(3) (준 식)

$$=\frac{a(a^2+1)+b(b^2+1)+c(c^2+1)}{abc}$$
$$=\frac{a^3+b^3+c^3+a+b+c}{abc}$$
$$=\frac{a^3+b^3+c^3}{abc}\quad(\because\ a+b+c=0)$$

그런데

$a^3+b^3+c^3=(a+b+c)(a^2+b^2+c^2-ab-bc-ca)+3abc$
$=3abc$ ……㉠

이므로

(준 식)$=\dfrac{3abc}{abc}=\mathbf{3}$

(4) $a^2+b^2+c^2=(a+b+c)^2-2(ab+bc+ca)$
$=-2(ab+bc+ca)$

이고, ㉠에서

(준 식)$=\dfrac{-2(ab+bc+ca)}{3abc}+\dfrac{2(ab+bc+ca)}{3abc}$
$=\mathbf{0}$

12-5. $x+\dfrac{1}{y}=1$로부터

$x=1-\dfrac{1}{y}$ $\quad\therefore\ x=\dfrac{y-1}{y}$

$y+\dfrac{1}{2z}=1$로부터

$\dfrac{1}{2z}=1-y$ $\quad\therefore\ z=\dfrac{1}{2(1-y)}$

$\therefore\ z+\dfrac{1}{2x}=\dfrac{1}{2(1-y)}+\dfrac{y}{2(y-1)}$
$=\dfrac{y-1}{2(y-1)}=\mathbf{\dfrac{1}{2}},$

$2xyz+1=2\times\dfrac{y-1}{y}\times y\times\dfrac{1}{2(1-y)}+1$
$=-1+1=\mathbf{0}$

****Note*** $y+\dfrac{1}{2z}=1$에서 $y=1$이면 $\dfrac{1}{2z}=0$이 되어 모순이다.
따라서 $y\neq1$

12-6. $\dfrac{1}{x+1}+\dfrac{1}{y+1}=1$에서

$\dfrac{y+1+x+1}{(x+1)(y+1)}=1$

$\therefore\ y+x+2=(x+1)(y+1)$

$\therefore\ xy=1$ $\quad\therefore\ y=\dfrac{1}{x}$

$\therefore$ (준 식)$=\dfrac{1}{x-1}+\dfrac{1}{\dfrac{1}{x}-1}$
$=\dfrac{1}{x-1}+\dfrac{x}{1-x}$
$=\dfrac{1-x}{x-1}=\mathbf{-1}$

12-7. $\dfrac{a}{b}=\dfrac{c}{d}=k$로 놓으면

$a=bk,\ c=dk$

① $\dfrac{a+b}{b}=\dfrac{bk+b}{b}=k+1,$
$\dfrac{c+d}{d}=\dfrac{dk+d}{d}=k+1$
$\therefore$ (좌변)$=$(우변)

② $\dfrac{a+b}{a-b}=\dfrac{bk+b}{bk-b}=\dfrac{k+1}{k-1},$
$\dfrac{c+d}{c-d}=\dfrac{dk+d}{dk-d}=\dfrac{k+1}{k-1}$
$\therefore$ (좌변)$=$(우변)

③ $\dfrac{a^2+b^2}{b^2}=\dfrac{b^2k^2+b^2}{b^2}=k^2+1,$
$\dfrac{c^2+d^2}{d^2}=\dfrac{d^2k^2+d^2}{d^2}=k^2+1$
$\therefore$ (좌변)$=$(우변)

④ $\dfrac{ac+bd}{bd}=\dfrac{bdk^2+bd}{bd}=k^2+1,$
$\dfrac{a^2+b^2}{b^2}=\dfrac{b^2k^2+b^2}{b^2}=k^2+1$
$\therefore$ (좌변)$=$(우변)

⑤ $\dfrac{ab+cd}{ab-cd}=\dfrac{b^2k+d^2k}{b^2k-d^2k}=\dfrac{b^2+d^2}{b^2-d^2},$
$\dfrac{a^2+d^2}{a^2-d^2}=\dfrac{b^2k^2+d^2}{b^2k^2-d^2}$
$\therefore$ (좌변)$\neq$(우변) 답 ⑤

****Note*** ① $\dfrac{a}{b}=\dfrac{c}{d}$에서

$\dfrac{a}{b}+1=\dfrac{c}{d}+1$

$\therefore\ \dfrac{a+b}{b}=\dfrac{c+d}{d}$

③ $\dfrac{a}{b}=\dfrac{c}{d}$에서 $\dfrac{a^2}{b^2}=\dfrac{c^2}{d^2}$

$\therefore \dfrac{a^2}{b^2}+1=\dfrac{c^2}{d^2}+1$

$\therefore \dfrac{a^2+b^2}{b^2}=\dfrac{c^2+d^2}{d^2}$

⑤ (반례) $a=1,\ b=2,\ c=2,\ d=4$ 일 때, $1:2=2:4$이지만

$\dfrac{ab+cd}{ab-cd}=-\dfrac{5}{3},\ \dfrac{a^2+d^2}{a^2-d^2}=-\dfrac{17}{15}$

이므로 (좌변)≠(우변)이다.

12-8. 조각나기 전의 보석의 무게를 $4x$라고 하면 보석의 가격은

$a=k(4x)^2$ (k는 비례상수) …㉠

이고, 조각난 두 보석의 가격은 각각 $k(3x)^2,\ kx^2$이다.

㉠에서 $k=\dfrac{a}{16x^2}$이므로

$k(3x)^2+kx^2=10kx^2$

$=10x^2\times\dfrac{a}{16x^2}=\boldsymbol{\dfrac{5}{8}a}$

12-9. (1) $\dfrac{1}{x}+\dfrac{1}{y}=1 \quad \therefore \dfrac{1}{y}=\dfrac{x-1}{x}$

$\therefore y=\dfrac{x}{x-1}=\dfrac{1}{x-1}+1\ (x\neq0)$

(2) $y=\dfrac{1}{1+|x|}$에서

$x\geq0$일 때 $y=\dfrac{1}{x+1}$

$x<0$일 때 $y=\dfrac{-1}{x-1}$

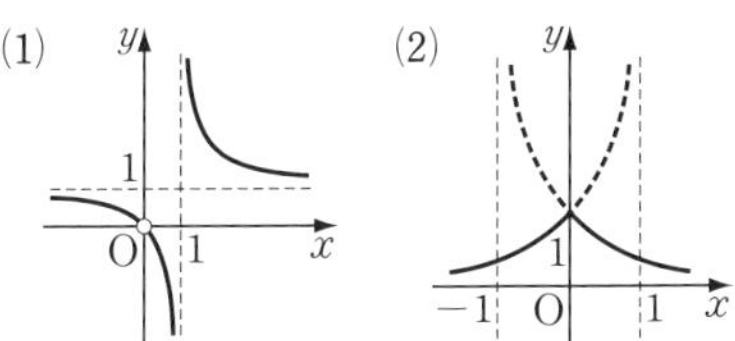

(3) $y=\dfrac{|x|-1}{|x-1|}$에서

$x<0$일 때 $y=\dfrac{-x-1}{-x+1}=\dfrac{2}{x-1}+1$

$0\leq x<1$일 때 $y=\dfrac{x-1}{-x+1}=-1$

$x>1$일 때 $y=\dfrac{x-1}{x-1}=1$

(4) $(x+1)y=-x+1$ ……㉠

$\therefore y=\dfrac{-x+1}{x+1}=\dfrac{2}{x+1}-1$

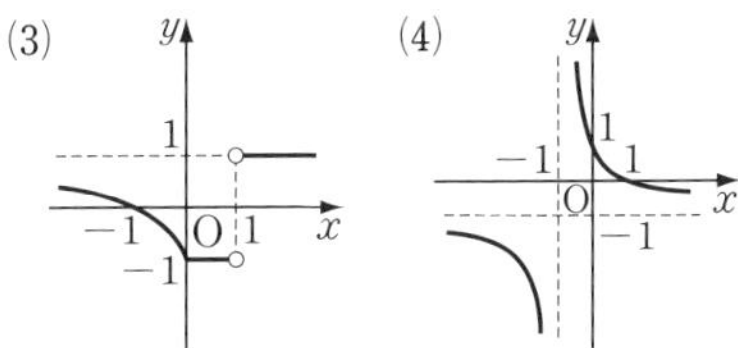

(5) $(x-3)y$

$=4x-15$ …㉡

$\therefore y=\dfrac{4x-15}{x-3}$

$=\dfrac{-3}{x-3}+4$

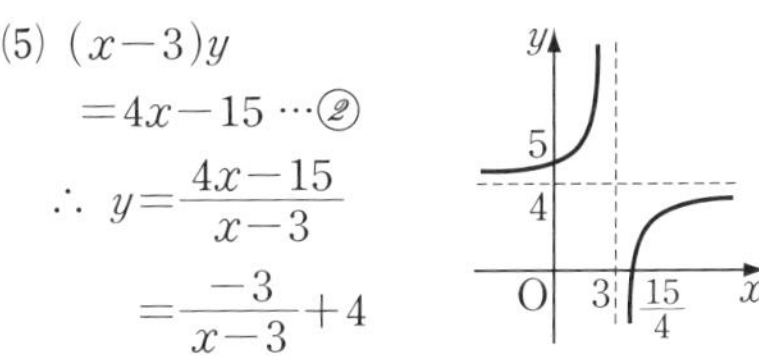

****Note*** (4) ㉠에서 $x=-1$이면 성립하지 않으므로 $x\neq-1$이다.

(5) ㉡에서 $x=3$이면 성립하지 않으므로 $x\neq3$이다.

12-10. ① $y=\dfrac{(x-1)+2}{x-1}=1+\dfrac{2}{x-1}$

$\therefore y-1=\dfrac{2}{x-1}$

② $y=\dfrac{(x-1)+1}{x-1}=1+\dfrac{1}{x-1}$

$\therefore y-1=\dfrac{1}{x-1}$

③ $y=\dfrac{(x-1)-1}{x-1}=1-\dfrac{1}{x-1}$

$\therefore y-1=-\dfrac{1}{x-1}$

④ $y=\dfrac{-(x-1)-1}{x-1}=-1-\dfrac{1}{x-1}$

$\therefore y+1=-\dfrac{1}{x-1}$

⑤ $y=\dfrac{x-1}{x}=1-\dfrac{1}{x} \quad \therefore y-1=-\dfrac{1}{x}$

따라서 ①의 그래프는 $y=\dfrac{2}{x}$의 그래프를, ②의 그래프는 $y=\dfrac{1}{x}$의 그래프를

평행이동한 것이고, ③, ④, ⑤의 그래프는 $y=-\dfrac{1}{x}$의 그래프를 평행이동한 것이다.

답 ②

12-11.

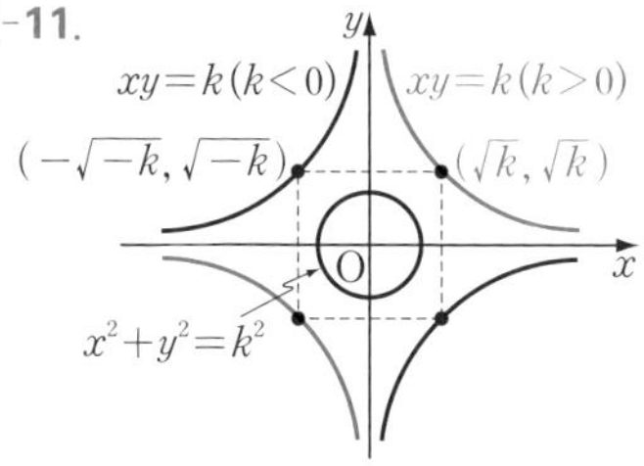

(i) $k>0$일 때, 위의 그림과 같이 쌍곡선 $xy=k$ 위의 점 $(\sqrt{k}, \sqrt{k})$와 원 $x^2+y^2=k^2$의 중심인 원점 사이의 거리가 원의 반지름의 길이인 k보다 크면 되므로

$$(\sqrt{k})^2+(\sqrt{k})^2>k^2 \qquad \therefore\ 0<k<2$$

k는 정수이므로 $k=1$

(ii) $k<0$일 때, 위의 그림과 같이 쌍곡선 $xy=k$ 위의 점 $(-\sqrt{-k}, \sqrt{-k})$와 원 $x^2+y^2=k^2$의 중심인 원점 사이의 거리가 원의 반지름의 길이인 $-k$보다 크면 되므로

$$(-\sqrt{-k})^2+(\sqrt{-k})^2>(-k)^2$$
$$\therefore\ -2<k<0$$

k는 정수이므로 $k=-1$

(i), (ii)에서 구하는 k의 개수는 2이다.

답 ②

* ***Note*** 1° 원 $x^2+y^2=k^2$과 쌍곡선 $xy=k$가 만나지 않으므로 연립방정식 $\begin{cases} x^2+y^2=k^2 \\ xy=k \end{cases}$의 실수인 해가 존재하지 않는다.

이를 이용하여 k의 값을 구해도 되지만 위와 같이 그래프를 이용하는 것이 더 간편하다.

2° 곡선 $xy=k(k>0)$ 위의 점 P(a, b)와 원점 O에 대하여

$$\overline{\mathrm{OP}}^2=a^2+b^2\ge 2ab=2k$$

(등호는 $a=b=\pm\sqrt{k}$일 때 성립)

곧, 점 $(\sqrt{k}, \sqrt{k})$는 곡선 $xy=k$ 위의 점 중 원점과의 거리가 최소인 점이다.

따라서 점 $(\sqrt{k}, \sqrt{k})$에 대해서만 생각해도 무방하다. $xy=k(k<0)$일 때에도 마찬가지이다.

12-12. $f^2(x)=(f\circ f)(x)=f(f(x))$

$$=f\left(\frac{x-1}{x}\right)=\frac{\dfrac{x-1}{x}-1}{\dfrac{x-1}{x}}$$
$$=-\frac{1}{x-1}$$

$$f^3(x)=f^2(f(x))=f^2\left(\frac{x-1}{x}\right)$$
$$=-\frac{1}{\dfrac{x-1}{x}-1}=x$$

곧, $f^3=I$이므로

$$f^{2028}=f^{2025}\circ f^3=f^{2025}\circ I=f^{2025}$$
$$=f^{2022}=\cdots=f^3=I$$
$$\therefore\ f^{2028}(2028)=I(2028)=\mathbf{2028}$$

12-13. 그래프가 점 $(2, 1)$에 대하여 대칭이므로 점근선이 직선 $x=2, y=1$이다. 따라서 $f(x)=\dfrac{k}{x-2}+1$로 놓을 수 있다.

점 $(3, 2)$를 지나므로

$$2=\frac{k}{3-2}+1 \qquad \therefore\ k=1$$
$$\therefore\ f(x)=\frac{1}{x-2}+1=\frac{x-1}{x-2}$$

$f^{-1}(3)=p$로 놓으면 $f(p)=3$이므로

$$\frac{p-1}{p-2}=3 \qquad \therefore\ p-1=3(p-2)$$
$$\therefore\ p=\frac{5}{2} \qquad \therefore\ f^{-1}(3)=\mathbf{\frac{5}{2}}$$

* ***Note*** 역함수 $f^{-1}(x)=\dfrac{1}{x-1}+2$를 직

접 구한 다음 $x=3$을 대입해도 된다.

12-14. $y=\dfrac{2x+7}{x+3}=\dfrac{1}{x+3}+2$

이므로 $y=\dfrac{2x+7}{x+3}$의 그래프는 $y=\dfrac{1}{x}$의 그래프를 x축의 방향으로 -3만큼, y축의 방향으로 2만큼 평행이동한 것이다.

이때, $y=\dfrac{1}{x}$의 그래프는 두 직선 $y=x$, $y=-x$에 대하여 대칭이므로 $y=\dfrac{2x+7}{x+3}$의 그래프는 두 직선

$$y-2=x+3,\ y-2=-(x+3)$$

곧, $y=x+5$, $y=-x-1$

에 대하여 대칭이다.

$\therefore$ $\boldsymbol{a=1,\ b=5}$ **또는** $\boldsymbol{a=-1,\ b=-1}$

* ***Note*** 직선 $y=ax+b$는 점 $(-3, 2)$를 지나고 기울기가 1 또는 -1인 직선이다.

12-15. (1) $y=\dfrac{1}{x-2}$로 놓으면

$$x=\frac{2y+1}{y}$$

x와 y를 바꾸면 $y=\dfrac{2x+1}{x}$

$$\therefore\ \boldsymbol{f^{-1}(x)=\frac{2x+1}{x}}$$

(2) $h(x)=(g\circ f^{-1})(x)=g(f^{-1}(x))$

$$=\frac{f^{-1}(x)}{f^{-1}(x)+1}=\frac{\dfrac{2x+1}{x}}{\dfrac{2x+1}{x}+1}$$

$$=\boldsymbol{\frac{2x+1}{3x+1}}$$

(3) $k(x)=(f^{-1}\circ g)(x)=f^{-1}(g(x))$

$$=\frac{2g(x)+1}{g(x)}=\boldsymbol{\frac{3x+1}{x}}$$

* ***Note*** (3) $f(k(x))=g(x)$이므로

$$\frac{1}{k(x)-2}=\frac{x}{x+1}$$

$$\therefore\ k(x)-2=\frac{x+1}{x}$$

$$\therefore\ k(x)=\frac{x+1}{x}+2=\boldsymbol{\frac{3x+1}{x}}$$

12-16. $f(x)=\dfrac{3x+4}{x+2}=-\dfrac{2}{x+2}+3$

이므로

$$g(x)=-\frac{2}{x-m+2}+n+3\ \cdots①$$

한편 $(f\circ g)(x)=x$이므로 $g(x)$는 $f(x)$의 역함수이다.

따라서 $y=\dfrac{3x+4}{x+2}$로 놓으면

$$x=\frac{-2y+4}{y-3}$$

x와 y를 바꾸면 $y=\dfrac{-2x+4}{x-3}$

$$\therefore\ g(x)=\frac{-2x+4}{x-3}$$

$$=-\frac{2}{x-3}-2\ \cdots\cdots②$$

①, ②를 비교하면

$$-m+2=-3,\ n+3=-2$$

$\therefore$ $m=5$, $n=-5$ $\therefore$ $\boldsymbol{mn=-25}$

12-17. $y=\dfrac{2x+3}{x+1}=\dfrac{1}{x+1}+2$

이므로 $y=\dfrac{2x+3}{x+1}$의 그래프는 $y=\dfrac{1}{x}$의 그래프를 x축의 방향으로 -1만큼, y축의 방향으로 2만큼 평행이동한 것이다.

또, $y=\dfrac{2x+3}{x+1}$의 그래프는 점 $(-1, 2)$를 지나고 기울기가 1인 직선 $y=x+3$에 대하여 대칭이다.

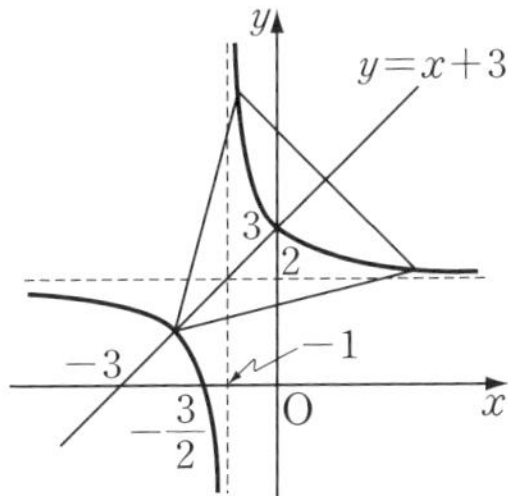

이때, △ABC의 무게중심 $(0, 3)$이 직

선 $y=x+3$ 위에 있으면서 $x>-1$에서 $y=\dfrac{2x+3}{x+1}$의 그래프 위에 있다.

따라서 △ABC의 한 꼭짓점은 $x<-1$일 때 직선 $y=x+3$과 곡선 $y=\dfrac{2x+3}{x+1}$의 교점이다.

$$x+3=\frac{2x+3}{x+1}\text{에서}\quad x^2+2x=0$$

$x<-1$이므로 $\quad x=-2$

이때, $y=1$이므로 교점의 좌표는 $(-2,\ 1)$이다.

△ABC의 한 꼭짓점 $(-2,\ 1)$과 무게중심 $(0,\ 3)$ 사이의 거리가

$$\sqrt{(0+2)^2+(3-1)^2}=2\sqrt{2}$$

이므로 △ABC의 한 변의 길이를 a라고 하면

$$\frac{\sqrt{3}}{2}a=2\sqrt{2}\times\frac{3}{2}\qquad \therefore\ a=2\sqrt{6}$$

$$\therefore\ \triangle ABC=\frac{\sqrt{3}}{4}\times(2\sqrt{6})^2=6\sqrt{3}$$

답 ⑤

12-18. 점 P의 좌표를 $P(x,\ y)$라고 하면 점 P는 제1사분면의 점이므로

$$x>0,\ y>0$$

이때,

$$\overline{PQ}=y,\ \overline{PR}=x,$$
$$\overline{PA}=\sqrt{(x+1)^2+(y+1)^2}$$

이므로 $\overline{PA}=\overline{PQ}+\overline{PR}$에서

$$\sqrt{(x+1)^2+(y+1)^2}=y+x$$

양변을 제곱하면

$$x^2+2x+1+y^2+2y+1=y^2+2xy+x^2$$
$$\therefore\ (x-1)y=x+1$$

$x>0,\ y>0$이므로 $x-1>0$이고,

$$y=\frac{x+1}{x-1}=\frac{2}{x-1}+1$$

따라서 점 P의 자취는 곡선 $y=\dfrac{2}{x-1}+1$의 $x>1$인 부분이므로 다음 그림의 실선이다.

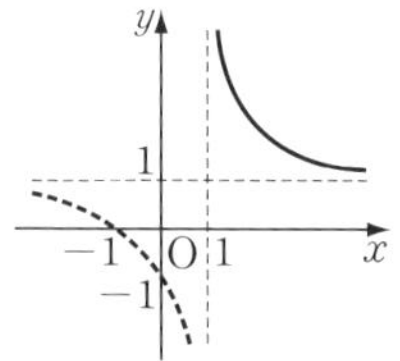

13-1. $x-y=(a+b)^2-4ab$

$$=a^2-2ab+b^2=(a-b)^2$$

$$\therefore\ \sqrt{x-y}=\sqrt{(a-b)^2}\qquad \Leftarrow a-b<0$$
$$=-(a-b)=b-a$$

답 ②

13-2. $x-10=(5+\sqrt{29})-10=\sqrt{29}-5$

$x>0,\ x-10>0$이므로

$$\frac{\sqrt{x}}{\sqrt{x-10}}=\sqrt{\frac{x}{x-10}}$$

이때,

$$\frac{x}{x-10}=\frac{\sqrt{29}+5}{\sqrt{29}-5}=\frac{(\sqrt{29}+5)^2}{4}$$

이므로

$$\sqrt{\frac{x}{x-10}}=\sqrt{\frac{(\sqrt{29}+5)^2}{4}}=\frac{\sqrt{29}+5}{2}$$
$$=\frac{5}{2}+\frac{1}{2}\sqrt{29}$$

$$\therefore\ \boldsymbol{p=\frac{5}{2},\ q=\frac{1}{2}}$$

13-3. $f(n)=\sqrt{n+1}+\sqrt{n}$이므로

$$\frac{1}{f(n)}=\frac{1}{\sqrt{n+1}+\sqrt{n}}$$
$$=\frac{\sqrt{n+1}-\sqrt{n}}{(\sqrt{n+1}+\sqrt{n})(\sqrt{n+1}-\sqrt{n})}$$
$$=\frac{\sqrt{n+1}-\sqrt{n}}{(n+1)-n}=\sqrt{n+1}-\sqrt{n}$$

$$\therefore\ \frac{1}{f(1)}+\frac{1}{f(2)}+\frac{1}{f(3)}+\cdots+\frac{1}{f(99)}$$
$$=(\sqrt{2}-\sqrt{1})+(\sqrt{3}-\sqrt{2})+\cdots+(\sqrt{100}-\sqrt{99})$$
$$=\sqrt{100}-\sqrt{1}=10-1=9$$

답 ④

13-4. (1) $x=\sqrt{y-1}$

$$\Longleftrightarrow\ x^2=y-1\ (x\ge0,\ y\ge1)$$
$$\therefore\ y=x^2+1\ (x\ge0)$$

(2) $x\ge0$일 때 $y=\sqrt{x+x}=\sqrt{2x}$

$x<0$일 때 $y=\sqrt{x-x}=0$

(1) 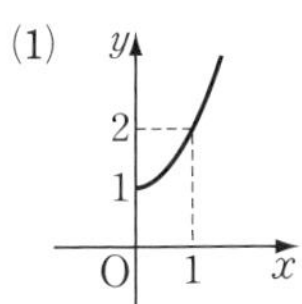

(2) 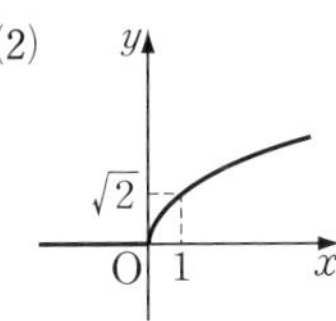

(3) $4-|x|\ge0$에서 $-4\le x\le4$

$0\le x\le4$일 때

$y=\sqrt{4-x}$
$=\sqrt{-(x-4)}$

$-4\le x<0$일 때

$y=\sqrt{4+x}$
$=\sqrt{x+4}$

***Note** (1) $x=\sqrt{y-1}$에서 x와 y를 바꾸면 $y=\sqrt{x-1}$이므로 $x=\sqrt{y-1}$의 그래프는 $y=\sqrt{x-1}$의 그래프를 직선 $y=x$에 대하여 대칭이동하여 그릴 수도 있다.

13-5. $y=-\sqrt{x-1}+a$의 그래프는 $y=-\sqrt{x}$의 그래프를 x축의 방향으로 1만큼, y축의 방향으로 a만큼 평행이동한 곡선으로 x의 값이 증가하면 y의 값은 감소한다.

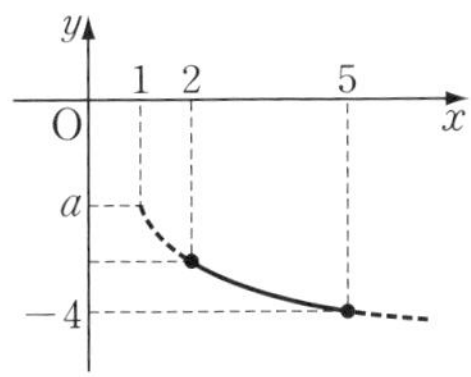

위의 그림에서 주어진 함수는 $x=5$일 때 최솟값을 가지므로

$$-\sqrt{5-1}+a=-4 \quad \therefore\ a=-2$$

따라서 최댓값은 $x=2$일 때

$$y=-\sqrt{2-1}-2=\mathbf{-3}$$

13-6. 두 점 P, Q가 곡선 $y=\sqrt{x}$ 위의 점이므로 $b=\sqrt{a},\ d=\sqrt{c}$

$$\therefore\ b^2=a,\ d^2=c$$

따라서 직선 PQ의 기울기는

$$\frac{d-b}{c-a}=\frac{d-b}{d^2-b^2}=\frac{1}{d+b}=\frac{1}{2}$$

답 ④

13-7.

(i) $y=a\sqrt{x-k}$의 그래프가 점 A(3, 1)을 지날 때 k가 최대이고, 최댓값은 $1=a\sqrt{3-k}$에서

$$k=3-\frac{1}{a^2}=m$$

(ii) $y=a\sqrt{x-k}$의 그래프가 점 B(3, 4)를 지날 때 k가 최소이고, 최솟값은 $4=a\sqrt{3-k}$에서

$$k=3-\frac{16}{a^2}=n$$

문제의 조건에서 $m+n=-11$이므로

$$\left(3-\frac{1}{a^2}\right)+\left(3-\frac{16}{a^2}\right)=-11 \quad \therefore\ a^2=1$$

$a>0$이므로 $a=1$ 답 ③

13-8.

위의 그림에서

$$\mathrm{A}(a,\ \sqrt{a}),\ \mathrm{B}(a,\ 2\sqrt{a})$$

또, 점 B, C의 y좌표가 같으므로 점 C의 x좌표는 $\sqrt{x}=2\sqrt{a}$에서

$$x=4a \quad \therefore\ \mathrm{C}(4a,\ 2\sqrt{a})$$

이때, 점 D의 y좌표는 $y=2\sqrt{x}$에 $x=4a$를 대입하면

$$y=2\sqrt{4a}=4\sqrt{a} \quad \therefore\ \mathrm{D}(4a,\ 4\sqrt{a})$$

(1) $\dfrac{4\sqrt{a}-\sqrt{a}}{4a-a}=\dfrac{1}{3}$에서 $\dfrac{1}{\sqrt{a}}=\dfrac{1}{3}$

$\therefore\ \sqrt{a}=3 \quad \therefore\ \boldsymbol{a=9}$

(2) $\overline{\mathrm{DC}}=4\sqrt{a}-2\sqrt{a}=2\sqrt{a}$,

$\overline{\mathrm{BC}}=4a-a=3a$

이므로 $\triangle\mathrm{DAC}=24$에서

$\dfrac{1}{2}\times 2\sqrt{a}\times 3a=24 \quad \therefore\ a\sqrt{a}=8$

양변을 제곱하면 $a^3=64$

a는 실수이므로 $\boldsymbol{a=4}$

13-9.

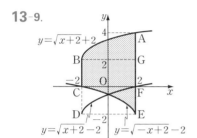

곡선 $y=\sqrt{x+2}+2$, $y=\sqrt{-x+2}-2$와 직선 $x=-2$, $x=2$로 둘러싸인 도형은 위의 그림에서 점 찍은 부분이다.

그런데 곡선 $y=\sqrt{-x+2}-2$와 y축에 대하여 대칭인 곡선의 방정식은 $y=\sqrt{x+2}-2$이고, 이 곡선은 곡선 $y=\sqrt{x+2}+2$를 y축의 방향으로 -4만큼 평행이동한 것이므로

(도형 ABG의 넓이)

=(도형 FDE의 넓이)

=(도형 CED의 넓이)

따라서 구하는 넓이는 직사각형 BDEG의 넓이와 같으므로

$4\times 4=\boldsymbol{16}$

13-10. (1) 곡선 $y=a\sqrt{-x+1}+b$를 x축의 방향으로 2만큼, y축의 방향으로 4만큼 평행이동하면

$y-4=a\sqrt{-(x-2)+1}+b$

곧, $y=a\sqrt{-x+3}+b+4$

다시 y축에 대하여 대칭이동하면

$y=a\sqrt{-(-x)+3}+b+4$

곧, $y=a\sqrt{x+3}+b+4$

이 곡선이 두 점 $(1,\ 4)$, $(6,\ 0)$을 지나므로

$2a+b+4=4,\ 3a+b+4=0$

연립하여 풀면 $\boldsymbol{a=-4,\ b=8}$

(2) $y=-4\sqrt{-x+1}+8$

$=-4\sqrt{-(x-1)}+8$

이므로 곡선 $y=-4\sqrt{-x}$를 x축의 방향으로 1만큼, y축의 방향으로 8만큼 평행이동한 곡선으로 두 점 $(1,\ 8)$, $(-3,\ 0)$을 지난다.

이 두 점을 직선 $y=2x+6$이 지나므로 $\mathrm{A}(1,\ 8)$, $\mathrm{B}(-3,\ 0)$으로 놓을 수 있다.

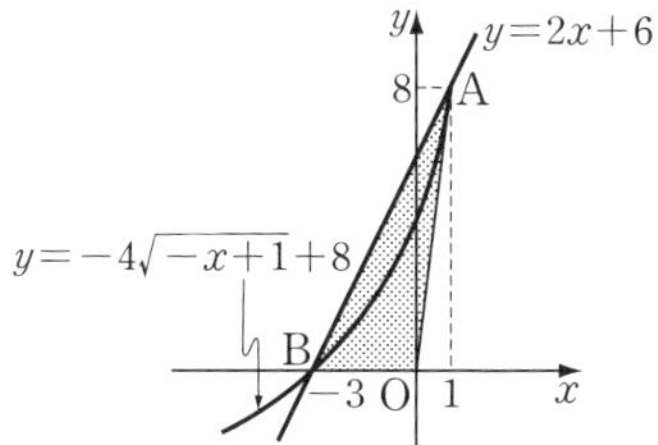

따라서 $\triangle\mathrm{OAB}$의 넓이는

$\dfrac{1}{2}\times 3\times 8=\boldsymbol{12}$

*__Note__ 곡선 $y=-4\sqrt{-x+1}+8$과 직선 $y=2x+6$의 교점 $(1,\ 8)$, $(-3,\ 0)$은 두 식을 연립하여 풀면 구할 수 있다.

곧, $-4\sqrt{-x+1}+8=2x+6$에서

$2\sqrt{-x+1}=-x+1 \quad \cdots$ ⑦

양변을 제곱하여 정리하면

$x^2+2x-3=0 \quad \therefore\ x=1,\ -3$

이 값은 ⑦을 만족시킨다. 이때,

$y=8,\ 0$

따라서 두 교점의 좌표는 $(1,\ 8)$, $(-3,\ 0)$이다.

13-11.

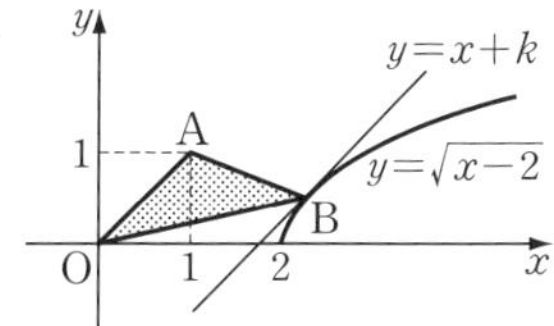

$\triangle$AOB는 변 AO를 밑변으로 하고 점 B와 직선 AO 사이의 거리를 높이로 하는 삼각형이다.

이때, 변 AO의 길이는 $\sqrt{2}$로 일정하므로 점 B와 직선 AO 사이의 거리가 최소일 때 $\triangle$AOB의 넓이는 최소가 된다.

곧, 직선 AO와 평행한 직선이 곡선 $y=\sqrt{x-2}$에 접할 때의 접점이 $\triangle$AOB의 넓이가 최소가 되게 하는 점 B이다.

기울기가 1이고 곡선 $y=\sqrt{x-2}$에 접하는 직선의 방정식을 $y=x+k$라 하자.

$y=x+k$, $y=\sqrt{x-2}$에서 y를 소거하면 $\quad x+k=\sqrt{x-2}$

양변을 제곱하여 정리하면

$$x^2+(2k-1)x+k^2+2=0 \quad \cdots\cdots ㉠$$

이 이차방정식이 중근을 가지므로

$$D=(2k-1)^2-4(k^2+2)=0$$

$$\therefore\ k=-\frac{7}{4}$$

㉠에 $k=-\dfrac{7}{4}$을 대입하면

$$x^2-\frac{9}{2}x+\frac{81}{16}=0 \qquad \therefore\ x=\frac{9}{4}$$

따라서 점 B의 좌표는 $\left(\dfrac{9}{4},\ \dfrac{1}{2}\right)$이고, 이때 $\triangle$AOB의 넓이는

$$\frac{1}{2}\times\sqrt{2}\times\frac{\left|\frac{9}{4}-\frac{1}{2}\right|}{\sqrt{1^2+(-1)^2}}=\frac{7}{8}$$

$$\therefore\ \text{최솟값 } \boldsymbol{\frac{7}{8},\ \mathrm{B}\left(\frac{9}{4},\ \frac{1}{2}\right)}$$

13-12. $g^{-1}(a)=k$라고 하면 $k>0$이고

$$g(k)=a$$

$$f(g^{-1}(a))=f(k)=\frac{1}{2}\text{에서}$$

$$\frac{k}{1+k^2}=\frac{1}{2} \qquad \therefore\ 2k=1+k^2 \qquad \therefore\ k=1$$

$$\therefore\ a=g(1)=1$$

$$\therefore\ g(f(a))=g(f(1))=g\left(\frac{1}{2}\right)$$

$$=\sqrt{\frac{1}{2}}=\frac{\sqrt{2}}{2}$$

답 ①

****Note*** $g(x)=\sqrt{x}\ (x>0)$에서

$$g^{-1}(x)=x^2\ (x>0)$$

$$\therefore\ g^{-1}(a)=a^2\ (a>0)$$

$$\therefore\ f(g^{-1}(a))=f(a^2)=\frac{a^2}{1+a^4}=\frac{1}{2}$$

$$\therefore\ a^2=1 \qquad \therefore\ a=1\ (\because\ a>0)$$

$$\therefore\ g(f(a))=g(f(1))=g\left(\frac{1}{2}\right)$$

$$=\sqrt{\frac{1}{2}}=\frac{\sqrt{2}}{2}$$

13-13. f의 역함수가 존재하려면 f가 일대일대응이어야 한다.

그런데 $x<2$에서 x의 값이 증가하면 $f(x)$의 값도 증가하므로 함수 f가 실수 전체에서 일대일대응이 되려면 $x\ge2$에서도 x의 값이 증가하면 $f(x)$의 값이 증가해야 한다. $\qquad \therefore\ a>0$

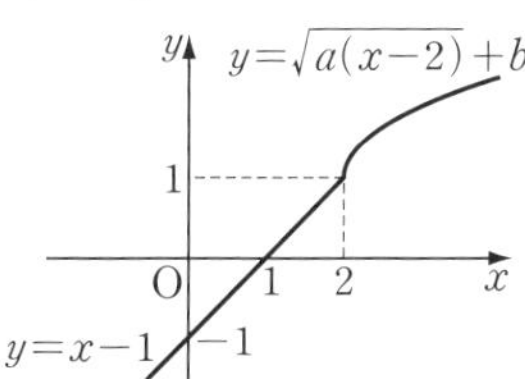

또한 치역이 실수 전체의 집합이려면 위의 그림과 같이 $x=2$일 때 $y=x-1$의 그래프와 $y=\sqrt{a(x-2)}+b$의 그래프가 만나야 한다.

$$\therefore\ 2-1=\sqrt{a(2-2)}+b \qquad \therefore\ b=1$$

답 $\boldsymbol{a>0,\ b=1}$

13-14. (1) $y=\sqrt{x}\ (x\ge0,\ y\ge0)$의 역함수는 $\quad y=x^2\ (x\ge0)$

또, $y=3x\ (x<0,\ y<0)$의 역함수는

$$y=\frac{1}{3}x\ (x<0)$$

$$\therefore\ \boldsymbol{g(x)=\begin{cases} x^2 & (x\ge0) \\ \frac{1}{3}x & (x<0)\end{cases}}$$

(2) (i) $x\ge0$일 때 $x^2\le -x^2+8$

$$\therefore\ x^2-4\le0 \quad \therefore\ (x+2)(x-2)\le0$$

$$\therefore\ -2\le x\le2$$

$x\ge0$이므로 $0\le x\le2$

(ii) $x<0$일 때 $\frac{1}{3}x\le -x^2+8$

$$\therefore\ 3x^2+x-24\le0$$

$$\therefore\ (x+3)(3x-8)\le0$$

$$\therefore\ -3\le x\le\frac{8}{3}$$

$x<0$이므로 $-3\le x<0$

(i), (ii)에서 $g(x)\le -x^2+8$을 만족시키는 x의 값의 범위는

$$\boldsymbol{-3\le x\le2}$$

13-15. 주어진 그래프는 $y=\sqrt{x}$의 그래프를 x축의 방향으로 -4만큼, y축의 방향으로 2만큼 평행이동한 것이므로

$$f(x)=\sqrt{x+4}+2$$

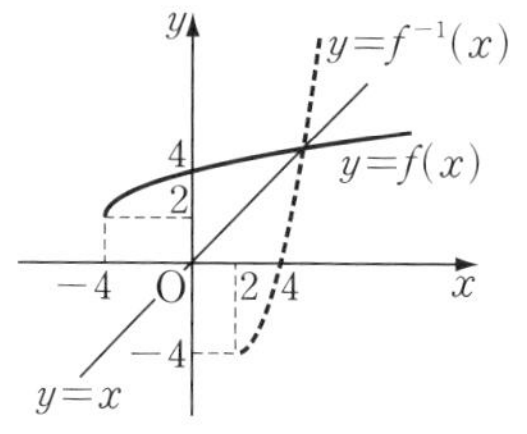

두 함수 $y=f(x)$와 $y=f^{-1}(x)$의 그래프의 교점은 $y=f(x)$의 그래프와 직선 $y=x$의 교점이므로

$$\sqrt{x+4}+2=x \quad \therefore\ \sqrt{x+4}=x-2$$

양변을 제곱하여 정리하면

$$x^2-5x=0 \quad \therefore\ x=5\ (\because\ x\ge2)$$

따라서 구하는 교점의 좌표는

$$\boldsymbol{(5,\ 5)}$$

13-16. 함수 $y=x^2(x\ge0)$의 역함수는 $y=\sqrt{x}$이므로 주어진 조건을 그림으로 나타내면 아래와 같다.

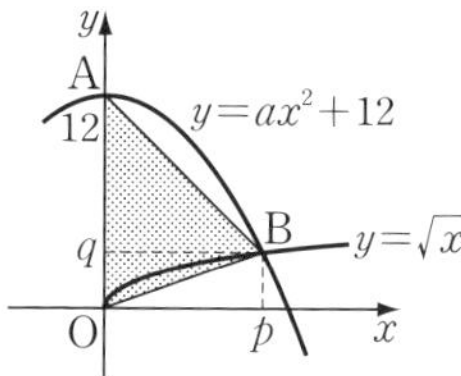

점 B의 좌표를 $(p,\ q)$라고 하면 $\triangle$AOB의 넓이가 54이므로

$$\frac{1}{2}\times12\times p=54 \quad \therefore\ p=9$$

점 B$(9,\ q)$는 $y=\sqrt{x}$의 그래프 위의 점이므로

$$q=3 \quad \therefore\ \mathrm{B}(9,\ 3)$$

또, 점 B$(9,\ 3)$은 $y=ax^2+12$의 그래프 위의 점이므로

$$3=a\times9^2+12 \quad \therefore\ \boldsymbol{a=-\frac{1}{9}}$$

유제
풀이 및 정답

유제 풀이 및 정답

1-1. $\overline{\mathrm{AB}}^2=4$이므로

$$(m^2-1)^2+(-m-m)^2=4$$

정리하면 $m^4+2m^2-3=0$

$$\therefore\ (m^2+3)(m^2-1)=0$$

m은 실수이므로 $m^2+3\neq0$

$$\therefore\ m^2=1 \qquad \therefore\ \boldsymbol{m=-1,\ 1}$$

1-2. 점 C가 x축 위의 점이므로 C$(a,\ 0)$이라고 하면

$$\overline{\mathrm{AC}}^2=(a-1)^2+(0-1)^2=a^2-2a+2,$$

$$\overline{\mathrm{BC}}^2=(a-2)^2+(0-4)^2=a^2-4a+20,$$

$$\overline{\mathrm{AB}}^2=(2-1)^2+(4-1)^2=10$$

(1) $\overline{\mathrm{AC}}=\overline{\mathrm{BC}}$에서 $\overline{\mathrm{AC}}^2=\overline{\mathrm{BC}}^2$이므로

$$a^2-2a+2=a^2-4a+20$$

$$\therefore\ a=9 \qquad \therefore\ \mathbf{C(9,\ 0)}$$

(2) $\angle\mathrm{A}=90^\circ$일 때,

$$(a^2-2a+2)+10=a^2-4a+20$$

$$\therefore\ a=4 \qquad \therefore\ \mathbf{C(4,\ 0)}$$

$\angle\mathrm{B}=90^\circ$일 때,

$$(a^2-4a+20)+10=a^2-2a+2$$

$$\therefore\ a=14 \qquad \therefore\ \mathbf{C(14,\ 0)}$$

$\angle\mathrm{C}=90^\circ$일 때,

$$(a^2-2a+2)+(a^2-4a+20)=10$$

$$\therefore\ a^2-3a+6=0$$

이 식을 만족시키는 실수 a는 없다.

1-3. 점 P의 좌표를 P$(a,\ 0)$으로 놓으면

$$\overline{\mathrm{PA}}^2+\overline{\mathrm{PB}}^2=(a-2)^2+(0-3)^2+(a-4)^2+(0-2)^2=2(a-3)^2+15$$

따라서 $a=3$일 때 최솟값 15를 가진다.

$\therefore$ **최솟값 15, P(3, 0)**

1-4. 직선 l의 방정식을 $y=ax$로 놓으면 P$(1,\ a)$, Q$(2,\ 2a)$이다.

$$\therefore\ \overline{\mathrm{AP}}^2+\overline{\mathrm{BQ}}^2=|a-1|^2+|2a-1|^2=5a^2-6a+2=5\left(a-\frac{3}{5}\right)^2+\frac{1}{5}$$

따라서 $a=\dfrac{3}{5}$일 때 최솟값 $\dfrac{1}{5}$을 가진다.

$$\therefore\ l:\ \boldsymbol{y=\frac{3}{5}x},\ \textbf{최솟값 } \boldsymbol{\frac{1}{5}}$$

1-5.

점 P, Q, R, S는 각각 변 AB, BC, CD, DA의 중점이므로

$$\overline{\mathrm{PQ}}=\overline{\mathrm{RS}}=\frac{1}{2}\overline{\mathrm{AC}},\ \overline{\mathrm{QR}}=\overline{\mathrm{SP}}=\frac{1}{2}\overline{\mathrm{BD}}$$

따라서 □PQRS의 둘레의 길이는

$$\overline{\mathrm{PQ}}+\overline{\mathrm{QR}}+\overline{\mathrm{RS}}+\overline{\mathrm{SP}}=\overline{\mathrm{AC}}+\overline{\mathrm{BD}}=\sqrt{(4-1)^2+(-1-3)^2}+\sqrt{(6+1)^2+a^2}=5+\sqrt{49+a^2}$$

문제의 조건에서

$$5+\sqrt{49+a^2}=13 \qquad \therefore\ a^2=15$$

$a>0$이므로 $\boldsymbol{a=\sqrt{15}}$

1-6. 직선 BC를 x축으로, 점 D를 지나고 변 BC에 수직인 직선을 y축으로 잡고,

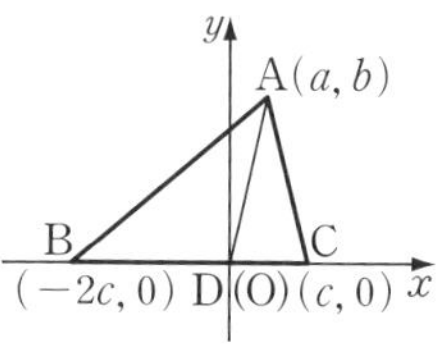

$\mathrm{A}(a, b),\ \mathrm{B}(-2c, 0),\ \mathrm{C}(c, 0)$

이라고 하면

$$\overline{\mathrm{AB}}^2+2\overline{\mathrm{AC}}^2=\{(a+2c)^2+b^2\}+2\{(a-c)^2+b^2\}$$
$$=3a^2+3b^2+6c^2$$
$$=3(a^2+b^2)+6c^2$$
$$=3\overline{\mathrm{AD}}^2+6\overline{\mathrm{CD}}^2$$

1-7. 두 대각선 AC, BD의 중점의 좌표는 각각

$$\left(\frac{3}{2}, \frac{a+1}{2}\right), \left(\frac{b+2}{2}, \frac{3}{2}\right)$$

두 점이 일치하므로

$$\frac{3}{2}=\frac{b+2}{2},\ \frac{a+1}{2}=\frac{3}{2}$$

$\therefore$ $\boldsymbol{a=2,\ b=1}$

1-8. (1) 점 M은 선분 AC의 중점이므로

$\mathbf{M(8, 16)}$

(2) 점 D의 좌표를 $\mathrm{D}(x, y)$로 놓으면 점 M은 선분 BD의 중점이므로

$$\frac{3+x}{2}=8,\ \frac{4+y}{2}=16$$

$\therefore$ $x=13,\ y=28$ $\quad\therefore$ $\mathbf{D(13, 28)}$

(3) $\overline{\mathrm{BD}}=\sqrt{(13-3)^2+(28-4)^2}=\mathbf{26}$

1-9. 무게중심의 좌표를 (x, y)라고 하면

$$x=\frac{-2+4+1}{3}=1,\ y=\frac{3+6-6}{3}=1$$

$\therefore$ $\mathbf{(1, 1)}$

1-10. 점 A의 좌표를 $\mathrm{A}(x, y)$라고 하면

$$\frac{x+4+0}{3}=1,\ \frac{y+2+5}{3}=1$$

$\therefore$ $x=-1,\ y=-4$

$\therefore$ $\mathbf{A(-1, -4)}$

1-11.

A(4, 6)
M(2, 2)
G(4, 2)
B(a, b) N C(c, d)

$\mathrm{B}(a, b),\ \mathrm{C}(c, d)$라고 하자.

점 M(2, 2)가 변 AB의 중점이므로

$$\frac{4+a}{2}=2,\ \frac{6+b}{2}=2$$

$\therefore$ $a=0,\ b=-2$ $\quad\therefore$ $\mathbf{B(0, -2)}$

점 G(4, 2)가 △ABC의 무게중심이므로

$$\frac{4+0+c}{3}=4,\ \frac{6+(-2)+d}{3}=2$$

$\therefore$ $c=8,\ d=2$ $\quad\therefore$ $\mathbf{C(8, 2)}$

점 N은 변 BC의 중점이므로

$\mathbf{N(4, 0)}$

1-12. $\mathrm{P}(a, b),\ \mathrm{Q}(c, d)$라고 하면

$$a=\frac{1\times6+2\times(-3)}{1+2}=0,$$
$$b=\frac{1\times3+2\times0}{1+2}=1$$

$\therefore$ P(0, 1)

$$c=\frac{3\times0+2\times5}{3+2}=2,$$
$$d=\frac{3\times1+2\times6}{3+2}=3$$

$\therefore$ Q(2, 3)

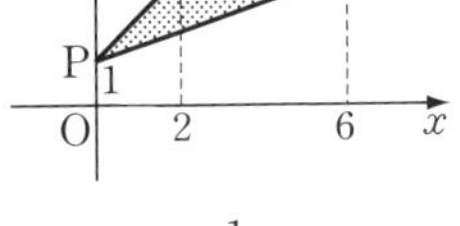

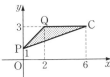

$\therefore$ $\triangle\mathrm{PQC}=\frac{1}{2}\times4\times2=\mathbf{4}$

1-13. 점 P, Q, R의 좌표는

P(0, 4), Q(2, 3), R(4, 5)

이므로 △PQR의 무게중심의 좌표를 (x, y)라고 하면

$$x=\frac{0+2+4}{3}=2,$$
$$y=\frac{4+3+5}{3}=4$$

따라서 무게중심의 좌표는 $\mathbf{(2, 4)}$

****Note*** △ABC와 △PQR의 무게중심은 일치한다.

1-14. A$(-1, 8)$, P(a, b), C$(9, 5)$, B$(0, 0)$, Q, R, S

P(a, b), Q$\left(\dfrac{a-1}{2}, \dfrac{b+8}{2}\right)$,

R$\left(\dfrac{a-1}{4}, \dfrac{b+8}{4}\right)$, S$\left(\dfrac{a+35}{8}, \dfrac{b+28}{8}\right)$

이때, 점 S가 점 P와 일치하므로

$$\frac{a+35}{8}=a,\ \frac{b+28}{8}=b$$

$$\therefore\ \boldsymbol{a=5,\ b=4}$$

1-15. 점 P의 좌표를 P(x, y)라고 하면

$2\overline{\mathrm{OP}}^2=\overline{\mathrm{AP}}^2+\overline{\mathrm{BP}}^2$에서

$$2(x^2+y^2)=\{(x-3)^2+y^2\}+\{x^2+(y-1)^2\}$$

$$\therefore\ \boldsymbol{3x+y-5=0}$$

1-16. 점 P의 좌표를 P(x, y)라고 하면

$\overline{\mathrm{PA}}^2-\overline{\mathrm{PB}}^2=5$에서

$$\{(x-3)^2+y^2\}-\{x^2+(y-2)^2\}=5$$

$$\therefore\ \boldsymbol{3x-2y=0}$$

2-1. $y=(m-2)x-n+3$이므로

기울기 : $m-2=-\tan 45^\circ$ $\quad\therefore\ \boldsymbol{m=1}$

y절편 : $-n+3=4$ $\quad\therefore\ \boldsymbol{n=-1}$

2-2. $x+4y=4$에서

x절편 : $y=0$일 때이므로 $\quad x=4$

y절편 : $x=0$일 때이므로 $\quad y=1$

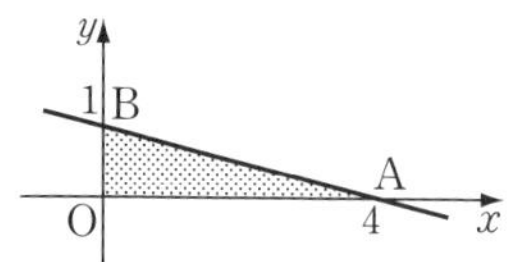

따라서 위의 그림에서

$$\overline{\mathrm{AB}}=\sqrt{4^2+1^2}=\boldsymbol{\sqrt{17}},$$

$$\triangle\mathrm{OAB}=\frac{1}{2}\times4\times1=\boldsymbol{2}$$

2-3. (1) $x=-1, y=-1$을 대입하면 성립하므로

$$-(2-a)-2+a+4=0,$$
$$-2+(1+a)+1=0$$

$$\therefore\ \boldsymbol{a=0}$$

(2) $a=-1$일 때, 두 직선은

$3x+2y+3=0$, $2x+1=0$이므로 일치하지 않는다. 곧, $a\neq-1$이다.

따라서 두 직선이 일치할 조건은

$$\frac{2-a}{2}=\frac{2}{-(1+a)}=\frac{a+4}{1}$$

$\dfrac{2-a}{2}=\dfrac{2}{-(1+a)}$에서

$a^2-a-6=0 \quad\therefore\ a=-2, 3$

$\dfrac{2}{-(1+a)}=\dfrac{a+4}{1}$에서

$a^2+5a+6=0 \quad\therefore\ a=-2, -3$

따라서 동시에 만족시키는 a의 값은

$$\boldsymbol{a=-2}$$

(3) 두 직선이 수직일 조건은

$$(2-a)\times2+2\times(-1-a)=0$$

$$\therefore\ \boldsymbol{a=\frac{1}{2}}$$

****Note*** 두 직선이 평행할 조건은 (2)에서 $a=3$

2-4. (1) 기울기는 $\tan 60^\circ=\sqrt{3}$이므로

$$y-3=\sqrt{3}(x-2)$$

$$\therefore\ \boldsymbol{y=\sqrt{3}x-2\sqrt{3}+3}$$

(2) 직선 $3x+4y-2=0$의 기울기는

$y=-\dfrac{3}{4}x+\dfrac{1}{2}$에서 $\quad -\dfrac{3}{4}$

따라서 이 직선에 수직인 직선의 기울기는 $\dfrac{4}{3}$이다.

$$\therefore\ y-2=\frac{4}{3}(x-1)$$

$$\therefore\ \boldsymbol{4x-3y+2=0}$$

(3) 두 점 $(2, 1)$, $(3, 4)$를 지나는 직선의 기울기는 $\quad \dfrac{4-1}{3-2}=3$

$\therefore\ y=3(x-2)$ $\quad\therefore\ \boldsymbol{y=3x-6}$

(4) 직선 $2x+4y+1=0$의 기울기는

$y=-\dfrac{1}{2}x-\dfrac{1}{4}$에서 $\quad -\dfrac{1}{2}$

또, $x-2y+10=0$, $x+3y-5=0$을 연립하여 풀면 $x=-4$, $y=3$이므로 교점의 좌표는 $(-4, 3)$이다.

$\therefore\ y-3=-\dfrac{1}{2}(x+4)$

$\therefore\ \boldsymbol{x+2y-2=0}$

2-5. (1) 오른쪽 그림에서 직선 ①, ②가 문제의 조건에 맞는 직선이다.

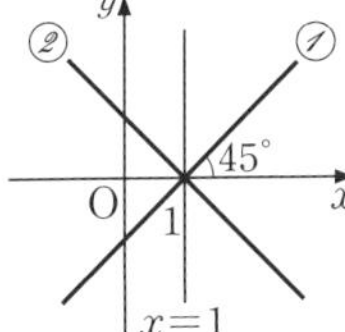

직선 ①은 점 $(1, 0)$을 지나고 기울기가 $\tan 45°=1$이므로

$y-0=1\times(x-1)$ $\quad\therefore\ y=x-1$

직선 ②는 점 $(1, 0)$을 지나고 기울기가 -1(①과 수직)이므로

$y-0=-1\times(x-1)$

$\therefore\ y=-x+1$

$\therefore\ \boldsymbol{y=x-1,\ y=-x+1}$

(2) $2x+y-4=0$에서 $\quad y=-2x+4$

x절편 : $y=0$일 때 $\quad x=2$,

y절편 : $x=0$일 때 $\quad y=4$

이므로 x축, y축과 만나는 점의 좌표는 각각 $(2, 0)$, $(0, 4)$이고, 두 점을 잇는 선분의 중점의 좌표는 $(1, 2)$이다.

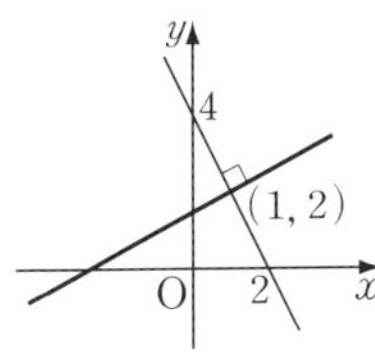

따라서 구하는 직선은 점 $(1, 2)$를 지나고 기울기가 $\dfrac{1}{2}$이다.

$\therefore\ y-2=\dfrac{1}{2}(x-1)$

$\therefore\ \boldsymbol{y=\dfrac{1}{2}x+\dfrac{3}{2}}$

2-6. $k=0$일 때, $\mathrm{A}(0, 6)$, $\mathrm{B}(0, -4)$, $\mathrm{C}(-3, 0)$이므로 주어진 세 점을 지나는 직선은 없다.

$k\neq0$일 때, 두 점 A, B를 지나는 직선의 방정식은

$$y-(k-4)=\frac{(k+6)-(k-4)}{k-0}(x-0)$$

$$\therefore\ y-k+4=\frac{10}{k}x$$

점 $\mathrm{C}(k-3, k)$가 이 직선 위에 있으므로 점의 좌표를 대입하면

$$k-k+4=\frac{10}{k}(k-3)$$

$\therefore\ 4k=10(k-3)$ $\quad\therefore\ \boldsymbol{k=5}$

* ***Note*** 직선 AB의 기울기와 직선 BC의 기울기가 같아야 하므로

$$\frac{(k+6)-(k-4)}{k-0}=\frac{(k-4)-k}{0-(k-3)}$$
$(k\neq0,\ k\neq3)$

$\therefore\ \boldsymbol{k=5}$

2-7. x축에 수직인 직선의 방정식을 $x=a$라고 하자.

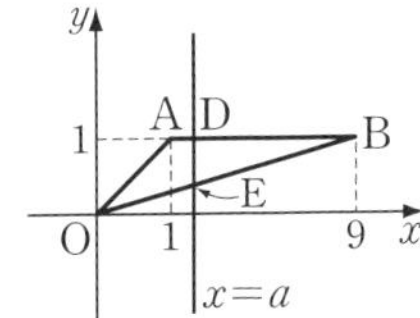

$a\le1$이면 주어진 조건을 만족시키지 않으므로

$1<a<9$ $\quad$ ……①

이때, 직선 $x=a$가 변 AB, OB와 만나는 점을 각각 D, E라고 하자.

점 D의 좌표는 $\quad \mathrm{D}(a, 1)$

또, 직선 OB의 방정식이 $y=\dfrac{1}{9}x$이므로 점 E의 좌표는

$$\mathrm{E}\left(a, \frac{1}{9}a\right)$$

$\therefore\ \triangle\mathrm{BDE}=\frac{1}{2}\left(1-\frac{1}{9}a\right)(9-a)$

$=\frac{1}{18}(9-a)^2$

한편 $\triangle\mathrm{OAB}=\frac{1}{2}\times8\times1=4$이고, 조건에서 $\triangle\mathrm{BDE}=\frac{1}{2}\triangle\mathrm{OAB}$이므로

$\frac{1}{18}(9-a)^2=\frac{1}{2}\times4\quad\therefore\ 9-a=\pm6$

①에서 $a=3\quad\therefore\ \boldsymbol{x=3}$

2-8. (1) 주어진 식을 k에 관하여 정리하면

$(x-3)k+(-x+y-1)=0$

이 직선은 k의 값에 관계없이 두 직선

$x-3=0,\ -x+y-1=0$

의 교점을 지난다.

이 두 식을 연립하여 풀면

$x=3,\ y=4\quad\therefore\ \boldsymbol{(3,\ 4)}$

(2) 주어진 식을 k에 관하여 정리하면

$(x-3y+1)k+(-x+2y-1)=0$

이 직선은 k의 값에 관계없이 두 직선

$x-3y+1=0,\ -x+2y-1=0$

의 교점을 지난다.

이 두 식을 연립하여 풀면

$x=-1,\ y=0\quad\therefore\ \boldsymbol{(-1,\ 0)}$

2-9. 직선 $x+2y+3=0$이 두 점 $(1,\ -4)$, $(-3,\ 2)$를 모두 지나지 않으므로 두 직선의 교점을 지나는 직선의 방정식을

$(x+2y+3)m+(2x-y+a)=0$

으로 놓을 수 있다.

이 직선이 점 $(1,\ -4)$를 지나므로

$(1-8+3)m+(2+4+a)=0$

$\therefore\ -4m+6+a=0\quad\cdots\cdots①$

또, 점 $(-3,\ 2)$를 지나므로

$(-3+4+3)m+(-6-2+a)=0$

$\therefore\ 4m-8+a=0\quad\cdots\cdots②$

①+②하면 $-2+2a=0\quad\therefore\ \boldsymbol{a=1}$

2-10. $y=mx-m+1\quad\cdots\cdots①$

①을 m에 관하여 정리하면

$(x-1)m+1-y=0$

이 직선은 m의 값에 관계없이 두 직선

$x=1,\ y=1$

의 교점 $\mathrm{P}(1,\ 1)$을 지난다.

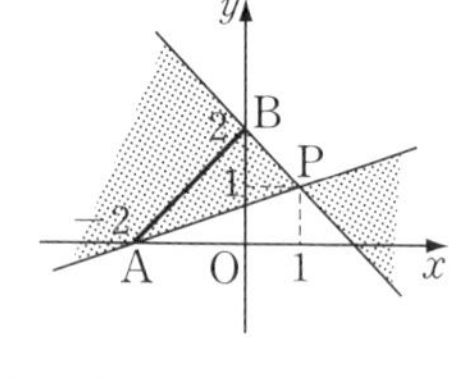

그런데 m은 직선 ①의 기울기이고, 직선 AP의 기울기는 $\frac{1}{3}$, 직선 BP의 기울기는 -1이므로

$\boldsymbol{-1\le m\le\frac{1}{3}}$

2-11. $x+y=3\quad\cdots\cdots①$

$mx-y+m+2=0\quad\cdots\cdots②$

②를 m에 관하여 정리하면

$(x+1)m+2-y=0$

이 직선은 m의 값에 관계없이 두 직선

$x+1=0,\ 2-y=0$

의 교점 $\mathrm{P}(-1,\ 2)$를 지난다.

한편 ①은 x축과 점 $\mathrm{A}(3,\ 0)$, y축과 점 $\mathrm{B}(0,\ 3)$에서 만나는 직선이다.

따라서 ①, ②가 $x>0,\ y>0$인 해를 가지려면 선분 AB(두 점 A, B는 제외)와 직선 ②가 만나야 한다.

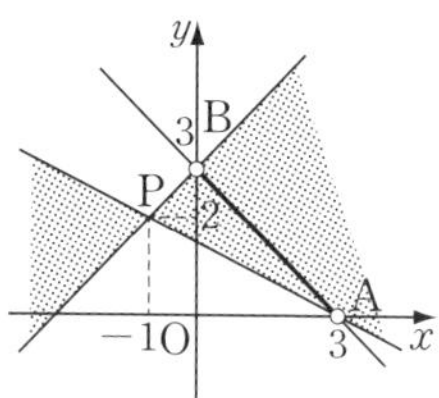

그런데 m은 직선 ②의 기울기이고, 직선 AP의 기울기는 $-\frac{1}{2}$, 직선 BP의 기울기는 1이므로

$\boldsymbol{-\frac{1}{2}<m<1}$

2-12. 점 P의 좌표를 $\mathrm{P}(\alpha,\ 0)$이라고 하면 점 P와 직선 $4x+3y+2=0$ 사이의 거리가 2이므로

$$\frac{|4\times a+3\times 0+2|}{\sqrt{4^2+3^2}}=2$$

$\therefore\ |4a+2|=10\quad \therefore\ 4a+2=\pm10$

$\therefore\ a=2,\ -3$

$\therefore$ **P(2, 0) 또는 P(−3, 0)**

2-13. $y=x-3,\ y=2x-1$에서

$x=-2,\ y=-5$

따라서 두 직선의 교점의 좌표는 $(-2,\ -5)$이고, 직선 $x=-2$는 조건을 만족시키지 않으므로 구하는 직선의 방정식을

$y+5=m(x+2)$

곧, $mx-y+2m-5=0$ ……㉮

로 놓자.

점 (2, 2)와 이 직선 사이의 거리가 1이므로

$$\frac{|2m-2+2m-5|}{\sqrt{m^2+(-1)^2}}=1$$

$\therefore\ (4m-7)^2=m^2+1\quad \therefore\ m=\frac{4}{3},\ \frac{12}{5}$

㉮에 대입하여 정리하면

$\boldsymbol{4x-3y-7=0,\ 12x-5y-1=0}$

2-14. (1) $\overline{OA}=\sqrt{(-2)^2+4^2}=2\sqrt{5}$

또, 직선 OA의 방정식은

$y=\frac{4}{-2}x$ 곧, $2x+y=0$

이므로 점 B에서 변 OA에 내린 수선의 발을 H라고 하면

$$\overline{BH}=\frac{|2\times4+3|}{\sqrt{2^2+1^2}}=\frac{11}{\sqrt{5}}$$

$\therefore\ \triangle OAB=\frac{1}{2}\times2\sqrt{5}\times\frac{11}{\sqrt{5}}=\mathbf{11}$

(2) $\overline{AB}=\sqrt{(-5-3)^2+(4+2)^2}=10$

또, 직선 AB의 방정식은

$y+2=\frac{4+2}{-5-3}(x-3)$

곧, $3x+4y-1=0$

이므로 점 C에서 변 AB에 내린 수선의 발을 H라고 하면

$$\overline{CH}=\frac{|3\times2+4\times6-1|}{\sqrt{3^2+4^2}}=\frac{29}{5}$$

$\therefore\ \triangle ABC=\frac{1}{2}\times10\times\frac{29}{5}=\mathbf{29}$

****Note*** (1)은 p. 44의 *Advice* 2°의 공식을 활용할 수도 있다.

또, (2)는 세 점 A, B, C를 x축의 방향으로 −3만큼, y축의 방향으로 2만큼 평행이동한 점을 각각 A′, B′, C′이라고 하면 ⇦ p. 71 참조

$A'(0,\ 0),\ B'(-8,\ 6),\ C'(-1,\ 8)$

이므로 역시 위의 공식을 활용할 수 있다. 곧,

$\triangle ABC=\triangle A'B'C'$

$=\frac{1}{2}|(-8)\times8-(-1)\times6|$

$=\mathbf{29}$

2-15. 조건을 만족시키는 임의의 점을 $P(x,\ y)$라고 하면

$\overline{PA}=\overline{PB}$ 곧, $\overline{PA}^2=\overline{PB}^2$

$\therefore\ (x-3)^2+(y-1)^2=(x-5)^2+(y+3)^2$

$\therefore\ \boldsymbol{x-2y-6=0}$

2-16. 조건을 만족시키는 임의의 점을 $P(x,\ y)$라고 하면, 점 P에서 두 직선에 이르는 거리가 같으므로

$$\frac{|3x+4y+2|}{\sqrt{3^2+4^2}}=\frac{|4x-3y+1|}{\sqrt{4^2+(-3)^2}}$$

$\therefore\ |3x+4y+2|=|4x-3y+1|$

$\therefore\ 3x+4y+2=4x-3y+1$

또는 $3x+4y+2=-(4x-3y+1)$

$\therefore\ \boldsymbol{x-7y-1=0,\ 7x+y+3=0}$

3-1. (1) 원의 반지름의 길이를 r이라 하면

$x^2+y^2=r^2$ ……㉮

점 (3, −4)를 지나므로

$3^2+(-4)^2=r^2\quad \therefore\ r^2=25$

㉮에 대입하면 $\boldsymbol{x^2+y^2=25}$

(2) $A(-1,\ 2),\ B(3,\ -4)$라 하고, 선분 AB의 중점을 $C(a,\ b)$라고 하면

$a=\dfrac{-1+3}{2}=1,\ b=\dfrac{2-4}{2}=-1$

따라서 원의 중심은 $\mathrm{C}(1,\ -1)$

또, $\overline{\mathrm{AC}}=\sqrt{(1+1)^2+(-1-2)^2}$
$=\sqrt{13}$

이므로 원의 반지름의 길이는 $\sqrt{13}$ 이다.

$\therefore\ \boldsymbol{(x-1)^2+(y+1)^2=13}$

(3) 원의 방정식을

$x^2+y^2+ax+by+c=0$ ······②

라고 하면 점 $(1,1),(2,-1),(3,2)$를 지나므로

$1+1+a+b+c=0,$
$4+1+2a-b+c=0,$
$9+4+3a+2b+c=0$

연립하여 풀면

$a=-5,\ b=-1,\ c=4$

②에 대입하면

$\boldsymbol{x^2+y^2-5x-y+4=0}$

* ***Note*** 주어진 세 점을 꼭짓점으로 하는 삼각형이 직각삼각형이므로 빗변이 외접원의 지름임을 이용하여 풀 수도 있다.

3-2. 중심이 제 1 사분면에 있고, x축과 y축에 접하므로 원의 중심을 점 (a,a) $(a>0)$로 놓으면 원의 방정식은

$(x-a)^2+(y-a)^2=a^2$

그런데 중심 (a,a)가 직선 $x+2y=9$ 위에 있으므로

$a+2a=9\quad \therefore\ a=3$

$\therefore\ \boldsymbol{(x-3)^2+(y-3)^2=9}$

* ***Note*** 문제의 조건 중에서 '제 1 사분면'이라는 조건이 없을 때에는 중심이 점 $(-a,a)$인 원도 생각해야 한다.

3-3. 원의 방정식을

$(x-a)^2+(y-b)^2=a^2$

으로 놓으면 중심 (a,b)가 직선 $y=x+2$ 위에 있으므로

$b=a+2$ ······①

점 $(4,4)$를 지나므로

$(4-a)^2+(4-b)^2=a^2$ ······②

①을 ②에 대입하면

$(4-a)^2+(4-a-2)^2=a^2$

$\therefore\ a=2,\ 10$

①에 대입하면 $b=4,\ 12$

$\therefore\ \boldsymbol{(x-2)^2+(y-4)^2=4,}$
$\boldsymbol{(x-10)^2+(y-12)^2=100}$

3-4. 중심이 직선 $y=2x-1$ 위에 있으므로 중심을 점 $(a,\ 2a-1)$로 놓으면 구하는 원의 방정식은

$(x-a)^2+(y-2a+1)^2=r^2$

점 $(-1,2)$를 지나므로

$(-1-a)^2+(2-2a+1)^2=r^2$

$\therefore\ 5a^2-10a+10=r^2$ ······①

점 $(0,3)$을 지나므로

$(0-a)^2+(3-2a+1)^2=r^2$

$\therefore\ 5a^2-16a+16=r^2$ ······②

①−②하면 $6a-6=0$

$\therefore\ a=1\quad \therefore\ r^2=5$

$\therefore\ \boldsymbol{(x-1)^2+(y-1)^2=5}$

3-5. $x^2+y^2-8y-9=0$에서

$x^2+(y-4)^2=5^2$

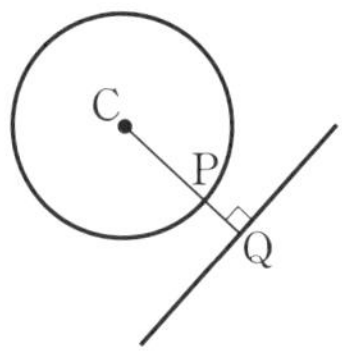

따라서 원의 중심은 $\mathrm{C}(0,4)$, 반지름의 길이는 5이다.

직선 PQ가 주어진 직선에 수직이고 점 C를 지날 때, 선분 PQ의 길이는 최소이다.

이때,

$\overline{\mathrm{CQ}}=\dfrac{|3\times0-4\times4-24|}{\sqrt{3^2+(-4)^2}}=8$

이므로 선분 PQ의 길이의 최솟값은

$\overline{\mathrm{PQ}}=\overline{\mathrm{CQ}}-\overline{\mathrm{CP}}=8-5=\mathbf{3}$

3-6.

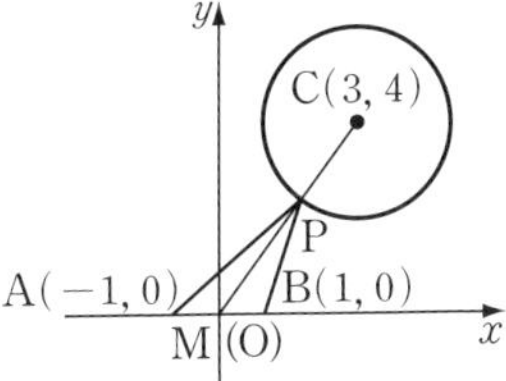

선분 AB의 중점을 M이라고 하면 중선 정리에 의하여

$$\overline{PA}^2+\overline{PB}^2=2(\overline{PM}^2+\overline{AM}^2) \quad \cdots\cdots①$$

여기에서 $\overline{AM}=1$이므로 $\overline{PM}$이 최소일 때 $\overline{PA}^2+\overline{PB}^2$이 최소이다.

그런데 원의 중심을 C라고 할 때, $\overline{PM}$의 최솟값은

$$\overline{CM}-\overline{CP}=\sqrt{3^2+4^2}-2=3$$

①에 대입하면 구하는 최솟값은

$$\overline{PA}^2+\overline{PB}^2=2(3^2+1^2)=\mathbf{20}$$

3-7. $3x+y-10=0 \quad \cdots\cdots①$

$x^2+y^2=20 \quad \cdots\cdots②$

①에서의 $y=-3x+10$을 ②에 대입하면

$x^2+(-3x+10)^2=20 \quad \therefore\ x=2,\ 4$

이 값을 ①에 대입하면 $y=4,\ -2$

따라서 교점의 좌표는

$(2,\ 4),\ (4,\ -2)$

점 $(2,\ 4)$에서의 접선의 방정식은

$2x+4y=20 \quad \therefore\ \boldsymbol{x+2y-10=0}$

점 $(4,\ -2)$에서의 접선의 방정식은

$4x-2y=20 \quad \therefore\ \boldsymbol{2x-y-10=0}$

3-8. 기울기가 $\sqrt{3}$이므로

$$y=\sqrt{3}x\pm4\sqrt{(\sqrt{3})^2+1}$$

$$\therefore\ \boldsymbol{y=\sqrt{3}x\pm8}$$

3-9. (1) 점 $(2,\ 1)$을 지나는 직선의 기울기를 m이라고 하면

$y-1=m(x-2)$

$\therefore\ mx-y-2m+1=0 \quad \cdots\cdots①$

원의 중심 $(0,\ 0)$과 이 직선 사이의 거리가 1이므로

$$\frac{|-2m+1|}{\sqrt{m^2+(-1)^2}}=1$$

$\therefore\ (2m-1)^2=m^2+1 \quad \therefore\ m=0,\ \dfrac{4}{3}$

①에 대입하여 정리하면

$\boldsymbol{y=1,\ 4x-3y-5=0}$

(2) 점 $(-1,\ 3)$을 지나는 직선의 기울기를 m이라고 하면

$y-3=m(x+1)$

$\therefore\ mx-y+m+3=0 \quad \cdots\cdots②$

원의 중심 $(0,\ 0)$과 이 직선 사이의 거리가 $\sqrt{5}$이므로

$$\frac{|m+3|}{\sqrt{m^2+(-1)^2}}=\sqrt{5}$$

$\therefore\ (m+3)^2=5(m^2+1)$

$\therefore\ m=2,\ -\dfrac{1}{2}$

②에 대입하여 정리하면

$\boldsymbol{2x-y+5=0,\ x+2y-5=0}$

****Note*** 1° 접선의 기울기를 m으로 놓고 풀 때는 x축에 수직인 접선이 있는지 먼저 확인한다.

2° 위에서는 '원과 직선이 접할 때, 원의 중심과 직선 사이의 거리는 원의 반지름의 길이와 같다'는 성질을 이용했지만, 공식이나 판별식을 이용하여 풀어도 된다.

3-10. 중심이 점 $(-1,\ 2)$이고 점 $(2,\ -2)$를 지나므로 원의 반지름의 길이를 r이라고 하면

$$r=\sqrt{(2+1)^2+(-2-2)^2}=5$$

한편 원의 중심과 직선 사이의 거리가 원의 반지름의 길이보다 커야 하므로

$$\frac{|3\times(-1)+4\times2+a|}{\sqrt{3^2+4^2}}>5$$

$\therefore\ |a+5|>25$

$\therefore\ a+5<-25,\ a+5>25$

$\therefore\ \boldsymbol{a<-30,\ a>20}$

3-11. $x^2+y^2-6x+8y+16=0$에서

$(x-3)^2+(y+4)^2=3^2$

따라서 중심이 점 $(3, -4)$이고 반지름의 길이가 3인 원이다.

한편 중심이 원점인 원의 반지름의 길이를 r이라고 하자.

(i) 외접할 때 : 두 원의 중심 사이의 거리가 반지름의 길이의 합과 같으므로

$\sqrt{3^2+(-4)^2}=r+3 \quad \therefore\ r=2$

$\therefore\ \boldsymbol{x^2+y^2=4}$

(ii) 내접할 때 : 두 원의 중심 사이의 거리가 반지름의 길이의 차와 같으므로

$\sqrt{3^2+(-4)^2}=|r-3|$

$\therefore\ r-3=\pm5 \quad \therefore\ r=8\ (\because\ r>0)$

$\therefore\ \boldsymbol{x^2+y^2=64}$

3-12. $x^2+y^2+3x-5y-96=0 \quad \cdots①$

$x^2+y^2-18x-8y+48=0 \quad \cdots②$

(1) ①−②하면 $21x+3y-144=0$

$\therefore\ \boldsymbol{7x+y-48=0}$

(2) 두 원 모두 원점을 지나지 않으므로 구하는 원의 방정식을

$(x^2+y^2+3x-5y-96)$
$+m(x^2+y^2-18x-8y+48)=0$
$(m\neq-1) \quad \cdots\cdots③$

으로 놓을 수 있다.

이 원이 점 $(0, 0)$을 지나므로

$-96+48m=0 \quad \therefore\ m=2$

이 값을 ③에 대입하고 정리하면

$\boldsymbol{x^2+y^2-11x-7y=0}$

3-13. $\mathrm{P}(x, y)$라고 하면 $\overline{\mathrm{PA}}^2+\overline{\mathrm{PB}}^2=12$이므로

$(x-2)^2+y^2+x^2+(y-2)^2=12$

$\therefore\ x^2-2x+y^2-2y=2$

$\therefore\ \boldsymbol{(x-1)^2+(y-1)^2=4}$

3-14. $\mathrm{P}(x, y)$라 하고, 원점을 O라고 하자.

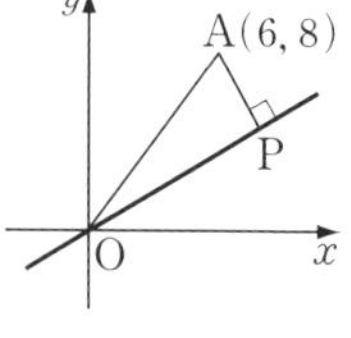

주어진 조건은 $\overline{\mathrm{OP}}^2+\overline{\mathrm{AP}}^2=\overline{\mathrm{OA}}^2$이므로

$x^2+y^2+(x-6)^2+(y-8)^2=6^2+8^2$

$\therefore\ x^2-6x+y^2-8y=0$

$\therefore\ \boldsymbol{(x-3)^2+(y-4)^2=25}$

(단, 점 **A(6, 8)**은 제외)

3-15. $\mathrm{A}(0, 0)$, $\mathrm{B}(3, 0)$으로 놓고, 조건을 만족시키는 점을 $\mathrm{P}(x, y)$라고 하면

$\overline{\mathrm{AP}}:\overline{\mathrm{BP}}=2:1$

$\therefore\ \overline{\mathrm{AP}}=2\overline{\mathrm{BP}} \quad \therefore\ \overline{\mathrm{AP}}^2=4\overline{\mathrm{BP}}^2$

$\therefore\ x^2+y^2=4\{(x-3)^2+y^2\}$

$\therefore\ x^2-8x+y^2+12=0$

$\therefore\ \boldsymbol{(x-4)^2+y^2=4}$

3-16. $\overline{\mathrm{PB}}=2\overline{\mathrm{PA}}$에서 $\overline{\mathrm{PB}}^2=4\overline{\mathrm{PA}}^2$

$\mathrm{P}(x, y)$라고 하면

$(x-6)^2+(y-5)^2=4\{(x-3)^2+(y-2)^2\}$

$\therefore\ x^2-4x+y^2-2y-3=0$

$\therefore\ \boldsymbol{(x-2)^2+(y-1)^2=8}$

3-17. $\overline{\mathrm{AP}}:\overline{\mathrm{BP}}=3:2$이므로

$2\overline{\mathrm{AP}}=3\overline{\mathrm{BP}} \quad \therefore\ 4\overline{\mathrm{AP}}^2=9\overline{\mathrm{BP}}^2$

따라서 $\mathrm{P}(x, y)$라고 하면

$4\{(x+2)^2+y^2\}=9\{(x-3)^2+y^2\}$

$\therefore\ x^2-14x+y^2+13=0$

$\therefore\ (x-7)^2+y^2=6^2$

곧, 점 P의 자취는 중심이 점 $(7, 0)$이고 반지름의 길이가 6인 원이다.

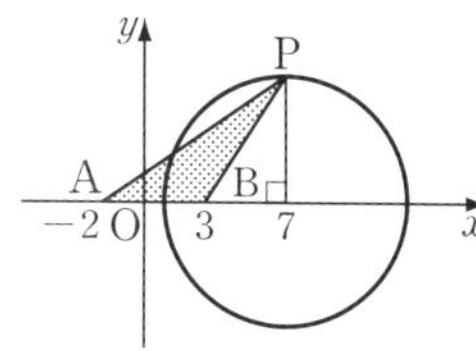

$\overline{\mathrm{AB}}=5$로 일정하므로 점 P와 x축 사

이의 거리가 최대일 때 △PAB의 넓이가 최대이다.

그런데 점 P와 x축 사이의 거리의 최댓값은 6이므로, 구하는 최댓값은

$$\frac{1}{2}\times5\times6=\mathbf{15}$$

3-18. $\mathrm{P}(a,\ b)\ (b\neq0)$라고 하면 점 P는 원 $x^2+y^2=4$ 위의 점이므로

$$a^2+b^2=4 \qquad \cdots\cdots ㉠$$

또, 무게중심을 $\mathrm{G}(x,\ y)$라고 하면

$$x=\frac{2-2+a}{3},\ y=\frac{0+0+b}{3}$$

곧, $a=3x,\ b=3y$

㉠에 대입하여 정리하면

$$\boldsymbol{x^2+y^2=\frac{4}{9}\ (y\neq0)}$$

3-19. $\mathrm{P}(a,\ b)$라고 하면

$$a^2+b^2+4a+2b+1=0$$

$$\therefore\ (a+2)^2+(b+1)^2=4 \qquad \cdots\cdots ㉠$$

또, $\mathrm{Q}(x,\ y)$라고 하면

$$x=\frac{a+2}{2},\ y=\frac{b+1}{2}$$

$$\therefore\ a=2x-2,\ b=2y-1$$

㉠에 대입하여 정리하면 $\boldsymbol{x^2+y^2=1}$

또, 점 Q는 중심이 원점이고 반지름의 길이가 1인 원 위의 점이므로, 구하는 최솟값은

(원점과 직선 사이의 거리)-1

$$=\frac{|-10|}{\sqrt{3^2+4^2}}-1=2-1=\mathbf{1}$$

4-1. 평행이동 T에 의하여

$(0,\ 0)\longrightarrow(0+m,\ 0+n)$이므로

$$m=-1,\ n=3$$

곧, $T:(x,\ y)\longrightarrow(x-1,\ y+3)$

(1) $\mathrm{P}(x,\ y)\longrightarrow\mathrm{O}(0,\ 0)$이라고 하면

$$x-1=0,\ y+3=0$$

$\therefore\ x=1,\ y=-3 \qquad \therefore\ \mathbf{(1,\ -3)}$

(2) $T:(x,\ y)\longrightarrow(x-1,\ y+3)$

에 의하여 직선 $ax+2y+b=0$은 직선

$$a(x+1)+2(y-3)+b=0$$

곧, $ax+2y+a+b-6=0$

으로 이동된다.

이 직선이 직선 $4x+2y+1=0$과 일치하므로

$$a=4,\ a+b-6=1$$

$$\therefore\ \boldsymbol{a=4,\ b=3}$$

4-2. (1) $y-1=f(x+2)$이므로 $y=f(x)$의 그래프를 x축의 방향으로 -2만큼, y축의 방향으로 1만큼 평행이동한 것이다.

(2) $y=f(x)$의 그래프를 y축의 방향으로 2배 확대한 것이다.

(3) $y=f(x)$의 그래프를 y축에 대하여 대칭이동한 것이다.

(4) $-y=f(x)$이므로 $y=f(x)$의 그래프를 x축에 대하여 대칭이동한 것이다.

(5) $-y=f(-x)$이므로 $y=f(x)$의 그래프를 원점에 대하여 대칭이동한 것이다.

(6) $y=f(x)$의 그래프를 직선 $y=x$에 대하여 대칭이동한 것이다.

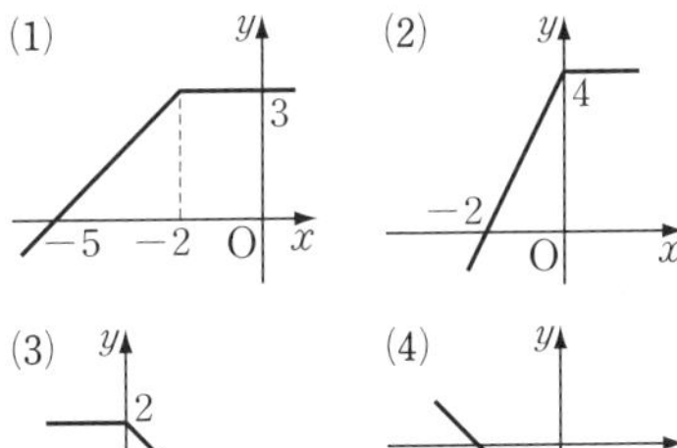

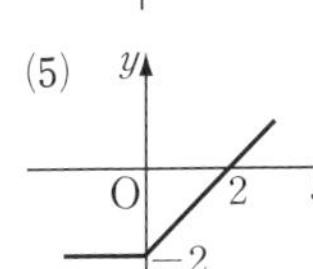

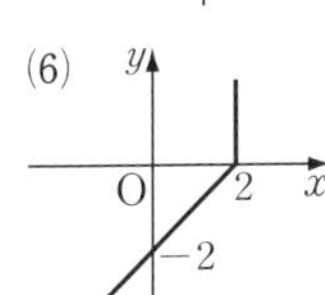

4-3. $(x-2)^2+(y+1)^2=2^2$이므로 이 원

의 중심은 $P(2,\ -1)$이고 반지름의 길이는 2이다.

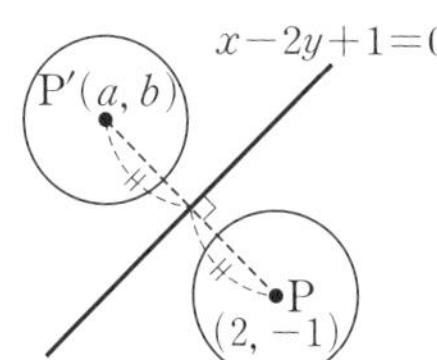

따라서 직선 $x-2y+1=0$ ……①

에 대하여 점 P와 대칭인 점을 $P'(a, b)$라고 하면, 구하는 도형은 중심이 점 P′이고 반지름의 길이가 2인 원이다.

선분 PP′의 중점 $\left(\dfrac{a+2}{2}, \dfrac{b-1}{2}\right)$이 직선 ① 위에 있으므로

$$\frac{a+2}{2}-2\times\frac{b-1}{2}+1=0$$

$$\therefore\ a-2b+6=0 \quad \cdots\cdots ②$$

또, 직선 PP′이 직선 ①과 수직이므로

$$\frac{b+1}{a-2}\times\frac{1}{2}=-1$$

$$\therefore\ 2a+b-3=0 \quad \cdots\cdots ③$$

②, ③을 연립하여 풀면 $a=0,\ b=3$

$$\therefore\ \boldsymbol{x^2+(y-3)^2=4}$$

4-4.

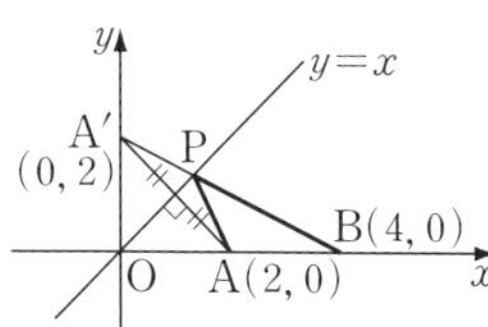

직선 $y=x$에 대하여 점 A와 대칭인 점을 A′이라고 하면 $A'(0, 2)$이다.

따라서 $\overline{AP}+\overline{BP}$의 최솟값은

$$\overline{A'B}=\sqrt{(4-0)^2+(0-2)^2}=\boldsymbol{2\sqrt{5}}$$

직선 A′B의 방정식은

$$y=-\frac{1}{2}x+2$$

이므로 $y=x$와 연립하여 풀면

$$x=y=\frac{4}{3} \quad \therefore\ \boldsymbol{P\left(\frac{4}{3}, \frac{4}{3}\right)}$$

4-5. $y=-x$ ……①

$3x+y-4=0$ ……②

직선 ② 위의 점 $P(x, y)$가 점 $P'(x', y')$으로 이동된다고 하면 두 점 P, P′은 직선 ①에 대하여 대칭이다.

선분 PP′의 중점이 직선 ① 위에 있으므로

$$\frac{y+y'}{2}=-\frac{x+x'}{2}$$

$$\therefore\ x+y=-x'-y' \quad \cdots\cdots ③$$

또, 직선 PP′이 직선 ①과 수직이므로

$$\frac{y-y'}{x-x'}=1$$

$$\therefore\ x-y=x'-y' \quad \cdots\cdots ④$$

③, ④를 x, y에 관하여 연립하여 풀면

$$x=-y',\ y=-x'$$

그런데 점 $P(x, y)$는 직선 ② 위의 점이므로

$$3(-y')+(-x')-4=0$$

$$\therefore\ x'+3y'+4=0$$

x', y'을 x, y로 바꾸면

$$\boldsymbol{x+3y+4=0}$$

****Note*** 직선 $y=-x$에 대한 대칭이동은

$$T:\ (x, y) \longrightarrow (-y, -x)$$

또, 도형 $f(x, y)=0$을 직선 $y=-x$에 대하여 대칭이동한 도형의 방정식은

$$f(-y, -x)=0$$

4-6. 직선 $y=2x+1$을 x축의 방향으로 2만큼, y축의 방향으로 -1만큼 평행이동한 도형의 방정식은

$$y-(-1)=2(x-2)+1$$

곧, $y=2x-4$

이 직선을 직선 $y=-x$에 대하여 대칭이동한 도형의 방정식은

$$-x=2(-y)-4 \quad \therefore\ \boldsymbol{x-2y-4=0}$$

5-1. $C=\{2, 3, 5, 7, \cdots\}$,

$D=\{2, 4, 6, 8, \cdots\}$

(1) $20\in A,\ \varnothing\in B,\ 9\notin C,\ 99\notin D$

(2) $\{x \mid 0<x\le 100,\ x$**는 4의 배수**$\}$

(3) 유한집합은 A, B이고 $n(A)=25$, $n(B)=1$이므로 구하는 합은 **26**

***Note** $\{\varnothing\}$은 $\varnothing$을 원소로 하는 집합이다.

5-2. (1) $A\otimes B$는 A의 원소와 B의 원소의 곱

$1\times0,\ 1\times1,\ 1\times2,$
$2\times0,\ 2\times1,\ 2\times2$

를 원소로 하는 집합이므로

$A\otimes B=\{\mathbf{0, 1, 2, 4}\}$

(2) $A\otimes A$는 A의 원소와 A의 원소의 곱

$1\times1,\ 1\times2,\ 2\times1,\ 2\times2$

를 원소로 하는 집합이므로

$A\otimes A=\{\mathbf{1, 2, 4}\}$

(3) 같은 방법으로 생각하면

$B\otimes B=\{\mathbf{0, 1, 2, 4}\}$

5-3. $M=\{4, 8, 12, 16, 20, 24, 28\}$

(1) M의 원소의 개수가 7이므로 부분집합의 개수는 $2^7=\mathbf{128}$

(2) M에서 4, 8을 제외한 집합

$\{12, 16, 20, 24, 28\}$

의 부분집합의 개수이므로

$2^5=\mathbf{32}$

(3) M에서 4, 8, 12를 제외한 집합

$\{16, 20, 24, 28\}$

의 부분집합에 12를 추가하면 조건을 만족시키는 모든 부분집합이 된다.

따라서 구하는 부분집합의 개수는

$2^4=\mathbf{16}$

5-4. X는 집합 $\{1, 2, 4, 8, 16, 32\}$의 부분집합 중에서 1, 2, 4가 속하는 집합이다.

따라서 X는 집합 $\{1, 2, 4, 8, 16, 32\}$에서 1, 2, 4를 제외한 집합 $\{8, 16, 32\}$의 부분집합에 1, 2, 4를 추가한 집합이다.

그런데 집합 $\{8, 16, 32\}$의 부분집합의 개수는 2^3이므로 구하는 집합 X의 개수는 $2^3=\mathbf{8}$

5-5. ㄱ. $A\subset B,\ B\subset C$이면 $A\subset C$

따라서 $A\subset C,\ C\subset D$이므로

$A\subset D$

ㄴ. $A\subset B,\ B\subset C,\ C\subset D$이면 $A\subset D$

그런데 조건에서 $D\subset A$이므로

$A=D$

같은 방법으로 생각하면

$A=B=C=D$

ㄷ. $B\subset C,\ C\subset B$이면 $B=C$이므로

$A\subset B,\ B\subset C,\ C\subset B,\ C\subset D$

이면 $A\subset B=C\subset D \quad \therefore A\subset D$

이때, $A=D$일 수도 있으므로 거짓이다.

이상에서 옳은 것은 ㄱ, ㄴ이다.

답 ④

5-6.

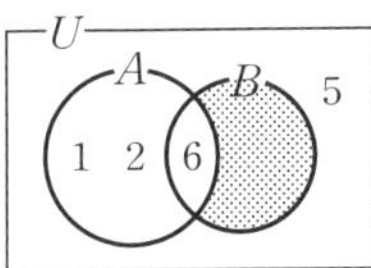

주어진 조건을 벤 다이어그램으로 나타내면 위의 그림과 같다.

따라서 U의 원소 중 남은 원소 3, 4는 위의 그림의 점 찍은 부분에 속한다.

$\therefore\ \mathbf{A=\{1, 2, 6\}}$,
$\mathbf{A\cup B=\{1, 2, 3, 4, 6\}}$,
$\mathbf{B-A=\{3, 4\}}$

5-7. (1) $A=\{2,\ a^2-4a+7\}$ ······①

$B=\{a+1,\ a^2-1,\ a^2\}$ ······②

$A\cap B=\{4\}$와 ①로부터

$a^2-4a+7=4$

$\therefore (a-1)(a-3)=0 \quad \therefore a=1, 3$

(i) $a=1$일 때

②에서 $B=\{0, 1, 2\}$

이때, $A\cap B\neq\{4\}$이므로 $a=1$은

적합하지 않다.

(ii) $a=3$일 때

②에서 $B=\{4, 8, 9\}$

이때, $A\cap B=\{4\}$이므로 적합하다.

(i), (ii)에서 $\boldsymbol{a=3}$

(2) $a=3$일 때, $A=\{2, 4\}$, $B=\{4, 8, 9\}$이므로 $\boldsymbol{A\cup B=\{2, 4, 8, 9\}}$

5-8. $x^2\le 3x$에서 $x(x-3)\le 0$

$\therefore A=\{x\,|\,0\le x\le 3\}$

$x^2+x>2$에서 $(x+2)(x-1)>0$

$\therefore B=\{x\,|\,x<-2$ 또는 $x>1\}$

$x^2-2x<0$에서 $x(x-2)<0$

$\therefore C=\{x\,|\,0<x<2\}$

(1) $A\cap B=\boldsymbol{\{x\,|\,1<x\le 3\}}$

(2) $A\cup B=\boldsymbol{\{x\,|\,x<-2}$ **또는** $\boldsymbol{x\ge 0\}}$

(3) $C^C=\{x\,|\,x\le 0$ 또는 $x\ge 2\}$이므로 $(A\cap B)\cap C^C=\boldsymbol{\{x\,|\,2\le x\le 3\}}$

5-9. $A=\{x\,|\,(x-1)(x-4)\le 0\}$
$=\{x\,|\,1\le x\le 4\}$

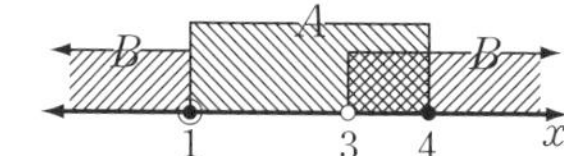

따라서 위의 수직선에서

$B=\{x\,|\,x<1$ 또는 $x>3\}$

$\therefore x^2+ax+b>0 \iff (x-1)(x-3)>0$
$\iff x^2-4x+3>0$

$\therefore \boldsymbol{a=-4,\ b=3}$

6-1. (1)

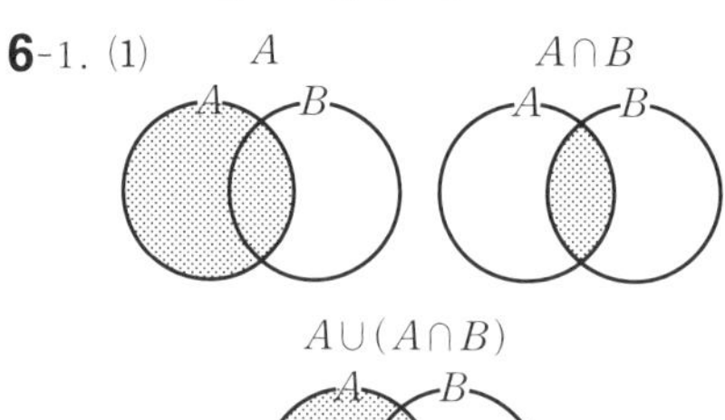

$\therefore A\cup(A\cap B)=A$

(2)

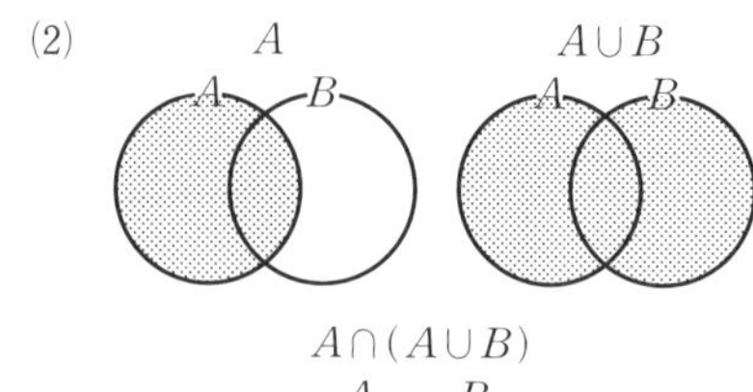

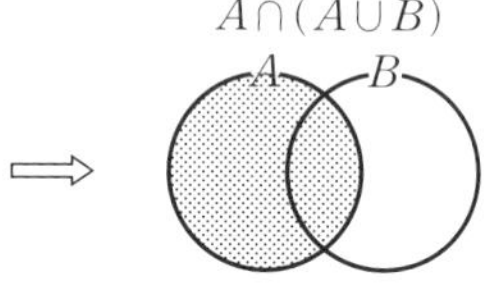

$\therefore A\cap(A\cup B)=A$

(3)

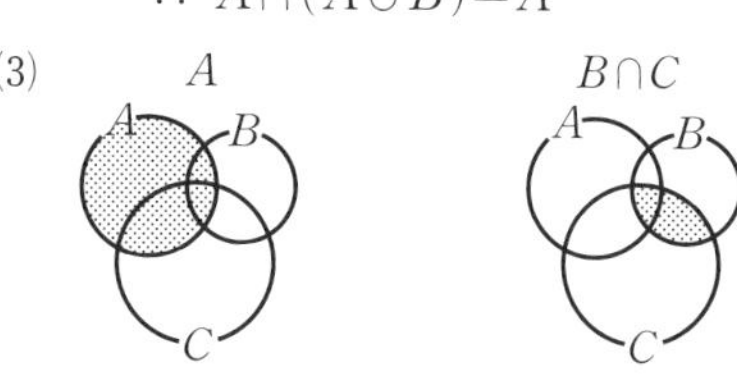

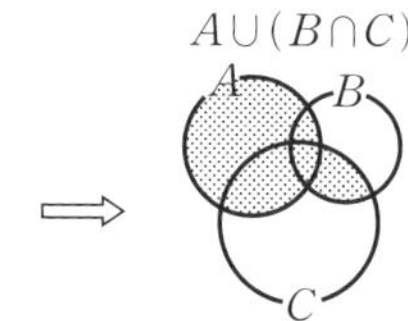

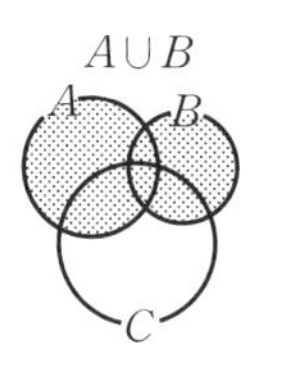

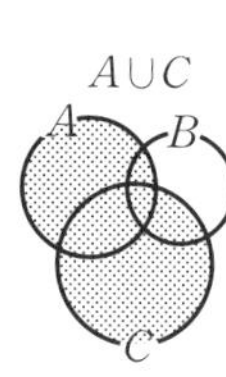

$(A\cup B)\cap(A\cup C)$

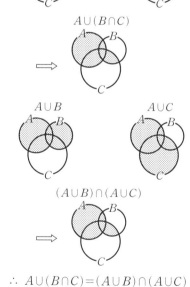

$\therefore A\cup(B\cap C)=(A\cup B)\cap(A\cup C)$

6-2. (1)

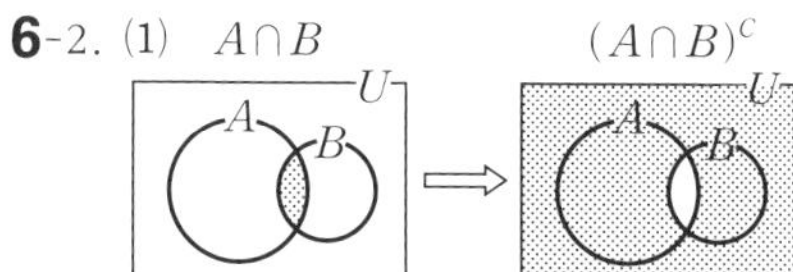

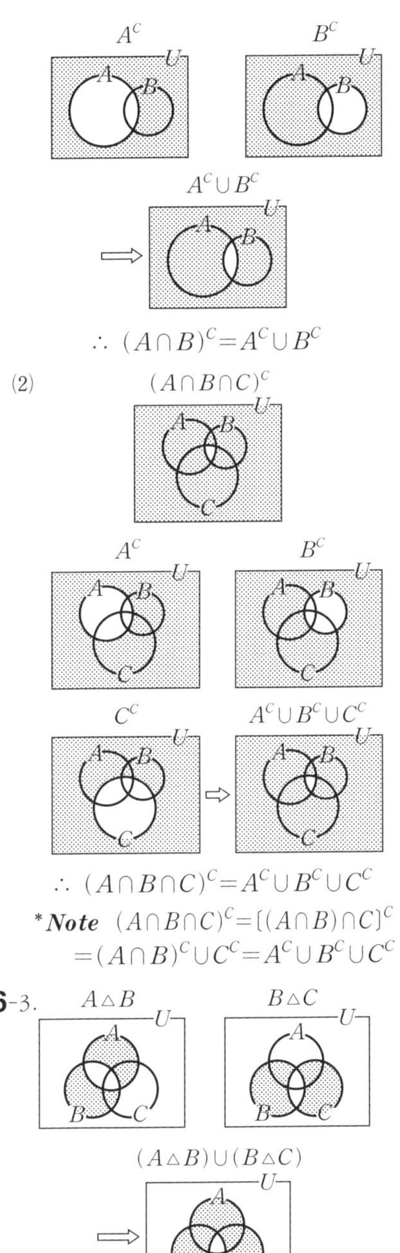

$\therefore\ (A\cap B)^C = A^C\cup B^C$

(2)

$\therefore\ (A\cap B\cap C)^C = A^C\cup B^C\cup C^C$

****Note*** $(A\cap B\cap C)^C = [(A\cap B)\cap C]^C$
$= (A\cap B)^C\cup C^C = A^C\cup B^C\cup C^C$

6-3.

6-4. (1) $A\circ B = (A\cap B^C)\cup(A^C\cap B)$
$= (A^C\cap B)\cup(A\cap B^C)$
$= (B\cap A^C)\cup(B^C\cap A)$
$= B\circ A$

(2) $A\circ\varnothing = (A\cap\varnothing^C)\cup(A^C\cap\varnothing)$
$= (A\cap U)\cup\varnothing = A\cup\varnothing = A$

(3) $A\circ U = (A\cap U^C)\cup(A^C\cap U)$
$= (A\cap\varnothing)\cup A^C$
$= \varnothing\cup A^C = A^C$

(4) $A\circ A^C = [A\cap(A^C)^C]\cup(A^C\cap A^C)$
$= (A\cap A)\cup A^C$
$= A\cup A^C = U$

(5) $A^C\circ B^C = [A^C\cap(B^C)^C]$
$\cup[(A^C)^C\cap B^C]$
$= (A^C\cap B)\cup(A\cap B^C)$
$= (A\cap B^C)\cup(A^C\cap B)$
$= A\circ B$

6-5. (1) $(A-B)^C = (A\cap B^C)^C$
$= A^C\cup(B^C)^C$
$= A^C\cup B$
$\therefore\ (A-B)^C = A^C\cup B$

(2) $(A-B)\cap(B-A)$
$= (A\cap B^C)\cap(B\cap A^C)$
$= A\cap(B^C\cap B)\cap A^C$
$= A\cap\varnothing\cap A^C = \varnothing$
$\therefore\ (A-B)\cap(B-A) = \varnothing$

(3) $(A-B)-C = (A\cap B^C)-C$
$= (A\cap B^C)\cap C^C$
$= A\cap B^C\cap C^C$
$= A\cap(B\cup C)^C$
$= A-(B\cup C)$
$\therefore\ (A-B)-C = A-(B\cup C)$

(4) $A-(B\cap C) = A\cap(B\cap C)^C$
$= A\cap(B^C\cup C^C)$
$= (A\cap B^C)\cup(A\cap C^C)$
$= (A-B)\cup(A-C)$
$\therefore\ A-(B\cap C) = (A-B)\cup(A-C)$

6-6. $A\subset B$를 만족시키는 벤 다이어그램은 아래 그림과 같다.

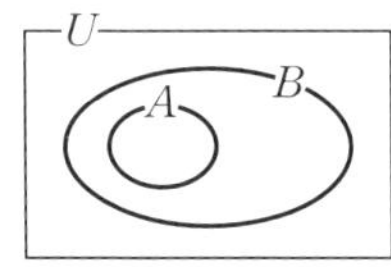

이 벤 다이어그램을 이용하면 다음을 확인할 수 있다.

① $A\cup B=B$

② $A\cap B=A$

③ ②에서 $A\cap B=A$이므로

$$(A\cap B)^C=A^C$$

따라서 $(A\cap B)^C=B^C$은 일반적으로 성립하지 않는다.

④ $B^C\subset A^C$

⑤ $A-B=A\cap B^C=\varnothing$ 답 ③

6-7. 조건식의 좌변을 간단히 하면

$$\{(A\cap B)\cup(A-B)\}\cap B$$
$$=\{(A\cap B)\cup(A\cap B^C)\}\cap B$$
$$=\{A\cap(B\cup B^C)\}\cap B$$
$$=(A\cap U)\cap B=A\cap B$$

따라서 조건식은 $A\cap B=A$

$$\therefore A\subset B$$

6-8. $(A\cap B)\cup(A\cap B^C)=A\cap(B\cup B^C)$
$=A\cap U=A,$

$(A^C\cap B)\cup(A^C\cap B^C)=A^C\cap(B\cup B^C)$
$=A^C\cap U=A^C$

이므로 조건식에서

(좌변)$=A\cup A^C=U=$(우변)

6-9. $n(A)=n(A\cup B)-n(A^C\cap B)$
$=42-15=\mathbf{27}$

$n(B)=n(A\cap B)+n(A^C\cap B)$
$=3+15=\mathbf{18}$

$n(A^C\cap B^C)=n((A\cup B)^C)$
$=n(U)-n(A\cup B)$
$=50-42=\mathbf{8}$

$n(A^C\cup B^C)=n((A\cap B)^C)$
$=n(U)-n(A\cap B)$
$=50-3=\mathbf{47}$

6-10. $n(A\cup B)=n(U)-n((A\cup B)^C)$
$=n(U)-n(A^C\cap B^C)$
$=30-17=13$

그런데

$n(A\cup B)=n(A)+n(B)-n(A\cap B)$

이므로

$n(A)+n(B)=n(A\cup B)+n(A\cap B)$
$=13+8=\mathbf{21}$

6-11. 지난 토요일 또는 일요일에 봉사 활동을 한 50명의 학생 중 토요일에 봉사 활동을 한 학생의 집합을 A, 일요일에 봉사 활동을 한 학생의 집합을 B라고 하면

$$n(A\cup B)=50,$$
$$n(A)=35,\ n(B)=28$$

(1) 토요일과 일요일에 모두 봉사 활동을 한 학생 수 $n(A\cap B)$는

$n(A\cup B)=n(A)+n(B)-n(A\cap B)$

에서 $50=35+28-n(A\cap B)$

$$\therefore n(A\cap B)=\mathbf{13}$$

(2) 토요일에만 봉사 활동을 한 학생 수 $n(A-B)$는

$n(A-B)=n(A)-n(A\cap B)$
$=35-13=\mathbf{22}$

6-12. a, b, c를 읽은 사람의 집합을 각각 A, B, C라고 하면 주어진 조건은

$n(A)=10,\ n(B)=7,\ n(C)=5,$
$n(A\cap B)=4,\ n(A\cup C)=12,$
$n(B\cap C)=0$

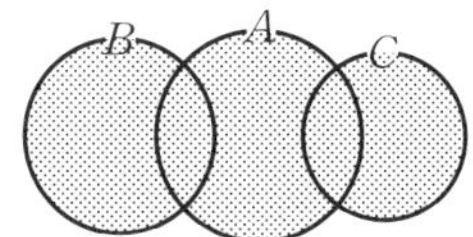

$n(C\cap A)=n(C)+n(A)-n(C\cup A)$
$=5+10-12=3,$

$n(A\cap B\cap C)=n(A\cap\varnothing)=n(\varnothing)=0$

이므로

$$n(A\cup B\cup C)=n(A)+n(B)+n(C)-n(A\cap B)-n(B\cap C)-n(C\cap A)+n(A\cap B\cap C)$$
$$=10+7+5-4-0-3+0=\mathbf{15}$$

*__Note__ 위의 벤 다이어그램에서

$$n(A\cup B\cup C)=n(B-A)+n(A\cup C)=(7-4)+12=\mathbf{15}$$

7-1. (1) (반례) $x=2.5$일 때

$2<x<5$이지만 $3\le x\le 7$을 만족시키지 않는다. $\therefore$ 거짓

(2) (반례) $x=0.5$, $y=4$일 때

$x+y>2$, $xy>1$이지만 $x<1$이다.

$\therefore$ 거짓

(3) $p:\ x^2=1,\quad q:\ x^3=x$

라 하고, 조건 p, q의 진리집합을 각각 P, Q라고 하면

$P=\{x\,|\,x^2=1\}=\{-1, 1\}$,

$Q=\{x\,|\,x^3=x\}=\{-1, 0, 1\}$

$\therefore P\subset Q\quad \therefore p\Longrightarrow q$

따라서 $x^2=1$이면 $x^3=x$이다.

$\therefore$ 참

(4) $p:\ x^2-3x-4\le 0,\quad q:\ |x|\le 4$

라 하고, 조건 p, q의 진리집합을 각각 P, Q라고 하면

$P=\{x\,|\,x^2-3x-4\le 0\}$

$=\{x\,|\,-1\le x\le 4\}$,

$Q=\{x\,|\,|x|\le 4\}=\{x\,|\,-4\le x\le 4\}$

$\therefore P\subset Q\quad \therefore p\Longrightarrow q$

따라서 $x^2-3x-4\le 0$이면 $|x|\le 4$이다. $\therefore$ 참

7-2. 조건 p, q의 진리집합을 각각 P, Q라고 하면

$P=\{2, 4, 6, 8, 10, 12\}$,

$Q=\{3, 6, 9, 12\}$

(1) 조건 p 또는 q의 진리집합은 $P\cup Q$이고,

$P\cup Q=\mathbf{\{2, 3, 4, 6, 8, 9, 10, 12\}}$

(2) 조건 p이고 q의 진리집합은 $P\cap Q$이고, $P\cap Q=\mathbf{\{6, 12\}}$

(3) 조건 $\sim p$의 진리집합은 P^C이고,

$P^C=\mathbf{\{1, 3, 5, 7, 9, 11\}}$

(4) 조건 $\sim p$ 또는 q의 진리집합은 $P^C\cup Q$이고,

$P^C\cup Q=\mathbf{\{1, 3, 5, 6, 7, 9, 11, 12\}}$

7-3. $P^C\cap Q=Q-P=\varnothing$에서 $\quad Q\subset P$

$(P\cup Q)\cap R=\varnothing$에서 $\quad P\cap R=\varnothing$

따라서 P, Q, R을 벤 다이어그램으로 나타내면 아래와 같다.

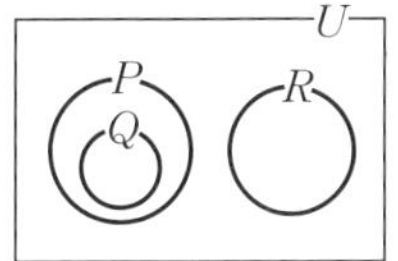

위의 그림에서

$Q\subset P,\quad R\subset P^C$,

$(Q\cap R^C)\subset P,\quad (P\cup Q)\subset R^C$

은 성립하지만, $Q^C\subset R^C$은 성립하지 않는다. 따라서 명제 $\sim q\longrightarrow\sim r$은 참이 아니다. 답 ③

7-4. (1) 부정 : 어떤 실수 x에 대하여 $x^2\le 0$이다.

$x=0$일 때 $x^2\le 0$이므로 참

(2) 부정 : 모든 자연수 x에 대하여 $x^2-3x+2\ne 0$이다.

$x=1$일 때 $x^2-3x+2=0$이므로 거짓

(3) 부정 : 모든 실수 x에 대하여 $x^3-8\ne 0$이다.

$x=2$일 때 $x^3-8=0$이므로 거짓

*__Note__ (3) 부정을 '$x^3-8=0$인 실수 x가 존재하지 않는다'고 말해도 된다.

7-5. (1) 명제 : $x>y$이면 $x-y>0$이다. (참)

따라서 대우도 참이다.

역 : $x-y>0$이면 $x>y$이다.(참)

(2) 대우 : $x\ge1$이고 $y\ge1$이면 $xy\ge1$이다.(참)

따라서 명제도 참이다.

역 : $x<1$ 또는 $y<1$이면 $xy<1$이다.(거짓)

*Note 역이 거짓임을 보이는 반례로 $x=0.5$, $y=4$를 들 수 있다.

(3) 대우 : $a\ne0$이면 어떤 실수 x에 대하여 $ax\ne0$이다.(참)

따라서 명제도 참이다.

역 : $a=0$이면 모든 실수 x에 대하여 $ax=0$이다.(참)

7-6. 「$p \longrightarrow q$」와 「$\sim r \longrightarrow \sim q$」가 모두 참이므로

$p \Longrightarrow q$이고 $\sim r \Longrightarrow \sim q$

① $\sim r \Longrightarrow \sim q$에서 $q \Longrightarrow r$

따라서 $q \longrightarrow r$은 참이다.

② $p \Longrightarrow q$, $q \Longrightarrow r$에서 $p \Longrightarrow r$

따라서 $p \longrightarrow r$은 참이다.

③ $p \Longrightarrow r$에서 $\sim r \Longrightarrow \sim p$

따라서 $\sim r \longrightarrow \sim p$는 참이다.

④ $\sim r \longrightarrow \sim p$는 참인 명제이지만, 이 명제의 역 $\sim p \longrightarrow \sim r$이 반드시 참이라고는 말할 수 없다.

⑤ $p \Longrightarrow q$에서 $\sim q \Longrightarrow \sim p$

따라서 $\sim q \longrightarrow \sim p$는 참이다.

답 ④

7-7. $q \Longrightarrow \sim s$에서 $s \Longrightarrow \sim q$이다.

따라서 주어진 조건은

$s \Longrightarrow \sim q$, $\sim q \Longrightarrow r$

이므로 $s \Longrightarrow r$이다. 이로부터 $s \Longrightarrow p$라는 결론을 얻고자 한다.

$\boxed{s \Longrightarrow r} \Rightarrow \boxed{s \Longrightarrow p}$

이와 같은 조건을 만족시키기 위해서는 $r \Longrightarrow p$를 추가하면 된다.

답 ⑤

7-8. 문제의 조건들을 기호로 나타내면

$p \Longrightarrow r$, $q \Longrightarrow r$,

$r \Longrightarrow s$, $s \Longrightarrow q$

이고, 이것을 정리하면 아래와 같다.

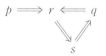

$p \Longrightarrow r \Longleftarrow q$, $r \Longrightarrow s$, $s \Longrightarrow q$

이 그림을 보면

$r \Longleftrightarrow s$, $s \Longleftrightarrow q$, $q \Longleftrightarrow r$

이므로 서로 필요충분조건인 것은

r*과 *s*, *s*와 *q*, *q*와 *r

7-9. (1) x, y가 유리수이면 $x+y$, xy는 유리수이다.

그러나 $x+y$, xy가 유리수일 때,

$x=1+\sqrt{2}$, $y=1-\sqrt{2}$

인 경우도 있으므로 $x+y$, xy가 유리수라고 해서 반드시 x, y가 유리수인 것은 아니다. 곧,

x, y가 유리수

$\Longrightarrow x+y$, xy가 유리수

따라서 p는 q이기 위한 충분조건

(2) $x^2=x$이면 $x(x-1)=0$에서 $x=0$ 또는 $x=1$이므로

$x=1 \Longrightarrow x^2=x$

따라서 p는 q이기 위한 필요조건

(3) x, y, z가 실수이므로

$x^2+y^2+z^2=0$

$\Longleftrightarrow x=0$이고 $y=0$이고 $z=0$

따라서 p는 q이기 위한 필요충분조건

(4) $B\subset A$이고 $C\subset A$이면 $(B\cap C)\subset A$이지만, 다음 그림과 같은 경우도 있으므로 $(B\cap C)\subset A$라고 해서 반드시 $B\subset A$이고 $C\subset A$인 것은 아니다. 곧,

$B\subset A$이고 $C\subset A \Longrightarrow (B\cap C)\subset A$

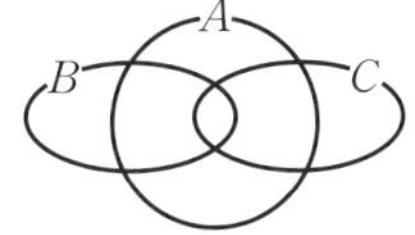

따라서 p는 q이기 위한 충분조건

7-10. (1) $P=\{x|x<0\}$,
$Q=\{x|x^2-2x>0\}$으로 놓으면
$P=\{x|x<0\}$,
$Q=\{x|x<0$ 또는 $x>2\}$
$P\subset Q,\ Q\not\subset P$이므로
$p\Longrightarrow q,\ q\not\Longrightarrow p$
따라서 p는 q이기 위한 충분조건

(2) $P=\{x|-2\le x\le 1\}$,
$Q=\{x|x^2+x-2<0\}$으로 놓으면
$P=\{x|-2\le x\le 1\}$,
$Q=\{x|-2<x<1\}$
$Q\subset P,\ P\not\subset Q$이므로
$q\Longrightarrow p,\ p\not\Longrightarrow q$
따라서 p는 q이기 위한 필요조건

(3) $P=\{x|x<2$ 또는 $x>3\}$,
$Q=\{x|x^2-5x+6>0\}$으로 놓으면
$P=\{x|x<2$ 또는 $x>3\}$,
$Q=\{x|x<2$ 또는 $x>3\}$
$P=Q$이므로 $p\Longleftrightarrow q$
따라서 p는 q이기 위한
필요충분조건

8-1. (1) a, b가 실수일 때,
$a\ne0$ 또는 $b\ne0$이면
$|a|>0$ 또는 $|b|>0$
이므로 $|a|+|b|>0$이다.
따라서 $a\ne0$ 또는 $b\ne0$이면
$|a|+|b|\ne0$이다.
곧, 대우가 참이므로 명제 'a, b가 실수일 때, $|a|+|b|=0$이면 $a=0$이고 $b=0$이다.'도 참이다.

(2) n이 자연수일 때, n이 짝수이면
$n=2k$ (k는 자연수)
로 나타낼 수 있다. 이때,
$$n^2+2n=(2k)^2+2\times2k$$
$$=2(2k^2+2k)$$
이므로 n^2+2n은 짝수이다.
곧, 대우가 참이므로 명제 'n이 자연수일 때, n^2+2n이 홀수이면 n은 홀수이다.'도 참이다.

8-2. $r+q$가 유리수라고 가정하면 $r+q=c$를 만족시키는 유리수 c가 존재한다.
이때, $r+q=c$에서
$$q=c-r \qquad \cdots\cdots ㉠$$
그런데 유리수에서 유리수를 빼면 유리수이므로 ㉠의 우변은 유리수이다.
그러나 ㉠의 좌변은 무리수이므로 모순이다.
따라서 $r+q$는 유리수가 아니다.

* ***Note*** $r+q$가 유리수라고 가정하면
$$(r+q)-r=q$$
에서 좌변은 유리수에서 유리수를 뺀 것이므로 유리수인데 우변은 무리수이므로 모순이다.
따라서 $r+q$는 유리수가 아니다.

8-3. a, b, c가 모두 3의 배수가 아니라고 하면
$a=3l\pm1,\ b=3m\pm1,\ c=3n\pm1$
(l, m, n은 정수)
이때,
$a^2+b^2=(3l\pm1)^2+(3m\pm1)^2$
$=3(3l^2+3m^2\pm2l\pm2m)+2$,
$c^2=(3n\pm1)^2=3(3n^2\pm2n)+1$
곧, a^2+b^2은 3으로 나눈 나머지가 2인 정수이고, c^2은 3으로 나눈 나머지가 1인 정수이므로 $a^2+b^2\ne c^2$이다.
이것은 $a^2+b^2=c^2$이라는 가정에 모순이다.
그러므로 a, b, c가 0이 아닌 정수일

때, $a^2+b^2=c^2$이면 a, b, c 중에서 적어도 하나는 3의 배수이다.

8-4. (1) $\{\sqrt{2(a^2+b^2)}\}^2-(|a|+|b|)^2$
$=2(a^2+b^2)-a^2-2|ab|-b^2$
$=a^2-2|ab|+b^2$
$=(|a|-|b|)^2\ge0$
$\therefore\ \{\sqrt{2(a^2+b^2)}\}^2\ge(|a|+|b|)^2$

그런데
$\sqrt{2(a^2+b^2)}\ge0,\ \ |a|+|b|\ge0$
이므로
$\sqrt{2(a^2+b^2)}\ge|a|+|b|$
(등호는 $|a|=|b|$일 때 성립)

(2) (i) $|a|<|b|$일 때
(좌변)>0, (우변)<0이므로
$|a+b|>|a|-|b|$

(ii) $|a|\ge|b|$일 때
양변 모두 0 또는 양수이므로
$|a+b|^2-(|a|-|b|)^2$
$=(a+b)^2-(|a|^2-2|ab|+|b|^2)$
$=a^2+2ab+b^2-a^2+2|ab|-b^2$
$=2(ab+|ab|)\ge0$ ……①
$\therefore\ |a+b|^2\ge(|a|-|b|)^2$
그런데
$|a+b|\ge0,\ \ |a|-|b|\ge0$
이므로
$|a+b|\ge|a|-|b|$
(등호는 $ab\le0$일 때 성립)

(i), (ii)에서 $|a+b|\ge|a|-|b|$
(등호는 $|a|\ge|b|$이고 $ab\le0$일 때 성립)

* ***Note*** ①의 $ab+|ab|$에서
$ab>0$이면
$ab+|ab|=ab+ab=2ab>0$
$ab\le0$이면
$ab+|ab|=ab-ab=0$
$\therefore\ ab+|ab|\ge0$
(등호는 $ab\le0$일 때 성립)

8-5. (1) $a>0,\ b>0$이므로
$$a+\frac{1}{b}\ge2\sqrt{a\times\frac{1}{b}},$$
$$b+\frac{1}{a}\ge2\sqrt{b\times\frac{1}{a}}$$
이 두 식의 양변은 각각 양수이고, 두 식에서 등호가 성립할 조건이 $ab=1$이므로 변끼리 곱하면
$$\left(a+\frac{1}{b}\right)\left(b+\frac{1}{a}\right)\ge4\sqrt{\frac{a}{b}}\sqrt{\frac{b}{a}}=4$$
$$\therefore\ \left(a+\frac{1}{b}\right)\left(b+\frac{1}{a}\right)\ge4$$
(등호는 $ab=1$일 때 성립)

* ***Note*** $\left(a+\dfrac{1}{b}\right)\left(b+\dfrac{1}{a}\right)$
$$=ab+\frac{1}{ab}+2$$
$$\ge2\sqrt{ab\times\frac{1}{ab}}+2=4$$
(등호는 $ab=1$일 때 성립)

(2) $a>0,\ b>0,\ c>0$이므로
$$\frac{a}{b}+\frac{b}{c}\ge2\sqrt{\frac{a}{b}\times\frac{b}{c}},$$
$$\frac{b}{c}+\frac{c}{a}\ge2\sqrt{\frac{b}{c}\times\frac{c}{a}},$$
$$\frac{c}{a}+\frac{a}{b}\ge2\sqrt{\frac{c}{a}\times\frac{a}{b}}$$
이 세 식의 양변은 각각 양수이고, 세 식에서 등호가 성립할 조건이 $a=b=c$이므로 변끼리 곱하면
$$\left(\frac{a}{b}+\frac{b}{c}\right)\left(\frac{b}{c}+\frac{c}{a}\right)\left(\frac{c}{a}+\frac{a}{b}\right)$$
$$\ge8\sqrt{\frac{ab}{bc}}\sqrt{\frac{bc}{ca}}\sqrt{\frac{ca}{ab}}=8$$
$$\therefore\ \left(\frac{a}{b}+\frac{b}{c}\right)\left(\frac{b}{c}+\frac{c}{a}\right)\left(\frac{c}{a}+\frac{a}{b}\right)\ge8$$
(등호는 $a=b=c$일 때 성립)

* ***Note*** 등호가 성립할 조건은 다음과 같이 구할 수 있다.
$\dfrac{a}{b}=\dfrac{b}{c}$ 곧, $b^2=ac$ ……①
$\dfrac{b}{c}=\dfrac{c}{a}$ 곧, $c^2=ab$ ……②

$\frac{c}{a}=\frac{a}{b}$ 곧, $a^2=bc$ ……③

①÷②하면 $\frac{b^2}{c^2}=\frac{c}{b}$ 곧, $b^3=c^3$

$\therefore (b-c)(b^2+bc+c^2)=0$

$\therefore b=c$

마찬가지 방법으로 ①, ③에서

$a=b$

따라서 등호가 성립할 조건은

$a=b=c$

8-6. 코시-슈바르츠 부등식에서

$(a^2+b^2)(x^2+y^2)\ge(ax+by)^2$

$a^2+b^2=1$, $x^2+y^2=1$이므로

$(ax+by)^2\le 1$

$\therefore -1\le ax+by\le 1$

(등호는 $bx=ay$일 때 성립)

8-7. $(a^2+1)(b^2+1)-(ab+1)^2$

$=(a^2b^2+a^2+b^2+1)-(a^2b^2+2ab+1)$

$=a^2-2ab+b^2=(a-b)^2\ge 0$

$\therefore (a^2+1)(b^2+1)\ge(ab+1)^2$

(등호는 $a=b$일 때 성립)

****Note*** 코시-슈바르츠 부등식

$(a^2+b^2)(x^2+y^2)\ge(ax+by)^2$

에서 b에 1을, x에 b를, y에 1을 대입하면

$(a^2+1)(b^2+1)\ge(ab+1)^2$

8-8. a, b가 실수일 때,

$(a^2+1)(b^2+1)\ge(ab+1)^2$ ⇦ 유제 **8**-7

이고, $(a^2+1)(b^2+1)=25$이므로

$(ab+1)^2\le 25$

$a\ge 0$, $b\ge 0$이므로 $1\le ab+1\le 5$

$\therefore$ $\mathbf{0\le ab\le 4}$

($ab=0$은 $a=0$ 또는 $b=0$일 때 성립, $ab=4$는 $a=b=2$일 때 성립)

8-9. (1) $x>0$이므로

$x+\frac{4}{x}\ge 2\sqrt{x\times\frac{4}{x}}=4$

등호는 $x=\frac{4}{x}$, 곧 $x=2$일 때 성립하고, 최솟값은 **4**

(2) $x>0$, $y>0$이므로

$(2x+y)\left(\frac{8}{x}+\frac{1}{y}\right)=\frac{8y}{x}+\frac{2x}{y}+17$

$\ge 2\sqrt{\frac{8y}{x}\times\frac{2x}{y}}+17=25$

등호는 $\frac{8y}{x}=\frac{2x}{y}$, 곧 $x=2y$일 때 성립하고, 최솟값은 **25**

8-10. (1) $x>0$이므로

$x+\frac{1}{x}+\frac{4x}{x^2+1}=\frac{x^2+1}{x}+\frac{4x}{x^2+1}$

$\ge 2\sqrt{\frac{x^2+1}{x}\times\frac{4x}{x^2+1}}=4$

등호는 $\frac{x^2+1}{x}=\frac{4x}{x^2+1}$, 곧 $x=1$일 때 성립하고, 최솟값은 **4**

(2) $x+1>0$이므로

$x+\frac{9}{x+1}=x+1+\frac{9}{x+1}-1$

$\ge 2\sqrt{(x+1)\times\frac{9}{x+1}}-1=5$

등호는 $x+1=\frac{9}{x+1}$, 곧 $x=2$일 때 성립하고, 최솟값은 **5**

8-11. $x>0$, $y>0$, $x+y=50$이므로

$(\sqrt{x}+\sqrt{y})^2=x+y+2\sqrt{xy}$

$\le 50+(x+y)=100$

$\sqrt{x}>0$, $\sqrt{y}>0$이므로

$0<\sqrt{x}+\sqrt{y}\le 10$

등호는 $x=y=25$일 때 성립하고, 최댓값은 **10**

****Note*** 코시-슈바르츠 부등식을 이용할 수도 있다. 곧,

$(1^2+1^2)\{(\sqrt{x})^2+(\sqrt{y})^2\}\ge(\sqrt{x}+\sqrt{y})^2$

에서 $2(x+y)\ge(\sqrt{x}+\sqrt{y})^2$

$\therefore (\sqrt{x}+\sqrt{y})^2\le 100$

$\therefore 0<\sqrt{x}+\sqrt{y}\le 10$

등호는 $\sqrt{x}=\sqrt{y}=5$, 곧 $x=y=25$일 때 성립하고, 최댓값은 **10**

8-12. (1) $x>0,\ y>0$이므로

$$x+4y\ge 2\sqrt{x\times 4y}=4\sqrt{xy}$$

$$\therefore\ 12\ge 4\sqrt{xy} \qquad \therefore\ 0<xy\le 9$$

등호는 $x=4y=6$, 곧 $x=6,\ y=\dfrac{3}{2}$일 때 성립하고, 최댓값은 **9**

(2) $\dfrac{2}{x}>0,\ \dfrac{8}{y}>0$이므로

$$\frac{2}{x}+\frac{8}{y}\ge 2\sqrt{\frac{2}{x}\times\frac{8}{y}}=\frac{8}{\sqrt{xy}}$$

$$=8\ (\because\ xy=1)$$

등호는 $\dfrac{2}{x}=\dfrac{8}{y}=4$, 곧 $x=\dfrac{1}{2},\ y=2$일 때 성립하고, 최솟값은 **8**

(3) $x^2>0,\ y^2>0$이므로

$$x^2+2y^2\ge 2\sqrt{x^2\times 2y^2}=2\sqrt{2}\,xy=4\sqrt{2}$$

등호는 $x^2=2y^2=2\sqrt{2}$일 때 성립하고, 최솟값은 $\mathbf{4\sqrt{2}}$

(4) $\dfrac{2}{x}+\dfrac{1}{y}=\dfrac{2y+x}{xy}=\dfrac{4}{xy}$

그런데 $x>0,\ y>0$이므로

$$x+2y\ge 2\sqrt{x\times 2y}$$

$$\therefore\ 4\ge 2\sqrt{2xy} \qquad \therefore\ 0<xy\le 2$$

등호는 $x=2y=2$, 곧 $x=2,\ y=1$일 때 성립한다.

$$\therefore\ \frac{2}{x}+\frac{1}{y}=\frac{4}{xy}\ge 2$$

따라서 최솟값은 **2**

8-13. 철사의 길이가 36 cm이므로

$$4x+3y=36$$

또, 도형의 넓이는 $2xy$

그런데 $x>0,\ y>0$이므로

$$4x+3y\ge 2\sqrt{4x\times 3y}=4\sqrt{3xy}$$

$4x+3y=36$이므로

$$36\ge 4\sqrt{3xy} \qquad \therefore\ 2xy\le 54$$

등호는 $4x=3y=18$, 곧 $x=\dfrac{9}{2},\ y=6$일 때 성립하고, 최댓값은 **54 cm²**

8-14.

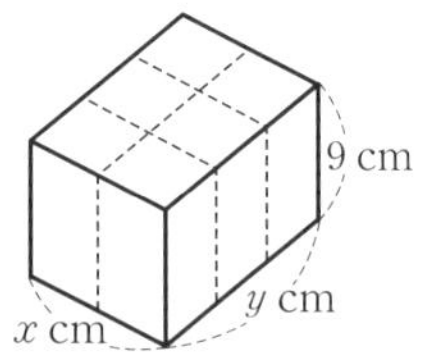

위의 그림과 같이 상자의 가로, 세로의 길이를 각각 x cm, y cm라고 하자.

끈의 길이는 $4x+2y+6\times 9$이고, 상자의 부피는 $9xy=450$이므로

$$xy=50$$

그런데 $x>0,\ y>0$이므로

$$4x+2y+54\ge 2\sqrt{4x\times 2y}+54$$

$$=2\sqrt{4\times 2\times 50}+54$$

$$=40+54=94$$

등호는 $4x=2y=20$, 곧 $x=5,\ y=10$일 때 성립하고, 최솟값은 **94 cm**

8-15. 삼각형의 넓이에서

$$S_1+S_2=10$$

코시-슈바르츠 부등식에서

$$(1^2+1^2)(S_1{}^2+S_2{}^2)\ge(S_1+S_2)^2$$

$$\therefore\ S_1{}^2+S_2{}^2\ge 50$$

등호는 $S_1=S_2=5$일 때 성립하고, 최솟값은 **50**

9-1. 대응 관계를 그림으로 나타내면 각각 다음과 같다.

①
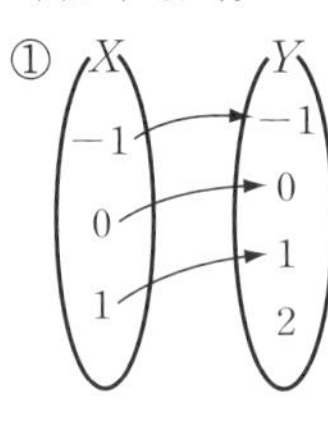

②
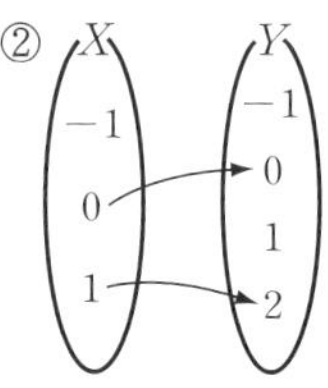

③
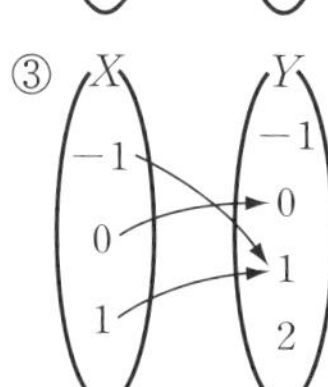

④
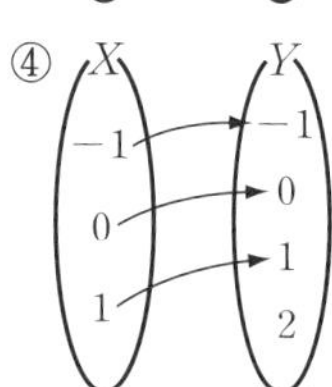

①, ③, ④에서는 X의 각 원소에 Y의 원소가 하나씩 대응하므로 함수이다.

그러나 ②에서는 X의 원소 -1에 대응하는 Y의 원소가 없으므로 함수가 아니다. 답 ②

9-2. 대응 관계를 그림으로 나타내면 각각 다음과 같다.

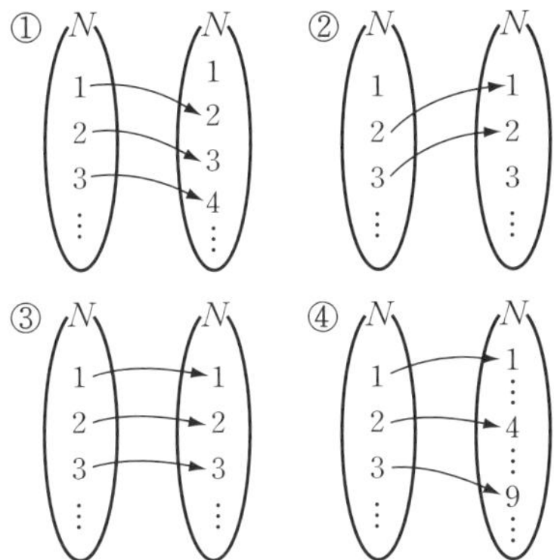

①, ③, ④에서는 N의 각 원소에 N의 원소가 하나씩 대응하므로 함수이다.

그러나 ②에서는 N의 원소 1에 대응하는 N의 원소가 없으므로 함수가 아니다. 답 ②

9-3. $f(x)f(y)=f(x+y)+f(x-y)$ ……㉮

$x=1, y=0$을 ㉮에 대입하면

$$f(1)f(0)=f(1)+f(1)$$

$f(1)=1$이므로 $f(0)=\mathbf{2}$

$x=1, y=1$을 ㉮에 대입하면

$$f(1)f(1)=f(2)+f(0)$$

$$\therefore f(2)=f(1)f(1)-f(0)=1\times1-2=\mathbf{-1}$$

9-4. $(x+2)f(2-x)+(2x+1)f(2+x)=1$ ……㉮

$x=3$을 ㉮에 대입하면

$$5f(-1)+7f(5)=1 \quad \cdots\cdots ㉯$$

$x=-3$을 ㉮에 대입하면

$$-f(5)-5f(-1)=1 \quad \cdots\cdots ㉰$$

㉯+㉰하면 $6f(5)=2$

$$\therefore f(5)=\mathbf{\frac{1}{3}}$$

9-5. $f(xy)=f(x)+f(y)$ ……㉮

(1) $x=1, y=1$을 ㉮에 대입하면

$$f(1\times1)=f(1)+f(1)$$

$$\therefore f(1)=0$$

(2) $y=x$로 놓으면 ㉮은

$$f(x^2)=f(x)+f(x)$$

$$\therefore f(x^2)=2f(x) \quad \cdots\cdots ㉯$$

또, $y=x^2$으로 놓으면 ㉮은

$$f(x^3)=f(x)+f(x^2)$$

㉯를 대입하면

$$f(x^3)=f(x)+2f(x)$$

$$\therefore f(x^3)=3f(x)$$

(3) $y=\dfrac{1}{x}$로 놓으면 ㉮은

$$f\left(x\times\frac{1}{x}\right)=f(x)+f\left(\frac{1}{x}\right)$$

그런데 $f(1)=0$이므로

$$0=f(x)+f\left(\frac{1}{x}\right)$$

$$\therefore f\left(\frac{1}{x}\right)=-f(x)$$

9-6. (1) $X=\{1, 2, 3, 4\}$에서

$f(1)=0, f(2)=1, f(3)=2, f(4)=3$

이므로 함수 f의 그래프는

$$\{(\mathbf{1, 0}), (\mathbf{2, 1}), (\mathbf{3, 2}), (\mathbf{4, 3})\}$$

(2) 함수 f의 치역은 $\{\mathbf{0, 1, 2, 3}\}$

9-7. X에서 Y로의 함수이면 X의 각 원소에 대응하는 Y의 원소가 반드시 있어야 하고 오직 하나뿐이어야 한다.

① X의 원소 3에 대응하는 Y의 원소가 1, 3의 두 개이므로 함수가 아니다.

② X의 각 원소에 대응하는 Y의 원소가 여러 개이므로 함수가 아니다.

③ X의 원소 2에 대응하는 Y의 원소가

없으므로 함수가 아니다.

④ X의 각 원소에 Y의 원소가 하나씩 대응하므로 함수이다. 답 ④

9-8. $a \longrightarrow \square$, $b \longrightarrow \square$, $c \longrightarrow \square$, $d \longrightarrow \square$

Y의 원소 p, q, r, s에서 네 개를 뽑아 $\square$ 안에 나열하는 경우의 수를 구하는 것과 같다.

(1) 같은 것이 와도 되므로 각각 네 가지가 가능하다.

$\therefore\ 4\times4\times4\times4=4^4=\mathbf{256}$

(2) a에 온 것이 b에 올 수 없고, a, b에 온 것이 c에 올 수 없으며, a, b, c에 온 것이 d에 올 수 없다.

$\therefore\ 4\times3\times2\times1=\mathbf{24}$

10-1. $f(g(x))=7$에서

$2g(x)+1=7 \quad \therefore\ g(x)=3$

곧, $x^2-2x=3$에서

$(x+1)(x-3)=0 \quad \therefore\ \boldsymbol{x=-1,\ 3}$

10-2. $(f\circ g)(x)=f(g(x))=f(x+4)$

$=\dfrac{1}{2}(x+4)^2-3(x+4)$

$=\dfrac{1}{2}x^2+x-4$

따라서 $(f\circ g)(x)=x$에서

$\dfrac{1}{2}x^2+x-4=x \quad \therefore\ x^2=8$

$\therefore\ \boldsymbol{x=\pm2\sqrt{2}}$

10-3. (1) $(g\circ f)(x)=g(f(x))$

$=g(2x-1)=(2x-1)+3$

$=\mathbf{2x+2}$

(2) $(f\circ g)(x)=f(g(x))=f(x+3)$

$=2(x+3)-1=\mathbf{2x+5}$

(3) $(g\circ h)(x)=g(h(x))=g(x^2)=x^2+3$

이므로

$(f\circ(g\circ h))(x)=f((g\circ h)(x))$

$=f(x^2+3)=2(x^2+3)-1$

$=\mathbf{2x^2+5}$

(4) $(f\circ g)(x)=2x+5$이므로

$((f\circ g)\circ h)(x)=(f\circ g)(h(x))$

$=(f\circ g)(x^2)$

$=\mathbf{2x^2+5}$

10-4. $f(g(x))=f(ax+2)$

$=3(ax+2)-2$

$=3ax+4$

$g(f(x))=g(3x-2)$

$=a(3x-2)+2$

$=3ax-2a+2$

$f\circ g=g\circ f$이면 모든 실수 x에 대하여

$f(g(x))=g(f(x))$

이므로

$3ax+4=3ax-2a+2$

$\therefore\ 4=-2a+2 \quad \therefore\ \boldsymbol{a=-1}$

10-5. (1) $g(h(x))=f(x)$에서

$2h(x)-3=4x+1$

$\therefore\ \boldsymbol{h(x)=2x+2}$

(2) $k(f(x))=g(x)$에서

$k(4x+1)=2x-3 \quad \cdots\cdots㉮$

여기에서 $4x+1=t$로 놓으면

$x=\dfrac{t-1}{4}$이므로, 이때 ㉮은

$k(t)=2\times\dfrac{t-1}{4}-3$

$\therefore\ k(t)=\dfrac{1}{2}t-\dfrac{7}{2}$

t를 x로 바꾸면 $\boldsymbol{k(x)=\dfrac{1}{2}x-\dfrac{7}{2}}$

10-6. $(h\circ g\circ f)(x)=h((g\circ f)(x))$

이때,

$(g\circ f)(x)=g(f(x))=g(3x-2)$

$=-2(3x-2)+5$

$=-6x+9$

이므로 $h((g\circ f)(x))=f(x)$에서

$h(-6x+9)=3x-2 \quad \cdots\cdots㉮$

여기에서 $-6x+9=t$로 놓으면

$x=\dfrac{-t+9}{6}$이므로, 이때 ㉮은

$$h(t)=3\times\frac{-t+9}{6}-2$$

$$\therefore\ h(t)=-\frac{1}{2}t+\frac{5}{2}$$

t를 x로 바꾸면 $\boldsymbol{h(x)=-\frac{1}{2}x+\frac{5}{2}}$

**Note* $f(x)=t$로 놓으면

$(h\circ g)(t)=t$에서 $h(g(t))=t$

곧, $h(-2t+5)=t$

여기에서 $-2t+5=x$로 놓으면

$t=-\frac{1}{2}x+\frac{5}{2}$이므로

$$\boldsymbol{h(x)=-\frac{1}{2}x+\frac{5}{2}}$$

10-7.

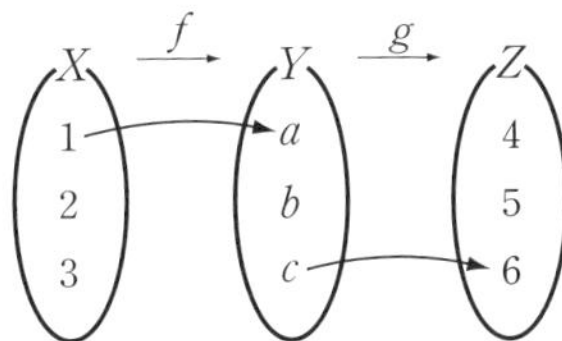

함수 f가 일대일대응이므로 $f(3)=b$ 또는 $f(3)=c$이다.

(i) $f(3)=b$이면 $f(2)=c$이고

$(g\circ f)(2)=g(f(2))=g(c)=6$

이 되어 $(g\circ f)(2)=4$라는 조건에 모순이다.

(ii) $f(3)=c$이면 $f(2)=b$이고

$(g\circ f)(2)=g(f(2))=g(b)$

$(g\circ f)(2)=4$이므로 $g(b)=4$

(i), (ii)에서 $\boldsymbol{f(3)=c,\ g(b)=4}$

10-8. 직선 $y=x$ 위의 점 (x, y)는 x와 y의 값이 같으므로 y좌표 b, c, d, e에 대응하는 x좌표는 아래 그림과 같다.

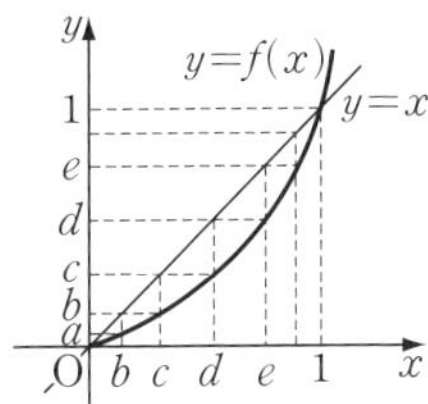

(1) $(f\circ f\circ f)(d)=(f\circ f)(f(d))$
$=(f\circ f)(c)=f(f(c))$
$=f(b)=a$ 답 ①

(2) $(f\circ f)(x)=b$에서 $f(f(x))=b$

한편 위의 그림에서 $f(c)=b$이고, $f(x)$는 일대일함수이므로 $f(x)=c$

또한 위의 그림에서 $f(d)=c$이고, $f(x)$는 일대일함수이므로 $x=d$

답 ④

10-9. $f(x)=3x$에서 $y=3x$로 놓으면

$$x=\frac{1}{3}y$$

x와 y를 바꾸면 $y=\frac{1}{3}x$

$$\therefore\ f^{-1}(x)=\frac{1}{3}x$$

같은 방법으로 하면

$$g^{-1}(x)=x+1$$

$$\therefore\ (f^{-1}\circ g^{-1})(x)=f^{-1}(g^{-1}(x))$$
$$=f^{-1}(x+1)$$
$$=\frac{1}{3}(x+1)\ \cdots\cdots ⓘ$$

또,

$$(g\circ f)(x)=g(f(x))=g(3x)$$
$$=3x-1$$

이므로 $y=3x-1$로 놓으면

$$x=\frac{1}{3}(y+1)$$

x와 y를 바꾸면 $y=\frac{1}{3}(x+1)$

$$\therefore\ (g\circ f)^{-1}(x)=\frac{1}{3}(x+1)\ \cdots ⓘⓘ$$

ⓘ, ⓘⓘ로부터 $(g\circ f)^{-1}=f^{-1}\circ g^{-1}$

10-10. $g(x)=2x+3$에서 $y=2x+3$으로 놓으면

$$x=\frac{1}{2}(y-3)$$

x와 y를 바꾸면 $y=\frac{1}{2}(x-3)$

$$\therefore\ g^{-1}(x)=\frac{1}{2}(x-3)$$

$\therefore\ (g^{-1}\circ f)(x)=g^{-1}(f(x))$
$=g^{-1}(4x^2+1)$
$=\frac{1}{2}\{(4x^2+1)-3\}$
$=\mathbf{2x^2-1}$

10-11. $f(1)=-2$에서

$a+b=-2$ ……①

$f^{-1}(5)=2$이면 $f(2)=5$이므로

$8a+b=5$ ……②

①, ②를 연립하여 풀면

$\mathbf{a=1,\ b=-3}$

10-12. 점 $(2, 3)$이 $y=f(x)$의 그래프 위의 점이므로 $f(2)=3$

또, 점 $(2, 3)$이 $y=g(x)$의 그래프 위의 점이므로 $g(2)=3$

그런데 g는 f의 역함수이므로

$f^{-1}(2)=3 \quad \therefore\ f(3)=2$

따라서 $f(x)=ax+b$에서

$f(2)=2a+b=3,$
$f(3)=3a+b=2$

두 식을 연립하여 풀면

$\mathbf{a=-1,\ b=5}$

10-13. $g\circ(f\circ g)^{-1}\circ g=g\circ(g^{-1}\circ f^{-1})\circ g$
$=(g\circ g^{-1})\circ f^{-1}\circ g$
$=I\circ f^{-1}\circ g$
$=f^{-1}\circ g$

$\therefore\ (g\circ(f\circ g)^{-1}\circ g)(7)=(f^{-1}\circ g)(7)$
$=f^{-1}(g(7))$
$=f^{-1}(4)$

$f^{-1}(4)=k$로 놓으면 $f(k)=4$

$\therefore\ 3k^2-2=4 \quad \therefore\ k^2=2$

$k>1$이므로 $k=\sqrt{2}$

10-14. $g(2)=f^{-1}(2)=k$로 놓으면

$f(k)=2 \quad \therefore\ k^2+k=2$

$k>0$이므로 $k=1 \quad \therefore\ g(2)=1$

$\therefore\ h(g(2))=h(1)=\dfrac{1+2}{f(1)}=\mathbf{\dfrac{3}{2}}$

10-15. (1) $(f\circ f)(x)=f(f(x))$
$=f(3x+2)=3(3x+2)+2$
$=\mathbf{9x+8}$

(2) $y=3x+2$로 놓으면 $x=\frac{1}{3}(y-2)$

x와 y를 바꾸면 $y=\frac{1}{3}(x-2)$

$\therefore\ \mathbf{f^{-1}(x)=\frac{1}{3}(x-2)}$

(3) $g(f(x))=x$에서 $g(x)=f^{-1}(x)$

$\therefore\ \mathbf{g(x)=\frac{1}{3}(x-2)}$

(4) $f(h(x))=x-1$에서

$h(x)=f^{-1}(x-1)=\frac{1}{3}\{(x-1)-2\}$
$=\mathbf{\frac{1}{3}(x-3)}$

11-1. 정의역은 $\{x\,|\,0\le x\le 1\}$이고, 공역은 $\{y\,|\,0\le y\le 2\}$이므로 $f(x)=x+k$의 그래프는 오른쪽 그림의 점 찍은 부분(경계선 포함)에 존재해야 한다.

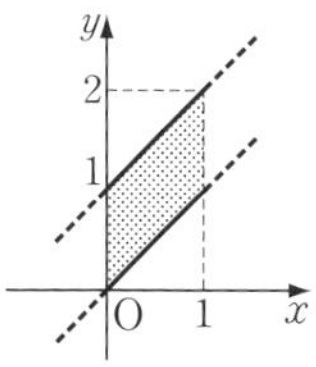

$\therefore\ f(0)=k\ge 0,\ f(1)=1+k\le 2$

$\therefore\ \mathbf{0\le k\le 1}$

11-2. $y=-2x+k=f(x)$라고 하자.

x의 값이 증가하면 y의 값은 감소하므로 $x=-1$일 때 최댓값을 가진다.

$\therefore\ f(-1)=2+k=5 \quad \therefore\ k=3$

또, $x=2$일 때 최솟값을 가지므로

$f(2)=-2\times 2+3=-1$

$\therefore$ $\mathbf{k=3}$, **최솟값 $\mathbf{-1}$**

11-3. $y=ax+b=f(x)$라고 하자.

(i) $a>0$일 때, x의 값이 증가하면 y의 값도 증가하므로 $-1\le x\le 3$에서

$f(-1)\le y\le f(3)$

곧, $-a+b\le y\le 3a+b$

한편 조건에서 치역이 $\{y\,|\,0\le y\le 4\}$

이므로

$$-a+b=0,\ 3a+b=4$$

연립하여 풀면 $a=1,\ b=1$

이것은 $a>0$을 만족시킨다.

(ii) $a<0$일 때, x의 값이 증가하면 y의 값은 감소하므로 $-1\le x\le 3$에서

$$f(3)\le y\le f(-1)$$

곧, $3a+b\le y\le -a+b$

한편 조건에서 치역이 $\{y\,|\,0\le y\le 4\}$ 이므로

$$3a+b=0,\ -a+b=4$$

연립하여 풀면 $a=-1,\ b=3$

이것은 $a<0$을 만족시킨다.

(iii) $a=0$일 때, $y=b$(일정)이므로 치역이 $\{y\,|\,0\le y\le 4\}$일 수 없다.

(i), (ii), (iii)에서

$a=1,\ b=1$ 또는 $a=-1,\ b=3$

11-4. $f(x)=\begin{cases} 2x & (0\le x\le 1) \\ 4-2x & (1<x\le 2) \end{cases}$,

$g(x)=\begin{cases} 2-x & (0\le x\le 1) \\ x & (1<x\le 2) \end{cases}$

이므로

$$(g\circ f)(x)=g(f(x))$$

$$=\begin{cases} 2-f(x) & (0\le f(x)\le 1) \\ f(x) & (1<f(x)\le 2) \end{cases}$$

$$=\begin{cases} 2-2x & \left(0\le x\le \dfrac{1}{2}\right) \\ 2-(4-2x) & \left(\dfrac{3}{2}\le x\le 2\right) \\ 2x & \left(\dfrac{1}{2}<x\le 1\right) \\ 4-2x & \left(1<x<\dfrac{3}{2}\right) \end{cases}$$

$$=\begin{cases} 2-2x & \left(0\le x\le \dfrac{1}{2}\right) \\ 2x & \left(\dfrac{1}{2}<x\le 1\right) \\ 4-2x & \left(1<x<\dfrac{3}{2}\right) \\ 2x-2 & \left(\dfrac{3}{2}\le x\le 2\right) \end{cases}$$

따라서 $y=(g\circ f)(x)$의 그래프는 아래 그림과 같다.

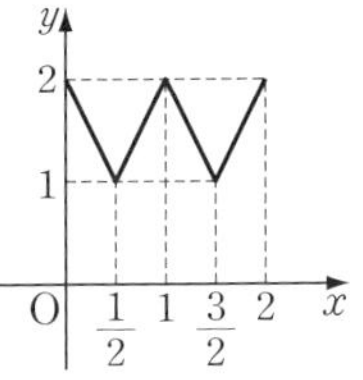

11-5. (1) $y=|x-2|+1$에서

$x-2\ge 0$, 곧 $x\ge 2$일 때

$$y=(x-2)+1=x-1$$

$x-2<0$, 곧 $x<2$일 때

$$y=-(x-2)+1=-x+3$$

(2) $y=x+|x-1|$에서

$x-1\ge 0$, 곧 $x\ge 1$일 때

$$y=x+(x-1)=2x-1$$

$x-1<0$, 곧 $x<1$일 때

$$y=x-(x-1)=1$$

(3) $|y+2|=x-1$에서

$y+2\ge 0$, 곧 $y\ge -2$일 때

$$y+2=x-1 \quad \therefore\ y=x-3$$

$y+2<0$, 곧 $y<-2$일 때

$$-(y+2)=x-1 \quad \therefore\ y=-x-1$$

(1)
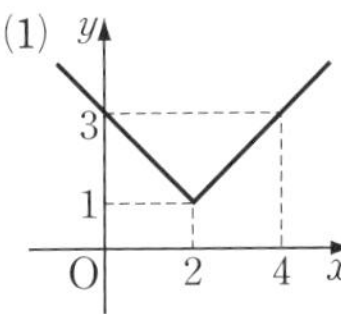

(2)
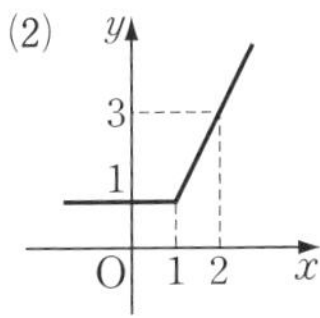

(3)
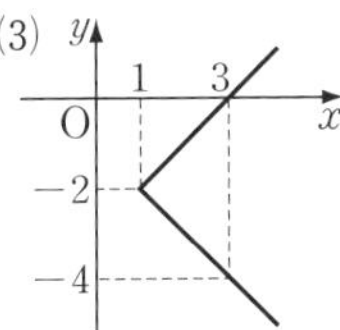

* ***Note*** (1)은 $y=|x|$의 그래프를 x축의 방향으로 2만큼, y축의 방향으로 1만큼 평행이동한 것이다.

또, (3)은 $|y|=x$의 그래프를 x축의

방향으로 1만큼, y축의 방향으로 -2 만큼 평행이동한 것이다.

11-6. (1) $y=\dfrac{x(x-1)}{|x|}$에서

$x>0$일 때

$y=\dfrac{x(x-1)}{x}$

$=x-1$

$x<0$일 때

$y=\dfrac{x(x-1)}{-x}$

$=-(x-1)$

(2) $y=|x|+|x-1|$에서

$x<0$일 때

$y=-x-(x-1)$

$=-2x+1$

$0\le x<1$일 때

$y=x-(x-1)=1$

$x\ge 1$일 때

$y=x+(x-1)$

$=2x-1$

11-7. (1) $y=\sqrt{(x-2)^2}$

$=|x-2|$

이므로 $y=x-2$의 그래프에서 x축 아랫부분을 x축 위로 꺾어 올리면 된다.

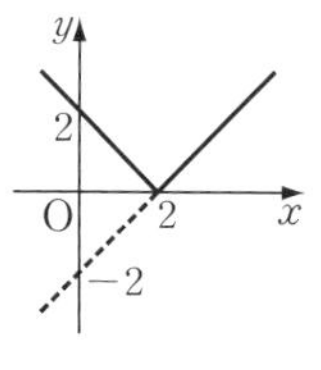

*$\textit{\textbf{Note}}$ $y=|x-2|$에서 $x\ge 2$일 때와 $x<2$일 때로 나누어 그려도 된다.

(2) $f(x)=|x-2|-|x+2|$라고 하면

$x<-2$일 때

$f(x)=-(x-2)+(x+2)=4$

$-2\le x<2$일 때

$f(x)=-(x-2)-(x+2)=-2x$

$x\ge 2$일 때

$f(x)=(x-2)-(x+2)=-4$

따라서 $y=|f(x)|$의 그래프는 다음 오른쪽과 같다.

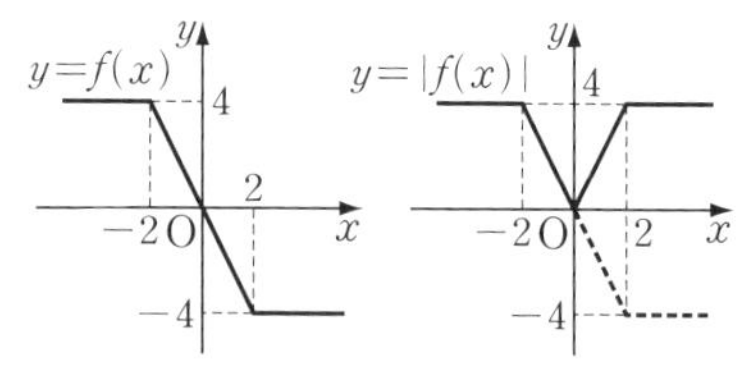

11-8. (1) $|x|+|y|=2$에서

$x\ge 0,\ y\ge 0$일 때

$x+y=2 \quad \therefore\ y=-x+2$

$x\ge 0,\ y<0$일 때

$x-y=2 \quad \therefore\ y=x-2$

$x<0,\ y\ge 0$일 때

$-x+y=2 \quad \therefore\ y=x+2$

$x<0,\ y<0$일 때

$-x-y=2 \quad \therefore\ y=-x-2$

따라서 그래프는 오른쪽과 같은 마름모이므로 그 넓이는

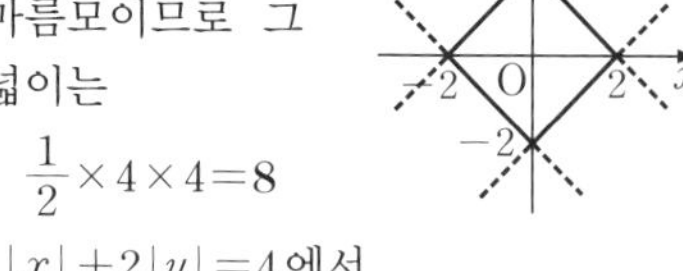

$\dfrac{1}{2}\times 4\times 4=\mathbf{8}$

(2) $|x|+2|y|=4$에서

$x\ge 0,\ y\ge 0$일 때

$x+2y=4 \quad \therefore\ y=-\dfrac{1}{2}x+2$

$x\ge 0,\ y<0$일 때

$x-2y=4 \quad \therefore\ y=\dfrac{1}{2}x-2$

$x<0,\ y\ge 0$일 때

$-x+2y=4 \quad \therefore\ y=\dfrac{1}{2}x+2$

$x<0,\ y<0$일 때

$-x-2y=4 \quad \therefore\ y=-\dfrac{1}{2}x-2$

따라서 그래프는 오른쪽과 같은 마름모이므로 그 넓이는

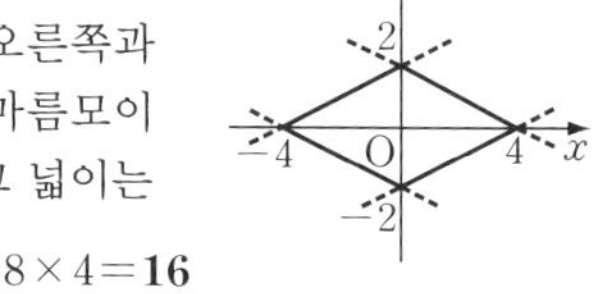

$\dfrac{1}{2}\times 8\times 4=\mathbf{16}$

11-9. $|x|-|y|=1$에서

$x\ge0,\ y\ge0$일 때

$x-y=1 \quad \therefore\ y=x-1$

$x\ge0,\ y<0$일 때

$x+y=1 \quad \therefore\ y=-x+1$

$x<0,\ y\ge0$일 때

$-x-y=1$

$\therefore\ y=-x-1$

$x<0,\ y<0$일 때

$-x+y=1$

$\therefore\ y=x+1$

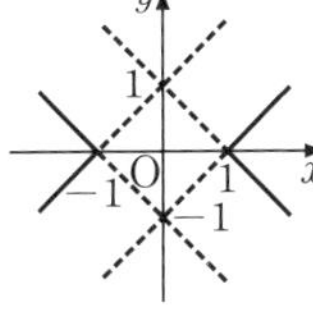

11-10. $|x|+|y|=2$ ……①

$x\ge0,\ y\ge0$일 때 $x+y=2$

또, ①은 x축, y축, 원점에 대하여 대칭인 도형이므로 ①의 그래프는 아래 그림의 정사각형이다.

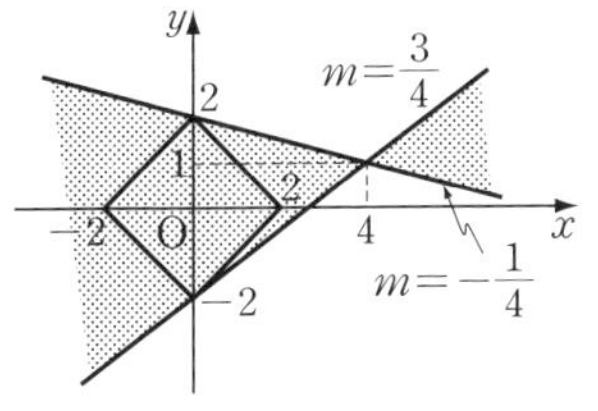

$y=m(x-4)+1$ ……②

에서

$m(x-4)+1-y=0$

그러므로 ②는 m의 값에 관계없이 두 직선 $x-4=0,\ 1-y=0$의 교점 $(4,\ 1)$을 지난다. 곧, ②는 점 $(4,\ 1)$을 지나고 기울기가 m인 직선이다.

따라서 $A\cap B\ne\varnothing$이기 위해서는 직선 ②가 위의 그림의 점 찍은 부분(경계선 포함)에 존재해야 한다.

$\therefore\ -\dfrac{1}{4}\le m\le\dfrac{3}{4}$

11-11. $x+|x-2|=mx+1$ ……①

의 양변을 각각

$y=x+|x-2|$ ……②

$y=mx+1$ ……③

으로 놓으면 ①의 해는 ②, ③의 그래프의 교점의 x좌표이다.

②에서 $x\ge2$일 때 $y=2x-2$,

$x<2$일 때 $y=2$

이므로 ②의 그래프는 아래 그림과 같다. 또, ③의 그래프는 y절편이 1이고 기울기가 m인 직선이다.

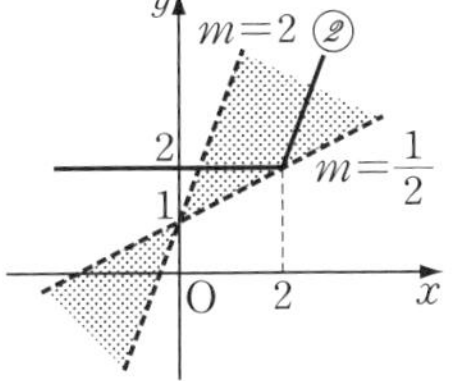

따라서 ①이 서로 다른 두 실근을 가지려면 ②, ③의 그래프가 서로 다른 두 점에서 만나야 하므로 직선 ③이 위의 그림의 점 찍은 부분(경계선 제외)에 존재해야 한다.

$\therefore\ \dfrac{1}{2}<m<2$

11-12. (1) $y=[x]$에서

$0\le x<1$일 때, $[x]=0$이므로 $y=0$

$1\le x<2$일 때, $[x]=1$이므로 $y=1$

$x=2$일 때, $[x]=2$이므로 $y=2$

따라서 $y=[x]$의 그래프는 아래와 같다.

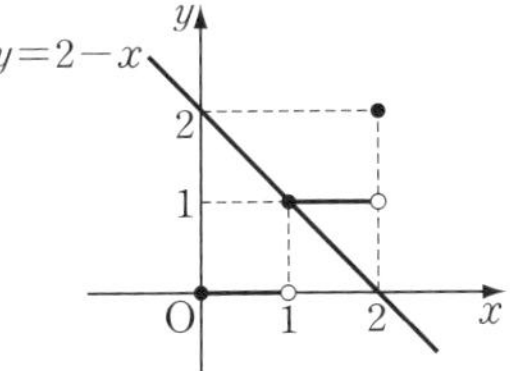

이때, $y=2-x$의 그래프와 $y=[x]$의 그래프는 점 $(1,\ 1)$에서 만나므로 방정식 $2-x=[x]$의 해는 $\boldsymbol{x=1}$

(2) $y=x[x-1]$에서

$-1\le x<0$일 때

$[x-1]=-2$이므로 $y=-2x$

$0\le x<1$일 때

$[x-1]=-1$이므로 $y=-x$

$1\le x<2$일 때

$[x-1]=0$이므로 $y=0$

$2\le x<3$일 때

$[x-1]=1$이므로 $y=x$

$x=3$일 때

$[x-1]=2$이므로 $y=6$

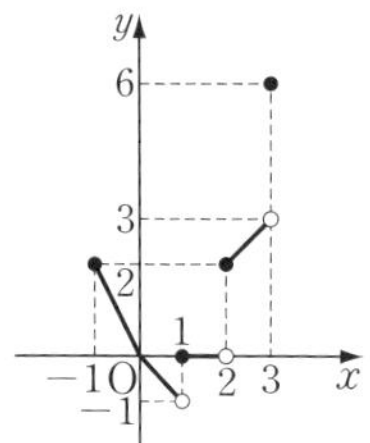

**Note* (1) $2-x=[x]$에서 $[x]$가 정수이므로 $2-x$도 정수이다.

따라서 x가 정수이므로 $[x]=x$이다.

$\therefore 2-x=x \quad \therefore \boldsymbol{x=1}$

11-13. $f(x)=x^2-2x-1=(x-1)^2-2$ 이므로 $y=f(x)$의 그래프는 꼭짓점이 점 $(1, -2)$, y절편이 -1인 포물선이다.

(1) $y=|f(x)|$의 그래프는 $y=f(x)$의 그래프에서 x축 윗부분은 그대로 두고, x축 아랫부분을 x축에 대하여 대칭이동한 것이다.

(2) $y=f(|x|)$의 그래프는 $y=f(x)$의 그래프에서 $x\ge0$인 부분은 그대로 두고, $x<0$인 부분은 $x\ge0$인 부분을 y축에 대하여 대칭이동한 것이다.

(3) $|y|=f(x)$의 그래프는 $y=f(x)$의 그래프에서 $y\ge0$인 부분은 그대로 두고, $y<0$인 부분은 $y\ge0$인 부분을 x축에 대하여 대칭이동한 것이다.

$y=f(x)$

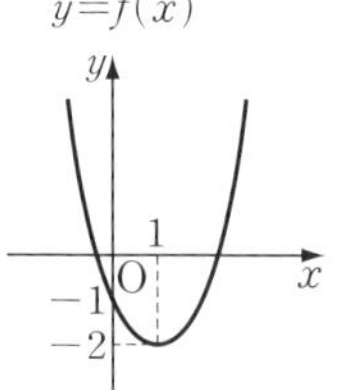

(1) $y=|f(x)|$

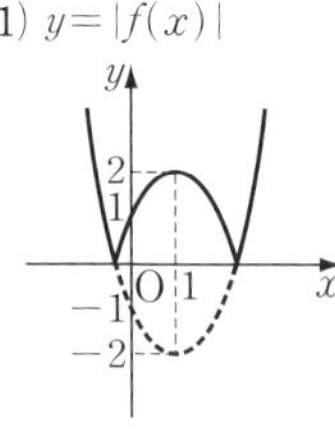

(2) $y=f(|x|)$

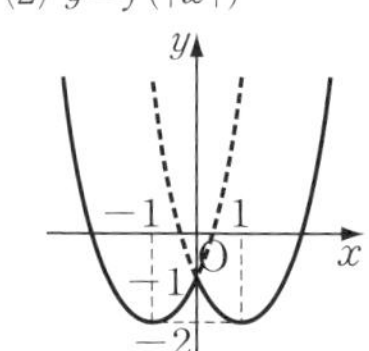

(3) $|y|=f(x)$

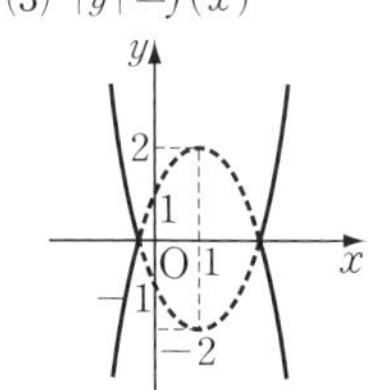

11-14. $y=x^2+ax+b$

$$=\left(x+\frac{a}{2}\right)^2+b-\frac{a^2}{4}$$

이 포물선의 꼭짓점이 점 $(3, -4)$이므로

$$-\frac{a}{2}=3,\ b-\frac{a^2}{4}=-4$$

$\therefore \boldsymbol{a=-6,\ b=5}$

**Note* x^2의 계수가 1이고 꼭짓점이 점 $(3, -4)$인 포물선의 방정식은

$y=(x-3)^2-4 \quad \therefore y=x^2-6x+5$

$\therefore \boldsymbol{a=-6,\ b=5}$

11-15. $y=x^2-2kx+k^2+2k+3$

$=(x-k)^2+2k+3$

이므로 이 포물선의 꼭짓점의 좌표는 $(k, 2k+3)$이다.

(1) 점 $(k, 2k+3)$이 제1사분면의 점이므로

$k>0,\ 2k+3>0 \quad \therefore \boldsymbol{k>0}$

(2) 점 $(k, 2k+3)$이 직선 $y=x+1$ 위에 있으므로

$2k+3=k+1 \quad \therefore \boldsymbol{k=-2}$

11-16. (1) 아래로 볼록한 포물선이므로

$-a>0 \quad \therefore \boldsymbol{a<0}$

(2) 축이 y축의 왼쪽에 있으므로

$$-\frac{b}{-2a}<0 \quad \therefore \frac{b}{2a}<0$$

여기에서 $a<0$이므로 $\boldsymbol{b>0}$

(3) $x=0$일 때 y의 값이므로 $\boldsymbol{c=0}$

(4) $x=-2$일 때

$$y=-4a-2b+c$$
$$=-(4a+2b-c)$$

그래프에서 $x=-2$일 때 $y<0$이므로 $\boldsymbol{4a+2b-c>0}$

11-17. $y=ax^2+bx+c$의 그래프가

(i) 아래로 볼록하므로 $a>0$

(ii) 축이 y축의 왼쪽에 있으므로

$$x=-\frac{b}{2a}<0$$

여기에서 $a>0$이므로 $b>0$

(iii) $x=0$일 때 $y<0$이므로 $c<0$

따라서 $y=cx^2-bx+a$의 그래프는 $c<0$이므로 위로 볼록하고, $\frac{b}{2c}<0$이므로 축은 y축의 왼쪽에 있으며, $a>0$이므로 원점 위쪽에서 y축과 만난다.

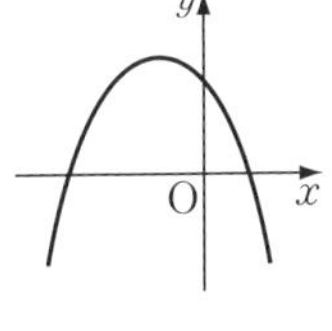

곧, 그래프의 개형은 위의 그림과 같다.

11-18. $x=0$일 때 $y=0$이므로 그래프는 원점을 지난다. 각 경우의 그래프를 그려 보면 다음과 같다.

①
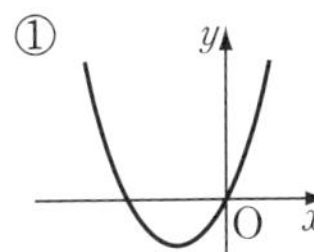

②
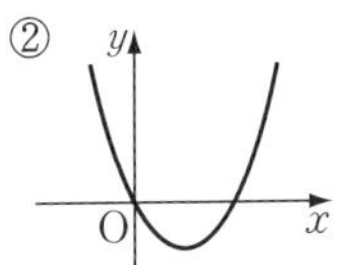

③
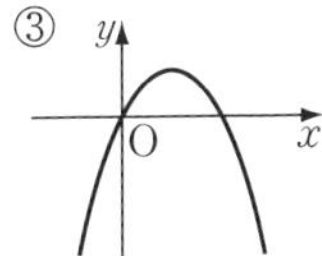

④
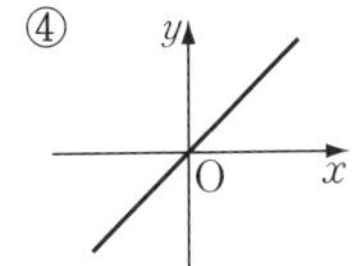

⑤
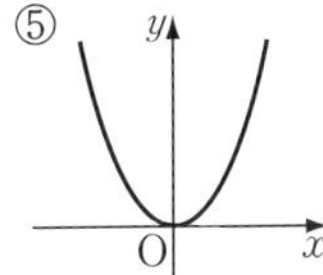

답 ②, ③

11-19. (1) 구하는 방정식을

$$y=ax^2+bx+c \quad \cdots\cdots ①$$

이라고 하면 세 점 $(0, 0)$, $(-1, 7)$, $(5, -5)$를 지나므로

$$0=c,\ 7=a-b+c,$$
$$-5=25a+5b+c$$
$$\therefore a=1,\ b=-6,\ c=0$$

①에 대입하면 $\boldsymbol{y=x^2-6x}$

(2) x절편이 2, 4이므로 구하는 방정식을

$$y=a(x-2)(x-4) \quad \cdots\cdots ②$$

라고 하면 점 $(5, 3)$을 지나므로

$$a(5-2)(5-4)=3 \quad \therefore a=1$$

②에 대입하면 $y=(x-2)(x-4)$

$$\therefore \boldsymbol{y=x^2-6x+8}$$

11-20. (1) $y=x^2-px=\left(x-\frac{p}{2}\right)^2-\frac{p^2}{4}$

에서 꼭짓점의 좌표는 $\left(\frac{p}{2}, -\frac{p^2}{4}\right)$ 이다.

$$x=\frac{p}{2} \ \cdots ① \quad y=-\frac{p^2}{4} \ \cdots ②$$

①에서의 $p=2x$를 ②에 대입하면

$$\boldsymbol{y=-x^2}$$

(2) $y=x^2+2px+p=(x+p)^2-p^2+p$

에서 꼭짓점의 좌표는 $(-p, -p^2+p)$ 이다.

$$x=-p \ \cdots ① \quad y=-p^2+p \ \cdots ②$$

①에서의 $p=-x$를 ②에 대입하면

$$\boldsymbol{y=-x^2-x}$$

11-21. ① y 대신 $-y$를 대입하여 식이 같으면 그래프는 x축에 대하여 대칭이다.

그런데 $y=x^3+x$에서 y 대신 $-y$를 대입하면

$-y=x^3+x \quad \therefore\ y=-x^3-x$

따라서 $y=x^3+x$의 그래프는 x축에 대하여 대칭이 아니다.

② x 대신 $-x$를, y 대신 $-y$를 대입하여 식이 같으면 그래프는 원점에 대하여 대칭이다.

그런데 $y=x^2+2$에서 x 대신 $-x$를, y 대신 $-y$를 대입하면

$-y=(-x)^2+2 \quad \therefore\ y=-x^2-2$

따라서 $y=x^2+2$의 그래프는 원점에 대하여 대칭이 아니다.

③ $y=x^3+2$의 그래프는 $y=x^3$의 그래프를 y축의 방향으로 2만큼 평행이동한 것이다.

그런데 $y=x^3$의 그래프는 점 $(0, 0)$에 대하여 대칭이므로 $y=x^3+2$의 그래프는 점 $(0, 2)$에 대하여 대칭이다.

④ $y=x^3+x^2-x-1$에 $y=0$을 대입하면

$0=x^3+x^2-x-1$

$\therefore\ (x+1)^2(x-1)=0$

$\therefore\ x=-1$(중근), 1

따라서 x축과 서로 다른 두 점에서 만난다.

*__Note__ $y=x^3+x^2-x-1$의 그래프는 점 $(-1, 0)$에서 x축과 접한다.

⑤ $y=x^3+2$의 그래프는 $y=x^3$의 그래프를 y축의 방향으로 2만큼 평행이동한 것이다.

그런데 $y=x^3$의 그래프는 x축과 한 점에서 만나므로 $y=x^3+2$의 그래프도 x축과 한 점에서 만난다.

답 ③

11-22. ① $F(x)=f(x)+f(-x)$로 놓으면

$F(-x)=f(-x)+f(x)=F(x)$

곧, $F(-x)=F(x)$이므로 우함수

② $F(x)=f(x)-f(-x)$로 놓으면

$F(-x)=f(-x)-f(x)=-F(x)$

곧, $F(-x)=-F(x)$이므로 기함수

③ $F(x)=f(x)f(-x)$로 놓으면

$F(-x)=f(-x)f(x)=F(x)$

곧, $F(-x)=F(x)$이므로 우함수

④ $f(x)$가 기함수이므로

$f(-x)=-f(x)$

$F(x)=(f\circ f)(x)$로 놓으면

$$F(-x)=(f\circ f)(-x)=f(f(-x))=f(-f(x))=-f(f(x))=-F(x)$$

곧, $F(-x)=-F(x)$이므로 기함수

⑤ $f(x)=x$이면

$y=f(x)f(-x)=-x^2$

이므로 그 그래프는 제1사분면과 제2사분면을 지나지 않는다.

답 ⑤

*__Note__ 함수 $f(x)$를

$$f(x)=\frac{f(x)+f(-x)}{2}+\frac{f(x)-f(-x)}{2}$$

로 나타낼 수 있다. 따라서 모든 함수는 우함수와 기함수의 합으로 나타낼 수 있다.

12-1. (1) (준 식)$=\dfrac{-a}{(a-b)(c-a)}+\dfrac{-b}{(b-c)(a-b)}+\dfrac{-c}{(c-a)(b-c)}$

$$=\frac{-a(b-c)-b(c-a)-c(a-b)}{(a-b)(b-c)(c-a)}$$

$$=\frac{-ab+ac-bc+ab-ac+bc}{(a-b)(b-c)(c-a)}$$

$=\mathbf{0}$

(2) (준 식)$=\left(1+\dfrac{2}{x}\right)-\left(1+\dfrac{2}{x+1}\right)-\left(1-\dfrac{2}{x-3}\right)+\left(1-\dfrac{2}{x-4}\right)$

$$=\left(\frac{2}{x}-\frac{2}{x+1}\right)+\left(\frac{2}{x-3}-\frac{2}{x-4}\right)$$

$$=\frac{2}{x(x+1)}+\frac{-2}{(x-3)(x-4)}$$

$=\dfrac{2(x-3)(x-4)-2x(x+1)}{x(x+1)(x-3)(x-4)}$

$=-\boldsymbol{\dfrac{8(2x-3)}{x(x+1)(x-3)(x-4)}}$

(3) (준 식) $=\dfrac{2}{(1-x)(1+x)}+\dfrac{2}{1+x^2}+\dfrac{4}{1+x^4}$

$=\dfrac{4}{(1-x^2)(1+x^2)}+\dfrac{4}{1+x^4}$

$=\boldsymbol{\dfrac{8}{1-x^8}}$

12-2. (1) (준 식) $=\left(\dfrac{1}{a}-\dfrac{1}{a+b}\right)+\left(\dfrac{1}{a+b}-\dfrac{1}{a+b+c}\right)+\left(\dfrac{1}{a+b+c}-\dfrac{1}{a+b+c+d}\right)$

$=\dfrac{1}{a}-\dfrac{1}{a+b+c+d}$

$=\boldsymbol{\dfrac{b+c+d}{a(a+b+c+d)}}$

(2) (준 식) $=\left(\dfrac{1}{x}-\dfrac{1}{x+1}\right)+\left(\dfrac{1}{x+1}-\dfrac{1}{x+3}\right)+\left(\dfrac{1}{x+3}-\dfrac{1}{x+6}\right)+\left(\dfrac{1}{x+6}-\dfrac{1}{x+10}\right)$

$=\dfrac{1}{x}-\dfrac{1}{x+10}=\boldsymbol{\dfrac{10}{x(x+10)}}$

12-3. (1) 분모, 분자에 ab를 곱하면

(준 식) $=\dfrac{a^3-b^3}{a-b}$

$=\dfrac{(a-b)(a^2+ab+b^2)}{a-b}$

$=\boldsymbol{a^2+ab+b^2}$

(2) 분모, 분자에 $a+1$을 곱하면

(준 식) $=\dfrac{(a+2)(a+1)}{a(a+1)-2}$

$=\dfrac{(a+2)(a+1)}{(a+2)(a-1)}=\boldsymbol{\dfrac{a+1}{a-1}}$

(3) (준 식) $=\dfrac{1}{1-\dfrac{1}{\frac{a-1}{a}}}\times\dfrac{1}{1-\dfrac{1}{\frac{a+1}{a}}}$

$=\dfrac{1}{1-\dfrac{a}{a-1}}\times\dfrac{1}{1-\dfrac{a}{a+1}}$

$=\dfrac{1}{\dfrac{(a-1)-a}{a-1}}\times\dfrac{1}{\dfrac{(a+1)-a}{a+1}}$

$=-(a-1)(a+1)$

$=\boldsymbol{1-a^2}$

12-4. (1) $x^2+2\sqrt{2}x-1=0$에서 $x\neq0$이므로 양변을 x로 나누면

$x+2\sqrt{2}-\dfrac{1}{x}=0$

$\therefore\ x-\dfrac{1}{x}=\boldsymbol{-2\sqrt{2}}$

(2) $\left(x+\dfrac{1}{x}\right)^2=x^2+2x\times\dfrac{1}{x}+\dfrac{1}{x^2}$

$=\left(x-\dfrac{1}{x}\right)^2+4$

$=(-2\sqrt{2})^2+4=12$

$\therefore\ x+\dfrac{1}{x}=\boldsymbol{\pm2\sqrt{3}}$

(3) $x^2-\dfrac{1}{x^2}=\left(x-\dfrac{1}{x}\right)\left(x+\dfrac{1}{x}\right)$

$=(-2\sqrt{2})\times(\pm2\sqrt{3})$

$=\boldsymbol{\mp4\sqrt{6}}$ (복부호동순)

(4) $x^2+\dfrac{1}{x^2}=\left(x+\dfrac{1}{x}\right)^2-2x\times\dfrac{1}{x}$

$=(\pm2\sqrt{3})^2-2=\boldsymbol{10}$

12-5. (1) $x^2+\dfrac{1}{x^2}=3\,(x>1)$에서

$\left(x+\dfrac{1}{x}\right)^2-2=3\quad\therefore\ \left(x+\dfrac{1}{x}\right)^2=5$

$x>1$이므로 $x+\dfrac{1}{x}=\boldsymbol{\sqrt{5}}$

(2) $x^3+\dfrac{1}{x^3}=\left(x+\dfrac{1}{x}\right)^3-3\left(x+\dfrac{1}{x}\right)$

$=(\sqrt{5})^3-3\sqrt{5}=\boldsymbol{2\sqrt{5}}$

(3) $x^4+\dfrac{1}{x^4}=\left(x^2+\dfrac{1}{x^2}\right)^2-2=3^2-2=7$

이므로

$$x^8+\frac{1}{x^8}=\left(x^4+\frac{1}{x^4}\right)^2-2=7^2-2=\mathbf{47}$$

(4) $\left(x^3-\dfrac{1}{x^3}\right)^2=\left(x^3+\dfrac{1}{x^3}\right)^2-4$

$$=(2\sqrt{5})^2-4=16$$

$x>1$이므로 $\quad x^3-\dfrac{1}{x^3}=\mathbf{4}$

12-6. $x:y=4:3$이므로 $x=4k,\ y=3k$ 로 놓으면

$$(\text{준 식})=\frac{3k}{4k+3k}+\frac{4k}{4k-3k}-\frac{(4k)^2+4\times4k\times3k+(3k)^2}{(4k)^2-(3k)^2}$$
$$=\frac{3k}{7k}+\frac{4k}{k}-\frac{73k^2}{7k^2}$$
$$=\frac{3}{7}+4-\frac{73}{7}=\mathbf{-6}$$

12-7. $\dfrac{x+y}{2}=\dfrac{y+z}{4}=\dfrac{z+x}{5}=k$

로 놓으면 $k\neq0$이고,

$$x+y=2k \qquad \cdots\cdots①$$
$$y+z=4k \qquad \cdots\cdots②$$
$$z+x=5k \qquad \cdots\cdots③$$

①+②+③하면 $\quad 2x+2y+2z=11k$

$$\therefore\ x+y+z=\frac{11}{2}k \qquad \cdots\cdots④$$

④−②, ④−③, ④−①하면

$$x=\frac{3}{2}k,\ y=\frac{1}{2}k,\ z=\frac{7}{2}k$$

(1) $x:y:z=\dfrac{3}{2}k:\dfrac{1}{2}k:\dfrac{7}{2}k=\mathbf{3:1:7}$

(2) $\dfrac{x+2y+3z}{x+y+z}=\dfrac{\frac{3}{2}k+2\times\frac{1}{2}k+3\times\frac{7}{2}k}{\frac{3}{2}k+\frac{1}{2}k+\frac{7}{2}k}$

$$=\frac{\frac{26}{2}k}{\frac{11}{2}k}=\mathbf{\frac{26}{11}}$$

***Note** (2) $x:y:z=3:1:7$이므로

$$x=3a,\ y=a,\ z=7a$$

를 대입해도 된다.

12-8. $2x-3y+z=0 \qquad \cdots\cdots①$

$$6x+y-2z=0 \qquad \cdots\cdots②$$

①×2+②하면 $\quad 10x-5y=0$

$$\therefore\ y=2x$$

①+②×3하면 $\quad 20x-5z=0$

$$\therefore\ z=4x$$

$$\therefore\ (\text{준 식})=\frac{2x+4x}{x}+\frac{4x+x}{2x}+\frac{x+2x}{4x}+\frac{x\times2x+2x\times4x+4x\times x}{x^2+(2x)^2+(4x)^2}$$
$$=\frac{6x}{x}+\frac{5x}{2x}+\frac{3x}{4x}+\frac{14x^2}{21x^2}$$
$$=\mathbf{\frac{119}{12}}$$

12-9. $y=\dfrac{2x-5}{x-3}=\dfrac{2(x-3)+1}{x-3}$

$$=2+\frac{1}{x-3}$$
$$\therefore\ y-2=\frac{1}{x-3}$$

따라서 $y=\dfrac{2x-5}{x-3}$의 그래프는 $y=\dfrac{1}{x}$의 그래프를 x축의 방향으로 3만큼, y축의 방향으로 2만큼 평행이동한 것이고, 점근선은 직선 $x=3,\ y=2$이다.

(1) 정의역이 $\{x|0\le x\le2\}$일 때, 아래 그림에서 치역은

$$\left\{\boldsymbol{y}\,\middle|\,\mathbf{1\le y\le\frac{5}{3}}\right\}$$

(2) 치역이 $\{y|y\le0,\ y\ge4\}$일 때, 아래 그림에서 정의역은

$$\left\{\boldsymbol{x}\,\middle|\,\mathbf{\frac{5}{2}\le x<3,\ 3<x\le\frac{7}{2}}\right\}$$

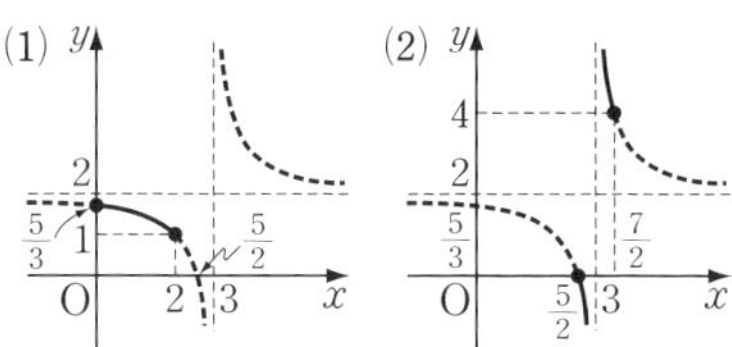

***Note** (1)에서 다음도 알 수 있다.

$0 \le x \le 2$일 때, $y=\dfrac{2x-5}{x-3}$의 최댓값은 $\dfrac{5}{3}$, 최솟값은 1이다.

12-10. 그래프가 점 $\left(3, \dfrac{1}{2}\right)$에 대하여 대칭이므로 점근선이 직선 $x=3$, $y=\dfrac{1}{2}$이다. 따라서

$$f(x)=\frac{k}{x-3}+\frac{1}{2}$$

로 놓을 수 있다.

점 $(2, -3)$을 지나므로

$$-3=\frac{k}{2-3}+\frac{1}{2} \quad \therefore\ k=\frac{7}{2}$$

$$\therefore\ f(x)=\frac{\frac{7}{2}}{x-3}+\frac{1}{2}=\frac{7}{2x-6}+\frac{1}{2}$$

$$=\frac{x+4}{2x-6}$$

$f(x)=\dfrac{x+a}{bx+c}$이므로

$$\boldsymbol{a=4,\ b=2,\ c=-6}$$

12-11. (1) $y=\dfrac{1}{x}$로 놓으면 $x=\dfrac{1}{y}$

x와 y를 바꾸면 $y=\dfrac{1}{x}$

$$\therefore\ \boldsymbol{f^{-1} : x \longrightarrow \frac{1}{x}}$$

(2) $y=\dfrac{x+1}{2x-3}$로 놓으면

$$y(2x-3)=x+1$$

$$\therefore\ x(2y-1)=3y+1$$

$$\therefore\ x=\frac{3y+1}{2y-1}$$

x와 y를 바꾸면 $y=\dfrac{3x+1}{2x-1}$

$$\therefore\ \boldsymbol{f^{-1}(x)=\frac{3x+1}{2x-1}}$$

12-12. $y=\dfrac{2}{x-a}-1$로 놓으면

$$y+1=\frac{2}{x-a} \quad \therefore\ x-a=\frac{2}{y+1}$$

$$\therefore\ x=\frac{2}{y+1}+a$$

x와 y를 바꾸면 $y=\dfrac{2}{x+1}+a$

$$\therefore\ f^{-1}(x)=\frac{2}{x+1}+a$$

따라서 $f^{-1}(x)$가 $f(x)$와 일치할 조건은 $\boldsymbol{a=-1}$

***Note** 함수 $y=f(x)$의 그래프의 점근선이 직선 $x=a$, $y=-1$이므로 역함수 $y=f^{-1}(x)$의 그래프의 점근선은 직선 $x=-1$, $y=a$이다.

$$\therefore\ f^{-1}(x)=\frac{2}{x+1}+a$$

12-13. $y=\dfrac{x-1}{x-2}$로 놓으면

$$y(x-2)=x-1 \quad \therefore\ (y-1)x=2y-1$$

$$\therefore\ x=\frac{2y-1}{y-1} \quad \therefore\ f^{-1}(x)=\frac{2x-1}{x-1}$$

$f^{-1}(x)=\dfrac{ax+b}{x+c}$이므로

$$\boldsymbol{a=2,\ b=-1,\ c=-1}$$

12-14. $(f^{-1}\circ g)(x)=x^2+x+2$에서

$g(x)=f(x^2+x+2)$이므로

$$\frac{x}{x-1}=\frac{x^2+x+1}{x^2+x+2}$$

$$\therefore\ x^3+x^2+2x=x^3-1$$

$$\therefore\ x^2+2x+1=0 \quad \therefore\ \boldsymbol{x=-1}$$

12-15. $f(g(2x))=\dfrac{g(2x)}{g(2x)+1}=-x$

이므로

$$g(2x)=-xg(2x)-x$$

$$\therefore\ g(2x)=\frac{-x}{x+1}$$

$$\therefore\ g(x)=\frac{-\frac{x}{2}}{\frac{x}{2}+1}=\frac{-x}{x+2}$$

$$\therefore\ \boldsymbol{a=-1,\ b=0,\ c=2}$$

12-16. $y=\left|1-\dfrac{1}{x}\right|=\dfrac{|x-1|}{|x|}$ ......①

$x<0$일 때 $y=\dfrac{-x+1}{-x}=-\dfrac{1}{x}+1$

$0<x\le 1$일 때

$$y=\frac{-x+1}{x}=\frac{1}{x}-1 \qquad \cdots\cdots ②$$

$x>1$일 때 $\quad y=\dfrac{x-1}{x}=-\dfrac{1}{x}+1$

따라서 ㉠의 그래프는 아래 그림에서 굵은 곡선이다.

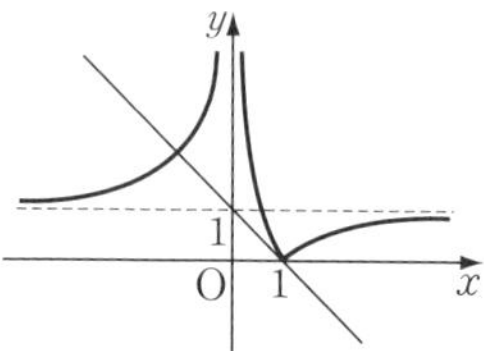

직선 $y=mx+1$이 ②에 접할 때, 방정식 $\dfrac{1}{x}-1=mx+1$이 중근을 가지므로

$$1-x=x(mx+1)$$

곧, $mx^2+2x-1=0$에서

$$D/4=1+m=0 \qquad \therefore\ m=-1$$

이때, $x=1$, 곧 점 $(1, 0)$에서 접한다.

그런데 $n(A\cap B)=2$이려면 직선 $y=mx+1$이 ㉠의 그래프와 서로 다른 두 점에서 만나야 한다.

곧, 점 $(1, 0)$에서 직선 $y=mx+1$이 ㉠의 그래프에 접할 때이므로

$$\boldsymbol{m=-1}$$

****Note*** $\quad y=\left|1-\dfrac{1}{x}\right|=\left|\dfrac{1}{x}-1\right|$

의 그래프는 $y=\dfrac{1}{x}-1$의 그래프를 그린 다음, x축 윗부분은 그대로 두고 x축 아랫부분만 x축을 대칭축으로 하여 x축 위로 꺾어 올려도 된다.

⇦ p. 205 참조

13-1. (1) $\dfrac{x}{\sqrt{x+4}+2}$

$$=\frac{x(\sqrt{x+4}-2)}{(\sqrt{x+4}+2)(\sqrt{x+4}-2)}$$

$$=\frac{x(\sqrt{x+4}-2)}{(x+4)-4}=\boldsymbol{\sqrt{x+4}-2}$$

(2) $\dfrac{2}{\sqrt{x}-\sqrt{x-2}}$

$$=\frac{2(\sqrt{x}+\sqrt{x-2})}{(\sqrt{x}-\sqrt{x-2})(\sqrt{x}+\sqrt{x-2})}$$

$$=\frac{2(\sqrt{x}+\sqrt{x-2})}{x-(x-2)}=\boldsymbol{\sqrt{x}+\sqrt{x-2}}$$

13-2. (준 식)$=\dfrac{2(\sqrt{x+1}-\sqrt{x+3})}{(x+1)-(x+3)}$

$$+\frac{2(\sqrt{x+3}-\sqrt{x+5})}{(x+3)-(x+5)}$$

$$+\frac{2(\sqrt{x+5}-\sqrt{x+7})}{(x+5)-(x+7)}$$

$$=-\sqrt{x+1}+\sqrt{x+3}-\sqrt{x+3}$$

$$+\sqrt{x+5}-\sqrt{x+5}+\sqrt{x+7}$$

$$=\boldsymbol{\sqrt{x+7}-\sqrt{x+1}}$$

13-3. $-3<a<3$일 때,

$$a-3<0,\ a+3>0$$

이므로

(준 식)$=-(a-3)+(a+3)=\boldsymbol{6}$

13-4. ① $3<\sqrt{10}$이므로

$$\sqrt{(3-\sqrt{10})^2}=-(3-\sqrt{10})=\sqrt{10}-3$$

② $x<3$일 때

$$\sqrt{x^2-6x+9}=\sqrt{(x-3)^2}$$
$$=-(x-3)=3-x$$

③ $x<0$일 때

$$\sqrt{4x^2}=\sqrt{(2x)^2}=-2x$$

④ $x>2$일 때

$$\sqrt{4-4x+x^2}=\sqrt{(2-x)^2}$$
$$=-(2-x)=x-2$$

⑤ $-1<a<1$일 때

$$\sqrt{a^2+2a+1}=\sqrt{(a+1)^2}=a+1,$$
$$\sqrt{a^2-2a+1}=\sqrt{(a-1)^2}$$
$$=-(a-1)=1-a$$

$$\therefore\ \sqrt{a^2+2a+1}+\sqrt{a^2-2a+1}$$
$$=(a+1)+(1-a)=2$$

답 ④

13-5. 먼저 주어진 식의 분모를 유리화하고, $x=\sqrt{2}$를 대입하면

$$\frac{\sqrt{x+1}+\sqrt{x-1}}{\sqrt{x+1}-\sqrt{x-1}}$$
$$=\frac{(\sqrt{x+1}+\sqrt{x-1})^2}{(\sqrt{x+1}-\sqrt{x-1})(\sqrt{x+1}+\sqrt{x-1})}$$
$$=\frac{x+1+2\sqrt{x+1}\sqrt{x-1}+x-1}{(x+1)-(x-1)}$$
$$=x+\sqrt{x^2-1}=\boldsymbol{\sqrt{2}+1}$$

13-6. 주어진 식을 통분하면
$$\frac{(\sqrt{a+b}-\sqrt{a-b})^2+(\sqrt{a+b}+\sqrt{a-b})^2}{(\sqrt{a+b}+\sqrt{a-b})(\sqrt{a+b}-\sqrt{a-b})}$$
이므로
$$(\text{분자})=(a+b-2\sqrt{a^2-b^2}+a-b)+(a+b+2\sqrt{a^2-b^2}+a-b)=4a,$$
$$(\text{분모})=(a+b)-(a-b)=2b$$
$$\therefore\ (\text{준 식})=\frac{4a}{2b}=\frac{2a}{b}=\frac{2\sqrt{6}}{\sqrt{3}}=\boldsymbol{2\sqrt{2}}$$

13-7. (1) $y-1=2\sqrt{x+2}$

따라서 $y=2\sqrt{x}$ 의 그래프를 x축의 방향으로 -2만큼, y축의 방향으로 1만큼 평행이동한 것이다.

$x+2\geq 0$ 에서 정의역은
$$\boldsymbol{\{x|x\geq -2\}}$$
또, 아래 그림에서 치역은
$$\boldsymbol{\{y|y\geq 1\}}$$

(2) $y-1=-2\sqrt{-2(x+2)}$

따라서 $y=-2\sqrt{-2x}$ 의 그래프를 x축의 방향으로 -2만큼, y축의 방향으로 1만큼 평행이동한 것이다.

$-2(x+2)\geq 0$ 에서 정의역은
$$\boldsymbol{\{x|x\leq -2\}}$$
또, 아래 그림에서 치역은
$$\boldsymbol{\{y|y\leq 1\}}$$

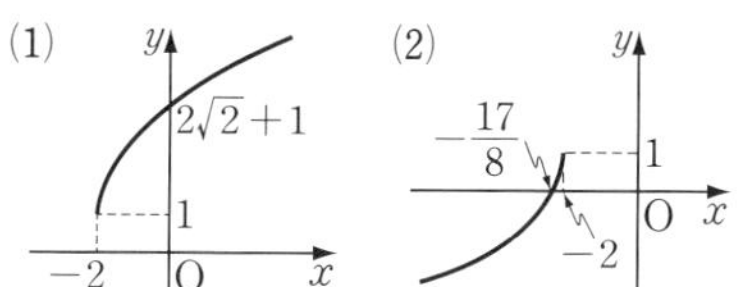

13-8. $y=\sqrt{ax+b}+c=\sqrt{a\left(x+\dfrac{b}{a}\right)}+c$

이 함수의 그래프는 함수 $y=\sqrt{ax}$ 의 그래프를 x축의 방향으로 $-\dfrac{b}{a}$만큼, y축의 방향으로 c만큼 평행이동한 것이다.

따라서 주어진 그래프에서
$$-\frac{b}{a}=-1,\ c=-2$$
또, 주어진 그래프는 원점 (0, 0)을 지나므로 $\sqrt{b}+c=0$

세 식을 연립하여 풀면
$$\boldsymbol{a=4,\ b=4,\ c=-2}$$

****Note*** 곡선의 방정식을
$y=\sqrt{a(x+1)}-2$로 놓으면 이 곡선이 원점 (0, 0)을 지나므로
$$0=\sqrt{a}-2 \qquad \therefore\ \boldsymbol{a=4}$$
$$\therefore\ y=\sqrt{4(x+1)}-2=\sqrt{4x+4}-2$$
$$\therefore\ \boldsymbol{b=4,\ c=-2}$$

13-9. 주어진 함수의 정의역을 U, 치역을 V라고 하자.

(1) $U=\{x|x\geq 0\}$, $V=\{y|y\leq 2\}$이고, U에서 V로의 일대일대응이다.

$y=-x^2+2\,(x\geq 0,\ y\leq 2)$에서
$$x^2=-y+2$$
$$\therefore\ x=\sqrt{-y+2}\ (y\leq 2,\ x\geq 0)$$
x와 y를 바꾸면
$$y=\sqrt{-x+2}\ (x\leq 2,\ y\geq 0)$$
$$\therefore\ \boldsymbol{y=\sqrt{-x+2}}$$

(2) $U=\{x|x\geq 0\}$, $V=\{y|y\geq -1\}$이고, U에서 V로의 일대일대응이다.

$y=x^2-1\,(x\geq 0,\ y\geq -1)$에서
$$x^2=y+1$$
$$\therefore\ x=\sqrt{y+1}\ (y\geq -1,\ x\geq 0)$$
x와 y를 바꾸면
$$y=\sqrt{x+1}\ (x\geq -1,\ y\geq 0)$$
$$\therefore\ \boldsymbol{y=\sqrt{x+1}}$$

(3) $U=\{x|x\geq -1\}$, $V=\{y|y\geq 0\}$이고, U에서 V로의 일대일대응이다.

$y=\sqrt{x+1}\,(x\ge -1,\ y\ge 0)$에서

$$y^2=x+1$$

$$\therefore\ x=y^2-1\ (y\ge 0,\ x\ge -1)$$

x와 y를 바꾸면

$$y=x^2-1\ (x\ge 0,\ y\ge -1)$$

$$\therefore\ \boldsymbol{y=x^2-1\ (x\ge 0)}$$

(4) $U=\{x\,|\,x\ge 2\}$, $V=\{y\,|\,y\ge -3\}$이고, U에서 V로의 일대일대응이다.

$y=\sqrt{x-2}-3\,(x\ge 2,\ y\ge -3)$에서

$\sqrt{x-2}=y+3 \quad \therefore\ x-2=(y+3)^2$

$\therefore\ x=(y+3)^2+2\ (y\ge -3,\ x\ge 2)$

x와 y를 바꾸면

$$y=(x+3)^2+2\ (x\ge -3,\ y\ge 2)$$

$$\therefore\ \boldsymbol{y=(x+3)^2+2\ (x\ge -3)}$$

****Note*** (2)와 (3)은 서로 역함수 관계에 있다.

13-10. 점 $(1,\ 2)$가 $y=f(x)$의 그래프 위의 점이므로 $\quad f(1)=2$

또, 점 $(1,\ 2)$가 $y=g(x)$의 그래프 위의 점이므로 $\quad g(1)=2$

그런데 g는 f의 역함수이므로

$$f^{-1}(1)=2 \qquad \therefore\ f(2)=1$$

따라서 $f(x)=\sqrt{ax+b}$에서

$$f(1)=\sqrt{a+b}=2,\ f(2)=\sqrt{2a+b}=1 \qquad \cdots\cdots ㉮$$

각각 양변을 제곱하면

$$a+b=4,\ 2a+b=1$$

$$\therefore\ \boldsymbol{a=-3,\ b=7}$$

이것은 ㉮을 만족시킨다.

13-11. 문제의 도형은 아래 그림에서 점 찍은 부분이다.

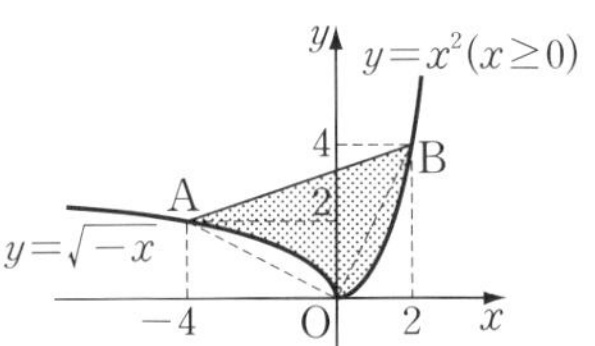

그런데 $y=x^2(x\ge 0)$의 그래프를 직선 $y=x$에 대하여 대칭이동하면 $y=\sqrt{x}\,(x\ge 0)$의 그래프이고, 이 그래프를 y축에 대하여 대칭이동하면 $y=\sqrt{-x}\,(x\le 0)$의 그래프이므로 아래 그림에서 점 찍은 두 부분의 넓이는 같다.

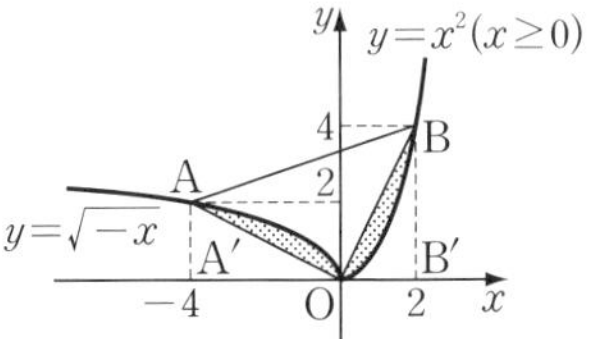

따라서 구하는 넓이는 △AOB의 넓이와 같으므로

(사다리꼴 AA′B′B의 넓이)

$\qquad -\triangle \text{AA}'\text{O}-\triangle \text{OB}'\text{B}$

$$=\frac{1}{2}\times(4+2)\times 6 -\frac{1}{2}\times 4\times 2-\frac{1}{2}\times 2\times 4$$

$$=\mathbf{10}$$

****Note*** △AOB의 넓이는 다음과 같이 구할 수도 있다.

(i) 세 점 $\text{O}(0,\ 0)$, $\text{A}(x_1,\ y_1)$, $\text{B}(x_2,\ y_2)$를 꼭짓점으로 하는 △AOB의 넓이는

$$\frac{1}{2}|x_1y_2-x_2y_1|$$ ⇦ p. 44 참조

임을 이용한다.

(ii) 두 직선 OA와 OB가 서로 수직이므로

$$\triangle \text{AOB}=\frac{1}{2}\times\overline{\text{OA}}\times\overline{\text{OB}}$$

임을 이용한다.

13-12. $y=\sqrt{x+a^2}$의 그래프는 $y=\sqrt{x}$의 그래프를 x축의 방향으로 $-a^2$만큼 평행이동한 것이고, $y=-\sqrt{x}+a$의 그래프는 $y=-\sqrt{x}$의 그래프를 y축의 방향으로 a만큼 평행이동한 것이므로 두 함수

의 그래프와 x축으로 둘러싸인 도형은 아래 그림에서 점 찍은 부분이다.

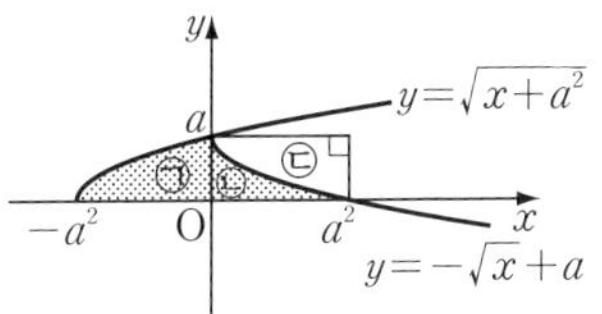

이때, $y=-\sqrt{x}+a$의 그래프는 $y=\sqrt{x+a^2}$의 그래프를 x축에 대하여 대칭이동한 다음, x축의 방향으로 a^2만큼, y축의 방향으로 a만큼 평행이동한 것이므로 ㉠ 부분과 ㉢ 부분의 넓이가 같다.

따라서 두 함수의 그래프와 x축으로 둘러싸인 도형의 넓이를 S라고 하면

$S=$(㉠의 넓이)$+$(㉡의 넓이)

$=$(㉢의 넓이)$+$(㉡의 넓이)

$=a^2\times a=a^3=27$

a는 실수이므로 $\boldsymbol{a=3}$

찾 아 보 기

기본 수학의 정석

공통수학2

1966년 초판 발행
총개정 제13판 발행

지은이 홍 성 대 (洪性大)

도운이 남 진 영
박 재 희
박 지 영

발행인 홍 상 욱

발행소 **성지출판(주)**

06743 서울특별시 서초구 강남대로 202
등록 1997.6.2. 제22-1152호
전화 02-574-6700(영업부), 6400(편집부)
Fax 02-574-1400, 1358

인쇄 : 동화인쇄공사 · 제본 : 국일문화사

ISBN 979-11-5620-043-7 53410

수학의 정석 시리즈

홍성대 지음

개정 교육과정에 따른

수학의 정석 시리즈 안내

기본 수학의 정석 공통수학1
기본 수학의 정석 공통수학2
기본 수학의 정석 대수
기본 수학의 정석 미적분I
기본 수학의 정석 확률과 통계
기본 수학의 정석 미적분II
기본 수학의 정석 기하

실력 수학의 정석 공통수학1
실력 수학의 정석 공통수학2
실력 수학의 정석 대수
실력 수학의 정석 미적분I
실력 수학의 정석 확률과 통계
실력 수학의 정석 미적분II
실력 수학의 정석 기하